环境保护部电离辐射安全与防护培训教材

# 辐射防护基础教程

王建龙　何仕均　等　编

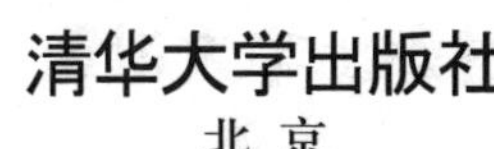

清华大学出版社
北 京

## 内容简介

本书为环境保护部电离辐射安全与防护培训教材。全书分为5篇，分别为基础知识、辐射防护概论、辐射防护管理框架、实用辐射安全与防护、电离辐射医学应用的防护与安全。全书由独立的几个模块组成，根据教学需要，每一模块既可以单独使用，也可以以不同的方式组合使用，非常灵活。本书可作为辐射安全与防护方面技术人员以及相关领域从业人员的继续教育和职业培训教材，也可用作高等学校工程物理、核科学与技术、辐射安全与防护等专业的参考教材。



**图书在版编目(CIP)数据**

辐射防护基础教程/王建龙等编. —北京：清华大学出版社，2012.11(2019.5重印)
ISBN 978-7-302-29864-9

Ⅰ. ①辐… Ⅱ. ①王… Ⅲ. ①辐射防护—教材 Ⅳ. ①TL7

中国版本图书馆CIP数据核字(2012)第197368号

**责任编辑**：柳　萍
**封面设计**：傅瑞学
**责任校对**：王淑云
**责任印制**：沈　露

**出版发行**：清华大学出版社
**网　　址**：http://www.tup.com.cn，http://www.wqbook.com
**地　　址**：北京清华大学学研大厦A座　　**邮　　编**：100084
**社 总 机**：010-62770175　　**邮　　购**：010-62786544
**投稿与读者服务**：010-62776969，c-service@tup.tsinghua.edu.cn
**质量反馈**：010-62772015，zhiliang@tup.tsinghua.edu.cn
**印 装 者**：北京密云胶印厂
**经　　销**：全国新华书店
**开　　本**：185mm×260mm　　**印　　张**：29.25　　**字　　数**：708千字
**版　　次**：2012年11月第1版　　**印　　次**：2019年5月第10次印刷
**定　　价**：78.00元

---

产品编号：048702-02

XingshiSusongfaxue

# 前言

## PREFACE

我国核技术的开发应用始于20世纪50年代。随着我国科学技术和社会经济的持续快速发展，核技术在我国国防、医疗、能源、工业、农业、科研等领域得到了广泛利用。这对于维护国防安全，促进国民经济和社会发展，增强我国的综合国力，起到了十分积极的作用。但是，核能与核技术应用是一把双刃剑，在核技术开发利用过程中的安全问题和放射性污染防治问题十分重要。如果安全防护方法不当或放射源失控，会给环境安全带来危险，甚至危及人员身体健康和生命安全，严重时可能引起社会恐慌。

为了解决上述问题，做好放射性污染防治工作，2003年6月全国人民代表大会通过了《中华人民共和国放射性污染防治法》。2005年9月国务院又颁布了《放射性同位素与射线装置安全和防护条例》，规定国务院环境保护主管部门对全国放射性同位素、射线装置的安全和防护工作实施统一监督管理。为了落实贯彻《放射性同位素与射线装置安全和防护条例》及有关法律、法规的实施，促进核技术的和平利用和造福人类，在国家环境保护部的领导和支持下，组织有关专家编写了电离辐射防护与安全知识丛书。该套丛书包括《电离辐射防护与安全基础》、《电离辐射工业应用的防护与安全》、《电离辐射医学应用的防护与安全》和《辐射防护基础教程》。该套丛书不仅可用于从业人员辐射防护与安全知识培训，还可供从事辐射环境保护管理与监测的技术人员参考。

本书是以国际原子能机构(IAEA)提供的“Radiation Protection Distance Learning Materials”为蓝本，并结合我国相应的法律法规及管理制度编写而成的。以下研究生参加了该书的初译工作，他们是陈玉伟、程荣、范振兴、万伟、王博、余少青、章一心、张子健。本书的编写得到国家环境保护部核与辐射安全司的支持，在此表示衷心感谢。

本书共分5篇，22章，包含基础知识、辐射防护概论、辐射防护管理框架、实用辐射安全与防护、电离辐射医学应用的防护与安全。完成各篇组织审校、补充并完善的人员如下：第1篇，中国原子能研究院肖雪夫、彭立新、马吉增、陈林、王仲文等；第2篇，清华大学王建龙、何仕均、曲静原、刘海生等；第3篇，清华大学何仕均、核与辐射安全中心范深根等；第4篇，由清华大学王建龙、郑钧正等；第5篇，郑钧正等。最后，全书由清华大学王建龙、何仕均统稿。此外，中国原子能科学研究院董柳灿、清华大学郑钧正、国家环境保护部刘怡刚、核与辐射安全中心周启甫、范深根，中国辐射防护研究院卢金祥等审阅了全书，并提出了宝贵的意见。编者对以上所有参与人员为本书付出的辛勤劳动深表谢忱。在该书的编写过程中，虽然经过反复斟酌，但由于时间紧迫，经验有限，难免存在不足之处，希望广大读者提出宝贵意见，供再版时修改完善。

编　者

2012年10月

# 目录

CONTENTS

## 第1篇 基础知识

## 第2篇 辐射防护概论

## 第3篇 辐射防护管理框架

# 第4篇 实用辐射安全与防护

## 第5篇 电离辐射医学应用的防护与安全

# 第1篇

# 基础知识

# 第 1 章

# 物质结构

## 1.1 原子

世上万物都是由原子构成的。这些原子不能用任何化学方法分割,但却能结合起来形成物质。单个原子很小(直径约 $10^{-10}$ m),无法通过任何测量仪器直接观测。原子虽然很小,但原子本身也是由若干更小的粒子即质子、电子、中子组成。由于这些粒子非常小,就用一个特殊的计量单位,即原子质量单位(符号 u)来描述其质量。原子质量单位定义为 $^{12}$C 原子质量的 1/12,相当于 $1.66\times10^{-24}$ g。

### 1.1.1 质子、电子、中子

质子是带正电的粒子,质量大约 1u。质子位于原子核的中心,电荷[量]为 $1.6\times10^{-19}$ C。这个电荷称作元电荷,用 $e$ 表征。

电子带有相同的负电荷,即($-1.6\times10^{-19}$ C)。电子位于围绕原子核的轨道上。一般来说,一个原子的电子数和质子数是相等的,所以原子不带电。由于电子质量$\left(\text{大约 } 5\times10^{-4}\text{ u 或} \frac{1}{1840}\text{u}\right)$比质子质量小得多,所以在描述放射性衰变期间原子结构的变化时可以将其看作零。

中子可视为质子和电子的结合,因此质量大约为 1u,不带电荷。中子存在于原子核中。原子中各粒子特征见表 1-1。

**表 1-1 原子中各粒子特征**

| 粒子 | 在原子中的位置 | 质量/u | 电荷/$e$ |
|---|---|---|---|
| 质子 | 原子核 | 1 | +1 |
| 电子 | 轨道 | 1/1840 | −1 |
| 中子 | 原子核 | 1 | 0 |

### 1.1.2 玻尔原子结构模型

虽然准确的原子结构没有完全弄清，但是可以用一个简单的玻尔原子模型(以物理学家玻尔命名)来描述原子的结构和特征。根据这个模型，原子的结构类似于太阳系，有质量较大的核心(太阳)和围绕核心轨道运行的较轻粒子(行星)。在原子中，质量大的质子和中子组成的原子核带正电，质量小的电子带负电，受核静电吸引，在围绕中心区域的轨道运行。

这些电子只能围绕核周围特定层的轨道运转，而且每一轨道层容纳的电子数都是有限的。这些电子层称为 K 层、L 层、M 层和 N 层，它们各自能容纳的饱和电子数为 2、8、18 和 32 个。注意：电子在填满 M 层前就开始填 N 层(如钾和钙)，这是由于存在亚电子层和能级重叠。只有当能量增加或者释放的时候，电子才能改变运转轨道，跃迁到不同的电子层。

**记住**：只有当获得或者释放能量的时候，电子才能改变运转轨道，跃迁到不同的电子层。

具有相同核电荷数(即质子数)的同一类原子称为元素。元素是由每个原子的质子数决定的。每种元素都有各自的名称和特征，如氦(He)、碳(C)。图 1-1 是有 30 个电子的锌原子的电子结构示意图。应注意到这个电子结构图很简单，但质子数多的元素电子结构图就要复杂得多。

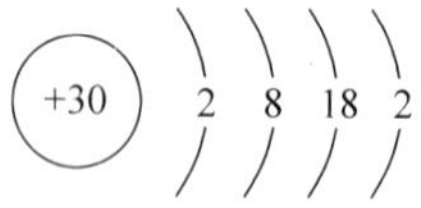

+30 2 8 18 2

图 1-1 锌原子的电子结构

对于钠原子，K 层分布 2 个电子，L 层分布 8 个，M 层还有 1 个。

元素的化学性质是由原子的质子数(等于电子数)决定的。中子不带电，因此不影响原子的化学特性。但中子数不同会影响原子的总质量，也会影响原子核的稳定性。这些性质在本篇第 2 章电离辐射和放射性衰变中将进一步讨论，因为这些性质对决定原子是否会产生辐射是相当重要的。

### 1.1.3 重要原子术语

原子可以通过其包含的基本粒子数描述。采用下列术语，可以描述任意一个原子的独特结构。

**1. 原子序数、中子数和原子质量**

前面已经说明，每种元素都有特定名称和符号。

例如，氢、锂、氧和钾的元素符号分别是 H、Li、O 和 K。原子序数(符号 $Z$) 定义为原子核中的质子数，每一种元素对应唯一的原子序数。如氢的原子序数是 1，氦是 2，碳是 6。氢、锂、氧、钾的原子序数分别是 1、3、8 和 19。原子核内的中子数用符号 $N$ 表示。给定元素的中子数也各不相同。

如氢、锂、氧和钾的中子数分别是 0、4、8 和 20。质量数是原子核内质子数与中子数之和，符号记作 $A$。相对原子质量与质子数和中子数之间的关系可以用等式(1-1)表示：

$$A = Z + N \tag{1-1}$$

例如，氦原子核内有两个质子和两个中子，质量数就为4($A=4$)。碳原子核内有6个质子和6个中子，相对原子质量约为12($A=12$)。

每种原子都对应的唯一的原子序数和质量数，常见的表示法(标准形式)：

$${}^{A}_{Z}X$$

$A$表示质量数，$Z$表示原子序数，X是有$Z$个质子元素的符号。

据此，可以写出最常见原子氢、锂、氧、钾的标准格式，为${}^{1}_{1}H$、${}^{7}_{3}Li$、${}^{16}_{8}O$、${}^{39}_{19}K$还有其他一些方式来描述核素，包括把元素名称或符号放在质量数之前或者之后。例如，${}^{12}_{6}C$也可写成${}^{12}C$、碳12、碳-12、$C^{12}$或C-12。

**2. 同位素、放射性同位素、核素和放射性核素**

一种元素可能质子数相同，但是中子数不同。比如，带6个中子数的碳原子的质量数为12，但是带8个中子的碳原子的质量数就为14。质子数相同但中子数不同的某种元素的各种核素，通称为该元素的同位素。具有放射性的同位素称为放射性同位素。同位素都属于同一种元素，所以它们化学性质相似，但质量不同，放射性特征也可能不同。

**记住**：所有特定元素的同位素化学性质相同，但它们的放射性特征可能不同。

以氢的同位素为例，普通的氢原子核中只有一个质子，没有中子。但是，其他氢同位素存在一个或两个中子。因此氢的质量数可能是1、2、3。给质量数为2和3的氢同位素特定名称，用以与普通氢区分。质量数为2叫作氘，与普通氢一样是稳定的；质量数为3的叫作氚，与其他两个同位素不同，它具有放射性(即放射性同位素)。图1-2所示为这3个氢同位素。

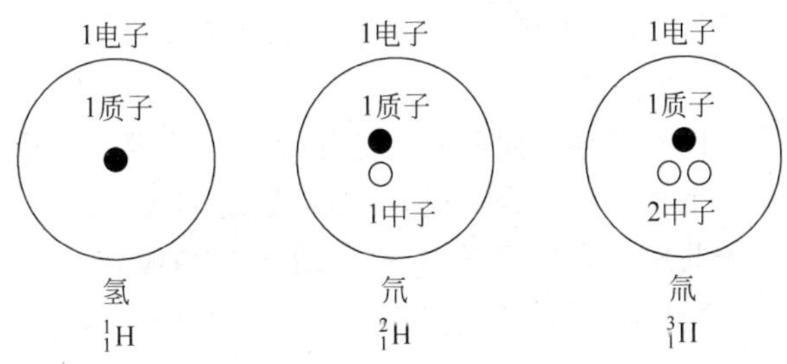


图1-2 氢的同位素

**表1-2 氢的3种同位素的原子结构**

| | 氢 | 氘 | 氚 |
|---|---|---|---|
| 符号 | ${}^{1}_{1}H$ | ${}^{2}_{1}H$ | ${}^{3}_{1}H$ |
| 质子数 | 1 | 1 | 1 |
| 电子数 | 1 | 1 | 1 |
| 中子数 | 0 | 1 | 2 |
| 原子序数 | 1 | 1 | 1 |
| 质量数 | 1 | 2 | 3 |

元素的同位素也称为核素。但是，核素可指任何元素（更广义的术语），然而同位素仅仅对应同种元素。发生转变并发射辐射的核素称为放射性核素。

可以根据核素的符号和质量数推断原子结构的特征。比如，$^{14}C$ 表征质量数为 14 的碳原子。由于碳的原子序数是 6（即碳原子核有 6 个质子），可以计算出 $^{14}C$ 有 8 个中子（14－6）。同时也可以知道，普通碳原子有 6 个电子，与质子数相同。

## 1.2 原子是如何结合的

根据前面的解释，元素的化学性质取决于原子中的质子数，即电子数。要使某一元素的原子的化学性质稳定，要么电子云外层电子填满（分别是 K 层 2 个或 L 层 8 个电子），或者最外层电子轨道有 8 个电子。因此，大多数的原子都不是单独存在的，它们通过化学键互相结合。这些化学键是通过原子共用电子（共价键）或电子转移（离子键）形成的。化学键不涉及各原子的原子核而只涉及原子的外层电子。

值得注意的是，原子的结合方式是自然科学领域的一个重要分支。在此只做很基本的介绍。它将帮助理解电离辐射对人体器官组织的影响，及如何产生伤害。

### 1.2.1 共价键

一个简单的例子，我们呼吸的氧气（$O_2$）就是共价键（共用电子）结合的。自然界中，单独的一个氧原子是非常罕见的，因为氧原子反应活性很高，只有结合第二个氧原子后才变得化学稳定。氧原子序数为 8，因此有 8 个质子和 8 个电子。最内层（K）含有 2 个电子，其他 6 个电子分布在外层（L）。因为 L 层需要填满 8 个电子才能稳定，所以还缺 2 个电子。那么，两个氧原子结合时，每个提供两个电子（共有 4 个共享电子），两个氧原子的外层都填满 8 个电子。图 1-3 是一个氧分子图。

某种元素的原子也可以与其他不同元素的原子结合。最常见的例子就是水分子，一个水分子由两个氢原子和一个氧原子结合而成，化学符号是 $H_2O$。

氧原子与每个氢原子共用一个电子，使氢原子的 K 层填满（2 个电子），每个氢原子与氧原子共用一个电子，从而使氧原子的外层 L 层填满（8 个电子）。图 1-4 给出了示意图。

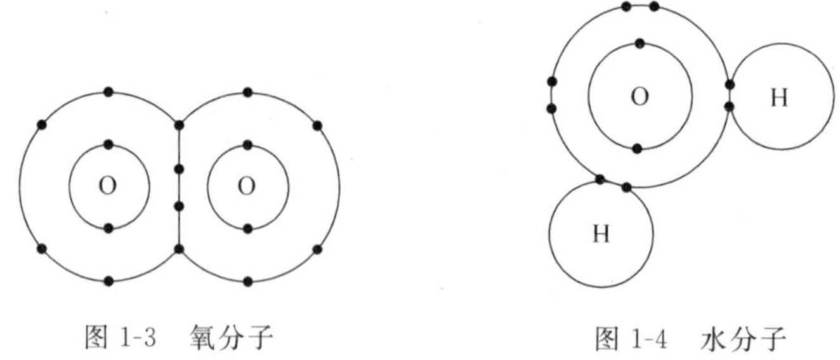


图 1-3 氧分子　　图 1-4 水分子

### 1.2.2 离子键

在一些原子中，最外层只有很少的电子，但是有许多空轨道（外层和内层有空间可以填充电子）。因此，这些原子如果失去最外层的几个电子，保证次外层的电子填满，就可以化学稳定，这类元素称为金属。其他的一些元素最外层只有很少的空轨道，如果得到几个电子就可以化学稳定，这类元素就称为非金属。

当一种金属元素的原子失去电子给非金属元素的原子，就形成了盐。一个简单的例子，就是食盐，由钠和氯组成，钠原子序数为11，最外层就一个电子，而氯原子序数17，最外层有7个电子，只要钠失去1个电子而氯得到1个电子，两者最外层都是8个电子。

氯化钠的整体呈电中性，因为质子和电子的总数是相同的。但是，钠原子由于失去一个电子带正电，氯原子由于获得一个电子带负电。这些带电的原子分别称为阳离子和阴离子，它们之间的吸引力称为离子键。

要注意原子间以离子键结合与共价键的不同之处，它们自主排列成网格状(见图1-5)。

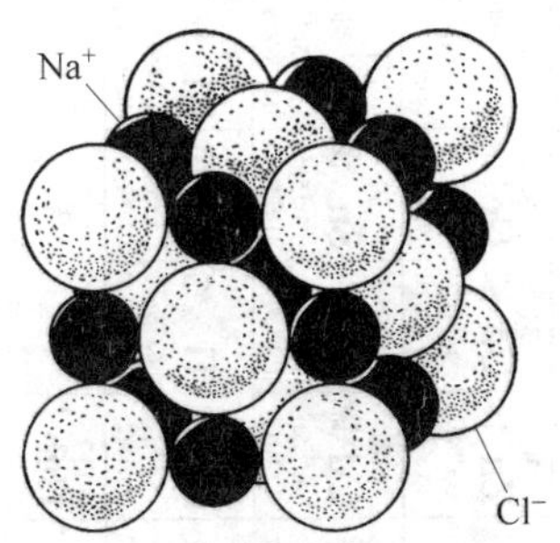


图1-5 氯化钠的结构

## 1.3 元素周期表

如前所述，原子中的质子数和电子数决定化学性质。由于电子仅限于在某些特定轨道运转，因此，外层电子数相似的元素，其化学性质也相似。

**记住**：外层电子数相似的元素具有相似的化学性质。

因此，可以根据外层电子如何排列的特点来分类元素，化学性质相似的元素可以分为一类。元素周期表即实现了这个目标(见图1-6)。

从图1-6可以看到，周期表主族元素(A栏，竖直方向)有8栏，同一族里所有元素最外层电子数都相同，因此有相似的化学性质。

**记住**：元素周期表的同一族的元素具有相似的化学性质。

例如，钙(Ca)、钡(Ba)、锶(Sr)和镭(Ra)都位于周期表的同一族，而且化学性质相似。钙是人体骨骼中的一种重要元素，其他相似的元素也被认为是亲骨元素，因为身体也会像利用钙元素一样利用其他元素。这一点在放射学上很重要，因为它决定人体哪些部位在镭的辐射后发生作用。

周期表给出了每种元素的名称、符号、原子序数和相对原子质量(所有同位素的平均值)，也给出了电子结构。周期表也可用彩色字体来区分自然界中元素存在的物理状态(固体、液体或气体)。过渡元素是指原子序数在21～30、39～48、57～80和89以上的那些元素。原子序数大于92的元素都是人造核素，具有放射性，在自然界是不存在的。但是，这些人造核素具有很重要的辐射性质，因为它们与核设施紧密相关。

原子序数 → 19
元素符号 → K（红色指放射性元素）
相对原子质量 → 39.0983
元素名称 → 钾（注 * 的是人造元素）
外围电子的构型 → $4s^1$（括号指可能的构型）

| 周期 | I A 1 | II A 2 | III B 3 | IV B 4 | V B 5 | VI B 6 | VII B 7 | VIII 8 | VIII 9 | VIII 10 | I B 11 | II B 12 | III A 13 | IV A 14 | V A 15 | VI A 16 | VII A 17 | 0 18 | 电子层 | 0族电子数 |
|---|---|---|---|---|---|---|---|---|---|---|---|---|---|---|---|---|---|---|---|---|
| 1 | 1 H 氢 $1s^1$ 1.00794(7) | | | | | | | | | | | | | | | | | 2 He 氦 $1s^2$ 4.002602(2) | K | 2 |
| 2 | 3 Li 锂 $2s^1$ 6.941(2) | 4 Be 铍 $2s^2$ 9.012182(3) | | | | | | | | | | | 5 B 硼 $2s^22p^1$ 10.811(7) | 6 C 碳 $2s^22p^2$ 12.0107(8) | 7 N 氮 $2s^22p^3$ 14.00674(7) | 8 O 氧 $2s^22p^4$ 15.9994(3) | 9 F 氟 $2s^22p^5$ 18.9984032(5) | 10 Ne 氖 $2s^22p^6$ 20.1797(6) | L<br>K | 8<br>2 |
| 3 | 11 Na 钠 $3s^1$ 22.989770(2) | 12 Mg 镁 $3s^2$ 24.3050(6) | | | | | | | | | | | 13 Al 铝 $3s^23p^1$ 26.981538(2) | 14 Si 硅 $3s^23p^2$ 28.0855(3) | 15 P 磷 $3s^23p^3$ 30.973761(2) | 16 S 硫 $3s^23p^4$ 32.066(6) | 17 Cl 氯 $3s^23p^5$ 35.4527(9) | 18 Ar 氩 $3s^23p^6$ 39.948(1) | M<br>L<br>K | 8<br>8<br>2 |
| 4 | 19 K 钾 $4s^1$ 39.0983(1) | 20 Ca 钙 $4s^2$ 40.078(4) | 21 Sc 钪 $3d^14s^2$ 44.955910(8) | 22 Ti 钛 $3d^24s^2$ 47.867(1) | 23 V 钒 $3d^34s^2$ 50.9415(1 | 24 Cr 铬 $3d^54s^1$ 51.9961(6) | 25 Mn 锰 $3d^54s^2$ 54.938049(9) | 26 Fe 铁 $3d^64s^2$ 55.845(2) | 27 Co 钴 $3d^74s^2$ 58.933200(9) | 28 Ni 镍 $3d^84s^2$ 58.6934(2) | 29 Cu 铜 $3d^{10}4s^1$ 63.546(3) | 30 Zn 锌 $3d^{10}4s^2$ 65.39(2) | 31 Ga 镓 $4s^24p^1$ 69.723(1) | 32 Ge 锗 $4s^24p^2$ 72.61(2) | 33 As 砷 $4s^24p^3$ 74.92160(2) | 34 Se 硒 $4s^24p^4$ 78.96(3) | 35 Br 溴 $4s^24p^5$ 79.904(1) | 36 Kr 氪 $4s^24p^6$ 83.80(1) | N<br>M<br>L<br>K | 8<br>18<br>8<br>2 |
| 5 | 37 Rb 铷 $5s^1$ 85.4678(3) | 38 Sr 锶 $5s^2$ 87.62(1) | 39 Y 钇 $4d^15s^2$ 88.90585(2) | 40 Zr 锆 $4d^25s^2$ 91.224(2) | 41 Nb 铌 $4d^45s^1$ 92.90638(2 | 42 Mo 钼 $4d^55s^1$ 95.94(1) | 43 Tc 锝 $4d^55s^2$ | 44 Ru 钌 $4d^75s^1$ 101.07(2) | 45 Rh 铑 $4d^85s^1$ 102.90550(2) | 46 Pd 钯 $4d^{10}$ 106.42(1) | 47 Ag 银 $4d^{10}5s^1$ 107.8682(2) | 48 Cd 镉 $4d^{10}5s^2$ 112.411(8) | 49 In 铟 $5s^25p^1$ 114.818(3) | 50 Sn 锡 $5s^25p^2$ 118.710(7) | 51 Sb 锑 $5s^25p^3$ 121.760(1) | 52 Te 碲 $5s^25p^4$ 127.60(3) | 53 I 碘 $5s^25p^5$ 126.90447(3) | 54 Xe 氙 $5s^25p^6$ 131.29(2) | O<br>N<br>M<br>L<br>K | 8<br>18<br>18<br>8<br>2 |
| 6 | 55 Cs 铯 $6s^1$ 132.90545(2) | 56 Ba 钡 $6s^2$ 137.327(7) | 57—71 La—Lu 镧系 | 72 Hf 铪 $5d^26s^2$ 178.49(2) | 73 Ta 钽 $5d^36s^2$ 180.9479(1) | 74 W 钨 $5d^46s^2$ 183.84(1) | 75 Re 铼 $5d^56s^2$ 186.207(1) | 76 Os 锇 $5d^66s^2$ 190.23(3) | 77 Ir 铱 $5d^76s^2$ 192.217(3) | 78 Pt 铂 $5d^96s^1$ 195.078(2) | 79 Au 金 $5d^{10}6s^1$ 196.96655(2) | 80 Hg 汞 $5d^{10}6s^2$ 200.59(2) | 81 Tl 铊 $6s^26p^1$ 204.3833(2) | 82 Pb 铅 $6s^26p^2$ 207.2(1) | 83 Bi 铋 $6s^26p^3$ 208.98038(2) | 84 Po 钋 $6s^26p^4$ | 85 At 砹 $6s^26p^5$ | 86 Rn 氡 $6s^26p^6$ | P<br>O<br>N<br>M<br>L<br>K | 8<br>18<br>32<br>18<br>8<br>2 |
| 7 | 87 Fr 钫 $7s^1$ | 88 Ra 镭 $7s^2$ | 89—103 Ac—Lr 锕系 | 104 Rf 𬬻* $(6d^27s^2)$ | 105 Db 𬭊* $(6d^37s^2)$ | 106 Sg 𬭳* | 107 Bh 𬭛* | 108 Hs 𬭶* | 109 Mt 鿏* | 110 Uun * | 111 Uuu * | 112 Uub * | | | | | | | | |

| | 57 | 58 | 59 | 60 | 61 | 62 | 63 | 64 | 65 | 66 | 67 | 68 | 69 | 70 | 71 |
|---|---|---|---|---|---|---|---|---|---|---|---|---|---|---|---|
| 镧系 | La 镧 $5d^16s^2$ 138.9055(2) | Ce 铈 $4f^15d^16s^2$ 140.116(1) | Pr 镨 $4f^36s^2$ 140.90765(2) | Nd 钕 $4f^46s^2$ 144.24(3) | Pm 钷 $4f^56s^2$ | Sm 钐 $4f^66s^2$ 150.36(3) | Eu 铕 $4f^76s^2$ 151.964(1) | Gd 钆 $4f^75d^16s^2$ 157.25(3) | Tb 铽 $4f^96s^2$ 158.92534(2) | Dy 镝 $4f^{10}6s^2$ 162.50(3) | Ho 钬 $4f^{11}6s^2$ 164.93032(2) | Er 铒 $4f^{12}6s^2$ 167.26(3) | Tm 铥 $4f^{13}6s^2$ 168.93421(2) | Yb 镱 $4f^{14}6s^2$ 173.04(3) | Lu 镥 $4f^{14}5d^16s^2$ 174.967(1) |

| | 89 | 90 | 91 | 92 | 93 | 94 | 95 | 96 | 97 | 98 | 99 | 100 | 101 | 102 | 103 |
|---|---|---|---|---|---|---|---|---|---|---|---|---|---|---|---|
| 锕系 | Ac 锕 $6d^17s^2$ | Th 钍 $6d^27s^2$ 232.0381(1) | Pa 镤 $5f^26d^17s^2$ 231.03588(2) | U 铀 $5f^36d^17s^2$ 238.0289(1) | Np 镎 $5f^46d^17s^2$ | Pu 钚 $5f^67s^2$ | Am 镅* $5f^77s^2$ | Cm 锔* $5f^76d^17s^2$ | Bk 锫* $5f^97s^2$ | Cf 锎* $5f^{10}7s^2$ | Es 锿* $5f^{11}7s^2$ | Fm 镄* $5f^{12}7s^2$ | Md 钔* $(5f^{13}7s^2)$ | No 锘* $(5f^{14}7s^2)$ | Lr 铹* $(5f^{14}6d^17s^2)$ |

图 1-6　元素周期表

## 1.4 核素图

周期表展示了所有元素的有关信息，而且根据每层的电子数排列元素。但是，每种元素可能对应几种同位素，所以可以用核素图表示所有元素的同位素。

核素图根据原子核内的质子数和中子数展示所有核素，包括天然的和人工的核素。横轴（水平方向）表示中子数，纵轴（垂直方向）表示质子数。这样，某一元素的所有同位素都能在核素图中用一条水平线表示。

核素图的一部分见图 1-7。

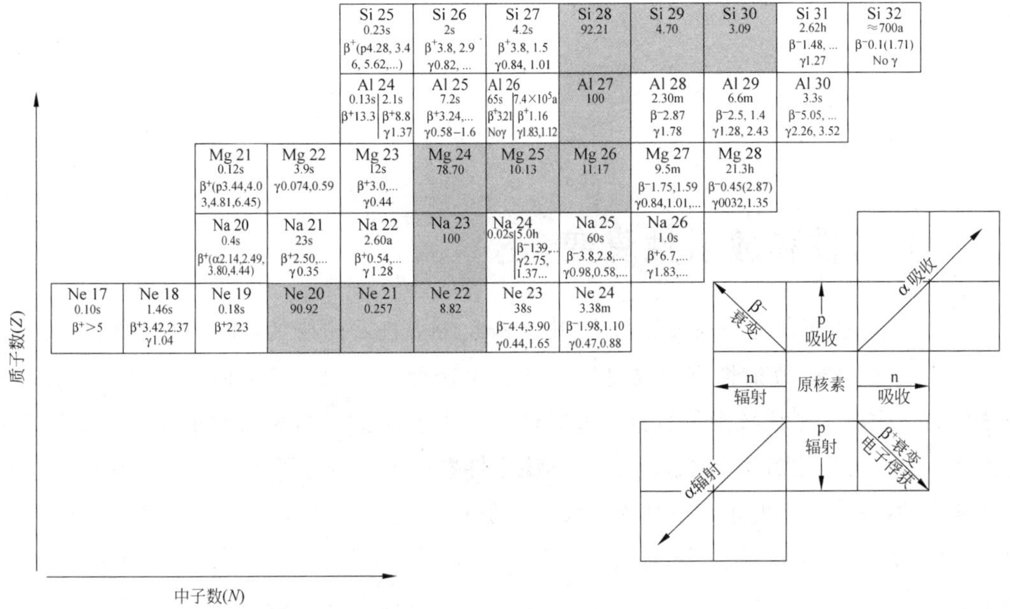


图 1-7 核素图的一部分

注：稳定的核素以灰色阴影表示；放射性核素没有阴影。

核素图包括下列基本信息：

(1) 每行开头给出特定元素的数据（类似于元素周期表）；

(2) 每种核素的相对原子质量和符号；

(3) 核素的丰度和半衰期；

(4) 放射性核素的主要或次要放射性衰变途径。

对于一个特定元素，丰度定义为自然界中某种同位素占总数的百分比。

半衰期是指有一半原子核发生放射性衰变所需的时间。半衰期越短，放射性核素衰变也越快。没有半衰期就表示没有放射性衰变，即此核素是稳定的。

稳定核素（不发生放射性衰变）和半衰期很长（大于 50 亿年）的核素一般在核素图中呈灰色。天然放射性核素用黑体字突出强调。

人造核素是通过一系列科学技术产生的。它们一般都是不稳定的，发生放射性衰变从而成为稳定核素。因为它们在自然界是不存在的，所以图中没有给出丰度值。有些元素，主要是高原子序数的元素，在自然界是不存在的。

# 第 2 章

# 电离辐射和放射性衰变

## 2.1 放射性和放射性衰变

在 19 世纪初期发现一些天然物质，其结构经历了自发的改变，使其更加稳定。这些物质称为具有放射性，放射性衰变就是原子核发生这种自发的转变从而使其更稳定的过程。原子核的结构决定了该核素是否具有放射性。由质子和中子构成的原子核有的是稳定的，有的是不稳定的。这就类似于原子的化学稳定性取决于轨道电子的排列。如果一个原子核没有稳定的结构，就将发生衰变从而形成一个更稳定的核素。放射性衰变产生带电粒子和射线，最常见的有 α 粒子、β 粒子和 γ 射线，其他可能还包括正电子、X 射线和不常见的中子。

## 2.2 放射性衰变产生电离辐射

放射性衰变过程发射出的粒子和射线，具有足够的能量使其所穿越的物质失去电子。换句话说，这些辐射属于电离辐射(电离辐射定义为粒子和射线具有相当大的能量，使原子、分子和离子失去电子)。尽管大多数电离辐射来源于放射性核素的衰变，但还有其他的辐射源，这些其他的辐射源将在 2.5 节进行详细讨论。

注意，来自任何辐射源的电离辐射对人体的作用都值得关注，因为它能作用于生物细胞，可能给组织和器官造成损害。

### 2.2.1 放射性的量和单位

电离辐射的能量用电子伏[特](eV)来度量，即使对原子而言，这也是一个很小的能量单位。1eV 即一个电子加速穿越 1V 的电位差所获得的能量，相当于 $1.6\times10^{-19}$J。在实际中，电离辐射能量通常以电子伏[特]的倍数计量，如 keV 或 MeV。

## 2.2.2　电离辐射的类型

**1. α粒子**

α粒子由两个质子和两个中子组成，与氦($^{4}_{2}He$)的原子核相同，质量数为4，带2个正电荷。α粒子记作符号α，字母A的希腊文小写。

**2. β粒子**

β粒子本质上与电子相同，是原子核中的一个中子转变成一个质子和一个电子时产生的，质子保留在原子核内，电子则以β粒子形式被发射出。类似于电子，β粒子质量很小$\left(约\frac{1}{1840}u\right)$，且带一个负电荷。记作符号β，字母B的希腊文小写。但有时写成$\beta^-$，表示发射出的电子带负电荷。

**3. γ射线**

γ射线是一种从原子核发射出来的电磁辐射。电磁辐射是由一个被称为光子的能量包组成，光子是一种以光速传递的电磁波。γ射线没有质量，也不带电，记作符号γ。

**4. 正电子**

正电子产生于一个质子转变成一个中子和一个带正电荷的电子(正电子)的过程。中子保留在原子核内，正电子则高速释放出来。正电子在很多方面都与β粒子相似，它们的主要差别在于所带电荷的正负性。因此，正电子也可记作符号$\beta^+$，用来表征它与β粒子之间的相似与不同之处。

**5. X射线**

类似γ射线，X射线也是一种既无质量也不带电的电磁辐射。但是，X射线与γ射线不同，γ射线产生于原子核内的转变，而X射线产生于原子核外电子轨道的跃迁。

**6. 中子**

中子(以符号n表示)是存在于原子核内，质量为1u，而且不带电的粒子。

**7. 各种电离辐射的特点总结**

表2-1总结了放射性衰变产生的各种电离辐射的特点。

表2-1　各种电离辐射的特点总结

| 辐射类型 | 符号 | 质量/u* | 电荷单位 |
|---|---|---|---|
| α粒子 | α | 4 | +2 |
| β粒子 | $\beta^-$ | 1/1840 | −1 |
| γ射线 | γ | 0 | 0 |
| 正电子 | $\beta^+$ | 1/1840 | +1 |
| X射线 | X | 0 | 0 |
| 中子 | n | 1 | 0 |

*：原子质量单位。

## 2.2.3　用核素图查找衰变方式

如前所述，当放射性核素发生衰变时，其原子会发射出粒子和射线。每一种特定核素的衰变方式都是不一样的，它们衰变模式的不同表现在产生粒子不同和发射出粒子与射线能量的不同。核素图为有关放射性衰变模式和衰变能量提供了宝贵的资料，学会如何正确运用这些知识也是非常重要的。

在第1章中，已经介绍了利用核素图来查找稳定的和不稳定的核素。一般来说，最稳定的核素中子数比质子数略多，对那些质量数较高的核素尤其是这样。而且，核素图中排在离稳定核素越近的核素，就越稳定。稳定性也反映在这些核素具有更长的半衰期。

除提供稳定性信息外，核素图还可用来确定放射性核素是如何进行衰变的。它提供有关辐射类型和辐射能量方面的资料。

核素图中，每个核素方格中给出放射性衰变模式和辐射能量。衰变模式是以丰度为序给出的，所以第一种模式即是最常见的放射性衰变方式。α 和 β 辐射的辐射能量以 MeV 计量，γ 射线和 X 射线的则以 keV 计量。例如，利用核素图，找到核素碘-131，它最常见的衰变模式是 β 粒子辐射，辐射能量是 0.606MeV。

虽然核素图给出了最常见的衰变方式，但可能还有其他不太常见的方式没有列出。另外，有时两种不同衰变方式是相互联系的，但核素图中并未显示出来。因此，核素图仅是一个查找核素衰变方式的指南，而非绝对的参考。

核素图也可用于预测某一核素的衰变产物。下面介绍如何利用核素图预测放射性衰变的结果。

### 2.2.4 放射性衰变的模式

最常见的放射性衰变模式有 α 衰变、β 衰变和 γ 衰变，其他可能的模式还包括正电子辐射和很少见的中子辐射。X 射线通常不是放射性衰变的直接产物，而是其他衰变模式的产物。

**1. α 辐射**

α 粒子是由原子核发射出的、能量在 4～8MeV 范围内的粒子。辐射能量由放射性核素决定。当一种放射性核素发射出 α 粒子，它的原子序数($Z$)减少了 2(由于失去两个质子)，其质量数减少 4(由于失去两个质子和两个中子)。在核素图中，α 衰变(记作 α)后，核素就沿对角线下移并左移两格。在核素图中找到钋-216，经过 α 衰变后有何变化，衰变能量可以查到。

沿对角线方向下移并左移两格，找到铅-212，衰变能量可以在钋-216 栏中找到，为 6.7785MeV。这一衰变过程可以用如下衰变方程表示：

$$^{216}_{84}\mathrm{Po} \longrightarrow {}^{212}_{82}\mathrm{Pb} + {}^{4}_{2}\alpha$$

或更常见的：

$$^{216}_{84}\mathrm{Po} \xrightarrow{\alpha} {}^{212}_{82}\mathrm{Pb}$$

注意，α 粒子通常是某些重核元素如铀、镭等发射的。

**2. β 辐射**

β 粒子由原子核发射出，能量连续分布直至最大值，最大值取决于特定的放射性核素。图 2-1 为磷-32 发射出 β 粒子的能量分布图。平均能量用符号 $\bar{E}$ 来表征。

当核素发射出 β 粒子时，其原子序数增加 1(原子核内多了一个质子)，但质量数保持不变(是一个中子转变成一个质子)。β 衰变(记作 β)后，在核素图中，核素沿对角线方向上移

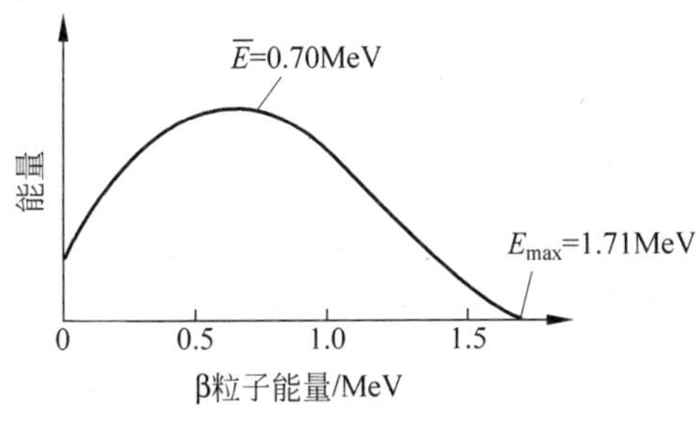


图 2-1　β 辐射能量分布

且左移一格。利用核素图，找出核素磷-32，上移且左移一格，即稳定核素硫-32，在磷-32 栏中显示 β 衰变能量为 1.709MeV。这个衰变过程可以用如下衰变方程表示：

$$ {}^{32}_{15}\mathrm{P} \longrightarrow {}^{32}_{16}\mathrm{S} + \beta^- $$

或者更常见的：

$$ {}^{32}_{15}\mathrm{P} \xrightarrow{\beta^-} {}^{32}_{16}\mathrm{S} $$

β 衰变发生在富中子核内，如核反应堆生产的放射性核素。富中子核素位于核素图的稳定线的右边。

**3. γ 射线**

γ 射线是放射性同位素原子核释放过剩能量，从而变得更加稳定的一种方式。通常发生在 α 衰变或 β 衰变之后，只释放能量而不发射粒子，所以放射性核素的原子序数和原子量在整个 γ 辐射过程中都是不变的。因此，经过 γ 辐射，核素在核素图中的位置不发生改变。在核素图中找到氡-220，这个核素经过 α 衰变后移到了钋-216 的位置，注意，在氡-220 方格里符号 α 的下面，还有一个 γ 辐射（记作 γ）的标记。同样，这个衰变过程可以如 α 衰变方程那样表示出来，也可以用一个描述得更详细的方程式表示如下：

$$ {}^{220}_{86}\mathrm{Rn} \longrightarrow {}^{216}_{84}\mathrm{Po} + {}^{4}_{2}\alpha + \gamma $$

注意，γ 射线是从原子核内发射出的能量高达几百万电子伏（MeV）的光子。这种形式释放的能量可以体现放射性核素的辐射特征，所以可用来鉴别放射性核素。

1）同质异能跃迁

一般，衰变开始后立即发生 γ 辐射（约 $10^{-10}$ s 后）。然而，某些放射性核素并不是很快释放过剩能量，而需要数十分钟甚至几个小时后才发射 γ 射线。这种放射性核素称为亚稳态的放射性核素，在质量数之后标注 m。经过一定的时间，γ 射线最终被发射出来，这个过程称为同质异能跃迁。

在核素图中，存在亚稳态的放射性核素栏用垂直线分开。左边栏表示的是亚稳态放射性核素的性质，而右边栏表示的是正常核素的性质。当放射性核素发生同质异能跃迁时（记作符号 IT），它将移动到核素表的右边栏里。

在核素图中找到核素锝-99，注意到栏分成两块，表明这种放射性核素可能存在亚稳态（Tc-99m）。在左边用符号 IT 注明了衰变模式，这表明 Tc-99m 可能通过发生同质异能跃迁到 Tc-99。同质异能跃迁过程把核素从左栏（Tc-99m）移到右栏（Tc-99）。Tc-99m 实际上是 Mo-99 经过 β 衰变转变而成的，整个过程可以用如下方程表示：

$$ {}^{99}_{42}\mathrm{Mo} \longrightarrow {}^{99m}_{43}\mathrm{Tc} + \beta^- \longrightarrow {}^{99}_{43}\mathrm{Tc} + \gamma $$

或者更常见的表示为：

$$^{99}_{42}\text{Mo} \xrightarrow{\beta^-} {}^{99m}_{43}\text{Tc} \xrightarrow{\text{IT}} {}^{99}_{43}\text{Tc}$$

**4. 正电子辐射**

正电子衰变通常只发生在质子过剩的原子核中。当核素发生正电子衰变后，原子序数将减少1（原子核内失去一个质子），但质量数保持不变（质子转变成中子）。经过正电子衰变（记作符号 $\beta^+$），核素将沿核素图对角线方向下移再右移一格。这与β粒子衰变发生后的移动正好相反。

在核素图中，富质子数的放射性核素位于稳定线的左侧。例如核素氧-15，它最常见的衰变模式是正电子辐射。如果顺着图对角线下移再右移一格，是氮-15，这即是氧-15经过正电子辐射衰变的结果。这个衰变过程可以用如下衰变方程表示：

$$^{15}_{8}\text{O} \longrightarrow {}^{15}_{7}\text{N} + \beta^+$$

或者更常见的表示为：

$$^{15}_{8}\text{O} \xrightarrow{\beta^+} {}^{15}_{7}\text{N}$$

注意，发射的正电子（类似β粒子）能量连续分布。

**5. X射线辐射**

如果没有其他过程发生，X射线的发射不会自发产生。因此，X射线辐射是与内转换和电子俘获这类衰变模式紧密联系的，而自身并不能单独成为一种衰变模式。事实上，X射线辐射通常由人造X射线发生器产生，比放射性衰变更常见。

**6. 内转换**

内转换是从原子核转移过剩能量的另一种过程，也是γ射线辐射的替代形式。内转换过程是把过剩的能量转移到内层的电子（K层或L层），这个电子然后从原子核内激发出来，类似于β粒子，但能量单一而非呈现一定的能量分布。这个被激发的电子就在内电子层留下一个空缺，被从外电子层跃迁的一个电子填补了。由于电子从较高能量跃迁到较低能级，能量就会以X射线的形式被释放出来。因此，在内转换过程中，原子发射电子和X射线，而不是发射γ射线。

内转换，类似γ辐射，不影响原子序数和质量数，但降低了原子的能量级。内转换在核素栏中记作符号 $e^-$。

**7. 电子俘获**

电子俘获是由于原子内质子数过多导致的一种过程。在电子俘获过程中，最里层（K层）上的一个电子被原子核内的一个质子捕获形成一个中子。因为K层失去了一个电子，所以外层必须有一个电子改变轨道层来填补这个空缺。由于电子从较高能级跃迁到较低能级，能量就会以X射线的形式释放出来。电子俘获发射的X射线是生成核素的特征，而不是发生衰变反应核素的特征。

放射性核素发生电子俘获，其原子序数减少1（因为原子核失去一个质子），但质量数保持不变（质子和电子转变成中子）。因此，电子俘获类似于正电子辐射，核素在核素图中发生的位置改变也是向下移再右移一格。电子俘获在核素表中记作符号ε。

在核素图中找到核素氧-15，会发现它的另一个衰变模式是电子俘获。因此，电子俘获的衰变途径与正电子衰变的产物一样，生成物还是核素氮-15。注意，所有能发生正电子辐射的核素也都能发生电子俘获。

**8. 中子辐射**

虽然有些核反应堆的副产物也能发射中子，但中子辐射一般与放射性衰变无关。相反，中子辐射通常与核反应堆的产物或人工制造的中子源有关。应记住，中子辐射很少与核素放射性衰变有关。

**记住**：核素放射性衰变发射中子非常罕见，中子辐射通常与核反应堆的产物或人工生产的中子源有关。

当核素发生中子辐射后，其质量数减少1，因为原子核内失去一个中子。因此，放射性核素在核素图里将左移一格。中子衰变在核素图中用符号n表征。

**9. 放射性衰变模式总结**

图2-2简要总结了发生放射性衰变后，核素在核素图中位置的变化。

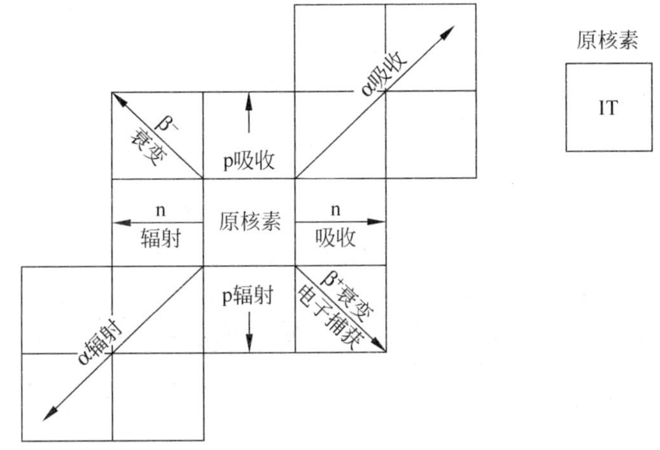


图2-2 放射性衰变导致核素在核素图的移动

表2-2总结了主要的衰变模式，描述了核素发生衰变后的变化。

**表2-2 放射性衰变模式的总结**

| 衰变模式 | 符号 | 常见来源 | $Z$变化 | $N$变化 | $A$变化 |
|---|---|---|---|---|---|
| α衰变 | α | 重原子核 | −2 | −2 | −4 |
| $\beta^-$衰变 | $\beta^-$ | 中子过剩 | +1 | −1 | 0 |
| γ衰变 | γ | 能量过剩 | 0 | 0 | 0 |
| 内转换 | IT | 能量过剩 | 0 | 0 | 0 |
| $\beta^+$衰变 | $\beta^+$ | 质子过剩 | −1 | +1 | 0 |
| X射线* | X | (X射线管) | — | — | — |
| 内转换 | $e^-$ | 能量过剩 | 0 | 0 | 0 |
| 电子捕获 | ε | 质子过剩 | −1 | +1 | 0 |
| 中子辐射* | n | 过剩中子 | 0 | −1 | −1 |
| | | (中子源、核反应堆) | — | — | — |

*：这些辐射更多与其他源有关，而不是来源于放射性衰变。

## 2.3 衰变常数、活度和半衰期

衰变参数是描述放射性衰变的物理量。这些物理量包括衰变常数、活度、半衰期，每个核素都有一个特征物理量。有的参数可以用数学表达式来描述，以下将进行阐述。

### 2.3.1 放射性衰变规律和衰变常数

在自然界，放射性物质的放射性衰变一般都是随机发生的，不可能确切地预测到具体哪一个原子即将发生衰变。但是，如果大量的原子被看作为一个整体，那么衰变过程就遵循明确的统计规律，称为放射性衰变规律。这个规律可以用指数方程表达，如下方程所示：

$$N = N_0 e^{-\lambda T} \tag{2-1}$$

式中：$N_0$——$T=0$ 时放射性原子核的数目；

$T$——衰变时间；

$\lambda$——衰变常数；

$N$——经过衰变时间 $T$ 放射性原子核的数目。

**记住**：放射性衰变常数 λ，表示单位时间(如 1s 或 1a)内原子发生衰变的分数。

不论核素发生任何化学或物理变化，衰变常数对于某一放射性核素来说是固定的。

### 2.3.2 放射性活度

**1. 定义**

在辐射防护中，更重要的是要知道目前产生了多少辐射，而不是样品里还有多少放射性原子。因此，就用活度这个量来定义单位时间里(通常以 s 为单位)发生放射性衰变的原子核数目。

**记住**：活度($A$)是指放射性物质单位时间内发生衰变的个数。

注意，活度和质量数符号都记作 $A$，核子数和中子数符号都是 $N$。在使用时，须明白每个符号的物理意义。

**2. 量和单位**

活度的单位是贝可[勒尔](Bq)，1Bq 表示每秒内发生一次衰变。

**记住**：1Bq 表示每秒内有一次核衰变。

注意，活度一开始使用的单位是居里(Ci)，1Ci 定义为 1g 镭-226 每秒发生衰变的原子数。后来，1Ci 又重新定义为每秒发生 $3.7\times10^{10}$ 次衰变(或 37GBq)。

**记住**：$1\text{Ci} = 3.7\times10^{10}\ \text{Bq} = 37\text{GBq}$。

在辐射防护中，经常要进行单位之间的转换，表 2-3 列出了最常用的 SI 词头。

表 2-3 词头

| 符号 | 因数 | 符号 | 因数 |
|---|---|---|---|
| d | $10^{-1}$ | k | $10^{3}$ |
| c | $10^{-2}$ | M | $10^{6}$ |
| m | $10^{-3}$ | G | $10^{9}$ |
| μ | $10^{-6}$ | T | $10^{12}$ |
| n | $10^{-9}$ | | |
| p | $10^{-12}$ | | |

例 2-1 为进行单位间的转换实例。

**例 2-1** 如果一种放射性的核素活度是 10MBq,(1)等于多少 Bq? (2)等于多少 GBq?

(1) 由表 2-3 可知,M 是 $10^6$ 倍,所以从 MBq 转换到 Bq 需要乘以 $10^6$。结果如下:

$$10\text{MBq} = 10\times10^6\text{Bq} = 10^7\text{Bq}$$

(2) 由表 2-3 可知,M 是 $10^6$ 倍,G 是 $10^9$ 倍,因此 M 比 G 小 $10^3$(或小 1000 倍)。因此

$$10\text{MBq} = 10\times10^{-3}\text{GBq} = 10^{-2}\text{GBq} = 0.01\text{GBq}$$

常常也需要从活度的旧单位(Ci)转换到活度的新单位(Bq),反之亦然。表 2-4 列出了活度的新旧单位的转换关系。

表 2-4 活度单位的转换

| Ci 换算成 Bq | Bq 换算成 Ci |
|---|---|
| 1μCi=37kBq | $1\text{Bq}=2.7\times10^{-11}\text{Ci}$ |
| 1mCi=37MBq | $1\text{kBq}=2.7\times10^{-8}\text{Ci}$ |
| 1Ci=37GBq | $1\text{MBq}=2.7\times10^{-5}\text{Ci}=27\mu\text{Ci}$ |
| $10^3\text{Ci}=37\text{TBq}$ | $1\text{GBq}=2.7\times10^{-2}\text{Ci}=27\text{mCi}$ |
| | $1\text{TBq}=2.7\times10\text{Ci}=27\text{Ci}$ |

例 2-2 和例 2-3 给出了如何进行单位间的转换。

**例 2-2** 一个活度为 5μCi 的放射性源,相当于多少 Bq?

**解**

根据表 2-4,1μCi=37kBq,因此:

$$5\mu\text{Ci} = 5\times37\text{kBq} = 185\text{kBq}$$

所以,5μCi 相当于 185kBq 或者 $1.85\times10^5$Bq。

**例 2-3** 一个活度为 200MBq 的放射性源,相当于多少居里(Ci)?

**解**

根据表 2-4,$1\text{MBq}=2.7\times10^{-5}\text{Ci}=27\mu\text{Ci}$,因此:

$$200\text{MBq} = 200\times2.7\times10^{-5}\text{Ci} = 540\times10^{-5}\text{Ci} = 5.4\times10^{-3}\text{Ci} = 5.4\text{mCi}$$

所以,200MBq 等于 5.4mCi 或者 $5.4\times10^{-3}$Ci。

### 2.3.3 半衰期

半衰期用来描述放射性衰变的速率,记作符号 $T_{1/2}$。每一个放射性核素都有唯一的、固定的半衰期。如碳-14 的半衰期是 5715a,氚(氢-3)是 12.32a,磷-32 是 14.28d。

半衰期是指某个样品中一半的原子核发生衰变所需要的时间。因此，$T=T_{1/2}$时，$N=\dfrac{N_0}{2}$。代入放射性衰变方程（方程(2-1)）中，从而可以确定$\lambda$与$T_{1/2}$之间的关系，如下所示。

由方程(2-1)

$$N = N_0 e^{-\lambda T}$$

把$N=\dfrac{N_0}{2}$和$T=T_{1/2}$代入：

$$\frac{N_0}{2} = N_0 e^{-\lambda T_{1/2}}$$

$$\frac{1}{2} = e^{-\lambda T_{1/2}}$$

方程两边同时取自然对数：

$$\ln(1/2) = \ln e^{-\lambda T_{1/2}}$$

改写方程为：

$$\ln(1/2) = -\lambda T_{1/2}$$

$$T_{1/2} = -\frac{\ln(1/2)}{\lambda} = -\frac{\ln(2^{-1})}{\lambda} = -1\left(\frac{-\ln 2}{\lambda}\right)$$

$$T_{1/2} = \frac{\ln 2}{\lambda}$$

$$T_{1/2} = \frac{0.693}{\lambda}$$

$$\lambda = \frac{0.693}{T_{1/2}} \tag{2-2}$$

由式(2-2)可知，衰变常数和半衰期之间存在确定的关系，短的半衰期意味着在单位时间内大部分原子发生了衰变，因此，衰变常数很大。反之，长的半衰期意味着单位时间内没有太多原子发生衰变，因此衰变常数很小。半衰期通常用来描述衰变速率，因为它表征了放射性核素的稳定性和衰变的快慢。

在核素图中可以找到每种放射性核素的半衰期，如果没有注明半衰期，则表示该核素是稳定的。图中问号则表示该核素的半衰期未知。例如，在核素图中找到核素碘-131，它的半衰期是 8.020d。

## 2.3.4 活度计算

放射性核素的活度与其含有的不稳定的核子数成正比，如方程(2-3)所示：

$$A = \lambda N \tag{2-3}$$

式中：$A$——活度；

$\lambda$——衰变常数；

$N$——剩余的原子核数目。

因此，活度是呈指数形式变化的，可以用方程(2-4)表示：

$$A = A_0 e^{-\lambda T} \tag{2-4}$$

式中：$A_0$——$T=0$ 时刻的放射性活度；

$T$——衰变时间；

$\lambda$——衰变常数；

$A$——$T$ 时刻的放射性活度。

活度随时间变化的关系如图 2-3 所示。

方程(2-4)可以改写成更简单的形式来计算活度。

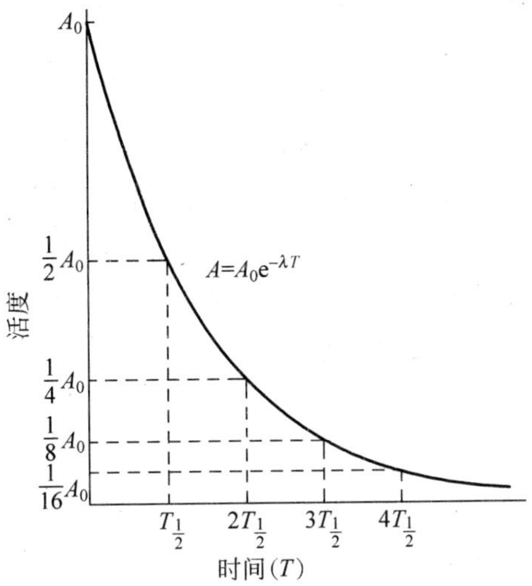


图 2-3　活度随时间的变化

设 $n$ 表示经历的半衰期数$\left(n=\dfrac{T}{T_{1/2}}\right)$，因为

$$A = A_0 e^{-\lambda T_{1/2}}$$

方程两边同时取自然对数：

$$\ln A = \ln A_0 e^{-\lambda T_{1/2}}$$

$$\ln A = \ln A_0 + \ln e^{-\lambda T_{1/2}}$$

$$\ln A = \ln A_0 - \lambda n T_{1/2}$$

$$\lambda n T_{1/2} = \ln A_0 - \ln A = \frac{\ln A_0}{\ln A}$$

将 $T_{1/2}=\dfrac{\ln 2}{\lambda}$代入：

$$n\ln 2 = \ln 2^n = \frac{\ln A_0}{\ln A}$$

$$2^n = \frac{A_0}{A}$$

$$A = \frac{A_0}{2^n} \tag{2-5}$$

式中：$A$——$T$ 时刻的活度；

$A_0$——$t=0$ 时的活度；

$n$——半衰期数。

需要强调的是，$T_{1/2}$、$\lambda$ 和 $T$ 必须使用相同的时间单位，如果半衰期单位是 a，那 $T$ 也必须是 a；如果半衰期时间为 s，那 $T$ 也必须用 s。

放射源都会标明其活度和活度测量的时间。这样就可以运用方程(2-4)或方程(2-5)来计算任何时间的活度了。还有一种方法可以粗略估算活度。在例 2-4 中列举了全部 3 种方法。

**例 2-4**　铯-137(Cs-137)源在 1973 年 1 月 1 日活度为 800MBq，计算在 2030 年 7 月 1 日的活度为多少？

**解**

**方法 1**

使用方程(2-4)：

$$A = A_0 e^{-\lambda T}$$

还有方程(2-2)：

$$\lambda = \frac{0.693}{T_{1/2}}$$

根据核素图可知，Cs-137 的半衰期是 30.17a，即 $T_{1/2}=30.17\text{a}$，因此

$$\lambda = \frac{0.693}{30.17}\text{a}^{-1} = 2.30\times 10^{-2}\text{a}^{-1}$$

$T=0$ 时的活度为 800MBq，即 $A_0=800$ MBq。

1973 年 1 月 1 日到 2030 年 7 月 1 日的时间间隔是 57.5a，因此：

$$A = 800\ \text{e}^{-0.023\times 57.5} = 800\ \text{e}^{-1.32}$$

如果有科学计算器，可以用计算器计算出 $\text{e}^{-1.32}$ 的值。如果没有科学计算器，那就利用自然对数表查出这个值。计算出

则

$$\text{e}^{-1.32} = 0.267$$

$$A = 800\times 0.267\text{MBq} = 214\text{MBq}$$

因此，Cs-137 在 2030 年 7 月 1 日的活度为 214MBq。

**方法 2**

利用方程(2-5)：

$$A = \frac{A_0}{2^n}$$

式中

$$n = \frac{T}{T_{1/2}}$$

根据核素图可知：$T_{1/2}=30.17\text{a}$。

1973 年 1 月 1 日到 2030 年 7 月 1 日的时间间隔($T$)是 57.5a，所以相当于半衰期数为

$$n = \frac{57.5}{30.17} = 1.91$$

1973 年 1 月 1 日的活度为 800MBq($A_0=800$MBq)。

将这些量代入方程(2-5)中：

$$A = \frac{800}{2^{1.91}}$$

计算出

$$2^{1.91} = 3.76$$

$$A = \frac{800}{3.76}\text{MBq} = 213\text{MBq}$$

因此，Cs-137 在 2030 年 7 月 1 日的活度为 213MBq。

注意，两种方法的计算结果相差 1MBq 是由于四舍五入取整数导致的。

**方法 3**

如果仅仅需要一个大概的答案，那么可以估算出半衰期数，然后利用这个半衰期数直接计算活度。如果这样计算的话，经历的时间大约是两个半衰期。经过一个半衰期，活度由 800MBq 衰变到 400MBq，第二个半衰期后活度就衰变为 200MBq。由于衰变时间不到 2 个半衰期，所以可估计出剩余活度应该略高于 200MBq。如果计算活度是为了预测潜在危险，那么运用这种方法就可以了。但是，如果计算活度是用于校准的话，则必须选用方法 1 或方法 2，前两个方法都能计算出准确的答案。

### 2.3.5　放射性核素半衰期的测量

**1. 初步介绍**

可以通过测量一定时间内的计数或计数率，来估算某些放射性核素的半衰期。注意，计数(只要每次计数的时间相同)或计数率都可以用来代替活度，半衰期既可以计算得出，也可以根据图形法得出。

**2. 半衰期的计算**

由方程(2-5)，

$$A = \frac{A_0}{2^n}$$

改写成方程(2-6)：

$$2^n = \frac{A_0}{A} \tag{2-6}$$

测得在两个不同时刻某样品活度的计数和计数率，这样 $2^n$的值就可以确定了。

要从方程(2-6)中求得 $n$，对方程两边取对数，取 $\log_{10}$或 $\log_e(\ln)$都可以，在这取 ln。方程(2-6)变成：

$$\ln 2^n = \ln \frac{A_0}{A}$$

$$n \ln 2 = \ln \frac{A_0}{A}$$

$$n = \frac{\ln \dfrac{A_0}{A}}{\ln 2} \tag{2-7}$$

因为

$$n = \frac{T}{T_{1/2}}$$

改写成：

$$T_{1/2} = \frac{T}{n} \tag{2-8}$$

所以，根据方程(2-7)计算出 $n$ 后，即可代入方程(2-8)求得半衰期的值。

大气层中存在一定量的放射性活度，因此，测量计数和计数率时，要对这个辐射背景值进行校正。最简单的方法，就是在没有辐射源时测得一系列的读数，然后求平均值。有源时，所有的测量值减去这个背景值得到的才是实际值。

**记住**：计数或计数率需要减去背景值，才能得到实际值。

注意，在多数情况下，背景值相对于样品计数都是很小的，所以修正值和测量值之间可能相差不大。

例 2-5，给出计算放射性核素的半衰期的实例。

**例 2-5**　测得某样本每分钟发生 952 次核衰变，7min 后，再次测量是每分钟 148 次，背景值是每分钟 6 次，问样品的半衰期是多少？

**解**

$T=0$ 时刻的活度：

$$A_0 = 952 - 6 = 946$$

7min 后的活度：

$$A = 148 - 6 = 142$$

因此

$$\frac{A_0}{A} = \frac{946}{142} = 6.66$$

代入方程(2-7)：

$$n = \frac{\ln \dfrac{A_0}{A}}{\ln 2} = \frac{\ln 6.66}{\ln 2} = \frac{1.896}{0.693} = 2.74$$

即 7min 的半衰期数是 2.74。代入方程(2-8)：

$$T_{1/2} = \frac{7}{2.74}$$

$$T_{1/2} = 2.55\text{min}$$

因此，样品的半衰期为 2.55min。

**3. 图解法**

图解法是根据计数或计数率对应时间的曲线求解的。假如所有的数据都是使用同一探测器和相同的方法测量计算所得的，那么使用计数(计数率)就可以了，没有必要测量实际放射性活度值。

如果在方格纸上描点绘图，得出一条指数曲线。如果(在对数线性图纸上)以横轴表示时间，纵轴表示计数(或计数率)，将绘出一条直线，从中可得知半衰期。有时使用这种方法来鉴别放射性核素，尤其是 β 辐射源。

**记住**：半衰期估算仅适用于单一放射性核素，不能用来估算多种成分的混合放射性核素。

### 2.3.6 放射性比活度

尽管活度可以告诉我们具体的放射性量是多少，但没有告诉它的物理大小。因此，放射性比活度(SA)是指某一放射性核素单位质量或单位体积的放射性(活度)。

放射性比活度的单位是 $\text{Bq}\cdot\text{kg}^{-1}$ 或者 $\text{Bq}\cdot\text{m}^{-3}$。在实践中，$\text{Bq}\cdot\text{g}^{-1}$ 或 $\text{Bq}\cdot\text{mL}^{-1}$(如果同位素在溶液中)更常用。

物质的放射性比活度可以说明相对的危险性。如果物质的比活度高，即便质量或体积很小，也可能是危险源。反之，如果物质的比活度低，即便质量或体积很大，也可能不构成危险源。

如果 $N$ 等于该物质每克含有的放射性原子个数，那么放射性比活度用 $\text{Bq}\cdot\text{g}^{-1}$ 表示为 $\lambda N$。如方程(2-9)表示：

$$\text{SA} = \lambda N \tag{2-9}$$

$N$ 也能用方程(2-10)表示：

$$N=\frac{6.03\times10^{23}}{M} \tag{2-10}$$

式中：$6.03\times10^{23}$——阿伏伽德罗常数；

$M$——相对原子质量。

在实际中，相对原子质量通常用质量数 $A$ 来替代，因为它已足够准确。

代入方程(2-9)：

$$\mathrm{SA}=\lambda\times\frac{6.03\times10^{23}}{A}$$

用方程(2-2)中的 $\lambda=\frac{0.693}{T_{1/2}}$ 代入：

$$\mathrm{SA}=\frac{0.693\times6.03\times10^{23}}{T_{1/2}A}$$

因此

$$\mathrm{SA}=\frac{4.18\times10^{23}}{T_{1/2}\times A} \tag{2-11}$$

式中：SA——放射性比活度，$\mathrm{Bq\cdot g^{-1}}$；

$A$——放射性核素的质量数；

$T_{1/2}$——放射性核素的半衰期，s。

因此，方程(2-11)给出了用放射性核素的质量数和半衰期来表达放射性比活度的公式。

只要已知某放射性核素的放射性比活度，就可以计算出放射源中该放射性核素的克数：

$$\text{放射性核素的克数}=\frac{\text{活度(Bq)}}{\text{放射性比活度}(\mathrm{Bq\cdot g^{-1}})} \tag{2-12}$$

注意，方程(2-11)和方程(2-12)仅仅适用于单一放射性核素，对多种成分的混合核素不适用。

例 2-6 说明了如何计算某放射性源的放射性比活度和放射性原子数。

**例 2-6** 在核素图中找到硫-35 的半衰期，该核素的放射性比活度是多少？1GBq 的辐射源中有多少克硫-35？

**解**

硫-35 的质量数是 35。由核素图可知，硫 35 的半衰期是 87.2d($87.2\times24\times60\times60$s)。

代入方程(2-11)

$$\mathrm{SA}=\frac{4.18\times10^{23}}{87.2\times24\times60\times60\times35}$$

$$\mathrm{SA}=1.59\times10^{15}\,\mathrm{Bq\cdot g^{-1}}$$

因为

$$1\mathrm{GBq}=1\times10^{9}\,\mathrm{Bq}$$

代入方程(2-12)：

$$\text{克数}=\frac{1\times10^{9}}{1.59\times10^{15}\,\mathrm{g}}=6.3\times10^{-7}\,\mathrm{g}=63\mu\mathrm{g}$$

因此，硫-35 的放射性比活度为 $1.59\times10^{15}\,\mathrm{Bq\cdot g^{-1}}$，1GBq 的辐射源质量为 63μg。

低质量数和短半衰期的放射性核素的放射性比活度大，这种放射性物质泄漏一点点即可能导致严重危害。反之，那些高质量数和长半衰期的放射性核素的放射性比活度小，这种放射性物质泄漏一点点可能不会导致严重危害。

# 2.4 衰变链和相对半衰期

## 2.4.1 衰变链

前面学过，原子通过发生放射性衰变来使其自身更加稳定。放射性衰变后而变得更稳定的核素称为子核（女儿）。子核这个术语已被国际原子能机构认可，在一些教科书上也会出现女儿这个名词。起始的放射性核素称为母核。

注意，上文所说的“更稳定”，是因为放射性核素发生衰变后，不一定会形成稳定核素，可能是形成另一种放射性物质。

**记住**：放射性核素发生衰变后，可能形成另一种放射性物质。

因此，当母核经放射性衰变而形成子核，这子核也可能具有放射性，自身也将发生放射性衰变（即子核作为母核，再发生放射性衰变形成子核）。这个第二代子核还可能有放射性，如果有的话，便会发生衰变形成另一个放射性核素。这个过程将一直循环反复直到最后形成一种稳定核素。这个稳定的过程称为衰变链或衰变系列。衰变过程长短和复杂程度不同，利用核素图可以探讨某一放射性核素的衰变链。首先，从初始核素开始，由发生最可能的衰变方式，转变成适当的子核。循环反复此步骤直到一个稳定核素。注意，对于一些放射性核素，可能出现两种衰变途径。

氪-90是一种人造的放射性核素，通常是由核反应堆产生。在核素图中找到氪-90，然后找出其衰变链。

氪-90经β辐射衰变成铷-90m。然后，铷-90m可以直接发生β衰变变成锶-90，或者先衰变成铷-90（内转换），再到锶-90（β辐射）。锶-90再经β衰变成钇-90m，然后钇-90m再衰变为锆-90m（先同质异能跃迁再经β衰变，或者不太常见地直接由β衰变成锆-90m）。锆-90m很快经同质异能跃迁过渡到稳定核素锆-90。

这一衰变链如下表示：

$$\mathrm{Kr\text{-}90}\xrightarrow{\beta^-}\mathrm{Rb\text{-}90m}\xrightarrow{\beta^-}\mathrm{Sr\text{-}90}\longrightarrow\mathrm{Y\text{-}90m}\xrightarrow{\mathrm{IT}}\mathrm{Y\text{-}90}\xrightarrow{\beta^-}\mathrm{Zr\text{-}90m}\xrightarrow{\mathrm{IT}}\mathrm{Zr\text{-}90}$$

$$\mathrm{Rb\text{-}90m}\xrightarrow{\mathrm{IT}}\mathrm{Rb\text{-}90}\xrightarrow{\beta^-}\mathrm{Sr\text{-}90}\qquad \mathrm{Y\text{-}90m}\xrightarrow{\beta^-}\mathrm{Zr\text{-}90m}$$

必须记住，衰变链可以有几条不同途径。某放射性核素可能多数时候以某一途径发生衰变，但仍存在另外一种衰变链。

在氪-90的例子里，有两个地方存在可选择的链，铷-90和钇-90可以直接发生β衰变，也可经亚稳态过渡到稳态。核素图中没有提供足够的资料，以确定不同的衰变方式发生的相对几率。如果需要某一衰变链更详细的资料，则应当从其他来源而不是从核素图来寻找信息。

## 2.4.2 相对半衰期

在衰变链中，不但要注意到每一次转变的衰变模式，也要了解其各自的半衰期。这是因为每一衰变链的相对半衰期可以帮助我们在辐射防护中采取有力措施。比如，长期平衡的情况就导致样品的总放射性活度比母核活度大。下面还将介绍暂时平衡和不成平衡。

**1. 长期平衡**

在上述的氪-90 例子中，着重讨论了衰变模式，但没有仔细研究每次衰变的半衰期。

在核素图上，再次看看氪-90 的主要衰变链，注意每次衰变的半衰期。

半衰期标注如下：

$$\text{Kr-90} \xrightarrow{32.3\text{s}} \text{Rb-90m} \xrightarrow{43\text{min}} \text{Sr-90} \xrightarrow{28.78\text{a}} \text{Y-90m} \xrightarrow{3.19\text{h}} \text{Y-90} \xrightarrow{2.67\text{d}} \text{Zr-90m} \xrightarrow{0.8\text{s}} \text{Zr-90}$$

看锶-90 的半衰期，对照从氪-90 到锶-90 和从钇-90 到锆-90 的两次衰变，可以看出从锶-90 转变成钇-90 的时间较长。现在，假设认为是纯锶-90 衰变至钇-90，那么经过一段时间后，样品中就会出现大量的钇-90。但是，由于钇-90 的衰变比锶-90 快得多，所以在某一时刻锶-90 的衰变量和钇-90 的衰变量将达到平衡。换句话说，母核锶-90 的活度将等于其子核钇-90 的活度。一旦出现这种情况，就称钇-90 与其母核锶-90 达到长期平衡。

一般，当母核的半衰期远远比子核的半衰期长时，就会产生长期平衡。当时间等于子核半衰期约 7 倍时，子核与母核的放射性活度相等，即达到长期平衡(见图 2-4)。

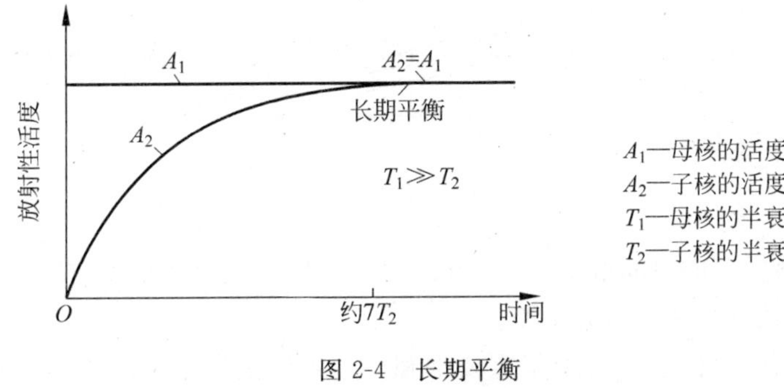


图 2-4　长期平衡

长期平衡能计算出样品的总放射性活度，这在辐射防护中有很重要的意义。比如，当锶-90 和钇-90 达到长期平衡时，由于两种放射性核素的衰变是同时发生的，所以活度增大 1 倍。在某些情况下，在衰变链中很多处达到长期平衡，即可以大大提高这个样品的总放射性活度。

**记住**：在衰变链中很多处达到长期平衡，即可以大大提高这个样品的总放射性活度。

一般，如果某一样品存在 $n$ 次长期平衡，其总活度可以看作是 $n+1$ 倍母核的活度，如方程(2-13)所示：

$$A_{\text{tot}} = (n+1)A_{\text{par}} \tag{2-13}$$

式中：$A_{\text{tot}}$——样品的总放射性活度；

$n$——衰变链中达到的长期平衡的次数；

$A_{\text{par}}$——母核的活度。

**例 2-7**　含 1MBq 的铅-210 的样品的总放射性活度为多少？

**解**

根据核素图，铅-210($T_{1/2}=22.6\text{a}$)衰变成铋-210 ($T_{1/2}=5.01\text{d}$)，再衰变为钋-210($T_{1/2}=138.38\text{d}$)，然后再到稳定核素铅-206。因为铋和钋的衰变远远比原铅迅速，所以在衰变链中发生两次长期平衡(即 $n=2$)。

因为样品中含有 1MBq 的铅-210，根据方程(2-13)：

$$A_{\text{tot}} = (2+1)1\text{MBq} = 3\text{MBq}$$

因此，样品的总放射性活度为 3MBq。

**2. 暂时平衡**

假设子核的半衰期仅仅略短于母核的半衰期，很明显，如果母核不发生衰变就不产生子核。所以如果原核（母核）是单一纯核，那么子核的放射性活度从零开始。随着母核发生衰变，子核也将以稍慢的速度开始衰变。因此，子核的放射性活度达到最大值后，再按母核的衰变常数衰变，这种情况就称为暂时平衡（见图 2-5）。

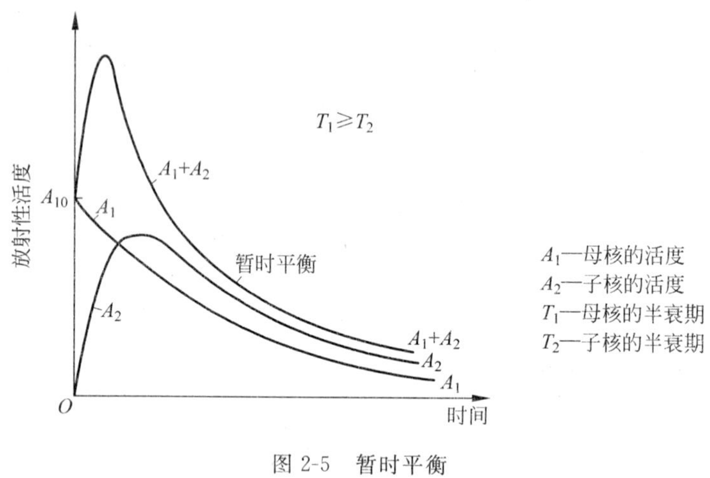


图 2-5　暂时平衡

达到暂时平衡所需的时间取决于母核和子核的相对半衰期（即 $T_2/T_1$）。子核的半衰期与母核相比越短，就越快达到暂时平衡。

暂时平衡在辐射防护中也是个很重要的概念，因为最后的总放射性活度比母核要大。钍衰变系列的最后一段衰变链就是这样一个例子。在这个衰变链中，铅-212（$T_{1/2}$＝10.64h）衰变为铋-212（$T_{1/2}$＝1.009h），再衰变为钋-212（$T_{1/2}$＝0.298μs），然后转变成稳定核素铅-208。注意，铅-212 和铋-212 的半衰期是同一量级，因此经过短时间，铅-212 和铋-212 都将达到暂时平衡。由于铅-212 是天然的大气层同位素，这个放射性核素及其子核都可视为常规空气采样结果的一部分。因此，要准确解析空气采样结果，必须对铅-212 及其子核的放射性活度进行修正。

**3. 不成平衡**

当母核的半衰期小于子核的半衰期时，就不会达到平衡。经过几个母核的半衰期后，母核必然会全部衰变完，而剩下子核单独存在（见图 2-6）。

由图 2-6 可知，随着母核的衰变，子核的放射性活度逐渐增大至最大值，然后按照自己的半衰期衰变。与此同时，其母核因半衰期短而全部衰变完。因此，不成平衡的情况下，样品的总放射性活度不断衰变。

母核全部衰变完后，子核的放射性活度，取决于母核与子核的半衰期之比，可以由方程（2-14）计算得出：

$$A_2 = \frac{A_1 \times T_1}{T_2} \tag{2-14}$$

式中：$A_1$——母核的放射性活度；

$A_2$——母核全部衰变完时子核的放射性活度；

$T_1$——母核的半衰期；

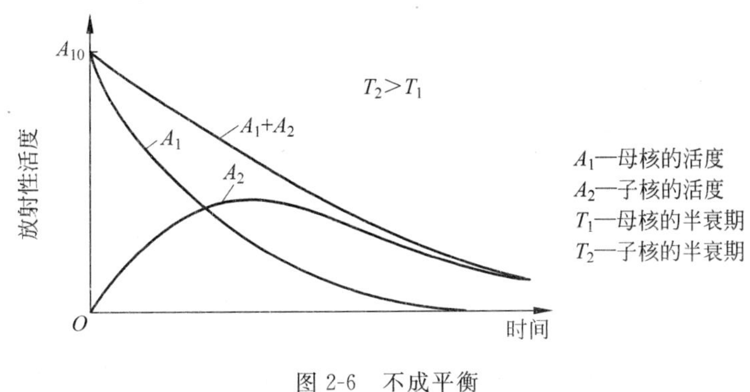


图 2-6　不成平衡

$T_2$——子核的半衰期。

例 2-8 说明了方程(2-14)在实践中的应用。

**例 2-8**　铈-146 是一种可以由核反应堆产生的人工放射性核素。利用核素图，找到它的放射性衰变链及每次衰变的半衰期。问在 10MBq 的铈-146 源全部衰变完子核的放射性活度为多少?

**解**

根据核素图，铈-146($T_{1/2}$=13.5min)经过 β 辐射衰变至镨-146($T_{1/2}$=24.2min)，然后再由 β 辐射衰变为稳定核素钕-146。

如果铈-146 源是 10MBq，由方程(2-14)：

$$A_2 = \frac{10 \times 13.5}{24.2}\text{MBq} = 5.6\text{MBq}$$

因此，在铈-146 源全部衰变完，镨-146 的放射性活度为 5.6MBq。

有一个有用的方法来记住这个规律：如果子核的半衰期是母核半衰期的 1000 倍，那么子核的放射性活度将大约是母核的千分之一。

注意，母核的寿命比子核短，活度通常指的就是子核的放射性活度。这是因为样品的放射性活度长期是子核贡献的，而不是母核。

**4. 相对半衰期的总结**

表 2-5 总结了 3 种相对半衰期的类型。

**表 2-5　相对半衰期的总结**

| 情　况 | 条　件 | 样品的总活度 | 产生时间 |
|---|---|---|---|
| 长期平衡 | $T_1 \gg T_2$ | 增大 | 约 $7T_2$ |
| 暂时平衡 | $T_1 > T_2$ | 增大 | 取决于$\frac{T_2}{T_1}$ |
| 不成平衡 | $T_1 < T_2$ | 减少 | 立即 |

注：$T_1$=母核的半衰期；$T_2$=子核的半衰期。

## 2.5　其他辐射源的电离辐射

电离辐射的来源可以是天然源，也可以是人工源。天然源自从地球形成以来就存在。人工辐射源在 19 世纪才开始出现，但现在对于通过医疗、职业和公众暴露受到的辐射剂量有很大贡献。

### 2.5.1 来自天然辐射源的电离辐射

我们每天接受周围环境的辐射，天然本底辐射有 3 个主要来源(图 2-7)：

- 宇宙辐射：来自地球以外。
- 地面辐射：来自地球岩石。
- 食品和饮料中的放射性。

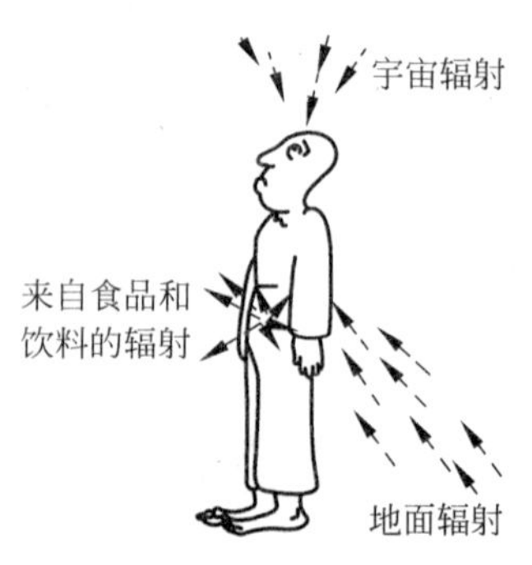

图 2-7 天然辐射

**1. 宇宙辐射**

宇宙辐射包括粒子辐射和宇宙射线。大气层阻挡了大部分宇宙辐射效应。但是，假如生活在海拔几百米以上或经常从事大量的飞行作业，那受到的宇宙辐射量将增加。宇宙射线可以与大气层中的稳定核素发生作用，从而形成 C-14、Be-7 和 H-3 这些放射性核素。

由宇宙轰击产生的天然放射性核素称为宇生核素。天然放射性核素碳-14 可用来确定有机物质的年龄。碳-14 以一定比例与稳态碳合为一体存在于生物质里。有机物的年龄可以根据测定碳-14 与稳态碳之比和碳-14 的半衰期 5568a 来确定。

**2. 地面辐射**

地面辐射来自地壳中的天然放射性核素。这些放射性核素称为原生核素，半衰期都在 10 亿($10^9$)a 的数量级。它们自从地球形成以来就存在。这类放射性核素主要有铀-238、铀-235、钍-232 和钾-40。前 3 种放射性核素的衰变链都紧密相关，分别称为铀系列、锕系列、钍系列。放射性核素铀和钍半衰期都比它们的子核长，可以假定它们所有的子核与母核都能达到长期平衡。这个假设只有在没有发生化学或物理过程，使得母核或子核去除的情况下才成立。

来自地面辐射的大部分辐射量是由氡(氡-222)引起的，其次是钍射气(氡-220)。氡和钍射气是铀衰变系列和钍衰变链的衰变产物。因为它们是气体，所以可以从岩石或者住宅建筑材料中产生并渗漏，然后伴随短寿命的子核一起被吸入。氡及其子核是世界上最大的暴露辐射源。

**3. 食品和饮料中的放射性**

食品和饮料中的放射性物质主要是钾-40。每当我们进食或饮水时，就会把天然的钾-40 摄入体内，进入身体组织，特别是肌肉。我们大部分人体内都含有数千贝可的钾-40。

### 2.5.2 人工辐射源的电离辐射

除了天然辐射，还有人工辐射源的辐射。这些源包括 X 射线发生器、人工放射性核素和中子源。

**1. X 射线发生器**

X 射线可以由一些衰变过程产生，但更多是由 X 射线发生器人工生产。X 射线发生器主要利用轫致辐射过程产生 X 射线。轫致辐射 X 射线是在高速的带电粒子(通常是电子)去轰击某些高原子序数靶而急速放缓的情况下产生的。这个过程发生在 X 射线管中，X 射线管的基本构成如图 2-8 所示。

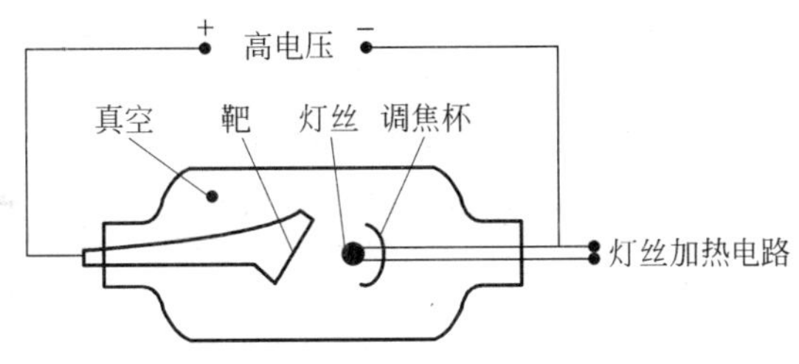


图 2-8 典型的 X 射线管

电子由加热的金属丝产生，通过高电压形成的电场加速后轰击靶，靶一般由钨等金属做成，电子很快减速(即迅速刹车)，产生能级连续的 X 射线。在某些情况下，非常高能量的电子可能从靶原子的内电子层发射出电子，这时发射出的 X 射线能级不连续，具有靶物质的特点，这种射线称为特征 X 射线。

X 射线发生器在工业、医学领域已经得到广泛应用。

**2. 人工放射性核素的电离辐射**

人工放射性核素可能产生于许多人工过程，包括：裂变、中子活化、离子轰击。

利用这些技术，可以生产出很多种放射性核素，包括自然界不常见的甚至不存在的。这些同位素具有广泛的用途，包括医学和工业加工等。不过，它们也可能会产生出多余的放射性核素，比如核反应堆结构中的活化产物。

(1) 裂变

裂变是在核反应堆中发生的重核分裂成较小核子的过程。裂变产物往往都具有放射性。碘-131 是一种裂变产物，可用于治疗甲状腺癌。另一种裂变产物钼-99，可用来生产医疗放射性同位素锝-99m 的发生器。裂变产物在核素图上以一个黑色的小三角显示在核素方框的右上角。

裂变也发生在原子弹爆炸过程中。原子武器试验或核电站事故产生的裂变产物如果释放到环境中，也很可能是有害的。以这种方式释放的最重要的同位素是放射碘和铯-137。

(2) 中子活化

中子活化是从一个中子源吸收一个中子再生产出一种较重核素的过程。最常见的中子源是核反应堆，中子作为裂变产物被发射出来。这个过程可以通过激发稳态钴-59 用来生产钴-60。当反应堆的一部分结构钢材中含有铁、钴、锌和铬时，还会出现一个问题，这些物质会吸收中子后具有放射性，因此，这又会成为一个二次辐射源。

(3) 离子轰击

离子轰击是指高能量的带电粒子轰击某些合适的靶材料目标。这些粒子将被靶目标吸收，然后就具有放射性。离子束源包括电子直线加速器和回旋加速器。发射正电子的同位素，如氟-18 和氧-15 可以通过这种方式制备，用于医疗用途。

**3. 中子源的电离辐射**

如前所述，在一定条件下，中子可以从原子核内发射出来，但是中子辐射与放射性衰变一般没有直接关系(尽管一些半衰期很短的裂变产物发射出中子)。最大的中子源是核反应堆，通过重核素如铀或钚的裂变产生中子。锎-252 是一种放射性核素，通常以发射 α 辐射来衰变，但偶尔也会发生裂变而产生中子。

所有其他的中子源是由于核反应产生的，通过高能量的带电粒子轰击靶核产生。加速器和工业测量仪表用的压缩中子源也是利用这样的机理。在密封压缩源中，如 α 辐射源镅-241 被磨成粉末，并与铍粉末混合。镅中的高能量的 α 粒子轰击铍原子核，就产生了中子。而外层的一个电子来填补内层的空缺，能量就以 X 射线形式释放出来。

# 第 3 章

# 射线与物质的相互作用

## 3.1 电离

本书中所关注的辐射主要指电离辐射。电离辐射的定义是：任何具有足够能量的粒子或射线，与原子或分子中的电子相互作用，使电子获得足够的能量从原子或分子中脱离出来，称为电离辐射。要全面了解电离辐射与物质的相互作用，理解电离辐射是非常重要的。

原子是由原子核和核外电子组成的，原子核又由带正电的质子和不带电的中子组成，带负电的粒子（电子）围绕原子核运动。原子的质子数目和电子数目相等，所以原子呈电中性。当射线作用于原子时，轨道电子有可能获得足够的能量，脱离原子核的束缚，成为自由电子。

这样一来，核外电子数少了，质子数就相对多了，所以原子呈正电性，称为阳离子。脱离原子的电子称为负电子，与阳离子一起构成一对离子对，这一过程称为电离。α、β、中子、γ 和 X 射线都能引起原子电离，因此归类为电离辐射。

入射粒子（或射线）通过与原子的相互作用，损失能量，如果这一过程持续下去，将最终失去全部能量，被物质吸收。

### 3.1.1 直接电离和间接电离

带电粒子都有使原子最外层轨道电子脱离原子核的能力，例如，α 粒子带 2 个正电荷，能够吸收周围的自由电子形成稳定的 He 原子。β 粒子能量可使轨道电子脱离原子核的束缚。每一次作用，都是电离辐射与原子直接相互作用使电子从原子核的束缚下直接挣脱出来，因此，所有带有电荷的电离辐射（如 α 和 β 粒子）称为直接电离。

不带电荷的射线如 X 射线、γ 射线和中子对物质的作用称为间接电离。它们通过物质时，不与原子的轨道电子相互作用，只是偶尔与原子有碰撞的机会。这些相互作用将在本章稍后详细讨论。

### 3.1.2 强、中等、弱电离

强电离是指在沿着粒子运行的路径上，能产生密度很高的离子束的电离。α 粒子和其他重粒子是强电离粒子，β 粒子的电离能力比 α 粒子弱，但还是中等电离能力的粒子。

X、γ 射线的电离能力最弱，称为弱电离粒子。中子比较特殊，它不能直接使物质电离，但它与物质相互作用时，可产生由弱到强的电离作用。

## 3.2 激发

射线与原子相互作用时，如果其能量不足以使原子发生电离时，内层低能级的电子获得一定的能量跃迁到能级较高的激发态，但不足以脱离原子的束缚，这种情况叫激发。

获得能量处于激发态的电子，以退激的方式回到基态，多余的能量以电磁辐射的形式释放。在后面介绍的辐射测量方法内容中，常会提到用激发的作用方式来测量辐射。

## 3.3 α 粒子与物质的相互作用

α 粒子属重粒子。α 粒子带 2 个正电荷、4 个核子。α 粒子通过物质时，将部分能量传递给物质的轨道电子，轨道电子被激发到高能级或从原子中脱离形成自由电子。

α 粒子的能量大，与物质相互作用时，可产生大量的离子对，在物质中的运动距离很短。例如，一个 3.5MeV 的 α 粒子，在空气中的射程约 20mm，能产生 10 万离子对，同样能量的 α 粒子在组织中的射程约 30μm。

α 粒子穿透能力很弱，这一特点在测量 α 粒子的方法中常会提到。α 粒子的辐射防护主要考虑内照射，几乎不考虑外照射。

## 3.4 β 粒子与物质的相互作用

### 3.4.1 直接电离

相对于 α 粒子而言，β 粒子质量非常小，β 粒子带一个负电荷，质量几乎可以忽略不计。事实上，它们与物质的轨道电子一样，通过碰撞使原子核外电子脱离原子核，引起直接电离。β 粒子不像 α 粒子那样，在其运动的路径上，不能引起像 α 粒子那样多的直接电离粒子，因此相同能量的 β 粒子比 α 粒子的穿透路程长。一个 3.5MeV 的 β 粒子在空气中的射程为 11m，在组织中为 17mm。能量低则穿透距离短(如碳-14 发射的 0.157MeV 的 β 粒子在空气中的射程只有 300mm，在组织中为 0.8mm)。

### 3.4.2 轫致辐射

一些 β 粒子，尤其是高能量的 β 粒子，在穿过原子核附近的正电场时，受到原子核库仑场的吸引作用，运动轨迹发生改变，损失部分能量，以 X 射线的方式释放多余的能量，称为轫致辐射。轫致辐射的德语解释是刹车制动辐射。图 3-1 是 β 粒子被钨原子吸引产生轫致辐射的示意图。

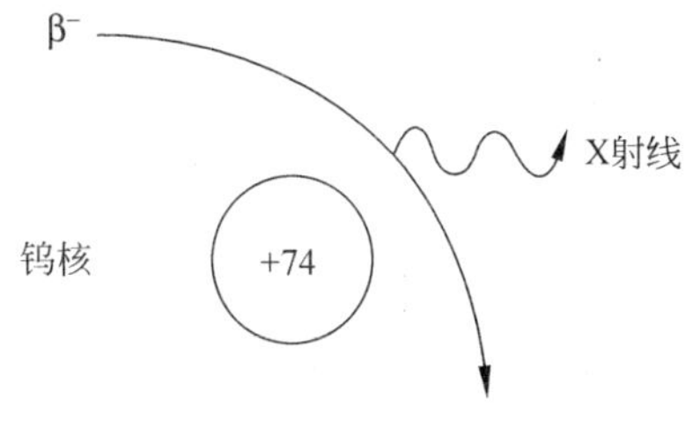

图 3-1　轫致辐射的产生

轫致辐射在辐射防护中非常重要。医院的 X 射线透视诊断技术，其原理就是利用 X 射线能够穿透很多物质。这意味着轫致辐射带来更多的辐射防护问题，为了减少轫致辐射的产生，需要了解其产生的详细过程。

首先，重核(原子序数大、带正电荷量多)比轻核产生轫致辐射的几率大。这是因为 β 粒子在穿过重核时受到原子核库仑场的引力比轻核大。其次，产生轫致辐射的 β 粒子只将部分能量以 X 射线的形式释放。事实上，转换为轫致辐射能的比例与 β 粒子的动能和穿过物质的原子序数成正比。其关系见式(3-1)：

$$F = 3.3 \times 10^{-4} ZE_{max} \tag{3-1}$$

式中：$F$——转换为轫致辐射能的比例；

$Z$——穿过物质的原子序数；

$E_{max}$——β 粒子的最大能量，MeV。

从上式不难看出，低原子序数的物质(如水、有机玻璃、铝)产生轫致辐射的比例低，高原子序数的物质(如铅)产生的比例高。例如，从 P-32(磷-32)放出的 β 粒子($E_{max}$ = 1.7MeV)，穿过铅($Z$=82)时，5%的能量转变为轫致辐射，穿过有机玻璃($Z$=7)时，只有不到 0.5%的能量转变为轫致辐射。

## 3.5　γ 和 X 射线与物质的相互作用

γ 和 X 射线与物质相互作用的方式与 α、β 粒子不同，α、β 粒子在物质中的射程基本固定，它们连续损失能量，直到能量被介质完全吸收。X 射线和 γ 射线射程很长，能量强度逐渐降低，而不会完全被吸收。

γ 和 X 射线与物质相互作用有以下 3 种方式：光电效应、康普顿散射和电子对生成。

这些相互作用在介质中导致电离，称为初级电离。初级电离产生的电子再引起介质发生电离称为次级电离。一次初级电离可以引发很多次级电离和激发。次级电离将大多数能量传递给吸收介质。如果电离发生在人体组织内则会产生潜在的损伤。

X 和 γ 射线与物质的相互作用是电磁辐射粒子特性导致的，因此按照光子或电磁束的方式来描述其与物质的作用。

### 3.5.1　光电效应

光子能量小于 1MeV，可将其全部能量转移给内层电子，使内层电子获得足够的能量逃脱原子核的束缚(图 3-2)，发射出的电子，称为光电子，光电子穿过介质时，会产生次级电离和激发。

对典型能量的入射光子，原子核的 K 壳层的电子最容易获得能量产生光电子。光电子被激发后，在原来的位置上留下空穴，此时的原子处于激发态，由自由电子填充空穴，或其他壳层电子来填充空穴，在后面这种情形，高能级电子多余的能量以特征 X 射线方式释放出来。若 X 射线再与原子的外层电子作用，使电子脱离原子核，产生的电子叫俄歇电子(图 3-3)。

俄歇电子能量降低了许多。

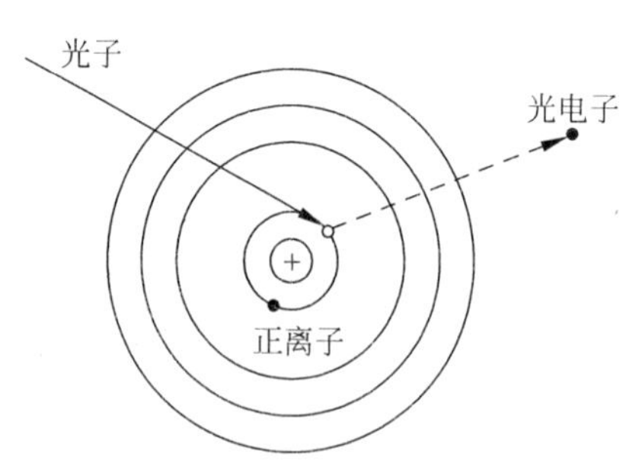

图 3-2 光电效应的产生示意图

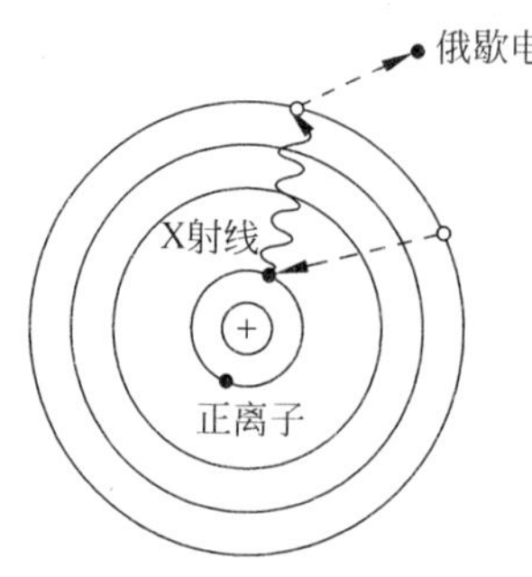

图 3-3 俄歇电子产生示意图

**注意**：光电效应在原子序数大的材料中发生的几率大，对屏蔽辐射而言，铅（$Z=82$）是屏蔽低能光子很好的屏蔽材料。对于像铝这样低原子序数的材料，光电效应相对不重要。

### 3.5.2 康普顿散射

光子和原子的壳层电子发生碰撞，光子的部分能量传递给电子，电子脱离原子继续移动，使物质产生次级电离和激发。光子被散射，能量降低，还可能继续与其他物质相互作用。图 3-4 是入射光子使原子核外层电子释放，光子能量降低被散射的康普顿散射示意图。

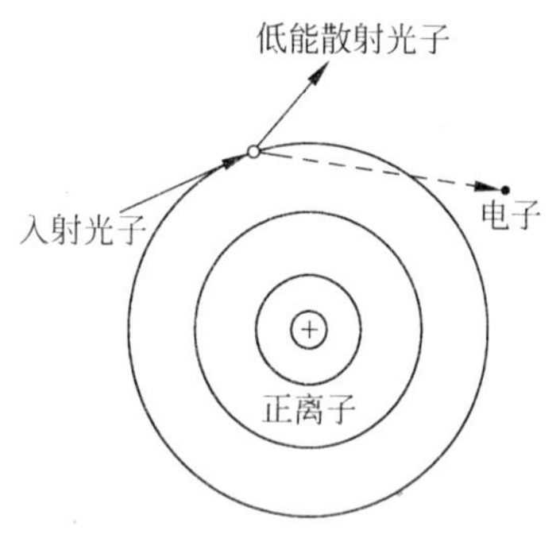

图 3-4 康普顿散射

光子的散射角与入射光子的能量和传递给电子的能量多少有关。低能光子传递给电子的能量小，光子就会以大角度散射出去。

高能光子（10～100MeV）把大部分能量传递给电子，散射角度不会太大。在原子序数高的物质中，光子能量在 0.2～5.0MeV 时，康普顿散射占主导。

### 3.5.3 电子对生成

能量大于 1.02MeV 的光子，与物质相互作用时，受到重核的强电场作用，一个光子转化为 2 个粒子：一个是负电子，一个是正电子。1.02MeV 是产生电子对的阈能，即产生正、负电子对所需的 $\gamma$ 射线的最小能量。大于 1.02MeV 的 $\gamma$ 射线不仅会使电子对生成，甚至可以引起核反冲。正、负电子通过次级电离损失能量，在趋向静止时将产生湮没辐射，结果两个电子又同时转化为能量为 1.02MeV 的光子。这就是物质和能量的相互转化关系。图 3-5 是铅核产生电子对和湮没辐射的示意图。

高于阈能的光子，产生电子对生成的几率随原子序数的增加而增加，也随光子能量增加而增加，能量在 1.02～5MeV 时，产生电子对生成的几率增加比较慢，超过 5MeV 时增加较快。高能光子与原子序数大的物质相互作用时，电子对生成效应是主要的。

### 3.5.4 光子与物质相互作用总结

光子与物质相互作用是复杂的，有 30 种相互作用的方式。表 3-1 是 3 种主要作用的总结。

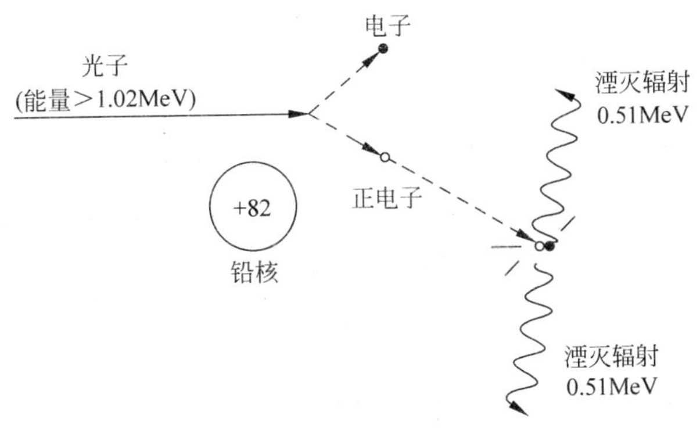


图 3-5　共用电子对产生

**表 3-1　光子与物质的相互作用**

| | 光电效应 | 康普顿散射 | 电子对生成 |
|---|---|---|---|
| 作用的对象 | 内层电子 | 外层电子 | 原子核 |
| 光子能量 | 低(＜1MeV) | 中等(0.2～5MeV) | 高(＞1.02MeV) |
| 物质的原子序数 | 随原子序数增加而增加 | 与原子序数无关 | 随原子序数增加而增加 |
| 效果 | 内层电子产生光电子，产生特征 X 射线 | 外层电子产生光电子，产生低能散射光子 | 产生电子对湮没辐射，变为两个能量为 0.51MeV 的电子 |

图 3-6 是光子能量、原子序数和发生各种作用的几率图。横轴表示光子能量(MeV)，纵轴表示原子序数。记住，这里仅仅是说有可能发生，并不是说一定要发生。

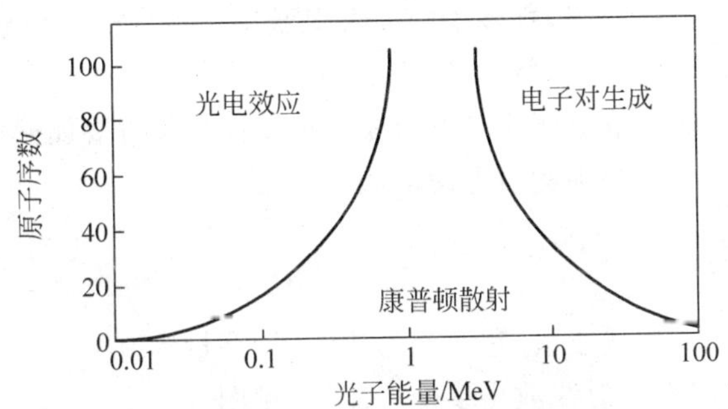


图 3-6　光子与物质三种相互作用的相对几率

## 3.6　中子与物质的相互作用

中子是原子核的组成部分，可通过核裂变和核反应来获得。放出的自由中子称为快中子，能量大于 0.10MeV。快中子与原子发生碰撞，能量降低，变为中能中子(0.025eV～0.10MeV)或热中子(0.025eV)。注意，中能中子和快中子没有严格的能量界限，在不同的书中引用了不同的能量范围。对研究中子与物质相互作用时这点差异并不重要。

中子与物质相互作用有 3 种方式：弹性散射、非弹性散射和中子俘获。

弹性散射和非弹性散射发生在使快中子和中能中子减速的过程。当中子变为热中子时，它们被物质俘获。

### 3.6.1 弹性散射

弹性散射是指中子与物质发生弹性碰撞，中子发生反射或散射（在弹性碰撞过程中，能量是守恒的）。在发生弹性碰撞时，快中子或中能中子与原子核发生碰撞，放出的能量转换为碰撞核的反冲能量，中子被反射或散射（图 3-7）。

**注意**：靶核的运动方向和散射中子的数量依赖于传递能量的大小。

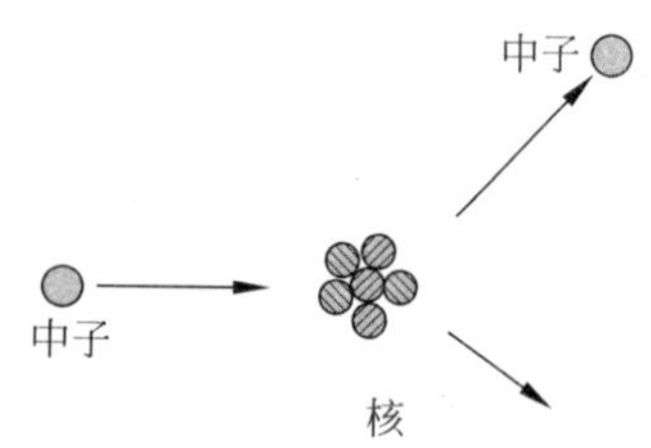

图 3-7 中子弹性散射

中子给介质传递能量最有效的方式是使其与自己质量相当的物质碰撞，如与另一个中子或质子碰撞。如果中子与比自己质量大的目标相撞，则被反射。就像乒乓球与保龄球相撞，仅会损失很少一部分能量。相反，如果与一个比自己质量小得多的目标相撞，就像保龄球撞乒乓球，也只损失很少一部分能量。然而当一个中子与另一个中子或质子相撞时，能量被分摊。用更实用的话来说，就意味着富含氢的物质（如水、混凝土、石蜡）最适合于屏蔽中子辐射。

中子与带电的重核发生弹性散射，通过电离和激发损失能量，就像 α 粒子与物质作用那样，属于强电离辐射。在生物组织中，快中子发生弹性散射的几率很大，对人体的危害也很大。

### 3.6.2 非弹性散射

非弹性散射的过程很复杂，主要发生在快中子和中能中子与比自身大的靶核发生碰撞后，并不反弹（这是弹性散射时的情形），而是被靶核吸收。很快中子重新释放，能量降低，靶核获得能量处于激发的亚稳定态，靶核很快通过退激放出 γ 射线。散射中子、靶核总动能不守恒（因为部分能量用于产生 γ 射线），称为非弹性散射（见图 3-8）。

非弹性散射发生的概率取决于中子的能量，随中子能量的增加而增加。由于存在非弹性散射，因此在屏蔽中子时，必须同时考虑屏蔽 γ 射线。

### 3.6.3 中子俘获

当快中子和中能中子被减速后，它们变为热中子，能量为 0.025eV。大多数热中子被原子核吸收，原子核通过放出 γ 射线放出多余的能量（见图 3-9）。

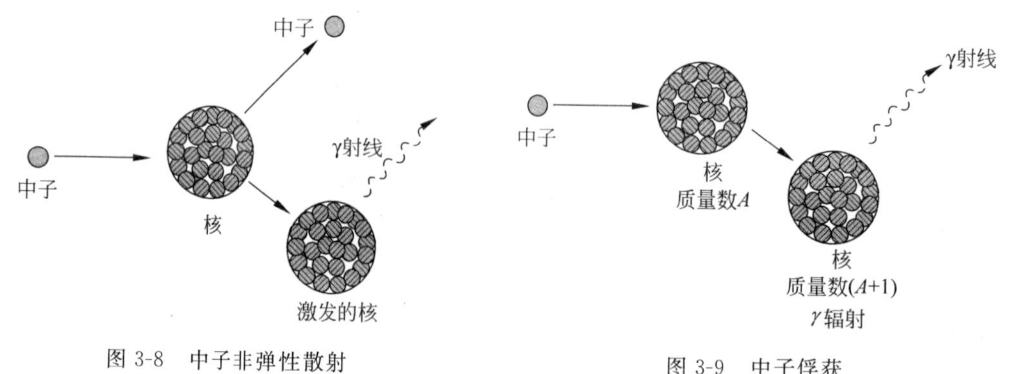

图 3-8 中子非弹性散射

图 3-9 中子俘获

中子俘获可产生下面一系列反应：

(1) 一些轻核俘获中子后，形成一个质子。

(2) 硼和锂俘获中子放出 α 粒子。

(3) 重核元素如 U 和 Pu 俘获中子可产生核裂变。

物质俘获中子后可产生放射性同位素。例如稳定的铱(Ir)，通过中子活化产生铱-192(是一个 γ 和 β 发射体，用于工业 γ 探伤)。俘获中子的能力用俘获截面的大小表示。镉(Cd)、锂(Li)、硼(B)是很好的吸收热中子材料，但 Cd、B 吸收中子后会产生 γ 射线，屏蔽中子时应考虑。事实上，聚乙烯、B、Li 是很好的屏蔽中子材料，聚乙烯富含氢元素，使中子慢化成热中子，然后，用 B 和 Li 把热中子吸收，产生的 α 粒子也很容易被屏蔽，只有硼(B)放出的 0.48MeV 的 γ 射线和吸收中子的氢核产生的 2.26MeV 的 γ 射线值得注意。但氢的吸收截面较低，对热中子的吸收较低。

### 3.6.4 中子与物质相互作用总结

中子与物质相互作用总结于表 3-2。

表 3-2 中子与物质相互作用

| | 弹性散射 | 非弹性散射 | 中子俘获 |
|---|---|---|---|
| 中子的能量 | 快中子 | 快中子 | 热中子 |
| 物质原子序数 | 低 | 高 | 与截面有关 |
| 问题 | 反冲核被强电离最易在生物组织中反应 | 反冲核被强电离放出 γ 射线，考虑屏蔽 | 可能产生高能 γ 射线 |

## 3.7 射线与物质相互作用总结

射线与物质相互作用总结于表 3-3。

表 3-3 射线与物质相互作用的几种主要方式

| 射线类型 | 作用过程 | 特征 |
|---|---|---|
| α 射线 | 与束缚电子非弹性碰撞 | 电离和激发 |
| β 射线 | 与核外电子非弹性碰撞<br>在库仑场作用下加速、减速 | 电离和激发<br>产生韧致辐射 |
| γ 和 X 射线 | 光电效应<br>康普顿效应<br>电子对生成 | 光子被吸收<br>光子被散射<br>产生两个 0.51MeV 的光子 |
| 中子 | 弹性散射<br>非弹性散射<br>中子俘获 | 不产生 γ 射线<br>产生 γ 射线<br>产生其他辐射 |

# 第 4 章

# 辐射探测方法

## 4.1 辐射探测的机理

电离辐射是不为人体感官感知的，但可以通过电离辐射与物质发生相互作用产生的变化来探测，探测器的工作原理是检测电离辐射将能量转移到介质使吸收介质产生变化。根据电离辐射产生的几种效应，有以下几种探测方法：电离室探测法、闪烁体探测法、热释光法、化学法、量热法和生物法。

**1. 电离室探测法**

电离是指由 α 和 β 辐射引起的直接电离和由 X 射线、γ 射线、中子引起的间接电离。用电极收集电离产生的离子对，离子对的多少与电离辐射的强弱有关。许多辐射测量仪器就是以电离效应作为其探测机理的。

**2. 闪烁体探测法**

电子从高能级轨道迁移到低能级轨道时，多余的能量以发光的形式释放出来。电子也可通过激发的方式从低能级跃迁到高能级。放出的光子转化为电信号，电信号的大小与跃迁电子数有关，跃迁的电子数越多，电信号越大。换句话说，放出电子数与电离辐射的强度有关。闪烁是非常重要的一种探测机理，据此原理做成的探测器称为闪烁体探测器。

**3. 热释光法**

有些材料中的电子吸收能量跃迁到高能级或禁带，当加热材料到一定温度时，热能使束缚在禁带中的电子释放，电子回到原来能级时，能量以发光的形式释放出来，收集光信号将其转化为电信号，电信号的大小与辐射强弱有关。热释光材料常用来做成个人剂量计。

**4. 化学法**

电离辐射能引起介质的化学性质发生变化。这种效应可通过测量个人剂量胶片、医用 X 射线成像和工业成像胶片的方式来获得剂量的大小。一般情况下，化学法常用来测量高剂量场的辐射，如医用设备的辐射测量。

**5. 量热法**

电离辐射可使介质的温度升高，仔细测量辐照过程中的温度变化，可得出辐射剂量的大小。这项技术(如卡路里剂量计)不适合做常规的测量,因为即使在高剂量场下,有时引起的温度变化也是很小的。但它是仪器刻度的主要标准方法。

**6. 生物法(生物剂量学)**

大剂量的辐射可引起活细胞的生物变化。生物剂量只用于在特定的环境,怀疑人员可能受到大剂量照射情形下的剂量估算。

探测机理总结见表 4-1。

**表 4-1 电离辐射探测的机理总结**

| 探测机理 | 主要用途 | 仪器类型 | 探测器 |
|---|---|---|---|
| 电离 | 辐射监测仪器 | (1) 电离室<br>(2) 正比计数器<br>(3) G-M 计数器<br>(4) 半导体探测器 | (1) 充气<br>(2) 充气<br>(3) 充气<br>(4) 半导体 |
| 闪烁体 | 辐射监测仪器 | 闪烁计数器 | 晶体或固体 |
| 热释光 | 个人剂量计 | 热释光计 | 晶体 |
| 化学法 | 个人剂量计 | 感光胶片 | 感光乳胶 |
| 量热法 | 标准参考物质和仪器刻度 | 卡路里剂量计 | 固体或液体 |
| 生物法 | 事故情况下 | 生物组织 | 生物组织 |

# 4.2 电离辐射探测器

正如前面所述,许多辐射监测仪器以电离为探测原理。有两种最常用的电离探测器:充气探测器和固体导体探测器。

## 4.2.1 充气探测器

充气探测器有一个充满气体(通常是空气)的容器,容器的两端有两个电极,正极也叫阳极,通常在容器的中央,与外层是绝缘的;容器的壁通常称为负极或阴极。图 4-1 是一个充气电离室示意图。

**1. 工作原理**

射线与气室的内壁或内部气体作用产生离子对,当在气室的两极加上高电压后,正离子向负极移动,负离子(电子)向正极移动,每一个负电荷打在电极上,都会引起电压变化,这种变化称为脉冲电流,脉冲电流向外电路流动,形成信号电流。通过探测脉冲数或电流大小,可以探测辐射。

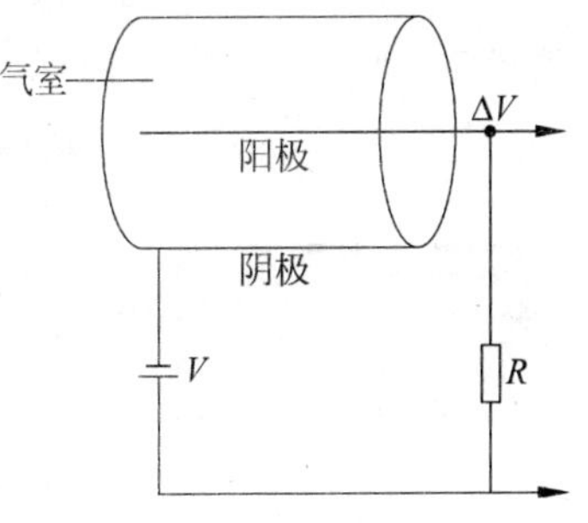

图 4-1 一个简单的充气探测器

脉冲的大小与正极收集的电子数有关,电子数的多少又与电离辐射的强弱以及类型和射线能量有关。此外,脉冲幅度大小也与外加电压有关。图 4-2 显示,脉冲高度的大小(曲线的高度)随所加电压增大而增大,反之则减小。

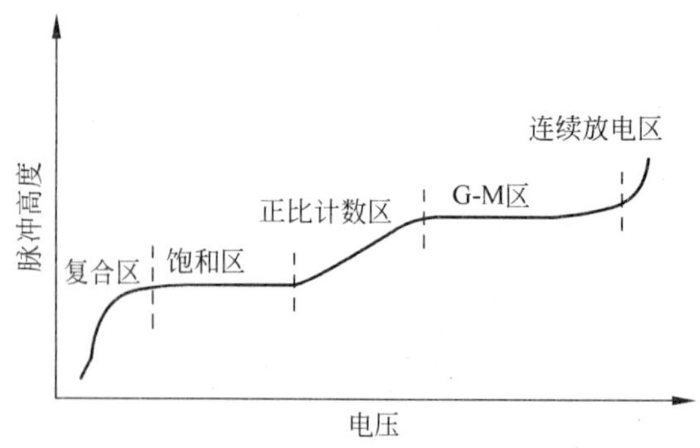


图 4-2 充气电离室脉冲高度与电压的关系

由图 4-2 可知，在脉冲高度与电压的变化关系曲线上有几个明显的区域，这些区域分别称为复合区、饱和区(电离区)、正比计数区、G-M 区和连续放电区。

1) 复合区

当电离室的两个电极上的外加电压很低时，对离子的引力也很弱，这种状态下对正、负离子而言，有两种选择方式，一种是离子被相应的电极收集，另一种是离子重新复合。这就意味着在一对离子产生之后，被电极收集之前，它有可能重新复合形成电中性的原子或分子。因而，外电路脉冲大小取决于这两种方式的比例。随着电压的增加，会有更多的离子被电极收集，脉冲也随之增大。尽管如此，复合作用仍然是很重要的一种方式，这个电压区称为复合区。充气电离室通常不把复合区作为工作区，因为复合区存在离子对复合，定量测量入射辐射的大小非常困难。

2) 饱和区

当电极上的外加电压足够大，几乎使产生的所有离子被电极收集，以至于复合损失的离子对可忽略不计。此时，脉冲高度与电压的增加基本无关，脉冲高度呈一个相对平坦的台阶状，这个区称为饱和区。此时，流经环路的电流达到最大值，称为饱和电流。饱和电流与入射到电离室的射线强度成正比，即随着辐射强度的增加，饱和电流也随之增加直到最大。

3) 正比计数区

当外加电压大于饱和区的电压时，脉冲数量又开始增加。不难想象此时离子会发生这样的现象：当外加电压增加到一定程度，受电场力的作用，负离子不仅获得了足够的能量到达电极，而且获得足够的能量加速。加速使气体通过二次电离形成更多新的离子对。这一过程称为气体倍增，导致收集更多的离子，产生更大的脉冲。图 4-3 显示了一个电子被加速后，向阳极移动产生雪崩效应。

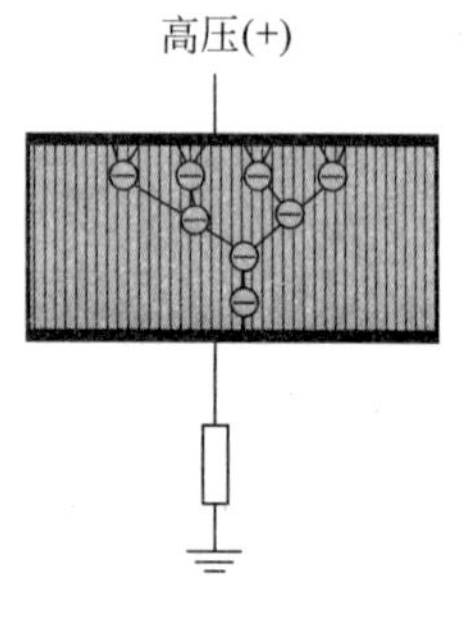


图 4-3 在正比计数区，气体倍增原理

收集的离子数增加与外加电压呈正比例关系。然而，总的脉冲数与气体中初始的离子数呈正比。充气电离室探测器工作的这个区称为正比计数区。

4) G-M 区

进一步增加电压，气体的放大效应更加显著，电离粒子沿其运动轨迹成倍产生新的离子，由此产生很大的脉冲信号。发生这一现象的区域称为 G-M 区。在这一区域脉冲信号的大小是一样的，与入射辐射最初沉积的能量无关。脉冲大小主要受外电路而不是充气电离室的控制，脉冲高度随外加电压的增加略微增加(见图 4-2)。

5）连续放电区

当电压继续增加，大于 G-M 区时，如此高的电压使气体分子直接电离，即使不存在辐射也能产生大量的信号，这一区域称为连续放电区，这一区域产生的脉冲数是由高电压产生的还是由电离辐射产生的就分不清了，所以探测器的工作电压不要选定在这一区域。

**注意**：辐射探测器的工作电压不要选在连续放电区。

**2. 分辨时间、死时间和复位时间**

在介绍不同类型充气探测器的工作方式之前，首先介绍几个概念：分辨时间、死时间和复位时间。如果仪器的分辨时间太长，在计数率很高的情况下，大量的脉冲信号由于得不到及时处理而拥堵在一起，会造成信息的丢失，将导致总计数被低估。

分辨时间是记录两次独立的辐射信号所用的最小时间间隔。分辨时间取决于下列因素：

(1) 探测器的死时间：信号或脉冲积累直至被探测到的时间。

(2) 复位时间：探测器处理完一个辐射信号后恢复到初始状态所需的时间。

探测器的分辨时间与发生的相互作用的类型有关。总体来说，一套仪器的分辨时间还与死时间、脉冲计数系统的电子器件的性能有关。

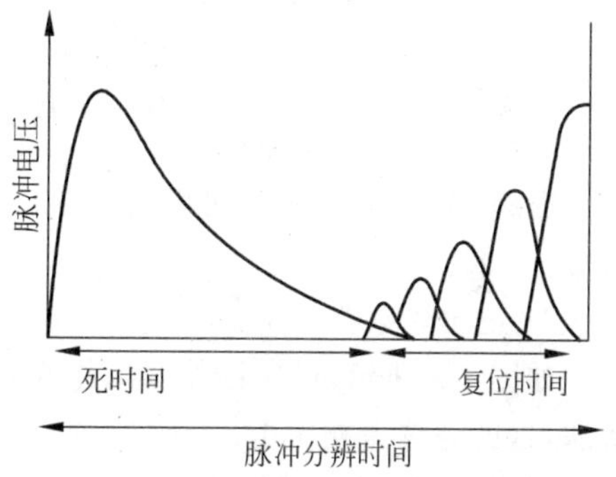

图 4-4　G-M 管探测器的分辨时间

在实际工作中，死时间与分辨时间常常交替使用。用哪一个概念，要按仪器能够分辨两个独立的辐射事件的能力而定。仪器生产厂家常常用死时间来描述探测计数系统的效果。

**3. 充气探测器的类型**

以下介绍 3 种类型的探测器：电离室探测器、正比计数器和 G-M 计数器。

1）电离室探测器

电离室工作在饱和电流区，测量平均输出电流，平均输出电流与电离辐射大小成正比。因为输出信号与外加电压无关，所以不需要一个很高的、稳定的电压供给。但很重要的一点是外加电压要保证能够维持饱和电流稳定的输出。

为了避免电离室在正比区工作，外加电压要限定在低于使气体分子产生二次电离所需的电压之内。如果外加 25V 的电源，那么电子在电极间获得的能量不超过 25eV，这样的能量也不足以产生二次电离。

电离室产生的电流很小，一般情况下只有 $10^{-12}$ A。因为电流太小，为了能够有效地测量，就必须把电流放大。因此，仪器与电离室相连的地方需要有一系列元器件，其功能就是把非常小的直流电放大。

在设计电离室和选择填充气体时，要视用途而定。手持式(便携式)的仪器，电离室通常充满空气，腔体选用低原子序数的材料，如果仪器用来测量 α 或 β 辐射，必须用很薄的壁或用一个很薄的探测窗。通过在薄窗前增加屏蔽的方法来阻止 α 或 β 辐射，从而区分不同的辐射类型。

图 4-5 是常用的便携式 β/γ 监测仪。注意仪器增加了一块可移动的金属板，把金属板盖在探测窗上，就把 β 辐射屏蔽掉了，测到的只有 γ 辐射，从而达到区分 β 和 γ 辐射的目的。

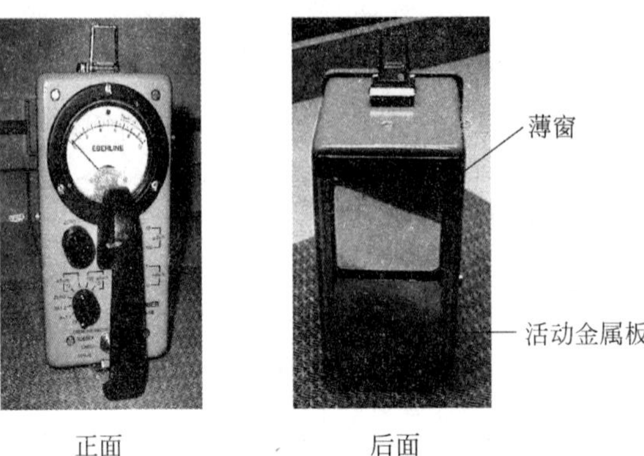


图 4-5 典型的电离室 β/γ 辐射监测仪

提醒一点：电离室还可以与其他仪器配合使用，区分不同能量的射线，这一过程称为谱分析。

2）正比计数器

如图 4-2 所示，正比计数器工作在正比计数区。气体的放大效应使离子数以 $10^4$ 量级增加，这就意味着初次电离产生一个电子，紧接着会产生 1 万个电子。因此，每次电离辐射都能得到很好的分辨和记录。

由正比计数器输出的脉冲通过一个计数电路来计数。一般情况下分辨时间非常短（$<1\mu s$），大量产生的脉冲都可得到记录。然而，每一个脉冲的幅度（用电压表示）仅是 mV 量级，这样就需要前置放大器。

从另一方面看，在正比计数区，曲线的斜率很大（坡度陡），这就意味着一个轻微的外加电压变化就会对脉冲的幅度产生较大的影响。因而，至关重要的一点是确保外加高电压稳定，这样才能确保任何输出电流的变化都是由辐射所引起的，而不是电压波动所造成的。

正如前面提到的那样，脉冲数与辐射能的积累成正比，正比计数器可以用一个脉冲幅度甄别电路来区分不同类型的辐射。例如，如果暴露在既有 α 又有 β 的辐射场下，即使它们的能量相同，但 α 粒子在其运动轨迹上产生大量的离子对，脉冲幅度比 β 射线大。正比计数器利用不同的外电路，通过区分不同能量的辐射来达到区分 α 和 β 的目的。

图 4-6 气流式正比计数器

气流式正比计数器，常用于采样测量（见图 4-6）。计数腔室有一个非常薄的端窗，让 α 和 β 粒子进入。“气流”是指使气体连续流过腔室，不停地进行交换。混合气体通常由一种惰性气体与一种烷烃气体混合而成。常用的气体是 P-10 气，即 90% 的 Ar 气和 10% 的甲烷。

3）G-M 计数器

G-M 计数器工作在 G-M 区，如图 4-2 所示，充填气体为 P-10 气体，输出的脉冲幅度是相对独立的，不受电离粒子能量高低的影响。因而它不能区分 α 和 β 辐射，也不能测量和区分辐射能量的大小。

在 G-M 区，会发生电极连续放电。为了使放电立即停止，以避免形成新的脉冲，用一些合适的气体，如乙醇或卤素气体(如氯、溴)和一些别的气体，来猝灭离子的连续放电。由于有机气体总有用完的时候，所以 G-M 管的寿命在 $10^9$ 计数左右。卤素气体比有机气体的寿命长，因此更适用于测量高辐射场的辐射。

G-M 计数器可做成各种形状，视用途而定。图 4-7 是圆柱形的 G-M 管。

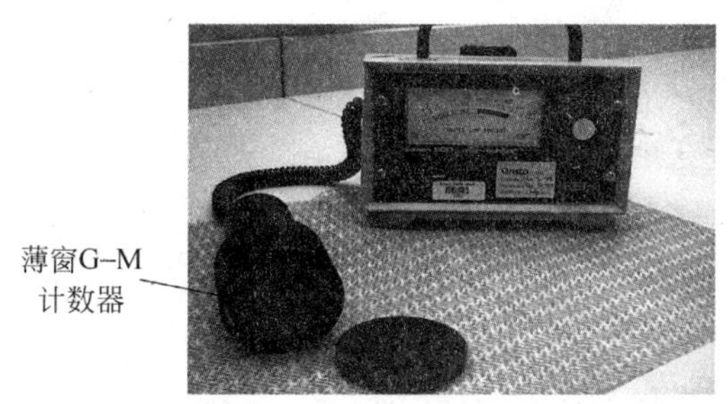


图 4-7　用 G-M 管做成的辐射监测仪器

体积很小的 G-M 管就具有很高的灵敏度，很适合探测低剂量辐射。相反，如果让电离室探测器达到如此高的灵敏度水平，就需要把电离室做得很大。如果一个探测器用来探测 α 和 β 辐射，它必须有一个可使辐射通过的薄窗。

G-M 计数器记录脉冲的方式与正比计数器一样。G-M 计数器还可以像电离室那样，通过改变测量平均电流来工作。G-M 计数器的一个好处是输出脉冲幅度在几伏的量级，因此，电流信号不需要前置放大，电路相对简单。这就意味着 G-M 计数器紧凑，可以小型化，常用来监测工作场所的 γ 辐射。

如果 G-M 计数器用于剂量或剂量率测量，它就必须具有与人体组织相似的能量响应水平和较宽的能量范围。计数管对超过 200keV 能量的射线具有过响应现象，所以一般把它封装在装有过滤材料的包装里，确保能量响应具有线性特性，也叫能量补偿。

G-M 计数器的缺点之一是分辨时间长，通常在 100～300$\mu$s，这就意味着在高剂量场中，产生的脉冲很多，计数器计数效率又不够高，会引起计数丢失，所以不适合高辐射场的测量。在高剂量场下，脉冲会出现跟随(追尾)现象，后产生的脉冲跟随在前一个脉冲的尾部，导致后一个脉冲由于记录的幅度太小被丢失。这样造成的后果是如果一台仪器在高辐射场下工作，开始时读数逐渐增加，但很快就受到追尾的影响，显示计数为 0，从而给出错误的结果，给人误认为场所是安全的，其实不然！

**注意**：由于在高剂量场下脉冲的追尾现象，G-M 计数器有可能给出错误的读数。

需要附加电路以避免这种情况出现。除非仪器厂家明确提到追尾现象不会发生，否则必须牢记这一问题。

**4. 充气探测器总结**

充气探测器常做成便携式的仪器。表 4-2 列出了它们的功能和特点。切记：如果想要

探测 α 或 β 辐射，端窗的厚度是非常重要的因素。

**表 4-2 充气探测器总结**

| 探测器 | 辐射类型 | 效率 | 说明 |
|---|---|---|---|
| 电离室探测器 | α | 高(需要薄窗) | 用于计数和谱分析 |
| | β | 中等(需要薄窗) | 用于便携式仪器 |
| | γ | <0.1% | 用于便携式仪器 |
| | X | 取决于窗的厚度 | 适用于辐射防护中碰到的能量区间 |
| 正比计数器 | α | 高(需要薄窗) | 用于计数和谱分析 |
| | β | 中等(需要薄窗) | 用于计数，用于谱分析(<200keV) |
| | γ | <1% | |
| | X | 取决于窗的厚度 | |
| G-M 计数器 | α | 中等(需要薄窗) | 不能区分能量 |
| | β | 中等(需要薄窗) | 不能区分能量 |
| | γ | <1% | 不能区分能量，但通过能量补偿可做成便携式仪器 |
| | X | 取决于窗的厚度 | 不能区分能量，但通过能量补偿可做成便携式仪器 |

### 4.2.2 固体导体探测器

电导率表示材料传导电流的能力，导体是指能够导电的材料，如金属。不能导电的材料如木材称为绝缘体。半导体是介于导体与绝缘体之间的材料，有许多材料具有半导体性质，但对于辐射探测而言，常用的半导体是硅和锗。

固体导体探测器由结晶的半导体材料组成。当电离辐射与这些固体相互作用时，材料的导电性能增加。通过测量电流信号就可获得入射辐射量的高低。

**1. 工作原理**

在弄清楚固体导体探测器的工作原理前，需要了解射线与半导体在微观尺度上的相互作用。正如在前面所介绍的，在半导体材料中，电子存在于固定的能级上，不同能量水平称为能带。禁带把能带隔离开来，电子存在的带称为价带。

当射线与价带电子相撞，电子获得足够的动能后，就有可能从价带中脱离出来，越过禁带，跃迁到更高能态(称为导带)。同时在离开的价带位置上留下一个空穴(见图 4-8)。

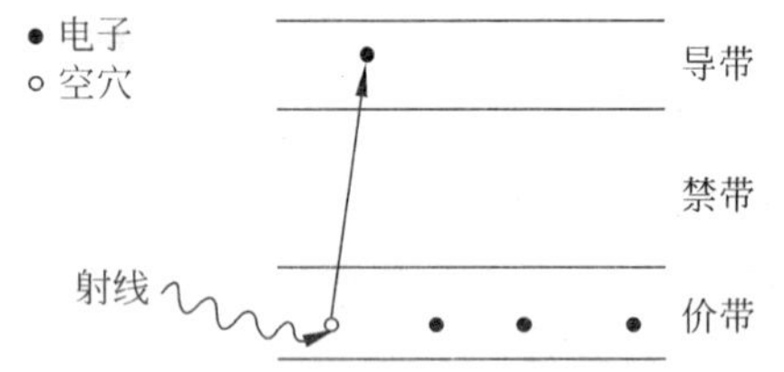

图 4-8 电离辐射导致电子-空穴对的形成

电子跃迁到导带的过程称为电离。产生的电子-空穴对就像充气电离探测器中的离子对一样，正离子和负离子分别向气体探测器的两极移动。结果是探测器中的离子对也随外加电压的影响而移动。这种运动在外电路中产生一个脉冲信号，以供探测。

值得注意的是，在带正电荷的晶体材料中，正离子并不能移动；实际发生的情况不是空穴在移动，而是空穴被周围的电子填充，填充电子又产生另外的空穴，以这种接力赛的方式，实现空穴的移动。

为了使半导体材料组成的固体探测器导电性增强，往半导体材料中加入称为“杂质”的材料可增强半导体材料的导电性。掺入的杂质(如砷或磷)增加了额外的电子或空穴。如果价带中的“杂质”提供了额外的电子，那么这些电子会向导带移动，只有一少部分能量损失。这样一来，半导体的导电机理就是负电荷的移动，这种半导体称为N型半导体。如果在价带中“杂质”提供了多余的空穴（如加入硼或镓），那么半导体的导电机理就是带正电的空穴的移动，这种材料称为P型半导体。

固体导体探测器事实上由P型和N型材料混合组成。为了让电子和空穴都能够移动，常在N型和P型的接合处加上电压。在连接处是自由电子和空穴的活动区，通常称为耗尽层。耗尽层是用来探测辐射的区域（见图4-9）。

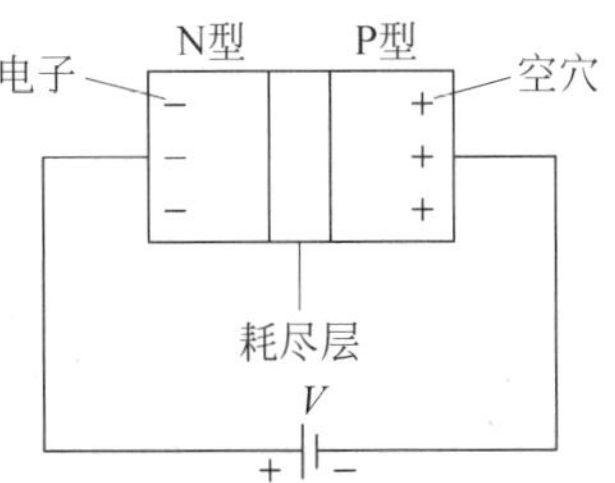

图4-9　固体导体探测器的基本组成

当射线穿过耗尽层时，形成电子-空穴对。电子-空穴对的反向运动在外电路中产生一个可供测量的脉冲信号。由此可知，耗尽层就是固体探测器的灵敏区域，它相当于充气探测器的气腔。

**2. 探测器类型**

探测电离辐射的探测器种类很多。这里所讨论的固体导体探测器有扩散结半导体探测器、面垒半导体探测器、离子注入探测器、锂漂移探测器和高纯锗探测器。

1) 扩散结半导体探测器

P型杂质分散在N型材料中，在晶体表层以下产生一个耗尽区（表层下1$\mu$m），见图4-10。表层是探测的盲区，射线必须穿越盲区进入耗尽层才能被探测到。盲区或叫窗口层，对低能粒子而言，穿不过去就不会被探测到，所以盲区不利于探测低能粒子。为了避免这一不利条件，扩散结半导体探测器已被面垒半导体探测器取代。但是扩散结半导体探测器（由硅或锗制成）仍被使用，原因是它们结构比面垒半导体探测器紧凑。

硅扩散结半导体另一个重要的用途最近才被发现，这些二极管（通常指Si光电二极管）与电子剂量计一起可做成个人$\gamma$剂量计，可测量一段时间内$\gamma$累积吸收剂量。

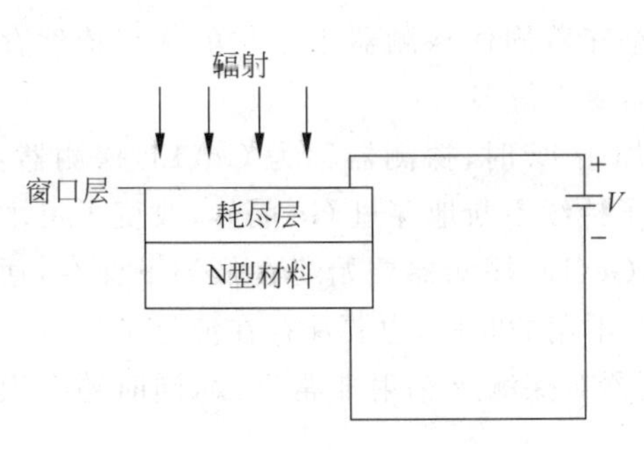

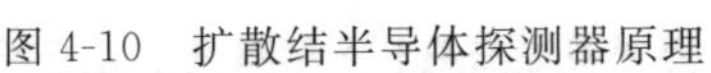
图4-10　扩散结半导体探测器原理

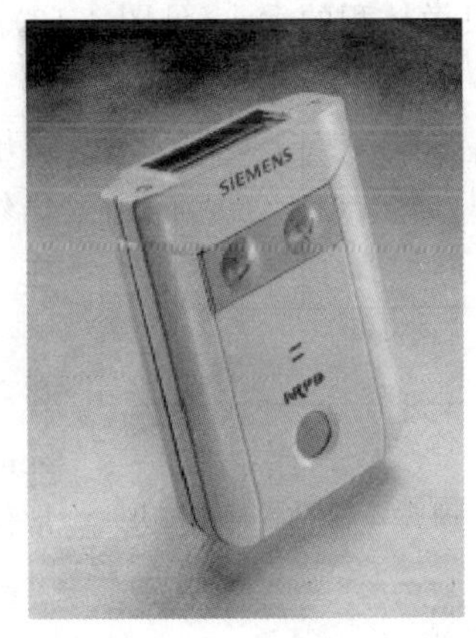

图4-11　由Si、PIN光电二极管组成的电子式剂量计

注意电子剂量计也通常用G-M探测器，使用固体探测器的主要优点是质量轻。

2) 面垒半导体探测器

面垒半导体探测器是用一个非常薄的P型材料镀在N型材料表面（见图4-12），由于P型材料很薄，射线轻而易举地穿过P型层进入耗尽层，对低能量的射线也能探测。

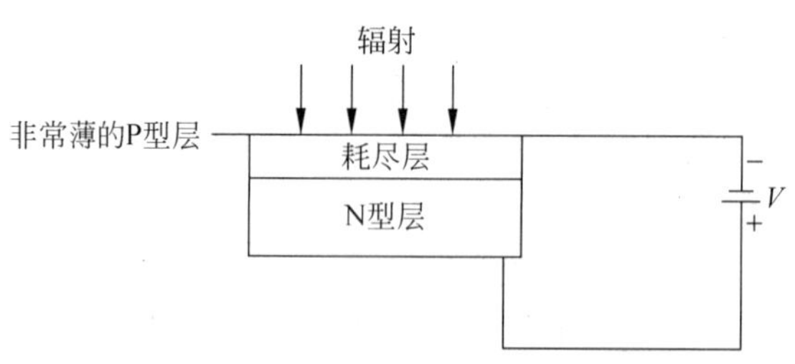


图 4-12 面垒半导体探测器的原理

面垒半导体探测器不仅有极高的探测效率，并且能很好地区分不同能量的射线(有很好的能量分辨率)。例如，它可分辨出$^{241}$Am 放出的 3 个不同能量的 α 射线：5.486MeV、5.443MeV 和 5.389MeV。

一个主要的问题是，探测器表面要保持非常干净，不得有油或其他物质；同时对光非常灵敏，因为光线也可以产生电子-空穴对。

3) 离子注入探测器

在半导体表面引入杂质的另一种方法是用加速器产生的离子束镀在半导体表面。例如，硅晶体表面镀硼离子形成 P 型材料，这种方法称为离子注入法。它使晶体更加稳定，几乎不受环境条件的影响。这种类型的探测器非常小巧，还可以采用薄窗测量 α 和 β 辐射。

离子注入探测器用途很广，可以测量 α 谱、低能 β 和重离子探测。

4) 锂漂移探测器

面垒半导体探测器和离子注入探测器非常适合于谱分析，但由于半导体晶体内杂质的干扰，它们的灵敏体积非常有限，尤其是对于 γ 和 X 射线的探测。为弥补这一缺陷，加入 Li 来增大其灵敏体积。这样在 P 型和 N 型区之间的区域称为锂漂移或本征区。本征区的大小决定了灵敏体积的大小(见图 4-13)。

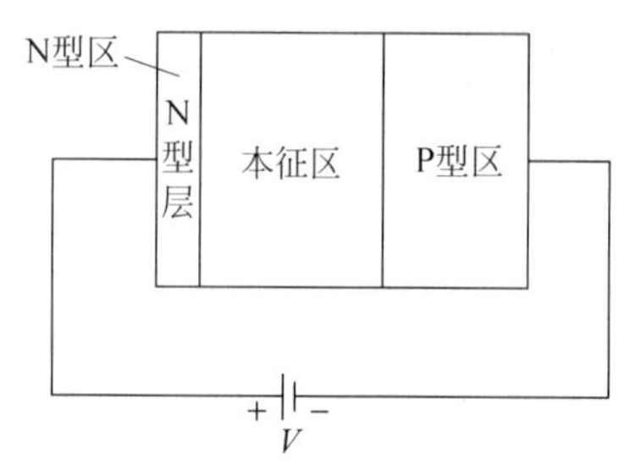


图 4-13 锂漂移探测器基本原理

值得注意的是，尽管加入 Li 后，使半导体探测器的灵敏体积增大了，实际上，探测器的整体体积并未增大，仍然很小，这就意味着固体探测器小型化的优点依然存在，比充气探测器要小得多。

当在 Ge 中加入 Li 时，探测器称为 Ge(Li)探测器。在室温下，Li 原子持续不断地穿过 Ge 晶体，改变了灵敏区的性质，因此，Ge(Li)探测器要始终在低温下保存，通常保存在液氮里，不用的时候，也要保存在液氮里。

Ge(Li)探测器对探测 γ 辐射非常有效，同时还有很好的能量分辨率。

Si(Li)探测器：顾名思义，由 Li 和 Si 晶体组成。Si(Li)探测器和 Ge(Li)探测器非常相似，优点是它可以在常温保存而不会损坏晶体，还可以在常温下工作。但如果在运行前用液氮冷却，那么它的性能可以大大改善。Si 比 Ge 原子序数低，因此几乎很少与 γ 辐射相互作用，所以 Si(Li)探测器探测 γ 辐射不如 Ge(Li)探测器有效，但是，对于探测低能 γ 射线(能量低于 150keV)、X 射线和 β 粒子效果很好。

5）高纯锗探测器

纯净的 Ge 有很高的 γ 射线探测效率。当 Ge 中含很低杂质的情况下，也能保持与 Ge(Li)一样的灵敏度，这种类型的探测器称为高钝锗(HPGe)探测器(见图 4-14)。

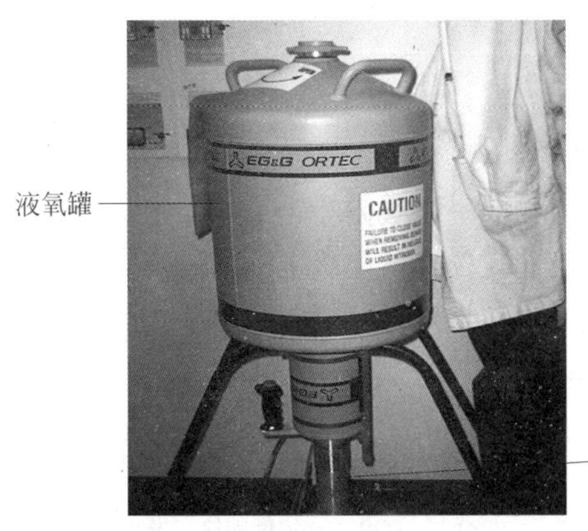


图 4-14 典型的 HPGe 探测器装置

与 Ge(Li)相似，HPGe 探测器探测 γ 射线也很有效，有很高的能量分辨率，并且都需要在液氮中保存。HPGe 探测器的一个优点是不用时可在室温保存。

**3. 固体导体探测器总结**

**表 4-3 各种固体导体探测器的性能总结**

| 探测器 | 主要用途 | 优 点 | 缺 点 |
|---|---|---|---|
| 扩散结二极管 | 探测带电粒子 | 体积小 | 不能探测低能粒子 |
| 硅 PIN 二极管 | 探测光子 | 质量轻 | |
| 面垒半导体探测器 | α、β 谱 | 对带电粒子探测效率高，非常好的能量分辨率 | 表面必须干净，对光非常敏感 |
| 离子注入探测器 | α 谱、探测低能 β 射线 | 很少受环境影响，非常结实 | |
| Ge(Li)探测器 | γ 谱 | 对探测 γ 射线非常有效，能量分辨率高 | 必须一直保存在液氮里 |
| Si(Li)探测器 | β 谱、γ 谱、X 射线 | 对探测低能 γ 谱(<150keV)、X 射线室温下可运行 | 不与 γ 射线相互作用，运行时需用液氮冷却 |
| HPGe 探测器 | γ 谱 | 对探测 γ 射线非常有效，能量分辨率高，不用时可在室温下保存 | 运行时需用液氮冷却 |

## 4.2.3 固体探测器与气体探测器对比

固体探测器有一系列气体探测器不具备的优点：

(1) 体积小；

(2) 对所有辐射的能量分辨较好；

(3) 对 γ 辐射探测效率高；

(4) 灵敏体积可根据用途选择。

缺点：

(1) 需在液氮中保存；

(2) 有时携带不如气体探测器方便。

## 4.3 闪烁探测器

### 4.3.1 工作原理

有些物质，如磷光体，当其内部电子能级发生变化时，会发出可见光。我们知道射线可以使轨道电子获得足够的能量跃迁到较高的能级上，在像磷这样的物质中，这些跃迁的电子不会在高能级上长时间停留，它们趋向于回到低能极，在回到低能级的过程中，多余的能量以可见光的形式发出来(见图 4-15)。

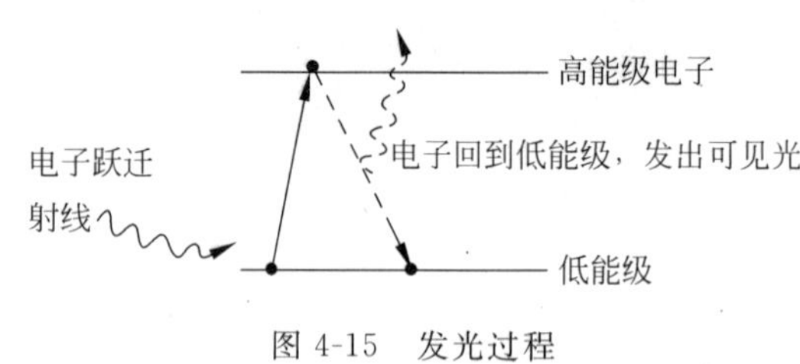


图 4-15 发光过程

发出光子的数量，也就是光强，与入射辐射能量成正比。因此闪烁探测器不仅能探测辐射，而且还能进行能量甄别(用于谱分析)。

### 4.3.2 闪烁探测器类型

用于探测辐射的磷光体探测器有一定的特点：

(1) 绝大部分的吸收辐射能转化为光能。

(2) 激发电子后释放光子的时间间隔很短。

(3) 产生的光子能透过材料。

(4) 释放的光子能容易、有效地转变成电信号。

满足上述条件的材料构成了闪烁探测器的基本条件。以下讨论几种闪烁探测器：ZnS 探测器、NaI 探测器、塑料有机闪烁探测器和液态有机闪烁探测器。

一些发磷光的物质中含少量杂质(称为激活剂)，可通过加入激活剂用以控制跃迁电子向低能级返回的方式，以确保发出可见光。

**1. ZnS 探测器**

ZnS 探测器通常加入银作为激活剂，称为 ZnS(Ag)，是一种非常有效的电离辐射探测器。然而，由于可见光不能很容易地穿过这种材料，所以它必须做成薄薄的一层(见图 4-16)。这类型探测器，对探测 α 粒子、重离子非常有效。缺点是薄薄的一层很容易被尖物戳穿。

**2. NaI 探测器**

NaI 探测器是以 NaI 晶体中加入铊(Tl)为主体的探测器，对探测 γ 辐射有很高的效率，甚至比固体导体探测器的效率还高。但缺点是，NaI 晶体很容易潮解而变质。因此，需要把 NaI 晶体封装在一个密封的容器中，封装材料即密封容器通常用铝(Al)制成(见图 4-17)，并且有一个很薄的端窗。

图 4-16 ZnS 探测器

图 4-17 便携式 NaI γ 射线探测仪

NaI 晶体视探测的需要可以做成各种不同的厚度，例如 3mm 厚的薄片晶体对探测能量低于 150keV 的 γ 射线效果非常理想。较厚的晶体更适合探测高能 γ 射线。不像固体导体探测器那样，NaI 晶体的优点是使用中不需液氮冷却，所以用起来更加方便，在测量高能 γ 射线时效率更高。不足之处是能量分辨率比固体探测器差。图 4-18 是一个典型的 NaI 探测器，外接仪表部分主要用于 γ 谱分析和计算。

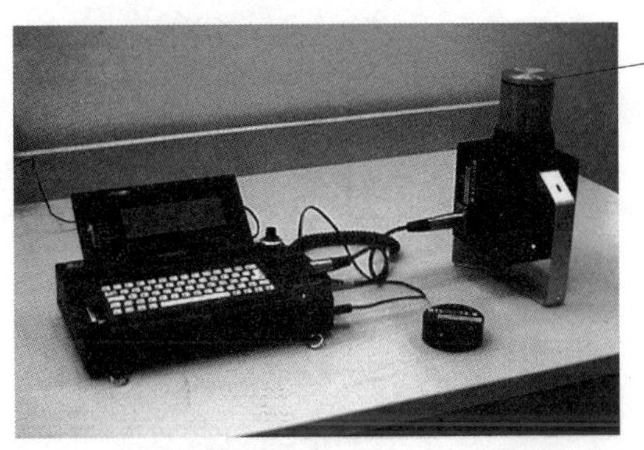


图 4-18 γ 谱分析仪(左)和 NaI 探测器(右)

**3. 塑料有机闪烁探测器**

塑料有机闪烁探测器价格便宜，可以做成各种形状和尺寸。常和 ZnS(Ag)闪烁探测器配合监测 α 和 β 辐射。

**4. 液态有机闪烁探测器**

液态有机闪烁探测器监测 α 和 β 有着特殊的用途，尤其是监测像碳-14(C-14)和氚-3(H-3)这样的低能 β 辐射。如果被污染后的探测对象与闪烁液直接混合测量，有很高的探测效率。

表 4-4 总结了各种闪烁探测器的特点。

### 4.3.3 光电倍增管

光电倍增管(PM)在闪烁探测电路中的作用是将光信号转变为电脉冲信号。它也用来放大初始电信号。严格地讲，PM 管已是电路的一部分，不应归于探测机理范围内，我们把它放在这一节中，是因为它的用途需要与闪烁体配合发挥作用，而不是普通计数电路中的一部分。

表 4-4 闪烁探测器总结

| 探测器 | 主要用途 | 优　点 | 缺　点 |
|---|---|---|---|
| ZnS 探测器 | 探测 α 粒子、重离子 | 效率很高 | 薄的端窗容易被戳穿 |
| NaI 探测器 | γ 射线测量和 γ 谱分析 | 探测 γ 辐射比固体导体探测器效率高，不需要液氮冷却 | 能量分辨率比固体导体探测器差 |
| 塑料有机闪烁探测器 | 监测 α 和 β 粒子 | 价格便宜，可以做成各种形状和尺寸 | |
| 液态有机闪烁探测器 | 监测 α 和低能 β 粒子 | 探测对象与闪烁液直接混合时，有很高的探测效率 | |

光电倍增管的工作原理是：首先，射线打到晶体（磷光体）上产生一个光子，光子然后与表面涂的光感材料（称为光阴极）撞击，光子的能量被光阴极材料中的电子吸收，电子获得能量，离开光阴极材料。发射出的电子就是电信号的雏形，但是，此时的电流信号很小，必须经过一系列倍增管的放大，倍增管主要就是阳极，阳极每收集一个电子，再放出 4 个电子。倍增管需要供以稳定的高电压才能连续工作。图 4-19 表示一个光信号转换为电信号的能量转化过程。

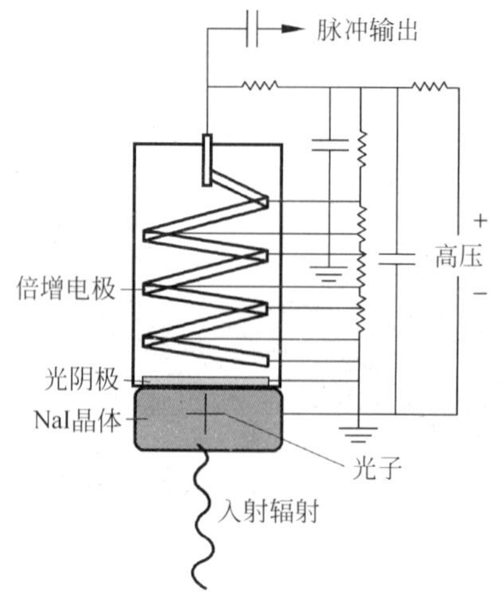


图 4-19　闪烁探测器与光电培增管的组合

## 4.4 中子探测器

### 4.4.1 工作原理

由于中子不带电，所以不能直接引起电离。当它与物质作用时，产生次级电离粒子，通过探测次级粒子来达到探测中子的目的。

最普遍的中子探测器的探测原理：

(1) 中子与 B-10 作用，产生 α 粒子。

(2) 与 He-3 作用，产生质子。

(3) 与 H 核发生弹性散射。

前两个反应最可能发生在能量低于 0.5eV 的中子，这些中子的能量介于中能中子和热中子之间，通过中子的弹性散射机理来探测快中子。

## 4.4.2 中子探测器类型

设计中子探测器，有几方面的因素要考虑：

(1) 用慢化材料降低快中子(不吸收中子)，使中子与探测材料发生作用的几率增加。

(2) 探测材料与中子有较高的反应截面，可使探测器的体积减小。

(3) 中子与探测材料作用产生的重粒子必须阻止在活性区内。

符合条件的 4 类中子探测器如下：

(1) $BF_3$ 正比计数器；

(2) He 正比计数器；

(3) 气体反冲正比计数器；

(4) 鼓泡探测器。

**1. $BF_3$ 正比计数器**

由富含 B-10 的 $BF_3$ 充气正比计数器，充填气体 $BF_3$ 也是热中子的靶物质。核反应方程如下：

$$^{10}B + n \longrightarrow {^7}Li + \alpha$$

这个反应通常写成$^{10}B(n,\alpha)^7Li$。

Li 核和 $\alpha$ 粒子有足够的能量在气体中产生二次电离，二次电离产生的射线可以探测到。注意，一些中子与物质相互作用产生 0.48MeV 的 $\gamma$ 射线。因此在探测中子时，必须有一个甄别电路来区分入射中子和次生 $\gamma$ 射线。

$BF_3$ 正比计数器也可用来探测中能中子和快中子(<10MeV)，在这种情况下，探测器的周围必须有适当的慢化材料，如聚乙烯材料来降低中子的能量(见图 4-20)。镉网用来平衡能量响应，使探测器的中子探测效率的能量响应与中子剂量当量响应一致。

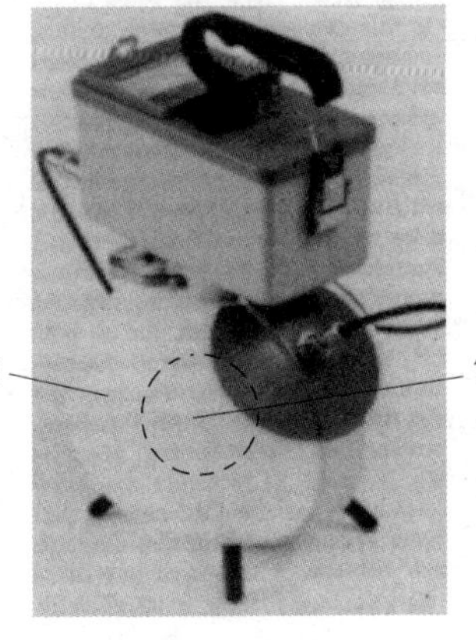


图 4-20 $BF_3$ 中子探测器

$BF_3$ 正比计数器对热中子、中能中子和快中子都具有良好的探测能力，还可以进行中子能谱分析。

**2. He 正比计数器**

He 正比计数器与 $BF_3$ 正比计数器在许多方面相似。主要探测机理是通过俘获热中子。如果用慢化剂，He 正比计数器可以探测中能中子和快中子。

He 正比计数器用 He 气作为靶物质和填充气。反应方程如下：

$$^{3}He + n \longrightarrow {}^{3}H + p$$

上述反应常写成 $^{3}He(n,p)^{3}H$。在上述反应中生成 H-3 和质子，这些带电粒子又可产生二次电离。

同样，He 正比计数器也可用于中子能谱分析。

**3. 气体反冲正比计数器**

利用中子与氢核的弹性散射来探测中子。这类型计数器可以探测能量大于 500keV 的中子，探测器内充填富含 H 的甲烷气。快中子与 H 核（质子）碰撞，将能量传给 H 核，H 核然后产生二次电离。

一些计数器中，H 原子由一些富含 H 的聚乙烯材料提供，计数器的腔壁上有聚乙烯物质，计数器再由一个薄层状的吸收热中子的镉网包围。

**4. 鼓泡探测器**

鼓泡探测器由悬浮在凝胶状液体中的一些微小的珠状物组成，当它们吸收中子能量后，微泡沸腾后变成气泡，这些气泡肉眼可见，通过产生气泡数量的多少来计算中子的剂量高低（见图 4-21）。

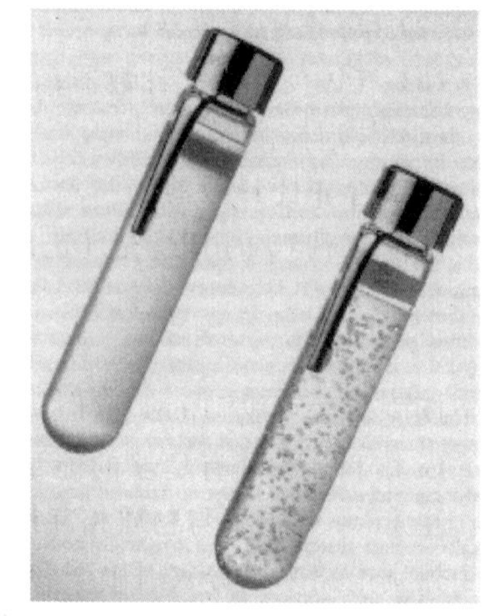

图 4-21 鼓泡探测器

左：鼓泡前，右：鼓泡后

实际中子剂量与鼓泡的密度成正比，在剂量计重新更换前，气泡不会变化。

鼓泡剂量计主要用来进行个人剂量监测，也可用于环境测量。

各种中子探测器总结见表 4-5。

表 4-5 中子探测器总结

| 探测器 | 主要用途 | 备注 |
|---|---|---|
| $BF_3$ 正比计数器 | • 探测热中子<br>• 加慢化剂可探测中能中子和快中子（<10MeV）<br>• 中子能谱分析 | 需要甄别电路来区分入射中子和次生 γ 射线 |
| He 正比计数器 | • 探测热中子<br>• 加慢化剂可探测中能中子和快中子（<10MeV）<br>• 中子能谱分析 | 需要甄别电路来区分入射中子和次生 γ 射线 |
| 气体反冲正比计数器 | • 快中子（<500keV） | |
| 鼓泡探测器 | • 中子个人剂量监测<br>• 环境监测 | |

# 4.5 电子元件

至此，已经介绍了不同类型的探测器。当电离辐射能转化为电信号时，就需要各种电子元件配合组成完整的探测系统，以便直观得到所要的读数。

探测器产生两种电信号——直流信号(如电离室)和电脉冲。如果测量的是直流信号，记录射线多次相互作用后产生的平均电流，构成的电路称为直流式电路。如果信号是以一个电压变化或电压降来表示，一次相互作用就会被记录下来，脉冲幅度的大小与收集的电子数有关，此种电路称为脉冲式电路。直流输出信号通过直流放大器来测量，脉冲输出信号通过计数电路来测量。图 4-22 是一个计数电路的一般组成。

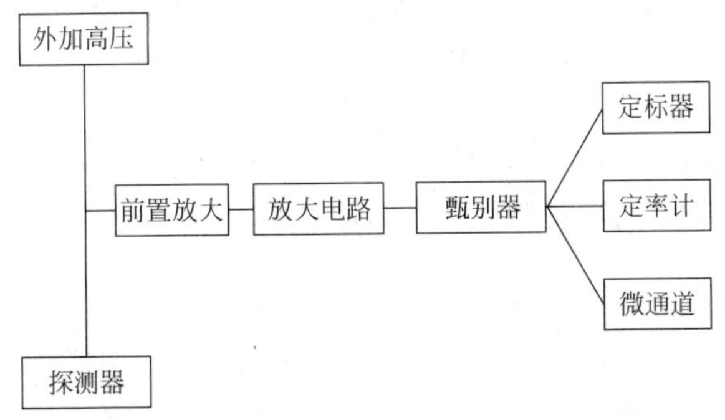


图 4-22　一个普通的计数电路

下面简单介绍直流放大电路、计数电路不同元器件的功能。在现场使用的仪器中，所有的元器件都集中在一台设备内，这也许限制了仪器的功效。实验室用的仪器的功能模块就多一些。

**1. 外加电压**

探测器的正常工作必须有稳定的直流电压供给。现场使用的仪器靠电池来供电，所需电压的大小和稳定性视仪器的类型不同而不同。一般来讲，供给电压通常是指供给高电压。

**2. 直流放大器**

直流放大器把非常低的电流，在 $10^{-12}$ A 量级，放大到安培计能测量的水平——$10^{-3}$ A 量级，这就需要很大的增益(增益是经过放大器放大后的输出脉冲与输入脉幅度的比值)，因为增益的提高，输入信号的任何轻微变化都会给测量带来很大的影响。正因为如此，需要有很高的绝缘性和洁净效果。直流放大器主要用在直流运行模式的电离室和一些半导体探测器上。

**3. 前置放大器**

探测器输出的初始信号很小，因此在进入主放大器之前必须先进行放大，前置放大器常常与探测器封装在一起。在一些闪烁探测器中，它是光电倍增系统的一部分。前置放大器虽然具有放大信号的功能，但同时又产生不必要的噪声。这些由电子噪声产生的假信号混杂在输出信号中。电子的热运动可产生假信号噪声。

**4. 脉冲放大器**

脉冲放大器保持脉冲的形状并将其放大到适合计数器计数，放大器需要的增益要视探测器输出脉冲的大小而定。

**5. 甄别器(滤波器)**

甄别器用于过滤掉太大或太小的脉冲信号。低通甄别器设定一个信号幅度值，把低于这个幅度的信号过滤掉，通常是把不想保留的噪声去掉。如果低通和高通甄别器同时使用，那么经过滤后的信号就是一个幅度比较窄的带状信号，常用来进行单通道分析。甄别器为计数器提供标准幅度大小的信号，供计数器计数。

**6. 计数装置**

有3种类型的计数装置：

(1) 定标器：显示一定时间内的计数。由一个计时器和显示器组成。常用于实验室测量。

(2) 定率计：可以连续给出产生的脉冲数，通常用在现场的仪器中。读数随脉冲的产生而不断地变化。读数被不断地刷新，刷新频率太快会导致响应的降低，对监测工作场所的辐射并不合适。

(3) 脉冲幅度分析器(PHA)或多道分析器(MCA)：脉冲的幅度与电离辐射的能量有关。根据脉冲的幅度高低不同，把脉冲分为不同的道，把每一道的脉冲计数显示出来，以提供能谱信息。

# 第 5 章

# 辐射的生物学效应

**概述**

辐射防护领域的工作者，需要了解辐射可能造成的结果以及为什么必须做好辐射防护工作。本章介绍辐射如何伤害人们的身体。

通过本章节的介绍，读者将基本了解人体的工作机制，本章还将分别从细胞和整体两个层次讨论辐射效应并介绍常用于描述这些效应的术语。

**学习目标**

(1) 描述人体的呼吸系统、消化系统、循环系统、淋巴系统及泌尿系统的功能。

(2) 解释呼吸吸入和消化吸收的物质最终如何沉积在身体器官中。

(3) 从细胞膜、细胞质、细胞核、染色体、基因及 DNA 几个方面来描述人体细胞。

(4) 识别急性和慢性辐射暴露。

(5) 解释确定性效应这一术语，并举例说明此效应。

(6) 解释随机性效应这一术语，并举例说明此效应。

(7) 解释早期效应和晚期效应的区别，并分别举例说明。

(8) 描述公共场所、放射性工作者及意外辐射事故对人的辐射效应。

(9) 通过分析组织权重因子，按照辐射敏感度的升序排列人体器官。

(10) 解释辐射对孕育中的胎儿的影响。

## 5.1 人体

人体所受的辐射来自体外辐射源(外部辐射)和进入体内的放射性物质(体内污染物)，如图 5-1 所示。

外部辐射必须穿透人体并影响到细胞才会对人体造成伤害。例如 α 粒子和低能量的 β 粒子不能穿透皮肤(除非通过张开的伤口或者化学吸收)，只有高能量的 β 粒子、γ 射线、

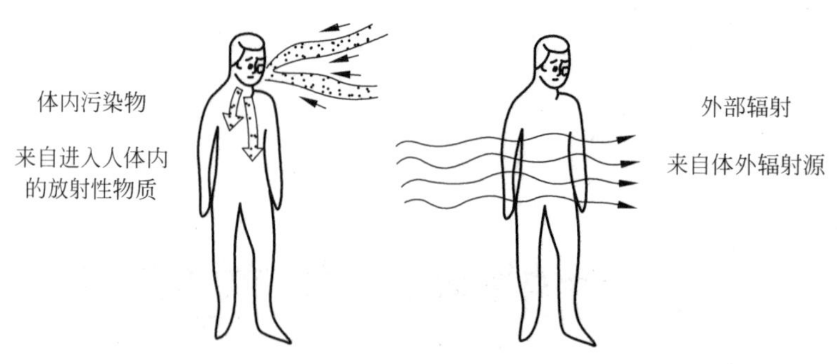


图 5-1　体内外的辐射危害

X射线和中子会造成外部辐射损伤。

若放射性物质通过伤口或化学吸收吸入、摄取进入人体，它们将直接接触到细胞，因此会对周围的细胞产生辐射。鉴于此，α粒子和β粒子因其在生物组织内的短射程及小体积内的能量释放而受到最多关注。不过，在考虑体内辐射源时，应重点了解人体如何工作及放射性核素如何沉积至身体不同部位。

人体以骨架为基础，由许多称为器官的功能性单元组成。皮肤包裹保护身体并帮助控制体温和体液平衡。身体内有吸入空气、摄入食物和水、物质输送和排泄废弃物的系统。了解这些系统很重要，可了解什么样的放射性核素可进入人体、在体内循环和最后离开人体。这些系统包括呼吸系统、消化系统、循环系统、淋巴系统和泌尿系统。

### 5.1.1　呼吸系统

呼吸系统的功能是携带空气至足够接近于循环系统的地方，以便氧气进入血液及二氧化碳排出血液。呼吸系统由鼻子、气管、支气管和肺组成。肺里充满了称为肺泡的囊泡，这些肺泡被毛细血管网络所围绕(见图 5-2)。这是气体交换的地方。

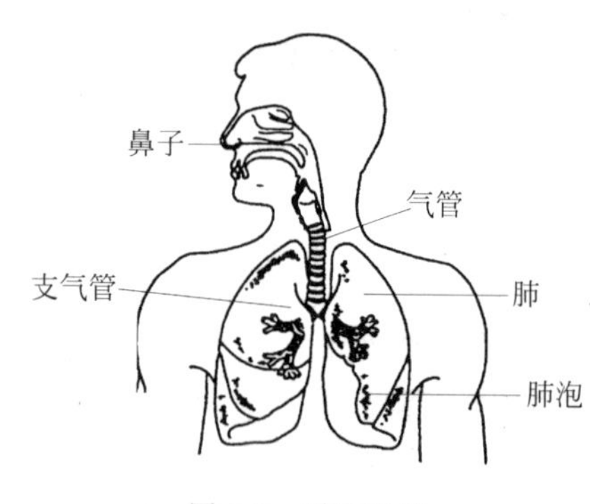


图 5-2　呼吸系统

在辐射防护中，关心的是空气中的放射性物质(尤其是微粒)通过呼吸进入人体并对肺和其他器官造成影响。放射性物质的危害程度取决于吸入物质的化学和物理特性，尤其是微粒的粒径及溶解性。

考虑吸入和交换气体的整个过程，即可看到放射性物质如何沉积于体内。首先，尘粒通过呼吸进入身体。如果尘粒粒径较大(直径$>10\mu m$)，大部分将被呼吸系统的上部(例如鼻毛)捕截而不能进入肺部。然而，小粒径的灰粒将容易进一步进入呼吸系统(见图 5-3)。

尘粒将一直滞留在呼吸系统，直到被支气管的纤毛结构的扫刷作用(通过咳嗽)或化学作用(例如被组织溶解)排出体外。尘粒通过纤毛的运动和咳嗽排出体外通常是在吞咽之后。这就意味着吸入物质将进入消化系统。

如果尘粒是可溶的，将会溶解在肺泡里。溶解的物质进入血液并被输运到身体其他部位。不可溶的物质继续留在肺部或邻近的淋巴结。

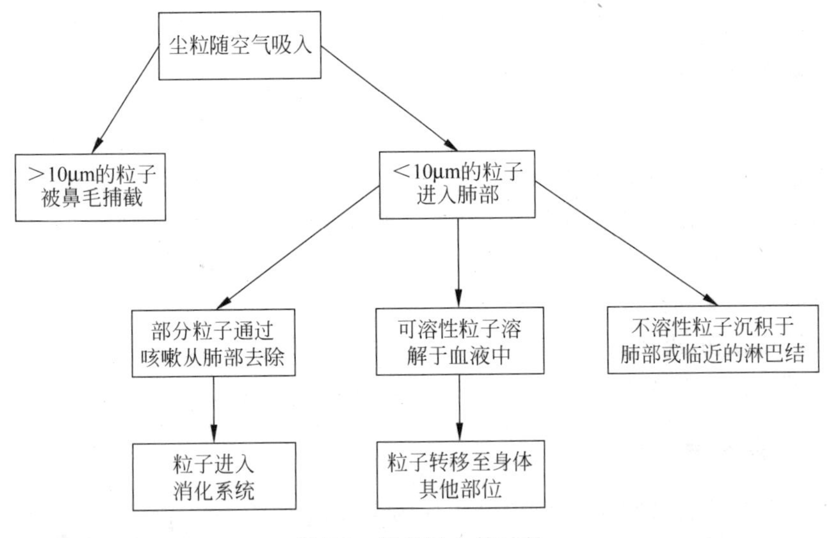


图 5-3　微粒吸入的过程

## 5.1.2　消化系统

消化系统使食物和水进入身体且消化，消化系统是由嘴、食管、胃、肝脏、小肠和大肠组成的连续的管道（见图 5-4）。

消化时，食物被转变为简单的化合物，可被小肠吸收进入血液，经过肝脏输送至身体其他组织。不可吸收的食物通过大肠时脱除大部分水分后成为固体废物（粪便）排出体外。

消化系统也是一个放射性核素进入体内的主要途径。食物、水和其他物质中的可溶性放射性核素从口进入（例如通过咬指甲）会被吸收进入血流和输送到身体组织。不可溶放射性物质通过消化系统从粪便中排出。进入循环系统的放射性物质的量取决于很多因素，包括摄入物质的化学和物理特性。

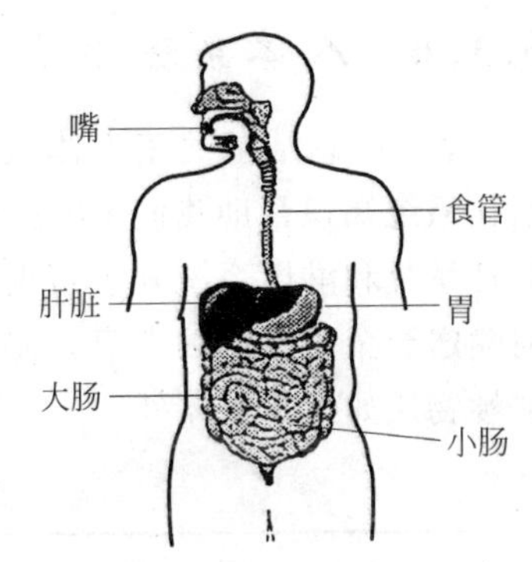


图 5-4　消化系统

## 5.1.3　循环系统

循环系统使物质运输至身体各个部位。循环系统由心脏和动脉、毛细血管及静脉构成，可输送血液到全身。血液的主要成分包括红细胞、白细胞及一种叫做血浆的液体。

循环系统运输氧气和必需的养分至身体各个部位，并且携带废物排出体外。循环系统对传染病的防护起到很重要的作用，因为它可以输送防御和修复细胞至传染源。

循环系统是放射性核素运输进入身体的重要途径。放射性核素可直接（例如伤口或注射导致的皮肤破坏）或间接（通过呼吸系统或消化系统）进入循环系统。放射性核素输送至身体的哪个部位，取决于其化学性质。例如，从食物中摄取的钙沉积于骨骼组织中，与钙有相似化学性质的元素（例如锶、钡和镭），无论其原子是否有放射性，也会沉积于骨骼中。脖子上的甲状腺必需碘，所以所有摄入的碘都会输送到甲状腺。实际上，这种放射性沉积物对于医学成像和治疗目标非常有用。因为特殊放射性核素会附着于特定的化学物质，可输送至身体中感兴趣的区域。这种物质即为**放射性药品**。

### 5.1.4 淋巴系统

淋巴系统其实是循环系统中的一部分。它由遍布人体所有组织的淋巴液体、淋巴导管和无数的淋巴腺或者淋巴结(例如腹股沟和手臂下的)组成。淋巴系统没有中心抽吸系统，而是通过身体运动来使淋巴液体流动。它负责循环系统和身体所有细胞之间的物质传输，在身体防御中也起到很重要的作用。淋巴结过滤细菌、小粒子和癌细胞，防止它们进入血液系统扩散到身体其他部位。

如果皮肤有损伤，淋巴系统会是放射性核素进入身体的途径之一。淋巴系统首先在伤口附近的区域传输放射性核素，然后输送到血液，在循环系统内传输。

### 5.1.5 泌尿系统

泌尿系统是可溶性放射性核素排出体外的主要途径，它由肾、输尿管、膀胱和尿道组成(见图 5-5)。

泌尿系统渗出身体产生的可溶性废物，包括放射性核素，通过尿液排出。如果一个人摄入大量的放射性核素，比如在医学治疗期间，其尿液需要像放射性物质一样处理。

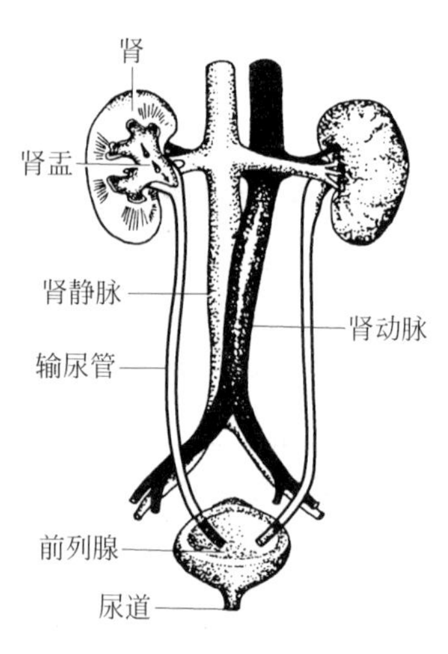

图 5-5 泌尿系统

### 5.1.6 人体系统小结

表 5-1 总结了关于人体系统的信息。呼吸系统和消化系统知识帮助我们了解放射性物质如何进入体内，循环系统和淋巴系统知识帮助我们了解放射性物质如何输送至全身不同的器官。泌尿系统解释了可溶的放射性物质如何排出体外。

**表 5-1 人体系统概要**

| | 呼吸系统 | 消化系统 | 循环系统 | 泌尿系统 | 淋巴系统 |
|---|---|---|---|---|---|
| 主要器官 | 肺 | 胃<br>肠 | 心脏<br>动脉<br>静脉 | 肾<br>膀胱 | 淋巴腺<br>淋巴结 |
| 主要功能 | 气体交换 | 食物处理 | 输运 | 可溶性废物的排泄 | 输运 |
| 放射性意义 | 吸入途径 | 摄取途径 | 放射性核素的输运 | 排泄 | 放射性核素的输运 |

## 测试题选

(1) 哪些身体系统分别负责下面的功能?

(a) 体内物质的输运

(b) 空气和血液之间的气体交换

(c) 过滤血液排除废物

(d) 处理食物

(2) 利用身体系统名词简要解释以下放射性核素如何进入身体及沉积至身体器官：

(a) 牛奶中的碘-131

(b) 空气中的铀矿石粉尘(假设该粉尘不易溶)

(c) 针头上的磷-32 溶液

## 5.2 细胞和辐射的生物损伤

人体是由称为细胞的微观构筑单元组成的。相同功能的细胞构成组织,例如肌肉组织。不同的组织能构成器官,例如心脏。器官构成人体系统,例如 5.1 节介绍的系统。

### 5.2.1 细胞结构

大多数的身体细胞包括 3 个主要部分：

(1) 细胞膜 细胞的边界,物质通过细胞膜进出细胞。

(2) 细胞核 控制细胞的功能,尤其是生长和分裂。

(3) 细胞质 细胞里的液态物质,包含很多功能部分。大部分的化学交换在细胞质中进行。

人体细胞的基本结构如图 5-6 所示。

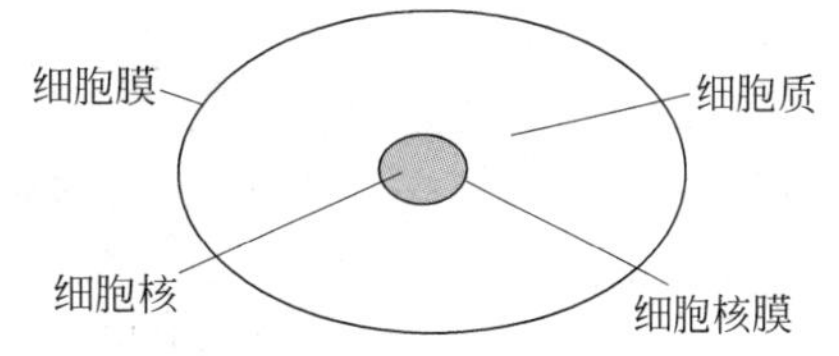


图 5-6 人体细胞的基本结构

人体内的细胞核包含 46 条染色体,染色体是由基因构成的有结构的线状体。这些基因由蛋白质和脱氧核糖核酸(DNA)分子组成。这些 DNA 承载一个人所有的物理特征和精神特征的遗传信息,也能使这些遗传信息传递给下一代。人体细胞结构概述见表 5-2。

**表 5-2 细胞结构概述**

| 细胞结构 | 描 述 | 细胞结构 | 描 述 |
|---|---|---|---|
| 细胞膜 | 允许物质进出细胞 | 染色体 | 由基因构成的有结构的线状体 |
| 细胞质 | 大多数化学过程发生处 | 基因 | 由蛋白质和 DNA 组成 |
| 细胞核 | 控制细胞 | DNA | 承载遗传信息 |

### 5.2.2 细胞分裂

大多数人体细胞有个特征,可以通过繁殖的过程分裂形成与自身完全一样的细胞。每个细胞分裂形成两个新细胞,它们的染色体是繁殖过程的主要参与者。红血球没有细胞核,因此也无法分裂繁殖。这意味着红血球必须不断地在骨髓里制造。

细胞分裂是在身体局部区域(如消化道内膜)发生的连续过程。对成人来说,细胞分裂需要几个小时甚至几天。对于小孩或者孕育中的胎儿,细胞分裂就快得多,甚至约 20min 即可完成。如果辐射伤害发生在细胞分裂过程,伤害范围将更大。因此,年幼的小孩和孕育中的胎儿,因为细胞分裂速度更快,所以受辐射影响的危险更大。同理,癌细胞(快速分裂的细胞)也比正常组织容易被辐射破坏。

无论男性女性均携带生殖细胞,即男性的精子和女性的卵细胞。它们都是由生殖器或者生殖腺(男性的睾丸和女性的卵巢)制造。这些细胞只含有一半数量的染色体(23 条而不是 46 条),伴随着有性生殖过程,一个精子和一个卵子结合为一个含有 46 条染色体的细胞。这些生殖细胞很重要,通过它们将遗传特性传递给下一代。

### 5.2.3 辐射损伤

**1. 细胞损伤**

当辐射干扰细胞的正常运转导致细胞的直接和间接损害时,辐射损伤就发生了。

直接损伤发生在辐射穿透到细胞的关键区域(如 DNA)引起分子自身的直接电离。

间接损伤是细胞内部形成化学活性很高的原子基团(称为自由基)的结果。细胞约 80%是水。当辐射电离水分子后,离子与其他水分子结合,形成 $H^+$ 和 $OH^-$,它们因为有未成对电子,所以均有很高的活性。细胞中的另一个反应产物是过氧化氢($H_2O_2$),活性也很高。这些有很高活性的物质会通过破坏化学键如 DNA 分子中的 C—C 键干扰细胞的正常功能。这将导致 DNA 分子的断链,阻止细胞分裂。自由基还可能引起酶(对细胞机能很重要的化学物质)或细胞膜(影响物质输运)的损伤。细胞的间接损伤过程如图 5-7 所示。

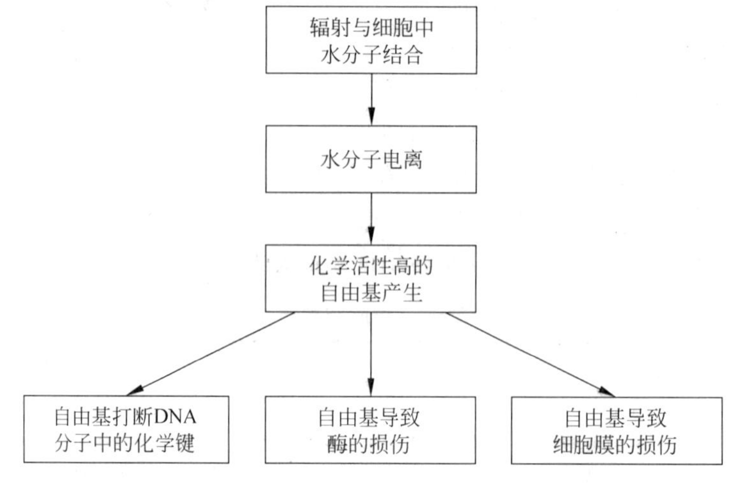


图 5-7 细胞的间接损伤过程

**2. 细胞损伤效应**

个体细胞的辐射损伤基本上都是源于 DNA 的损伤。3 个主要的损伤结果如下:

(1) 细胞死亡;

(2) 细胞发生改变导致非正常的细胞分裂;

(3) 细胞的遗传信息被改变且传递至新细胞。

**注意**:对于那些其他介质(如化学药品和病毒)不能损害的细胞,辐射也不会产生任何损伤。

**3. 细胞修复**

细胞有一个非常有效的修复机制来恢复不同介质带来的各种损伤，包括辐射损伤。细胞的损伤速度越慢（例如长时间低剂量辐射），细胞修复的几率越高。辐射暴露在长时间内（如几个月或几年）有规律地发生，称为慢性照射。这是公共场合中（天然放射源）的人们及辐射工作者最常见的辐射类型。

相反，如果细胞的损伤速度很快（如短时间高剂量辐射），细胞没有太多时间来修复，因此修复的几率就低得多。辐射暴露历时很短（如几个小时或几天），称为急性照射。这种类型的辐射可能发生在意外事故中。

细胞的修复机制是癌症患者放疗的重要依据。鉴于此，如果对一小块组织的辐射总剂量很高的话，往往分成数次完成，而不是一次完成。因为这样邻近肿瘤的健康组织才有时间修复，而癌细胞由于损伤大得多将不容易恢复。

**测试题选**

(1) 细胞的哪一部分：

(a) 是细胞的控制中心？

(b) 是细胞发生作用的地方？

(c) 由基因构成的纤细纤维组成？

(d) 允许物质出入细胞？

(e) 包含蛋白质和 DNA？

(f) 携带基因信息？

(2) 在下面空白处填写适当的词或短语：

当辐射与细胞的正常工作相互作用时就发生了辐射损伤。当辐射侵害细胞的某个关键部位（如 DNA）会发生________损伤，会导致分子本身________。细胞内自由基形成会导致________。

(3) (a) 什么是自由基？

(b) 它们是怎样形成的？

(c) 它们是怎样干扰细胞正常工作的？

(4) 细胞辐射损伤的 3 个主要后果是什么？

(5) (a) 慢性和急性照射的区别是什么？

(b) 放射性工作者主要面对的是哪种辐射？

(c) 意外事故中会发生哪种辐射？

(6) 解释为什么细胞的辐射损伤并不总是造成永久性的生物学损伤。

## 5.3 人体的辐射效应

前面介绍了人体细胞的辐射反应。如果细胞本身不能修复，则会导致永久性损伤，表现为组织和器官的生物学改变。这些医学症状分为确定性或随机性效应。这些效应对发育中的胎儿要特别重视。

## 5.3.1 确定性效应

辐射损伤最常见的结果是细胞死亡。如果少量细胞受损则机体不受影响，因为体内有大量其他细胞和新生细胞会替代死亡细胞。如果吸收射线的数量（如剂量）提高，会死亡大量的细胞，达到某个阈值后影响器官的整体功能。其结果就是，随着受影响细胞数量的增长，器官功能丧失愈加严重。

导致器官功能丧失的各类辐射损伤称为确定性效应。这些效应的共同点是存在阈剂量（低于阈剂量察觉不到效应），随着辐射剂量的增加，效应的严重程度也增加（见图 5-8）。

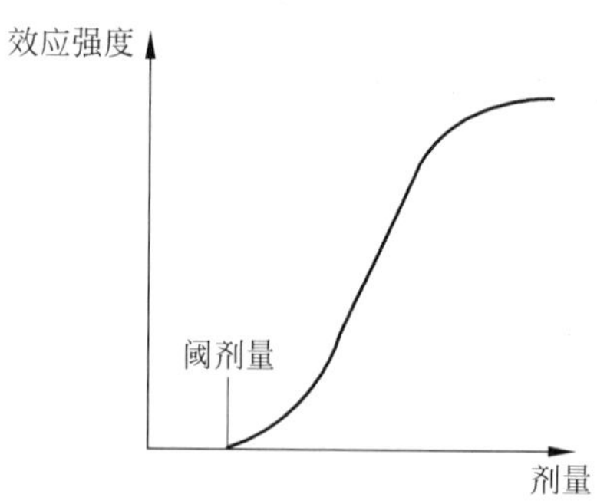


图 5-8 确定性效应剂量响应曲线

确定性效应的一个例子是皮肤变红或红斑。受到低剂量的辐射，低于阈剂量并不导致皮肤变红或红斑。当剂量提高到刚好超过阈剂量会导致皮肤变红，同样，皮肤白皙的人将会轻微晒黑。如果剂量进一步提高，会发热（如严重变黑），更高剂量会导致皮肤组织的死亡或溃烂。其他特定器官辐射的确定性效应包括不育（暂时或永久）和白内障。

辐射剂量对个体的效应与生物学因子（如年龄、健康）和化学因子（如组织内氧的含量）有关。在人体中存在一个辐射敏感性的范围，因此，特定组织的阈剂量在更敏感的个体中会变低。当剂量提高时会有更多人表现这一效应，达到阈值时所有受辐射人都会表现这一效应。

确定性效应在短时间大剂量辐射时比较常见（如急性照射）。除有控制的医学照射外，大剂量在工作场所并不常见。因此确定性效应仅在突发情况下发生，通常并不在工作场所中发生。

**记住**：确定性效应通常不在工作场所中发生，主要由意外事故引起。

表 5-3 显示特定器官在急性照射下的确定性效应。表中剂量的单位是毫希[沃特]（mSv）。这些剂量单位的定义会在第 2 篇第 10 章个人剂量测量中详细讲解。

**表 5-3 器官的急性照射效应**

| 剂量/mSv | 器官 | 效应 |
| --- | --- | --- |
| 3500 | 睾丸 | 永久性不育 |
| 3500 | 眼 | 晚期白内障 |
| 3000 | 卵巢 | 不育 |
| 2500＋ | 皮肤 | 皮肤变红（红斑）和可能永久性脱发 |
| 500 | 骨髓 | 减少血细胞形成 |
| 150＋ | 睾丸 | 暂时性不育 |
| 60 | 胎儿 | 可能最低剂量引发效应（可能畸形） |

表 5-3 中所示的大多数效应都是早期效应，因其主要是在辐射的数天或数周内发生。例外的是眼睛遭受辐射引起的白内障。这种效应需要数年来形成，因此是一种晚期效应。它仍然是一种确定性效应，因为其存在一个阈值，低于阈剂量不发生。

表 5-3 中提到的确定性效应的程度与所受的剂量大小及达到该剂量的时间有关。事实上，如果受到辐射的时间是几周而不是瞬时，阈剂量会有相当大的提高，通常提高 100%。

全身受到很大剂量的辐射，会使器官受到严重损害并导致器官失去功能，可能最终导致死亡。放射病(反胃、呕吐)是身体受到急性大剂量照射的早期确定性效应。身体受到急性照射的其他效应如表 5-4 所示。

**表 5-4 急性照射效应**

| 剂量/mSv | 效 应 |
|---|---|
| 50 000+ | 中枢神经系统严重损伤——迅速致命 |
| 8000～50 000 | 肠内膜和白细胞破坏——两周内死亡 |
| 4000 | 30 天内半数致命，无药可治 |
| 2000～8000 | 白细胞和内脏内膜损伤。继发性感染可能引发死亡，但多数情况下可因特殊医护而避免 |
| 1000～2000 | 可能引起放射病——反胃、呕吐、腹泻——非致命 |

## 5.3.2 随机性效应

有时候，辐射效应并不足以杀死细胞但会改变细胞的部分功能。大多数情况下这些改变并不显著影响细胞因此并没有可观察的效应。但这些损害可能影响细胞的控制系统，随后这些细胞会比正常细胞更迅速分裂。如果这些受损细胞开始分裂，异常子细胞产生数量会大幅度增加。如果异常细胞侵害正常组织，通常称作恶性细胞并导致癌症。

癌症的种类与改变的源细胞的种类有关。癌症在辐射照射发生后并不立即显现，经过没有可见效应的潜伏期后会表现出可见效应。潜伏期与癌症的种类有关，白血病的潜伏期可以从 2 年到 30 年，其他的癌症可能更久。因此，癌症被认为是一种晚期效应。

与确定性效应不同，辐射剂量的大小并不改变癌症的严重程度，但剂量可以影响患癌症的几率。受大剂量辐射会提高患癌症的几率，但如果癌症发生(无论辐射剂量大小)，癌症的严重程度都一样。这与彩票中奖相似，买单张彩票可以获得一等奖，买多张彩票可以提高获奖的几率，但奖金的多少并不改变。辐射的效应与几率有关即为随机性效应。

出于辐射防护的目的，假设随机性效应几率随剂量线性增加，并且不存在阈剂量(见图 5-9)。如果不存在阈剂量则认为即使很小剂量的辐射也可能导致癌症。

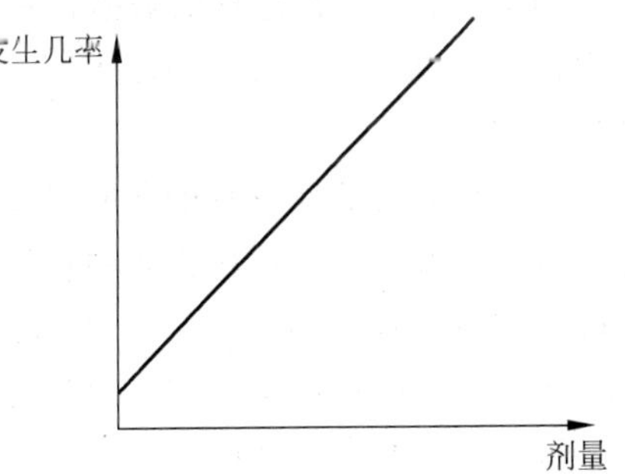

图 5-9 随机性效应的剂量响应曲线

**记住**：随机性效应是低剂量下唯一可能发生的效应。随机性效应的风险也是限制公众和辐射工作者剂量的主要原因。

随机性效应是低剂量下唯一可能发生的效应。因此辐射防护的目标是防止确定性效应和降低随机性效应发生的几率。

### 1. 遗传效应

如果生殖细胞(精子或卵子)受到辐射的损害，这个损害有可能直接影响下一代或随后的几代。这种效应称为遗传效应。遗传效应也是基于几率，因而是随机性效应，但遗传效应的风险远低于癌症。

动植物试验研究表明，受到大剂量辐射后会发生遗传效应。但并没有人体确认产生遗传效应的案例。

人体受到辐射损害后产生遗传效应并未得到确认。

**2. 组织权重因子**

一些器官或组织比其他器官或组织对辐射更敏感，发生随机性效应的几率更大。一些癌症导致死亡或其他严重问题的几率也大于其他癌症。因此，当确定人体受辐射的综合效应时采用了组织权重因子($w_T$)。这个因子考虑了器官和组织的辐射敏感度和所致癌症的严重度。表 5-5 为国际推荐使用的辐射权重因子数值。权重因子值越大，特定辐射下的随机性效应发生率越高。虽然不同个人对辐射的反应不一样，但辐射权重因子相近，因此可以适用于每个人。所有组织、器官的辐射权重因子数值相加为全身的照射量因子 1。

**表 5-5 人体组织或器官的权重因子**

| 组织或器官 | 权重因子 $w_T$ | 组织或器官 | 权重因子 $w_T$ |
|---|---|---|---|
| 生殖腺 | 0.20 | 肝脏 | 0.05 |
| 红骨髓 | 0.12 | 食管 | 0.05 |
| 结肠 | 0.12 | 甲状腺 | 0.05 |
| 肺 | 0.12 | 皮肤 | 0.01 |
| 胃 | 0.12 | 骨表面 | 0.01 |
| 膀胱 | 0.05 | 余项 | 0.05 |
| 胸 | 0.05 | | |

表 5-5 数据表明肺对辐射的敏感度大约是甲状腺的 2.5 倍。在第 10 章中，将介绍怎样通过辐射权重因子将器官剂量转为全身剂量。

### 5.3.3 胎儿照射

胎儿或未出生婴儿的细胞数量少于成年人，但细胞分裂速度更快。辐射损伤对分裂细胞的损害更大，胎儿对辐射损伤更敏感，暴露于高剂量会导致畸形或死亡。因此，怀孕阶段任何时间暴露于辐射都可能会提高婴儿患癌症的几率，有必要对胎儿进行特定的辐射防护。

关于辐射对胎儿发育的研究主要集中于广岛和长崎原子弹爆炸的受害者和 1986 年的切尔诺贝利事故。这些研究表明在怀孕的前 1～2 周暴露于辐射并不会导致婴儿确定性或随机性效应。在怀孕第 2～24 周，母亲受到大剂量的辐射会导致发育胎儿主要器官受损。中枢神经系统同样严重受损导致智力缺陷。特别大的剂量会导致自然流产、畸形、智力降低等。这些效应的严重程度和几率与辐射剂量和婴儿发育的阶段都有关。

### 5.3.4 辐射效应小结

这里介绍几个新术语，图 5-10 标识了这些术语的关联关系。请记住急性照射会导致早期或晚期效应，有可能是确定性或随机性的。高剂量慢性暴露会导致确定性或随机性的晚期效应。图 5-10 中，确定性效应用粗体表示，随机性效应用正常体表示。

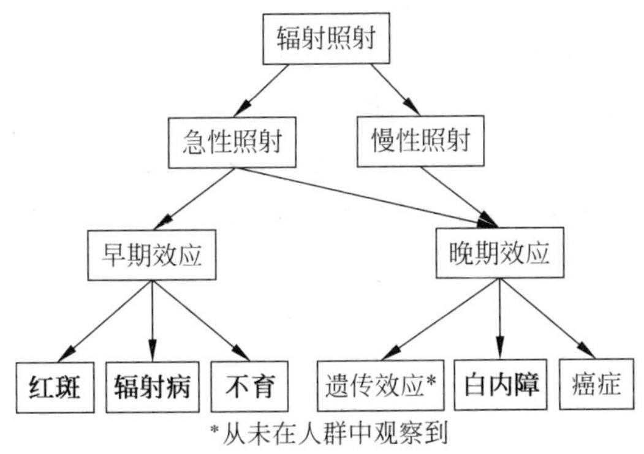


图 5-10 辐射效应总结

### 测试题选

(1) (a) 当身体长期有规律地受到一定剂量的辐射后,最有可能发生哪种辐射效应(确定性或随机性)?

(b) 这是早期效应还是晚期效应?

(2) (a) 当身体短期受到高剂量的辐射后,最有可能发生哪种辐射效应(确定性或随机性)?

(b) 这是早期效应还是晚期效应?

(3) 解释为什么由于暴露于辐射造成的白内障是一种确定性效应。

(4) 为什么胎儿需要特定的辐射防护措施?

(5) 按辐射敏感度顺序从低到高排列下列器官或组织:

甲状腺、膀胱、生殖腺、皮肤、红骨髓

## 要点

- 人体的主要系统是呼吸系统、消化系统、循环系统、淋巴系统和泌尿系统。
- 通过各种步骤,吸入和摄取的物质都会最终沉积到身体器官。这样会使辐射照到相邻的器官和组织。
- 人体是由各种细胞组成的,细胞组成各种组织和器官。
- 每个细胞都有细胞膜、细胞核和细胞质。
- 细胞核含有 46 条染色体。
- 染色体由蛋白质和 DNA 分子构成的基因组成。
- DNA 携带有人体生理和精神特征的遗传信息物质。
- 细胞分裂产生更多的细胞,分裂期间细胞对辐射更敏感。
- 辐射可以直接损伤细胞或通过产生自由基间接损伤细胞。
- 自由基可以破坏 DNA 分子的化学键,损害酶系统或细胞膜。
- 辐射损伤可以导致细胞死亡、非正常细胞分裂或细胞突变。
- 辐射暴露可以是急性(短时间)或慢性(长时间)的。

- 辐射效应可以是早期效应或晚期效应。
- 确定性效应有一个阈值，低于阈值并不产生影响，高于阈值则辐射效应与剂量大小正相关。确定性效应与剂量大小和剂量率有关。
- 随机性效应与几率有关，且效应表现前有一定的潜伏期。因此认为随机性效应并无阈剂量，但效应的几率与剂量的大小正相关。效应的严重性与剂量的大小并没有关系。
- 生殖细胞被改变后会产生遗传效应，有可能遗传给未来几代。人体内的遗传效应尚未观察到。
- 随机性效应是唯一在低剂量下可能发生的效应。
- 辐射防护的目的是为了预防确定性效应和降低随机性效应发生的几率。
- 身体内不同组织器官对辐射的响应也不一样。权重因子用以衡量不同器官的不同辐射敏感度。
- 未出生婴儿对辐射非常敏感，因此需要特别的防护措施来保护胎儿。

# 第2篇

# 辐射防护概论

# 第 6 章

# 辐射防护原则

## 6.1 辐射防护简介

所有人都会受到来自天然和人工电离辐射源的照射。天然辐射照射来源于宇宙和地球环境，也来自于饮食中含有的天然放射性。纵观人类历史，人总是暴露在天然辐射中，不可能判断这样的照射对人类是有害还是有益。与此对应，人工辐射源是在过去的 100 年内引入的，虽然人工辐射源的应用(如医疗、工业和农业应用)带来了许多利益，但是人们也认识到这些源的照射会对人造成损害。因此，发展了辐射防护体系来保护人们免受不必要的或者过量的电离辐射的照射。随着对电离辐射效应理解的不断加深，这一体系也在不断完善，以保证辐射工作人员和普通公众获得尽可能好的防护。

## 6.2 辐射防护和危险

清晰地定义“辐射防护”这一术语很重要。简单来说，“辐射防护”定义为旨在限制辐射造成的人类损害的科学与实践。由于本章讨论中只关心电离辐射的效应，所以本章中所提及的都指电离辐射。

在日常生活的每种活动中，人总是暴露在一定的危险中。举例来说，每次穿过马路时，人都有可能被汽车撞到；吸烟者每次吸烟都会增加罹患肺癌的几率。虽然人们都意识到可能的后果，但人们还是要穿越马路，还是会吸烟。这样做是因为人们对每个行为的后果的可能性与程度有所估量，即对横穿马路或者吸烟的危险有一定认识。在辐射防护领域也是这样，在所有与放射性相关的活动中，对与应用电离辐射相关的危险有一定认识是很重要的。简单地说，危险被定义为可能出现危害性后果的概率和程度的组合。

用于评价电离辐射危险的信息来自详尽的事故调查和对受到电离辐射照射的人群，诸如 1945 年经历日本广岛和长崎的原子弹爆炸的幸存者，在对其进行长期的流行病学研究获得相关信息。有两个机构(联合国原子辐射效应科学委员会(UNSCEAR)和电离辐射生物效应咨询委员会 (BEIR))负责收集和总结相关数据，并详细报告他们的发现。这些报告用于建立以风险评估为基础的辐射防护体系。根据这些风险评估来提出辐射防护建议的组织是国际辐射防护委员会(ICRP),图6-1给出了这些不同委员会的职责和它们之间的关系。

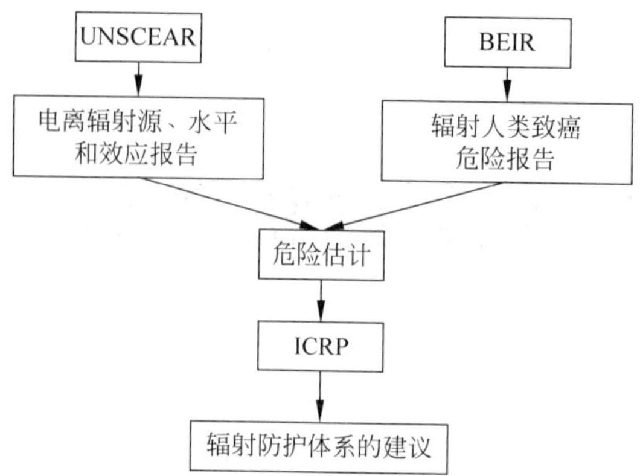


图6-1 UNSCEAR、BEIR和ICRP之间的关系

## 6.3 ICRP简介

### 6.3.1 ICRP历史

国际辐射防护委员会(International Committee on Radiological Protection,ICRP)的前身国际X射线和镭防护委员会于1928年成立。那时,人们开始关注与X射线和镭相关的危害,国际X射线和镭防护委员会的主要责任就是保护受到这些源照射的工作人员。1950年,国际X射线和镭防护委员会的职责扩展到处理由于反应堆的引入出现的新问题,该组织也因此改组,成立了ICRP。从那以后,ICRP的关注点也扩展到了电离辐射应用的增加和涉及辐射与放射性物质产生的实践活动。现在,ICRP考虑影响公众和应用电离辐射源的工作人员的辐射防护问题。

### 6.3.2 ICRP职责

ICRP是非政府性科学组织,负责提出建议书并提供辐射防护基本原则的指南。ICRP综合ICRP外部和其自身委员会的专业知识,在此基础上形成最新的关于辐射防护方法和进展的报告。ICRP希望这些报告能为国家、区域和国际层次上的监管和咨询机构提供帮助。由于各个国家之间的差异,ICRP无意提供法律文本。相反,ICRP建议书旨在按照每个国家的需要而结合到各个国家的法规中去。通过这样的方式,ICRP希望为世界辐射防护体系提供一个国际间一致的,同时又具有灵活性的框架。

### 6.3.3 ICRP建议书

ICRP定期发布有关辐射防护问题的出版物。除了关于诸如医学、牙科和采矿业等特定的辐射防护问题的报告外,ICRP也出版更具普遍性的文件。这些文件就是ICRP建议书,建议书覆盖了对辐射防护所有方面都很重要的问题。ICRP第1号建议书作为第1号出版物于1959年问世,从那以后又出版了许多出版物。每个出版物都代表了对辐射照射相关的风险认知的深入。建议书每年进行评审，根据需要发布修订和补充说明。图 6-2 给出了 ICRP 建议书及其相应的出版物编号序列和发布时间。

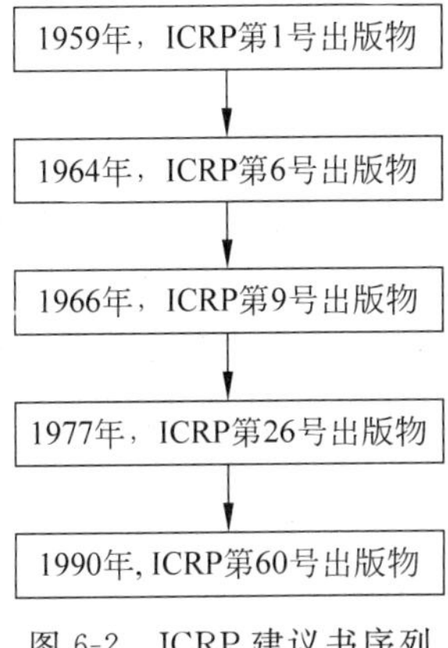


图 6-2　ICRP 建议书序列

最近的出版物是 1990 年发布的 ICRP 第 60 号出版物。该文件中的建议在随后的 6.8 节中讨论。

## 6.4　基本安全标准

1990 年，辐射安全机构间委员会（Inter-Agency Committee on Radiation Safety，IACRS）成立，以进一步促进辐射防护实践应用中的一致性。这个委员会由一些对辐射防护具有共同兴趣的国际组织构成。这个委员会起草了一份详尽的文件（《电离辐射防护和辐射源安全国际基本安全标准》）。这份文件，通常称为基本安全标准（Basic Safety Standards，BSS），意在为有效的辐射防护大纲的设计和实施提供实用的指南。该文件包含的标准主要以 ICRP 建议的辐射防护原则为基础，也考虑了由国际核安全咨询组（International Nuclear Safety Advisory Group，INSAG）所建议的核安全原则。INSAG 自 1985 年以来针对核设施提出核安全标准（Nuclear Safety Standards，NUSS），INSAG 建议的许多原则都与其他辐射源和装置相关。图 6-3 给出了基本安全标准的制定过程。

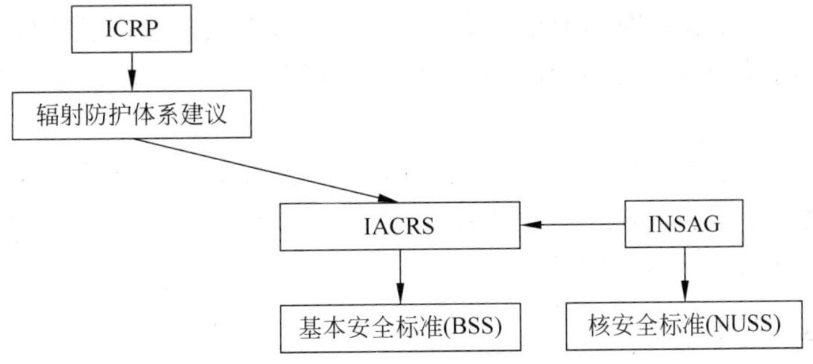


图 6-3　基本安全标准的制定过程

如 ICRP 建议书一样，基本安全标准也只是指南而不是法律文本。这些标准的设计使其可以按照各自国家的需要成为各国法规体系的一个组成部分，为相应国家的具体辐射防护需要形成实用的基础。

## 6.5 实践与干预

增加辐射照射总量的人类活动称为实践。实践可以是引入新的设施或工艺(比如新的核医学方法、新的胸部X射线扫描技术或者新的矿砂处理厂),或者改变现有设施或工艺,结果产生了更多的辐射或者向环境释放了更多的放射性废物(比如提高某核电站的装机容量,或者改变了某化学工艺后观测到挥发性放射性物质向大气的释放增加)。

干预是旨在减少现有辐射照射或者照射可能性的任何人类活动。干预既适用于如建筑物中的氡这样的长期照射情形,也适用于应急情形。

## 6.6 照射

### 6.6.1 照射概念

照射定义为人类受到辐射或者放射性物质辐照的实际过程。电离辐射照射会造成一定的辐射剂量,剂量的大小依赖于许多因素。在本篇第10章将有更多的介绍。照射既可来自外部(如体外源造成的照射),也可以来自体内(比如体内源造成的照射)。

### 6.6.2 潜在照射

引入潜在照射的概念意在涵盖可能发生,但不是一定会发生的照射。举例来说,运输事故是可能发生的,但不是一定会发生。在放射性物质的日常使用中,事故总会发生,但发生的概率很小。辐射防护体系必须努力控制潜在照射的可能性和规模。

### 6.6.3 照射类别

ICRP提到了3种照射类别:

(1) 职业照射　是人在工作场所受到的照射,主要是所从事的工作带来的。可以在3个层次上控制该类照射:源(如屏蔽)、环境(如通风)和工作人员(如工作实践、防护服)。

(2) 医疗照射　是在诊断和治疗中受到的照射。该类照射也可通过与职业照射相同的3个层次加以控制,但要作为诊断和治疗计划的一部分,而不是辐射防护体系的一部分来考虑。

(3) 公众照射　是人通过职业或医疗照射以外的途径接受的照射。对该类照射的控制应该针对辐射源。只有在源不能有效控制的情况下,如在切尔诺贝利那样的严重事故中,才针对环境或者个人实施照射控制措施。

### 6.6.4 照射水平

为了比较来自不同源的辐射照射的大小(或水平),需要对照射进行定量分析。本章中使用来自每个源的剂量当量(单位:mSv)来作比较。

图6-4中比较了职业照射和医疗照射的平均水平及天然辐射源造成的平均照射水平。

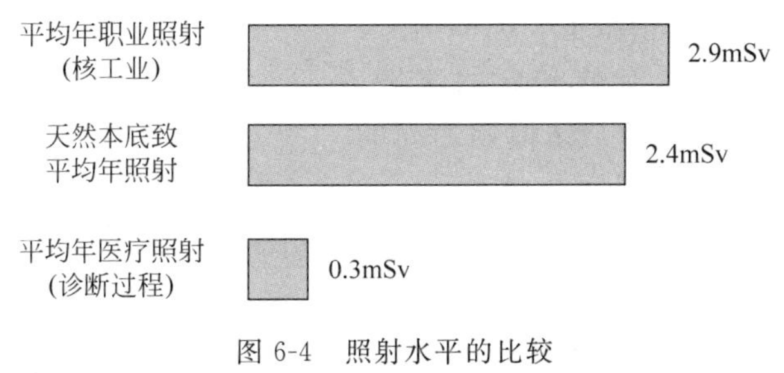


图 6-4　照射水平的比较

（数据取自 UNSCEAR1993 年的出版物）。

## 6.7　剂量限值和剂量约束

### 6.7.1　剂量限值

剂量限值定义为在正常受控条件下一定不能超越的剂量水平（接受或者吸收的辐射量）。职业剂量限值最初是在 1934 年为避免诸如皮肤损伤之类可直接观察到的非致命性效应而引入的。到 1950 年，人们认识到癌症，特别是白血病，也是接受电离辐射照射的一种可能危险，因此制定了剂量限值以减少癌症和遗传效应的发生几率，防止确定性效应。从那时至今，这些剂量限值通过许多方式表达，不容易进行相互比较。一般来说，全身职业年照射剂量限值在 1934 年和 1950 年间降低了大约 $\frac{2}{3}$；1958 年，在此基础上，又降低了 $\frac{2}{3}$，到了 $50\text{mSv}\cdot\text{a}^{-1}$。从那以后，由于获得了关于辐射有诱发癌症危险的新信息，在 1990 年，职业照射限值再降低了 $\frac{2}{5}$，也就是目前的限值——$20\text{mSv}\cdot\text{a}^{-1}$。

对公众照射的限值于 1959 年由 ICRP 首次引入。从那以后，这些限值与职业剂量限值同步降低，目前的限值是 $1\text{mSv}\cdot\text{a}^{-1}$。ICRP 第 60 号出版物建议的剂量限值将在本章的第 6.8.3 节中讨论。

### 6.7.2　剂量约束

人们可能受到来自几个不同源的辐射照射，或者接受来自某个源的照射会随时间增加（比如在放射性储存库或放射性废物处置场）。在这样的情况下，就需要限制来自每个源的照射以保证监管剂量限值不被超越。剂量约束就是对单一源所致剂量的上限限定，这些剂量约束特别适用于公众照射。主管部通过合适的剂量约束来控制当地人群受到照射的潜在剂量。举个例子，某个公众成员可能生活在放射治疗设施和核电厂附近。主管部门会决定放射治疗设备只能产生公众年剂量限值 1mSv 的某百分比的剂量，而核电厂又只允许产生 1mSv 的另外一个百分比的剂量。这种将剂量在电离辐射源之间分配的概念称为应用剂量约束。

## 6.8　辐射防护体系

ICRP 第 60 号出版物所建议的辐射防护体系建立在三个主要原则基础之上。这些原则就是正当性、最优化和剂量限值。ICRP 建议这三条原则应用于控制现有的和新的实践。图 6-5 给出了辐射防护体系和三条原则之间的关系。本节对这些原则进行讨论。

牢记三条原则都不应独立应用是很重要的，有效的辐射防护体系应该应用这三条原则以保证将所有的辐射剂量保持在尽可能低的水平上。

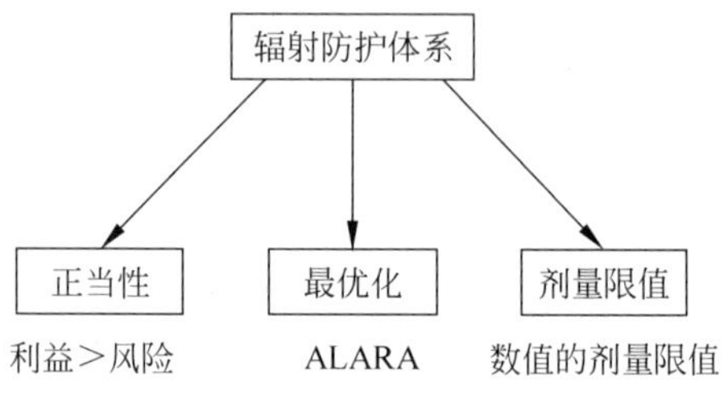


图 6-5　辐射防护的三个主要原则

## 6.8.1　实践正当性

对于辐射防护，做出是否接受新实践或者继续现有实践的决策必须考虑该实践的辐射效应风险。涉及照射或者潜在照射的实践，只有在其对个人或者社会产生的利益大于其对健康所致的损害或损伤时，才是可以接受的。例如，大规模体检以检查乳腺癌的计划，必须表明通过对早期癌症的探查而获得的利益足以胜过因此而增加的辐射剂量所带来的附加危险。图 6-6 给出了实践正当性原则的图示。

## 6.8.2　辐射防护最优化

个人剂量、受照人数和潜在照射的可能性与大小，在考虑了经济和社会因素时，都应保持在可合理达到的尽可能低的水平，这就是 ALARA 原则。这意味着在考虑所有社会和经济因素前提下，应当为辐射源与装置提供最好的实际可行的防护和安全措施。防护和安全应当是最优越的。例如，在为核设施增加额外的屏蔽前，就应该阐明因此降低的个人剂量和减少的受照人数足以使因此而对安装屏蔽的人造成的潜在剂量和代价是值得的。记牢如图 6-7 所示的 ALARA 原则很重要。

## 6.8.3　个人剂量限值

ICRP 建议个人所受照射应当受到剂量限值的约束。职业剂量限值意在保证没有人会受到不可接受的危险的照射，以及防止确定性效应和使随机性效应的发生几率最小。图 6-8 给出了 ICRP 所采用的职业剂量限值的原则。

图 6-6　实践正当性原则

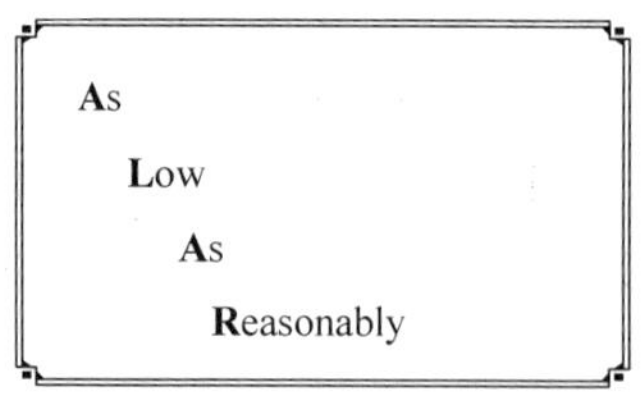


图 6-7　ALARA 原则

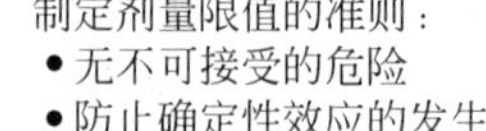


图 6-8　职业剂量限值原则

对于公众，ICRP 建议了一个剂量限值，这个限值的大小与海平面上除氡以外的天然源所致平均剂量大致相等。

职业和公众的剂量限值应用于由实践产生的照射，不包括医学照射和天然本底照射。年均职业有效剂量限值是 20mSv，任何一年中的有效剂量不得超过 50mSv。公众的年均剂量限值是 1mSv,特殊的情况下公众剂量可允许高一些,只要 5 年内的平均值不超过 $1mSv \cdot a^{-1}$。

有效剂量用于表述全身剂量。对于眼晶体和皮肤还有另外的剂量限值,分别是 150mSv 和 500mSv,以防止确定性效应,例如白内障、红斑(皮肤烧伤)和脱屑(皮层脱落)的发生。有效剂量限值为防止这些器官产生随机性效应提供了足够的防护。500mSv 的皮肤剂量限值是针对任意 $1cm^2$ 皮肤的平均值,与受照射面积无关。ICRP 在其第 60 号出版物中建议的剂量限值列于表 6-1 中。有效剂量单位是 mSv,将在本篇第 10 章详细讨论。

**表 6-1 ICRP 第 60 号出版物建议的剂量限值**

| | 职业剂量限值 | 公众剂量限值 |
|---|---|---|
| 有效剂量/($mSv \cdot a^{-1}$) | 20(5 年内的平均值) | 1 |
| 年当量剂量/mSv | | |
| 眼晶体 | 150 | 15 |
| 皮肤 | 500 | 50 |
| 手足 | 500 | 无建议 |

对于孕妇的职业照射,ICRP 认为,如果采用了 ICRP 所建议的防护体系,那么对孕龄期妇女就不需规定特别的职业剂量限值。然而胎儿应该被看作公众成员,因此,如果怀孕了,可能有必要调整孕妇的工作条件。特别是此时妇女所从事的工作不能具有导致高剂量事故照射或者摄入放射性核素的显著可能性。

ICRP 建议,一旦怀孕,则妇女腹部皮肤表面的当量剂量就应该限制在 2mSv,其放射性核素摄入量应该限制在其他辐射工作人员的摄入限值的 1/12。在第 8 章内照射危害的防护中,将介绍对进入人体的放射性核素数量的限制。

## 6.9 辐射防护体系的实施

辐射防护的最重要的原则就是将剂量控制在尽可能合理低的水平,同时允许电离辐射的有益应用。为控制辐射危害,ICRP 的建议可以应用到法规、管理、操作这三个层次的要求上。

### 6.9.1 法规要求

法律法规的建立和实施在不同国家是不同的。法规为 ICRP 的建议和这些建议在工作场所的实施建立了联系。国家管理部门(机构或者政府部门)应该负责评价实践是否正当,如果实践是非正当的,要负责制止。法规应该建立一套可以用于所有正当实践的防护标准。

### 6.9.2 管理要求

没有管理方的直接管理和支持,工作人员不可能实施良好的安全标准。因此,应该建立正式的管理结构专门处理辐射防护问题。管理部门的主要职责之一是鼓励对安全持有正确的态度,使人们认识到安全是每个人的责任。除此之外,管理部门应当通过明晰职责和提供清晰简单的操作指南来优化防护,还要将潜在照射考虑在内,提供安全分析系统以鉴别事故的可能原因并限制此种事故的可能性和影响。

### 6.9.3 操作要求

除了法规和管理要求外，还需要对操作实施控制以保证工作场所实践的安全。这些实用的考虑应该包含如下方面：

(1) 放射性材料的安全储存；

(2) 放射性物质的安全运输；

(3) 运用时间、距离和屏蔽来减小辐射剂量；

(4) 用密封装置来限制放射性物质扩散到工作场所和公共环境；

(5) 充分维护好电厂和设备以减少其失效的可能性；

(6) 放射性废物的安全管理。

上述操作要求在以后的章节中还会详细讨论。另外，对工作人员个人也有要求，他们要对自身的安全负责。他们必须使用所提供的各种防护装备，按安全规程工作。

# 第 7 章

# 外照射危害的防护

## 7.1 外照射的危害

### 7.1.1 外照射介绍

外照射是来自于体外的辐射源造成的照射。当来自于体外的辐射源产生的电离辐射具有潜在危害性时就存在外照射危害。这与内照射危害不同，当有可能受到进入体内的放射性物质照射的时候就存在内照射危害(参见第 8 章内照射危害的防护)。采用不同的方法来控制内照射危害和外照射危害。

### 7.1.2 辐射类型对外照射危害的影响

电离辐射源包括 α 粒子、β 粒子、γ 射线、X 射线和中子，但是，并不是所有这些辐射源都会产生外照射危害。每种辐射源的外照射危害程度将在下面一一介绍。

α 粒子在空气中的穿透距离只有几厘米，不能穿透皮肤的外表层，因此 α 粒子被认为不具有外照射危害。β 粒子的穿透能力比 α 粒子强，其穿透能力依赖于其能量。能量高的 β 粒子在空气中可以穿行几米，也可以穿透表层皮肤几个毫米(例如，靠近皮肤的 1MeV 的 β 粒子可以穿透皮肤大约 5mm)。即使是一滴含有 β 放射性核素的水溅射到皮肤上，也会对皮肤组织带来很大的剂量。对 β 粒子外照射来说，还有一个重要器官就是眼睛。除此以外，对其他器官而言，可以认为 β 粒子不产生外照射危害。高能量的 β 粒子和高原子序数的物质相互作用产生的韧致辐射所产生的 X 射线比最初的 β 粒子所导致的外照射危害要大得多。

X 射线和 γ 射线都是短波长的电磁辐射，可以穿透身体内的所有器官，能导致非常重要的外照射危害。X 射线和 γ 光子的能量是决定外照射危害程度的重要因素。

中子具有高度穿透性，当中子被散射到身体组织中时可以把能量传递给身体组织。中子外照射危害是非常重要的，需要严格地控制。表 7-1 总结了人体外的不同类型的放射源所产生的相对危害性。

表 7-1 不同类型的放射源产生的外照射相对危害性

| 照射类型 | 相对外照射危害性 | 照射类型 | 相对外照射危害性 |
|---|---|---|---|
| α粒子 | 无 | X射线 | 严重 |
| β粒子 | 轻微 | 中子 | 严重 |
| γ射线 | 严重 | | |

### 7.1.3 外照射危害的来源

外照射危害的产生有两种方式。一是来自于设备或装置运行时所产生的电离辐射；二是来自于放射性物质。X射线发生器是一种普通的电离辐射发射装置。当X射线发生器开启后，X射线随即产生，X射线发生器就形成了一种外照射危害。但是，当机器关闭后X射线随即终止，外照射危害消除。相反，放射性物质所发射的β粒子、X射线和γ射线是持续的外照射危害。放射性物质是不能够被关闭的，但是可以放置在容器中或用屏蔽材料包裹起来，从而将外照射危害降低到可接受的水平。

## 7.2 外照射危害的控制

### 7.2.1 基本方法

控制外照射危害有三种基本方法：一是控制照射时间；二是延长与源的距离；三是屏蔽。运用这三种方法可以降低受到外照射时所受到的辐照剂量。

**1. 时间**

控制照射时间是降低外照射危害的一种重要方法。通过降低从事放射性工作的时间或受到放射性物质照射的时间，可以将受照剂量减小。简而言之，在一定放射剂量环境中工作的工作人员所受到的放射性剂量取决于其在此环境中停留的时间。这种关系可以用方程式(7-1)表示：

$$D = RT \tag{7-1}$$

式中：$D$——所受到的辐射剂量；

$R$——剂量率；

$T$——受照时间。

因此，受照在固定剂量率的放射源下的时间越短，所受到的总辐射剂量也随之降低。可以用例7-1来说明。

**例 7-1** 一位职业从事放射性工作的人员，通常需要在剂量率为 $5\mu Sv \cdot h^{-1}$ 环境下工作3h；工艺改进之后处理时间降低到1.5h。请问工作人员所受到的辐射剂量有什么不同？

**解** 利用方程式(7-1)解答如下：

工艺改变之前，工作人员所受到的总剂量为：

$$D=5\mu Sv \cdot h^{-1} \times 3h=15\mu Sv$$

工艺改变之后，工作人员所受到的总剂量为：

$$D=5\mu Sv \cdot h^{-1} \times 1.5h=7.5\mu Sv$$

因此，辐射剂量差为：

$$15\mu Sv - 7.5\mu Sv = 7.5\mu Sv$$

从上面的例子可以看出，对于固定的剂量率，受照时间缩短一半，所受到的辐射剂量也缩减一半。相反，受照时间加倍，所受到的辐射剂量也随之加倍。

记住这些规律不仅对保护自身至关重要，而且对保护其他从事辐射工作的人员同样十分重要。公式(7-1)还可以用来确保工作场所的剂量限值和剂量约束值不超标。控制职业人员的小时剂量率以确保年有效剂量不超过规定的剂量限值，这点在例 7-2 中加以说明。

**例 7-2**　假如从事放射性工作的人员每周工作 40h，每年工作 50 周，年剂量限值为 10mSv，则最大允许小时剂量率为多少？

**解**

$$最大允许剂量 = 10\,000\mu Sv$$

$$受照时间 = 40h/周 \times 50 周 = 2000h$$

根据公式(7-1)：

$$10\,000\mu Sv = R \times 2000h$$

因此

$$R = \frac{10\,000\mu Sv}{2000h} = 5\mu Sv \cdot h^{-1}$$

因此，最大允许剂量率为 $5\mu Sv \cdot h^{-1}$。为保证工作人员年有效剂量不超过剂量限值，他们的最大受照剂量率应该控制在 $5\mu Sv \cdot h^{-1}$。

时间的概念对导致外照射的工作安排同样重要。在没有真实放射源的情况下练习某种技术是很有用的，这有助于减少受照时间从而降低总剂量。

**2. 距离**

控制距离是另外一种控制外照射的有效方法。简而言之，距放射源的距离越大，受到的照射越小。点源的剂量率和距离之间的关系可以用方程式(7-2)表示：

$$R = \frac{k}{d^2} \tag{7-2}$$

式中：$R$——剂量率；

$d$——距源的距离；

$k$——对于特定的放射源是一个常数。

方程式(7-2)称为平方反比定律，也可以写成方程式(7-3)的形式：

$$Rd^2 = k \tag{7-3}$$

对于特定的放射源而言，$k$ 是一个常数，假如放射源不改变，可以得到方程式(7-4)：

$$R_1 d_1^2 = R_2 d_2^2 \tag{7-4}$$

式中：$R_1$——距离点源 $d_1$ 距离处的剂量率；

$R_2$——距离点源 $d_2$ 距离处的剂量率。

事实上，只要离放射源的距离至少在源的线性尺寸 10 倍以上，就可以假设为点源。

在辐射防护中，距离通常用来降低电离辐射的危害，例如，禁止靠近放射源或使用长柄工具(夹具)来操作。如果已知在特定距离处的剂量率，那么就能计算出可以被接受剂量率的距离。这在例 7-3 中加以说明。

**例 7-3** 距离 γ 放射源 2m 处的剂量率是 $125\mu Sv\cdot h^{-1}$，问在多大的距离处能达到可以接受的剂量率 $5\mu Sv\cdot h^{-1}$？

**解**

利用方程式(7-4)并用已知条件：

$$125\mu Sv\cdot h^{-1}\times(2m)^2=(5\mu Sv\cdot h^{-1})d_2^2$$

重新排列方程式：

$$d_2^2=\frac{500}{5}m^2=100m^2$$

$$d_2=\sqrt{100}\,m=10m$$

因此，通过增大距离源的距离，从 2m 增加到 10m，就可以将剂量率大幅降低至 $5\mu Sv\cdot h^{-1}$。

牢记距离定律的一个有效方法是：距离辐射源的距离加倍，剂量率降低到原来剂量率的 1/4。再次，为了你自己和你的同事减少辐射照射，牢记这条规则十分重要。

**3. 屏蔽**

例 7-3 很好地说明了距离如何用来降低剂量率以及受照剂量。但是，在很多情况下不可能在 1m 外进行辐射操作。因此，一个降低辐射受照的更加有效的方法是对辐射源进行屏蔽。通过屏蔽的方法，剂量率既可以降低，同时又可以工作。

屏蔽材料的数量和种类依赖于下面的因素：

(1) 辐射的类型和能量；

(2) 辐射源的活度(或发生器产生的辐射强度)；

(3) 屏蔽体外面所允许的辐射剂量率。

不同类型辐射的穿透力，如图 7-1 所示。

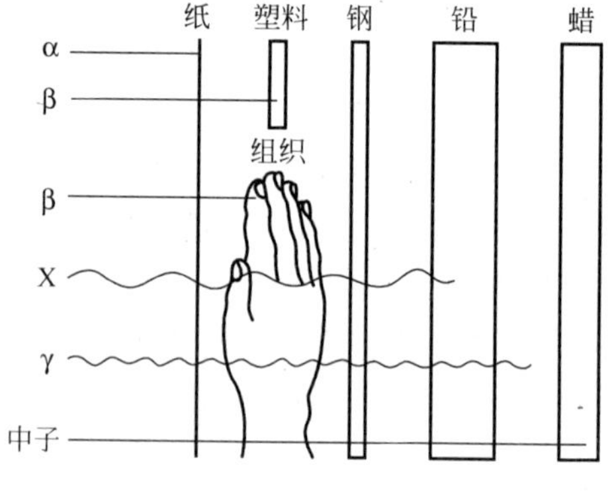

图 7-1　电离辐射的穿透能力

α 粒子在空气中的穿透距离只有几厘米而且很容易被吸收，所以不需要屏蔽。低能量的 β 粒子(例如氚发射的 β 粒子，最大能量只有 0.019MeV)同样很容易被吸收，因此也不需要屏蔽。但是，那些从磷-32 发射出的高能量的 β 粒子(最大能量 1.7MeV)具有很强的穿透力，与屏蔽材料相互作用产生轫致辐射。用低原子序数的材料(例如，有机玻璃)建造的屏蔽设施会降低 β 粒子的强度并减少轫致辐射的产生。但是，仍然十分必要采用额外的屏蔽来保护工作人员免受轫致辐射。在这种情况下，推荐采用铅包裹有机玻璃。

绝对不能低估未屏蔽的 β 辐射源的危害，这一点十分重要。如果对 β 辐射源进行直接处理，就可能带来大剂量的损害(尤其对于手和手指)。这对于处理溶液中含有 β 发射器的小瓶或试管的人员是特别重要的。例如，即使是很小体积的含有高活度磷-32 的溶液也可能在薄壁塑料管表面带来超过 $1mSv\cdot min^{-1}$的剂量率。

X 射线和 γ 射线的穿透能力比 α 粒子和 β 粒子的穿透能力高得多。用高原子序数的物质(例如混凝土、铅或铁)作为屏蔽材料来衰减辐射并将剂量率降低到可接受的水平十分必要。辐射衰减的倍数取决于屏蔽材料类型、屏蔽材料厚度和入射光子的能量。

由于中子的能量范围较宽以及可能发生不同的反应，对中子源的屏蔽要复杂得多。屏蔽中子首先通过弹性散射对高能量的中子进行减速，然后再进行捕获。为了达到这两个目的，合适的屏蔽材料应该具备两种条件，一是氢含量高(例如水、石蜡、聚乙烯和混凝土)来降低中子的速度；二是用硼捕获中子。掺硼酸的固体石蜡可以用于小面积的屏蔽。B-10 的捕获反应可以表达如下：

$$^{10}B(n,\alpha)^{7}Li$$

上式表明 B-10 核子吸收一个中子，发射 α 粒子后变成 Li-7 核子。α 粒子很容易被周围的材料所吸收。该反应同时产生一个 0.48MeV 能量的 γ 射线，需要额外的屏蔽。其他的中子捕获反应可能产生高能量的 γ 射线。例如，Fe-58 的中子俘获反应，可以写作

$$^{58}Fe(n,\gamma)^{59}Fe$$

上式反应产生的 γ 射线的能量高达 7.6MeV。因此，在核反应堆环境下，铁不是好的屏蔽材料。表 7-2 总结了对不同类型的辐射所推荐使用的屏蔽材料。

**表 7-2 推荐的屏蔽材料**

| 辐射类型 | 推荐的屏蔽材料 | 辐射类型 | 推荐的屏蔽材料 |
|---|---|---|---|
| α 粒子 | — | X 射线和 γ 射线 | 混凝土、铅和铁 |
| 低能量 β 粒子 | — | 中子源 | 混凝土、水、聚乙烯、掺硼酸的石蜡 |
| 高能量 β 粒子 | 外层铅包裹，内层为有机玻璃 | | |

屏蔽材料的选择通常还与成本、空间和便利等因素有关。铅有毒，不容易进行操作，大块的铅在没有很好支撑时会下垂。另外，混凝土价格便宜，易于处理，但需要较厚的混凝土以达到有效屏蔽。

## 7.2.2 管理控制

管理控制是防止或减少外照射危害的方法之一，管理控制包括以下步骤：

(1) 对工作区域进行分区；

(2) 每个分区要放置明显的标志；

(3) 对工作人员和管理者进行放射防护培训；

(4) 工作程序要综合考虑时间、距离和屏蔽；

(5) 当地法规(比如限制接近某些区域)和工作环境(如佩戴剂量报警仪)；

(6) 检查每个区域的放射源台账；

(7) 辐射安全审核制度，包括对操作程序、工厂和设备的安全评价；

(8) 对个人剂量和工作场所剂量建立调查水平。

对时间、距离和屏蔽的控制在 7.2.1 节中已经进行了介绍。区域的划分、国际辐射警告标志和使用调查水平将在下面加以介绍。其他的管理控制方法将在本书后面有关章节中进行讲解。

**1. 区域划分**

工作区域的划分可以根据外照射的危害水平进行(也可以按照内照射的危害水平进行，这将在内照射危害的防护中讨论)。根据基本安全标准(BSS)的推荐，可以将工作区域划分为控制区和监督区。

在控制区需要采取特殊防护措施和安全设施来控制常规照射以及预防或减少潜在

照射。

在监督区职业照射应该监督，但不需要特殊的防护措施。

在非限制区不需要防护措施，也不考虑职业照射。

总之，工作区域的划分会依照工作区的特定需要而变化，通常建立在操作经验和判断基础上。分区的一种方法是根据工作人员的每年潜在照射剂量。表 7-3 举例说明如何利用潜在年吸收剂量来分区。

实践中，通常根据区域边界剂量率的测定来分区。剂量率可以通过可接受的年潜在照射剂量和工作人员在该区域内的停留时间决定。停留时间是工作人员全部工作时间的一部分，也称为停留因子。例如，停留因子为 0.2，意味着工作人员在特定区域工作的时间占总工作时间的 1/5，相当于一年的工作时间是 400h（假定一年工作 50 周，每周 40h）。表 7-4 说明在停留因子为 0.2 时如何根据剂量率划分工作区域。

**表 7-3 根据年吸收剂量分区**

mSv

| 分区 | 每年潜在照射剂量 |
|---|---|
| 控制区 | ＞6 |
| 监督区 | 1～6 |
| 非限制区 | ＜1 |

**表 7-4 根据年剂量率进行分区**

$\mu$Sv·h$^{-1}$

| 分区 | 平均剂量率* |
|---|---|
| 控制区 | ＞15 |
| 监督区 | 2.5～15 |
| 非限制区 | ＜2.5 |

* 假定停留因子为 0.2。

表 7-4 中的平均剂量率通过表 7-3 中的年剂量率除以 400h 计算出来。请注意上面的数值仅仅是举例而已，采用剂量率来分区的方法必须非常谨慎地使用，应该考虑具体的工作场所条件。估算平均剂量率非常困难，对停留在达到或超过潜在照射危险剂量率的时间长短的信息应该考虑在内。但是，这个方法如果谨慎使用，确实可以对外照射危害提供足够的控制。

一旦工作场所确定了分区，就应该用可视标志清楚标记，以确保工作人员和参观者都意识到场所的分区以及分区的意义。另外，分区的边界应该清楚地标明。应该指出，当工作在高剂量率的区域，额外的行政控制是必须的。例如，当地规章包括一个书面文件以限制在这个区域从事特殊工作的时间。

**2. 辐射警告标志**

由于人不能察觉到电离辐射，因此在有外照射危害存在的地方使用警告标志是十分重要的。警告标志不仅要放置在放射源上，而且在源的四周和储存源的边界上也要放置警告标志。国际上通用的电离辐射的标志为三叶形，如图 7-2 所示。

这个标志用来在放射源本身或其附近区域警告放射性危害。三叶形标志在国际上通常是采用黄色的背景加上黑色的叶子。但是，在一些国家，这些颜色可能不同。

图 7-2 电离辐射标志

**3. 调查水平**

作为有效辐射防护计划的一部分，应该对工作场所和个人进行常规放射性监测。要定期对这些测量数据进行观察，任何异常或不同于正常的数值都应该加以重视。此外，应该建立调查水平，以便当测量值超过一定水平，启动调查出现这个现象的原因。例如，一个常规的区域测量表明在工作设施的表面存在异常的高剂量率 $50\mu Sv \cdot h^{-1}$，通常的剂量率一般低于 $5\mu Sv \cdot h^{-1}$，调查水平一般设置为 $10\mu Sv \cdot h^{-1}$。在这种情况下，对出现高剂量率的原因就应该进行调查，包括对工作实践、设备或车间等的检查以查明原因。一旦找到导致高剂量率的原因，就应该采取防止措施以确保工作人员受到的潜在照射在所有时间尽可能合理低。采用这种方式可以将外照射危害控制在常规水平。

事实上，调查水平通常在制订辐射防护计划的时候就已经确定了。但是，调查水平应该每隔一定时间进行重新审定，以确保符合相关的剂量限值和剂量约束，并保证工人受照在尽可能合理低的剂量水平。

### 7.2.3　实体控制

尽管行政控制为辐射防护计划提供了一个基础，但是这些控制依赖于对书面程序的熟悉程度。假如一个新来的工作人员不明白这些程序，或者因为其他原因这些程序没有被正确地遵守，那么就可能存在电离辐射危害。

为了将事故照射发生几率降到尽可能低，应该在工作场所设置实体控制。这些实体控制方法实质上就是结合了一定的辐射防护技术的实体屏障。以下是一些有用的实体控制方法：

(1) 用联锁装置来限制或防止接近危险的区域；

(2) 把固定屏蔽引入到装置和设备的设计之中；

(3) 利用远程操纵来减少直接操作和增加源与操作者之间的距离；

(4) 对于辐射照相设备，利用实现预设的定时器来控制照射时间。

## 7.3　屏蔽计算

以下介绍如何估计 β 粒子、X 射线和 γ 射线所需屏蔽的厚度。这部分内容仅是屏蔽计算的入门，对工业和医学辐照装置(例如，X 射线发生器的剂量率)将在本书后面介绍。中子辐射的屏蔽计算比较复杂，本书不讨论。

### 7.3.1　β 粒子的屏蔽

有效屏蔽 β 粒子所需屏蔽材料的厚度可以根据 β 粒子在屏蔽材料中的最大射程确定。对于水、聚乙烯和有机玻璃(假定密度为 $1g \cdot cm^{-3}$)所穿透的距离(用 cm 表示)可以用经验公式来计算，即 β 粒子的最大能量除以 2，用公式(7-5)表示：

$$d = \frac{E}{2} \tag{7-5}$$

式中：$d$——穿透距离，cm；

$E$——β 粒子的最大能量，MeV。

**注意：** 这个规则只适用于密度大约为 $1g \cdot cm^{-3}$ 的吸附材料。β 粒子的屏蔽方法见例 7-4。

**例 7-4**　钇-90 的最大 β 粒子能量为 2.3MeV，为有效屏蔽钇-90 需要多厚的有机玻璃？

**解**

$$E = 2.3\text{MeV}$$

根据公式(7-5)：

$$d = \frac{E}{2} = \frac{2.3}{2}\text{cm} = 1.15\text{cm}$$

因为穿透距离等于吸收所有β粒子的屏蔽厚度，所以需要1.15cm的有机玻璃来有效屏蔽β粒子辐射。

尽管例7-4提供了一种可以可靠估计β粒子的屏蔽厚度的方法，但是应该知道当β粒子和物质相互作用时可以产生X射线散射，即轫致辐射。因此，对β粒子的屏蔽，不仅仅是对β粒子本身的屏蔽，而且还涉及将轫致辐射最小化。β粒子转换成X射线的能量比例可以通过公式(7-6)计算：

$$F = 3.3 \times 10^{-4} ZE \tag{7-6}$$

式中：$F$——β粒子的能量转换成X射线的比例；

$Z$——吸收/屏蔽材料的原子序数；

$E$——β粒子的最大能量，MeV。

公式(7-6)表明屏蔽材料的原子序数越低，产生的轫致辐射X射线的能量越低。因为很多屏蔽材料是复合材料(例如有机玻璃)而不是单一元素(如铅)，$Z$的值实际上是一种有效原子序数而不是真正的原子序数。有机玻璃、聚乙烯和水在辐射防护中的有效原子序数假定为6或7。这些材料都适合对β粒子的屏蔽，但是仍会产生部分轫致辐射。这在例7-5中进行了说明。

**例7-5** 假定有机玻璃的有效原子序数是7，钇-90的最大β粒子能量为2.3MeV，问有多少能量转化成X射线？

**解**

$$E = 2.3\text{MeV}$$
$$Z = 7$$

根据公式(7-6)：

$$F = 3.3 \times 10^{-4} \times 7 \times 2.3 = 5 \times 10^{-3} = 0.5\%$$

低活度源所产生的轫致X射线的数量不是很显著。但是，对于一些活度达到MBq的放射源，如钇-90所产生的轫致辐射就需要额外的屏蔽。一般采用原子序数较高的屏蔽材料(例如铅)。因此，对高活度的β粒子最有效和最常用的屏蔽材料是用铅(用来屏蔽轫致X射线辐射)包裹的有机玻璃(用来屏蔽β粒子)。

## 7.3.2 X射线和γ射线的屏蔽

### 1. X射线和γ射线的衰减

当X射线和γ射线穿过屏蔽材料时不会被全部吸收，而是被衰减(即强度降低)，X射线和γ射线强度按指数衰减，用公式(7-7)表示：

$$R_x = R_0 e^{-\mu x} \tag{7-7}$$

式中：$R_x$——穿过一定厚度$x$的屏蔽材料后的剂量率；

$R_0$——屏蔽之前的剂量率；

$x$——屏蔽材料的厚度；

$\mu$——屏蔽材料的线衰减系数。

线衰减系数依赖于所用屏蔽材料的种类以及X射线或γ射线的能量，常用 $cm^{-1}$ 表示（即每厘米屏蔽发生相互作用的几率）。尽管公式(7-7)可以用来计算所需屏蔽材料的数量，但在实践中经常采用更简单的方法。这些方法是用试验的方法确定屏蔽材料的屏蔽性能，即半值层和1/10值层。

**2. 半值层和1/10值层**

对于某种特定的屏蔽材料，半值层(HVL)(即半值厚度)，就是将辐射强度降低到初始值一半时所需要的屏蔽材料的厚度。

公式(7-7)类似于放射性衰减公式($A=A_0e^{-\lambda T}$)，可利用半值层来简化屏蔽计算。同样，用放射性半衰期也可以简单地表示放射性衰变公式。公式(7-7)的简单表示如公式(7-8)所示：

$$R_x = \frac{R_0}{2^n} \tag{7-8}$$

式中：$n$——屏蔽材料厚度对应的半值层数；

$R_x$——穿透屏蔽材料后的剂量率；

$R_0$——未屏蔽时的剂量率。

屏蔽材料的实际厚度($x$)可以用半值层表示，如公式(7-9)所示：

$$x = n\text{HVL} \tag{7-9}$$

线衰减系数 $\mu$ 和半值层的关系可以用公式(7-10)表示：

$$\text{HVL} = \frac{0.693}{\mu} \tag{7-10}$$

另外一个有用的屏蔽数值是1/10值层(TVL)。1/10值层定义为将剂量率降低到最初数值的1/10所需要的屏蔽材料的厚度。公式(7-11)可以用1/10值层表示：

$$R_x = \frac{R_0}{10^n} \tag{7-11}$$

式中：$n$——屏蔽材料厚度对应的1/10值层数；

$R_x$——穿透屏蔽材料后的剂量率；

$R_0$——未屏蔽时的剂量率。

在这种情况下，屏蔽材料的实际厚度($x$)可以用公式(7-9)以1/10值层来表示：

$$x = n\text{TVL} \tag{7-12}$$

线衰减系数 $\mu$ 和1/10值层(TVL)的关系可以用公式(7-13)表示：

$$\text{TVL} = \frac{2.303}{\mu} \tag{7-13}$$

一些典型的HVL和TVL值如表7-5所示。表7-5给出了一些能量的光子以及混凝土和铅屏蔽材料的HVL和TVL。注意HVL和TVL随着X射线或γ射线能量的增加而增加。这就意味着Co-60比Cs-137需要更厚的屏蔽材料。同时也注意到混凝土的HVL或TVL值比铅的要大，意味着所需的混凝土屏蔽层比铅屏蔽要厚。

表 7-5 几种 X 射线和 γ 射线源的 HVL 和 TVL 值

| 辐射源 | γ 射线能量/MeV | HVL/cm | | TVL/cm | |
|---|---|---|---|---|---|
| | | 混凝土 | 铅 | 混凝土 | 铅 |
| $^{226}Ra$ | 0.047～2.4 | 6.9 | 1.66 | 23.4 | 5.5 |
| $^{60}Co$ | 1.17,1.33 | 6.2 | 1.20 | 20.6 | 4.0 |
| $^{137}Cs$ | 0.66 | 4.8 | 0.65 | 15.7 | 2.1 |
| $^{192}Ir$ | 0.13 ～1.06 | 4.3 | 0.60 | 14.7 | 2.0 |
| 50kV$_p$ X 射线 | | 0.43 | | 1.50 | |
| 100kV$_p$X 射线 | | 1.6 | | 5.3 | |

数据来源：ICRP 49 号报告，1976。

X 射线用射线管上的最高(峰)电压来描述，写作 kV$_p$。仅仅有极少数的 X 射线的能量可以到达最高(峰)电压，因此 X 射线的平均能量要低得多。为了降低 X 射线或 γ 射线的剂量率，表 7-5 中的数值可以用来估计所需要的屏蔽材料的厚度。例 7-6 说明半值层如何运用。

**例 7-6** Co-60 源附近的辐射剂量率为 160μSv · h$^{-1}$。将该辐射剂量率降低到 10μSv · h$^{-1}$ 需要铅屏蔽的厚度为多少？

**解**

这个问题既可以用 HVL 计算，也可以用 TVL 计算。本例中采用半值层。从表 7-5 中得出 Co-60 源铅屏蔽的 HVL 值：

$$\text{HVL} = 1.20\text{cm}$$

$$R_x = 10\mu\text{Sv} \cdot \text{h}^{-1}$$

$$R_0 = 160\mu\text{Sv} \cdot \text{h}^{-1}$$

利用公式(7-8)：

$$10 = \frac{160}{2^n}$$

因此

$$n = 4$$

需要 4 个铅的半值层。因此，需要铅屏蔽的厚度＝4×1.2cm＝4.8cm。注意到利用 $2^n$ 可能不是很容易计算出 $n$ 的数值。在这种情况下，需要使用对数来计算 $n$。对于上面的例子，

$$2^n = 16$$

利用对数

$$n\lg 2 = \lg 16$$

(可以用常用对数或自然对数)

$$n = \frac{\lg 16}{\lg 2} = \frac{1.204}{0.3010} = 4$$

例 7-7 说明了如何用 1/10 值层来进行计算。

**例 7-7** 一个小的 Cs-137 源附近的辐射剂量率为 40μSv · h$^{-1}$，问将此辐射剂量率降低到 10μSv · h$^{-1}$ 需要多厚的混凝土进行屏蔽？

**解**

这个问题既可以用 HVL 计算，也可以用 TVL 计算。本例中将用 1/10 值层。从表 7-5 中得出 Cs-137 源混凝土屏蔽的 HVL 值：

$$\mathrm{TVL} = 15.7\mathrm{cm}$$
$$R_x = 10\mu\mathrm{Sv}\cdot\mathrm{h}^{-1}$$
$$R_0 = 40\mu\mathrm{Sv}\cdot\mathrm{h}^{-1}$$

利用公式(7-8)：

$$10 = \frac{40}{10^n}$$
$$10^n = 4$$

利用对数

$$n\lg 10 = \lg 4$$
$$n = \frac{\lg 4}{\lg 10} = 0.6021$$

因此，所需混凝土的厚度为 0.6021×15.7cm=9.5cm。

**记住**：降低辐射更多采用屏蔽措施而不是采用增加距离的方式。例 7-8 就对这两种方法进行了直接对比。

**例 7-8**

(1) 距离 Cs-137 源 1m 处的辐射剂量率为 $390\mu\mathrm{Sv}\cdot\mathrm{h}^{-1}$，请问将辐射剂量率降低到 $25\mu\mathrm{Sv}\cdot\mathrm{h}^{-1}$ 需要多厚的铅屏蔽？

(2) 假如没有屏蔽可以利用，需要多大的距离才能获得这么低的剂量率？

**解**

(1) 采用屏蔽

从表 7-5 中得知，Cs-137 铅屏蔽的 HVL=0.65cm。

$$\mathrm{HVL} = 0.65\mathrm{cm}$$
$$R_x = 25\mu\mathrm{Sv}\cdot\mathrm{h}^{-1}$$
$$R_0 = 390\mu\mathrm{Sv}\cdot\mathrm{h}^{-1}$$

利用公式(7-8)

$$25 = \frac{390}{2^n}$$
$$2^n = \frac{390}{25} = 15.6$$

利用对数

$$n\lg 2 = \lg 15.6$$
$$n = \frac{\lg 15.6}{\lg 2} = \frac{1.193}{0.3010} = 3.96$$

因为屏蔽计算用来提供屏蔽的估计，15.6 就近似等于 16。因此

$$2^n = 16$$
$$n = 4$$

因此铅屏蔽的厚度为 4×0.65cm=2.6cm。

(2) 采用增加距离的方式。利用公式(7-4),代入下列数值:

$$R_1 = 390\mu Sv \cdot h^{-1}$$
$$R_2 = 25\mu Sv \cdot h^{-1}$$
$$d_1 = 1m$$
$$390 \times 1^2 = 25 \times d_2^2$$

因此

$$d_2 = \sqrt{15.6}m = 3.95m \approx 4m$$

因此,在离辐射源1m处采用2.6cm的铅屏蔽和距离辐射源4m所获得的辐射剂量率一致。当要求不得不近距离操作辐射源时,后面的方法不现实。因此,在实践中最有效的降低辐射的方法是对放射源进行屏蔽。

值得注意的是,本节的计算公式是从理论上计算X射线和γ射线的屏蔽。事实上,与射线能量和几何形状有关的其他参数以及屏蔽材料的类型都会影响到辐射发射的数量。这些因素会导致低估了所需屏蔽的数量,造成比预计值高的剂量率。为了解决这些问题,对不同能量、几何形状和屏蔽材料,考虑了多种因素的累积因子以用来计算。

有关这些参数的原理和运用不在本课程的范围之内,但是,我们应该意识到尽管上面的这些公式可以用来估计所需要的屏蔽,但是事实上低估了必需的屏蔽。因此,在放射源被屏蔽以后,应该测量一下剂量率以确保获得要求的剂量率降低,这不失为一个好办法。

为确保剂量率的降低符合理论估算,在屏蔽装好后测量剂量率。假如测得的剂量率比预期的高,就应该采取进一步的屏蔽。

## 7.4 计算不同放射性核素的γ剂量率

### 7.4.1 介绍

在很多辐射防护的情形下(如设计新装置或增加装源量),需要估计离放射源一定距离处的剂量率。为此,提出了比释动能常数,它可以在辐射防护的参考资料上查到。

### 7.4.2 用比释动能常数计算剂量率

比释动能常数用$\Gamma$表示。对一个特定的发射γ射线的放射性核素而言,$\Gamma$值是一个常数,定义为单位活度(GBq)的未屏蔽放射源在1m处的剂量率(单位:$\mu Sv \cdot h^{-1}$)。表7-6列出了一些放射性核素的比释动能常数。

**表7-6 一些放射性核素的比释动能常数**

| 放射性核素 | $\Gamma/(\mu Sv \cdot (h \cdot m \cdot GBq)^{-1})$ | 放射性核素 | $\Gamma/(\mu Sv \cdot (h \cdot m \cdot GBq)^{-1})$ |
|---|---|---|---|
| $^{60}Co$ | 370 | $^{137}Cs$ | 103 |
| $^{99m}Tc$ | 33 | $^{192}Ir$ | 160 |
| $^{131}I$ | 77 | | |

注:$\Gamma$值取自保健物理和放射性健康手册,1992。

例7-9说明如何利用比释动能常数来计算某种放射性核素的理论剂量率。

**例7-9** 活度为100MBq的Tc-99源在距离1m处的剂量率为多少?

**解**

根据表 7-6，Tc-99 源的比释动能常数 $\Gamma$ 为 $33\mu Sv\cdot(h\cdot m\cdot GBq)^{-1}$。换言之，活度为 1GBq 的 Tc-99 源在距离 1m 处的剂量率为 $33\mu Sv\cdot h^{-1}$。

$$100MBq = 0.1GBq$$

因此，活度为 100MBq 的 Tc-99 源在距离 1m 处的剂量率为 $3.3\mu Sv\cdot h^{-1}$。

此外，放射性核素的比释动能常数可以和公式(7-4)结合，用来计算不同距离处的剂量率。例 7-10 可以说明这种计算。

**例 7-10** 在距离活度为 250MBq 的 Ir-192 源 0.5m 处的剂量率为多少？

**解**

从表 7-6 得知，Ir-192 的比释动能常数 $\Gamma$ 为 $160\mu Sv\cdot(h\cdot m\cdot GBq)^{-1}$，即距离活度为 1GBq 的 Ir-192 源 1m 处的剂量率为 $160\mu Sv\cdot h^{-1}$。

$$250MBq = 0.25GBq$$

因此，对 250MBq 的 Ir-192 在 1m 距离处剂量率为

$$160\times 0.25\mu Sv\cdot h^{-1} = 40\mu Sv\cdot h^{-1}$$

利用公式(7-4)：

$$R_1 = 40\mu Sv\cdot h^{-1}$$

$$r_1 = 1m$$

$$r_2 = 0.5m$$

$$40\times 1^2 = R_2\times 0.5^2$$

重新排列方程式：

$$R_2 = \frac{40}{0.25}\mu Sv\cdot h^{-1} = 160\mu Sv\cdot h^{-1}$$

因此，在距离活度为 250MBq 的 Ir-192 源 0.5m 处的剂量率为 $160\mu Sv\cdot h^{-1}$。

# 第 8 章

# 内照射危害的防护

## 8.1 内照射的危害

### 8.1.1 引言

在上一章“外照射危害的防护”中已经介绍了外照射危害的有关知识。外照射危害是由体外的放射源所带来的电离辐射危害。当放射性物质进入人体后，就存在内照射危害。因此，如果放射性物质可能进入体内，外照射危害也可以是一种内照射危害。对于不同类型辐射危害，防护的方法不同。本章仅讲述内照射危害的防护。图 8-1 举例说明内照射和外照射危害。

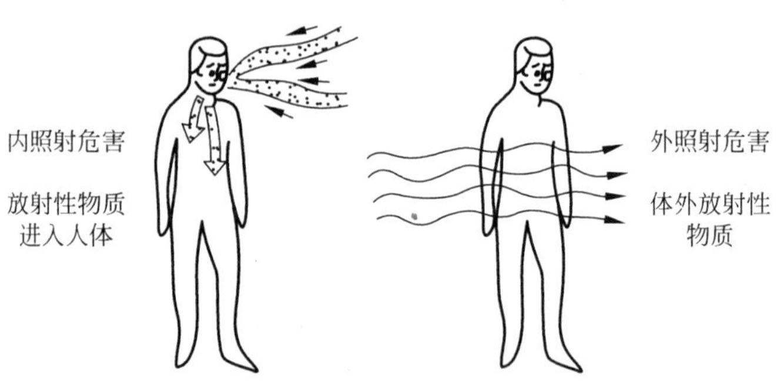


图 8-1 外照射和内照射危害

### 8.1.2 非密封源和放射性污染

放射源可以分为两种类型——密封源和非密封源。密封源是指密封在容器内的放射源或固态的放射源，在正常使用时不会有放射性物质的释放。相反，非密封源就是指没有被密封的放射性物质或者在正常使用时可能存在放射性物质(例如粉末、液体或气体)的损失。当放射性物质被密封后，可能会对在附近工作的人们造成外辐射危害。但是，如果它没有被密封，就有可能进入人体内造成内照射危害。而且，非密封源也可能是一种外照射危害，尽管在一般情况下比密封源的危害程度低一些。

当放射性物质被意外释放出来或者出现在不希望的地方(包括体内或身体上)，就定义为放射性污染。如果放射源被错误操作或者在一个事故中，放射性材料分散到环境中，就会对设备、桌椅、地板和人员造成放射性污染。有的放射性污染可以被安全地固定在特殊表面(固定污染)，有的可以自由地移动(可移动污染)。可移动污染，不管是表面污染还是空气传播的污染，都有可能进入体内对人体组织造成内照射危害。

值得注意的是，虽然相当少的放射性污染产生的外照射危害并不显著，但是很可能引起相当大的内照射危害。有两种原因：

(1) 一旦放射性物质进入体内，就会持续照射组织和器官直至放射性物质衰变或者被排出体外。内照射不同于外照射，不能够逃离危害或者采用屏蔽。

(2) 一旦放射性物质进入体内就接触到身体组织。发射 α 射线的放射性核素，如镅-241 或钚-239，产生的危害尤其严重。它们发射出的 α 粒子在身体组织内的射程非常短(微米级)，所有的能量沉积到很小的范围内。因此，对身体组织的破坏非常严重，甚至于组织细胞无法修复。

以钚-239 为例，200Bq 的钚-239 产生的外照射剂量率可以忽略。但是，如果同样数量的钚-239 被吸入体内，就会导致大约 100mSv 的有效剂量，这相当于 ICRP60 号文件推荐的年有效剂量限值的 5 倍。切记：将摄入放射性物质的可能性尽可能地降低。一般认为，只有非密封源具有内照射危害。但是应该指出，如果密封源由于意外或故意破坏，那么也会导致内照射危害。

### 8.1.3 使用非密封源的实践

非密封源经常使用在工业、科研和医学等领域。在工业和科学研究中，使用放射性示踪已经很成熟了，试验研究经常使用非密封源。非密封源应用最广泛的是在放射医学领域，经过认真地选择，放射性物质的化学成分和它的载体能够到达身体内指定的器官。这些辐射源之所以成为有用的诊断工具是因为能够探测到它的放射性。锝-99m 的使用就是一个例子，利用不同的载体，锝-99m 可以用来扫描大脑、肝脏、肺、脾和骨髓。碘-131 同样可以用在医学治疗中杀死恶性的甲状腺细胞。用在医学上的放射源(诊断或治疗目的)称为放射性药物。

### 8.1.4 辐射类型对内照射危害的影响

在内照射危害防护中，一个非常重要的考虑就是放射性污染发射出的辐射类型。不同类型的辐射所造成的内照射危害的程度，取决于其在身体组织中的射程。

在第 7 章外照射危害的防护中，已经提到 α 粒子因其极低的穿透能力，其外照射危害几乎不存在。但是，来自体内的放射性物质 α 粒子却可以损坏身体器官。一是因为放射性物质和器官距离非常近；二是由于 α 粒子射程极短。因此，体内的 α 污染将巨大的能量沉积在很小体积的身体组织上，并由此导致对放射源周围组织和器官的损害。

体内的 β 污染也产生局部的照射危害，但是程度比 α 污染低。一般而言，β 粒子比 α 粒子在人体内的射程大，因此其能量被转移到较大体积的组织上，从而降低了对周围组织和器官的危害。γ放射性污染所造成的内照射危害要低于α污染和β污染，这也是由于其较高的穿透能力和较长的射程。由于X射线和中子本身的特性，X射线和中子的内照射危害很少遇到。表8-1总结了不同辐射类型的外照射危害和内照射危害。

**表8-1　不同辐射类型的外照射危害和内照射危害**

| 放射类型 | 外照射危害 | 内照射危害 |
|---|---|---|
| α | 无 | 严重 |
| β | 中等 | 中等 |
| γ | 严重 | 轻微 |

从表8-1可以看到发射α粒子的非密封源是最严重的内照射危害。因此，必须对α粒子非密封源进行严格控制。在本章的后面将介绍α辐射源的控制方法。

### 8.1.5　放射性物质进入体内的途径

放射性污染可能以液体、气体或颗粒(或尘埃)的形式存在，放射性物质进入人体内的途径有以下4条：

(1) 吸入放射性气溶胶；

(2) 通过口腔食入；

(3) 通过皮肤吸收；

(4) 通过敞开的伤口进入。

图8-2说明了放射性物质进入人体内的4个途径。

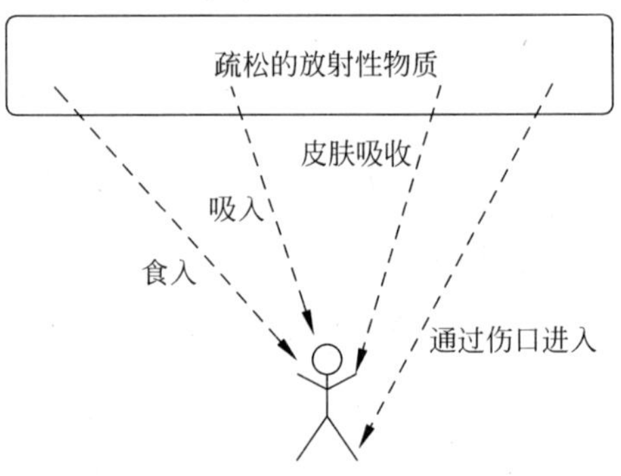


图8-2　放射性物质进入体内的途径

当污染物被吸入后，一部分会经过肺部进入血液，一部分被呼出，还有一部分为肺耗尽。这几部分的相对多少取决于放射性污染物的化学和物理形态以及不同个体的生理学特征。同样，当污染物被食入到体内时，穿过消化道壁进入体液的数量取决于污染物的性质和食入时的生理学条件。一些放射性物质，例如氚水或溶解在有机溶剂中的放射性核素，很容易通过皮肤吸收进入到身体循环中。除此之外，放射性物质还可以通过敞开的伤口直接进入血液，通过在操作放射性物质中造成的伤口(如针刺)或者正在愈合的伤口进入人体。

## 8.2　内照射危害的测量

放射性物质进入到人体后，可能会对不同的器官和组织释放辐射剂量。在辐射防护中，对体内吸收的放射性物质所产生的危害水平进行评价是十分必要的。和外照射危害相比，对内照射危害进行精确的评价更加困难。确定不同个体器官所受到的放射性危害是很困难的，因为每个人有不同的解剖学特征(大小和形状)、生理学特征(例如呼吸)和新陈代谢特征(例如食物消化的快慢等)。以下介绍如何通过一些假定来评价内照射危害的水平。

### 8.2.1　ICRP 参考人和 IAEA 参考亚洲人

人类的解剖学特征、生理学特征和新陈代谢特征之间有很大的差异。为了评价辐射防护，在 ICRP23 号文件中定义了参考人的概念来描述人类的特征。参考人代表了广大范围内的人类平均的特征，用于计算和对比内照射危害的模型。通过研究欧洲和北美的人群，参考人的数据不断被更新。但是，参考人不能很好地代表亚洲人群。因此，国际原子能组织(IAEA)制定了参考亚洲人的数据。

### 8.2.2　生物半排期和有效半减期

只要有放射性物质进入体内，为了评价内照射危害，知道放射性物质在体内的停留时间是十分重要的。在电离辐射和放射性衰变章节中已经讨论过，放射性物质随着时间呈指数衰变。但是，其他的身体过程(如撒尿和排便)对体内放射性物质也有去除作用，而且人体排泄放射性物质的速率基本上也呈指数衰变。为了计算放射性物质衰变或从体内排出的有效速率，需要将放射性衰变速率和排泄速率结合起来。在辐射防护中，用有效衰减常数($\lambda_{eff}$)来描述衰变和放射性物质从体内的排出速率。有效衰减常数的数学定义如公式(8-1)所示：

$$\lambda_{eff} = \lambda_r + \lambda_b \tag{8-1}$$

式中：$\lambda_{eff}$——有效衰减常数；

$\lambda_r$——放射性衰变常数；

$\lambda_b$——生物衰减常数。

利用放射性衰变常数，结合有效半减期、生物半排期和放射性半衰期，公式(8-1)可以表示为：

$$\lambda_r = \ln 2/T_r \tag{8-2}$$

式中：$\lambda_r$——放射性衰变常数；

$T_r$——放射性物质的半衰期。

有效衰减常数和生物衰减常数也可以用同样的方式表示，因此公式(8-1)可以重新写成公式(8-2)的形式：

$$\frac{1}{T_{eff}} = \frac{1}{T_r} + \frac{1}{T_b} \tag{8-3}$$

式中：$T_{eff}$——人体内放射性核素的有效半减期(即在放射性衰变和生理排泄的共同作用下，体内的放射性核素的活度衰减到最初的一半所需要的有效时间)；

$T_r$——体内核素的放射性半衰期(即体内的放射性核素的活度降低到最初的一半所需要的时间)；

$T_b$——体内的放射性核素的生物半排期(即在生理排泄的作用下体内的放射性核素的活度衰减到原来一半所需要的时间)。

因此，如果 $T_r$ 和 $T_b$ 的数值已知，就可以利用公式(8-2)计算 $T_{eff}$。

放射性半衰期是一个物理常数，只与放射性核素有关。生物半排期(还有有效半减期)取决于放射性污染物的物理和化学特性，同时还与每个人的解剖学特征、生理学特征和新陈代谢特征有关。如果放射性物质和体内的其他成分在化学上比较相似，就会发生交换。例如，锶和钙的化学性质相似，所以锶-90 可以置换骨骼中的钙。放射性污染的物理形态是很重要的，因为物理形态决定了物质的特性，例如溶解性，而物质的特性又将影响放射性物质被如何吸收到体内。例 8-1 说明了如何利用公式(8-3)计算人体内放射性污染的有效半减期。

**例 8-1** 如果放射性半衰期是 $1.9\times10^3$d，生物半排期是 10d，计算 Co-60 在体内的有效半减期。

**解**

利用公式(8-3)：

$$\frac{1}{T_{\text{eff}}}=\frac{1}{1.9\times10^3}+\frac{1}{10}$$

因此

$$T_{\text{eff}}=9.95\text{d}(\text{大约 }10\text{d})$$

**记住**：在使用公式(8-3)时，必须取等式右边数值的倒数得到 $T_{\text{eff}}$。

从例 8-1 可以看出，如果生物半排期和放射性半衰期相差悬殊，那么数值较小者决定了有效半减期。表 8-2 给出了一些放射性核素的放射性半衰期、生物半排期和有效半减期。

**表 8-2 一些放射性核素的放射性半衰期、生物半排期和有效半减期** d

| 放射性核素 | 关键器官 | $T_r$ | $T_b$ | $T_{\text{eff}}$ |
|---|---|---|---|---|
| $^{60}$Co | 整个身体 | $1.9\times10^3$ | 10 | 10 |
| $^{90}$Sr | 整个身体 | $1.1\times10^4$ | $1.1\times10^4$ | $5.5\times10^3$ |
| $^{137}$Cs | 整个身体 | $1.1\times10^4$ | 70 | 70 |

数据来源：电离辐射的医学效应，Mettler and Moseley，1985。

### 8.2.3 剂量系数

内照射危害的水平取决于放射性污染进入人体内的剂量。利用参考人的数据和描述人体如何工作的人体模型可以确定参考人的剂量系数。剂量系数($h$)等于整个身体受到的待积有效剂量除以摄入的放射性物质的活度，用 $\text{Sv}\cdot\text{Bq}^{-1}$ 表示。

**记住**：剂量系数定义为摄入每 Bq 的放射性物质产生的待积有效剂量。

对于特定核素，摄入每 Bq 的放射性物质产生的待积有效剂量取决于摄入方式。在 ICRP68 号文件和 IAEA 基本安全标准中列出了职业照射人员不同核素的剂量系数(消化和吸入)。

在 ICRP71 号和 72 号文件及 IAEA 基本安全标准中列出了不同年龄范围的公众人员不同核素的剂量系数。但是，对于参考亚洲人没有剂量系数。因此，参考人的剂量系数在 IAEA 基本安全标准和本章中使用。

### 8.2.4 年摄入量限值

内照射危害的评价可以通过比较进入体内产生的剂量等于年剂量限值(目前，这个剂量限值对职业照射工作人员是 20mSv)的放射性物质的数量进行。这就引入了年摄入量限值概念。

**记住**：一个年摄入量限值定义为放射性核素的 Bq 数，这个数量的放射性物质被参考人吸收，产生的待积有效剂量等于国际辐射防护委员会(ICRP)推荐的剂量限值。

对特定的放射性核素，年摄入量限值(Bq(ALI))用公式(8-4)计算：

$$\mathrm{ALI} = \frac{L}{h} \tag{8-4}$$

式中：$L$——年有效剂量限值；

$h$——吸入 1Bq 放射性物质所导致的有效剂量，$\mathrm{Sv \cdot Bq^{-1}}$。

例 8-2 说明如何计算职业照射人员的年摄入量限值。

**例 8-2**　计算职业照射人员的年摄入量限值(吸入)。其工作使用非密封源磷-32，剂量系数 $h$ 为 $2.9\times10^{-9}\mathrm{Sv \cdot Bq^{-1}}$。

**解**

一个职业照射人员的年剂量限值为 20mSv，即 0.02Sv。利用公式(8-4)：

$$\mathrm{ALI}(\text{吸入}) = \frac{0.02}{2.9\times10^{-9}}\mathrm{Bq} = 6.9\times10^{6}\mathrm{Bq}$$

因此，吸入 $6.9\times10^{6}$Bq 的磷-32 等于 1 个年摄入量限值，也就是等于年有效剂量 20mSv。

对于职业照射人员，表 8-3 给出了某些放射性核素的年摄入量限值(ALI)。

**表 8-3　某些放射性核素的年摄入量限值**　Bq

| 核　素 | ALI (吸入)* | ALI (消化) |
|---|---|---|
| $^{32}$P | $6.9\times10^{6}$ | $8.3\times10^{6}$ |
| $^{60}$Co | $1.2\times10^{6}$ | $5.9\times10^{6}$ |
| $^{90}$Sr | $2.6\times10^{5}$ | $7.1\times10^{5}$ |
| $^{99m}$Tc | $6.9\times10^{8}$ | $9.1\times10^{8}$ |
| $^{131}$I | $1.8\times10^{6}$ | $9.1\times10^{5}$ |
| $^{137}$Cs | $3.0\times10^{6}$ | $1.5\times10^{6}$ |

* 数据建立在 IAEA 基本安全标准的推荐值之上，最慢的吸附可能来自肺部。

一个人摄入放射性物质所受到的辐射剂量可以用 ALI 的分数表示，或用 mSv 表示。例 8-3 说明了这个概念。

**例 8-3**　一位从事放射性工作的工作人员意外食入了 $1.48\times10^{6}$Bq 的 Co-60，估计这位工作人员所受到的剂量(利用参考人模型)。

(1) 用 ALI 表示；

(2) 用 mSv 表示。

**解**

利用表(8-3)：

$$\text{对于 Co-60 核素}, 1\mathrm{ALI}(\text{消化}) = 5.9\times10^{6}\mathrm{Bq}$$

因此，该工作人员通过消化摄入的 ALI 为

$$\frac{1.48\times10^{6}}{5.9\times10^{6}} = 0.25\mathrm{ALI}$$

因为 1ALI 相当于每年 20mSv 的待积有效剂量，那么 0.25ALI 就相当于 5mSv 待积有效剂量。

因此，该工作人员所受到的剂量相当于 0.25ALI 或 5mSv。

## 8.3 工作场所的污染限值

工作场所内照射危害的评价是通过测量表面和空气中的污染水平，并将测得的数据和潜在剂量相对比。对表面污染，与表面污染的导出限值进行比较；对于空气污染，与导出空气浓度进行对比。

### 8.3.1 表面污染的导出限值

表面污染的导出限值可以用来评价和控制工作场所的表面污染的危害。为便于与测量值相比较，表面污染的导出限值用 $Bq \cdot cm^{-2}$ 表示，并经常用来划分工作场所。

测定表面污染的导出限值的方法相当复杂。从本质上讲，它是考虑由皮肤污染、吸入或食入特定放射性核素造成的最大潜在剂量而计算出来的，并将这个数值和 ICRP 剂量限值相比较。导出限值的定义在国际上并不统一，但是通常它们都是基于总剂量限值的倍数。例如，在澳大利亚，在导出限值照射 2000h（一年 50 周，一周 5d，每天 8h）就认为会导致 20mSv 的有效剂量（即 ICRP 所规定的一个从事放射职业人员的剂量限值）。但是，在其他国家，在导出限值照射 2000h，可能意味着是 ICRP 剂量限值几分之一或几倍。因此，当谈到导出限值，重要的是应该知道在特定国家或地区导出限值的定义。

进入体内的放射性核素释放给人体的潜在剂量取决于放射性核素所产生危害的大小，也就是放射性核素的辐射毒性，辐射毒性依赖于：

（1）放射性核素所发出的辐射类型；

（2）有效半减期；

（3）身体靶器官的辐射敏感度。

在辐射防护中为了简化导出限值的使用，将具有相似辐射毒性的放射性核素进行了归类。澳大利亚国家卫生和医学研究署推荐了放射性核素分类以及相应在划分区域的表面污染导出限值，表 8-4 给出每类放射性核素的一个例子。

**表 8-4 辐射毒性和表面污染导出限值**

| 分类 | 辐射毒性 | 举例 | 导出限值*/($Bq \cdot cm^{-2}$) |
|---|---|---|---|
| 1 | 很高 | Am-241 | 0.1 |
| 2 | 高 | U-238 | 1 |
| 3 | 中等偏上 | Sr-90 | 10 |
| 4 | 中等偏下 | I-131 | 100 |
| 5 | 低 | Tc-99m | 1000 |

说明：根据 ICRP 60 推荐的年剂量限值 20mSv。

请注意 1 类和 2 类都是释放 α 粒子的核素，鉴于其被吸入后所产生的严重后果被划分为高毒性。因此，其导出限值（DL）比其他类要低很多。例 8-4 说明如何利用 DL 作为指南来对比和评价表面污染的危害。

**例 8-4** 在对 I-131 实验室进行常规监测时，发现可移动的表面污染水平大约为 $50Bq \cdot cm^{-2}$。请问 DL 水平为多少？在这种表面污染水平下所导致的年待积有效剂量为多少？

**解**

从表 8-4 得知，根据澳大利亚国家卫生和医学研究署所推荐的放射性核素的表面污染导出限值，I-131 的 DL 值为 100 Bq·cm$^{-2}$，因此，

$$测量水平 = \frac{50}{100}DL = 0.5DL$$

根据澳大利亚对导出限值的定义，在 1DL 污染下照射 2000h（即每年工作 50 周，每周工作 5d，每天工作 8h）导致的待积有效剂量为 20mSv。因此，暴露在 0.5DL 下 2000h 导致的待积有效剂量为 0.5×20mSv= 10mSv。

很显然，表面污染会随时间衰减，但是，按照 ALARA 原则，这种水平的污染应该尽快降低。但是，这个例子表明，可以用导出限值表示的表面污染水平来评价内照射的危害。为了比较，表面污染的测定通常是用一定面积上的平均值表示。例如，皮肤污染是用 100cm$^2$（除手之外，手是采用整只手的面积）面积上的平均值表示，对于墙壁、地板和屋顶采用 1000cm$^2$ 面积上的平均值表示，其他表面常用 300cm$^2$ 面积上的平均值表示。

## 8.3.2 导出空气浓度

在工作场所，导出空气浓度（DAC）用来比较空气污染的测量水平和导致年摄入限值的水平。1DAC 是指将导致工人在一年中吸入 1ALI 剂量的空气的特定放射性核素的浓度。参考人模型给出每年的呼吸量为 2400m$^3$（正常的呼吸量为 1.2m$^3$/h，每天工作 8h，一周 5d，一年 50 周）。DAC 的数学定义见公式(8-5)：

$$DAC = \frac{ALI(吸入)}{2400} \tag{8-5}$$

例 8-5 给出了如何计算工作区域的 DAC。

**例 8-5** 利用表 8-3 中给出的年摄入限值，计算磷-32 的 DAC。

**解**

从表 8-3 查知，磷-32 的年摄入限值（呼吸）为 6.9×10$^6$Bq，利用公式(8-5)：

$$DAC = \frac{6.9\times10^6}{2400}Bq\cdot m^{-3} = 2.875\times10^3 Bq\cdot m^{-3}$$

因此，磷-32 的 DAC 为 $2.875\times10^3 Bq\cdot m^{-3}$。

例 8-6 显示了如何通过比较空气浓度测量值和导出空气浓度来评价内照射的危害，由此推荐了剂量限值。

**例 8-6** 一个只使用 I-131 的实验室的空气污染测量值为 75Bq·m$^{-3}$，相当于多少导出空气浓度（DAC）？在这种空气污染水平下年有效剂量是多少？

**解**

从表 8-3 查到，I-131 的 ALI（吸入）=1.8×10$^6$Bq，代入公式(8-5)：

$$DAC = \frac{1.8\times10^6}{2400}Bq\cdot m^{-3} = 7.5\times10^2 Bq\cdot m^{-3} = 750Bq\cdot m^{-3}$$

该实验室的空气污染测量值为 75Bq·m$^{-3}$。因此，用 DAC 表示为 0.1DAC。

$$\frac{75}{750} = 0.1(DAC)$$

**记住**：1 倍 DAC 意味着将导致 1 倍的年摄入限值（ALI）。因此，0.1DAC 导致

0.1ALI。同时，记住1倍年摄入限值(ALI)导致年待积有效剂量20mSv。因此，0.1 DAC导致年待积有效剂量2mSv。所以，以DAC水平为指南，可以从特定工作区域的空气污染来比较和评价内照射的危害。此外，DAC水平可以用来对工作区域根据内照射危害程度分区，见8.4.2节的深入讨论。

## 8.4 内照射危害的控制

当在一个特定区域需要控制内照射时，考虑以下3种基本控制方法：

(1) 操作放射性物质最小化；

(2) 行政控制；

(3) 实体控制以包容放射性活度。

### 8.4.1 放射性物质的最小化

在所有处理放射性核素的过程中，应该按照ALARA原则，将放射性活度降到尽可能低的水平。放射性活度最小化不仅降低内照射危害，同时也会减少对工作人员的外照射剂量。以示踪试验使用的放射性物质为例，所使用核素的最小活度取决于仪器能够探测到的最小活度和到达探测器之前损失的活度。例8-7说明如何计算出使用的最低活度值。

**例8-7** 一个试验利用P-32检测土壤中有多少磷被农作物的叶子吸收。从数学模型估计有10%P-32被吸收。为了统计精确，测量仪器所探测到的最小活度为1kBq。以前的试验表明错误系数为2，那么推荐P-32的最低活度值为多少？

**解**

探测到的最低活度值=1kBq，预知的吸收系数=10%，因此

$$\text{最初的活度} = 10 \times 1\text{kBq} = 10\text{kBq}$$

考虑到错误系数2

$$\text{推荐的最低活度值} = 2 \times 10\text{kBq} = 20\text{kBq}$$

### 8.4.2 行政控制

行政控制是一种预防或减少放射性危害的方法。内照射危害的行政控制类似于外照射危害的管理措施，但是重点在于防止放射性物质进入人体。下面列出了一些有效的行政控制方法：

(1) 对工作场所进行分区；

(2) 对每个分区进行明显的标记；

(3) 对工作人员和管理者进行辐射防护培训；

(4) 工作程序和实体控制相结合；

(5) 局部规章(如限制进入某些区域)和工作条件(如要求穿防护服和戴面具)；

(6) 对每个区域的放射源台账进行检查；

(7) 放射安全审管体系，包括工作场所和设备的安全评价；

(8) 运用个人剂量和工作场所剂量的调查水平。

与内照射危害相关的分区和局部规章在下面部分讨论。

**1. 场所分区**

按照内照射危害的水平对工作场所进行分区。IAEA 基本安全标准(BSS)推荐了一种分区体系，将工作场所分为控制区和监督区。控制区和监督区的定义和外照射危害防护中的定义一样。在控制区，需要采取特定的防护措施和安全规定，或者要求控制正常照射和预防或减少潜在照射。在监督区，需要监督职业照射，但是不要求采取特定的防护措施。在非限制区，不需要防护措施，也不必考虑职业照射。

工作场所的分区是按照工作的特殊需要而变化的，一般根据操作经验和判断来确定。如果放射性危害主要来自外照射，那么外照射危害防护中所推荐的分区制度也可以为内照射危害提供足够的控制。但是，如果外照射危害小于内照射危害，就应该按照潜在的空气污染和表面污染来进行区域的划分。

工作场所的分区应该考虑到使用何种核素、如何使用以及最大活度值。表 8-5 举例说明如何利用 DL 和 DAC 水平对居留因子为 1 的工作场所(100%停留在划分区域)进行划分。当然，在实际中这些值应该按照工作场所的情形和居留因子来制定。

**表 8-5　根据表面污染和空气污染水平分区**

| 分　类 | 表面污染水平 | 空气污染水平 |
|---|---|---|
| 控制区 | >0.3DL | >0.3DAC |
| 监督区 | 0.05～0.3DL | 0.05～0.3DAC |
| 非限制区 | <0.05DL | <0.05DAC |

**2. 局部规定**

为控制污染水平和降低放射性物质进入体内的可能性，在工作场所要采取一定的局部规定。以下内容应该包括在局部的工作规程中：

(1) 在控制区和监督区禁止吃、喝、抽烟或使用化妆品；

(2) 良好的运行管理程序；

(3) 穿防护服和呼吸防护；

(4) 定期的场所和个人污染监测；

(5) 限制进入控制区和监督区；

(6) 进入和离开控制区和监督区的手续；

(7) 检查放射源台账。

## 8.4.3　实体控制

尽管行政控制为放射防护提供了一定的基础，但是这些控制措施依赖于对书面程序的熟悉程度。如果一个新来的工作人员对这些程序不熟悉，或者由于其他原因没有正确地遵守这些程序，那么就存在发生内照射危害的可能性。为了确保发生辐射事故的几率尽可能低，在工作场所要采用实体控制来防止放射性物质的扩散。下面是实体控制的一些有用的例子：

(1) 防洒托盘；

(2) 屏障；

(3) 通风橱；

(4) 手套箱；

(5) 屏蔽室；

(6) 联锁装置。

**1. 包容系统**

包容系统由实体结构组成，包容放射性物质和防止污染扩散(可能简单如防洒托盘，也可能复杂如具有通风的密封容器)。选择有效包容放射性物质的设备取决于放射性物质的活度和物质形态。由于在处理过程中物质形态可能发生变化(例如，液体蒸发产生蒸气)，因此，在特定区域设计合适的包容系统时一定要清楚进行的所有操作。绝大多数的非密封源至少包括两级包容系统。图 8-3 显示了适用于在实验室操作放射性液体的四级包容系统。

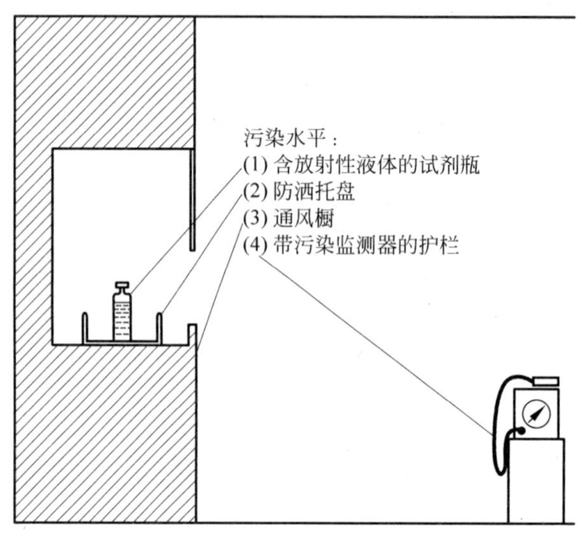


图 8-3 处理放射性液体的四级包容系统

为了控制气态的污染，如蒸气和粉尘，需要更多级的包容系统。手套箱和能远程操作的屏蔽室可以操作放射性材料而不让放射性物质接触身体。图 8-4 所示的手套箱只能用于操作 α 源或 β 源，因为它们通常由有机玻璃制成，对外照射几乎没有防护作用。

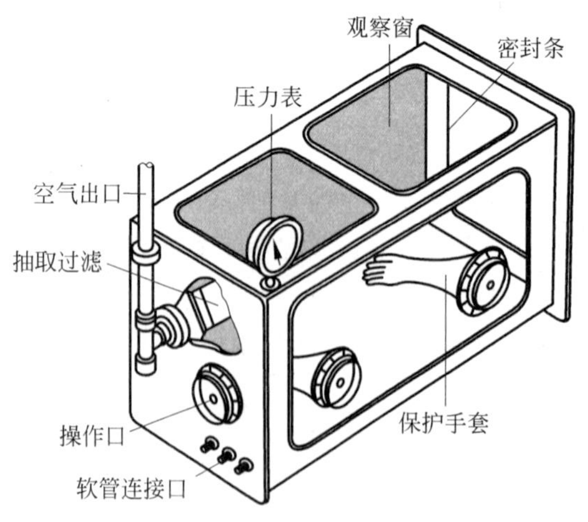


图 8-4 手套箱示意图

对于高剂量率的 γ 源形成的空气和表面污染,可以用图 8-5 所示的屏蔽室。这个屏蔽室有一个厚铅玻璃屏蔽窗和一些主从机械手,间接操作非密封放射性核素。

手套箱和屏蔽室的通风系统通常包括进口和排口过滤器,内部的气压比外面低,所以一旦有泄漏,空气会流向围墙,污染也不会扩散。低水平的包容系统如通风橱(如图 8-6 所示),从其前面的开口操作放射性物质,实验室的空气经过通风橱前面的开口抽入通风橱,通过排气口排出,也可能过滤后再排到环境。电源和通风等设备的控制安排在通风橱外,以减少经过通风橱前口的气流被扰动的次数。重要的是要正确使用通风橱确保控制污染,这就意味着通风橱中的设备应尽可能小(没有不必要的储存),通风橱的前面没有障碍物,监测通风橱前面的气流,通风橱前面的开口尽可能小。

图 8-5 在屏蔽室的操作

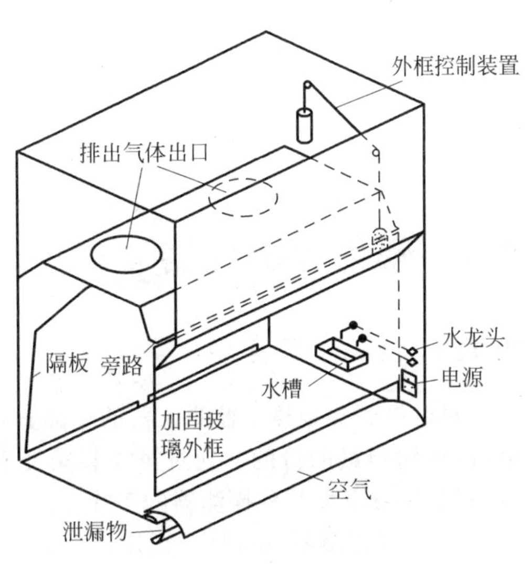


图 8-6 通风橱

**2. 放射性废物的管理**

放射性废物的管理是放射性污染控制的一个非常重要的方面,而且经常被忽视。在第 3 篇第 14 章放射性废物的安全管理中,将介绍放射性废物的储存和处置方法。

**3. 实验室设计**

使用非密封放射性物质的实验室的设计需要考虑实体控制。对于可能被污染到的表面(例如工作台、地板、墙面等)一定要容易清洁,这一点非常重要。而且,要保证没有吸附性的表面或缝隙可能容纳污染。如果你在放射性同位素实验室工作或工作涉及设计适合的实验室,在第 18 章有更多的内容介绍。

# 第 9 章

# 辐射探测仪器的使用

## 9.1 辐射探测仪器

### 9.1.1 探测器类型

辐射探测器是整个监测仪器的一部分，射线与探测器相互作用并把辐射能转变为光或电流，达到测量的目的。通过第 1 篇第 4 章辐射探测方法的学习，读者已获得了初步的知识，对于学习下面几种探测器的工作原理有很大帮助。

- 充气探测器(电离室、正比计数器、G-M 计数器)
- 固体导体探测器
- 闪烁探测器

### 9.1.2 测量仪器的种类

测量仪器必须能够探测并定量显示外照射和可能进入人体引起内照射的污染情况。在工作中常用到两种类型仪器：剂量率仪(针对外照射)、污染监测仪(针对表面污染和内照射)。

在第 1 篇第 4 章辐射探测方法中，还介绍了用于谱分析的仪器(通过分离射线能量来确认核素，如谱仪)。由于谱仪的使用比较复杂，此处不作介绍。

**1. 剂量率仪**

剂量率仪能探测贯穿辐射和 β 粒子辐射。图 9-1 是两种常用的剂量率仪。

大多数剂量率仪能够测量 γ 和 X 射线产生的剂量率。如果仪器有很薄的端窗，还可探测 β 射线产生的剂量率。第 7 章讨论外照射危害的防护中指出，α 粒子不能穿透皮肤，因而不必考虑外照射危险。因此，一般不考虑对 α 粒子进行外照射剂量率测量。测量中子较为困难，因为中子不能直接引起电离，测量中子的仪器需要特殊的设计。在日常测量中，监测中子并不普遍，本章对中子的测量也不做更深入的讨论。剂量率仪通常能直接给出读数，单位为微希沃每[小]时，$\mu Sv \cdot h^{-1}$，见图 9-2。

以前，曾用过毫雷姆每[小]时($mrem \cdot h^{-1}$)作为剂量率的单位，与 $\mu Sv \cdot h^{-1}$ 的转换关系如下：

$$1\text{mrem}\cdot\text{h}^{-1}=10\mu\text{Sv}\cdot\text{h}^{-1}$$

例如，仪器读数显示 0.75mrem · $h^{-1}$，相当于 7.5μSv · $h^{-1}$。

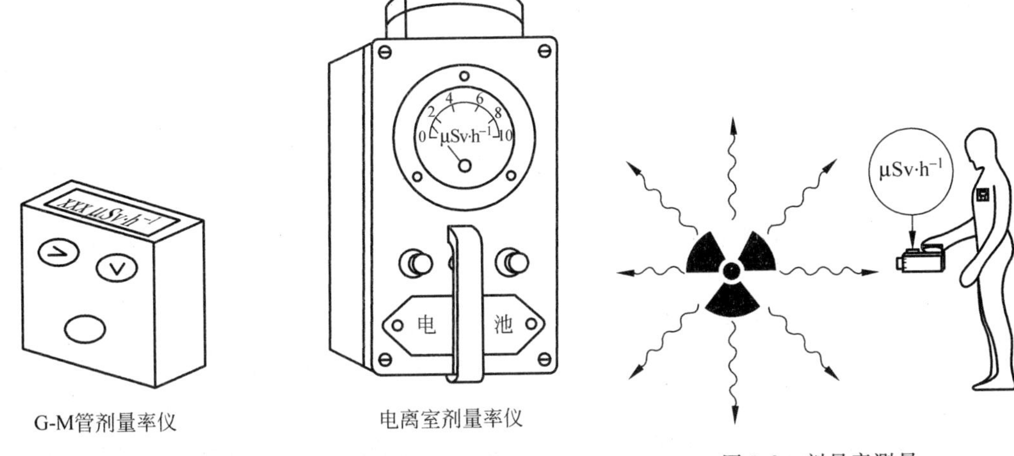


图 9-1　两种常用的剂量率仪

图 9-2　剂量率测量

有些专门用于剂量测量或环境监测的剂量率仪以 μGy · $h^{-1}$为单位，严格讲，μGy · $h^{-1}$与 μSv · $h^{-1}$之间的转换取决于射线能量和受辐照的对象，二者有一个转换系数，但在大多数场合下，对 γ 射线和 X 射线而言，通常假定 Gy 和 Sv 是相等的，即转换系数为 1。

**提示**：在大多数与辐射安全相关的剂量率测量中，对于 γ 射线和 X 射线源：

$$1\text{mGy}=1\text{mSv}$$

应该注意到，剂量率仪测量的是电离辐射对探测材料的作用效果。在辐射防护中，我们更关心的是辐射对人体的作用效果。所以在本篇辐射防护原则介绍中，给出了人体每年受到辐射的有效剂量限值（用来描述每人每年接受的剂量限值）。对一个特定的辐射源，为了估计其对人体的有效剂量，需要知道辐射对所有组织和器官的作用效果。但是，要得到这样一个准确结果是困难的，也是不可能的。为了解决这一问题，提出了周围剂量当量的概念。周围剂量当量与有效剂量之间关系复杂，基于许多假设，这里不去深入讨论。但可以这样讲，周围剂量当量是一个合理的有效剂量的近似值。

**记住**：用剂量率仪可以测量周围当量剂量率，在大多数情况下，周围剂量当量是代表人体有效剂量的合理的近似值。

由此，当我们用剂量率仪测量周围剂量当量时，事实上已获得了一个非常接近有效剂量的结果。准确地说，“剂量”一词，在全篇中都是指周围剂量当量（周围剂量当量是一个可用剂量率监测仪直接测量的可操作量）。

有了剂量率，再乘以在辐射场中暴露的时间就获得了总剂量。当然，有一些仪器具有累计功能，它们能自动给出一段时间内的总剂量，这些仪器称为积分式电子剂量仪。用来监测个人剂量十分方便，也可针对某个环境进行剂量监测。积分式剂量仪质量轻，便于携带，通常由一个小的 G-M 管或 Si 二极管组成。典型实例见图 9-3。

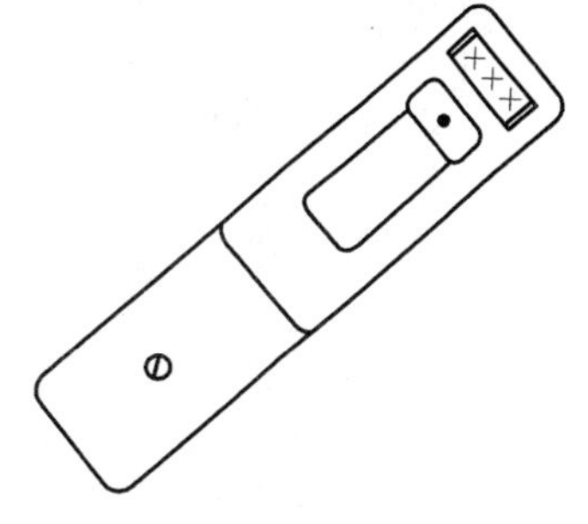

图 9-3　典型的累计式剂量仪

积分式剂量仪很适合于监测 X 射线发生器产生的外照射，原因是 X 射线发生器的剂量率随时间变化很快，很多仪器对这种变化的剂量场不能很快做出准确的响应。

**2. 污染监测仪**

常用到的两类污染监测仪：表面污染监测仪(用于测量表面污染)、空气污染监测仪(用于测量空气污染)。

不管用哪一种污染监测仪，一台仪器是完不成表面污染和空气污染测量的，也就是说，仪器是有针对性的。另外，对不同的核素，仪器的探测效率也不同(0%～30%不等)。一个重要的结论就是：有的污染监测仪器对某些核素是探测不到的。

**记住**：没有一台辐射监测仪是万能的，有些污染监测仪探测不到某些放射性核素。

1）表面污染监测仪

表面污染监测仪必须具有探测物体表面是否受到低水平放射性污染的功能。尤其是具有探测 α 核素污染的功能，因为 α 核素即使污染水平很低，只要进入体内就会造成严重的内照射剂量。

表面污染监测仪通常由数据显示仪表和一个探头组成，探头可视探测需要进行更换，以便用来测量不同类型的辐射。图 9-4 是一个典型的表面污染仪及两个不同探测类型的探头。

表面污染监测仪探测到的辐射代表的是探头所在区域的总的污染水平，其中包括固定污染和活动(可去除)污染两部分。可去除的放射性物质能够以某种途径进入人体造成内照射危害，所以知道可去除污染所占的份额非常重要。当然，最好不要出现任何放射性污染。

如果表面污染只包括固定污染一项，则只涉及外照射的问题。如果一部分固定污染变成活动污染，产生的剂量率就复杂、严重多了。

大多数的污染监测仪给出的污染水平是以每秒计数(cps)或每分计数(cpm)为单位。标准单位是以单位面积的活度来表示的(如 $Bq \cdot cm^{-2}$ 或 $Bq \cdot m^{-2}$)。为了与国家或国际上给出的标准限值进行比较，需要将 cps 或 cpm 转换成 $Bq \cdot cm^{-2}$ 或 $Bq \cdot m^{-2}$。图 9-5 所示为测量表面污染和单位显示。

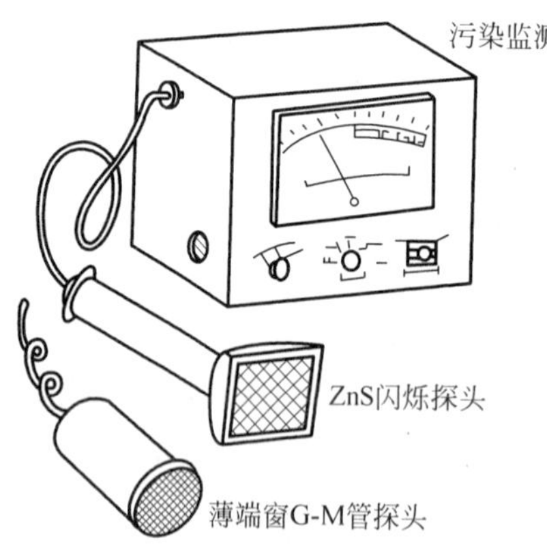


图 9-4 表面污染监测仪和配置的探头

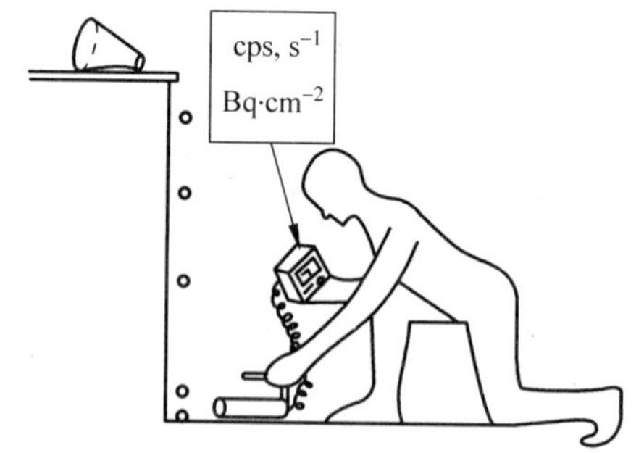


图 9-5 测量表面污染

有些表面污染监测仪也能直接给出以 $Bq \cdot m^{-2}$ 为单位的测量结果。使用这类仪器有一个前提，即必须使该仪器用待测的放射性核素进行过检定(用待测核素的标准源对仪器校准），否则，该仪器显示的污染数值可能是不可靠的。

**记住**：当使用以 $Bq \cdot m^{-2}$ 为单位的表面污染监测仪时，必须确认该仪器事前用待测核素的标准源进行过校准。

2）空气污染监测仪

监测目的：对空气污染进行监测和量化，评估潜在的危害。

空气污染既要考虑外照射危险，又要考虑内照射危险。一方面通过呼吸，污染物吸入体内（产生内照射），另一方面混合在云层中的放射性气体会产生严重的外照射剂量。

空气污染监测比表面污染监测更复杂，空气污染呈现 3 种形式：

（1）颗粒物（由微粒组成，如灰尘、烟尘）；

（2）气体（含放射性核素的气体）；

（3）蒸汽（含放射性核素的小液珠，或室温下在空气中呈固态或液态的放射性核素）。

不同类型的气体污染，监测程序略有不同。一般，监测空气污染包含两个阶段。首先用空气采样器进行过滤收集，然后把收集的滤纸（膜）放在仪器上进行测量。有的空气采样设备既能采样又能直接测量（如实时空气污染监测仪）。但先取样再测量的方式更普遍。最后，将所测得的计数再转换为 $Bq \cdot m^{-3}$，便于与国家和国际标准比较。9.6 节详细介绍了监测方法和单位换算。图 9-6 是测量空气污染的示意图。

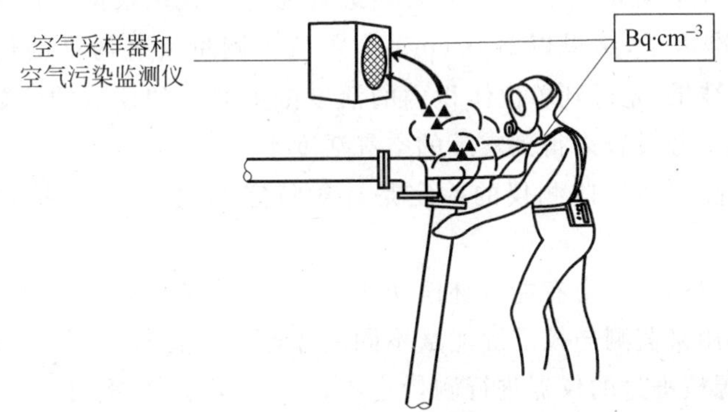


图 9-6　空气污染监测

**注意**：现场虽然实时给出了连续测量的以 $Bq \cdot cm^{-3}$ 或 $Bq \cdot m^{-3}$ 为单位的读数，但要注意仪器必须事前用待测的放射性核素标准源进行校准，否则测量结果是不准确的。实时空气污染监测仪在发现空气污染超标时要有报警功能。

### 9.1.3　仪器检定（或校准）

测量仪器必须经标准源检定。只有检定后的仪器，才能确保在可接受的精度水平上，仪器的读数是准确的。为保证国内和国际的一致，检定源必须是来源于一级或二级标准源。这些标准源通常保存在国家或国际标准实验室。用于检定的标准源参数包括：密封/非密封源、剂量率、发射率和活度。二级标准通过一级标准来校准，不同国家的标准实验室之间要定期进行比对，确保国际的一致性。

剂量率仪器的检定（校准）是在一个特定的辐射场下进行的，辐射场的剂量率已知，并且仪器与源的距离是固定的。检定时或者调整仪器的读数使其与实际数据一致，或者在检定报告中给出一个校正参数(因子)。剂量仪通常有几个不同的量程(例如 μSv、mSv 或 $\mu Sv \cdot h^{-1}$、$mSv \cdot h^{-1}$),检定时应对所有量程的响应情况进行检查。

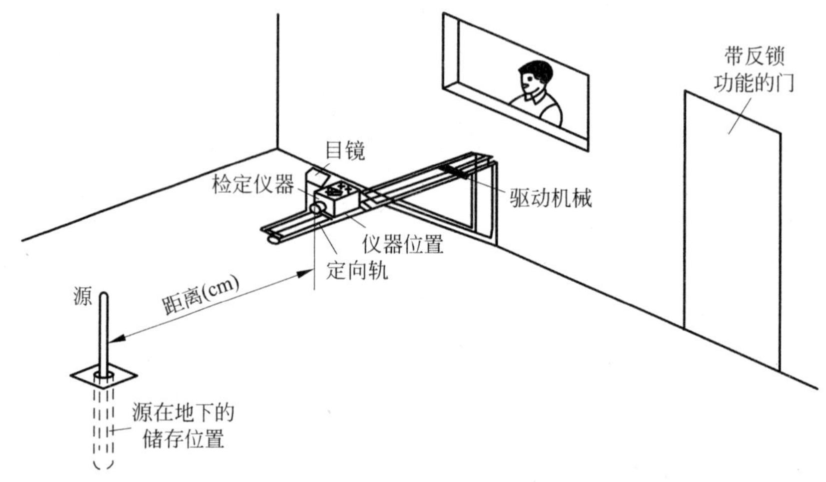


图 9-7 典型的剂量仪检定示意图

测量表面污染的仪器有几种检定方式。最普通的方式是根据单位面积内的活度除以仪器读数,给出校准因子,结果以 $Bq \cdot cm^{-2}$ 为单位。测量空气污染的仪器要直接给出以 $Bq \cdot m^{-3}$ 为单位的结果,先得到单位体积内的活度浓度对应的仪器的读数,求得校准因子,再通过调节仪器的参数设置来得到实际的空气活度水平。

**切记**:剂量率仪和污染监测仪的检定是针对特定的放射源(有特定的射线类型和能量)的。

许多测量 γ 辐射的仪器带有能量补偿功能,对 γ 辐射有较宽的能量响应范围。实际上,有的仪器并不适合用来监测与校准源能量不同的 γ 辐射。此外,如果工作场所有 β 射线或 X 射线辐射,用 γ 源校准过的仪器进行测量也不适合。所以,很重要的一点是,经过待测的放射性核素的标准源进行检定过的仪器,测量结果才是正确的。

**注意**:当工作场所有不同的核素时,要确保仪器用这些核素的标准源校准过。

一般来说,仪器要经过所遇到的所有核素的标准源的检定是不现实的。这种情况下,当有混合核素出现时,为安全起见,通常假定所测定的结果是由仪器响应最不灵敏的核素所致。虽然总的污染水平可能被高估,但这样做是偏安全的。如果在高估的情况下超出了限值,随后可通过测量 α、β 或 γ 谱来确定核素。

仪器的校准分为使用前检定和使用过程中定期检定。检定频率随着各地的要求不同而有变化。但通常是一年检定一次。

仪器检定还应附上一份检定报告,报告包括:

(1) 所有相关的检定因子;

(2) 仪器测量的能量范围;

(3) 检定条件;

(4) 在特定检定条件下的能量响应特性;

(5) 在现场各种辐射和环境下使用时的响应条件。

### 9.1.4 探测下限(LLD)

实际测量时,知道仪器探测的最低限是很有必要的。有时会遇到背景辐射的干扰,很难区分哪些是天然背景辐射,哪些是由于微弱的放射性物质引起的辐射,增加了确定污染探测下限的难度。

对实验室的计数器而言,准确的探测下限可通过计算背景计数的标准偏差求得。对剂量率仪和污染监测仪,上述方法是不可行的。一个简便的方法是根据仪器背景读数的波动确定探测限,如果仪器读数是背景值的2倍,并且只存在背景辐射(背景辐射可通过在没有人工放射源的区域测量来确定,有时可能找不到合适的区域,背景值可能被高估),那么探测下限就相当于背景值。如果读数不是背景值的2倍,或者大于背景值的2倍,又不能确定是否有别的放射源存在,那么只能说仪器有较低的探测下限。

**记住**:对于剂量率和污染监测仪,如果仪器的读数是背景值的2倍以上,才能确认还有其他辐射存在。

在大多数地区,天然背景产生的辐射剂量率通常不会影响到测量结果。因此,剂量率值通常直接采用仪器读数。然而,当测量污染水平时,任何背景剂量率都将产生一个背景值,实际的污染水平应当把背景水平扣除掉,见公式(9-1):

$$L = R - \mathrm{BG} \tag{9-1}$$

式中:$L$——实际污染水平;

$R$——仪器读数;

BG——背景读数。

探测下限(LLD)是监测低水平污染应当考虑的一个非常重要的因子。当仪器测不到非常低的污染时,就不能准确地给出定量的结果。这时需要清楚仪器的最低探测限是多少。基本上,LLD(cps或cpm)就是2倍的背景值减去正常区域的背景值的差。一般情况下,当测量结果小于2倍背景值时,认为测量结果是没有意义的。但正常区域背景值是由天然辐射引起的,不存在人工辐射场。因此LLD是2倍背景值和正常区域背景值的差。很显然,2倍的背景值减去一个正常场所的背景值就是探测下限(LLD)。cps或cpm可通过公式(9-2)转换为标准单位 $\mathrm{Bq \cdot cm^{-2}}$。

$$\mathrm{LLD} = (2\mathrm{BG} - \mathrm{BG})/\mathrm{CF} = \mathrm{BG}/\mathrm{CF} \tag{9-2}$$

式中:LLD——探测下限,$\mathrm{Bq \cdot cm^{-2}}$;

BG——背景读数,cps;

CF——$\mathrm{Bq \cdot cm^{-2}}$和cps转换系数(校正因子)。

例9-1是一个关于LLD的计算题。

**例9-1** 一台污染监测仪的背景读数是5cps,被污染的板凳表面的最大读数是7cps,校准因子是 $2\mathrm{cps} = 1\mathrm{Bq \cdot cm^{-2}}$。请问这台仪器的探测限是多少?从读数能得出什么结果?

**解** 根据方程(9-2)求得:

$$\mathrm{LLD} = \mathrm{BG}/\mathrm{CF} = 5/2\mathrm{Bq \cdot cm^{-1}} = 2.5\mathrm{Bq \cdot cm^{-2}}$$

因而,这台仪器的LLD是 $2.5\mathrm{Bq \cdot cm^{-2}}$。

从方程(9-1)可得:

$$L = 7\mathrm{cps} - 5\mathrm{cps} = 2\mathrm{cps}$$

由于污染水平小于背景值的2倍，只有2cps(2倍背景值应为10cps)，所以只能说污染水平低于LLD。

**注意**：如果LLD比期望测量到的污染水平高，即达不到要求的低水平测量。例如，要求可接受的污染水平为不超过1Bq·cm$^{-2}$，而探测限为2.5Bq·cm$^{-2}$，那么这台仪器不适合使用。

## 9.2 选择合适的仪器

理想的辐射监测仪器应该是探测的功能多(可探测任何电离辐射)，携带方便，使用简单，直接显示周围剂量当量率或污染水平。实际上，一台仪器不可能满足如此多的要求。因此，在进行放射测量中，应根据工作需要选择最合适的仪器。

### 9.2.1 探测仪器的选择

选择测量仪器时，下列几方面是必须考虑的：

(1) 仪器类型(是进行剂量率测量还是进行表面污染测量)；

(2) 探测辐射的类型(如α、β、γ、X射线或中子)；

(3) 探测射线能量的大小(如keV或MeV)；

(4) 对仪器灵敏度的要求(μSv·h$^{-1}$、mSv·h$^{-1}$·Sv·h$^{-1}$，最大量程cps或Bq·cm$^{-2}$)。

把上述条件考虑后，就会缩小选择的范围。

**1. 仪器类型**

仪器选择视测量的需要而定。需要进行详细的测量时，通常测量内容有剂量率、表面和空气污染。只进行某一项测量时，了解测量仪器的类型是很有必要的。

**记住**：剂量率的单位是μSv·h$^{-1}$或mSv·h$^{-1}$，表面污染水平的单位是cps(或转化为Bq·cm$^{-2}$)，空气污染水平的单位是Bq·m$^{-3}$。

**2. 辐射类型**

在第4章中已介绍过探测辐射的方法，不同的探测器针对不同的辐射类型。了解不同射线产生的辐射对于测量非常重要。

当监测剂量率时，α粒子穿不透皮肤的角质层，因此，α粒子外照射剂量不予考虑。剂量率仪主要用来监测β、γ、X射线和中子辐射。剂量率仪虽可以监测一种或几种类型的辐射，但对不同的辐射，其灵敏度响应是不同的。在混合辐射场中，如果要对不同类型辐射引起的剂量率进行精确测量，需要区分射线类型，因为射线类型不同、能量不同，其剂量贡献因子就不一样。用典型的端窗G-M管或电离室(见图9-8)测量光子和β剂量率时，可用一个薄的金属片来屏蔽掉β粒子。

测量中子的仪器对γ辐射也有响应，导致读数比实际中子剂量率高。为避免这些情况发生，应了解工作环境中的γ剂量率，然后从中子剂量仪读数中将γ剂量率扣除掉。γ剂量可用常规的测量仪器来获得。

污染监测仪可能对不同类型的辐射都有响应。为了确定核素和量化辐射的贡献大小，需要区分辐射的类型和强度。对探测信号进行电子甄别来分辨，是一种途径，或者用滤板滤掉其他的辐射。当然，有甄别功能的仪器用起来方便。

正面

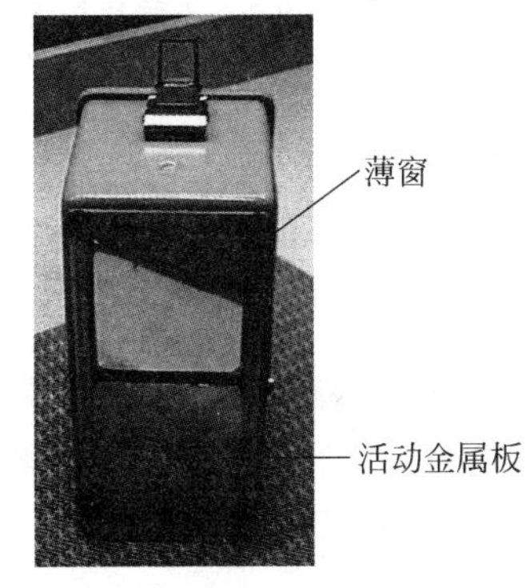


后面

图 9-8　典型的电离室剂量率监测仪

选择合适的测量污染的探测器时，记住下面几点非常有用：

(1) ZnS 闪烁探头和正比计数器探头可用来区分 α 和 β 射线。

(2) β 探测器对光线敏感，即使在一个低 γ 辐射环境中也会产生较多的计数。

(3) α 探头和磷光体通常对光子不敏感。

(4) G-M 管对 α、β、光子都有响应，但不能直接区分。

选择仪器时，需要综合考虑仪器的优缺点，取长补短。当监测低辐射能的特殊核素时，如平衡天然铀和天然钍，此核素既有 α，又有 β 和 γ 辐射，由于 α 粒子很容易被屏蔽，能测到 β 辐射和 γ 辐射。如果 γ 辐射很高，测出的 β 结果会被错误地高估。所以为了避免出现这种情况，要么用 α 探测器单独测 α，要么用一个 β 探测器，把 β 射线屏蔽掉先测 γ。或者直接用一台经过 γ 源标定的仪器测 γ，就会发现测量 α 和 β 的仪器，其灵敏度响应比测量 γ 射线的灵敏度响应要好。

**3. 射线能量**

能量响应对仪器来说非常关键。测量 X 射线或 γ 射线的剂量率，仪器常用 Cs-137 源来检定，Cs-137 源的特征射线能量是 0.66MeV。检定后的仪器如果用来测量别的核素放出的不同能量的射线，测量结果会高估或低估。一般情况下，尽管不同类型的 G-M 探测器的能量响应不同，但对 X 和 γ 射线而言，大多数仪器经过能量补偿修正，在 0.1～3MeV 能量范围响应一致，G-M 探测器的能量补偿是在探头周围加了一层金属，有选择性地减少低能辐射。

对表面污染监测仪器，探测方法和探头设计决定了测量的辐射类型和射线能量。对感兴趣的核素的测量要认真核对。

氚水和含氚的化合物很难直接用仪器测量，常用闪烁液来测量，把待测的液体加入闪烁液中，然后在液闪仪中进行计数测量。

**4. 仪器灵敏度**

选择剂量率仪要考虑到对灵敏度的要求。例如一个简单的电离室，可以测量能量范围很宽的 β、X 或 γ 射线，但是要测量很低剂量率（如 0.1$\mu$Sv · $h^{-1}$）时，就需要很大的电离室，体积大了用起来不方便。

剂量率单位有 $\mu$Sv · $h^{-1}$、mSv · $h^{-1}$、$\mu$Gy · $h^{-1}$、mGy · $h^{-1}$。量程视用途而定，见表 9-1。

表 9-1 不同用途仪器的量程范围

| 监测类型 | 量程范围 |
|---|---|
| 工作场所测量 | 0.1$\mu$Sv·h$^{-1}$～几个 mSv·h$^{-1}$ |
| 环境测量 | nSv·h$^{-1}$～几百 $\mu$Sv·h$^{-1}$ |
| 应急测量 | $\mu$Sv·h$^{-1}$～几个 Sv·h$^{-1}$ |

需要提醒的是，应急或事故测量时，需要量程从 $\mu$Sv·h$^{-1}$到几个 Sv·h$^{-1}$的探头，这类仪器，典型的如长柄探测仪，见图 9-9。这种仪器有可伸缩性探头，以尽可能增大人与放射源的距离。前端可搭配不同量程的 G-M 管。

图 9-9 长柄探测仪

对表面污染监测仪器的灵敏度取决于探测器的设计。读数通常以 cps 或直接以 Bq·cm$^{-2}$显示，量程一般从 0 到几百或几千 cps(或转换成其他相应的单位)。选择合适的量程非常重要，否则，在高辐射场中，虽然显示已达满量程，但还没反映出实际的污染水平。对一些核设施，选择量程达 5000cps 的仪器是合理的，而对一些放射实验室，量程为几百个 cps 更合适。

由于低水平的 α 污染也会造成内照射危险，所以 α 污染监测仪必须能够探测低水平的 α 污染。

**5. 仪器选择**

按照仪器类型、辐射类型、射线能量、仪器灵敏度来选择仪器，可缩小仪器的选择范围。图 9-10 列出了一些通用的仪器。

表 9-2 列出了用于剂量率和表面污染监测的探测器类型及其适用性。

表 9-2 用于剂量率和表面污染监测的探测器类型及其适用性

| 探测器类型 | 剂量率仪 | | | 表面污染监测仪 | | |
|---|---|---|---|---|---|---|
| | β | X、γ (10～50keV) | X、γ (>50keV) | α | β | X、γ |
| 端窗电离室 | 4 | 4 | 4 | 6 | 6 | 6 |
| 能量补偿型 G-M 管 | 6 | 6 | 4 | 6 | 6 | 6 |
| 端窗 G-M 管 | O | O | O | O | 4$^{+}$ | 4 |

续表

| 探测器类型 | 剂量率仪 | | | 表面污染监测仪 | | |
|---|---|---|---|---|---|---|
| | β | X、γ (10～50keV) | X、γ (>50keV) | α | β | X、γ |
| 充气正比计数器 | 6 | 4 | 4 | 6 | 6 | 6 |
| 有机或惰性气体正比计数器 | O | 6 | 6 | 6 | $4^+$ | O |
| ZnS 闪烁探头 | O | 6 | 6 | 4 | $4^+$ | 6 |
| NaI 闪烁探头 | 6 | 4 | 4 | 6 | 6 | 4 |
| 有机闪烁液* | 6 | 6 | 6 | 4 | 4 | 6 |

表中符号含义：4—适合；O—在某些环境下有效；6—不适合或通常不用；+—不能探测低能β粒子(如 H-3)；*—不能直接测量，需液闪仪配合。

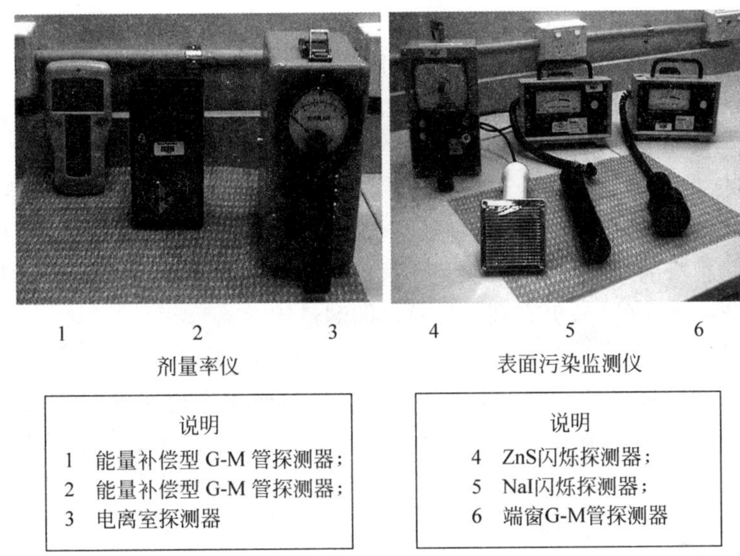


图 9-10　一些常用的辐射监测仪

## 9.2.2　监测方案设计

测量仪器确定下来后，还要考虑设计监测方案。一般要考虑以下几方面：

(1) 仪器使用方便(如便于携带、显示直观等)。

(2) 探测器的适应性，如测量环境的温度、湿度，有毒气体的影响等。

(3) 仪器探测器的位置(是与仪器一体的还是分开用导线来连接的)。

(4) 测量窄束射线时，探测器的几何体积大小。

(5) 对变化的辐射或高辐射场的快速响应时间。

(6) 探测器的方向响应特性。

(7) G-M 管在高辐射场下的抗拖尾能力。

(8) 剂量水平发生变化时，蜂鸣器及时提醒。

(9) 夜晚工作时仪表盘亮度。

**1. 适用性**

辐射仪器应便于携带，设计合理，显示/开关/按键设计易于去污，电池容易检查和更换，读数显示直观。

中子探测器通常含有大量的含氢(H)材料(如聚乙烯)来慢化中子。增加了仪器的重量，不便于携带。现有的中子探测器普遍比较重是个缺陷。

**2. 使用环境**

仪器对使用环境的要求也是要考虑的因素。湿度、温度、电磁环境可能影响仪器使用。在可能有易爆气体的区域，像化工、石油和天然气工厂等，可能需要采用具有固有安全性的仪器。尽管有安全性能好的剂量率仪，还缺乏具有固有安全性的表面污染监测仪。

**3. 探测器的位置**

有时准备好了剂量率仪或污染测量仪，到了现场却发现一些需要测量的地方被别的东西遮挡，空间狭小，仪器很难靠近。这时如果用分体式的带导线连接的探头进行测量就比探头仪表一体化的仪器要方便得多。这些地方常见于管道内部的污染测量或者是一些其他特殊的地方。

**4. 探测器体积大小**

要获得准确的测量结果，需要探测器的全部有效体积发挥作用，否则，测出的结果会偏低。如果是测量很窄的射线束，要求探测器的反应截面也较小。这种情况下，探测器与主机分离的仪器就比一体化的好，更有利于针对性的测量。

**5. 响应时间**

如果辐射场随时间变化而变化，具有对辐射场的变化作出快速响应的仪器才能进行测量。响应灵敏的仪器也有缺点，就是读数有可能波动很大，难以获得准确的测量结果。只有靠仪器的生产商改进仪器的性能，使仪器既具有快速响应功能，又能给出稳定的读数。

对于响应迟钝的仪器，遇到辐射随时间变化很快的情况，不能准确给出剂量率值，可选择累积剂量测量，然后用总的剂量除以测量时间，得出剂量率。

仪器响应速度应随剂量率的增加而增加，因为在高辐射场下停留的时间越短越好。

**6. 方向性响应**

探测器端窗对直射辐射更灵敏。实际测量中，仪器接收到的信号来自各个方向。仪器应当提供一个测量方向性响应图，标明不同方向上仪器的灵敏度。

**7. 信号抗拖尾**

在第4章介绍的辐射探测方法中，G-M管在高剂量率场中会出现停止计数(或称为拖尾)。所以应确保仪器不发生拖尾现象，以便在高剂量场中也能够正常显示。

**8. 蜂鸣器**

蜂鸣器对于剂量率和污染测量都很重要，它的功能是能够立即提醒哪儿出现了高剂量率或高污染，有助于将目光关注在探头所探测的地方，不用总是凭眼睛盯着仪器的读数变化。

**9. 表盘亮度**

有时需要在夜晚或者光线不好的场所进行测量，这时显示器的背景亮度就有很大的作用。但要随时关注电池的电压，电压低了，亮度自然会降低，测量前，备好备用电池。

### 9.2.3 其他

当购买仪器时，两方面因素要考虑：

(1) 仪器的费用(包括初次购买价和后期维护费用)；

(2) 电池和备用件的后续供应。

**1. 仪器价格**

购买仪器要考虑初次购买价和以后的维护费用。购买剂量率仪时还要考虑是否选择那些可以更换探头的仪器。有的剂量率仪是把探头和读数设备封装在固定的包装里，维修非常困难。

**2. 电池和备件的供应**

曾出现过有些仪器用的电池是专用电池，要想更换只能从生产厂家购买，价格非常昂贵。所以，买仪器也要考虑电池的通用性。还得考虑仪器在生产厂家和供应商维修时所用的时间。如果备件很容易得到，建议准备一些，以备万一需要时可供更换。

## 9.3 放射性调查方案

在设计调查方案前，一些项目需要先确定下来：

(1) 准备好调查区的示意图，设计好测量记录表格。

(2) 查看以前的调查结果，估计调查区的剂量率和污染水平。

(3) 对仪器进行使用前检查，确保仪器工作正常。

### 9.3.1 准备调查表和图

在进现场调查前，准备好现场的调查表、平面图。图 9-11 就是一个调查区的平面图例。

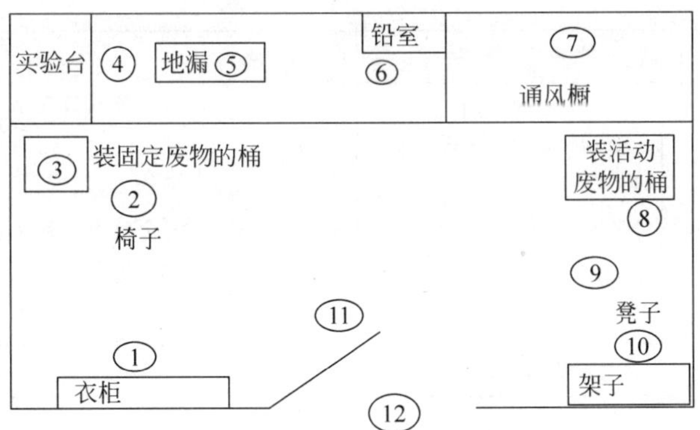


图 9-11 实验室放射性调查示意图

如图 9-11 所示，测点已事先在图上标出，标注的区域就是测量的参考点位，测量按一定的顺序进行，以判断变化趋势。图 9-12 是一个调查表。需要注意的是，剂量率测量应给出表面剂量率和 1m 处的总剂量率两个结果。

污染水平可通过直接测量或通过采样后用液闪仪测量(针对液体)。

图 9-12 中，除了填写测量结果外，还要有调查人员的签字和建议，辐射安全员的签字，现场安全负责人的签字，以确保测量结果和建议大家都清楚，以便及时采取合理可行的措施。

放射性调查表

地点：__________ 日期：________ 时间：________

| 测量点 | 点位描述 | 剂量率 /($\mu$Sv · $h^{-1}$) | | | 表面污染 /(Bq · $cm^{-2}$)或 cps* | | | | | |
|---|---|---|---|---|---|---|---|---|---|---|
| | | 表面 | | 1m 远 | 直接测量 | | | 擦拭法取样测量 | | |
| | | β/γ | γ | γ | α | β | γ | α | β | γ |
| 1 | 衣服架(柜) | | | | | | | | | |
| 2 | 实验椅 | | | | | | | | | |
| 3 | 装固定废物的桶 | | | | | | | | | |
| 4 | 实验台 | | | | | | | | | |
| 5 | 地漏 | | | | | | | | | |
| 6 | 铅室 | | | | | | | | | |
| 7 | 通风橱 | | | | | | | | | |
| 8 | 装可移动废物的桶 | | | | | | | | | |
| 9 | 实验室凳子(高) | | | | | | | | | |
| 10 | 架子 | | | | | | | | | |
| 11 | 屋中央(腰部高度) | | | | | | | | | |
| 12 | 门口/出入口 | | | | | | | | | |

评价/需要采取的措施：

| 仪器 | | |
|---|---|---|
| 类型 | 编号 | 校准日期 |
| | | |

技术员签字：__________

日期：________

安全负责人签字：__________

日期：________

建议应采取的措施：

现场监督员签字：__________ 日期：________

图 9-12　放射性调查表

### 9.3.2 调研

调研在这里是指测量前先了解以前的调查结果(剂量率和污染水平),为即将进行的调查提供必要的信息。为测量人员了解是否需要从时间和防护服屏蔽上进行必要的准备。

### 9.3.3 使用前仪器检查

无论使用何种仪器,仪器能正常工作是首要的,应当按下面的步骤检查仪器:

(1) 外观检查;

(2) 电压(电池)检查;

(3) 校准检查;

(4) 光感检查;

(5) 放射源检查。

检查的频度视仪器的使用情况来定。在正常工作情况下,一天至少检查一次。提醒一点,如果对一台特殊的仪器的操作还不熟练,最好选用别的熟悉的仪器代替。有故障的仪器应及时修理好。

**1. 外观检查**

外观检查是第一步,就是检查仪器外表是否有任何的损坏。检查仪器外包装和探头是否完好。如果外观有损坏(如探头的端窗上有小孔),仪器就应当修理,修理后还要重新检定,方可使用。

**2. 电池检查**

仪器开启电源后首先要检查电池,如果仪器读数是指针式的,指针落在正常的电压区内,说明电池电压是好的。数字式显示仪器,在开机时会自动检测电池电压,使用过程中仪器会自动定期进行电池检查,这类仪器一般在电压不足时,会有一个特殊的提示标志显示在屏幕上。在仪器的使用说明书中应有介绍,使用者应当留意。

如果检查发现电池电压不足,首先更换电池。一般情况下,更换电池后不需要重新对仪器检定,除非有其他检查项目不合格。

**3. 校准(标定)检查**

仪器使用前,要确保仪器经过检定,并在有效的检定日期内。检定结果在仪器使用说明书和检定报告内。仪器的校验周期随各个地方的管理标准不同而不同,通常推荐每台仪器一年校准一次。如果仪器已不在校准规定的有效期内或进行过维修,那么应当尽快重新校准,方可投入使用。

**4. 光感检查**

闪烁探测器的工作原理是射线与探测器相互作用,产生光电子,形成电信号。因此探测器对光线非常敏感,并且非辐射产生的光线也能产生假信号。尤其是端窗上被扎了一个洞或者探头有漏光的地方,要特别注意。检查的方法是把探头拿到一个光线充足的地方,观测仪器读数的变化。如果探头漏光,读数就会逐渐增大,这样仪器需要修理并重新校准。一些 G-M 管型的端窗探头,把金属保护罩拿走就会产生由太阳光引起的电流和假信号。

**5. 放射源检查**

随使用环境和使用频率的变化，仪器的性能会有所变化。针对这一情况，使用前最好用自备的放射源检查，以提前发现仪器探测性能的变化。对污染探测仪的检查，检查源的面积与探头实际面积相差不要太大(最好等于或略大于探头面积)，计数大于 100cps。面积小一些的源也可以，但要确保每次与探头相对应的位置保持固定不变。对于测量 α、β 和 γ 污染，要随测量对象不同而用不同的源来校准。

检查剂量率仪器，检验源的射线能量、辐射类型最好与所要探测的对象一致。放射源的剂量率应在 $10\mu Sv \cdot h^{-1}$ 量级上，距离保持在 2～3cm。

测量得到的计数率或剂量率应当与标准源的结果相比较。比较应在低本底环境下进行，并扣除本底读数。如果两者的测量结果(仪器读数和源)偏差超过±30%。那么该仪器不可用，需修理并重新标定。

## 9.4 剂量率测量

剂量率测量有多种目的。可能是为了评估个人剂量，检查是否符合相关的剂量限值；也可能是为了测量辐射区，检查是否偏离了正常的工作条件，并提供一些建议。不管什么目的，进行剂量率测量，要遵循以下 5 个主要步骤：

(1) 选择合适的仪器；

(2) 使用前检查；

(3) 测量时采取相应的防护措施；

(4) 编写调查报告；

(5) 将测量结果与地方、国家、国际标准进行比较，提出改进意见。

(1)、(2)两项已在前面介绍过。本节内容主要讨论如何开展剂量率测量，以及编写报告、调查结果的比较，及提出改进意见。

**1. 仪器**

剂量率测量，首先要选择合适的仪器。仪器选择在 9.2 节已详细讨论过，常规剂量率测量使用的典型仪器见图 9-10。

表面和空气污染监测，需要准备一些个人防护装备(如防护服、高筒鞋、呼吸面罩等)，将在 9.5 节和 9.6 节讨论。

**2. 安全考虑**

调查前的安全考虑是必要的，前面已有介绍，这里再强调一下：

(1) 减少受照射时间；

(2) 与源保持较远的距离；

(3) 对辐射源采取屏蔽措施；

(4) 监测调查人员的受照剂量。

**3. 方法**

如果剂量率仪器的量程不可调，应选择具有宽量程的仪器。如果对探测区域的剂量率不清楚，采取逐渐逼近的测量方式。

如果仪器有声响提示功能，声音可以作为剂量率增加的信号提示。如果仪器读数增加很快或已达到满量程，应立即停止测量，移到一个剂量较低的地方，再考虑下一步的测量办法。

如果发现剂量率已超过限制水平，再想得到最大剂量率结果已没有必要。此时，应设置实体屏障和警告标识来限制人员接近。

如果有必要测量最大剂量率，选用带长柄的探测仪器（见图 9-9），以增大技术人员（如调查人员）与高剂量率区域的距离。

如果技术人员在可能存在高剂量的区域工作，建议带上累积个人剂量计，测量累积剂量。如果能配有报警装置的仪器也是很好的选择。

注意一点：能量补偿型 G-M 剂量率仪（见图 9-10），由于探测器体积小，定位探测 γ 射线束是很困难的。此时用电离室（见图 9-10）来确定出辐射的位置，再用带电缆连接的端窗 G-M 探头定位 γ 射线束并测量剂量率。

**4. 编写调查报告**

在整个调查过程中，仪器使用情况和测得的剂量率数据应该完整记录下来。调查完成后，写详细的调查报告。报告内容包括：

(1) 调查区域的位置示意图（见图 9-11），标出参考点位置；

(2) 调查位置描述和剂量率水平，所用的仪器和需要采取的改进措施（见图 9-12）。

**5. 测量结果与管理目标值比较**

如果测量发现有高剂量区，需要采取适当的措施限制其他人员接近。任何一个剂量率有微小变动的地方也要记录下来，测量结果与规定限值、国家和国际管理目标值进行比较，根据 ALARA 原则考虑降低剂量率应采取的具体行动，并确保采取的措施得到有效实施。有关建议也应详细写在调查表中（见图 9-12）。

## 9.5 表面污染测量

总的表面污染水平包括固定污染和可去除污染两部分，可以直接用表面污染测量结果来评价（表面污染测量时探头与表面尽可能靠近，但保持不接触）。尽管这种测量方法可以给出总的污染水平，但不能区分哪些污染可去除，哪些污染不可去除。

通过间接法测量可去除污染，例如用擦拭法取样，测量擦拭样品的污染程度，在 9.5.2 节中有详细介绍。间接法表面污染测量在评价高本底区的污染时也很有用处，因为高本底也能影响到对表面污染水平的评估。通过擦拭法取样，然后拿到低背景区测量，就可以评估实际的污染水平。

**注意**：如果一个区域有很高的表面污染水平，那么外照射也可能很高。因此，如果用 β 或 γ 探测器发现一个地方表面污染水平很高，应当测量剂量率。

### 9.5.1 表面污染监测

表面污染监测的步骤与测量剂量率一致，归纳如下：

(1) 选择合适的仪器；

(2) 仪器检查；

(3) 考虑安全注意事项；

(4) 编写调查报告；

(5) 将测量结果与当地的规定进行比较，也可与国家或国际的标准进行比较，并提出合理的建议。

**1. 仪器**

如图 9-10 所示，便携式表面污染监测仪由一个探头和一个电池供电的电子处理仪表组成。

测量 α 或 β 污染，探头选用 ZnS 闪烁探测器或者用端窗 G-M 管。

**切记**：测量 α 时，要使探头端窗与被测表面尽可能接近(<1cm)，因为 α 粒子在空气中的运行距离很短。

对于测量 γ 污染，可用 G-M 探头、有机或充惰性气体的正比计数器或 NaI 闪烁探测器。

**2. 安全考虑**

测量表面污染时，应佩戴手套、鞋套、防护服和防护眼镜，如果有空气污染，必须有呼吸面罩。

**切记**：如果有的地方空气已被污染了，那么处在这一环境中的所有人(包括测量人员)也可能受到污染，所以要保持安全正确的工作方法，确保减少被污染的几率。还要注意自我监测(包括身体、手、脚和头发)，在离开实验区时要做自我测量，目的是如果发现自身被污染了，能够及时去污，同时还可保证不使污染扩散。

**切记**：测量完毕后，要进行自身表面污染检查，以确保自己没有受到污染。

如果自身受到污染，要采用一些去污技术去污(如清洗等)，详细的去污技术在第 15 章应急响应计划中有介绍。

**注意**：如果调查中发现有外照射剂量，应当考虑缩短停留时间，增大与污染源的距离和尽可能增加屏蔽。应当监测参加调查的工作人员的个人剂量。

**3. 测量方法**

进行表面污染监测时，探头应当缓慢地在表面以一定方向移动。要注意不要让探头接触受污染表面以免探头受损或受污染。测量大面积污染的简易方法是把大面积分为若干小正方形面积，并把它绘在记录本上，按顺序测量每个小正方形内的污染水平，见图 9-13。

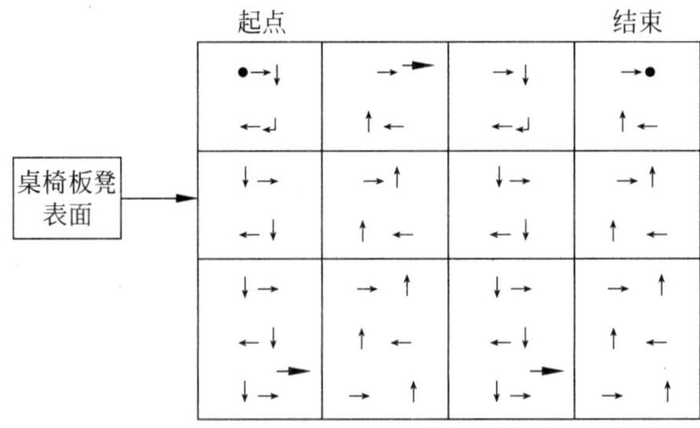


图 9-13 表面污染测量方法

记录每一小块面积内的最大读数。监测时，要保证仪器对计数率变化有足够的响应时间。换句话说，等到仪器的计数不再增加时，再进行下一点测量。

**记住**：表面污染有时是全方位的。因此，不仅要测量如凳子的顶面，还要对其他的部位进行测量。通风橱、水池、地漏也要测量。要特别注意测量那些很容易和被污染的手接触的地方（水槽的阀门、门把手等）。

**4. 表面污染监测结果与污染水平换算**

对于给出 cps 计数的仪器，如果仪器的效率已知，测量面积已知，那么读数可以转换为表面活度，cps 与污染水平 $Bq \cdot cm^{-2}$ 的转换关系见式(9-3)。

$$T = C \times (100/E_c)(1/A) \tag{9-3}$$

式中：$T$——污染水平 $Bq \cdot cm^{-2}$；

$C$——净计数率（总计数率扣掉背景）；

$E_c$——探测效率（用百分数表示）；

$A$——探头面积，$cm^2$。

**例 9-2**　用一台 NaI 探测器测量受 γ 辐射污染的物体表面，平均计数 160cps，背景计数 10cps，探测器面积 $20cm^2$，探测效率 5%（对所探测核素）。求总的表面污染水平，用 $Bq \cdot cm^{-2}$ 表示。

**解**

$$C=160cps-10cps=150cps$$

$A=20cm^2$，$E_c=5\%$。由公式(9-3)推算出：

$$T=150\times(100/5)\times(1/20)Bq \cdot cm^{-2}=150Bq \cdot cm^{-2}$$

**注意**：有时检定单位已为用户提供了一个校准因子，即对特定的探头和放射性核素，多少 cps 相当于 $1Bq \cdot cm^{-2}$，此时，用净计数率直接除以校准因子就得到污染水平，见公式(9-4)：

$$T = C/F \tag{9-4}$$

式中：$T$——对某一核素而言的总污染水平，$Bq \cdot cm^{-2}$；

$C$——净计数率（总计数率扣除背景计数率）；

$F$——校准因子，$cps/Bq \cdot cm^{-2}$。

**例 9-3**　用一台 NaI 探测器测量被 I-131 污染的物体表面，平均 γ 计数是 450cps，背景 15cps，该探测器对 I-131 的校准因子为 $15cps=1Bq \cdot cm^{-2}$，计算表面污染水平。

**解**

$$C=450cps-15cps=435cps$$

$F=15cps/(Bq \cdot cm^{-2})$，由公式(9-4)推算出：

$$T=(435/15)Bq \cdot cm^{-2}=29Bq \cdot cm^{-2}$$

有时，表面污染水平用 $Bq \cdot m^{-2}$ 表示，要记住：

$$1Bq \cdot cm^{-2}=10^4 Bq \cdot m^{-2}$$

**5. 编写测量报告**

测量时，要把仪器参数和测得的数据全部记录下来。测量完毕，编写一个详细的测量报告。与剂量率调查报告相类似，内容应包括：

(1) 如图 9-11 所示的调查区示意图，标明测量参考点位。

(2) 填写放射性调查表,标出污染位置和污染水平,使用的仪器和需要采取的改进措施(见图 9-12)。

**6. 测量结果与限值的比对**

因为可去除的那部分污染能进入人体内,所以最受关注。对直接测量而言,一般不对总的污染水平设限值,而对可去除的污染规定限值。如果固定污染转变成可去除的污染,或者固定污染会造成较大的外照射剂量,就要遵循 ALARA 原则,尽可能降低污染水平。

## 9.5.2 表面污染间接测量

表面污染间接测量用在以下几方面:

(1) 测量可去除的污染;

(2) 在高背景地区,测量可去除污染;

(3) 直接测量时测不到的低水平污染;

(4) 直接测量时测不到的低能放射性核素。

主要测量步骤与直接测量相似。

**1. 测量前准备**

测量前,需要准备一些表面平整的滤纸,如擦眼镜用的纸或有一定强度的面巾纸,直径不小于 5.5cm,用蒸馏水润湿。准备一台仪器,记录滤纸上的活度,仪器的选择与辐射类型有关,可用 G-M 管,也可用正比计数器或闪烁探测器,仪器放在低背景区域。

**2. 安全考虑**

表面污染间接测量的安全考虑与直接测量相似。

**3. 方法**

把润湿的滤纸的两个角分别用两手的拇指与食指捏住,边擦边向上向外翻,在污染区内擦出一个 10cm×10cm 的面积,也可用镊子夹着滤纸来操作。滤纸的移动和直接测量一样,如图 9-13 所示,然后把纸拿到低背景环境下进行测量。

**4. 间接测量结果转换成表面污染水平**

如果仪器的探测效率和采样的面积已知,那么滤纸上的污染水平可用式(9-5)求得:

$$R = C \times (100/E_c) \times (1/A) \tag{9-5}$$

式中:$R$——可去除污染水平,$Bq \cdot cm^{-2}$;

$C$——净计数率,cps;

$E_c$——计数仪的效率百分数;

$A$——滤纸面积,$cm^2$。

有了可去除的污染水平,可通过引入滤纸吸附效率求总的污染水平,见公式(9-6):

$$T = R \times (100/E_r) = C(100/E_c)(1/A)(100/E_r) \tag{9-6}$$

式中:$T$——总的表面污染水平,$Bq \cdot cm^{-2}$;

$C$——净计数率,cps;

$E_c$——计数仪的效率百分数;

$A$——滤纸面积,$cm^2$;

$E_r$——滤纸的表面吸附效率百分数。

上式中 $E_r$ 一般比较难求,通常取 10%。

例 9-4 是一个计算可去污水平的例子。

**例 9-4** 实验室某工作场所被污染，用擦拭法求可去除污染水平。滤纸的 $\gamma$ 辐射计数率是 85cps，背景计数率是 10cps，如果擦拭面积 100cm$^2$，计数器的效率 7%，问可去除污染水平和总污染水平各是多少？（滤纸的吸附效率取 10%。）

**解**

$$C=85\text{cps}-10\text{cps}=75\text{cps}$$

$A=100\text{cm}^2, E_c=7\%, E_r=10\%$，根据公式(9-5)得到

$$R=75\times(100/7)\times(1/100)\text{Bq}\cdot\text{cm}^{-2}=10.7\text{Bq}\cdot\text{cm}^{-2}$$

根据方程(9-6)得到

$$T=75\times(100/7)\times(1/100)\times(100/10)\text{Bq}\cdot\text{cm}^{-2}=107\text{Bq}\cdot\text{cm}^{-2}$$

所以，可去除的污染水平是 10.7Bq·cm$^{-2}$，总污染水平 107Bq·cm$^{-2}$。

如果滤纸上的可去污水平是经过某一特定核素校准的探测器测得，那么可去污的水平可用例 9-3 所示方法来求。

**5. 编写调查报告**

测量时，要把仪器参数和测得的数据全部记录下来。测量完毕，写一个详细的测量报告，与剂量率调查报告相类似，内容包括：

(1) 如图 9-11 所示的调查区示意图，标明测量参考点位。

(2) 填写放射性调查表，标出污染位置和污染水平，使用的仪器和需要采取的改进措施意见(见图 9-12)。

**6. 测量结果与标准比较**

通过调查，如果发现存在可去除污染，需要立即采取措施限制其他人员靠近这一区域或进行污染清除。一般，即使是存在低水平的可去除污染也是不可接受的，因为它有可能进入人体内造成伤害。因此要始终保证可去除污染的水平尽可能低。

为了评价可去除污染的危害，需要把测量结果与当地的要求或国家和国际标准进行比对，尽管危险限值以最大 Bq·cm$^{-2}$ 给出，实际上，可去除污染水平常用某一核素表面污染水平的导出限值的分数或倍数表示(见第 8 章内照射危害的防护)。有了导出限值，总剂量就不会超出允许值。引入导出限值后，可以预测污染水平在规定的剂量限值中所占的比例。

**例 9-5** 澳大利亚健康和医学研究机构的标准规定，P-32 的导出限是 100Bq·cm$^{-2}$。实验室日常测量发现 P-32 表面污染接近 25Bq·cm$^{-2}$。问表面污染剂量对年允许有效剂量的贡献是多少？

**解**

按每年 50 个星期，每周工作 5d，每天 8h 计算，每年工作 2000h，1DL 对应的有效剂量是 20mSv。

$$25\div100=0.25\text{DL}$$

由此，在 0.25DL 的水平下，2000h 的有效剂量是 $0.25\times20\text{mSv}=5\text{mSv}$。

很显然，表面污染水平，根据 ALARA 原则还应降低，从例题中我们发现，用导出限值来表示表面污染水平，可以评价内照射危害水平。

**注意**：导出限值并非是一个国际统一的标准，不同国家和地区不一样，通常是基于剂量率和摄入限值(由 ICRP 规定)。有时，是剂量限值和摄入限值的几分之一而不是总限值。

因此，当提到导出限，要知道不同国家或地区对限值的规定，这将有助于根据测得的污染水平正确评价剂量。

**记住**：当提到导出限值时，要求准确理解导出限值的含义，这有助于正确评价由污染产生的剂量。

## 9.6 空气污染测量

当怀疑空气被污染时，应当测量空气污染水平。测量包括采样、测量滤膜的计数率或直接测量空气样品。空气污染以 3 种形式存在(气溶胶、气体、蒸汽)，3 种形式的测量方法有微小的区别。

### 9.6.1 气溶胶采样

采气溶胶样品时，设置一定的气体流量和采样时间，利用泵使空气从滤膜上通过，采集一定时间后，把滤纸拿到低背景区测量，通过计算求出空气的污染水平。

**1. 设备**

气溶胶监测需要以下设备：

(1) 采样器(带泵和流量计)；

(2) 合适的滤膜；

(3) 定时器；

(4) 测量滤膜计数率的探测器。

典型的空气采样器一般包括一个电源或电池供电的气泵(使空气通过滤膜)和一个经过校准的流量计(图 9-14)。

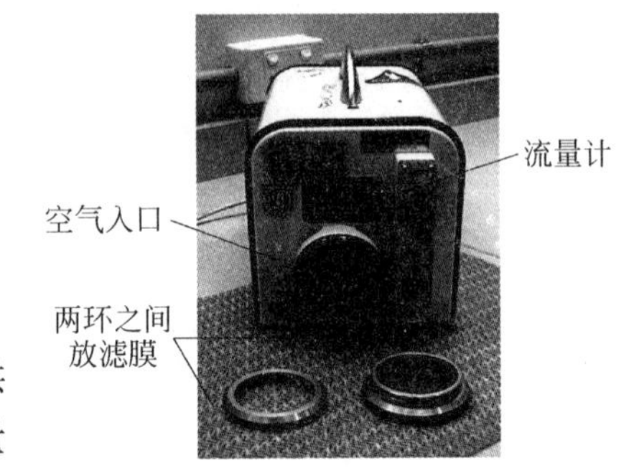


图 9-14　空气尘埃污染测量采样器

通常用玻璃纤维做成的专用滤膜来进行气溶胶污染监测，这些专用滤膜在空气通过时，能把尘埃过滤下来。还可根据需要设计成用来收集特定粒径范围的滤膜。

**切记**：实验室用的普通滤纸不能用作监测空气污染的滤膜。在采样前，确认滤膜是否适合空气采样使用。仪器供应商应当提供这方面的信息。

测量滤膜的仪器取决于待测污染的类型。对于 α 或 β 污染，用 ZnS 闪烁探测器或 G-M 管端窗探测器，以便 α 粒子能穿透。对 γ 污染，探测器用 G-M 探测器、有机或充惰性气体正比计数器或 NaI 闪烁探测器都可以。

**2. 安全考虑**

测量空气污染时，应当配备手套、鞋套、防护服和安全防护眼镜，若空气污染比较严重，还要戴上呼吸面罩。测量完毕，进行自我监测，以检查是否受到表面或空气污染。

**3. 测量方法**

空气气溶胶采样很简单。其原理是空气在泵的压力下通过滤膜，滤膜上就吸附了尘埃，采集一定的时间后，测量滤膜的计数。如果知道气体流量、采样时间和仪器计数效率，就可计算空气污染浓度。

在进行气溶胶污染监测时，一些实用经验应该**记住**：

(1) 要采集到一个具有代表性的样品，建议空气流量控制在 30～60L·min$^{-1}$，采样时间至少 30min，此外，要视污染水平和计数效率确定是否需要延长采样时间。

(2) 如果采样期间流量有变化，要按平均流量来计算。

(3) 空气采样要尽可能靠近工作人员呼吸且不妨碍工作的区域，以便更有代表性。

(4) 注意采样时滤膜上不要吸入松散的灰尘或吸入采样器附近脱落的污染物。

(5) 在空气流通不畅的环境下，有天然的$^{222}$Rn 气体积累，氡子体会引起滤纸计数增高(尤其是采样后很快测量时，氡子体的影响更明显)，因此滤纸应测量 2 次，一次在采样结束后立刻测量，另一次在间隔几小时后，以消除氡子体的影响。

(6) 不要让手套或其他东西污染滤纸，尤其在装卸采样器时。滤膜在转移到计数器过程中要用纸袋、信封和皮特里器皿等包装，以免受其他污染源污染。

(7) 存放滤膜的包装盒应当用棉纱擦干净，在再次使用前，要检查包装盒是否干净。

**4. 污染水平与空气活度浓度的换算**

通过滤膜测得的计数率换算成空气活度浓度的公式见公式(9-7)：

$$A = C(100/E_c)(1/V) \tag{9-7}$$

式中：$A$——空气活度浓度，Bq·m$^{-3}$；

$C$——净计数率，cps(经过扣除背景修正)；

$E_c$——仪器效率，以百分数表示；

$V$——空气采样体积，m$^3$。

**注意**：很多空气流量计的单位是 L·min$^{-1}$，转换关系如下：

$$1\text{L}\cdot\text{min}^{-1} = 10^{-3}\text{m}^3\cdot\text{min}^{-1}$$

总采样体积用公式(9-8)计算：

$$V = (F \times 10^{-3})t \tag{9-8}$$

式中：$V$——采样体积，m$^3$；

$F$——流量，L·min$^{-1}$；

$t$——总采样时间。

例 9-6 是一个具体的例子。

**例 9-6** 抽气 30min，流量为 40L·min$^{-1}$，滤膜上的计数为 40cps，背景 10cps，探测器的效率 10%，那么空气气溶胶的污染水平是多少？

**解**

$$C = 40\text{cps} - 10\text{cps} = 30\text{cps}$$

$E_c = 10\%$，$F = 40\text{L}\cdot\text{min}^{-1}$，$t = 30\text{min}$，由公式(9-8)得到：

$$V = (F \times 10^{-3})t = 40 \times 10^{-3} \times 30\text{m}^3 = 1.2\text{m}^3$$

由公式(9-7)得到

$$A = C(100/E_c)(1/V) = 30 \times (100/10) \times (1/1.2)\text{Bq}\cdot\text{m}^{-3} = 250\text{Bq}\cdot\text{m}^{-3}$$

**5. 编写监测报告**

测量时，要把仪器的参数和测得的空气污染水平全部记录下来，测量完毕，要编写监测报告。监测报告应包括以下几部分内容：

(1) 空气采样位置图(见图 9-11)；

(2) 空气污染调查表，包括位置、污染程度、仪器名称、应采取的改进措施(见图 9-15)。

空气污染调查表

位置：__________日期：______时间：______

气溶胶、气体或蒸汽测量结果*

* 删掉无关的项目

| 测量点 | 取样时间/min | 流量/$(L \cdot min^{-1})$ | 原始测量计数率/cps | | | 氡子体衰减后的计数率/cps | | | 污染水平/$Bq \cdot m^{-3}$ | | |
|---|---|---|---|---|---|---|---|---|---|---|---|
| | | | α | β | γ | α | β | γ | α | β | γ |
| | | | | | | | | | | | |

结果/评价/建议

| 仪器参数 | | |
|---|---|---|
| 型号 | 序列号 | 校准时间 |
| | | |

技术员签字：__________

日期：______

安全员签字：__________

日期：______

注意事项和采取的措施：

工作区安全员签字：__________日期：______

图 9-15 空气污染调查表

**6. 测量结果与标准比较**

如果测量发现有的区域存在空气污染，应当立即采取措施限制其他人员进入该区。由于空气污染会造成内照射，所以即使是低水平的污染也是不可接受的。因此要确保污染尽可能低！

为了评价空气污染的危害，应将测量结果与当地标准、国家或国际标准进行比较，尽管限值可能用最大 $Bq \cdot m^{-3}$ 表示，实际上，空气污染活度水平常用特定核素的导出空气浓度(DAC)的分数和倍数来表示。与表面污染导出水平一样，DAC 值用来评价工作场所的内照射危险。

**例 9-7** 对 P-32，ICRP 的 DAC 推荐值是 $2.875 \times 10^3 Bq \cdot m^{-3}$，(见第 8 章内照射危害

的防护)。在一次对实验室例行测量中发现空气中P-32污染浓度达150Bq·$m^{-3}$,求年有效剂量是多少?

**解**

在1个DAC下工作2000h(按1年50周,每周5d,每天8h),将导致工作人员吸入1个ALI的量,根据ALI的定义,有效剂量为20mSv。

$$150 \div 2.875 \times 10^3 = 0.05\text{DAC}$$

暴露在0.05DAC污染下2000h的有效剂量是0.05×20mSv=1mSv。

### 9.6.2 空气采样

空气样品也可以进行连续测量,抽气泵使气体通过高效过滤器后进入测量室。然后把测量室密封,测量其放射性。

**1. 仪器设备**

(1) 气体腔室;

(2) 抽气泵;

(3) 合适的滤膜;

(4) 测空气样品计数率的探测器。

对连续监测,还需要:

(1) 气体流量计;

(2) 定时器。

**2. 安全考虑**

空气污染监测的安全措施与气溶胶污染监测类似。

**3. 方法**

抽气泵使空气通过高效过滤器导入气体室,颗粒物被阻挡,只有气态污染物进入腔室,对腔室内空气进行测量(连续监测),也可把腔室的气体密封,然后拿到低背景的地方进行测量(采样监测)。

如果空气中有碘(I)蒸气或氚(H-3)水蒸气,过滤器可能阻挡不了I和H-3。这些蒸气进入腔室并在腔室中冷凝,污染腔室,有效的办法是阻止这类气体进入腔室。这需要向过滤器的供应商了解过滤器的特性。

**注意:**如果空气中有碘蒸气或氚水蒸气,必须确保过滤器能阻止这些蒸气进入腔室。

**4. 将测量结果转换成空气活度浓度**

空气污染的计数转换为活度浓度方法与例9-6所示相似。

**5. 编写调查报告**

测量完毕后,要编写详细的测量报告,报告内容要包括:

(1) 采样位置图(见图9-11)

(2) 详细的空气污染调查表,标出采样位置、污染程度、所用的仪器和必须采取的改进措施(见图9-15)。

**6. 测量结果与规定的比较**

与当地的标准或国家、国际标准进行比较,以确保工作人员在操作场所内的安全。测量结果比对与气溶胶相似。

### 9.6.3 蒸气采样

在核设施场所，通常监测的两类蒸气是氚(H-3)和放射碘(一般是 I-131)。核素 H-3 和核素 I-131 的测量方法不同，但都包括用合适的捕集材料从空气中收集蒸气，然后测量捕集材料的污染水平。从空气中捕集 H-3 和 I-131 所用的捕集材料也不同，吸附 I-131 的材料有活性炭，收集核素 H-3 用蒸馏水。

**1. 设备**

测量放射碘所需的设备，除了增加活性炭过滤器以外，其余与气溶胶、气体采样类似：

(1) 带泵和流量计的空气采样器；

(2) 合适的颗粒预过滤器，用来滤掉空气中的颗粒物；

(3) 活性炭过滤器用来捕集放射碘；

(4) 定时器；

(5) 能够测量活性炭过滤器计数率的探测器。

测 H-3 时，要用到鼓泡技术，使空气通过一个玻璃瓶，瓶内装蒸馏水(作为捕集剂)，空气流量已知，测 H-3 需要以下装置：

(1) 泵；

(2) 空气流量计；

(3) 玻璃瓶，内有捕集 H-3 的蒸馏水；

(4) 计时器；

(5) 闪烁法测量 H-3 计数率的仪器。

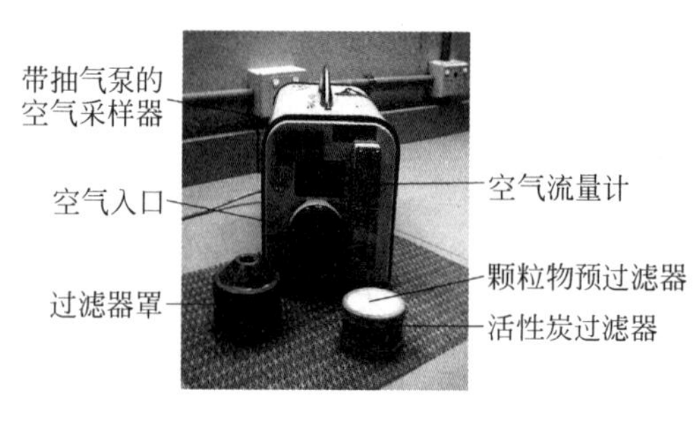


图 9-16 监测放射性碘的装置

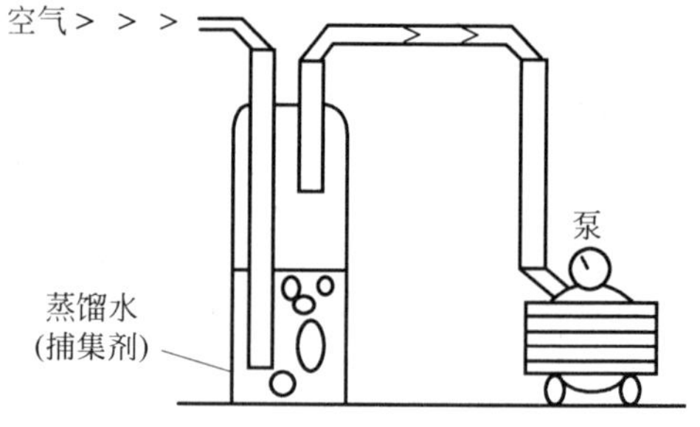


图 9-17 测 H-3 使用的鼓泡法采样器示意图

**2. 安全措施**

测量蒸气的安全措施与测量气溶胶污染类似。

**3. 方法**

放射碘监测方法与尘埃污染监测方法类似。不同的是在活性炭吸附器前要加一个尘埃预过滤滤膜，以确保活性炭不被尘埃污染。

**切记**：活性炭过滤器要测量两次，一次在采样后立即测量，另一次在几小时后，目的是等氡子体衰变完毕。

测 H-3 时，含 H-3 气体从蒸馏水的底部通过，流量 10L·min$^{-1}$。在采样结束后，采集水样用液闪仪测量 H-3 的活度浓度。**注意**：为了使捕集系统能捕集空气中全部的 H-3，可以用 2～3 个捕集瓶串起来，然后对每一个捕集瓶内的样品分别测量，这样能发现需要多少个捕集瓶可以确保捕集所有的 H-3。还要考虑气体流量，如果加大气体流量，就需要更多捕集瓶。

**4. 空气活度浓度水平与计数率的转换**

对放射性碘和 H-3，计算其活度的方法同例 9-6。

**5. 编写调查报告**

测量完毕后，要编写详细的测量报告，报告内容要包括：

(1) 采样位置图(见图 9-11)。

(2) 详细的空气污染调查表，标出采样的位置、污染程度、所用的仪器和必须采取的改进措施(见图 9-15)。

**6. 将测量结果与法规标准比较**

与当地的标准或国家、国际标准进行比较，以确保工作人员在操作场所内的安全。测量结果比对与气溶胶相似。

# 第 10 章

# 个人剂量测量

## 10.1 辐射及剂量测量

在辐射防护中，一方面为了确定照射引起的潜在危害，需要对辐射场进行测量。另一方面，为了研究辐射引起的剂量效应，需要对辐射剂量进行测量。国际辐射单位和测量委员会(ICRU)专门负责制定准确的定义和换算因子并推广使用，使上述不同概念有准确一致的解释。

### 10.1.1 辐射量

辐射量是描述辐射场(射线和粒子)以及由此产生的电离的量。

**1. 能量**

能量的单位是焦(J)。焦是一个比较大的单位，在辐射防护中不常用。常用的单位是电子伏[特](eV)。产生电离辐射的射线能量用电子伏[特](eV)来表示，1eV 相当于一个电子在真空中被电压为 1V 的电场加速获得的能量。eV 与 J 的关系可表示为：

$$1\text{eV}=1.6\times10^{-19}\text{J}$$

eV 是一个非常小的能量单位，因此，在实践中常用 keV($10^3$eV)或 MeV($10^6$eV)表示辐射的能量。

**2. 注量(*Φ*)和注量率**

任何类型射线组成的辐射场都可以用注量进行描述，注量是指穿过单位面积上的粒子或光子数，用符号 $\Phi$ 表示，单位：$m^{-2}$。注量率是指在单位时间内通过单位面积的粒子数，常用 $m^{-2}\cdot s^{-1}$表示。

**3. 照射量(*X*)**

照射量是描述 X 射线和 γ 射线辐射场的量。X 射线和 γ 射线是不带电的粒子，它们在空气中电离产生的粒子数，即照射量(用符号 $X$ 表示)。照射量的专用单位最初定义为伦琴(R)，以发现 X 射线的伦琴命名。照射量的国际单位制 (International System of Units，SI)为 $C\cdot kg^{-1}$，R 与 $C\cdot kg^{-1}$的关系如下：

$$1\text{R}=2.58\times10^{-4}\text{C}\cdot\text{kg}^{-1}\text{(在空气中)}$$

伦琴在辐射防护中已不作为标准单位使用。但是习惯上有很多仪器仍然沿用伦琴(R)

或伦琴每[小]时($R \cdot h^{-1}$)表示。ICRU 的 39、43 和 47 号报告给出了伦琴(R)和 SI 制单位之间的转换关系(假设 X 射线和 γ 射线的能量已知)。

**4. 比释动能($K$)**

照射量的测量比较困难,1962 年 ICRU 首次提出比释动能的概念。比释动能(Kerma)是指不带电的粒子,如 X 射线、γ 射线或中子在单位质量的吸收介质中释放出的动能,基本上用不带电的电离粒子(如光子和中子)在吸收介质内释出的带电电离粒子的动能来表示。当吸收介质为空气时,即是空气的比释动能。比释动能的单位是焦每千克($J \cdot kg^{-1}$),专用单位是戈[瑞](Gy)。

$$1Gy=1J \cdot kg^{-1}$$

当 X 射线和 γ 射线的能量小于 1MeV 时,对于照射量和空气比释动能而言,X 射线和 γ 射线与空气的相互作用效果基本相同。当 X 射线和 γ 射线的能量超 1MeV,射线与空气的相互作用效果就不同了。例如 Co-60 发射出两个能量不同的 γ 射线,分别为 1.173MeV 和 1.333MeV,在空气中产生的比释动能要比照射量高 0.3%。

**5. 辐射量总结**

辐射量总结见表 10-1。

**表 10-1 辐射量的总结**

| 量 | 符号 | 单位 | 单位 | 换算关系 |
|---|---|---|---|---|
| 能量 | | J | eV | $1eV=1.6\times10^{-19}J$ |
| 注量 | $\Phi$ | $m^{-2}$ | | |
| 照射量 | $X$ | $C \cdot kg^{-1}$ | | $1R=2.58\times10^{-4}C \cdot kg^{-1}$ |
| 比释动能 | $K$ | $J \cdot kg^{-1}$ | Gy | $1Gy=1J \cdot kg^{-1}$ |

## 10.1.2 剂量

剂量是一个非常笼统的术语,用来描述辐射穿过物质时的能量沉积。剂量的使用常常不严格,其意义依赖于上下文,可能指吸收剂量、剂量当量、有效剂量或平均照射量或比释动能,视上下文而定。下面介绍在辐射防护中所用的基本剂量学量。

**1. 吸收剂量($D$)**

吸收剂量是指任何类型的辐射在任何介质中的能量沉积(也称能量传递,能量转移)。吸收剂量用符号 $D$ 表示,$D_{T,R}$表示 R 类型辐射在肌肉或器官 T 中被吸收的剂量,例如 $D_{Lung,\alpha}$ 即是指 α 辐射在肺中的吸收剂量。吸收剂量的 SI 制单位与比释动能的单位一样,也是用 $J \cdot kg^{-1}$ 表示,专用单位为戈[瑞](Gy)。提到吸收剂量时,指出在某种类型介质中的能量沉积非常重要,例如水的吸收剂量为 1.3mGy。吸收剂量曾以拉德(rad)为单位,1Gy=100rad。

**记住:** 1Gy=100rad

1mrad=10μGy

在辐射防护中,经常遇到剂量和剂量率单位的转换。例 10-1 说明了吸收剂量单位如何进行转换。

**例 10-1** 将下列吸收剂量和剂量率进行单位转换:

(1) 0.4mrad= ? Gy

(2) $7.5\mu Gy \cdot h^{-1} = \ ? \ rad \cdot h^{-1}$

**解**

(1) $1mrad = 10\mu Gy$

因此

$$0.4mrad = 4\mu Gy = 4\times10^{-6}Gy$$

(2) $1Gy \cdot h^{-1} = 100rad \cdot h^{-1}$

或者

$$1\mu Gy \cdot h^{-1} = 0.1mrad \cdot h^{-1}$$

因此

$$7.5\mu Gy \cdot h^{-1} = 7.5\times0.1mrad \cdot h^{-1} = 7.5\times10^{-4}rad \cdot h^{-1} = 0.75mrad \cdot h^{-1}$$

**2. 剂量当量($H$)**

吸收剂量是指能量在吸收介质中沉积了多少,但是没有说明对组织造成的危害有多大,也不能说明潜在的危害水平。例如某组织的吸收剂量为 0.5Gy,如果能量沉积是由 α 辐射或中子辐射所产生的,那么其产生的危害水平比 γ 照射要大得多。因此,又提出剂量当量的概念。剂量当量是用来表征特定类型的照射对器官或组织产生的生物效应。剂量当量的计算是通过组织或器官的吸收剂量(Gy)乘以一个无量纲因子,称为辐射权重因子($w_R$)算出来的。ICRP 60 推荐的辐射权重因子如表 10-2 中所示。

**表 10-2 辐射权重因子**

| 辐射类型及能量范围 | 辐射权重因子 $w_R$ |
|---|---|
| α 粒子,所有能量 | 20 |
| β 粒子,所有能量 | 1 |
| γ 和 X 射线,所有能量 | 1 |
| 中子: | |
| <10keV | 5 |
| 10~100keV | 10 |
| >100keV~2MeV | 20 |
| >2~20MeV | 10 |
| >20MeV | 5 |

对于特定类型的辐射和特定器官或组织之间的相互作用,剂量当量 $H_{TR}$ 的定义如公式(10-1):

$$H_{TR} = D_{TR} \times w_R \tag{10-1}$$

式中:$H_{TR}$——辐射 R 在器官或组织 T 内产生的剂量当量;

$D_{TR}$——辐射 R 在器官或组织 T 内产生的平均吸收剂量;

$w_R$——辐射 R 的辐射权重因子。

剂量当量的单位同样是 $J \cdot kg^{-1}$,专用单位为希[沃特](Sv),注意和吸收剂量戈[瑞](Gy)的区别。

$$1Sv = 1J \cdot kg^{-1}$$

例 10-2 说明了如何通过吸收剂量计算剂量当量。

**例 10-2**

(1) 将某一器官或组织中的吸收剂量转换成剂量当量：

① α粒子产生的 2mGy 的吸收剂量；

② β粒子产生的 2mGy 的吸收剂量；

③ γ粒子产生的 2mGy 的吸收剂量。

(2) 上述辐射类型，谁对器官或组织产生的危害最大？

**解**

(1) ① $D_{T\alpha}=2\text{mGy}$，从表 10-2 可知，$w_\alpha=20$

根据公式(10-1)，$H_{T\alpha}=D_{T\alpha}\times w_\alpha=2\times20=40\text{mSv}$

因此，吸收剂量为 2mGy 的α粒子在某一器官或组织中产生的剂量当量为 40mSv。

② $D_{T\beta}=2\text{mGy}$，从表 10-2 可知，$w_\beta=1$

根据公式(10-1)，$H_{T\beta}=D_{T\beta}\times w_\beta=2\times1=2\text{mSv}$

因此，吸收剂量为 2mGy 的β粒子在某一器官或组织中产生的剂量当量为 2mSv。

③ $D_{T\gamma}=2\text{mGy}$，从表 10-2 可知，$w_\gamma=1$

根据公式(10-1)，$H_{T\gamma}=D_{T\gamma}\times w_\gamma=2\times1=2\text{mSv}$

因此，吸收剂量为 2mGy 的γ粒子在某一器官或组织中产生的剂量当量为 2mSv。

(2) 综上所述，α粒子对器官或组织产生的危害最大。

如果某个器官受到不同类型的混合照射，为确定总的剂量当量，必须把吸收剂量细分为几个组，每组的吸收剂量乘以各自的 $w_R$ 值，然后求和，即剂量当量 $H_T$ 为：

$$H_T=\sum_R(D_{TR}\times w_R) \tag{10-2}$$

式中：$H_T$——所有类型辐射在器官或组织 T 中产生的总剂量当量；

$\sum_R$——对各类型辐射求和；

$D_{TR}$——R 类型辐射在器官或组织 T 中产生的吸收剂量；

$w_R$——R 类型辐射的辐射权重因子。

例 10-3 显示如何计算不同类型的辐射对特定器官或组织产生的剂量当量。

**例 10-3** 某一器官或组织受到 2mGy 的α粒子、2mGy 的β粒子以及 2mGy 的γ粒子照射。产生的总剂量当量是多少？

**解**

从例 10-2 知道：

$$D_{T\alpha}\times w_\alpha=40\text{mSv}$$
$$D_{T\beta}\times w_\beta=2\text{mSv}$$
$$D_{T\gamma}\times w_\gamma=2\text{mSv}$$

根据公式(10-2)：

$$\begin{aligned}H_T&=\sum_R(D_{TR}\times w_R)=D_{T\alpha}\times w_\alpha+D_{T\beta}\times w_\beta+D_{T\gamma}\times w_\gamma\\&=40+2+2=44\text{mSv}\end{aligned}$$

因此，一个特定的器官或组织受到 2mGy 的α粒子、2mGy 的β粒子以及 2mGy 的γ粒子照射，产生的总剂量当量为 44mSv。

**注意**：剂量当量曾以雷姆(rem)为单位，1Sv=100rem。

**记住**：1Sv=100rem 或者 1mrem=10μSv。

例 10-4 说明了如何在新旧单位之间进行换算。

**例 10-4** 将下列剂量当量或剂量当量率在新旧单位之间进行换算：

(1) 0.25mrem 转换成 Sv；

(2) 0.3mSv·$h^{-1}$转换成 rem·$h^{-1}$。

**解**

(1) 1mrem=10μSv

$$0.25\text{mrem}=0.25\times10\mu\text{Sv}=2.5\mu\text{Sv}$$

因此，0.25mrem 等于 2.5μSv 或 $2.5\times10^{-6}$Sv。

(2) 1mSv·$h^{-1}$=100mrem·$h^{-1}$

$$0.3\text{mSv}\cdot\text{h}^{-1}=0.3\times100\text{mrem}\cdot\text{h}^{-1}=30\text{mrem}\cdot\text{h}^{-1}=0.03\text{rem}\cdot\text{h}^{-1}$$

因此，0.3mSv·$h^{-1}$等于 30mrem·$h^{-1}$或者 0.03rem·$h^{-1}$。

**3. 有效剂量($E$)**

同一个生物体，有的组织或器官比其他组织或器官对辐射更加敏感，因此，当受到相同剂量当量的照射时，对敏感的器官而言，产生的危险可能大于不敏感的器官。国际放射防护委员会(ICRP)对人体各器官推荐了组织权重系数，以下称组织权重因子。用这些无量纲因子来考虑不同器官或组织对辐射的不同敏感性。表 10-3 给出了 ICRP 第 60 号出版物推荐的组织权重因子。

**表 10-3 组织权重因子**

| 组 织 | 组织权重因子/$w_T$ | 组 织 | 组织权重因子/$w_T$ |
|---|---|---|---|
| 性腺 | 0.20 | 肝 | 0.05 |
| (红)骨髓 | 0.12 | 食道 | 0.05 |
| 结肠 | 0.12 | 甲状腺 | 0.05 |
| 肺 | 0.12 | 皮肤 | 0.01 |
| 胃 | 0.12 | 骨表面 | 0.01 |
| 膀胱 | 0.05 | 其余组织或器官 | 0.05 |
| 乳腺 | 0.05 | | |

如公式(10-3)所示，器官或组织的有效剂量($E$)等于剂量当量乘以相应的组织权重因子：

$$E_T = H_T \times w_T \tag{10-3}$$

式中：$E_T$——器官或组织 T 的有效剂量；

$H_T$——器官或组织 T 的剂量当量；

$w_T$——器官或组织 T 的组织权重因子。

由于组织权重因子无量纲，因此有效剂量的单位和剂量当量的单位相同(即 Sv 或 rem)，单位之间转换的关系也相同。例 10-5 说明了如何通过剂量当量计算不同器官的有效剂量。

**例 10-5**

(1) 计算 5mSv 的剂量当量在下列器官和组织中产生的有效剂量：

① 皮肤；

② 甲状腺；

③ 肺；

④ 性腺。

(2) 在此剂量当量下，对哪个器官或组织造成的危害最大？

**解**

(1) ① $H_{皮肤}=5\text{mSv}$，从表 10-3 可知，$w_{皮肤}=0.01$，根据公式(10-3)：

$$E_{皮肤}=H_{皮肤}\times w_{皮肤}=5\text{mSv}\times 0.01=0.05\text{mSv}$$

因此，在皮肤中产生的有效剂量为 0.05mSv。

② $H_{甲状腺}=5\text{mSv}$，从表 10-3 可知，$w_{甲状腺}=0.05$，根据公式(10-3)：

$$E_{甲状腺}=H_{甲状腺}\times w_{甲状腺}=5\text{mSv}\times 0.05=0.25\text{mSv}$$

因此，5mSv 的剂量当量在甲状腺中的有效剂量为 0.25mSv。

③ $H_{肺}=5\text{mSv}$，从表 10-3 可知，$w_{肺}=0.12$，根据公式(10-3)：

$$E_{肺}=H_{肺}\times w_{肺}=5\text{mSv}\times 0.12=0.6\text{mSv}$$

因此，5mSv 的剂量当量对肺产生的有效剂量为 0.6mSv。

④ $H_{性腺}=5\text{mSv}$，从表 10-3 可知，$w_{性腺}=0.20$，根据公式(10-3)：

$$E_{性腺}=H_{性腺}\times w_{性腺}=5\text{mSv}\times 0.20=1\text{mSv}$$

因此，5mSv 的剂量当量对性腺产生的有效剂量为 1mSv。

(2) 从上面的计算看到，性腺受到的有效剂量最大，因此受到的危害也最大。

计算所有受照器官的总有效剂量，是对这些器官和组织的剂量当量分别乘以相应的组织权重因子，再求和(见公式(10-4))：

$$E=\sum_{T}(H_T\times w_T) \tag{10-4}$$

式中：$E$——所有受照器官和组织的总有效剂量；

$\sum_{T}$—— 求和；

$H_T$——器官或组织 T 的剂量当量；

$w_T$——器官或组织 T 的组织权重因子。

**注意**：辐射防护中，知道整个身体受到的有效剂量是最有用的。因为在大多数工作环境中，整个身体的有效剂量比单个器官或组织更接近剂量限值。

假设整个身体只受到一种类型的辐射，总有效剂量的计算有两种方法：一种方法是对每个器官组织的有效剂量求和；更简单的一种方法是把整个身体的组织权重因子取1(参见例 10-6)。

**例 10-6**　对整个身体进行剂量当量为 5mSv 的照射，产生的总有效剂量多少？

**解**

根据公式(10-4)：

$$\begin{aligned}E=\sum_{T}(H_T\times w_T)&=(5\times w_{性腺})+(5\times w_{(红)骨髓})+(5\times w_{结肠})+(5\times w_{肺})\\&+(5\times w_{胃})+(5\times w_{膀胱})+(5\times w_{乳腺})+(5\times w_{肝})+(5\times w_{食道})\\&+(5\times w_{甲状腺})+(5\times w_{皮肤})+(5\times w_{骨表面})+(5\times w_{其他})\end{aligned}$$

$=5\times(0.2+0.12+0.12+0.12+0.12+0.05+0.05+0.05+0.05$
$+0.05+0.01+0.01+0.05)$
$=5\times1=5\text{mSv}$

除此之外，根据公式(10-3)：

$$E_{全身}=H_{全身}\times w_{全身}=5\times1=5\text{mSv}$$

因此，对整个身体进行剂量当量为 5mSv 的照射，产生的总有效剂量为 5mSv。

**4. 待积剂量**

到目前为止，所讨论的量都是来自于体外辐射源的照射。从第 8 章内照射危害防护中知道，假如放射性物质被摄入体内，那么身体会持续受到照射直到放射性活度衰变完或被排出体外。应该记住一旦放射性物质进入体内，它或许在整个体内分布或富集在特定的器官中。摄入放射性物质引起的剂量称为待积剂量。

待积剂量的定义：放射性物质摄入体内后在 50 年内产生的累积剂量(对儿童而言，定义为到 70 岁时的累积剂量)。待积剂量可以指待积吸收剂量、待积剂量当量或待积有效剂量，分别用符号 $D_{(50)}$、$H_{(50)}$ 和 $E_{(50)}$ 表示，其中 50 代表累积时间 50 年。

**5. 剂量学量的总结**

图 10-1 和表 10-4 总结了几个剂量学量及其单位。

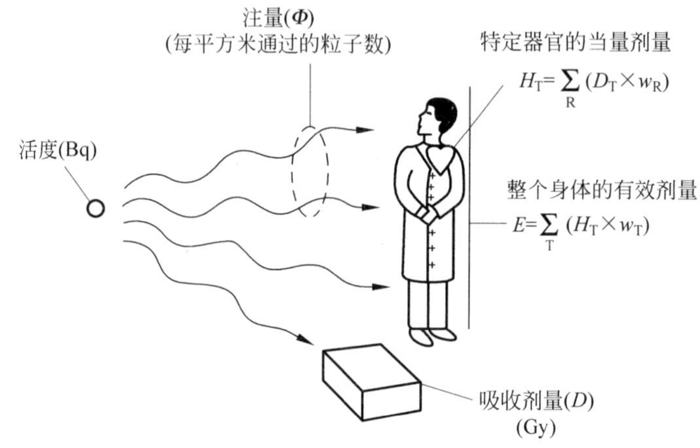


图 10-1 剂量学量的总结

**表 10-4 剂量学量和单位**

| 量 | 符号 | 单位 | 单位名称 | 单位转换 |
|---|---|---|---|---|
| 吸收剂量 | $D$ | $\text{J}\cdot\text{kg}^{-1}$ | 戈[瑞](Gy) | 1Gy=100rad |
| 当量剂量 | $H$ | $\text{J}\cdot\text{kg}^{-1}$ | 希[沃特](Sv) | 1Sv=100rem |
| 有效剂量 | $E$ | $\text{J}\cdot\text{kg}^{-1}$ | 希[沃特](Sv) | 1Sv=100rem |

## 10.2 实用辐射量

由于无法直接测量每种类型辐射对身体每个器官单独产生的能量沉积，因此，当量剂量和有效剂量在实践中是不能直接测量的。为了解决这一问题，ICRU47 号报告推荐了以下几个实用辐射量用于场所监测：

- 周围剂量当量
- 定向剂量当量

对个人监测，推荐：

- 个人剂量当量

ICRU 解释了这些实用辐射量的定义。这些定义比较复杂，不能够完全理解也无需担心。需要记住的是，这些剂量是为了给出一个合理的剂量当量和有效剂量的近似值，从而避免低估或过分高估。

**记住**：实用辐射量提供了一个合理的剂量当量和有效剂量的近似值。

### 10.2.1 场所监测

出于模拟目的，ICRU 参考用直径为 30cm 的组织等效球（即 ICRU 球）代表人体。事实上，测量实用辐射量时并不需要 ICRU 球的存在，仅仅是为了在辐射场中模拟吸收剂量(Sv)的需要。

**1. 周围剂量当量**

在辐射场中某一点的周围剂量当量（$H^*(d)$）定义为相应的辐射场在 ICRU 球深度 $d$(mm)处所产生的剂量当量，周围剂量当量常用来估计强贯穿辐射产生的剂量，一般推荐的深度为 10mm。

在实践中，大多数辐射剂量监测仪器采用这个量进行校准(ICRP 推荐)。这些监测仪器给出的读数是有效剂量合理的近似值。

**2. 定向剂量当量**

在辐射场中某点处的定向剂量当量（$H'(d)$）定义为相应辐射场在 ICRU 球内指定方向上深度 $d$(mm)处产生的剂量当量。定向剂量当量适合于探测包含弱贯穿辐射在内的辐射场，对皮肤 $d$ 取 0.07mm，对眼睛 $d$ 取 3mm。实践中，用这个量进行校正的辐射探测仪器提供了表层组织的剂量当量。

### 10.2.2 个人剂量监测

在第 9 章中已经讨论了辐射探测仪器的使用。在本节中将更多地关注个人剂量的探测方法。通常称为个人剂量测量，并且定义了一个实用的操作量，即个人剂量当量。

**1. 个人剂量当量**

个人剂量当量（$H_p(d)$）定义为在身体深度 $d$(mm)处某一指定点软组织的剂量当量。根据事故照射的类型，在弱贯穿辐射中对皮肤 $d$ 取 0.07mm，对眼睛 $d$ 取 3mm；对整个身体暴露在强贯穿性辐射中 $d$ 取 10mm（参见图 10-2）。

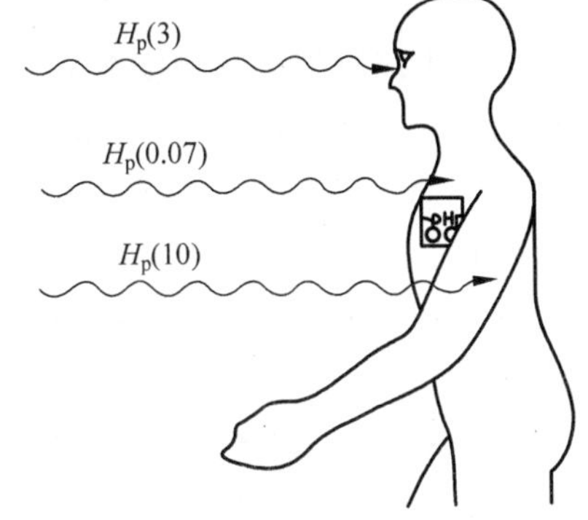

图 10-2 个人剂量当量测量的定义深度

实践中在人体表面某一部位配备适当厚度的组织等效材料，并在身体表面放置探测器以此来测定 $H_p(10)$和 $H_p(0.07)$这两个量。这种测量方法将在 10.4.2 节中进一步介绍。

### 10.2.3 实用辐射量限值

从第 6 章辐射防护原则中已经知道，ICRP60 定义的职业剂量限值是以剂量当量和有效剂量给出的。事实上，这些量不能实际测量。可直接测量的是操作量，可以认为是剂量当量和有效剂量的合理近似值，因此，将操作量限值和理论量限值作为职业剂量限值对待(参见表 10-5)。

表 10-5 ICRP 60 推荐的剂量限值

| 理论量 | 实 用 量 | 年职业剂量限值 |
|---|---|---|
| 有效剂量 | 整个身体的个人剂量当量 $H_p(10)$ | 每年 20mSv<br>(5 年期间的平均值) |
| 剂量当量 | 个人剂量当量： | |
| 眼晶体 | 眼晶体的 $H_p(3)$ | 150mSv |
| 皮肤 | 皮肤的 $H_p(0.07)$ | 500mSv |

## 10.3 个人剂量测量

IAEA 基本安全标准(BSS)推荐在合理、可行和尽可能的条件下，在控制区的每个工作人员都应该进行个人剂量监测。如果做不到，应该根据工作场所探测的结果、工作人员受照位置和持续时间来评估工作人员受到的照射。场所探测在第 9 章辐射探测仪器的使用中已经详细讨论过了，本章将介绍如何确定个人的受照剂量。个人剂量测量分为两类：

(1) 外照射剂量测量(即来自身体外的辐射源产生的剂量的测量)；

(2) 内照射剂量测量(即来自体内辐射源产生的剂量的测量)。

外照射剂量测量方法在 10.4 节中介绍，内照射剂量测量方法在 10.5 节中介绍。

## 10.4 外照射剂量测量方法

外照射剂量的测量方法有两种：主动式探测和被动式探测。

### 10.4.1 主动式探测

主动式探测是指利用受到辐射时能自动作出响应的仪器和设备，并立即给出个人剂量当量($H_p(10)$)结果的探测。主动式探测使用的剂量计通常称电子剂量计，由 G-M 管或半导体探测器(探测 X 射线和 $\gamma$ 射线)、附属电路、显示屏和电池组成(参见图 10-3)。

图 10-3 电子剂量计

电子剂量计价格便宜，体积比较大，易于操作，可重复使用。

一些多功能的仪器不仅可以给出剂量率，而且还可以给出累积剂量。这种仪器在高剂量率或辐射情况未知的场所，对外照射剂量探测非常有用。电子剂量计除能实时显示剂量信息外，还可以把信息储存下来以便日后转到专门的软件系统储存，也便于与被动式剂量计的结果对比。

石英纤维验电器(QFE)是一种主动式剂量计。这种类型的剂量计逐渐被电子剂量计取代，在某些场合偶尔见到。QFE包括一个小体积的电离室，入射辐射产生的电荷使石英纤维带电，发生弯曲，弯曲程度与剂量大小成正比，在目镜上观测经过校正后的弯曲程度来判定剂量大小(参见图10-4)。这种类型的剂量计最大的缺点是，如果不小心掉在地上或使用不当很容易损坏。优点是易于重新设置，可重复使用。

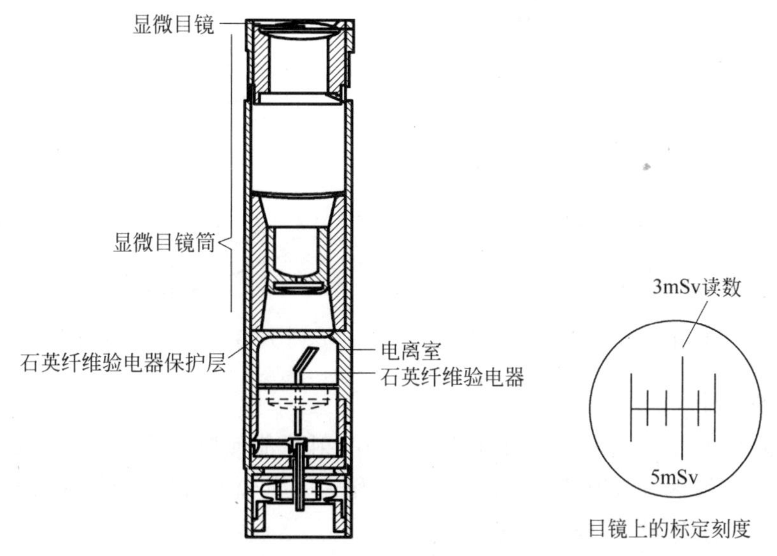


图10-4 石英纤维验电器

对于中子剂量测定，有一种主动式鼓泡剂量计。鼓泡剂量计包含悬浮在凝胶材料中的液体微珠，入射中子将能量传递给液体后，液体微珠沸腾变成气泡，这些气泡用肉眼可以看得见，数量与中子剂量成正比，通过观测气泡数量的多少来确定中子剂量的大小(参见图10-5)。

中子剂量大小与产生气泡的浓度成正比，在剂量计重新设置之前气泡的浓度是固定的。需要提醒的是，这种剂量计易碎，使用要小心。

主动式剂量计通常体积较小，可以佩戴在胸前的衣服上(参见图10-6)。需要时也可以佩戴在手腕或衣领上。在很多工作场所，需要同时佩戴被动式剂量计和主动式剂量计，以提供及时的剂量估计和更为精确的剂量信息。

### 10.4.2 被动式探测

被动式探测是指剂量计储存个人剂量信息后，从佩戴者身上取走，经过测量后获得个人剂量结果。这意味着这种剂量计不能在现场立即给出剂量或剂量率，但是这种剂量计携带的信息可以一直保存下来，直到获取相关信息。

被动式剂量计的一个优点是能够以稳定的方式记录剂量信息，信息不容易丢失。另一个优点就是被动式剂量计可以测量个人剂量当量的 $H_p(10)$(全身)、$H_p(0.07)$(皮肤)和

$H_p(3)$（眼睛）。而主动式剂量计一般只能测量 $H_p(10)$。一些被动式剂量计的例子包括：

- 用于个人剂量测量的胶片剂量计；
- 测量个人和环境剂量的热释光剂量计（TLD）；
- 用于中子剂量测量的核乳胶或径迹蚀刻剂量计。

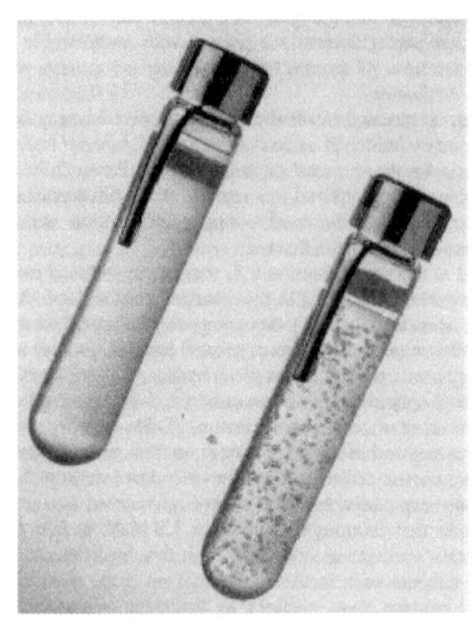

图 10-5　中子照射前（左）后（右）的鼓泡剂量计

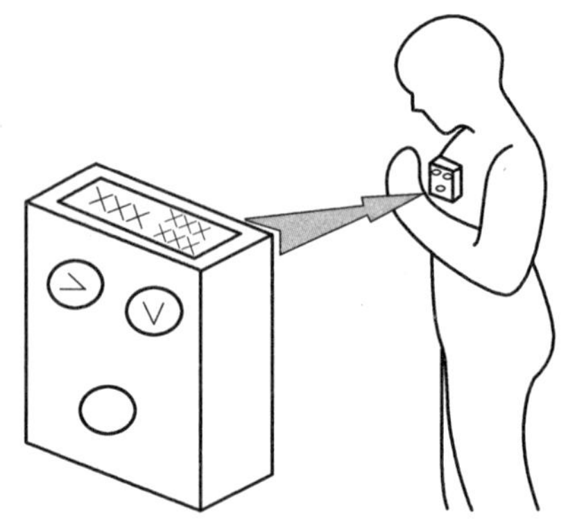

图 10-6　主动式剂量计的正确佩戴位置

**1. 胶片剂量计**

胶片剂量计（常见的电影胶片）指用照相胶片，射线能使胶片感光。在容器盒上安装有不同的过滤片，能够区别 β 射线、X 射线、γ 射线和热中子辐射，同时能够测量个人剂量当量的 $H_p(10)$、$H_p(0.07)$ 和 $H_p(3)$（参见图 10-7）。

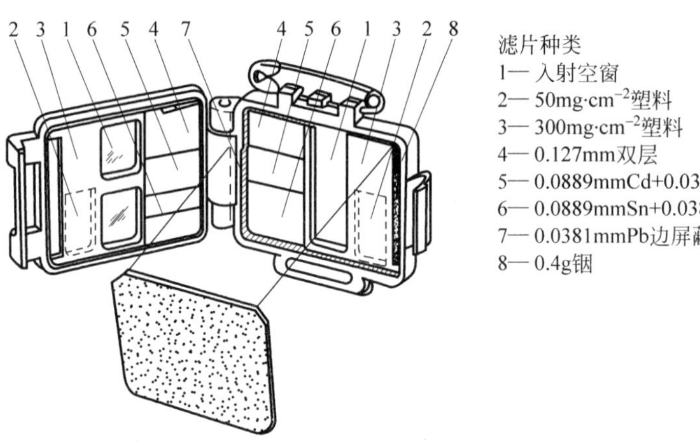


图 10-7　标准的胶片剂量计

辐照后，对测量胶片发黑的程度（光学密度），与事先刻度好的被已知剂量照射过的胶片对比，可以确定佩带者所受到的总剂量，同时还可以确定总剂量中每种类型辐射占的比例。胶片剂量计可探测 $H_p(10)$、$H_p(0.07)$ 和 $H_p(3)$，表 10-6 列出了胶片的类型和使用范围。

表 10-6 标准胶片剂量计过滤片及其应用

| 滤片 | 材料 | 应用 |
|---|---|---|
| 1 | 空窗 | 允许β粒子和低能X射线进入 |
| 2 | 塑料（$50mg \cdot cm^{-2}$） | 对γ射线和X射线的剂量和能量进行定量 |
| 3 | 塑料（$300mg \cdot cm^{-2}$） | 对γ射线和X射线的剂量和能量进行定量 |
| 4 | 双层(0.127mm) | 对γ射线和X射线的剂量和能量进行定量 |
| 6 | 锡+铅(0.127mm 0.0381mm) | 对γ射线和X射线的剂量和能量进行定量 |
| 5 | 镉+铅(0.127mm 0.0381mm) | 探测γ射线被镉捕获后所产生的慢中子照射 |
| 7 | 铅(0.0381mm) | 边缘屏蔽以防止由于定向的事故照射导致的胶片变黑部分的重叠 |
| 8 | 铟(0.4g) | 探测重大中子照射事故 |

胶片剂量计尤其适合于个人剂量测量，能同时确定照射的类型和能量。除此之外，如果胶片异常变黑还能确定容器盒的表面污染。另一个优点是可以作为个人剂量的记录而永久保存，假如以后需要，还可以拿出来对数据重新进行评估。

胶片剂量计的缺点是易受光和热的影响。在测量时需要暗室和有关的化学药剂，人工操作很多。另一个主要缺点是，胶片不能重复使用，尽管价格低廉，但是供应也是要考虑的问题。

**2. 热释光剂量计**

热释光材料探测电离辐射在第1篇第4章辐射探测方法中已经讨论过了。射线的能量被吸收后，热释光材料中的电子上升到导带，被较高的能级捕获，材料再经特殊的加热过程后，吸收的能量又以光的形式释放出来。释放出的光被转换成与入射剂量相关的电信号，即可获得个人剂量信息。热释光材料已经商业化。锂基热释光剂量计由于其组织等效性好，适合于个人剂量测量，钙基热释光剂量计由于其高灵敏度而更适合于环境测量。最常见的热释光材料如下：

- LiF 掺杂 Mn，用于个人剂量计；
- $Li_2B_4O_7$ 掺杂 Mn，用于高量程剂量计；
- $CaF_2$ 掺杂 Dy，用于环境探测；
- $CaSO_4$ 掺杂 Dy，用于环境探测。

热释光材料有不同的形态（如粉末、热压薄片、小球、浸渍特氟隆的圆盘）。一般的热释光剂量计由一个卡片和容器盒组成，卡片里放置热释光材料，容器盒中有不同厚度和不同材料的过滤片（一般是铜和塑料），用来测量贯穿辐射剂量、皮肤剂量和眼睛剂量。图 10-8 是一种掺杂 Mn 元素的 LiF 热释光剂量计。

图 10-8 掺杂 Mn 的 LiF 热释光剂量计

热释光剂量计的读出器包括加热器，以及将光输出信号转换成电脉冲或其他电信号的电路读出仪器。加热器包括一个电加热盘或电热管、热风或射频辐射加热器。为了降低非电离辐射导致的热释发光，热释光剂量计在读数过程中始终在惰性气体氛围下加热。图 10-9 所示为 TLD6600 自动热释光读出器，可测量 β、γ、X 和热中子以及混合场的辐射剂量，每次可以测量 200 张 TLD 卡。

当热释光材料通过一个专用的加热程序加热后产生光信号。光信号通过光电倍增管放大并转化成电信号(参看第 1 篇第 4 章辐射探测方法)。光电倍增管输出一系列脉冲信号，由数据处理系统对脉冲信号处理后得到测量结果。读出参数包括发光强度与加热时间的曲线，通常称为发光曲线。发光曲线代表了热释光材料、加热程序和温度的信息。图 10-10 是 LiF：Mn 热释光剂量计在照射 1Sv 后的典型发光曲线。

图 10-9　TLD6600 自动热释光读出器

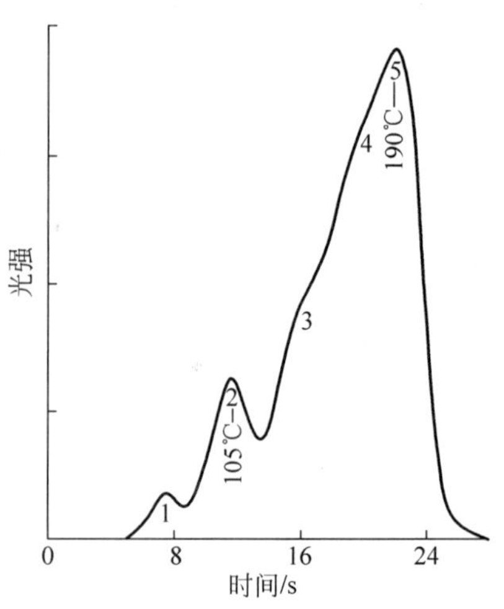


图 10-10　LiF：Mn 热释光剂量计在 1Sv 照射后典型的发光曲线

热释光剂量计经过事前校准后，可以确定佩戴者受到的实际照射剂量。在某些情况下，在采取特殊的措施后，辐射的类型和能量也可以确定。热释光剂量计的优点是体积小(仅需要几毫克的热释光材料)。热释光剂量计非常适合作为肢端剂量计，尤其是在身体的某些部位比别的部位更加频繁地暴露在辐射场中时，佩带热释光剂量计非常方便(参见图 10-11)。热释光剂量计的另一个优点是可以重复使用。

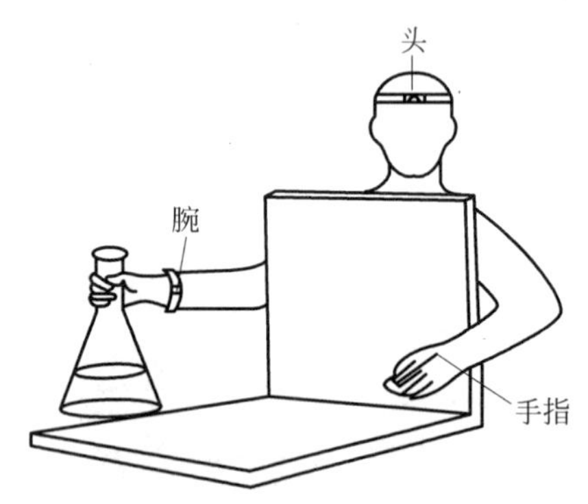


图 10-11　佩带在腕、头和手指上的热释光剂量计

热释光剂量计的主要缺点是，在加热过程中剂量信息只能给出一次，不会在随后的加热中重复提供，而且它们也容易衰退(由于温度或光效应导致剂量信息丢失)。辐照后受热也会损失掉一部分信息，热释光剂量计储藏在闭光的容器内可以减少光效应。测量值不要前长期保存，佩带一定时间及时进行测量。

**3. 被动式中子探测器**

由于中子和组织相互作用的机理复杂以及不同能量中子的辐射权重因子不同，中子剂量测定非常困难。因此，为了确保剂量计测量的准确，事先用一定能量范围的中子源进行校准非常重要。测量中子的方法之一是用中子热释光剂量计 TLD,中子热释光剂量计可以测量所有能量的中子辐射。估计待测中子的能量非常重要,因为从热中子到 20MeV 中子的能量范围内,热释光剂量计实际的响应变化很大。其他类型的中子探测器还有原子核乳胶探测器(原子核乳胶涂在照相胶片上)。入射中子和乳胶的本体相互作用形成反冲质子,反冲质子的径迹被记录下来。当胶片冲洗之后这些径迹清晰可见(参见图 10-12)。计算显微镜下径迹的数目,根据径迹数目和剂量的关系就可以确定中子的剂量。

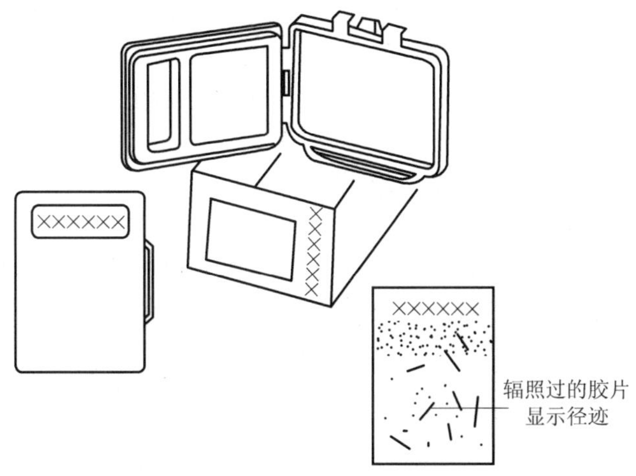


图 10-12　原子核乳胶中子探测器和辐照过的胶片

原子核乳胶探测器的缺点是能量低于 700keV 时灵敏度较差,并且对光和热敏感,易于衰退。另一种更为常用的中子探测器是固体中子径迹探测器(SSTND)。这种类型的探测器由聚丙烯容器盒和一种塑料材料组成(例如 PADC)。如果采用合适的过滤片,还可以探测能量响应相当的热中子和快中子,固体中子径迹探测器的基本原理是:入射中子与容器盒、过滤片发生相互作用产生质子,质子在探测器的表面留下损伤痕迹。探测器经化学蚀刻处理后,径迹成为看得见的孔洞(参见图 10-13)。通过显微镜下计数孔洞的数目,可以确定剂量。

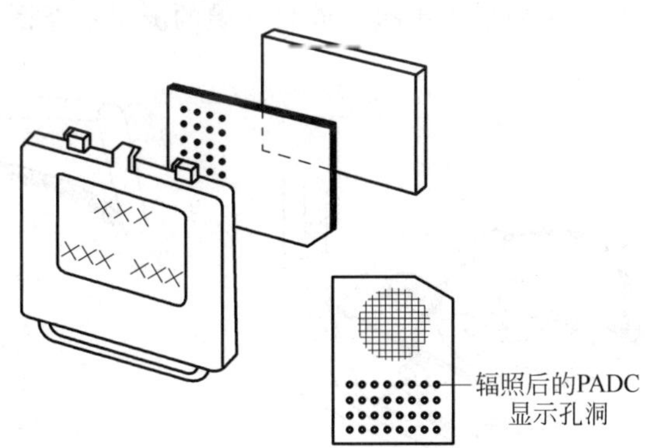


图 10-13　中子径迹探测器以及处理后的 PADC 上产生的径迹孔

固体中子径迹探测器最主要的优点是不存在信号严重衰退问题。可以佩戴 3 个月甚至更长的时间。

### 10.4.3 能量响应和方向响应

当使用主动式探测器和被动式探测器测量个人剂量时，考虑探测器的能量响应范围和方向响应非常重要。正如前面章节已经讲到，一些探测器对不同能量的辐射响应有差异，严格讲，需要探测器在较大的能量范围内保持良好的线性关系。

对于胶片和热释光探测器，过滤片决定了其能量的响应。选择热释光材料(如 LiF)作为个人剂量探测器，正是考虑到了在较大能量范围内，LiF 材料和组织的响应相似。热释光探测器对方向的响应取决于热释光材料的类型、厚度以及剂量计容器盒中的过滤片。如果采用高原子序数的材料，热释光探测器对光子的方向响应变弱。

## 10.5 内照射剂量的测定方法

放射性物质进入体内以后(或为了确认没有摄入放射性核素)，需要对内照射剂量进行评估。内照射剂量评估有如下三种类型的测量方法：

(1) 活体计数；

(2) 生物分析；

(3) 空气取样。

### 10.5.1 活体计数

活体计数是用来探测核素从体内发出的辐射，探测器需要和身体接触或放置在距身体表面尽可能近的位置。有时称为全身或局部身体计数。全身计数器包括半导体或晶体探测器组合，探测来自体内污染产生的 X 射线和 $\gamma$ 射线。探测器工作的时候，人或坐或躺在一个屏蔽室内以减少本底辐射(参见图 10-14)。

从探测的结果可以获得体内各种放射性核素的活度(用 Bq 表示)。从而判断是否摄入放射性核素以及摄入的量级。对于身体局部计数，在距离目标器官尽可能近的位置放置一个较小的探测器来测量。经常需要测量的器官包括肺(测量钚的活度)和甲状腺(测量放射性碘的活度)。图 10-15 展示了甲状腺中摄入放射性碘的测量示意图。

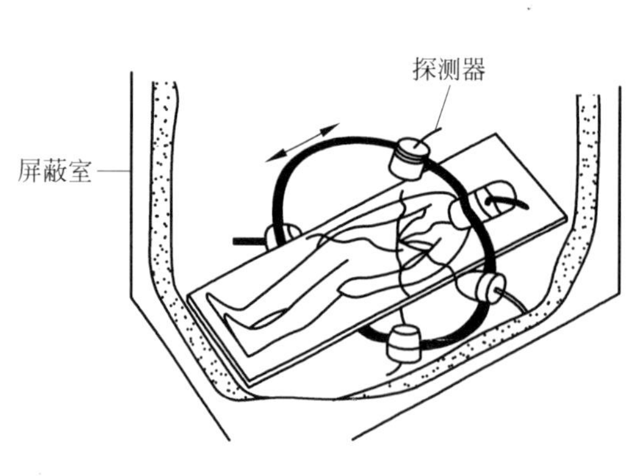

图 10-14 全身计数测量

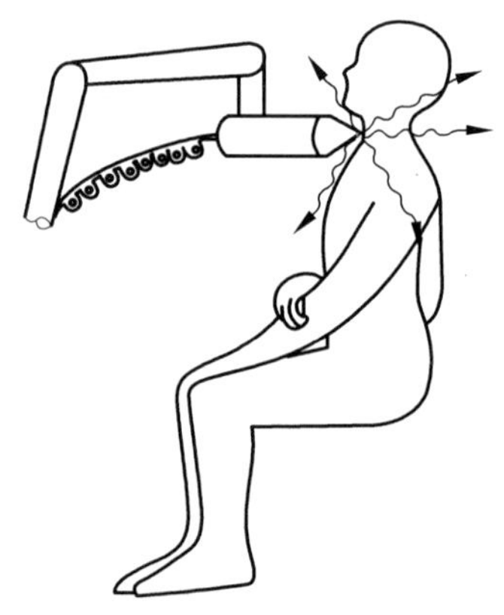
图 10-15 甲状腺计数测量

影响探测效率的最重要因素是探测器的几何形状，决定了待测目标与探测器的定位和被检者的身体部位。为了获得理想的、较低的探测值，可适当延长计数时间，从几分钟到40min，这取决于被检者的舒适性和方便性。仪器校准可通过掺入已知放射性活度的人体模型来进行。校准后的计数，可以评价纯β发射源(如P-32)产生的韧致X辐射。

### 10.5.2　生物取样分析

生物取样分析就是取人体生物学样本进行分析，以评价内照射剂量。最常见的例子就是分析尿液中的氚以及尿和粪便中的钚、铀。液闪和α谱测定法是常用的两种分析方法。其他方法复杂且不太精确，比如，在高剂量(大于50mSv)下分析血液样本中的染色体变异，以及通过鼻子呼出的气体分析吸入的放射性浓度。后两种方法在事故和意外照射分析中用到。

### 10.5.3　空气取样

内照射危害可用空气中的放射性活度水平来衡量，例如测量α核素的浓度，可以评价工作场所的放射性水平。根据个人或集体工作人员的驻留时间，用常规的空气取样结果可以评价个人的剂量。更精确的剂量测定还可以通过个人空气取样器(PAS)获得(见图10-16)。

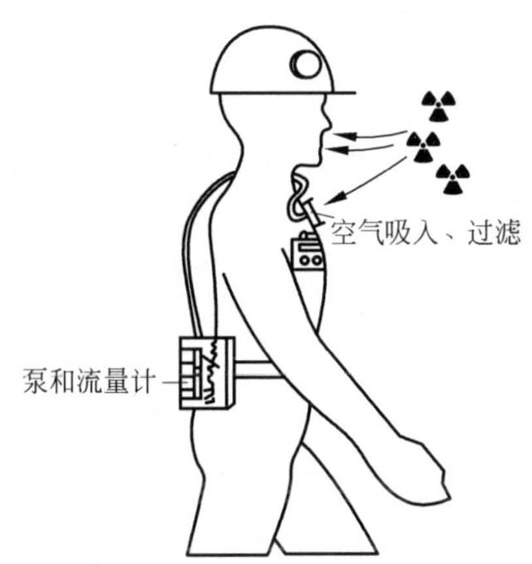


图10-16　工作人员佩戴的个人空气取样器

个人空气取样器由电池驱动的泵通过一个小过滤器来吸取空气。空气取样器佩戴在尽可能接近鼻子和嘴巴的地方，以模拟个人的实际呼吸。工作结束以后评价过滤器的污染，并通过已知的流量来计算放射性浓度(以Bq·$m^{-3}$表示)。注意，滤纸需要测量两次以消除氡子体的干扰。个人空气取样器通常用来评估工作场所中的α粒子。个人空气取样器可以和活体计数配合使用以提高剂量测量的准确性。其他被动式装置(例如径迹蚀刻探测器)可以用来评估空气污染的照射，例如氡子体照射。

### 10.5.4　待积剂量当量的计算

计算待积剂量当量，可以采用ICRP54号报告的模型完成。这些模型描述了放射性核素在体内的行为，目的在于测量体内的放射性活度或已经排出体外的活度。利用这些模型可以评价摄入的放射性活度值，根据剂量转化因子(具体见IAEA基本安全标准BSS)来计算待积剂量当量。

## 10.6 个人剂量监测和结果保存

在辐射防护中为了有效控制受照剂量，个人剂量监测是必要的。工作场所的(分区)要求决定了进入该区要进行剂量监测。除此之外，在规定的和推荐的场所也要进行监测，可能还要包括一种稳定人心的探测(例如，放射性和非放射性工作人员都希望的剂量监测)。

IAEA 的基本安全标准推荐职业受照人员的照射记录，包括了剂量测量服务所提供的所有评估，必须妥善保存。由于剂量测量服务机构可能和其他组织签订有协议，原始测量记录可能保存在其他部门，工作场所可以保存记录的复印件。

分析剂量记录要结合剂量限值和当地的剂量约束值，也可以用个人或集体剂量的变化趋势进行分析。放射性从业人员有权知道自己的测量结果，当工作人员的工作变动时，个人剂量记录随同其本人流动。

第3篇

# 辐射防护管理框架

# 第 11 章

# 电离辐射防护立法与监管

## 11.1 基础框架

辐射防护基础框架(infrastructure)一词是由国际原子能机构(IAEA)1990 年 5 月 7～11 日在德国慕尼黑召开的"辐射防护基础框架国际讨论会"上提出的。辐射防护基础框架是贯彻执行辐射防护法规和标准、达到科学管理的保证。它的内容与形式取决于各国的法制程度和技术发展水平,特别是辐射源应用程度和防护水平。下面结合我国具体情况进行相关内容的介绍。

### 11.1.1 辐射防护内容与基础框架

合理与完善的国家和地方的辐射防护监管机构的基础框架,是一个国家和地方政府所属地区核技术利用方面的辐射安全工作良莠的重要保证。它的合理性要与其所要管理的核技术利用的规模和类型相适应,完善性要达到对应管理的相关内容有全面安排。

国家辐射安全主管部门是实现全社会辐射安全的主体,它必然担负着力争实现全国全社会辐射安全最好水平的主要责职,完善而科学的法规和标准是完成职责的最好工具,认真实施相关法规和标准则是完成职责的最好手段。

**1. 辐射源安全防护是一项系统工程**

涉及辐射源安全防护的工作有很多。从辐射源安全防护工作的整体观念来理解,以及就实际工作与要研究的领域来看,应该说,辐射源安全与防护是一项系统工程。根据国内外经验,辐射源安全与防护的主要工作与要研究的方面一般有:

(1) 实践的正当性。这是开展某项与辐射有关的实践时必须首先考虑的,说明是否必须开展该项工作,是否可用更安全合理的别的技术来代替,要求在每项实践开始之前要经过"充分认证,权衡利弊",只有当该项实践所带来的利益大于为其所付出的代价时,才能认为该项实践是正当的。利益包括对于社会的总利益,不仅仅是某些团体或个人得到的好处,代价也是指由于采用该项实践后所引起的所有消极方面的总和,它不仅包括经济上的代价,还包括对人体健康及环境的任何损害,同时也包括在社会心理方面带来的一切消极因素。

(2) 辐射工作场所的合格性。场所辐射安全条件一般应包括：屏蔽、安全联锁和实体保护；开放型操作中还应有"包容性"、可去污性等。合格性，简单来说是指要达到相关标准的要求。要取得安全生产的好成绩，在核辐射安全这个领域内，放射工作场所辐射安全条件的合格性应是第一位的，特别是一些高危险度的工作场所，其工作场所辐射安全的条件应达到即使人员出现严重的误操作也不会发生严重的辐射事故。在这里特别要处理好屏蔽与安全联锁的关系，在投资上应避免重屏蔽轻安全联锁的错误，在实际运行中应避免把人的因素看作可以替代一切技术，而出现容忍设备"带病工作"(安全联锁失效)的现象。我们必须承认，在已经发生的严重事故中，有 80%来自"带病工作"。

(3) 法规标准的制定与执行。法规能让核辐射安全工作的监管部门做到有章可循，并为所有辐射实践者提供科学和现代化管理的环境氛围；标准能让各项相关要求达到一致性而又高水平，从而为辐射安全提供物质和程序上的保证。

制定的法规标准必须结合国情并与国际接轨。IAEA 和 ICRP 的各项建议和技术报告(丛书)最能体现当前国际水平，也是前人经验与教训的总结，各国都在为本国辐射安全达到世界最高水平而认真借鉴。

(4) 辐射工作人员资格。人员的资格主要包括三个方面：一定的文化程度；合格的身体；经过培训(从事强辐射的工作还必须具有熟练的技术)。

(5) 辐射监测。辐射无臭无味无感觉，只有用监测仪器才能发现。监测的主要目的一是要知道平时所受的照射，更主要的是要能及时发现意外照射。要研究监测的技术，并根据实际需要积极应用。从事强辐射的工作人员必须佩带能及时报警的个人剂量报警仪；正常情况下所受照射的监测结果，能为职业安全评价提供重要的科学依据，提供日后法律的需要；国内外的统计表明，大剂量的放射事故几乎都出自工作人员不带个人剂量报警仪。

(6) 监督管理。预防性监督管理是实施规范和标准的重要手段，使各项物质和管理的安全措施达到要求。监督管理部门的主要职责是：制定法规和标准并付诸实施，接受通知、实施登记和注册及许可；安全培训教育；监督检查及事故处理。在辐射工作设施营运期间的监督管理中，监管部门主要是监督营运单位确保已有安全防护设施保持良好的运行状态。

(7) 事故应急处理。事故应急处理包括：事故分析，应急计划与组织，人员、技术及物质准备，计划实施。各级监管部门和各辐射工作单位在这方面都有各自的责任。各自应根据所管辖范围内所从事的放射工作实际，对可能的事故进行科学分析，做好应急计划和准备，并能有效实施。

(8) 设备场所的退役。与操作放射性物质有关的设备、场所和放射源退役时的辐射安全，是辐射工作的特殊问题。退役时对放辐射工作场所的设备、场所和放射源必须作无害化处理。否则，不但会危害辐射工作人员或公众的健康以及安全检查，而且可能会带来很严重的社会后果。

(9) 运输管理。主要包括运输容器的合格性检验和运输方案的审查批准，监管部门要对运输容器检测机构进行资质认证，并建立一支有关运输审查的技术队伍，建立运输容器检测机构，托运单位制造合格的运输容器，承运部门建立与运输任务相适应的技术队伍和储运条件。

(10) 运行中的管理。运行部门的责任，内容至少包括：安全组织机构和规章制度建立，人员培训，监督监测，维护检修，安全质量管理，接受监管部门的监督。

**2. 辐射防护基础框架的主要任务**

如上所述，辐射安全防护是一项系统工程，在放射工作实践中，每一项都应该做好。但从一个国家或一个地区来看，其辐射安全与防护水平的提高，主要依赖于该国或该地区辐射安全防护的监督管理，也就是辐射防护基础框架的合理性和完善程度。

IAEA 和国际经验认为，辐射防护基础框架应该完成的主要任务有：

(1) 法规与标准的制定与实施；

(2) 放射工作的审批与许可证发放；

(3) 经常性安全检查；

(4) 违章处理；

(5) 安全培训教育。

由此可见，基础框架所能完成的任务，只是辐射防护系统工程内容中的一部分。

### 11.1.2　基础框架内涵

辐射防护基础框架的主要任务表明，它主要涉及立法和监督管理。根据国内做法和国际经验，对上述这些内容，国家、省级和地市级都有相关内容可做，但深度不同。而辐射工作单位，特别是目前有些如辐射加工业中的连锁企业，经常性安全检查、违章处理和安全教育等工作也是应该做的。

我国地域广阔，企业众多，所以省级和地市级的立法与监督特别重要。江苏省在 2007 年 11 月 30 日由省第十届人民代表大会常务委员第三十三次会议通过了《江苏省辐射污染防治条例》，自 2008 年 1 月 1 日起施行。这是一个很好的做法。该条例包含了：总则，电离辐射污染防治，电磁辐射污染防治，法律责任和附则，共 5 章 50 条。地方法规的内容可以很具体，其操作性更强。

## 11.2　法规体系

### 11.2.1　概述

这里所说的法规体系一般包括：法律、条例(规定)、技术导则和标准。在我国，法律是由全国人民代表大会通过发布的，条例(规定)由国务院发布，国务院下属部委可以发布执行上述法律与条例的具体规定和技术导则。标准一般也由国家技术监督部门发布。

针对核技术利用，在环境保护领域，与辐射防护直接相关的法律主要是《中华人民共和国放射性污染防治法》(2003 年 10 月 1 日起施行)，还有《中华人民共和国环境影响评价法》(2003 年 9 月 1 日起施行)。国家标准中的强制性标准，从技术角度也同样具有法规的效力，这方面主要是环境保护部、卫生部和国防科工委联合组织编制的《电离辐射防护与辐射源安全基本标准》(GB 18871—2002)，还有国家技术监督局批准颁发的许多标准。

与此相关，国务院发布了《放射性同位素与射线装置安全与防护条例》(国务院令第 449 号，2005 年 12 月 1 日施行。原 44 号令同时废止)。

《中华人民共和国放射性污染防治法》第九条指出，国家放射性污染防治标准由国务院环境保护行政主管部门根据环境安全要求、国家经济技术条件制定。国家放射性污染防治标准由国务院环境保护行政主管部门和国务院标准化行政主管部门联合发布。据有关部门2009年6月不完全统计,与核技术应用辐射防护与安全有关的法律与条例及具体规定和技术导则已经有一定的数量。相关法规有5部法律,1部条例和13个部门规章。部门规章中环境保护部发布的有2个部长令和7个文件或规定。相关标准有407个,其中强制性国家标准(GB)102个,推荐性国家标准(GB/T)67个;环境保护行业标准(HJ)1个,推荐性环境保护行业标准(HJ/T)18个;核行业标准(EJ)34个,推荐性核行业表标准(EJ/T)90个;其余是卫生和石油等部门标准。这些标准可以分通用类和专项标准。除基本标准外,专项标准涉及辐照装置、工业探伤、放射源及其容器、医用设备、加速器、测井、核子仪器仪表、射线检查、放射性物质运输与废物管理、开放型放射性工作、辐射监测仪器、辐射监测及其他应用。这些标准涉及放射性同位素和射线装置应用的主要领域,不但对工作场所的要求给出了设计建造方面的标准,也给出了操作、运行、维修和放射源储存的规范化要求。对安全和辐射防护要求技术难度较高的放射设备也作了规定。也对内外照射受照剂量的测量和估算作了规定。而且,这些标准基本上既参照了ICRP和IAEA的相应标准或导则,也注意结合了我国实际,实用性较强,对我国放射防护水平的提高,促进核技术健康有序的发展起到了很好的推动作用。

下面列出的仅是与核技术利用辐射防护与安全较密切相关的几个法律与条例及具体规定和技术导则或标准的名称,供参考:

(1)《放射性同位素与射线装置安全许可管理办法》(国家环境保护总局令第31号,2006年3月1日起实施,2008年11月21日修正)

(2)《建设项目环境影响评价文件分级审批规定》(环境保护部令第5号,2009年3月1日起施行)

(3)《环境监测管理办法》(国家环境保护总局令第39号,2007年9月1日起施行)

(4)《城市放射性废物管理办法城市放射性废物管理办法》((87)环放字第239号,1987)

(5)《关于加强放射性同位素与射线装置辐射安全和防护工作的通知》(环发[2008]13号,2008年4月14日)

(6)《辐射事故应急预案及实施程序》(2007年颁布实施,每2年修改)

(7)《环境影响评价技术导则》(HJ/T 2.1—93)

(8)《辐射环境保护管理导则核技术应用项目环境影响报告书(表)的内容和格式》(HJT 10.1—1995)

(9) 放射性物质安全运输规程(GB 11806—2004)

(10) γ辐照装置设计建造和使用规范(GB 17568—2008)

(11) γ辐照装置的辐射防护与安全规范(GB 10252—2008)

(12) 安装在设备上的同位素仪表的辐射安全性能要求(GB 14052—1993)

(13) 电离辐射料位计(GB/T 11923—2008)

(14) 操作开放型放射性物质的辐射防护规定(GB 11930—1989)

(15) 放射性核素载体法示踪测井技术规范(SYT 5327—1999)

(16) 粒子加速器辐射防护规定(GB 5172—1985)

(17) 低、中水平放射性固体废物暂时储存规定(GB 11928—1989)

(18) 辐射防护用固定式 X、$\gamma$ 辐射剂量率仪，报警装置和监测仪(GB 14054—1993)

(19) X、$\gamma$ 外照射个人监测规定(EJ 1153—2004)

(20) 职业性内照射个人监测规定(EJ 375—2005)

(21) 水中钴-60 的分析方法(GBT 15221—1994)

(22) 放射事故个人外照射剂量估算原则(GBZT 151—2002)

(23) $\gamma$ 射线工业 CT 放射卫生防护标准(GBZ 175—2006)

(24) $\gamma$ 射线探伤机(GB/T 14058—2008)

(25) 工业 X 射线探伤放射卫生防护标准(GBZ 117—2006)

(26) 集装箱检查系统放射卫生防护标准(GBZ 143—2002)

有很多法规和标准正在修订中，其修改的内容不是很多，主要的精神与原则没有大的变动。但个别法规或标准修改的力度可能大一些，例如 1993 年发布实施的《环境影响评价技术导则》(HJ/T 2.1—93)，增加了环境影响评价原则的内容，环境影响因子识别与筛选，以及环境影响范围的确定、社会影响评价和公众参与、环境保护措施及经济技术论证、方案比选、清洁生产分析和循环经济、污染物总量控制、环境影响经济损益分析、环境影响评价文件编制总体要求等。在污染物总量控制评价中要给出污染物总量控制的指标和措施。在环境影响经济损益分析中要计算出建设项目环境影响的经济效益和损失，以判断建设项目环境影响对其可行性的影响。修改后技术导则中强调了"方案比选"。"方案比选"在国外环境影响评价中起步较早，发展较快，要求建设项目从环境保护角度在选址或选线、工艺、规模、环境影响、环境承载力和环境制约因素等多方面进行多方案同等深度比选。污染防治措施的多方案比选中，要避免只注意经济效益的比较，要把社会效益与环境的比较提到一定高度。总之，这些修改其目的都是要使我国的法规标准跟上国际的发展。大部分标准或法规的修改，其改变的内容不是很多，如 2007 年颁布实施的《辐射事故应急预案及实施程序》，主要作了名称的修订，将 10 余处的"国家环境保护总局"改为"环境保护部"，个别职能及应急对象作了调整和补充，另外还有几处文字修改。又如《环境电离辐射监测规定》(GB 12379—1990)在 2008 年 4 月将其修改稿发文征求意见，其修改说明中说修改稿加强了"平均值估计"的描述，去掉了数据处理中"准确度"与"精密度"分析的要求，增加了应急监测等。

### 11.2.2 有关法规和标准内容简介

一个国家的法规或标准是严肃的，特别是在执行过程中不能产生歧义，所以它们往往都是比较全面而系统的。限于篇幅，这里仅着重介绍与核技术利用的有关辐射安全与防护监管框架的相应内容。

**1. 放射性污染防治法**

《中华人民共和国放射性污染防治法》是总结我国 50 多年来放射性污染防治的实践经验，借鉴国际核与辐射安全监管制度而制定的，全国人大常委会 2003 年 6 月 28 日批准，中华人民共和国主席令第 6 号，2003 年 10 月 1 日起施行。该法是第一部核与辐射安全监管的法律，以期调整和规范我国核设施、核技术利用、铀(钍)矿、伴生放射性矿开发利用中发生放射性污染的防治活动，建立完善放射性污染防治的法律制度，强化放射性污染的防治。

法律对放射性污染的定义为由于人类活动造成物料、人体、场所、环境介质表面或者内部出现超过国家标准的放射性物质或者射线。该法适用于中华人民共和国领域和管辖的其他海域在核设施选址、建造、运行、退役和核技术、铀(钍)矿、伴生放射性矿开发利用过程中发生的放射性污染的防治活动。

放射性污染防治法分8章共63条。章目是:总则,放射性污染防治的监督管理,核设施的放射性污染防治,核技术利用的放射性污染防治,铀(钍)矿和伴生放射性矿开发利用的放射性污染防治,放射性废物管理,法律责任,附则。

放射性污染防治法强调指出,国家对放射性污染的防治,实行预防为主、防治结合、严格管理、安全第一的方针。核设施营运单位、核技术利用单位、铀(钍)矿和伴生放射性矿开发利用单位,必须采取安全与防护措施,预防发生可能导致放射性污染的各类事故,避免放射性污染危害;对其工作人员进行放射性安全教育、培训,采取有效的防护安全措施。国家对从事放射性污染防治的专业人员实行资格管理制度;对从事放射性污染监测工作的机构实行资质管理制度。放射性物质和射线装置应当设置明显的放射性标识和中文警示说明。生产、销售、使用、储存、处置放射性物质和射线装置的场所,以及运输放射性物质和含放射源的射线装置的工具,应当设置明显的放射性标志。含有放射性物质的产品,应当符合国家放射性污染防治标准;不符合国家放射性污染防治标准的,不得出厂和销售。使用伴生放射性矿渣和含有天然放射性物质的石材作建筑和装修材料,应当符合国家建筑材料放射性核素控制标准。核设施营运单位、核技术利用单位、铀(钍)矿和伴生放射性矿开发利用单位,应当合理选择和利用原材料,采用先进的生产工艺和设备,尽量减少放射性废物的产生量,向环境排放放射性废气、废液,必须符合国家放射性污染防治标准。

针对核技术利用的放射性污染防治,该法专门设置第四章,规定了生产、销售、使用放射性同位素和射线装置的单位要申请领取许可证,办理登记等手续;申请领取许可证前编制环境影响评价文件,报省、自治区、直辖市人民政府环境保护行政主管部门审查批准;新建、改建、扩建放射工作场所的放射防护设施,应当与主体工程同时设计、同时施工、同时投入使用;使用放射源的单位,应当按照国务院环境保护行政主管部门的规定将废旧放射源交回生产放射源的单位或者送交专门从事放射性固体废物储存、处置的单位;违反本法规定,生产、销售、使用、转让、进口、储存放射性同位素和射线装置以及装备有放射性同位素的仪表的,由县级以上人民政府环境保护行政主管部门或者其他有关部门依据职权责令停止违法行为,限期改正等。

**2. 环境影响评价法**

《中华人民共和国环境影响评价法》是2002年10月28日公布,2003年9月1日起施行的。该法有5章38条,其章目是:总则,规划的环境影响评价,建设项目的环境影响评价,法律责任,附则。

该法将环境影响评价定义为对规划和建设项目实施后可能造成的环境影响进行分析、预测和评估,提出预防或者减轻不良环境影响的对策和措施,进行跟踪监测的方法与制度。环境影响评价必须客观、公开、公正,综合考虑规划或者建设项目实施后对各种环境因素及其所构成的生态系统可能造成的影响,为决策提供科学依据。

规划环境影响评价是指在编制土地利用规划,区域、流域、海域的建设、开发利用规划过程中要组织进行环境影响评价。编制工业、农业、畜牧业、林业、能源、水利、交通、城市建设、旅游、自然资源开发的有关专项规划时,应当在该专项规划草案上报审批前,组织进行环境影响评价,并向审批该专项规划的机关提出环境影响报告书。专项规划环境影响报告书的内容有：实施该规划对环境可能造成影响的分析、预测和评估；预防或者减轻不良环境影响的对策和措施；环境影响评价的结论。

国家对建设项目的环境影响评价依项目对环境的影响程度实行分类管理。可能造成重大环境影响的，应当编制环境影响报告书，对产生的环境影响进行全面评价；可能造成轻度环境影响的，应当编制环境影响报告表，对产生的环境影响进行分析或者专项评价；对环境影响很小、不需要进行环境影响评价的，应当填报环境影响登记表。上述三类报告形式统称环境影响评价文件。建设项目环境影响报告书应当包括下列内容：建设项目概况，周围环境现状，对环境可能造成影响的分析，预测和评估，环境保护措施及其技术，经济论证，环境影响的经济损益分析，实施环境监测的建议，环境影响评价的结论。

接受委托为建设项目环境影响评价提供技术服务的机构，应当经国务院环境保护行政主管部门考核审查合格后，颁发资质证书，按照资质证书规定的等级和评价范围，从事环境影响评价服务，并对评价结论负责。为建设项目环境影响评价提供技术服务的机构的资质条件和管理办法，由国务院环境保护行政主管部门制定。环境影响报告书或环境影响报告表，应当由具有相应环境影响评价资质的机构编制。对环境可能造成重大影响、应当编制环境影响报告书的建设项目，建设单位应当在报批建设项目环境影响报告书前，举行论证会、听证会，或者采取其他形式，征求有关单位、专家和公众的意见。国务院环境保护行政主管部门负责审批下列建设项目的环境影响评价文件：核设施、绝密工程等特殊性质的建设项目；跨省、自治区、直辖市行政区域的建设项目；由国务院审批的或者由国务院授权有关部门审批的建设项目。在项目建设、运行过程中产生不符合经审批的环境影响评价文件的情形的，建设单位应当组织环境影响的后评价，采取改进措施。对为建设项目环境影响评价提供技术服务的机构编制不实的环境影响评价文件的，要依照规定追究其法律责任。

**3. 国务院辐射安全防护条例(国务院令第449号)**

我国放射性同位素和射线装置应用广泛，辐射事故频发，安全和防护问题引起社会广泛关注，监管体制缺陷是造成事故频发的主要原因，原有的监管体制不能满足当前需要的客观现实，《放射性同位素与射线装置安全和防护条例》由2005年8月31日国务院第104次常务会议审查通过，并以国务院第449号令颁发，2005年12月1日起施行。

该条例是在国务院1989年颁发实施的《放射性同位素与射线装置放射防护条例》(简称“44号令”)的基础上修订而来的。“44号令”是我国第一部有关放射性同位素和射线装置监督管理的行政法规，对我国核技术利用的顺利发展起到了重要作用。但存在严重局限性，例如：多部门负责，职能交叉；分段管理，对辐射源缺少“从生到死”的全程监管；缺乏放射源转移备案管理，信息沟通不畅；缺乏分类管理，监管的重点不突出；缺乏源头控制和闲置废弃放射源返回和收储制度；辐射事故分级、报告制度不完善，应急反应能力不足等。这些局限性，导致辐射事故频发，事故严重时引起了社会广泛关注。也表现出与国际管理模式有很大差距。

《放射性同位素与射线装置安全与防护条例》(以下简称“449号令”)的总体框架结构是：分7章(总则，许可和备案，安全和防护，辐射事故应急处理，监督检查，法律责任，附则)，共67条。总体来说，“449号令”主要内容可以归纳为下列6个方面。

(1) 放射性同位素与射线装置安全和防护监督管理体制

“449号令”明确，国务院环境保护主管部门对全国放射性同位素与射线装置的安全和防护工作实施统一监督管理；县级以上人民政府环境保护主管部门和其他有关部门应当按照各自职责对生产、销售、使用放射性同位素和射线装置的单位进行监督检查；县级以上地方人民政府环境保护主管部门的行政处罚权限的划分，由省、自治区、直辖市人民政府确定。

环保部门负责许可证的审批、颁发，放射性同位素进、出口的审批和放射性同位素转让的审批（省级），对放射源统一进行放射源编码，建立放射性同位素备案管理信息系统，制定放射源与射线装置分类办法，制定辐射事故应急预案，负责辐射事故应急和事故定性、定级，安全和防护的监督检查，执法和处罚，环境影响评价文件的审批。除此之外，还规定了公安、卫生、对外贸易、海关总署、质量监督检验检疫、生产放射性同位素单位的行业主管等部门的职责。其中明确，公安部门负责：放射性同位素的保安和丢失、被盗放射源的立案侦查和追缴；卫生部门负责：诊疗技术和医用辐射机构的许可、职业健康监护及辐射事故的医疗应急。有权实施监督管理的部门还包括对外贸易主管部门、海关总署和质量监督检验检疫部门、生产放射性同位素单位的行业主管部门等。这样，条例完善了放射性同位素与射线装置安全和防护监督管理体制，明确国务院环境保护主管部门对全国放射性同位素与射线装置的安全和防护工作实施统一监督管理；县级以上人民政府环境保护主管部门和其他有关部门进行监督检查；对生产、销售、使用放射性同位素与射线装置单位的实施许可制度；对放射性同位素进、出口和转让实行审批制度；放射性同位素还有备案制度；加强了放射性同位素与射线装置的安全和防护管理；完善了辐射事故应急制度和法律责任。

（2）生产、销售、使用放射性同位素与射线装置单位的许可制度

条例明确了辐射工作许可证的审批颁发机关是环保行政部门，规定了依照不同的许可内容需要具备的许可条件和许可证的申请、审批程序和期限。详见后面的叙述。

（3）放射性同位素进出口审批、转让和备案制度

条例规定实行放射性同位素进口批准制度，申请进口放射性同位素要满足相关的条件，明确了放射性同位素进口、出口的批准程序和期限。规定了放射性同位素转让只能在许可证持有者之间进行，并要办理申请、批准转让的手续。并规定生产和转让放射性同位素、废旧放射源处理后以及放射性同位素转移到外省使用都要到相关部门备案。

（4）放射性同位素与射线装置的安全和防护管理

条例规定，对直接从事生产、销售、使用活动的工作人员要进行辐射安全与防护知识教育的培训和考核，考核不合格的，不得上岗。辐射安全关键岗位应当由注册核安全工程师担任；生产、销售、使用放射性同位素与射线装置的单位应对本单位的放射性同位素与射线装置的安全与防护状况进行年度评估，发现安全隐患时立即进行整改；需要终止生产、销售、使用放射性同位素与射线装置的，要事先对放射性同位素和放射性废物进行清理登记，做出妥善处理，不得留有事故隐患。使用放射源的按照合同将Ⅰ类、Ⅱ类、Ⅲ类废旧放射源交回生产单位或返回原生产国，Ⅳ类、Ⅴ类废旧放射源进行包装整备后送交有相应资质的放射性废物集中储存单位储存。使用Ⅰ类、Ⅱ类、Ⅲ类放射源的场所和生产放射性同位素的场所，以及终结运行后产生放射性污染的射线装置，要依法实施退役。对辐射工作场所要有放射性标志，入口处要有安全和防护设施，如安全联锁、报警装置或工作信号，要能达到防止误操作、防止工作人员和公众受到意外照射的要求，包装容器、设备、射线装置、运输工具，应设置标识。放射性同位素储存场所要防火、防水、防盗、防丢失、防破坏、防射线泄漏。放射性物质要专人保管、登记、检查，账物相符。防护器材、含源设备和射线装置应当符合辐射防护要

求。不合格的产品不得出厂和销售。对医疗照射，要制定质保方案，遵守质保监测规范，避免不必要照射，并事先告知辐射对健康的潜在影响。回收冶炼废旧金属企业的要有监测措施。

(5) 辐射事故应急

“449 号令”根据辐射事故性质、严重程度、可控性和影响范围等因素，从重到轻将事故分为四个等级。即特别重大辐射事故，是指Ⅰ类、Ⅱ类放射源丢失、被盗、失控造成大范围严重辐射污染后果，或者放射性同位素和射线装置失控导致 3 人以上(含 3 人)急性死亡；重大辐射事故，是指Ⅰ类、Ⅱ类放射源丢失、被盗、失控，或者放射性同位素和射线装置失控导致 2 人以下(含 2 人)急性死亡或者 10 人以上(含 10 人)急性重度放射病、局部器官残疾；较大辐射事故，是指Ⅲ类放射源丢失、被盗、失控，或者放射性同位素和射线装置失控导致 9 人以下(含 9 人)急性重度放射病、局部器官残疾；一般辐射事故，是指Ⅳ类、Ⅴ类放射源丢失、被盗、失控，或者放射性同位素和射线装置失控导致人员受到超过年剂量限值的照射。

条例建立了辐射事故应急预案制度，规定县级以上人民政府环境保护主管部门应当会同同级公安、卫生、财政等部门编制辐射事故应急预案，报本级人民政府批准。辐射事故应急预案应当包括下列内容：应急机构和职责分工；应急人员的组织、培训以及应急和救助的装备、资金、物资准备；辐射事故分级与应急响应措施；辐射事故调查、报告和处理程序。

条例对辐射工作单位规定，应当根据可能发生的辐射事故的风险，制定本单位的应急方案，做好应急准备。发生辐射事故时，应当立即启动本单位的应急方案，采取应急措施，并立即向当地环境保护主管部门、公安部门、卫生主管部门报告。环境保护主管部门、公安部门、卫生主管部门接到辐射事故报告后，应当立即派人赶赴现场，进行现场调查，采取有效措施，控制并消除事故影响，同时将辐射事故信息报告本级人民政府和上级人民政府环境保护主管部门、公安部门、卫生主管部门。县级以上地方人民政府及其有关部门接到辐射事故报告后，应当按照事故分级报告的规定及时将辐射事故信息报告上级人民政府及其有关部门。发生特别重大辐射事故和重大辐射事故后，事故发生地省、自治区、直辖市人民政府和国务院有关部门应当在 4 小时内报告国务院；特殊情况下，事故发生地人民政府及其有关部门可以直接向国务院报告，并同时报告上级人民政府及其有关部门。

条例明确，遇有辐射事故或者有证据证明辐射事故可能发生时，县级以上人民政府环境保护主管部门有权采取下列临时控制措施：责令停止导致或者可能导致辐射事故的作业；组织控制事故现场。辐射事故发生后，有关县级以上人民政府应当按照辐射事故的等级，启动并组织实施相应的应急预案。县级以上人民政府环境保护主管部门、公安部门、卫生主管部门，按照职责分工做好相应的辐射事故应急工作，并规定：环境保护主管部门负责辐射事故的应急响应、调查处理和定性定级工作，协助公安部门监控追缴丢失、被盗的放射源；公安部门负责丢失、被盗放射源的立案侦查和追缴；卫生主管部门负责辐射事故的医疗应急。同时，发生辐射事故的单位应当立即将可能受到辐射伤害的人员送至当地卫生主管部门指定的医院或者有条件救治辐射损伤病人的医院，进行检查和治疗，或者请求医院立即派人赶赴事故现场，采取救治措施。环境保护、公安、卫生主管部门应当及时相互通报辐射事故应急响应、调查处理、定性定级、立案侦查和医疗应急情况。

(6) 对放射源和射线装置实行分类管理

放射源应用领域广泛，活度变化范围很大，高活度源能在短期内对人体产生严重的确定性效应，而低活度源不可能产生这种效应。为了将放射源的安全管理与辐射风险联系起来，对所有放射源分门别类地建立相应的监督管理和保安措施，有国际原子能机构的安全标准《放射源分类》的建议，我国也将放射性同位素与射线装置进行了分类。考虑到人体健康和安全是至关重要的，所以分类系统主要是基于放射源可导致的、潜在的确定性健康效应。详细的分类内容请参考有关文件或资料。

**4. 环境保护部辐射安全许可管理办法（环境保护部令第3号，2009年）**

《放射性同位素与射线装置安全许可管理办法》(2006年1月18日国家环境保护总局令第31号公布)，自2006年3月1日起实施。经近三年的实施，在确保安全又总结经验的基础上，2008年11月21日环境保护部对其进行了修正，并以中华人民共和国环境保护部令第3号公布。修正的主要内容是：一、第十条修改为："申请领取许可证的辐射工作单位从事下列活动的，应当组织编制环境影响报告表：(一)制备PET用放射性药物的；(二)销售Ⅰ类、Ⅱ类、Ⅲ类放射源的；(三)医疗使用Ⅰ类放射源的；(四)使用Ⅱ类、Ⅲ类放射源的；(五)生产、销售、使用Ⅱ类射线装置的。"二、第十一条修改为："申请领取许可证的辐射工作单位从事下列活动的，应当填报环境影响登记表：(一)销售、使用Ⅳ类、Ⅴ类放射源的；(二)生产、销售、使用Ⅲ类射线装置的。"

《放射性同位素与射线装置安全许可管理办法》(下简称"环境保护部令第3号")分6章共47条。其章目是：总则，许可证的申请与颁发，进出口、转让、转移活动的审批与备案，监督管理，罚则，附则。

该办法细化和规范了放射性同位素与射线装置生产、销售、使用安全许可的要求和审批程序，以及放射性同位素转让、进出口等活动的审批。它明确规定，在中华人民共和国境内生产、销售、使用放射性同位素与射线装置的单位，应当依照本办法的规定，取得辐射安全许可证；进口、转让放射性同位素，进行放射性同位素野外示踪试验，应当依照本办法的规定报批；出口放射性同位素，应当依照本办法的规定办理手续；使用放射性同位素的单位将放射性同位素转移到外省、自治区、直辖市使用的，应当依照本办法的规定备案。

根据国务院令第449号规定，该办法明确了国务院环境保护主管部门和省级环境保护主管部门审批颁发许可证的范围；国务院环境保护主管部门负责对列入限制进出口目录的放射性同位素的进口进行审批；省级环境保护主管部门负责有关活动的审批或备案。

对于许可证的颁发，规定了辐射工作单位在申请领取许可证前应当组织编制或者填报环境影响评价文件，并依照国家规定程序报环境保护主管部门审批；环境影响评价文件，除按照国家有关环境影响评价的要求编制或者填报外，还应当包括对辐射工作单位从事相应辐射活动的技术能力、辐射安全和防护措施进行评价的内容；该办法用较多篇幅明确了生产、使用、销售和储存不同类别放射性同位素(含射线装置)的单位申请领取许可证时在安全管理、安全与防护措施、人力物力方面的条件，以及应当向有审批权的环境保护主管部门提交的材料名称和内容；规定了自受理申请至完成审查的时间要求及规定了许可证件的内容，许可证变更、换发和重新申请领取的要求与程序；规定了许可证有效期届满延续及变更或注销或补发等申请事项的程序和要求。对于进出口、转让、转移放射性同位素的活动，都要求到相关部门办理审批与备案或注销手续。

该办法还规定了废旧放射源的处理或处置要求；放射性同位素与射线装置应建立台账，编写安全和防护状况年度评估报告，监督检查和罚则等。

**5. 电离辐射防护基本标准**

核与辐射应用迄今仍然是高新技术。辐射虽然是有害的，但与其他行业相比，该行业半个多世纪来一直保持着最高的安全记录——与无害行业的安全记录相当。这样好的安全记录，首先来自于人们对放射性辐射从一开始就采取了谨慎的态度，同时不断地完善其安全防护标准体系。

电离辐射防护标准与其他职业卫生标准有所不同。在一般职业卫生中，达到卫生标准要求就是安全，超过标准是有病与没病的界限。例如噪声控制，环境 85dB 时，可在其中 8h；而 88dB，只能 4h；91dB，只能 2h，……，否则就可能导致耳聋。又如工业毒物危害，空气中臭氧($O_3$)浓度，美国 0.1ppm；中国 0.3mg/$m^3$。据报道，当几个 ppm 时，几小时接触即可致人死亡。0.1ppm 虽是个限值，如果时间足够长，可以使人早衰。为此，要求在建造加速器时，首先是电子束在空气中路径要短，其二是排气口尽可能接近电子束输出处。简言之，达到职业卫生标准是起码的安全要求，超过不多就可能会带来危险。而对电离辐射，达到标准是达到最安全职业需求，要求职业人员和公众所受剂量低于相应限值，但超过标准不是有病与没病的界限。

环境保护部、卫生部和国防科工委联合组织编制，由国家质量监督检验检疫总局 2002 年 10 月 8 日发布，2003 年 4 月 1 日实施的《电离辐射防护与辐射源安全基本标准》(GB 18871—2002，下称“基本标准”)，在前言中明确指出“本标准的全部技术内容均为强制性的”。它是根据六个国际组织(联合国粮农组织、国际原子能机构、国际劳工组织、经济合作与发展组织核能机构、泛美卫生组织和世界卫生组织)批准并联合发布的《国际电离辐射防护和辐射源安全基本安全标准》(国际原子能机构安全丛书 115 号，1996 年版)对我国现行辐射防护基本标准进行修订的，其技术内容与上述国际标准等效。还充分考虑了我国十余年来实施现行辐射防护标准的经验和我国实际情况，保留了实践证明适合我国国情又与国际标准相一致的那些技术内容。规定了对电离辐射防护和辐射源安全(以下简称“防护与安全”)的基本要求，适用于实践和干预中人员所受电离辐射照射的防护和实践中源的安全。

基本标准有 11 章：范围、定义、一般要求、对实践的主要要求、对干预的主要要求、职业照射的控制、医疗照射的控制、公众照射的控制、潜在照射的控制——源的安全、应急照射情况的干预和持续照射情况的干预。有 9 个附录：豁免、剂量限值与表面污染控制水平、非密封源工作场所的分级、放射性核素的毒性分组、任何情况下预期应进行干预的剂量水平和应急照射情况的干预水平与行动水平、电离辐射的标志和警告标志、放射诊断和核医学诊断的医疗照射指导水平、持续照射情况的行动水平和术语的定义。

基本标准在一般要求中明确了实践、源、照射和干预的重要概念，实施的责任方与责任，实施的监督管理。强调任何实践的引入、实施、中断或停止，以及实践中任何源的开采、选冶、处理、设计、制造、建造、装配、采购、进口、出口、销售、出卖、出借、租赁、接受、设置、定位、调试、持有、使用、操作、维护、修理、转移、退役、解体、运输、储存或处置，均应按照本标准的有关要求进行。本标准的贯彻和本标准实施的监督管理由审管部门负责。

在实践的辐射防护要求中，强调必须贯彻实践的正当性，剂量限制和潜在照射危险限制，防护与安全的最优化，剂量约束和潜在照射危险约束和在医疗照射应用中的指导水平；营运中要注意安全文化素养，做好质量保证，减小人为错误导致事故和事件的可能性，聘请安全防护合格专家；具体技术要求方面要求有源的实物保护，纵深防御，良好的工程实践；

安全确认时要有安全评价和监测与验证。我国该防护与安全基本标准，从技术角度对辐射工作实践的安全与防护提出了全面而系统的要求，相关内容将在此后的章节中有更详细介绍。

### 11.2.3 监管授权和安全责任

**1. 监管授权**

这里的授权主要指的是批准该项实践和监督管理的授权。《中华人民共和国放射性污染防治法》第三条指出，国家对放射性污染的防治，实行预防为主、防治结合、严格管理、安全第一的方针。因此，有关条文明确，生产、销售、使用放射性同位素和射线装置的单位，应当按照国务院有关放射性同位素与射线装置放射防护的规定申请领取许可证，办理登记手续。转让、进口放射性同位素和射线装置的单位以及装备有放射性同位素的仪表的单位，应当按照国务院有关放射性同位素与射线装置放射防护的规定办理有关手续。

放射性污染防治法第八条又强调，国务院环境保护行政主管部门对全国放射性污染防治工作依法实施统一监督管理。国务院卫生行政部门和其他有关部门依据国务院规定的职责，对有关的放射性污染防治工作依法实施监督管理。县级以上人民政府应当将放射性污染防治工作纳入环境保护规划，组织开展有针对性的放射性污染防治宣传教育，使公众了解放射性污染防治的有关情况和科学知识。同时，国家建立放射性污染监测制度，国务院环境保护行政主管部门会同国务院其他有关部门组织环境监测网络，对放射性污染实施监测管理。县级以上地方人民政府环境保护行政主管部门和同级其他有关部门，按照职责分工，各负其责，互通信息，密切配合，对本行政区域内核技术利用中的放射性污染防治进行监督检查。

国务院“449 号令”明确规定，生产、销售、使用放射性同位素和射线装置的单位，应当依照规定取得许可证，许可证有效期为 5 年。进口列入限制进出口目录的放射性同位素，应当在国务院环境保护主管部门审查批准后，由国务院对外贸易主管部门依据国家对外贸易的有关规定签发进口许可证。禁止无许可证或者不按照许可证规定的种类和范围从事放射性同位素和射线装置的生产、销售、使用活动。申请转让放射性同位素，转出、转入单位持有与所从事活动相符的许可证。关于监督管理，规定了县级以上人民政府环境保护主管部门和其他有关部门应当按照各自职责对生产、销售、使用放射性同位素和射线装置的单位进行监督检查，被检查单位应当予以配合，如实反映情况，提供必要的资料，不得拒绝和阻碍；县级以上人民政府环境保护主管部门在监督检查中发现生产、销售、使用放射性同位素和射线装置的单位有不符合原发证条件的情形的，应当责令其限期整改。

“环境保护部令第 3 号”（2009 年）规定了核技术利用单位获取辐射安全许可证的条件与程序及相关手续，这将在下节中详细介绍。

**2. 安全责任**

“基本标准”从科学技术角度明确指出“对本标准的实施承担主要责任的责任方”（以下简称“主要责任方”）应是：①注册者或许可证持有者；②用人单位；③其他有关各方应对本标准的实施承担各自相应的责任，其他有关各方可以包括：a)供方；b)工作人员；c)辐射防护负责人；d)执业医师；e)医技人员；f)合格专家；g)由主要责任方委以特定责任的任何其他方。主要责任方的一般责任是：①确立符合本标准有关要求的防护与安全目标；②制定并实施成文的防护与安全大纲，该大纲应与其所负责实践和干预的危险的性质和程度相适应，并足以保证符合本标准的有关要求。在该大纲中，应：①确定实现防护与安全目标所需要的措施和资源，并保证正确地实施这些措施和提供这些资源；②保持对这些措施和资源的经常性审查，并定期核实防护与安全目标是否得以实现；③鉴别防护与安全措施和资源的任何失效或缺陷，并采取步骤加以纠正和防止其再次发生；④根据防护与安全需要，做出便于在有关各方间进行咨询和合作的各种安排；⑤保存履行责任的有关记录。发生违反本标准有关要求的情况时，主要责任方应：①调查此违反行为及其原因与后果；②采取相应的行动加以纠正并防止类似的违反事件再次发生；③向审管部门报告违反标准的原因和已经采取或准备采取的纠正行动或防护行动；④按照本标准的要求采取其他必要的行动。

"基本标准"也指出，本标准的贯彻和本标准实施的监督管理由审管部门负责；并在干预情况和干预组织方面，应对本标准有关要求的贯彻负主要责任。主要责任方应接受审管部门正式授权的人员对其获准实践的防护与安全的监督，包括对其防护与安全记录的检查。主要责任方应及时报告违反本标准的事件。如果因违反标准已经演变成或即将演变成应急照射情况，应立即报告。发生违反标准的事件后，如果主要责任方不能在规定的时间内按照国家有关法规采取纠正或改进行动，则审管部门应修改、中止或撤销原先已颁发的注册证、许可证或其他批准文件。

从法律角度讲，放射性污染防治法第十三条明确规定核技术利用单位必须采取安全与防护措施，预防发生可能导致放射性污染的各类事故，避免放射性污染危害；应当对其工作人员进行放射性安全教育、培训，采取有效的防护安全措施；接受环境保护行政主管部门和其他有关部门的监督管理，并依法对其造成的放射性污染承担责任。

国务院"449 号令"第二十七条明确规定，生产、销售、使用放射性同位素和射线装置的单位，应当对本单位的放射性同位素、射线装置的安全和防护工作负责，并依法对其造成的放射性危害承担责任；对直接从事生产、销售、使用活动的工作人员进行安全和防护知识教育培训，并进行考核，考核不合格的，不得上岗；严格按照国家关于个人剂量监测和健康管理的规定，对直接从事生产、销售、使用活动的工作人员进行个人剂量监测和职业健康检查，建立个人剂量档案和职业健康监护档案；对本单位的放射性同位素、射线装置的安全和防护状况进行年度评估。发现安全隐患的，应当立即进行整改。生产放射性同位素的单位的行业主管部门，应当加强对生产单位安全和防护工作的管理，并定期对其执行法律、法规和国家标准的情况进行监督检查。

## 11.3 许可

### 11.3.1 许可证条件和许可形式

放射性污染防治法对辐射工作单位的许可证条件作了原则的规定。例如，放射性物质和射线装置应当设置明显的放射性标识和中文警示说明；生产、销售、使用、储存、处置放射性物质和射线装置的场所，以及运输放射性物质和含放射源的射线装置的工具，应当设置明显的放射性标志；新建、改建、扩建放射工作场所的放射防护设施，应当与主体工程同时设计、同时施工、同时投入使用；放射性同位素应当单独存放，不得与易燃、易爆、腐蚀性物品等一起存放，其储存场所应当采取有效的防火、防盗、防射线泄漏的安全防护措施，并指定专人负责保管，做到账物相符；对放射性废物进行收集、包装、储存；生产放射源的单位，应回收和利用废旧放射源；使用单位，应当将废旧放射源交回生产放射源单位或送交专门从事放射性固体废物储存、处置的单位；应当建立健全安全保卫制度和事故应急措施，发生放射源丢失、被盗和放射性污染事故时，有关单位和个人必须立即采取应急措施，并向公安部门、卫生行政部门和环境保护行政主管部门报告等。

《放射性同位素与射线装置安全许可管理办法》(以下称"环保部第3号令")首先对发放许可证的管理作了明确的分级，规定生产放射性同位素、销售和使用Ⅰ类放射源、销售和使用Ⅰ类射线装置的许可证，由国务院环境保护主管部门审批颁发，除上之外的许可证，由省、自治区、直辖市人民政府环境保护主管部门审批颁发(省级以上人民政府环境保护主管部门可以委托下一级人民政府环境保护主管部门审批颁发许可证)，并规定一个辐射工作单位生产、销售、使用多类放射源、射线装置或者非密封放射性物质的，只需要申请一个许可证。

对于许可证颁发的条件按生产、使用和销售的不同类型作了全面而具体的规定。例如，对于生产放射性同位素的单位申请领取许可证，应当具备下列条件：

(1) 设有专门的辐射安全与环境保护管理机构。

(2) 有不少于5名核物理、放射化学、核医学和辐射防护等相关专业的技术人员，其中具有高级职称的不少于1名。生产半衰期大于60天的放射性同位素的单位，前项所指的专业技术人员应当不少于30名，其中具有高级职称的不少于6名。

(3) 从事辐射工作的人员必须通过辐射安全和防护专业知识及相关法律法规的培训和考核，其中辐射安全关键岗位应当由注册核安全工程师担任。

(4) 有与设计生产规模相适应，满足辐射安全和防护、实体保卫要求的放射性同位素生产场所、生产设施、暂存库或暂存设备，并拥有生产场所和生产设施的所有权。

(5) 具有符合国家相关规定要求的运输、储存放射性同位素的包装容器。

(6) 具有符合国家放射性同位素运输要求的运输工具，并配备有5年以上驾龄的专职司机。

(7) 配备有与辐射类型和辐射水平相适应的防护用品和监测仪器，包括个人剂量测量报警、固定式和便携式辐射监测、表面污染监测、流出物监测等设备。

(8) 建立健全的操作规程、岗位职责、辐射防护制度、安全保卫制度、设备检修维护制度、人员培训制度、台账管理制度和监测方案。

(9) 建立事故应急响应机构，制定应急响应预案和应急人员的培训演习制度，有必要的应急装备和物资准备，有与设计生产规模相适应的事故应急处理能力。

(10) 具有确保放射性废气、废液、固体废物达标排放的处理能力或者可行的处理方案。

与此类似，对生产、销售射线装置，使用放射性同位素、射线装置和销售放射性同位素的单位也都明确了相关条件。这些条件涵盖了做好辐射防护工作的各个方面。又如使用放射性同位素、射线装置的单位申请领取许可证，应当具备下列条件：

(1) 使用Ⅰ类、Ⅱ类、Ⅲ类放射源，使用Ⅰ类、Ⅱ类射线装置的，应当设有专门的辐射安全与环境保护管理机构，或者至少有1名具有本科以上学历的技术人员专职负责辐射安全与环境保护管理工作；其他辐射工作单位应当有1名具有大专以上学历的技术人员专职或者兼职负责辐射安全与环境保护管理工作；依据辐射安全关键岗位名录，应当设立辐射安全关键岗位的，该岗位应当由注册核安全工程师担任。

(2) 从事辐射工作的人员必须通过辐射安全和防护专业知识及相关法律法规的培训和考核。

(3) 使用放射性同位素的单位应当有满足辐射防护和实体保卫要求的放射源暂存库或设备。

(4) 放射性同位素与射线装置使用场所有防止误操作、防止工作人员和公众受到意外照射的安全措施。

(5) 配备与辐射类型和辐射水平相适应的防护用品和监测仪器,包括个人剂量测量报警、辐射监测等仪器。使用非密封放射性物质的单位还应当有表面污染监测仪。

(6) 有健全的操作规程、岗位职责、辐射防护和安全保卫制度、设备检修维护制度、放射性同位素使用登记制度、人员培训计划、监测方案等。

(7) 有完善的辐射事故应急措施。

(8) 产生放射性废气、废液、固体废物的,还应具有确保放射性废气、废液、固体废物达标排放的处理能力或者可行的处理方案。使用放射性同位素和射线装置开展诊断和治疗的单位,还应当配备质量控制检测设备,制定相应的质量保证大纲和质量控制检测计划,至少有一名医用物理人员负责质量保证与质量控制检测工作。

"449号令"第八条规定,使用放射性同位素和射线装置进行放射诊疗的医疗卫生机构在获得环境保护部门的许可证之后,还应当获得放射源诊疗技术和医用辐射机构许可。这就是说,这些单位的安全防护措施除了要满足环境保护部门对辐射工作的要求外,还应当依据国务院卫生主管部门有关规定和国家标准,制定与本单位从事的诊疗项目相适应的质量保证方案,遵守质量保证监测规范,按照医疗照射正当化和辐射防护最优化的原则,避免一切不必要的照射,并事先告知患者和受检者辐射对健康的潜在影响。因此,在审查医疗机构的辐射许可证时,除了审查其对医技人员和公众的防护措施和环境保护措施外,还应审查其相应的上述原则措施,深入而具体的内容由卫生部门审查和落实。

关于许可形式,我国对辐射工作的许可都称为要获得"辐射工作许可证"。但是根据辐射工作实践潜在的辐射风险程度,规定了审查与发放许可证的政府层次不同。对潜在危害比较大的生产放射性同位素,销售、使用Ⅰ类放射源的,销售、使用(含建造)Ⅰ类射线装置和甲级非密封源工作场所的,由国务院环境保护主管部门直接负责审批颁发;省级环境保护主管部门负责销售、使用Ⅱ类、Ⅲ类、Ⅳ类、Ⅴ类放射源,生产、销售、使用Ⅱ类、Ⅲ类射线装置和乙级、丙级非密封源工作场所单位的审批颁发。并且,省级以上环保部门可以委托下一级环保部门审批颁发许可证。委托审批,责任仍然属于委托方。目前,环境保护部已将使用医用Ⅰ类放射源的许可证审批与颁发委托给了许多省级环境保护部门。

《电离辐射防护与辐射源安全基本标准》规定,对辐射工作实践的各种形式和辐射源,其法人均应向审管部门提交通知书,说明其目的与计划;对于含放射性物质消费品,只要求说明有关制造、装配、进口和销售等方面的计划,除非该实践或源产生的照射是被排除的或豁免的。如果实践活动所引起的正常照射不大可能超过审管部门规定的有关限值的某一很小份额及所伴随的潜在照射的可能性与大小可以忽略,且所伴随的任何其他可能的危害后果也可以忽略,并经审管部门确认,那么可只履行通知程序。否则,单位法人应向审管部门提出申请,履行相应程序,以获得批准。

"基本标准"中的批准用了注册或许可两种形式。采用注册的方式还是许可的方式,应由审管部门根据源或利用该源的实践的性质及所致照射的大小与可能性决定。适于注册方式批准的实践是指那些通过设施与设备的设计可在很大程度上保证安全、运行程序简单易行、对安全培训的要求极低、运行历史上几乎没有安全问题的。而核技术利用中的辐照装置、放射性物质加工设施、放射性废物管理设施，则应以许可方式批准。同时规定，申请批准者应向审管部门提交支持其申请所需要的有关资料；资料中，说明对其所负责的源所致照射的性质、大小和可能性所作的分析，并说明为保护工作人员、公众及环境所采取的或计划采取的各种措施；如果照射可能大于审管部门规定的某种水平，则进行相应的安全评价和环境影响评价，并作为其申请书的一部分提交给审管部门。对医疗照射实践的申请，还应说明执业医师在辐射防护方面的资格，承诺只有具备有关法规规定的或许可证中写明的辐射防护专业资格的执业医师，才允许开具使用其源的检查申请单或治疗处方。

## 11.3.2 工作场所要求

**1. 辐射工作场所一般要求**

本节主要指技术设备上的要求。如上所述，放射性污染防治法中已经原则规定了辐射工作单位必须采取安全与防护措施，预防发生可能导致放射性污染的各类事故，避免放射性污染危害。“449号令”对生产、销售、使用放射性同位素与射线装置的原则要求已在上面作过介绍。显然，这些措施应该与规划设计的放射性同位素与射线装置的生产、销售、使用规模相适应。

辐射工作场所的种类从简单到复杂有很多，放射性核素种类也过千，操作的放射性活度大小可以达很多个量级，所以各类辐射工作场所的辐射防护与安全的条件非但很多，而且差别也很大。所以，这些安全防护条件仅仅达到原则要求是远远不够的，必须对辐射工作方式和风险比较接近的场所，通过辐射安全与防护标准来进行规范。

在“基本标准”中，为便于辐射防护管理和职业照射控制，把辐射工作场所分为控制区和监督区。

对控制区，需要或可能需要专门防护手段或安全措施的区域，以便控制正常工作条件下的正常照射或防止污染扩散，并预防潜在照射或限制潜在照射的范围。确定控制区的边界时，应考虑预计的正常照射的水平、潜在照射的可能性和大小，以及所需要的防护手段与安全措施的性质和范围。对于范围比较大的控制区，如果其中的照射或污染水平在不同的局部变化较大，需要实施不同的专门防护手段或安全措施，则可根据需要再划分出不同的子区，以方便管理。具体措施有：①采用实体边界划定控制区；②在源的运行或开启只是间歇性的或仅是把源从一处移至另一处的情况下，采用与主导情况相适应的方法划定控制区，并对照射时间加以规定；③在控制区的进出口及其他适当位置处设立醒目的警告标志，并给出相应的辐射水平和污染水平指示；④制定职业防护与安全措施；⑤运用行政管理程序和实体屏障限制进出控制区，限制的严格程度应与预计的照射水平和可能性相适应；⑥按需要在控制区的入口处提供防护衣具、监测设备和个人衣物储存柜；⑦在控制区的出口处提供皮肤和工作服的污染监测仪、被携出物品的污染监测设备、冲洗或淋浴设施以及被污染防护衣具的储存柜；⑧定期审查控制区的实际状况，以确定是否有必要改变该区的防护手段或安全措施或该区的边界。

对监督区，通常不需要专门的防护手段或安全措施，但需要经常对职业照射条件进行监督和评价。其具体措施包括：①采用适当的手段划出监督区的边界；②在监督区入口处的适当地点设立表明监督区的标牌；③定期审查该区的条件，以确定是否需要采取防护措施和做出安全规定，或是否需要更改监督区的边界。

针对各类具体工作场所的安全与防护技术和要求，正如上述法规体系的概述中指出的，与核技术利用有密切关系的相关标准有407个，分通用和专项标准两类，专项标准几乎覆盖了所有行业类型及其实践的各个阶段，实用性和可操作性很强，需要时可参照使用。

辐射监测是获得高水平辐射安全业绩的重要手段。放射性污染防治法规定了"对从事放射性污染监测工作的机构实行资质管理制度"。"449号令"规定申请许可证者应配备必要的"监测仪器"，开展辐射工作的场所，应当在入口处设置必要的"(辐射声响)报警装置或工作信号"，严格按照国家规定进行"个人剂量监测"并建立档案。如上所述，在基本标准中特别强调了对控制区的监测，规定在控制区的进出口及其他适当位置给出相应的辐射水平和污染水平指示；对可能发生放射性污染的区域应按需要在入口处提供监测设备，如皮肤和工作服的污染监测仪、被携出物品的污染监测设备。应该特别指出，在探伤和辐照装置的专项标准中都规定了要使用个人剂量报警仪。

**2. 潜在照射控制要求**

1）概念

潜在照射(potential exposure)是指有一定把握预期不会受到，但可能会因源的事故或某种具有偶然性质的事件或事件序列(包括设备故障和操作错误)所引起的照射。而正常照射则是在设施或源的正常运行条件下，包括在可能发生的能够保持在控制条件之下的小的意外事件情况下受到或预计会受到的照射。

"潜在照射"是ICRP 1990年60号出版物中正式提出的。随后又专门发布64号《潜在照射的防护：概念框架》(1993年)和76号《潜在照射的防护：对所选择辐射源的应用》(1996年)等。这些出版物和参考资料对控制潜在照射的必要性、理论和方法都作了详细的分析与介绍，广泛论述了对放射源安全的控制，特别是建议对辐照装置的危险控制给予高度重视。不久，IAEA牵头联合六个国际组织批准并联合发布了《国际电离辐射防护和辐射源安全基本安全标准》(IAEA安全丛书115号，1996年版)，划时代地把以往的辐射防护扩展为辐射防护和辐射源安全两部分。其中辐射源安全的核心就是潜在照射的防护。对此很快引起了国内防护专家重视，第二年就发表文章，并翻译出版了ICRP和IAEA众多资料。在对"潜在照射"框架概念、表现形式、存在问题和预防措施等进行介绍和探讨中，主要集中在辐照装置的安全措施和小型放射源的管理。对辐照装置指出，对潜在照射的控制是运行单位和工作人员时刻不能掉以轻心的工作。

辐照装置是明显具有高度潜在照射的装置。按基本标准的定义，它包括安装有粒子加速器、X射线机或大型放射源并能产生高强度辐射场的一种构筑物或设施。正确设计的构筑物提供屏蔽和其他防护，并设有用以防止误入高强度辐射区的安全装置(如联锁装置)。辐照装置包括外射束辐射治疗用装置，商品消毒或保鲜用装置，以及某些工业射线照相装置等。这类装置的特点是产生的辐射剂量率特别高，如果不采取防护措施，在几分钟乃至更短的瞬间可使接近者受到致命的照射，即称为具有"低概率，高后果" 潜在照射特征的辐射。

2）控制要求

减少和消除发生潜在照射可能性的主要安全措施是做好纵深防御。纵深防御是指针对给定的安全目标运用多种防护措施，使得只要其中一种防护措施未失效，其安全目标仍能达到。“多种防护措施”的要求是指在可能造成某一照射方式事故历程中，至少应有三项以上防护措施，且只要有一项是好的，仍能保证安全。

尽管各国对事故的定义各不相同，但对辐射实践安全程度采用可能导致公众(包括职业人群)个人潜在照射事故的年发生概率来评价是一致的。ICRP 推荐了如表 11-1 所列的可能导致公众个人(或工作人员)不同潜在照射剂量事故的事件序列年发生概率约束指南值。约束值的意思是仅仅与该源相关，或者说仅仅由该源引起。它可从实践中分析得到，即该实践可能发生的最严重事故会产生的个人剂量是多大，它就是希望避免发生的这类危害等级的事故，同样也是要控制的事故年发生概率约束指南值。

**表 11-1　可能导致个人不同潜在照射剂量事故的事件序列**

年发生概率约束指南值

| 序号 | 个人剂量范围 | 年发生概率约束指南值 |
|---|---|---|
| 1 | 产生的个人剂量可视为正常照射范围(即约 1mSv)的事件序列 | $10^{-1}\sim10^{-2}$ |
| 2 | 产生的个人剂量不能视为正常照射但仍在随机效应范围(即从约 1mSv 到 0.1Sv)的事件序列 | $10^{-2}\sim10^{-5}$ |
| 3 | 产生的个人剂量可能引起某些确定性效应(即从约 0.1Sv 到几个 Sv)的事件序列 | $10^{-5}\sim10^{-6}$ |
| 4 | 产生的个人剂量可能引起严重效应(即大于几个 Sv)的事件序列 | $<10^{-6}$ |

上述约束指南值与多少道安全措施之间没有明确的一一对应关系，但在实际处理中，往往将约束值的负“几”次方中的“几”，看成是“几”道安全措施的“几”，也就是说，1 道安全措施可以认为把事故概率降低了 1 个数量级。安全措施的概念很广泛，但通常不包含规章制度中的内容，特别是对仅仅依靠个人安排的项目，而是指物质性的设备或器件，特别是那些联锁关系。例如，核电站反应堆的某种类型的严重事故发生概率有的要求在 $10^{-8}$ 以下，则针对为避免这种类型事故的安全措施要有 8 项之多。也就是说只有这 8 项措施同时失效时才能爆发出这种类型的事故。显然，这样叙述是很粗浅的，事故树的分析法更好。

由表 11-1 可以看到，对于可能引起某些确定性效应和严重效应的事件概率的约束值是相当低的。而对辐照装置来说，万一发生了事故，往往就属其中程度比较严重的事件。如将上述安全运行目标给予具体化，就是要求每台辐照装置在自己的寿期内(一般在 50 年左右或更长)，一次辐射事故也不发生。为此，各类辐照装置的设计除了应在硬件(设备)上能提供充分的安全措施外，还应在软件(管理)上给予强化。

3) 控制措施

对于具有“低概率，高后果” 潜在照射特征的辐射实践，为了做到“绝对不发生”严重的辐射事故，应具有防护对策。总体来说，这些对策应包括：

(1) 强化监督管理，使装置的设计和运行一直处在辐射防护的有效之下。

(2) 对实践正当性评价时就应考虑潜在照射某项实践的潜在照射危害估计可以用已经获得的经验来加以实现并不断予以修正。

(3) 减少和消除发生潜在照射可能性的措施，应当在实践的设计阶段就确立。为此，对辐照装置的设计必须由有资格的单位承担，并尽量采用先进可靠的技术，决不允许把安全的目标寄托在今后的管理上。

(4) 预防潜在照射的发生应该是运行辐射防护体系的一部分，且在γ辐照装置运行中应放在首位。事故的发生往往不是一个程序的失败(失效、失误)，但是必须立足于保持所有与安全有关的各个系统的可靠性和操作程序的可靠性，即要有一整套确保安全系统始终处于良好运行状态和操作程序无误的措施。

基本标准提出了对具有“低概率，高后果”潜在照射特征的辐射实践做好控制潜在照射的具体系列措施。它包括：

(1) 对这类源的批准应采用许可的方式，也就是最严格的审查批准方式。

(2) 注册者和许可证持有者保证其实践中的源：是经良好设计和建(制)造的；符合有关防护与安全要求及相应质量标准；经过检查，确认符合相应技术规格书的要求。

(3) 注册者和许可证持有者对其所负责的源进行安全评价。对于同类型源，如果已存在对源的技术性能的安全评价，则可只对源在当地的设置、使用及运行操作条件进行一般的安全评价。安全评价应对下列问题严格审查：源的运行操作限值和运行操作条件；潜在照射产生的可能性及其性质和大小；可能导致潜在照射或可能导致与防护和安全有关的构筑物、系统、部件和程序失效(单一失效或组合失效)的各种途径，以及这类失效可能造成的后果；为限制潜在照射的可能性和大小所用的安全装置的独立性以及安全装置的冗余性和多样性的适宜程度等。

(4) 源的设计和建(制)造应保证源：符合规定的防护与安全要求；满足工程、性能和功能方面的技术规格书；满足与部件和系统的防护与安全功能和性能相适应的质量标准；便于将来在满足规定的防护与安全要求的前提下退役。

(5) 有大量放射性物质释放的源选择场址时，应考虑可能影响该源的辐射安全的各种场址特征和可能受到该源影响的场址特征，并应考虑实施场外干预(包括实施应急计划和防护行动)的可行性。

(6) 应依据纵深防御原则，设置与源的潜在照射的大小和可能性相适应的多重防护与安全措施，并使源的防护与安全重要系统、部件和设备具有适当的冗余性、多样性和独立性。

(7) 应设置适当的自动安全系统，一旦源的运行状态超出规定的运行操作限制条件时，能自动将源安全地关闭或减少源的辐射输出量，实现故障安全设计原则，即按照这一原则完成的设计可以保证当某一部件或系统发生任何故障时源均能建立起一种安全状态。

(8) 设计还应做到：能对安全重要系统、部件和设备进行定期检查和检验，并为进行这类检查和检验提供相应的方法和手段；确保遵循防护与安全规定进行维修、检查和检验时不受到过量照射；为进行运行操作和维修方面的培训提供所需要的设备和手段；为实施必要的应急响应计划或程序提供适度手段。

(9) 对于运行，应建立明确的职责关系，建立和健全防护与安全管理组织；制定书面运行操作程序，保证按程序进行源的运行操作；定期审查防护与安全措施的有效性，定期对源的与防护和安全有关的系统、部件和设备进行适当的检查、维修、试验和保养；配备足够的合格运行操作人员和管理人员，并定期或不定期地对他们进行培训和考核，使他们具备和保持所要求的适任能力；建立和保持严格的源的盘查制度。

(10) 制定对异常事件和事故进行调查、跟踪和报告的程序；发生事件或事故后应进行调查，并提出书面报告；对可预见的运行操作错误或事故，应事先作好准备，使一旦需要时能采取必要的行动进行响应和纠正；应从事件和事故中积累和总结经验和资料，用以改进自己的防护与安全，并向审管部门提交和向其他有关各方(如源的供方、设计者和同类源的注册者与许可证持有者等)提供这些资料。

(11) 制定和实施质量保证大纲或程序，该大纲应规定：各项有计划的和系统的活动；管理机制，使各种与安全有关的任务能正确、有效地进行和完成；确认程序，对源的使用、检查、检验以及运行程序等进行确认。

显然，潜在照射的显现方式是多种多样的，所以控制潜在照射首先是完好的设计建造方面的技术措施，同时在行政措施上严格管理也是必不可少的。

4) 严峻的任务

我国目前有γ辐照装置约超过 200 台，估计其中有一半或是建造比较早，或是建造时监管不够严格，使得这些装置存在很多严重的安全隐患。这些年来，我国辐照装置事故不但频发，而且后果和性质很严重，要消除这些不安全因素的任务重，难度大。

辐照装置的辐射危害可分为正常运行中的常规照射和事故情况下的潜在照射。前者只是工作人员受到职业照射，它的受照水平通常只在较低范围内。这期间引起的公众受照，通常小到可以忽略不计。经验表明，控制正常运行中的照射并不难，而且几乎所有的辐照装置都做到了这一点。但是对潜在照射，在装置正常运行情况下不表现出来，只有在发生事故时才显现，而且它的确可能存在。而且一旦发生，后果往往特别严重。由辐射水平的计算可以看出，离 $7\times10^{14}$ Bq(2 万 Ci(居里))$^{60}$Co 源 1m 处受照 2min 的人员，就是积极救治，恐怕也难见成效。

据 IAEA 统计，γ 辐照加工业发展的早期(至 1975 年)，没有发生过装置运行过程中造成致命的事故。但 1975 年至 1994 年间发生了 5 起致命的事故(不含我国 1990 年事故)。这些事故，在相关国家协助下，IAEA 都组织派出防护专家对事故原因和应吸取的教训进行了调查与分析，并发表公开报告，希望在世界范围内特别是那些尚没有强有力辐射安全基础设施的国家传播这些信息，以便都能从经验中获益，并在其监管、许可证审批和检查方面实施改进。

这里必须强调指出，我国辐照装置方面的事故是严重的。据统计，我国辐射事故中与辐照装置有关的共发生 67 起，受照者中有死亡的 6 起，造成 11 人死亡。这些事故中，20 世纪 60 年代 8 起(有死者的 1 起 2 人)，70 年代 16 起，80 年代 34 起(死 1 起 1 人)，90 年代 7 起(死 2 起 5 人)，2004 年 1 起(死 2 人)，2008 年 1 起(死 1 人)。按源的状态，退役源处置不当的死 3 起 6 人，装置在运行中的死 3 起 5 人。表 11-2 给出了我国辐照装置运行中发生死亡事故的概况。

为控制包括辐照装置在内的核技术项目潜在照射，把相关的安全工作看作是一项系统工程是很有必要的。然而，当前做到完好的设计建造，良好的监督管理，决不带病运行三项尤其重要。尤其在辐照装置上实施“安全一票否决制”是完全必要的。

废弃放射源的优化管理，是控制潜在照射的一个重要方面，特别是具有明显危险的源。为此，在环境保护部国核安函[2008]99 号文中强调“全国放射性废物库建设项目完工后，将会大大提高各省环保部门收储废源的能力。对于确实无法返回原出口国或生产单位的Ⅰ、Ⅱ、Ⅲ类放射源经包装合格后，鼓励各省城市放射性废物库对其收储”。环境保护部将进行调研和协调，减少废源收储的障碍，及时安全地消除隐患。

表 11-2　3起γ辐照装置运行中受照者死亡的事故概况

| 位置 | 发生年份 | 受照的主要原因 | 受影响人数 | 照射性质和健康后果 |
|---|---|---|---|---|
| 上海 | 1990 | $^{60}$Co 活度 $8.5\times10^{14}$ Bq，运行中在未降源也未带个人剂量报警仪和辐射水平测量仪的情况下就进入往外搬货物直至此次搬运结束 | 7 | 7人患急性放射病，其中2人死亡 |
| 山东 | 2004 | 辐照装置（$^{60}$Co，$2.1\times10^{15}$ Bq）正在运行中，辐照室对辐照物品换层，安全联锁系统不完善，仅有的也失效，2人违章经护栏进入 | 2 | 全身照射，分别于受照射后35、71天死亡 |
| 山西 | 2008 | 辐照装置运行中，静态辐照方式，没有降源就进入对货物换层与换位，安全联锁系统极不完善，也没带可携式剂量监测仪与个人剂量报警仪 | 2 | 2人受照后1人死亡 |

### 11.3.3　医疗照射控制

基本标准定义的医疗照射是：患者（包括不一定患病的受检者）因自身医学诊断或治疗所受的照射、知情但自愿帮助和安慰患者的人员（不包括施行诊断或治疗的执业医师和医技人员）所受的照射，以及生物医学研究计划中的志愿者所受的照射（以下简称为“患者等三方面人员”所受的照射）。放射性同位素与射线装置在医疗领域应用中，受到照射的人员除了公众以外有两大类，第一类是施行放射诊断与治疗工作的执业医师和医技人员，第二类是上述“患者等三方面人员”。显然，前者属于职业照射。为了有效控制医学应用中的所有照射，“449号令”第八条规定，使用放射性同位素和射线装置进行放射诊疗的医疗卫生机构，除了获得环境保护部门的许可，还应当获得放射源诊疗技术和医用辐射机构许可。第三十八条还规定，应当依据国务院卫生主管部门有关规定和国家标准，制定与本单位从事的诊疗项目相适应的质量保证方案，遵守质量保证监测规范，按照医疗照射正当化和辐射防护最优化的原则，避免一切不必要的照射，并事先告知患者和受检者辐射对健康的潜在影响。所以，可以简单地说，对职业人员和公众照射的控制由环境保护部门来审管批准，而对“患者等三方面人员”所受照射的控制由卫生部门来审管批准。而卫生部门对职业照射控制的任务是，由许可证持有者按照有关法规的规定，安排相应的健康监护；且健康监护应以职业医学的一般原则为基础，其目的是评价工作人员对于其预期工作的适任和持续适任的程度。

对“患者等三方面人员”所受照射的控制有很多工作要做。

首先是要明确责任，许可证持有者应对保证受检者与患者的防护与安全负责。有关执业医师与医技人员、辐射防护负责人、合格专家、医疗照射设备供方等也应对保证受检者与患者的防护与安全分别承担相应的责任。特别是只有具有相应资格的执业医师才能开具医疗照射的检查申请单或治疗处方。

第二是要严格进行医疗照射的正当性判断，即在考虑了可供采用的不涉及医疗照射的替代方法的利益和危险之后，仅当通过权衡利弊，证明医疗照射给受照个人或社会所带来的利益大于可能引起的辐射危害时，该医疗照射才是正当的。在判断放射学或核医学检查时，应掌握好适应证，正确合理地使用诊断性医疗照射，并应注意避免不必要的重复检查。涉及群体检查时，应考虑通过普查可能查出的疾病、对被查出的疾病进行有效治疗的可能性和由于某种疾病得到控制而使公众所获得的利益，只有这些受益足以补偿在经济和社会方面所付出的代价(包括辐射危害)时这种检查才是正当的。X射线诊断的筛选性普查还应避免使用透视方法。

第三是要在设备、操作和质量保证方面做好防护最优化。特别是要根据有关标准所规定的质量保证要求制定一个全面的医疗照射质量保证大纲；制定这种大纲时应邀请诸如放射物理、放射药物学等有关领域的合格专家参加。

第四是要积极推行医疗照射的指导水平与剂量约束。在指导水平方面已有放射诊断和核医学诊断的医疗照射指导水平，即典型成年受检者X射线摄影的剂量指导水平，典型成年受检者的X射线CT检查的剂量指导水平、乳腺X射线摄影的剂量指导水平、X射线透视的剂量率指导水平、在各种核医学诊断中的活度指导水平。

第五是进行事故性医疗照射的预防和调查，要不断提高所有有关人员的安全文化素养，防止发生潜在的事故性医疗照射；对每一项调查，均应计算或估算受检者与患者所受到的剂量及其在体内的分布，提出防止此类事件再次发生需要采取的纠正措施，实施其责任范围内的所有纠正措施，按规定尽快向审管部门提交书面报告，说明事件的原因和采取纠正措施的情况，并将事件及其调查与纠正情况通知受检者与患者及有关人员。

### 11.3.4 干预与豁免

**1. 干预**

1) 概念与基本原则

干预是指针对应急照射情况或持续照射情况所制定的可防止的剂量水平，当达到这种水平时应考虑采取相应的防护行动或补救行动(干预行动)。但是，这类行动应有干预组织进行。干预组织是政府指定或认可的、负责管理或实施某一方面干预事宜的组织。可防止的剂量水平，也称干预水平或行动水平，它是在持续照射或应急照射情况下，应考虑采取补救行动或防护行动的剂量率水平或活度浓度水平。

辐射是客观存在的，处理应急照射或持续照射情况的干预行动应该有条不紊地进行。采取干预行动的基本原则是，只有在干预情况下，为减少或避免照射，采取防护行动或补救行动是正当的，才能实施这类行动。且任何这类防护行动或补救行动的形式、规模和持续时间均应是最优化的，使在通常的社会和经济情况下，从总体上考虑，能获得最大的净利益。所以，在决定这类行动时应以最优化分析的结果为依据。并且，在应急照射情况下，除非超过或可能超过旨在保护公众成员的干预水平或行动水平，或者在持续照射情况下，除非超过有关行动水平，否则一般不需要采取防护行动。

应急照射情况下保护公众成员的干预水平或行动水平包括：任何情况下预期均应进行干预的剂量水平和应急照射情况下的通用优化干预水平与行动水平。前者又分急性照射的剂量行动水平(2天内器官或组织的预期吸收剂量，例如骨髓1Gy)和持续照射的剂量率行动水平(每年吸收剂量，例如性腺0.2Gy)。后者中通用优化干预水平用可防止的剂量(选定的人群样本的平均值，而不是关键居民组中个人所受到的剂量)表示，即当可防止的剂量大于相应的干预水平时，则表明需要采取这种防护行动。这方面包括紧急防护行动：隐蔽、撤离。碘防护的通用优化干预水平，如隐蔽的通用优化干预水平是：在2d以内可防止的剂量为10mSv；临时撤离的通用优化干预水平是：在不长于一周的期间内可防止的剂量为

50mSv。碘防护的通用优化干预水平是100mGy(指甲状腺的可防止的待积吸收剂量)。食品通用行动水平：放射性核素$^{134}Cs$、$^{137}Cs$、$^{103}Ru$、$^{106}Ru$、$^{89}Sr$在一般消费食品中是$1kBq \cdot kg^{-1}$，在牛奶、婴儿食品和饮水中是$1kBq \cdot kg^{-1}$；临时避迁和永久再定居，开始和终止临时避迁的通用优化干预水平分别是：一个月内可防止的剂量为30mSv和10mSv等。

持续照射情况下的行动水平包括住宅中的氡($^{222}Rn$)。在大多数情况下，住宅中氡持续照射的优化行动水平应在年平均活度浓度为$200\sim400Bq \cdot m^{-3}$(平衡因子0.4)，其上限值用于已建住宅氡持续照射的干预，其下限值用于对待建住宅氡持续照射的控制；工作场所中氡持续照射情况下补救行动的行动水平是在年平均活度浓度为$500\sim1000Bq \cdot m^{-3}$(平衡因子0.4)范围内，达到$500Bq \cdot m^{-3}$时宜考虑采取补救行动，达到$1000Bq \cdot m^{-3}$时应采取补救行动。

2) 对实施的管理

应急照射情况下，会出现需要紧急干预的情况，应制定相应的应急计划或程序，并经审管部门认可和作好各种防护行动准备，特别要协调好场区内、外的应急行动和实施所需要的场外防护行动。在持续照射情况下，对于超过或可能超过有关行动水平的持续照射情况，应根据需要制定通用或场址专用补救行动计划，并经有关部门认可。采取补救行动时，应确保按照经认可的补救行动计划进行。

工作人员在实施干预中受到的职业照射，应按审管部门的要求，由注册者、许可证持有者、用人单位或有关干预组织承担各项防护责任；对于干预情况下的公众照射，按政府所确定的各种组织安排和职能分工，由国家、地方有关干预组织以及导致干预的实践或源的注册者或许可证持有者承担各项公众保护责任。

发生或预计可能发生需要采取防护行动(为避免或减少公众成员在持续照射或应急照射情况下的受照剂量而进行的一种干预)的应急照射情况时，注册者和许可证持有者应立即报告有关干预组织和审管部门，并应随时报告，内容包括：事态的发展和预计的发展趋势；为保护工作人员和公众成员所采取的措施；已经造成的和预计可能造成的照射等。

显然，实施干预时应考虑国情和当地的具体条件，如：通过干预可以避免的个人和集体剂量；干预本身所伴有的放射和非放射健康危险；以及干预的经济、社会代价与利益。

**2. 豁免**

1) 豁免准则

在基本标准中，对豁免的定义是指实践和实践中的源经确认符合规定的豁免要求或水平并经审管部门同意后被本标准的要求所豁免。

对小量的放射性物质和源以及有关射线装置的实践进行豁免管理是国际上普遍实施的辐射防护管理原则。我国相关部门曾有一些做法，但至今尚未立法。在基本标准中，豁免占有重要位置。该标准规定，在审批豁免时，审管部门首先要确认某项实践是正当的，然后是被豁免实践或源具有固有安全性，能确保对个人造成的和所引起的群体辐射危险始终都足够低。具体来说，要求被豁免实践或源使任何公众成员一年内所受的有效剂量预计为$10\mu Sv$量级或更小；一年内所引起的集体有效剂量不大于约1人·Sv，或防护的最优化评价表明豁免是最优选择。

结合具体实践，下列各种实践中源经审管部门认可后可被本标准的要求豁免。符合下列条件并具有审管部门认可的型式的辐射发生器和电子管件(如显像用阴极射线管)：①正常运行操作条件下，在距设备的任何可达物质表面0.1m处所引起的周围剂量当量率或定向剂量当量率不超过1μSv·$h^{-1}$；或②所产生辐射的最大能量不大于5keV。对于放射性物质(放射源)符合以下要求的，即任何时间段内在进行实践的场所存在的给定核素的总活度或在实践中使用的给定核素的活度浓度不超过表A1所给出的或审管部门所规定的豁免水平。作为举例，表11-3给出了标准附录中所列的申报豁免基础的豁免水平：放射性核素的豁免活度浓度与豁免活度。

**表11-3　作为申报豁免基础的豁免水平：放射性核素的豁免活度浓度与豁免活度**

| 核素 | 活度浓度/(Bq·$g^{-1}$) | 活度/Bq | 核素 | 活度浓度/(Bq·$g^{-1}$) | 活度/Bq |
|---|---|---|---|---|---|
| H-3 | $1\times10^6$ | $1\times10^9$ | Sm-153 | $1\times10^2$ | $1\times10^6$ |
| Na-24 | $1\times10^1$ | $1\times10^5$ | Eu-152 | $1\times10^1$ | $1\times10^6$ |
| P-32 | $1\times10^3$ | $1\times10^5$ | Er-169 | $1\times10^4$ | $1\times10^7$ |
| K-40 | $1\times10^2$ | $1\times10^6$ | Tm-170 | $1\times10^3$ | $1\times10^6$ |
| Co-60 | $1\times10^1$ | $1\times10^5$ | W-185 | $1\times10^4$ | $1\times10^7$ |
| Ni-63 | $1\times10^5$ | $1\times10^8$ | Au-198 | $1\times10^2$ | $1\times10^6$ |
| Kr-85 | $1\times10^5$ | $1\times10^4$ | Hg-203 | $1\times10^2$ | $1\times10^5$ |
| Sr-90* | $1\times10^2$ | $1\times10^4$ | Tl-204 | $1\times10^4$ | $1\times10^4$ |
| Y-90 | $1\times10^3$ | $1\times10^5$ | Tl-204 | $1\times10^4$ | $1\times10^4$ |
| Mo-99 | $1\times10^2$ | $1\times10^6$ | Po-210 | $1\times10^1$ | $1\times10^4$ |
| Tc-99m | $1\times10^2$ | $1\times10^7$ | Rn-220* | $1\times10^4$ | $1\times10^7$ |
| Ru-103 | $1\times10^2$ | $1\times10^6$ | Rn-222* | $1\times10^1$ | $1\times10^8$ |
| Ru-106* | $1\times10^2$ | $1\times10^5$ | Ra-226* | $1\times10^1$ | $1\times10^4$ |
| Ag-110m | $1\times10^1$ | $1\times10^6$ | U-235* | $1\times10^1$ | $1\times10^4$ |
| In-115m | $1\times10^2$ | $1\times10^6$ | U-238* | $1\times10^1$ | $1\times10^4$ |
| Sb-124 | $1\times10^1$ | $1\times10^6$ | U-天然 | $1\times10^0$ | $1\times10^3$ |
| I-125 | $1\times10^3$ | $1\times10^6$ | Np-237* | $1\times10^0$ | $1\times10^3$ |
| I-131 | $1\times10^2$ | $1\times10^6$ | Pu-238 | $1\times10^0$ | $1\times10^4$ |
| Ba-131 | $1\times10^2$ | $1\times10^6$ | Pu-239 | $1\times10^0$ | $1\times10^4$ |
| Xe-133 | $1\times10^3$ | $1\times10^4$ | Am-241 | $1\times10^0$ | $1\times10^4$ |
| Cs-137* | $1\times10^1$ | $1\times10^4$ | Cf-252 | $1\times10^1$ | $1\times10^4$ |
| Pm-147 | $1\times10^4$ | $1\times10^7$ | Th-天然 | $1\times10^0$ | $1\times10^3$ |

2) 豁免管理

为了促进核技术的广泛开展，同时又按照相关标准的要求有效地控制辐射照射，国务院环境保护部文件规定，对固有安全和防护性能较好的含源装置和射线装置，经省级以上人民政府环境保护行政主管部门确认后可以实施豁免管理，且含源装置和射线装置的豁免应遵循下列原则：

(1) 这些豁免的含源装置和射线装置原则上只适用于在组织良好、人员训练有素的工作场所对小量放射性物质和源的工业应用及实验室及医学应用。

(2) 含源装置中的放射源出厂活度应不大于国家相关标准规定的豁免活度的5倍。

(3) 放射源中所含放射性物质应为固体，放射性物质呈密封源形式，或放射性物质与载体牢固地结合在一起，能有效地防止放射性物质的泄漏。

(4) 含源装置的结构合理,正常使用和维修时能有效地防止人员与放射源的直接接触。

(5) 正常操作和储存时,距含源装置的任何可达表面 0.1m 处所引起的周围剂量当量率或定向剂量当量率不超过 $1\mu Sv \cdot h^{-1}$；或所产生辐射的最大能量不超过 5keV。

(6) 放射源生产厂家或进口设备国内总代理商承诺并具有回收废旧放射源的具体措施和能力。

同时规定,提出豁免申请时应提交下列材料：

(1) 含源装置和射线装置生产厂家或销售单位辐射安全许可证复印件。

(2) 含源装置或射线装置的辐射安全分析报告。分析报告中应包含含源装置或射线装置的用途、可能的用户,放射源或射线装置的结构,放射源的活度,射线装置的额定指标,辐射安全分析,对公众和环境影响分析,放射源和射线装置的安全管理,各项规章制度和管理机构等。

(3) 有资质单位出具的含源装置或射线装置辐射剂量水平监测报告。

(4) 废旧放射源回收承诺和具体管理措施。

豁免申请经批准后,报国务院环境保护部门备案后在全国范围内有效(由国务院环境保护行政主管部门在网站上公布)。

然而,基本标准对豁免是相当谨慎的,强调这些豁免水平原则上只适用于在组织良好、人员训练有素的工作场所对小量放射性物质和源的工业应用及实验室或医学应用,例如,利用小的密封点源校准仪器,将小量非密封放射性溶液装进容器,工业示踪,一瓶低活度气体的医用等。同时,严禁为申报豁免而采用人工稀释等方法来降低放射性活度浓度。要求在考虑豁免时,审管部门应根据实际情况逐例审查,并明确规定处置废源时必须满足的条件；某些情况下,也可以要求采用更为严格的豁免水平。

应该强调,在任何情况下,豁免条件之一就是它们必须是监管部门批准的类型。这类器件通过设计可使照射得到有效控制,从而不需要对在装有这类器件附近的工作人员施行进一步的照射控制。所以使用豁免规定,意味着需要建立这类器件的相关标准,不满足要求的器件就不在豁免之内。然而,对于从事生产、运输、维护这些被豁免的器件的工作人员受到的照射仍需加以控制。

## 11.4　监督检查

### 11.4.1　监管部门

“449 号令”对监督检查专列一章,可见其在辐射安全与防护中的重要性。条例规定,县级以上人民政府环境保护主管部门和其他有关部门应当按照各自职责对辐射工作单位进行监督检查。被检查单位应当予以配合,如实反映情况,提供必要的资料,不得拒绝和阻碍。在监督检查中发现辐射工作单位有不符合原发证条件的情形的,应当责令其限期整改。任何单位和个人对违反本条例的行为,有权向环境保护主管部门和其他有关部门检举；对环境保护主管部门和其他有关部门未依法履行监督管理职责的行为,有权向本级人民政府、上级人民政府有关部门检举。接到举报的有关人民政府、环境保护主管部门和其他有关部门对有关举报应当及时核实、处理。

放射性污染防治法第十四条规定，国家对从事放射性污染防治的专业人员实行资格管理制度。“449号令”规定，县级以上环境保护主管部门应当配备辐射防护安全监督员。辐射防护安全监督员由从事辐射防护工作，具有辐射防护安全知识并经省级以上人民政府环境保护主管部门认可的专业人员担任。辐射防护安全监督员应当定期接受专业知识培训和考核。监督检查人员依法进行监督检查时，应当出示证件。基本标准从理论角度明确，本标准的贯彻和本标准实施的监督管理由审管部门负责。监督管理部门还应注意国内外辐射防护发展的新技术和新动向，并积极推广。例如当前要推进“补充性电离警告标志”的广泛使用。要宣传这个新标志，并在重要放射源上相应地贯彻实施。这个标志已于2007年2月由国际标准化组织作为“补充性电离警告标志”(ISO 21482号文件)予以公布。它是对现有标志的补充。它除了有警示“有毒”和“海盗”的常见骷髅图外，还能提示人们“扔下，跑开!”。它应当被安置在放射源或放射屏蔽上或者辐射装置盖的下方。一般情况下，在正常使用放射源时是看不见它的，只有当企图拆除放射源时才会看见。IAEA建议该标志用于Ⅰ类、Ⅱ类、Ⅲ类密封放射源。

良好的监督检查效果往往与检查内容、方法和结果处理方式有很大关系。监督检查的一般内容有：源项与许可证规定(操作方式、数量、有效期)符合否；安全系统(措施，固定的、可移动或可携带，逐项或抽查)正常否；安全防护监测记录(监测资格、数据显示监测对象的合格性)齐全与正常否；厂房有无缺陷(通风、防火、防盗、高压电)；事故与故障，信息反馈(查记录)处理正确性；安全组织活动正常性(查记录)；人员素质适宜性(查培训教材和记录)；规章制度完善性与执行情况(源项启用、维修及其安全措施、检查、故障处理、培训)。

检查结果的处理：一般(正常)情况只做检查内容与关系人员的记录；遇有需“警告”情况时写书面报告给厂方；决定是否要取消许可证；发现严重情况要出一个公开的检查通告(公告)。检查结果的处理是一件非常严肃的事情，所以后3项在国外是经常做的。

以美国为例，经常性监督的检查周期：对多个用途的辐射工作场所，一年一次；对医院，2～3年一次(个体诊所，4～5年一次)。有重大问题时专程检查。检查内容有：操作程序正确否，实地查看；向工作人员提问几个问题，以了解员工是否培训和再培训及程度；检查提供的有效监测结果，看防护效果及是否符合标准要求；审查档案、记录、资料是否齐全。检查方法是：事前不通知，问题不大者给法人讲一下；问题大时写书面报告给法人；问题严重时进行公开处罚。

环境保护部在《关于印发2008年辐射安全经验交流座谈会会议纪要的函》(国核安函[2008]99号)中强调，各级环保部门应认真汲取山西“4.11”辐射事故的经验和教训，制定规范的监督检查程序，明确监督检查的重点内容、频次和人员等。指出环境保护部已经向各核与辐射安全监督站印发了《放射性同位素与射线装置辐射安全和防护监督检查技术程序》(针对近40个工种的环境保护和辐射防护与安全检查的内容与格式)，要求各省环保部门在实施检查时应充分使用。

在国核安函[2008]99号中还强调，各级环保部门在监督检查后都应形成书面形式的检查意见。对发现存在问题的核技术利用单位应提出明确的整改要求，并充分发挥属地环保部门的作用，加密监督检查的频次，严防核技术利用单位带病作业。一旦发现违规作业，应严格按照法规的规定，对其进行处罚。

理论和实践表明，监督管理在整个辐射防护工作中处在“基础”的地位，也处在“主导”的地位。结合我国情况，应经常抓好如下六方面的工作：①加强法规和标准的实施措施；②健全审批制度；③强化运行中检查；④严肃处理违章；⑤抓住事故教训；⑥严格培训与再培训。就现有法规与标准而言，对相关辐射工作实践的有关辐射防护的剂量限值、工作场所的划分及标志设置、辐射监测、工作场所防护要求和安全措施、应急照射控制、审查批准和发证、运行中的辐射安全评价、事故处理和管理以及操作人员素质要求等均作了规定，如能严格执行，定能取得较好的安全效果。然而，目前很多辐射工作单位没有能对这些法规和标准的内容进行充分研究，并在自己的设计或运行中付诸实施。监督管理部门尚须研究采取使法规和标准付诸实施的有力措施。

## 11.4.2　辐射工作单位

为了强化辐射工作单位的自我管理意识，“449 号令”第三十条规定，生产、销售、使用放射性同位素和射线装置的单位，应当对本单位的放射性同位素、射线装置的安全和防护状况进行年度评估。发现安全隐患的，应当立即进行整改。环境保护部许可管理办法中要求年度评估报告于每年 1 月 31 日前报原发证机关。并且，年度评估的时候，辐射工作单位应当报告放射性同位素与射线装置台账、辐射安全和防护设施的运行与维护、辐射安全和防护制度及措施的建立和落实、事故和应急以及档案管理等方面的内容，以及对存在问题的改进措施。

“449 号令”第二十七条规定，生产放射性同位素的单位的行业主管部门，应当加强对生产单位安全和防护工作的管理，并定期对其执行法律、法规和国家标准的情况进行监督检查。基本标准中也强调，许可证持有者应保持对安全防护措施和资源的经常性审查，并定期核实防护与安全目标是否得以实现。目前在辐射加工业有几家联合企业，这类企业也很需要有与此相类似的监督检查并建立相应机构。不仅如此，这个机构还应实施对所有被联合的企业进行规范化管理，包括统一安全教育培训与检查，经常交流安全防护技术的进展与事故(事件或故障)信息。

为了使安全生产工作有法可依，从法律上保证安全生产管理工作的规范化，2002 年 11 月《中华人民共和国安全生产法》颁布开始正式实施。其中第十九条规定：“从业人员超过 300 人的(企业)，应当设置安全生产管理机构或配备专职安全生产管理人员；从业人员在 300 人以下的，应当配备专职或者兼职的安全生产管理人员，或者委托具有国家规定的相关专业技术资格的工程技术人员提供安全生产管理服务。”对于核技术利用中的辐射加工行业，这样的安全组织机构就更为重要。国际上杜邦公司的安全业绩是最获得称赞的。它的安全管理模式的发展，经历了“分散→集中→分散＋集中”的过程。我国上述辐射加工业的联合企业，应充分研究国外联合企业的经验，要在联合企业的基础上建立健全安全管理机构，并积极开展系列的安全活动，以使联合企业获得健康发展。

安全检查应切忌流于形式。“对安全检查中发现的问题采取容忍态度”是国际上辐射防护界得到的深刻教训，必须很好地拿来为我所用。事故处理要做好事故信息的反馈，减少类似事故的发生；我国要特别加强安全检查，为使本国或本单位的辐射安全达到世界最高水平是各级监管部门和单位法人义不容辞的责任。

# 11.5 教育培训

## 11.5.1 安全文化与安全绩效

“449 号令”规定,生产、销售、使用放射性同位素和射线装置的单位申请领取许可证时,应当有与所从事的生产、销售、使用活动规模相适应的,具备相应专业知识和防护知识及健康条件的专业技术人员;辐射工作单位,应当对直接从事生产、销售、使用活动的工作人员进行安全和防护知识教育培训,并进行考核;考核不合格的,不得上岗;并且辐射安全关键岗位应当由注册核安全工程师担任。在“环保部令第 3 号”中,对所有类型的辐射工作人员都强调“必须通过辐射安全和防护专业知识及相关法律法规的培训和考核”。在培训的要求方面,现今社会普遍认为提高员工的安全文化素养应放在第一位。

表 11-4 给出了我国有关部门统计的 1988—1998 年 11 年间辐射事故直接原因分析(每一起事故按一个主要原因来划定)的结果。

**表 11-4 放射事故直接原因分布**

| 主要直接原因 | 事故起数/起 | 占全部事故比例/% |
|---|---|---|
| 责任事故 | **281** | **84.64** |
| 违反操作规程和规定 | 15 | 4.52 |
| 安全意识薄弱 | 22 | 6.63 |
| 缺乏知识 | 4 | 1.20 |
| 操作失误 | 16 | 4.82 |
| 管理不善 | 157 | 47.29 |
| 领导失职 | 67 | 20.18 |
| 技术事故 | **42** | **12.65** |
| 设计不合理 | 5 | 1.51 |
| 设备意外故障 | 34 | 10.24 |
| 监测系统缺陷 | 3 | 0.90 |
| 其他事故 | **9** | **2.71** |
| 自然事故 | 8 | 2.41 |
| 原因不清 | 1 | 0.30 |

从表 11-4 中可以看出,人为因素造成的责任事故占绝大部分(84.6%),责任事故中以管理不善为主,占 47.3%。领导失职造成的事故有 67 起,占全部事故的 20.2%。有的单位领导缺乏安全防护意识,只重视生产,忽视对放射安全的严格管理,对放射性工作人员不进行安全防护知识的教育与培训,操作人员违反操作规程和有关规定,甚至无证使用放射性同位素。有的领导安全意识薄弱,擅自做主,如为了清理环境,并计划在放射性污水池中养鱼,不经有关部门批准与监测,领导决定将池中污水排放到本所试验田,并将污泥挖出扔到池边及围墙外,造成对环境的污染事故。很明显,事故原因的以上种种表现都与领导或员工的安全文化素养有关。

### 11.5.2 安全文化的由来与内涵

安全文化是在总结原苏联切尔诺贝利核事故中人为因素的基础上提出的一种完整的、为确保核电厂安全生产的管理概念。切尔诺贝利事故是人类核电史上损害最严重、影响最大的一次核事故。虽然它对人类的损害程度并不比历史上其他类型事故(例如某些化工厂的事故)严重,但在国际上的反响却比它们严重得多。在切尔诺贝利事故的头几年里,很多国家对发展核电持否定态度。人们都知道,核设施的安全基于符合科学的安全设备和措施。但切尔诺贝利事故后,人们更认识到从决策部门到实际运行人员的安全素养的重要性,于是核安全专家们提出了保证核电厂安全生产的完整的安全管理的一套思想——"安全文化"。1986 年 IAEA 出版丛书 No. 75-INSAG-1,即 INSAG 的《切尔诺贝利事故后审评会的总结报告》中首次引出了"安全文化"(safety culture)一词,并在 1988 年出版的 INEA 安全丛书 No. 75-INSAG-3《核电厂基本安全原则》中进一步阐述。此后,"安全文化"一词在与核电厂安全有关的文件中越来越多地被使用。为"建立一种超出一切之上的观念,即核电厂安全问题由于它的重要性,要保证得到应有的重视",IAEA1992 年出版了 IAEA 国际核安全咨询组(INSAG)编写的《安全文化》一书(IAEA,S. S,No. 75-INSAG-4)。

代表 INSAG 成员共同观点的第一项建议就是安全文化定义:"安全文化是存在于单位和个人中的种种特性和态度的总和,它建立一种超出一切之上的观念,即核电厂的安全问题由于它的重要性要保证得到应有的重视。"这一定义强调安全文化既是态度问题,又是体制问题,同时关系到单位和个人,指出了在处理所有核安全问题时应具有的态度和应采取的行动。这一定义把安全文化与每个人的工作态度、思维习惯和单位的工作作风联系在一起。INSAG 第二项建议指出,工作态度、思维习惯和单位的工作作风往往是抽象的,但是这些品质却可以引出种种具体的表现,所以应寻找各种办法,利用具体表现来检验这些内在而隐含的东西。INSAG 的第三项建议是针对"仅仅机械地执行完善的程序和良好的工作方法是不够的"的认识而提出的,即"安全文化要求,必须正确地履行所有安全重要职责,具有高度的警惕性、适时的见解、丰富的知识、准确无误的判断能力和高度的责任感"。它把严格执行程序与充分发挥工作人员的才智有效地结合起来。

关于安全文化的内容,INSAG 指出:事情的成功一般来说都取决于两个方面的因素,即政策和管理方面的,以及每个人本身的承诺和能力。安全文化的具体表现由两个方面组成:第一是体制;第二是每个人的响应。前者是活动方式和职责(承诺)的分工;后者是工作效果和能力的表现。人们认识到,人的才智在查出和清除潜在的问题方面是十分有效的,对安全有着巨大的积极影响。即人的智慧可以弥补设备条件(硬件)上的不足。因此,与安全操作有关的每个人都承担着很重要的责任,除了遵守规定的程序,还必须具有高度的警惕性、适时的见解、丰富的知识、准确无误的判断能力以及高度的献身精神和责任感,有一个完全充满"安全第一"的思想。具有这种特征的工作人员称得上具备了"安全文化"。所以,安全文化的实质是一种手段,它能使所在地的单位和个人(包括管理机构、领导层、运行和协作的所有单位和个人)都能对安全密切关注,防止人为错误的发生,从而减少事故,提高安全水准。

工作人员的献身精神、安全思想和内在的探索态度等对安全文化的作用是巨大而又重要的,但又是无形的。INSAG 认为,对政府部门、营运单位和协作单位的决策层、经理和工作人员都可以有安全文化的度量标志及检查安全文化作用的指标，但以下六个方面的特征适合于各级组织和个人：

(1) 个人认识。每个人对安全重要性的认识。

(2) 知识和能力。一看原有基础；二看日后的接受程度(增长)。

(3) 承诺。一是口头承诺对安全的责任；二是要用行动来体现。

(4) 积极性。对安全工作的响应速度和实干精神。可通过引导、建立目标、奖惩制度及个人自发产生。

(5) 监督。对工作的监察及审查。

(6) 责任制。由正式委派明确。

安全第一的思想，有人总结了对个人的要求是："内在的探索态度、谦虚谨慎、精益求精，以及鼓励安全事务方面的责任心和整体自我完善。"争取安全优异成绩者的人品特性：探索的工作态度，严谨的工作方法，互相交流的工作习惯。三者相加的结果就是对安全的一大贡献。

对决策层的要求是：公布安全政策，即安全应有优先权，必要时可不顾生产；建立管理体制，即明确责任制；清晰的汇报渠道，法定责任人是主任(第一把手)；提供人力物力资源，即培训、提拔人、设备装置、技术手段，良好的工作和休息环境；自我完善，即通过定期审查实现，审查内容有人事安排、培训、运行经验反馈，设计变更的批准；承诺，即公开自己的责任，当众宣布，表明自己的社会责任的立场和安全方面的坦诚意愿。

对生产组织者的要求是：明确责任分工；做好安全工作的妥善安排和管理；人员资格审查和培训；奖励和惩罚；监察、审查和对比；承诺，通过实践来体现。

显然，要使所有职工都具有安全方面的良好人品特性，必须通过有组织有计划的培训与教育，鼓励对防护与安全事宜采取深思、探究和虚心学习的态度并反对故步自封。

必须强调，安全文化素养既是态度问题，又是体制问题，既和单位有关，又和个人有关，同时还牵涉处理所有安全问题时所应该具有的正确理解能力和应该采取的正确行动。基本标准强调，要有令人满意的安全文化素养，以能保证：

(1) 制定把防护与安全视为高于一切的方针和程序；

(2) 及时查清和纠正影响防护与安全的问题，所采用的方法应与问题的重要性相适应；

(3) 明确规定每个有关人员(包括高级管理人员)对防护与安全的责任，并且每个有关人员都经过适当培训并具有相应的资格；

(4) 明确规定进行防护与安全决策的权责关系；

(5) 做出组织安排并建立有效的通信渠道，保持防护与安全信息在注册者或许可证持有者各级部门内和部门间的畅通。

看了上文所述，有人会说："这些都是我们早已在做的啊!"正因为如此，INSAG 认为需要再深入一步。应该组织有关人员进行学习、研究和讲解并参照 INSAG 给出的达到令人满意的安全文化应具有的可以衡量的那些特性，进行对比，采取措施，提高我国与核有关的辐射实践的安全水准。

### 11.5.3 培训机构和培训要求

环境保护部规定，辐射安全培训分别由环境保护部与省级人民政府环境保护主管部门审定的辐射安全培训机构进行。具备相应条件的单位可以分别向省级以上人民政府环境保护主管部门申请。

按照规定，各级环境保护主管部门辐射安全防护监督员、辐射工作单位的辐射工作人员以及辐射防护负责人都应接受上岗前的全面和系统的基础培训，其后定期接受再培训。培训内容主要包括相关的法律法规、标准和技术规范、辐射安全防护专业知识和技能、辐射监测技术、核技术应用实例、辐射事故分析及防范等。并且由环境保护部编写这类培训大纲和教材，建立辐射安全培训试题库。

为了达到培训目的，保证培训质量，环境保护部规定辐射安全培训由具有条件的辐射安全培训机构进行。根据培训对象，培训分高级、中级和初级。环境保护部审定的机构可开展高级、中级和初级培训工作；省级人民政府环境保护主管部门审定的辐射安全培训机构可开展初级培训工作。

关于受培训人员的分级，根据环境保护部规定，省级以上人民政府环境保护主管部门辐射安全监督员应当接受高级培训，市、县级的辐射安全监督员应当接受初级以上培训；从事生产、销售、使用Ⅰ类放射源的，有甲级非密封放射性物质工作场所的以及使用Ⅰ类射线装置，γ射线移动探伤设备辐射工作单位的辐射防护负责人应接受中级培训。由环境保护部颁发辐射安全许可证的单位的辐射工作人员，应接受环境保护部审定的辐射安全培训机构的初级以上培训，所有其他的辐射工作单位的辐射防护负责人和辐射工作人员接受初级培训。辐射安全培训机构负责对参加培训的人员进行考核，考核合格的发给合格证书，其后每三年应接受一次再培训。再培训的内容主要包括新颁布的法律法规、辐射防护与安全专业标准和技术规范，以及安全文化和辐射事故分析等。不参加再培训或再培训考核不合格人员，原合格证书无效。

# 第 12 章

# 放射性物质的运输和储存

## 12.1 运输法规

### 12.1.1 辐射危害与法规

放射性物质运输是核能开发和核技术应用中普遍存在而且必不可少的一个重要环节，也是易发生事故、造成严重辐射危害和社会影响的薄弱环节。随着我国核电事业的发展以及核技术在工业、农业、军事、医学、科研等领域的应用日益广泛，放射性物质的运输越来越频繁(目前国内运输货包规模达每年百万件以上)。一方面对放射性物质运输的需求不断扩大，另一方面运输的放射性物质的品种和数量不断增加。

**1. 主要危害因素**

放射性物质运输过程中，人和环境会受到辐射照射或放射性物质污染，其主要受照途径是：①货物在装卸作业和运输中人员和环境中的物体直接受到来自货包中 X、γ、β 和中子放射性物质的直接外照射；②运输、装卸和暂存过程中内容物释放到环境中(包括运输工具、储存装置和其他物件表面上)造成放射性污染，或屏蔽失效，形成 X、γ 和 β 射线的直接照射和形成气溶胶或气体污染等的内照射和淹没照射。

运输中可能发生放射性物质泄漏造成车辆和道路污染，火车出轨、卡车翻车和车辆着火等事故。有资料统计认为，用卡车等车辆在城市附近运输时的事故发生率为 $1.6\times10^{-6}$ 起 · (km · 件)$^{-1}$，即运输约 60 万 km · 件放射性货包时就有可能发生一起事故。发生事故的原因虽然大多数与发货人和承运人的失误有关，但确实有些事故完全不是由运输人员的主观原因引起的。例如 1976 年 12 月 10 日，在加拿大一辆装有 40m$^3$ 汽油的槽车，为了躲让汽车，正巧撞在一辆停在路旁的装有活度为 7.7GBq $^{137}$Cs 源的密度计和其他货物的卡车上，汽油流出并着火，大火历时 1 个多小时，密度计受烧约 75min，铅罐壳体中的铅(48kg)流出，屏蔽失效。密度计被烧时温度估计达 500℃，灭火后 4 天才从残存碎片中发现放射性标志，立即用剂量仪测得表面最大剂量率达 30mSv · h$^{-1}$。事故中幸好源的密封性未破坏，造成的危害也不很大，但说明在运输放射性物质时认真采取旨在减少辐射危害的多重性事故对策是极其重要的。

在我国放射性物质运输的事故也有不少报道，但造成严重后果的不多。最严重的是1976年运输核工业产品时发生在江西省的一起事故，不但造成了产品损失，而且造成铁路交通中断6天，沟渠水中铀含量达5.4mg・$L^{-1}$，事故善后处理长达半年。在开展放射性同位素应用的初期，运输过程中放射源丢失和被盗的事故也发生多起。表12-1给出了较为典型的三起放射性物质运输事故的基本情况，对一起空运治疗机源事故估算了剂量，集体剂量约0.89人・Sv。

**表12-1　较为典型的三起放射性物质运输事故**

| 位置 | 发生年份 | 运输类型 | 受照的主要原因 | 受影响人数 | 照射性质和健康后果 |
|---|---|---|---|---|---|
| 江西 | 1976 | 铁路 | 因铁路路基被暴雨洪水冲松，枕轨悬空，列车驶过时枕轨负重下榻，致使装载131及101产品的货车9节车厢被颠覆，约26t(52罐)131产品和480t 101产品倾倒在水沟中 | | |
| 四川 | 1989 | 汽车 | 从夹江装运32枚放射源到甘肃省兰州市，全程约1400 km。在运输途中其中1枚$^{60}$Co源($6.3\times10^8$ Bq)从铅罐中滚出，并丢失在运输途中(10多人查找1个多月未果) | | |
| 广东 | 1996 | 空运 | 将2枚$^{192}$Ir放射源装在1个铅罐内，其中1枚($6.8\times10^{10}$ Bq)被卡在罐顶，直至抵港检查时才发现，致使乘客受到辐射照射 | 42 | 集体剂量0.89人・Sv |

**2. 安全防护对策**

为了确保运输中工作人员、公众和环境的安全，除设计合理的运输路线，设法改变放射性物质的物理或化学状态使之更加稳定和不容易扩散外，还经常采用屏蔽、密封和限制装载量等措施。归纳起来，运输中所采取的各项安全技术和管理措施的主要目的在于：

(1) 防止放射性物质扩散，特别是运输容器应达到即使在事故状态下仍能保证容器的密封性的要求。

(2) 把辐射源的直接照射降低到可合理达到的尽可能低的水平，例如对于装载放射性物质的容器要有相应的屏蔽能力，并限制装载的放射性活度的总量。

(3) 有效地散发强放射的衰变热及辐射吸收材料在吸收辐射过程中所产生的热量。为此，运输强源的装置其结构要便于散热，必要时还应带有冷却系统。

(4) 运输裂变物质时应严防出现临界状态。

经验证明，如果能做到下列几点，则放射性物质运输的安全是可以得到保证的：

(1) 使用的包装容器坚固可靠。

(2) 每个货包的放射性活度数量不超过相应的限值。

(3) 在一个运输工具(例如一架飞机)内，运载的放射性物质货包件数不超过相应的限值。

(4) 放射性货包较好地固定在运输工具上，并且其存放地点应与人和易感光材料(例如未感光的摄影胶片等)保持足够的距离。计算隔离距离或辐射水平时，应采取下述剂量值：对经常处于作业区内的工作人员，年剂量为5mSv；对公众经常出入的区域内的公众成员，考虑预期受到的所有有关的其他受控源或者实践的照射，对关键组的年剂量规定为 1mSv。确定与未显影的照相胶片隔离距离的依据是：每批托运未显影的照相胶片在与放射性物质一同运输期间受到的总辐射照射小于 0.1mSv。对高活度放射性物质，一般要采用专门的运输工具(例如专车)运输。

(5) 使用的包装、运输工具、装卸技术和设备都是经过试验并鉴定为可靠的。

(6) 运输之前、运输过程中及到达目的地后要对货包进行仔细检查和辐射防护监测，执行严格交接制度，发现问题及时采取相应措施。

(7) 采取适当的行政和组织措施，例如对承运人员至少每年进行一次有关放射性物质储存和装运的规定、辐射防护技术和辐射危险知识的教育，以及有关事故处理方法的训练等。

另外，从辐射防护角度讲，运输部门应对每一项运输活动制定辐射防护大纲。该大纲拟采取的措施应与辐射照射的大小和受照可能性联系起来。其防护与安全措施应符合 GB 18871 的要求。运输中，防护与安全应该是最优化的，以使个人剂量的大小、受照射人数以及引起照射的可能性，在考虑了经济社会因素之后，应保持在合理可行尽量低的水平，而且人员所受剂量应该低于国家规定的相应的剂量限值。工作人员应接受可能遭受的辐射危害以及拟采取的防护措施等方面有关知识的培训，以保证限制或避免他们和可能受其活动影响的其他人员所受到的辐射照射。

有关主管部门应对由放射性物质运输引起人员所受的辐射剂量的定期评估进行规定。其评估的原则是：

(1) 一年中有效剂量极不可能超过 1mSv 时，不必采用特殊的工作方式，也不必细致监测、制定剂量评定计划和保存个人记录；

(2) 一年中有效剂量预计可能处于 1～6mSv 时，应通过工作场所监测或个人监测制定剂量评定计划；

(3) 一年中有效剂量预计可能超过 6mSv 时，应进行个人监测，并在进行个人监测或工作场所监测时，保存相关的记录。

美国是世界上核工业发展历史最长的国家，也是世界上最早进行乏燃料运输的国家之一，积累了丰富的运输经验，为保证放射性物质运输的安全，开展了大量的科学研究工作，制定了大量的有关放射性物质运输法规、标准和技术报告，还建立了比较协调的运输管理体系。美国负责放射性物质运输监管的机构主要是核管会(NRC)和运输部(DOT)。NRC 主要负责监管 B 型货包和易裂变材料货包是否符合安全要求，DOT 负责对除 B 型货包和易裂变材料货包以外的其他放射性物质运输的监管，并将其当作一般危险品运输来进行管理，DOT 还负责运输工具、运输路线、运输操作(如装卸、拴系、中转、行驶)等方面的安全管理。在美国标准都是推荐性的，因此美国有关放射性物质运输的强制性安全要求主要体现在 NRC 和 DOT 制定的联邦法规中。法规在技术要求方面基本类似于 IAEA 的运输安全标准。而实际上是 IAEA 的运输安全标准主要基于美国的管理要求。除了 NRC 和 DOT 等政府部门在联邦法规中对放射性物质运输规定了安全要求外，美国国家标准学会(ISNI)发布了不少美国国家标准(目前有效的有 8 项)、NRC 还发布了将近 20 项管理导则对放射性物质运输提出了更加具体、详细的要求和指导。此外，美国机械工程师协会(ASME)还制定了乏燃料和高放废物运输包装技术规范。针对放射性物质运输，主要是易裂变材料和高放废物运输监管的重要事项和有关运输的重要技术问题，NRC编写或者组织有关单位进行研究和试验后编写了大量的技术报告，这些报告对有关单位执行放射性物质运输的安全要求提供了良好和具体的指导和参考作用。

综上所述，从科学上讲，国际领域与我国都已积累了丰富的经验与技术手段，有足够能力确保放射性物质运输中的安全，但是必须要有有效的法律法规及行政管理措施确保它们的实施。

**3. 运输规范需加强**

我国放射性物质的运输活动还很不规范，存在问题较多，从核技术利用角度看，主要表现在：

(1) 运输安全法规缺乏，监管关系不清晰，不利于依法行政

我国放射性物质运输的监管涉及多个政府部门，没有统一的行政法规对各个部门的职责加以明确，使得对放射性物质运输的监管在某些方面交叉、重复，而在其他一些方面又十分薄弱甚至没有监管。2004年《行政许可法》施行后，无国家法律法规和国务院文件规定依据的行政许可被停止执行。早先国家核安全部门、环境保护部门、公安部门、原子能行业主管部门、铁道和交通等部门都做了一些规定，但目前有的已不能执行，又不能与国际接轨。

(2) 缺少保证放射性物质安全运输标准执行的监督机制

我国已制定和实施的放射性物质安全运输国家标准主要是GB 11806—89《放射性物质安全运输规定》，2004年又进行了修订。然而GB 11806只是规定该管什么，即为达到安全运输目的应满足的基本技术和管理要求，而不可能规定由国家哪个部门负责监管以及如何监管，因此国家标准中对有关放射性物质的货包包装要求以及对托运人、承运人的审批要求难以实施。

(3) 放射源的运输规模呈上升趋势并时有事故发生

随着市场经济的发展和各个领域的进一步开放，放射源的应用领域正逐步扩大。由于运输工作不能正常开展，把放射源交给私人或不具有相应资质能力的单位运输的事时有发生，导致放射源的丢失、被盗或其他事故。如2004年发生在上海的丢源事故，就是由于运输环节失控造成的，政府投入大量资源查找，并引发了一定的社会恐慌。这些问题不仅影响核技术利用事业的健康发展，也给公众健康和环境安全带来隐患。

## 12.1.2 标准与法规

**1. 相关标准**

放射性物质运输活动是核能与核技术利用事业中一个不可缺少的重要环节。从自然科学角度考虑，这一活动给工作人员、公众和环境可能带来的主要危害有四类：

(1) 放射性物质的释放(依赖于货包的包容和密封设计)；

(2) 外部辐射水平(依赖于货包的屏蔽设计)；

(3) 临界事故(依赖于货包的约束系统设计)；

(4) 由衰变热导致的损害(依赖于货包的隔热和散热设计)。

放射性物质运输是国际上科学技术工作者都关心的问题。早在20世纪60年代，国际原子能机构(IAEA)就出版了的安全标准丛书No. TS-R-1《放射性物质安全运输条例》及其说明文件，其后根据国际科学技术与经验的发展召开了多次国际讨论会，并对上述《条例》进

行了多次再版。由于放射性物质运输涉及范围的世界性,《条例》的技术内容很快被几乎世界各国所采用。我国在 1989 年发布了等效采用 IAEA《条例》的国家标准《放射性物质安全运输规定》(GB 11806—89),2004 年修订为《放射性物质安全运输规程》(GB 11806—2004)(等效采用 IAEA 1996 年版)。与 GB 11806—89 相比,主要增加了对易裂变物质的核临界安全指数控制、对六氟化铀货包的要求、C 型货包及其相关要求和低弥散放射性物质的定义和相应的实验要求。《放射性物质安全运输规程》包括了包装的设计、制造和维护,货包的准备、托运、装卸、载运(包括中途储存),货包最终抵达地的验收,以及运输情况下遇到的正常和事故条件。它适用于放射性物质(包括伴随使用放射性物质)的陆地、水上和空中任何方式的运输,但不适用于企业内进行不涉及公路或铁路搬运的放射性物质、为诊断或治疗而植入或注入人体或活的动物体内的放射性物质、已获得审管部门的批准并已销售给最终用户的消费品中的放射性物质。《放射性物质安全运输规程》的具体技术内容,将在下面介绍。

**2. 放射性物品运输安全监管条例**

1) 物品分类和运输容器

经过很长时间努力和曲折的过程,环境保护部受国家法制办的安排,编制的《放射性物品运输安全管理条例》(下称《管理条例》)于 2008 年年底给出了征求意见稿,该《管理条例》2009 年 9 月 7 日经国务院第 80 次常务会议通过,9 月 14 日以国务院令第 562 号形式发布,2010 年 1 月 1 日起施行。

《管理条例》有总则、包装运输容器的设计、运输容器的制造与使用、放射性物品的运输、监督检查、法律责任和附则等 7 章,适用于放射性物品的运输及其包装容器的设计、制造。所称放射性物品,是指含有放射性核素,并且其活度和比活度均高于国家规定的豁免值的物品。规定国务院核安全监管部门对放射性物品包装和运输中的核与辐射安全实施监督管理。国务院公安、交通运输、铁路、民航、邮政等有关部门依照本条例和国务院规定的职责分工,负责放射性物品运输安全的有关监督管理工作。根据放射性物品的特性,及其对人体健康和环境的潜在危害程度,从高到低将放射性物品分为一类、二类和三类。

《管理条例》规定,一类放射性物品,是指Ⅰ类放射源、高水平放射性废物、乏燃料等释放到环境后对人体健康和环境产生重大辐射影响的放射性物品;二类放射性物品,是指Ⅱ类和Ⅲ类放射源、中等水平放射性废物等释放到环境后对人体健康和环境产生一般辐射影响的放射性物品;三类放射性物品,是指Ⅳ类和Ⅴ类放射源、低水平放射性废物、放射性药品等释放到环境后对人体健康和环境产生较小辐射影响的放射性物品。放射性物品的具体分类目录,由国务院核安全监管部门会同国务院公安、卫生、海关、交通运输、铁路、民航、核工业行业主管部门制定。

如上所述,包装容器的设计是保障放射性货物与人员安全的主要措施。《管理条例》规定,放射性物品包装容器设计单位,应当按照放射性物品包装容器安全国家标准进行设计,并对设计质量负责;要通过试验验证或者分析论证等方式,对其设计的放射性物品包装容器的安全性能进行评价。一类放射性物品包装容器的设计,编制设计安全评价报告书;二类放射性物品包装容器的设计,编制设计安全评价报告表。一类放射性物品包装容器的设计,应当在用于制造前取得设计批准书。申请设计批准书时,向国务院核安全监管部门提出书面申请,并提交下列材料:设计文件、设计安全评价报告书和质量保证大纲。国务院核安全监管部门对符合放射性物品包装容器安全国家标准和要求的，颁发设计批准书，并公告批准文号。二类放射性物品包装容器的设计，应当在用于制造前，将设计文件和设计安全评价报告表报国务院核安全监管部门备案。国务院核安全监管部门定期公布已备案的二类放射性物品包装容器的设计型号。

放射性物品包装容器制造单位，应当有与所从事的制造活动相适应的专业技术人员，有与所从事的制造活动相适应的生产条件和检测手段，有健全的管理制度和完善的质量保证体系。放射性物品包装容器制造单位，应当按照设计要求和放射性物品包装容器安全国家标准，对制造的放射性物品包装容器进行质量检验，编制质量检验报告，并对制造质量负责。从事一类放射性物品包装容器制造活动的单位，应当依照本条例的规定申请领取制造许可证。申请领取一类放射性物品包装容器制造许可证的制造单位，应当向国务院核安全监管部门提出书面申请。一类放射性物品运输容器制造许可证有效期为5年。从事二类放射性物品运输容器制造活动的单位，应当在首次制造活动开始30日前，将符合本条例规定条件的证明材料报国务院核安全监管部门备案。一类、二类放射性物品包装容器制造单位，应当按照国务院核安全监管部门制定的编码规则，对生产的放射性物品包装容器统一编码，并于每年1月31日前将上一年度的编码清单报国务院核安全监管部门备案。从事三类放射性物品运输容器制造活动的单位，应当于每年1月31日前将上一年度制造的运输容器的型号和数量报国务院核安全监管部门备案。

使用放射性物品运输容器的单位，应当对其使用的放射性物品运输容器进行保养和维修，并建立保养和维修档案。发现放射性物品运输容器存在安全隐患的，应当停止使用，进行处理。使用一类放射性物品运输容器的单位，还应当对其使用的放射性物品运输容器每五年进行一次安全性能评价，并将评价结果报国务院核安全监管部门备案。进口一类放射性物品运输容器的，应当经国务院核安全监管部门审查批准。进口二类放射性物品运输容器的，进口单位应当将包装容器质量合格证明以及符合我国法律、行政法规和放射性物品运输容器安全国家标准的说明材料，报国务院核安全监管部门备案。

2）运输与监督检查

《管理条例》规定，托运人应当持有国家规定的核安全或者辐射安全许可文件，并对放射性物品运输中的安全负责，采取有效的辐射防护和安全保卫措施，选用优化的运输方式，制定辐射事故应急方案。托运人应当编制运输说明书和辐射事故应急响应指南。托运人和承运人应当对其直接从事放射性物品运输的工作人员进行运输安全和应急响应知识的培训，并进行考核；对直接从事放射性物品运输的工作人员进行个人剂量监测；在放射性物品包装容器和运输工具上设置标识和警示；使用与物品类别相适应的包装容器进行包装，配备必要的辐射监测设备、防护用品和防盗、防破坏设备。

一类放射性物品启运前，托运人应当委托有资质的放射性污染监测机构对其表面污染和辐射水平实施监测，监测机构应当出具辐射监测报告。二类、三类放射性物品启运前，托运人应当对其表面污染和辐射水平实施监测，并编制辐射监测报告。监测结果不符合国家放射性物品运输安全标准的，不得托运。托运人应当委托具有国家规定的运输资质的承运人运输放射性物品。承运人资质管理，依照有关法律、行政法规和国务院交通运输、铁路、民航、邮政主管部门的规定执行。一类放射性物品运输前，托运人应当编制放射性物品运输核与辐射安全分析报告书，报国务院核安全监管部门审查批准。安全分析报告书应当包括拟运输放射性物品的品名、数量、包装容器、运输方式、辐射防护、应急措施等内容。一类放射性物品运输前，托运人应当将放射性物品运输核与辐射安全分析报告书批准文件、辐射监测报告，报启运地、途经地和抵达地的省、自治区、直辖市人民政府环境保护主管部门备案。

通过公路运输放射性物品的，托运人应当向抵达地的县级人民政府公安部门申请领取放射性物品公路运输通行证。通过水路运输放射性物品的，载运船舶应当向海事管理机构办理申报手续。通过铁路、航空和邮寄运输放射性物品的，按照国务院铁路、民航和邮政主管部门的有关规定执行。

一类放射性物品从境外运抵中华人民共和国境内，或者途经中华人民共和国境内运输的，应当报国务院核安全监管部门审查批准。托运人应当向国务院核安全监管部门提交核与辐射安全分析报告书。

县级以上人民政府组织编制的有关突发环境事件应急预案中，应当对放射性物品运输中可能发生的辐射事故的应急响应作出规定。放射性物品运输中发生或者可能发生辐射事故时，承运人、托运人或者最先到达现场的救援人员，应当按照辐射事故应急响应指南的要求，做好事故应急响应，并立即报告事故发生地的县级以上人民政府或者环境保护主管部门。

《管理条例》规定，国务院核安全监管部门和其他依法行使放射性物品运输安全监督管理权的部门，依据各自职权对放射性物品运输安全实施监督检查，被检查单位应当予以配合。监督检查人员进行监督检查，应当出示证件。监督检查人员发现经批准的一类放射性物品包装容器设计确有重大设计安全缺陷的，应当责令停止制造或者使用。发现放射性物品运输活动有不符合放射性物品运输安全国家标准情形的，应当责令限期整改；发现放射性物品运输活动可能对工作人员、公众和环境造成辐射危害的，有权责令停止运输。

## 12.2 货包分类与分级

### 12.2.1 定义与放射性物质分类

**1. 定义**

在 GB 11806—2004 中列出了放射性物质运输中用的很多相关的专用名词的定义，择主要的介绍如下：

(1) 放射性物质：是指在托运货物中任何含有放射性核素并且其活度浓度和放射性总活度超过表 12-2 中有关放射性核素基本限值中的豁免物质活度浓度和一件豁免托运货物的放射性活度限值的物质。

(2) $A_1$：是指如表 12-2 中所列或根据有关原则导出的特殊形式放射性物质的放射性活度值，它是为制定和执行放射性物质运输各项相关标准和规定而研究推导出来的放射性活度限值。在放射性物质运输中，$A_1$ 和 $A_2$ 常被称为放射性核素的基本限值。在 GB 11806 中列出了 300 多种单个放射性核素的基本限值，现择几个作为举例列在表 12-2 中。对未知放射性核素或混合物的放射性核素的基本限值则参见表 12-3。

**表 12-2 放射性核素的基本限值**

| 放射性核素（原子序数） | $A_1$/TBq | $A_2$/TBq | 豁免物质的活度浓度/(Bq·g$^{-1}$) | 一件豁免托运货物的放射性活度限值/Bq |
|---|---|---|---|---|
| Am-241 | $1\times10^{1}$ | $1\times10^{-3}$ | $1\times10^{0}$ | $1\times10^{4}$ |
| Ar-41 | $3\times10^{-1}$ | $3\times10^{-1}$ | $1\times10^{2}$ | $1\times10^{9}$ |
| Au-198 | $1\times10^{0}$ | $6\times10^{-1}$ | $1\times10^{2}$ | $1\times10^{6}$ |
| Ba-133 | $3\times10^{0}$ | $3\times10^{0}$ | $1\times10^{2}$ | $1\times10^{6}$ |
| Ba-133m | $2\times10^{1}$ | $6\times10^{-1}$ | $1\times10^{2}$ | $1\times10^{6}$ |
| C-14 | $4\times10^{1}$ | $3\times10^{0}$ | $1\times10^{4}$ | $1\times10^{7}$ |
| Ca-45 | $4\times10^{1}$ | $1\times10^{0}$ | $1\times10^{4}$ | $1\times10^{7}$ |
| Cf-252 | $1\times10^{-1}$ | $3\times10^{-3}$ | $1\times10^{1}$ | $1\times10^{4}$ |
| Cm-242 | $2\times10^{1}$ | $2\times10^{-3}$ | $1\times10^{1}$ | $1\times10^{4}$ |
| Co-60 | $4\times10^{-1}$ | $4\times10^{-1}$ | $1\times10^{1}$ | $1\times10^{5}$ |
| Cr-51 | $3\times10^{1}$ | $3\times10^{1}$ | $1\times10^{3}$ | $1\times10^{7}$ |
| Cs-137 | $2\times10^{0}$ | $6\times10^{-1}$ | $1\times10^{1}$ | $1\times10^{4}$ |
| Cu-64 | $6\times10^{0}$ | $1\times10^{0}$ | $1\times10^{2}$ | $1\times10^{6}$ |
| Eu-152 | $1\times10^{0}$ | $1\times10^{0}$ | $1\times10^{1}$ | $1\times10^{6}$ |
| Fe-55 | $4\times10^{1}$ | $4\times10^{1}$ | $1\times10^{4}$ | $1\times10^{6}$ |
| Hg-203 | $5\times10^{0}$ | $1\times10^{0}$ | $1\times10^{2}$ | $1\times10^{5}$ |
| I-125 | $2\times10^{1}$ | $3\times10^{0}$ | $1\times10^{3}$ | $1\times10^{6}$ |
| I-131 | $3\times10^{0}$ | $7\times10^{-1}$ | $1\times10^{2}$ | $1\times10^{6}$ |
| Ir-192 | $1\times10^{0}$ | $6\times10^{-1}$ | $1\times10^{1}$ | $1\times10^{4}$ |
| Kr-85 | $1\times10^{1}$ | $1\times10^{1}$ | $1\times10^{5}$ | $1\times10^{4}$ |
| La-140 | $4\times10^{-1}$ | $4\times10^{-1}$ | $1\times10^{1}$ | $1\times10^{5}$ |
| Mo-99 | $1\times10^{0}$ | $6\times10^{-1}$ | $1\times10^{2}$ | $1\times10^{2}$ |
| Na-24 | $2\times10^{-1}$ | $2\times10^{-1}$ | $1\times10^{1}$ | $1\times10^{5}$ |
| Np-237 | $2\times10^{1}$ | $2\times10^{-3}$ | $1\times10^{0}$ | $1\times10^{3}$ |
| P-32 | $5\times10^{-1}$ | $5\times10^{-1}$ | $1\times10^{3}$ | $1\times10^{5}$ |
| Pm-147 | $4\times10^{1}$ | $2\times10^{0}$ | $1\times10^{4}$ | $1\times10^{7}$ |
| Po-210 | $4\times10^{1}$ | $2\times10^{-2}$ | $1\times10^{1}$ | $1\times10^{4}$ |
| Pu-238 | $1\times10^{1}$ | $1\times10^{-3}$ | $1\times10^{0}$ | $1\times10^{4}$ |
| Pu-239 | $1\times10^{1}$ | $1\times10^{-3}$ | $1\times10^{0}$ | $1\times10^{4}$ |
| Ra-226 | $2\times10^{-1}$ | $3\times10^{-3}$ | $1\times10^{1}$ | $1\times10^{4}$ |
| Se-75 | $3\times10^{0}$ | $3\times10^{0}$ | $1\times10^{2}$ | $1\times10^{6}$ |
| Sr-90 | $3\times10^{-1}$ | $3\times10^{-1}$ | $1\times10^{2}$ | $1\times10^{4}$ |
| T(H-3) | $4\times10^{1}$ | $4\times10^{1}$ | $1\times10^{6}$ | $1\times10^{9}$ |
| Tc-99 | $4\times10^{1}$ | $9\times10^{-1}$ | $1\times10^{4}$ | $1\times10^{7}$ |
| Tc-99m | $1\times10^{1}$ | $4\times10^{0}$ | $1\times10^{2}$ | $1\times10^{7}$ |
| Th-232 | 不限 | 不限 | $1\times10^{1}$ | $1\times10^{4}$ |
| Th(天然) | 不限 | 不限 | $1\times10^{0}$ | $1\times10^{3}$ |
| Tl-204 | $1\times10^{1}$ | $7\times10^{-1}$ | $1\times10^{4}$ | $1\times10^{4}$ |
| Tm-170 | $3\times10^{0}$ | $6\times10^{-1}$ | $1\times10^{3}$ | $1\times10^{6}$ |
| U-235(大部分化合物) | 不限 | 不限 | $1\times10^{1}$ | $1\times10^{4}$ |
| U(天然) | 不限 | 不限 | $1\times10^{0}$ | $1\times10^{3}$ |
| W-188 | $4\times10^{-1}$ | $3\times10^{-1}$ | $1\times10^{2}$ | $1\times10^{5}$ |
| Xe-133 | $2\times10^{1}$ | $1\times10^{1}$ | $1\times10^{3}$ | $1\times10^{4}$ |
| Y-90 | $3\times10^{-1}$ | $3\times10^{-1}$ | $1\times10^{3}$ | $1\times10^{5}$ |
| Yb-169 | $4\times10^{0}$ | $1\times10^{0}$ | $1\times10^{2}$ | $1\times10^{7}$ |
| Zn-65 | $2\times10^{0}$ | $2\times10^{0}$ | $1\times10^{1}$ | $1\times10^{6}$ |
| Zr-95 | $2\times10^{0}$ | $8\times10^{-1}$ | $1\times10^{1}$ | $1\times10^{6}$ |

表 12-3　未知放射性核素或混合物的放射性核素的基本限值

| 放射性内容物 | $A_1$/TBq | $A_2$/TBq | 豁免物质的活度浓度/($Bq \cdot g^{-1}$) | 一件豁免托运货物的放射性活度限值/Bq |
|---|---|---|---|---|
| 已知含有仅发射 β 或 γ 的核素 | 0.1 | 0.02 | $1\times10^{1}$ | $1\times10^{4}$ |
| 已知含有仅发射 α 的核素 | 0.2 | $9\times10^{-5}$ | $1\times10^{-1}$ | $1\times10^{3}$ |
| 无有关数据可用 | 0.001 | $9\times10^{-5}$ | $1\times10^{-1}$ | $1\times10^{3}$ |

(3) $A_2$：是指表 12-2 中所列或根据有关原则导出的特殊形式放射性物质以外的放射性物质的放射性活度值，也是为制定和执行放射性物质运输各项相关标准和规定而研究推导出来的放射性活度限值。

(4) 易裂变材料：是指铀-233、铀-235、钚-239、钚-241 或这些放射性物质的任何组合。但不包括：未受辐照的天然铀或贫化铀；仅在热中子反应堆内受过辐照的天然铀或贫化铀。

(5) 临界安全指数：对装有易裂变材料的货包、外包装或货物集装箱给定的临界安全指数(CSI)是指用于控制装有易裂变材料的货包、外包装或货物集装箱堆积的一个数值。

(6) 外包装：托运人为了方便将一个或多个货包作为托运的一个装卸单元而使用的包装物，如盒子或袋子等，以便于装卸、堆放和运载。

(7) 货包：是提交运输的包装与其放射性内容物的统称。它们应符合放射性活度限值和材料限制并满足相应要求。

(8) 包装：完全封闭放射性物质内容物所必需的各种部件的组合体。通常包括一个或多个腔室吸收材料、间隔构件、辐射屏蔽层和用于充气、排空、通风和减压的辅助装置，用于冷却、吸收机械冲击、装卸与栓系以及隔热的部件，以及构成货包整体的辅助器件。包装可以是箱、桶或类似的容器，也可以是货物集装箱、罐或散货集装箱。

(9) 内容物：包装内的放射性物质连同已被污染或活化的固体、液体和气体。

(10) 运输指数：对货包、外包装或货物集装箱，或无包装的低比活度物质，或表面污染物体规定的一个数值，目的是用于控制辐射照射。对货包、外包装或货物集装箱，或Ⅰ类无包装的低比活度物质，或Ⅰ类表面污染物体的运输指数是测得(或理论计算)距其外表面 1m 处的最高辐射水平(以 $mSv \cdot h^{-1}$ 为单位)，并将该值乘以 100。对其他情况下的运输指数确定方法，请参见 GB 11806—2004。

**2. 放射性物质分类**

1) 特殊形式放射性物质

被运输的放射性物质的种类和形式很多，例如有特殊形式放射性物质，低弥散放射性物质，Ⅰ、Ⅱ、Ⅲ类低比活度物质(LSA-Ⅰ、LSA-Ⅱ和 LSA-Ⅲ)，Ⅰ、Ⅱ类表面污染物体(SCO-Ⅰ、SCO-Ⅱ)和易裂变材料等。

特殊形式放射性物质是指不弥散的固体放射性物质或装有放射性物质的密封件。低弥散放射性物质也是一种固体放射性物质，或者是一种装在密封件里的固体放射性物质，其弥散性已受到限制且不呈粉末状。低比活度物质是指比活度有限的放射性物质，或估计的平均比活度低于限值的放射性物质(当然，在确定估计的比活度时，不应考虑低比活度物质周围的外屏蔽材料)。表面污染物体是指本身不是放射性的，但在其表面分布着放射性物质的固态物体。易裂变材料如 $^{233}U$、$^{235}U$、$^{239}Pu$、$^{241}Pu$ 或它们的组合体，但不包括未受辐照的天然铀或贫化铀。

在这些物质中，运输量较大的是特殊形式放射性物质和低弥散放射性物质，因此在这里对它们应满足的要求作一介绍。

特殊形式放射性物质首先有尺寸的要求，至少应有一维尺寸大于5mm。特殊形式放射性物质的性质应满足下列条件：在经受所规定的冲击、撞击和挠曲试验时，它不会破碎或断裂；在经受所规定的耐热试验时，它不会熔化或弥散；在经过所规定的浸出试验后，在水中生成的放射性活度不会超过2kBq；当密封件成为特殊形式放射性物质的组成部分时，应把这种密封件制成仅在将其毁坏时才可被打开。

上述各试验的条件描述如下。冲击试验是使试样从9m高处自由下落到规定的靶上。撞击试验是把试样置于一块由坚固的光滑表面支承的铅板上，并使其受一根低碳钢棒的一端平坦面的冲击，产生相当于1.4kg的物体从1m高处自由下落所产生的冲击力。该钢棒下端的直径应是25mm，边缘呈圆角，圆角半径为3.0mm±0.3mm。维氏硬度为3.5～4.5、厚度不超过25mm的铅板的面积应大于试样所覆盖的面积。在每次冲击时均应使用新的铅表面。钢棒应按引起最严重损坏的条件撞击试样。挠曲试验仅适用于长度不小于10cm，并且长度与最小宽度之比不小于10的细长形的试样。应把试样牢固地夹在某一水平位置上，其一半长度伸在夹钳外面。试样的取向是：当用钢棒的平坦面撞击该试样的自由端时，试样将受到最严重的损坏。耐热试验是在空气中将试样加热至800℃并在此温度下保持10min然后让其自然冷却。

每种试验可以采用不同的试样。在每次试验后，均应对试样进行浸出评定或体积泄漏试验。对于含有或模拟不弥散固体物质的试样，其评定方法是：①在环境温度下把试样置于水中浸没7d。所用水的初始pH值应为6～8，在20℃下的最大电导率为$1mS \cdot m^{-1}$；②把该水连同试样一起加热至50℃±5℃，并在此温度下保持4h；③测定该水的放射性活度；④把试样置于温度不低于30℃、相对湿度不小于90%的静止空气中至少7d；⑤测定该水的放射性活度。对含有或模拟封装在密封件内的放射性物质的试样，其评定方法是：①在环境温度下把试样浸没在水中。所用水的初始pH值应为6～8，在20℃下的最大电导率为$1mS \cdot m^{-1}$；②将水连同试样一起加热至50℃±5℃，并在此温度下保持4h；③测定该水的放射性活度；④然后把试样置丁温度不低丁30℃、相对湿度不小于90%的静止空气中至少7d；⑤再重复一次①、②和③的过程。

2）低弥散放射性物质

低弥散放射性物质的要求是指其在货包中的放射性物质的总量应满足下述要求：

（1）距无屏蔽的放射性物质3m处的辐射水平不超过$10mSv \cdot h^{-1}$。

（2）在经受规定的试验时，气态的和空气动力学当量直径不大于100$\mu$m的微粒形态的气载放射性排放不超过$100A_2$。每种试验可用不同的试样。

（3）在经受规定的浸出试验时，水中的放射性活度不会超过$100A_2$。

浸出试验的试验方法是：在环境温度下将该种代表货包全部内容物的固体样品置于水中浸没7d，在试验样品被浸没7d后，测定其自由体积的水中的总放射性活度，所用水的初始pH值应为6～8，在20℃下的最大电导率为$1mS \cdot m^{-1}$。此外还应进行强化的耐热试验和相关的冲击试验，详见GB 11806—2004。

### 12.2.2 货包分类与分级

**1. 货包分类**

货包是提交运输的包装与其放射性内容物的统称，它的形式多种多样，但它们分别要满足放射性活度限值和材料限制及相应的要求。本标准所涉及的货包类型有：①例外货包；②1 型工业货包(IP-1)；③2 型工业货包(IP-2)；④3 型工业货包(IP-3)；⑤A 型货包；⑥B(U)型货包；⑦B(M)型货包；⑧C 型货包。装有易裂变材料或六氟化铀的货包应该符合相应的附加要求。

1) 例外货包

例外货包是指一件货包中放射性物质的放射性比活度虽然较高，但总活度小于豁免托运货物的放射性活度限值(或上述二者相反)时，不需要按照大量放射性物质运输那样包装(但需要满足货包设计总要求)和办理托运手续的规定。

例外货包中对天然铀、贫铀或天然钍制品以外的放射性物质，每件例外货包的放射性活度不应大于：①放射性物质封装在或作为它们的一个组成部分含在仪器或其他制品(例如钟表或电子设备)内时，表 12-4 第二和第三栏中为每种单个物项和每个货包分别规定的限值；②放射性物质未封装或不是仪器或其他制品的一个组成部分时，表 12-4 第四栏为其规定的货包限值。

**表 12-4 例外货包的放射性活度限值**

| 内容物的物理学状态 | 仪器或制品 | | 放射性物质 |
|---|---|---|---|
| | 物项限值[a] | 货包限值[a] | 货包限值[a] |
| 固态：特殊形式 | $10^{-2}A_1$ | $A_1$ | $10^{-3}A_1$ |
| 其他形式 | $10^{-2}A_2$ | $A_2$ | $10^{-3}A_2$ |
| 液态 | $10^{-3}A_2$ | $10^{-1}A_2$ | $10^{-4}A_2$ |
| 气态：氚 | $2\times10^{-2}A_2$ | $2\times10^{-1}A_2$ | $2\times10^{-2}A_2$ |
| 特殊形式 | $10^{-3}A_1$ | $10^{-2}A_1$ | $10^{-3}A_1$ |
| 其他形式 | $10^{-3}A_1$ | $10^{-2}A_2$ | $10^{-3}A_2$ |

a：用于放射性核素的混合物。

对天然铀、贫化铀或天然钍制品，只要铀或钍的外表面由金属或其他坚固材料制成的非放射性物质包封，例外货包装有这种物质的数量可以不限。

对邮递，每个例外货包中的总放射性活度不得超过表 12-4 规定的相应限值的十分之一。

2) A 型货包

A 型货包是最常见和常用货包，这类货包内的放射性活度不得大于：①$A_1$(对特殊形式放射性物质)；②$A_2$(对所有其他放射性物质)。

对于放射性核素的类别和各自的放射性活度均为已知的放射性核素的混合物，A 型货包的放射性内容物限值采用所有的 $B(i)/A_1(i)$和 $C(j)/A_2(j)$之和小于等于 1 的关系式求得，其中 $B(i)$为特殊形式放射性物质的放射性核素 $i$ 的放射性活度，而 $A_1(i)$是放射性核素 $i$ 的 $A_1$值；$C(j)$为非特殊形式放射性物质的放射性核素 $j$ 的放射性活度，而 $A_2(j)$是放射性核素 $j$ 的 $A_2$值。

3) B(U)型和 B(M)型货包

B(U)型货包又称单方批准货包，一般情况下其设计只要有关主管部门批准即可，即使是国际运输也只有少数情况需经多方批准。B(M)型货包又称多方批准货包，涉及国际运输时其设计都要经多方批准。

B(U)型和 B(M)型货包不得含有：①超过货包设计所允许的放射性活度的内容物；②不同于货包设计所允许的放射性核素的内容物；③在形状、物理和化学状态方面不同于货包设计所允许的内容物。

B(U)型和 B(M)型货包空运时除应满足上述各项要求外，并且所含的放射性活度不得大于：①对于低弥散放射性物质：货包设计所允许的值；②对于特殊形式放射性物质：$3000A_1$或 $100\,000A_2$两者中的较低值；③对于所有其他放射性物质：$3000A_2$。

4) C 型货包

C 型货包设计的批准程序同 B(U)型货包。C 型货包不得含有：①超过货包设计所允许的放射性活度的内容物；②不同于货包设计所允许的放射性核素的内容物；③在形状、物理和化学状态方面不同于货包设计所允许的内容物。

5) 易裂变材料货包

对易裂变材料的货包和运输要求的专业技术和管理内容比较复杂，专业程度较高(详见 GB 11806—2004)，这里只介绍其中一部分。易裂变材料的货包不得装有：①不同于货包设计所允许量的易裂变材料；②不同于货包设计所允许的任何放射性核素或易裂变材料；③在形状、物理和化学状态或空间布置方面不同于货包设计所允许的内容物。

6) 六氟化铀货包

在工厂工艺系统接入货包时，当货包处于所规定的最高温度下货包中六氟化铀的装载量不得使货包容积的剩余空腔小于货包总容积的 5%。在交付运输时，六氟化铀应该呈固态形式，而货包的内压应低于大气压。

**2. 货包分级**

根据货包和外包装的运输指数或辐射水平，GB 11806—2004 将它们分为三级，即：Ⅰ级(白)、Ⅱ级(黄)或Ⅲ级(黄)。具体分级条件见表 12-5。

**表 12-5　货包和外包装的分级**

| 条　件 | | 分级 |
|---|---|---|
| 运输指数(TI) | 外表面上任一点的最高辐射水平 $H/(\mathrm{mSv \cdot h^{-1}})$ | |
| 0[a] | $H \leqslant 0.005$ | Ⅰ级(白) |
| 0<TI≤1[a] | $0.005 < H \leqslant 0.5$ | Ⅱ级(黄) |
| 1<TI≤10 | $0.5 < H \leqslant 2$ | Ⅲ级(黄) |
| 10≤TI | $2 < H \leqslant 10$ | Ⅲ级(黄)[b] |

a：若测得的 TI 值不大于 0.05，则此数值可取为零。

b：按独家使用方式运输。

当运输指数满足某一级别，而表面辐射水平却满足另一级时，应把该货包或外包装划归级别较高的一级。Ⅰ级(白)是最低的级别。在特殊安排下运输的货包和装有货包的外包装应划归Ⅲ级(黄)。

GB 11806 给出了确定运输指数的步骤。若货包或外包装的表面辐射水平超过 $2\mathrm{mSv \cdot h^{-1}}$，应按独家使用方式运输。

## 12.3 货包和包装要求

### 12.3.1 一般要求

(1) 首先,从装运上讲,在设计货包时,应考虑其质量、体积和形状,以便安全地运输。应把货包设计成在运输期间能便于固定在运输工具内或运输工具上。应使货包上的提吊附加装置在按预期的方式使用时不会失效,而且,即使在提吊附加装置失效时,也不会削弱货包满足各项安全要求的能力。设计时应考虑相应的安全系数,以适应突然起吊。货包外表面上的可能被误用于提吊货包的附加装置和任何其他部件,应设计成能够承受货包的重量,或应将其设计成是可以拆卸的,或使其在运输期间不能被使用。运输期间附加在货包上的但不属于货包组成部分的任何部件均不得降低货包的安全性。

(2) 从外观上讲,应尽实际可能把包装设计和加工成其外表面无凸出部分并易于去污,并应尽实际可能把货包的外表面设计成可防止集水和积水。

(3) 从包装材料上讲,货包应能经受在运输的常规条件下可能产生的任何加速度、振动或共振的影响,并且无损于容器上的各种密闭器件的有效性或货包完好性。尤其应把螺母、螺栓和其他坚固器件设计成即使经多次使用后也不会意外地松动或脱落。包装和部件或构件的材料在物理和化学性质上均应彼此相容,并且应与放射性内容物相容。应考虑这些材料在辐照下的行为。

(4) 从防止意外人为事故讲,对有可能引起泄漏放射性内容物的所有阀门应具有防止其被擅自操作的保护措施。货包的设计应考虑在运输的常规条件下有可能遇到的环境温度和压力。对于具有其他危险性质的放射性物质,货包设计应考虑这些危险性质。

对例外货包应设计成能满足这里提到的一般要求;若空运等其他运输形式,还应满足对空运货包等的其他要求。

### 12.3.2 对空运货包的附加要求

对于空运的货包,应设计成在环境温度为38℃和不考虑曝晒的情况下,其可接近表面的温度不得高于50℃。应把拟空运的货包设计成即使处于−40℃～+55℃的环境温度下,也不会有损于包容系统的完好性。空运的装有放射性物质的货包,必须具有能经受不小于最大正常工作压力加95kPa的压力差的内压值且不会发生泄漏。

### 12.3.3 对各类货包和包装的附加要求

**1. 六氟化铀货包**

(1) 设计的装运六氟化铀的货包应当满足有关标准在其他条文中对关于材料的放射性和易裂变特性规定的要求。除(4)所允许的条件外,超过0.1kg(含0.1kg)的六氟化铀的包装和运输应符合(2)、(3)和ISO 7195中的规定。

(2) 用来装大于或等于0.1kg六氟化铀的货包应设计成满足下述要求:能经受内压至少为1.38MPa的水压试验(当试验压力小于2.76MPa时,涉及国际运输的包装设计应经多方批准)而无泄漏并无不可接受的应力(见 ISO 7195 的规定);能经受规定的自由下落试验而六氟化铀无漏失或弥散;能经受规定的热试验而包容系统无破损。

(3) 设计用来装大于或等于 0.1kg 六氟化铀的货包不应设有减压装置。

(4) 设计用来装大于或等于 0.1kg 六氟化铀的货包,如果所有其他方面都满足(1)、(2)规定的要求,但具有下列情况的在经主管部门批准后也可运输:虽然货包不是按照 ISO 7195 规定的要求设计的,但其具有与这些要求等效的安全水平;把货包设计成能经受住小于2.76MPa 的试验压力而无泄漏和无不可接受的应力;或设计用来装大于或等于 9000kg 六氟化铀的货包不满足上述(2)中规定的热试验要求。

**2. A 型货包**

A 型货包在满足上述对货包的一般要求后还需要满足下述要求:

(1) 货包最小的外部尺寸不得小于 10cm。设计和制造工艺均应符合相关标准或主管部门认可的其他要求。货包的外部应具有类似铅封之类的部件,该部件应不易损坏,其完好无损即可证明货包未曾打开过。

(2) 应把货包上的任何栓系附件设计成在运输的正常条件和事故条件下其受力均不会降低该货包满足相关要求的能力。货包设计应考虑包装各部件的温度范围:-40℃~+70℃。应注意液体的凝固温度,以及在给定温度范围内包装材料性能的可能下降。设计的包容系统应被一种不能被意外打开的能动紧固器件牢固紧闭,或由货包内部可能产生的压力密封。

(3) 可把特殊形式放射性物质视为包容系统的一个组成部分。若包容系统构成货包的一个独立单元,则它应能被一种能动紧固器件牢固地紧闭。该器件应独立于包装的其他构件。包容系统的任何组件的设计,在必要时应考虑液体和其他易损物质的辐射分解,以及由化学反应和辐射分解所产生的气体。在环境压力降至 60kPa 的情况下,包容系统应仍能保持其放射性内容物不泄漏。

(4) 除减压阀以外,所有阀门均应配备密封罩以包封通过阀门的任何泄漏物。围绕着货包部件的被规定为包容系统一部分的辐射屏蔽层应设计成能防止该部件意外地与屏蔽层脱离。在辐射屏蔽层与其包容的部件构成一个独立单元时,应能使用一种独立于包装其他构件的能动紧固器件将该屏蔽层牢固地紧闭。

(5) 应把货包设计成在经受运输条件能力的试验(详见 GB 11806—2004)时能防止:放射性内容物的漏失或弥散;屏蔽完好性的丧失(使得货包的任何外表面上的辐射水平提高20%以上)。

(6) 对液体放射性物质运输用的货包设计应考虑留出液面上部空间,以适应内容物的温度、动力学效应和充填动态效应方面的变化。该货包还应经受装液体和气体的 A 型货包的附加试验,并满足防止放射性内容物的漏失或弥散;而且还应满足下述两项要求之一:配备足以吸收两倍液体内容物体积的吸收剂。这种吸收剂必须置于适当的部位上,以便在发生泄漏事件时能与液体内容物相接触;或配备一个由初级的内部包容件和次级的外部包容件组成的包容系统,用以保证即使在初级的内部包容件发生泄漏时仍将液体内容物截留在次级的外部包容件内。

(7) 用来装气体的货包在经受装液体和气体的 A 型货包的附加试验后,应防止放射性内容物的漏失或弥散。为氚气或惰性气体设计的 A 型货包可不受这种要求的限制。

### 3. B 型货包

B 型货包分 B(U)型货包和 B(M)型货包两类。B(U)型货包的设计在满足货包的一般要求和 A 型货包的相关要求后还应满足下述要求：

(1) 货包在假设的环境条件下，在运输的正常条件下其放射性内容物在货包内产生的热量，不会因一周无人看管使得货包不能满足对包容和屏蔽的可适用要求，而对货包造成不利影响。

(2) 除按独家使用方式运输的货包外，应把货包设计成在规定的环境温度条件下，货包的可接近表面的温度不得高于 50℃(对空运货包的要求除外)。

(3) 应假设环境温度为 38℃。假设太阳曝晒条件如表 12-6 所示。

**表 12-6　太阳曝晒数据**

| 状态 | 表面的形状和位置 | 每天曝晒 12h 的曝晒量/($W \cdot m^{-2}$) |
|---|---|---|
| 1 | 运输的水平平坦朝下表面 | 0 |
| 2 | 运输的水平平坦朝上表面 | 800 |
| 3 | 运输的垂直平坦侧表面 | 200 |
| 4 | 运输的其他朝向的非水平平坦表面 | 200[a] |
| 5 | 所有其他表面 | 400[a] |

a：另一种办法是在采用一种吸收系数并忽略邻近物体可能的反射效应时，可使用正弦函数。

(4) 为满足运输事故条件能力的耐热试验的要求，应把配备热保护层的货包设计成在货包经受规定的运输条件能力(视情况而定)相关试验后，这种保护层仍将有效。在划伤、切割、滑伤、擦伤、腐蚀或野蛮装卸等情况时，货包外表面上的这种保持层均应有效。

(5) 应将货包设计成在经受运输的正常能力试验后能使放射性内容物的漏失限制在每小时不大于 $10^{-6}A_2$；经受运输事故条件能力的相关试验后，货包仍符合下述要求，即能保持足够的屏蔽能力，保证在货包内装的放射性内容物达到所设计的最大数量时，距货包表面 1m 处的辐射水平不会超过 $10mSv \cdot h^{-1}$；及能使一周内放射性内容物的累积漏失对氪-85 限制在不大于 $10A_2$ 和对所有其他的放射性核素不大于 $A_2$。

(6) 应把装有放射性活度大于 $10^5 A_2$ 的放射性内容物的货包设计成在经受了规定的强化水浸没试验后，包容系统不会破裂。

(7) 应该在不依赖于过滤器，也不得依赖于机械冷却系统的条件下，满足允许的放射性活度释放限值的要求。货包的包容系统不应设置泄压装置，以避免包容系统一旦处在某规定的试验条件的环境中导致放射性物质向环境释放。应把货包设计成如果处于最大正常工作压力下和经受某规定的试验后，包容系统的变形不会达到使货包不能满足可适用要求的程度。货包的最大正常工作压力不得超过 700kPa 表压。

(8) 在规定的环境条件(38℃)下不受曝晒时，货包的任何易接近表面在运输期间的最高温度均不得高于 85℃，但对空运货包的要求除外；若最高温度高于 50℃，则应按独家使用方式来运载货包。可以考虑使用屏障或隔板来保护运输人员，而这些屏障或隔板不需经受任何试验。

(9) 设计低弥散放射性物质的货包时，应使附加在这种物质上的辅件(它不成为放射性物质的一部分)或包装内部的任何部件都不得对低弥散放射性物质的性能有不利影响。

应把货包设计成能适用于－40～＋38℃的环境温度。

B(M)型货包的设计在满足货包的一般要求和A型货包的相关要求后还应满足下述要求：

(1) 经主管部门批准后，在国内或在几个指定国家间运输的货包，可采取不同于上述规定的所有条件，但应尽实际可能，满足上述对B(U)型货包所规定的(6)～(9)的要求。

(2) 运输期间可允许对B(M)型货包进行间歇性通风，但该通风的操作管理应经主管部门认可。

## 12.4 运输安全要求

### 12.4.1 首次装运前和每次装运前的要求

任何货包在首次装运前应满足下述要求：

(1) 若包容系统的设计压力超过35kPa(表压)，则应确保每个货包的包容系统都符合经过批准的与该系统在此压力下保持完好性的能力有关的设计要求。

(2) 应确保每个B(U)型、B(M)型和C型货包及每个易裂变材料货包的屏蔽和包容系统的有效性，必要时还应确保其传热特性和约束系统的有效性，均处在已批准的设计适用的或设计所规定的限值内。

(3) 对于易裂变材料的货包为了符合易裂变材料货包运输的要求(详见GB 11806—2004)，特意装入中子毒物作为货包部件时，应进行核对以证实该中子毒物的存在和分布。

任何货包在每次装运前，应满足下述适用要求：

(1) 对于任何货包，都应确保有关标准规定的各项要求已得到满足；

(2) 应按照货包一般要求中有关的提吊附件的要求，使其可被拆除掉或不能用于提吊货包；

(3) 对于每个B(U)型、B(M)型和C型货包及每个易裂变材料的货包，应确保批准证书中所规定的所有要求都已得到满足；

(4) 在足以证明温度和压力达到平衡状态并符合要求之前，每个B(U)型、B(M)型和C型货包都不得发运，除非得到主管部门豁免这些要求的批准；

(5) 对于每个B(U)型、B(M)型和C型货包，应通过检查和(或)相应的测试来确保包容系统中所有可能泄漏放射性内容物的封盖、阀门和其他开孔均已严加关闭，合适时，用已证明符合相关要求的方法来确保密封；

(6) 对于每种特殊形式放射性物质，应确保特殊形式放射性物质批准证书中规定的各项要求和相关标准的有关条款都已得到满足；

(7) 对于易裂变材料的货包，适用时，应进行中子增殖系数的测量和规定的用以证实每个货包密闭的测试；

(8) 对于每种低弥散放射性物质，应确保其批准证书中规定的各项要求和本标准的有关条款均得到满足。

### 12.4.2 与其他货物一起运输

为了确保所有运输的安全，放射性物质货包与其他货物一起运输时必须满足下列要求：

(1) 货包中除装有使用放射性物质所需的物品和文件外，不得装有任何其他物项。但不排除低比活度物质或表面污染物体与其他物项一起运输，只要这些物项之间及其包装或其放射性内容物之间不存在会降低货包安全性的相互作用就可将它们装在一个货包中运输。

(2) 运输过放射性物质的罐和散货集装箱，若对β和γ发射体以及低毒性α发射体的污染未去污至0.4Bq·cm$^{-2}$水平以下，或对所有其他α发射体未去污至0.04Bq·cm$^{-2}$水平以下时，不得用于储存或运输其他货物。

(3) 在完全由托运人控制安排和不违背其他有关规定的条件下，应允许其他货物与独家使用方式下运输的托运货物一起运输。

(4) 涉及国际运输时，还应按照拟运输的放射性物质途经国或抵达国所制定的关于危险货物运输的有关规定，适用时，还应按照一些公认的运输组织的规定，将托运货物与其他危险货物相隔离。

### 12.4.3 运输和中途储存

**1. 运输期间和中途储存期间的隔离**

装有放射性物质的货包、外包装和货物集装箱在运输期间和中途储存期间都应按相关规定与有人员逗留的场所相隔离，以及与未显影的照相胶片相隔离；并且按照相关规定，与其他危险货物相隔离。Ⅱ级(黄)或Ⅲ级(黄)货包或外包装均不应放在旅客乘用的隔舱中运载。

**2. 运输期间和中途储存期间的堆放**

首先，托运货物的堆放应安全稳妥。若托运货包或包装表面的平均热流密度不超过15W·m$^{-2}$，且其紧邻的货物不是装在袋里或包里，则该货包或外包装可与有包装的普通货物放在一起运载或储存，无需特殊的堆放要求，但批准证书中主管部门对堆放规定有专门要求的货包或外包装除外。

一般情况下，应按下述要求控制货物集装箱的装载及货包、外包装和货物集装箱的存放：

(1) 除独家使用的情况外，应限制单件运输工具上的货包、外包装和货物集装箱的总数，以使运输工具上的运输指数总和不大于规定的限值；

(2) 在托运货物按独家使用方式运输时，单件运输工具上的运输指数总和不受限制；

(3) 在运输的常规条件下运输工具外表面上任一点的辐射水平应不超过2mSv·h$^{-1}$，而在距运输工具外表面2m处的辐射水平应不超过0.1mSv·h$^{-1}$，除了以独家使用方式通过公路或铁路运输的托运货物之外，车辆周围的辐射水平应低于规定的限值；

(4) 货物集装箱内和运输工具上的临界安全指数总和应不超过规定限值。

运输指数大于10的货包、外包装或临界安全指数大于50的托运货物，应按独家使用方式运输。

**3. 装有易裂变材料的货包在运输期间和中途储存期间的隔离**

对于装有易裂变材料货包，在中途储存期间，任何一个储存区内的任何一组装有易裂变材料的货包、外包装和货物集装箱的数量应受到限制，以使任一组的这种货包、外包装、货物集装箱的临界安全指数总和不超过50。各组之间的间距应至少保持6m。

若运输工具上或货物集装箱内的易裂变材料，其临界安全指数总和超过50，则该运输工具或货物集装箱在储存时应与装有易裂变材料的其他货包、外包装组或货物集装箱组或运载放射性物质的其他运输工具之间的距离至少保持6m。

**4. 与铁路运输和公路运输有关的附加要求**

(1) 运载贴有与运输货包相一致的级别标志或临界安全指数标志的货包、外包装或货物集装箱的铁路车辆和公路车辆或按独家使用方式运载托运货物的铁路车辆和公路车辆都应显示相应的标牌。该标牌的位置如下：对铁路车辆，在两个外侧面上；对公路车辆，在两个外侧面和后端面上。对无侧面的车辆，只要标牌醒目，标牌可直接固定在货物容器上；显示在大型的罐或货物集装箱上的标牌应足够大。对于无足够大位置固定大型标牌的车辆，标牌尺寸可以缩小到100mm。

(2) 在车辆内或车辆上的托运货物是无包装的LSA-I物质或SCO-I时，或按独家使用方式运输的托运货物是带有单一联合国编号的有包装的放射性物质时，还应以高度不小于65mm的黑体字显示相应的联合国编号。黑体字可显示在放射性标牌的白色衬底的下半部或直接显示在单独显示联合国编号的标牌上。直接显示在标牌上时，对铁路车辆应将该附加的标牌固定在两个外侧面上且紧邻单独显示联合国编号的标牌上，对公路车辆固定在两个外侧面和后端外表面上。

(3) 对按独家使用方式运输的托运货物的要求：

货包或外包装外表面上任一点的辐射水平应不超过$2mSv \cdot h^{-1}$，仅在满足下述条件下才可超过$2mSv \cdot h^{-1}$，但不可超过$10mSv \cdot h^{-1}$：车辆应采取实体防护措施防止未经批准的人员在运输的常规条件下接近托运货物；对货包或外包装采取了固定措施，在运输的常规条件下它们在车辆内的位置保持不变；运载期间，无任何装载或卸载作业。

在车辆外表面(包括上、下表面)上任一点的辐射水平，或者就敞式车辆而言，在那些车辆外缘延伸的铅直平面上、装运物的上表面上以及车辆下部外表面上任一点的辐射水平均应不超过$2mSv \cdot h^{-1}$。

在距由车辆外侧面延伸的铅直平面2m处的任一点的辐射水平，或者就敞式车辆而言，在距由车辆外缘延伸的铅直平面2m处的任一点的辐射水平，均不得超过$0.1mSv \cdot h^{-1}$。

(4) 对公路车辆，除司机及其辅助人员外，任何人均不允许搭乘运载贴有Ⅱ级(黄)或Ⅲ级(黄)标志的货包、外包装或货物集装箱的车辆。

### 12.4.4 船舶运输及空运和邮运

表面辐射水平超过$2mSv \cdot h^{-1}$的货包，除特殊安排下的船舶运输外，只有满足按有关独家使用方式装在车辆内或车辆上，方可用船舶运输。

在使用为运载放射性物质而设计或租用的专用船舶运输托运货物时，只要满足下述各项条件，这种运输可不遵守运输期间和中途储存期间的隔离有关要求的限制：

(1) 装运的辐射防护大纲已经该船舶的航旗国的主管部门批准，有要求时，已经得到各停靠港国家的主管部门批准；

(2) 任何托运货物在整个航程(包括在停靠港装载)中，已预先作出堆放安排；

(3) 在运输放射性物质的过程中，托运货物的装载、运载和卸载都是由有资格人员监督的。

不得用客机运输属独家使用的 B(M)型货包和托运货物。

不得空运需通风的 B(M)型货包、需用辅助冷却系统进行外部冷却的货包、运输期间需进行操作控制的货包和装有液态自燃物质的货包。除特殊安排外，不得空运表面辐射水平超过 $2\mathrm{mSv} \cdot \mathrm{h}^{-1}$ 的货包或外包装。

符合例外货包要求而且放射性内容物的放射性活度不超过例外货包放射性活度限值的十分之一的托运货物，在符合国内邮政机构规定的附加要求条件下可以进行国内邮运。

符合例外货包要求而且放射性内容物的放射性活度不超过例外货包放射性活度限值十分之一的托运货物，特别在符合万国邮政联盟法中所规定的下述附加要求的条件下，邮局可接收该托运货物，进行国际邮运：

(1) 应仅由国家主管部门授权的托运人递交给邮政部门；

(2) 应通过最快的路线(通常是空运)发送；

(3) 应在其外表面上标上醒目而耐久的"放射性物质——数量为邮运所允许"字样，如果包装空着返回，则应划去这些字；

(4) 应在其外表面上注明托运人的姓名和地址，并要求在无法交付该托运货物时，将其原封退回；

(5) 应在内包装上注明托运人的姓名和地址及托运货物的内容物。

## 12.5 审批和管理

### 12.5.1 特殊形式放射性物质和低弥散放射性物质的审批

对不需要有关主管部门颁发批准证书的货包设计，托运人应按要求向有关负责检查的主管部门提供表明该货包设计符合所有可适用要求的文件证据。

应经有关主管部门审批的项目或内容有：各项设计、一般情况下的运输(特别是国内)、特殊安排下的装运、特殊用途船舶的辐射防护大纲和 GB 11806—2004 表 1 中未列出的放射性核素值的计算。

有关设计包括：①特殊形式放射性物质；②低弥散放射性物质；③装有等于或大于 0.1kg 的六氟化铀的货包；④装有易裂变材料的所有货包，但例外易裂变材料货包除外；⑤B(U)型货包和 B(M)型货包；⑥C 型货包。

特殊形式放射性物质和低弥散放射性物质的设计应得到有关主管部门的批准。当涉及国际运输时，低弥散放射性物质的设计还应经多方批准。这两种设计申请书应包括：

(1) 放射性物质的详细描述，若所描述的是密封件，则是对内容物的详细描述，应特别说明其物理和化学形态；

(2) 拟使用的密封件设计的详细陈述；

(3) 已进行的试验及其结果的陈述，或基于多种计算方法用以表明放射性物质性能符合相关性能标准的证据，或用以表明特殊形式放射性物质或低弥散放射性物质能满足相关标准可适用要求的其他证据；

(4) 可适用质量保证大纲的详细说明；

(5) 对用于装有特殊形式放射性物质或低弥散放射性物质的托运货物运前建议的行动。

主管部门应颁发批准证书，以说明所批准的设计能满足对特殊形式放射性物质或低弥散放射性物质的各项要求，并应赋予该设计一个识别标记。

### 12.5.2 货包设计的审批

**1. 六氟化铀货包的设计审批**

(1) 装有等于或大于 0.1kg 的六氟化铀货包的设计应得到有关主管部门批准，当涉及国际运输时应经多方批准；

(2) 申请批准的申请书应包括让主管部门相信所必需的能证明设计符合规定要求的所有资料，以及可适用的质量保证大纲的详细说明；

(3) 主管部门应颁发批准证书，以说明被批准的设计已满足的要求，并应赋予该设计一个识别标记。

**2. B(U)型货包和C型货包设计的审批**

每种 B(U)型货包和 C 型货包的设计均应得到有关主管部门批准，涉及下述情况的国际运输还应经多方批准：

(1) 要求符合规定的易裂变材料的货包设计；

(2) 低弥散放射性物质的 B(U)型货包设计。

申请批准的申请书应包括：

(1) 所提出的放射性内容物的详细描述，并说明其物理和化学形态以及所发射射线的特性；

(2) 设计的详细陈述，包括整套工程图纸、材料清单和制作方法；

(3) 证明该设计足以满足可适用要求的已进行的试验及其结果的陈述，或基于多种计算方法的证据或其他证据；

(4) 对包装使用提出的操作和维护规程；

(5) 包容系统制造材料的说明、拟取的样品和拟进行的试验(当需要把货包设计成具有超过 100kPa 表压的最大正常压力时)；

(6) 对经过辐照的核燃料货包的设计，申请者应陈述与该燃料的特性有关的安全分析方面的假设并证明这些假设是正当的，描述货包评定所需的中子增殖系数的保守估计值所要求的装运前的测量情况；

(7) 在考虑拟使用的各种运输方式和运输工具或货物集装箱的类型情况下，为保证货包安全散热所需的在堆放方面的所有特殊规定；

(8) 一张用于表明货包构造的尺寸不大于 21cm×30cm 的示意图；

(9) 质量保证大纲的详细说明。

主管部门应颁发批准证书，以说明经批准的设计能满足对 B(U)型货包或 C 型货包的要求，并应赋予该设计一个识别标记。

**3. B(M)型货包设计的审批**

每个B(M)型货包的设计，包括那些还要求符合易裂变材料货包设计的审批规定的易裂变材料货包的设计和低弥散放射性物质货包的设计均应得到有关主管部门批准，涉及国际运输的还应经多方批准。

申请B(M)型货包设计批准的申请书，除应包括对B(U)型货包所要求的资料外，还应包括：

(1) 说明该货包不符合有关温度范围、假设环境温度、假设太阳曝晒条件和各类试验规定要求的清单；

(2) 有关标准中通常未作规定的，但为确保货包安全或为弥补上述(1)所列的不足而建议的在运输期间有必要施行的附加操作管理措施；

(3) 关于运输方式的限制和特殊的装载、卸载或操作程序的陈述；

(4) 预期在运输期间会遇到的并在设计中业已考虑的环境条件范围(温度、太阳照射)。

主管部门应颁发批准证书，以说明经批准的设计能满足对B(M)型货包的可适用要求，并应赋予该设计一个识别标记。

## 12.5.3 易裂变材料货包设计的审批

每种易裂变材料货包的设计均应得到有关主管部门的批准，涉及国际运输的还要求多方批准，而根据规定可以作为例外货包的除外。

申请批准的申请书应包括让主管部门相信该设计能满足规定的各项要求所必需的全部资料和要求的适用的质量保证大纲的详细说明。

主管部门应颁发批准证书，以说明批准的设计能满足规定的各项要求，并应赋予该设计一个识别标记。

## 12.5.4 装运的审批

装运放射性物质必须得到国家有关主管部门的批准。

当涉及国际运输时，下述事项应经多方批准：

(1) 货包设计的各部件不符合温度范围(−40～+70℃)要求的或设计成受控间歇通风的B(M)型货包的装运；

(2) 装有放射性活度大于3000$A_1$或3000$A_2$，或者大于1000TBq(以两者中较小者为准)的放射性物质的B(M)型货包的装运；

(3) 装有易裂变材料的货包在货包的临界安全指数总和超过50时的装运；

(4) 依据相关规定供特殊用途船舶装运用的辐射防护大纲。

根据设计批准证书中规定的设计和装运批准证书合二为一的一项特殊条款，主管部门可在没有装运批准书的情况下批准那种抵达或途经我国的运输。

申请批准装运的申请书应包括：

(1) 申请批准的与装运有关的期限；

(2) 实际的放射性内容物、预期的运输方式、运输工具的类型以及可能经由的或所建议的运输路线；

(3) 申请批准证书提及的预防措施以及行政管理或操作管理措施如何付诸实施的细节。

装运一经批准，主管部门就应颁发批准证书。

# 第 13 章

# 环境影响评价

## 13.1 引言

### 13.1.1 *历史沿革*

保护环境是我国的一项基本国策，建设项目的环境影响评价报告通过后才能获得立项与开工建设，这是实施保护环境目标必须经过的重要程序和步骤。核技术应用中辐射环境的管理也必须经过环境影响评价这一阶段性工作。核技术应用中特有的辐射危险，在这个行业发展的开始就得到了科学界的高度重视。对辐射危险相对较高的建设项目开展放射防护评价工作，也是从实践经验和事故教训中探索出来的、是控制潜在照射和减少辐射照射与事故的有效管理措施。我国辐射环境影响评价工作的开展已有三十多年的历史，必须进一步坚持抓好。

1995 年环境保护部(原国家环保总局)颁布了《核技术应用项目环境影响报告书(表)的内容和格式》(HJ T10.1—1995)，作为我国核技术应用项目的环境影响评价工作指南起到了历史性的作用。它规范了当时核技术应用项目的环境影响评价，对放射性污染的防治、保护环境、保障工作人员与公众健康和促进核技术的开发与和平利用发挥了积极作用。

《放射性污染防治法》第二十八条规定，生产、销售、使用放射性同位素和射线装置的单位，应当按照国务院有关放射性同位素与射线装置放射防护的规定申请领取许可证。第二十九条规定，生产、销售、使用放射性同位素和加速器、中子发生器以及含放射源的射线装置的单位，应当在申请领取许可证前编制环境影响评价文件，报省、自治区、直辖市人民政府环境保护行政主管部门审查批准；未经批准，有关部门不得颁发许可证。

《放射性同位素与射线装置安全和防护条例》第八条规定，生产、销售、使用放射性同位素和射线装置的单位，应当事先向有审批权的环境保护主管部门提出许可申请，并提交符合本条例第七条规定条件的证明材料。这个“证明材料”，主要就是指环境影响评价文件。

《建设项目环境影响评价文件分级审批规定》(2008 年 12 月 11 日，环境保护部令第 5

号)明确,建设对环境有影响的项目,不论投资主体、资金来源、项目性质和投资规模,其环境影响评价文件均应按照本规定确定分级审批权限。建设项目环境影响评价文件的分级审批权限,原则上按照建设项目的审批、核准和备案权限及建设项目对环境的影响性质和程度确定。环境保护部可以将法定由其负责审批的部分建设项目环境影响评价文件的审批权限,委托给该项目所在地的省级环境保护部门,并向社会公告。受委托的省级环境保护部门,应当在委托范围内,以环境保护部的名义审批环境影响评价文件。环境保护部应当对省级环境保护部门根据委托审批环境影响评价文件的行为负责监督,并对该审批行为的后果承担法律责任。

这些法律法规的颁布更使核技术应用项目的环境影响评价工作及促进辐射环境保护起到了更好作用。然而,还不能适应现行的核技术应用项目的辐射安全性,特别是事故状况下对环境或职业人员、公众造成的巨大影响进行充分评估,并进行监管。特别是 2005 年 12 月 1 日国务院令 449 号《放射性同位素与射线装置安全和防护条例》在全国发布施行后,放射性同位素与射线装置的辐射防护和安全监督管理由卫生部门转到环境保护部门,使原有的管理体制下制定的规范更显其局限性和不适宜性。环境保护部为了适应管理模式转变后的监督管理需要,必须将原有的环境影响评价文件内容扩充至包含对工作人员为主的“安全分析”。也就是国务院令 449 号中的“证明材料”应包括项目实践对环境的辐射影响和辐射防护与安全的分析。国内外的实践与经验证明,在核技术利用领域中,不管是在辐射源项的正常运行还是在事故状态下,控制其防护与安全,往往比控制其环境辐射影响更为重要。现在,环境保护部门 1995 年发布并执行的《核技术利用项目环境影响评价文件的内容与格式》正在进行修订,并将以标准的形式颁布,其初稿已进行过多次讨论与修改。该标准将根据我国目前对核技术应用项目的监管法规要求进行修订,有意识地将环境影响评价的科学性与项目运行过程执行法规的符合性合为一体,特别是将有关项目的安全分析评价以及辐射安全许可证发放条件的内容融入在评价文件中。它拓展了核技术应用项目环境影响评价文件的内涵,使得该标准在保证其科学性前提下更具有针对性。该标准还将有关评价的指导性方法和要点作了阐述,使评价文件更加清晰明了。考虑到新版《核技术利用项目环境影响评价文件的内容与格式》的颁发还需一定时间,本章此后将先择其初稿中的相关内容进行介绍。

### 13.1.2 评价时段

《环境影响评价法》规定,建设项目的环境影响评价文件未经法律规定的审批部门审查或者审查后未予批准的,该项目审批部门不得批准其建设,建设单位不得开工建设。建设项目的环境影响评价文件经批准后,建设项目的性质、规模、地点、采用的生产工艺或者防治污染、防止生态破坏的措施发生重大变动的,建设单位应当重新报批建设项目的环境影响评价文件。

如前所述,《放射性污染防治法》、国务院 449 号令及环境保护部 31 号令都规定核技术利用(包括生产、销售、使用放射性同位素和射线装置)单位和个人(包括“三资”企业)在立项建设(或运行)和退役阶段,编制环境影响评价文件。在领取辐射安全许可证前提供包含辐射安全分析在内的环境影响评价文件。建设项目的环境影响评价文件经批准后,建设项目的性质、规模、地点、采用的生产工艺或者防治污染、防止生态破坏的措施发生重大变动的,建设单位应当重新报批建设项目的环境影响评价文件。环境保护部31号令中明确，辐射源项或安全防护措施有重大变化时也应重新进行环境评价。

在基本标准(GB 18871—2002)中对安全评价，要求在不同阶段(包括选址、设计、制造、建造、安装、调试、运行、维修和退役)对实践中源的防护与安全措施进行评价，以达到在分析外部事件对源的影响和源与其附属设备自身事件的基础上，鉴别出可能引起正常照射和潜在照射的各种情形；预计正常照射的大小，并在可行的范围内估计潜在照射发生的可能性与大小；评价防护与安全措施的质量和完善程度。并指出，在下列情况下，必要时应重新或补充进行安全评价：拟对源或与源有关的设施、运行操作程序或维修程序作重大修改；运行操作经验或者引起或可能引起潜在照射的事故、故障、失误或事件的资料表明现有的安全评价不当或无效；源的活度发生或可能发生显著改变，或有关安全导则或技术标准已经变更。

对评价进行细分，在GB 18871中指出有个人剂量监测和评价、现场监测与评价及事故后的监测和评价。前两项在辐射实践正常运行期间应定期开展，第三项在事故或事件发生后进行。

## 13.2 定义与概念

### 13.2.1 环境影响评价

2003年9月1日起施行的《中华人民共和国环境影响评价法》中称环境影响评价是指对规划和建设项目实施后可能造成的环境影响进行分析、预测和评估，提出预防或者减轻不良环境影响的对策和措施，进行跟踪监测的方法与制度。

基本标准中把环境影响评价定义为：对源的利用或某项实践可能对环境造成的影响所进行的预测和估计，包括对源或实践的规模与特性的概述，对厂址或场所环境现状的分析，以及对正常条件下和事故情况下可能造成的环境影响或后果的分析。

建设项目对环境的影响通常包括：施工建设过程对环境的影响和建成后项目污染源引起的对环境的影响。前者往往是暂时性的，比较容易分析。所以要论述的重点是后者。

项目建成后对环境的影响，首先要阐明项目环境影响的主要因素(即污染源)，包括：放射性及其他有毒有害物质的来源、种类、形态、浓度(含量)、年用量；排放污染物种类、形态、排放量、排放方式和最终去向；说明放射性物质和能量流对环境的影响途径、影响程度和影响范围。其次是要给出拟采取的环境保护(防治放射性污染)措施，涉及污染物包容、过滤(选择材料和效果)、排放和处理方式等。第三是要分析项目投产后对周围地区环境质量及重点保护对象的影响。第四是要估算放射性污染对公众关键居民组及群体所致的有效剂量，包括：对气态途径的要估算有关子区空气(必要时含动植物及其产品)中的核素浓度、年个人有效剂量和集体有效剂量；对液态途径的要估算接纳放射性废弃物水体的年均放射性浓度，选定相关估算模式和参数后估算出有关子区的个人有效剂量和集体有效剂量；对外照射(贯穿辐射)，要估算出有关子区空气吸收剂量率，并根据居留因子、建筑物屏蔽因子和剂量转换因子给出年个人有效剂量和集体有效剂量。最后是事故期间的环境影响，对各种可能发生的事故概率和后果进行分析，并给出预计的环境影响和防止及减少事故后果的应急措施。

污染源是由废弃物构成的。在叙述污染源(废水、废气、废渣及粉尘)等情况时,要着重说明放射性的来源、种类、比活度、总量、排放或处理方式,以及放射性废物和废源送城市放射性废物库的计划安排。对放射性同位素及密封源应给出核素名称、来源、理化状态、操作方式、含量(比活度)、年用量、在工艺过程中的转移和浓度等。此外还应说明主要原料及其中其他有毒有害物质的种类、含量、形态及年用量。

所谓评价,简单来说是要用相关标准的内容和要求对项目中所有的安全和防护措施的全面、合理、可行和可靠性进行说明;依据相关规定或标准中给出的数据对项目运行或事故排放时造成的环境介质中浓度值及工作人员和公众个人年剂量和集体剂量的可接受性进行评述。评价的基本方法可以是检查表法,即依据工程特点、规范和标准,编制检查表,逐项检查建设项目涉及的各种危害因素有关内容与国家标准、规范的符合情况。也可以是类比法,即利用同类或相似工作场所的监测、统计数据,类推拟评价项目各项危害因素浓度(强度)、危害后果和应采取的防护措施的适宜性。采用这类方法时要特别注意评价目标与对比目标的高度一致性,即要有高度可比性。第三种方法是定量分级法:根据种类危害因素浓度(强度)、危害因素的固有危害性、辐射工作人员与公众接触时间进行综合考虑,计算危害指数,确定危害程度等级。通常情况下,检查表法、类比法和定量分级法三种方法同时混合使用。

评价中有的需要针对某一个量进行评述,但有很多场合却需要靠科学判断进行定性评述。例如,上面提到的安全防护措施就是这样。对非密封放射性物质操作场所,除了外照射防护的评述外,对内照射防护的评述至少应包括:

(1) 平面布局要合理。注:否则由于人员走动中易造成交叉污染。

(2) 各类表面要易于去除污染。注:污染不易清除时,就得靠更换构筑物来保持工作场所的清洁,造成很大浪费。

(3) 通风要适量并组织得合理。注:否则空气污染不易控制。

(4) 要有适于密闭操作的设备。注:用以有效地控制污染扩散。

(5) 要有方便、安全的“三废”收集与处理设施。注:特别是废水。

(6) 要有必要的卫生设施与监测设备。注:防止人员表面污染去除不及时而引起的污染扩散。

(7) 要有放射性样品的储存设备等。

### 13.2.2 安全评价

在基本标准中,对安全评价定义为对源的设计和运行中涉及人员防护与源安全的各个方面所进行的一种分析评价,包括对源的设计和运行中所建立的各种防护与安全措施或条件的分析,以及对正常条件下和事故情况下所伴有的各种危险的分析。必须注意,这是一种分析,不能与具体的辐射测量相混淆,因此评价者的资格也不能与测量者的资格相混淆。显然,在现状分析中,用测量结果进行分析也是必要的,但同时必须注意到可能的事件或事故。

近二十多年来,辐射安全的认证工作从感性认识阶段发展到了理论的阶段。ICRP 的《国际放射防护委员会建议书》中指出,“不是所有的照射均按预测的那样发生,可能出现偶然偏离了计划的操作程序或设备可能有的故障。放射性废物处置后，环境会有变化，或会改变环境的利用方式。这种事件可以预见，它们发生的概率可以估计，但其细节无法预知”；另外还指出，“要确证一个防护体系是满意的，就需要评价该体系整体的有效性”。所以辐射安全评价的目的就在于利用各种科学的手段和经验来论证整个防护体系，特别是包括防止潜在照射显现在内的一整套防护体系的有效性，并对不足地方提出改正意见。

GB 18871 规定，注册者和许可证持有者应根据规定，对其所负责的源进行安全评价。对于结构、系统及部件设计一致的同类型源，如果已存在对源的技术性能的安全评价，则经审管部门认可，可只对源在当地的设置、使用及运行操作条件进行一般的安全评价。其他情况下，通常应进行全面详细的专门安全评价。

安全评价应视源的实际情况进行全面严格审查，其内容至少包括：

(1) 源的运行操作限值和运行操作条件；

(2) 潜在照射产生的可能性及其性质和大小；

(3) 可能导致潜在照射或可能导致与防护和安全有关措施，即构筑物、系统、部件和程序失效(单一失效或组合失效)的各种途径，以及这类失效可能造成的后果；

(4) 环境变化可能影响防护与安全的途径，以及这类影响的可能后果；

(5) 与防护和安全有关的运行操作程序可能出现错误的途径，以及这类错误可能造成的后果；

(6) 所提出的任何设计修改或运行操作修改，及其对防护与安全的意义。

在防护和安全措施的设计中，“故障安全”是安全设计的重要原则之一。即按照这一原则完成的设计，可以保证当某一部件或系统发生任何故障时，源均能自动地建立起一种安全状态。这里的关键是“当某一部件或系统发生任何故障”时放射工作设备仍处在辐射安全状态——不会发生辐射事故。例如在辐照装置上，停电的时候，放射源能马上降到安全位置，或防护门不能开启；源卡住了不能回到安全位，进辐照室的门不能开启等。又如加速器的防护措施有故障时，加速器就不能被开启(自动关机或所有开机操作无效)等。

对辐射危害风险高的实践，“纵深防御”也是重要的安全设计原则。纵深防御是指针对给定的安全目标要运用多种防护措施，使得即使其中一种防护措施失效，仍能达到该安全目标。“多种防护措施”是指在可能造成某一照射方式事故历程中，至少应有三项以上防护措施，且只要有一项是好的，安全仍能保证。而且这些防护措施，要符合独立性、冗余性和多样性的原则。对一项辐射工作实践来说，具体需要有多少项防护措施，这要据所从事的辐射工作实践在发生意外情况时可能会有多大的后果而定。

在安全评价(环境评价)中，还应视源的实际情况必须注意下述问题：可能导致放射性物质突然大量释放的因素和可能释放的最大活度，以及为预防或控制这类释放可以采取的措施；可能导致放射性物质连续小量释放的因素，以及为防止或控制这类释放可以采取的措施；可能引起任何辐射束意外照射的因素，以及为防止、识别和控制此类事件的发生可以采取的措施；为限制潜在照射的可能性和大小所用的安全装置的独立性以及安全装置的冗余性和多样性的适宜程度。

安全评价必须形成文件，并由注册者或许可证持有者依据本单位的质量保证要求组织专家对安全评价文件进行独立的审核，然后按审管部门规定的审管要求，将安全评价文件提交审管部门进行审评。

### 13.2.3 监测及评价

在基本标准中，对监测的定义是为评价或控制辐射或放射性物质的照射，对剂量或污染所进行的测量及对测量结果的解释。其实测量不是目的，而用这些测量的结果进行对工作环境的评价，找出安全防护方面的薄弱环节并实施改正，从而进一步保护辐射工作人员与公众的健康和安全才是所需要的。

辐射照射的评价包括外照射和内照射两个方面。外照射评价是通过佩带在身体上具有代表性位置的个人剂量计得到个人监测结果；或在前瞻性评价中利用测量或估计的结果再利用适当的转换系数为依据得出的。内照射评价是指放射性核素摄入的剂量评价体系，它是以计算放射性核素摄入量为基础的，因此可以认为放射性核素摄入量是内照射评价的运行实用量。摄入量可以根据直接测量(例如全身或指定器官或组织的体外监测)，或者间接测量(利用例如尿、粪、鼻腔排泄物、汗液等)，或者对环境样品的测量，以及利用生物动力学模型和 ICRP 推荐的大量放射性核素的剂量系数计算出的有效剂量来估算与确定。

GB 18871 规定，辐射工作单位应根据实践和源的具体情况，制定适当的职业照射监测大纲，进行相应的监测与评价。监测与评价结果应定期向审管部门报告；发生异常情况时应随时报告。

辐射工作单位应负责安排辐射工作人员的个人剂量监测和评价。对于任何在控制区工作的工作人员，或有时进入控制区工作并可能受到显著职业照射的工作人员，或其职业照射剂量可能大于 $5mSv \cdot a^{-1}$的工作人员，均应进行个人监测。在进行个人监测不现实或不可行的情况下，经审管部门认可后可根据工作场所监测的结果和受照地点和时间的资料对工作人员的职业受照做出评价。对在监督区或只偶尔进入控制区工作的工作人员，如果预计其职业照射剂量在 $1 \sim 5mSv \cdot a^{-1}$范围内，则应尽可能进行个人监测。应对这类人员的职业受照进行评价，这种评价应以个人监测或工作场所监测的结果为基础；如果可能，对所有受到职业照射的人员均应进行个人监测。但对于受照剂量始终不可能大于 $1mSv \cdot a^{-1}$的工作人员，一般可不进行个人监测。

个人剂量监测的类型、周期和不确定度应根据工作场所辐射水平的高低与变化和潜在照射的可能性与大小来确定。可能受到放射性物质体内污染的工作人员(包括使用呼吸防护用具的人员)安排相应的内照射监测，以证明所实施的防护措施的有效性，并在必要时为内照射评价提供所需要的摄入量或待积当量剂量数据。

基本标准规定，辐射工作单位应在合格专家和辐射防护负责人的配合下制定、实施和定期复审工作场所监测大纲，以有效地实现现场监测与评价。工作场所监测的内容和频度应根据工作场所内辐射水平及其变化和潜在照射的可能性与大小来确定，并应保证：能够评估所有工作场所的辐射状况；可以对工作人员受到的照射进行评价；能用于审查控制区和监督区的划分是否适当。

工作场所监测大纲应规定：拟测量的量；测量时间、地点和频度；测量方法与程序；参考水平和超过参考水平时应采取的行动。并应将所获得的结果予以记录和保存。

上述合格专家应该是根据相应机构或学会所颁发的证书或持有的职业许可证或根据学历和工作资历被确认为在相关专业领域(例如辐射防护或医学物理)具有专门知识的专家。

显然，这些要求是很高的，实际工作中离此还很远。辐射防护负责人是指技术上胜任某一给定类型实践的辐射防护业务、受注册者或许可证持有者聘任对防护与安全法规和标准的贯彻实施进行监督管理的人员。对γ辐照装置，GB 17568—2008《γ辐照装置设计建造和使用规范》明确要求，运营单位要配备1～2名具有资格的人员，负责辐照装置在使用和运营过程中的安全。他们必须具有以下技能：①受过理论培训，对本工作辐射特性有必要知识；②熟悉设备结构并对处理事故应急措施有透彻了解；③了解并掌握国家及有关部门颁发的规定和装置操作规程。

对事故后的监测和评价，基本标准规定应采取一切合理的步骤，对事故中职业人员和公众成员所受到的照射进行评价，并通过适当的方式将评价结果向他们公布。评价应以已获得的最有价值的资料为基础，并应根据实质上能产生更准确结果的任何新资料及时加以修改。应将各项评价和它们的修改以及对工作人员、公众和环境监测的结果进行全面记录，并予以妥善保存。

### 13.2.4　剂量约束

剂量约束的概念是环境影响评价与安全评价中都要用的。在基本标准中它的含义是：对源可能造成的个人剂量预先确定的一种限制，它是源相关的，被用作对所考虑的源进行防护和安全最优化的约束条件。对于职业照射，剂量约束是一种与源相关的个人剂量值，用于限制最优化过程所考虑的选择范围。对于公众照射，剂量约束是公众成员从一个受控源的计划运行中接受的年剂量的上界。剂量约束所指的照射是任何关键人群组在受控源的预期运行过程中、经所有照射途径所接受的年剂量之和。对每个源的剂量约束应保证关键人群组所受的来自所有受控源的剂量之和保持在剂量限值以内。对于医疗照射，除医学研究受照人员或照顾受照患者的人员(工作人员除外)的防护最优化以外，剂量约束值应被视为指导水平。

对于来自一项实践中的任一特定源的照射，应使防护与安全最优化，使得在考虑了经济和社会因素之后，个人受照剂量的大小、受照射的人数以及受照射的可能性均保持在可合理达到的尽量低水平；这种最优化应以该源所致个人剂量和潜在照射危险分别低于剂量约束和潜在照射危险约束为前提条件(治疗性医疗照射除外)。

关于这个值的大小，在原则上，要求除了医疗照射之外，对于一项实践中的源，其剂量约束和潜在照射危险约束应不大于审管部门对这类源规定或认可的值，并不大于可能导致超过剂量限值和潜在照射危险限值的值；对可能向环境释放放射性物质的源，剂量约束还应确保对该源历年释放的累积效应加以限制，使得在考虑了所有其他有关实践和源可能造成的释放累积和照射之后，任何公众成员(包括其后代)在任何一年里所受到的有效剂量均不超过相应的剂量限值。放射性残存物(例如废水、废气排放的)的持续照射，实践或源退役所造成的持续照射，其剂量约束应不高于该实践或源运行期间的剂量约束。剂量约束的具体数值，通常应在剂量限值10%～30%的范围之内，即对辐射工作人员推荐为$2\sim5\mathrm{mSv}\cdot\mathrm{a}^{-1}$，公众照射推荐为$0.1\sim0.3\mathrm{mSv}\cdot\mathrm{a}^{-1}$。对个别辐射照射形式复杂而且辐射水平较高的场所，其推荐值会再高一些。必须强调，剂量约束的使用不应取代最优化要求，剂量约束值只能作为最优化值的上限。

### 13.2.5 等效操作量

按 GB 18871 的规定，非密封放射性物质工作场所分甲、乙、丙三级，划定级别时依据的一个重要参数是放射性物质的日等效最大操作量。日等效最大操作量是操作对象一日中的最大放射性活度乘以放射性核素组别系数再乘以操作方式与放射源状态修正因子所得的积。GB 18871 给出了操作方式与放射源状态修正因子，其表 C3 给出了取值时所对应的操作方式与放射源状态之间的关系。在很多场合，表 13-1 给出的操作性质修正系数使用起来可能更便捷。

表 13-1 操作性质修正系数

| 操作性质 | 修正系数 |
|---|---|
| 储存 | 100 |
| 简单的湿式操作 | 10 |
| 普通的化学操作 | 1 |
| 有溅出危险的复杂湿式操作和简单的干式操作 | 0.1 |
| 干式操作和发尘操作 | 0.01 |

各种类型操作的具体方式说明如下：

(1) 储存

把装盛在容器内的放射性溶液、样品或废液等存放于工作场所的通风柜、手套箱、样品架、工作台或专用储存柜内等。这样放置的放射性物质，也要防止洒、漏、飞扬和非常温下的蒸发，对发射β、γ、中子的放射性物质还需有外照射防护。

(2) 简单的湿式操作

少量稀溶液的合并、分装或稀择，污染不严重的器皿和工具等的洗涤等。

(3) 普通的化学操作

溶液的取样、转移、沉淀、过滤或离心分离，萃取或反萃取，离子交换，色层分离，吸移或滴定放射性溶液等。

储存、简单的湿式操作和普通的化学操作，均是在常温、常压下进行的，这时蒸发的量很小。

(4) 有溅出危险的复杂湿式操作和简单的干式操作

加热蒸馏或蒸发，热烤烘干，高放溶液的取样或转移；粉末料样的称重，溶解，干沉淀物的转移。这类操作均会有少量气体或气溶胶产生。

(5) 干式操作和发尘操作

破碎研磨样品，粉状物质剧烈混合或包装等。

非密封放射性物质操作中，对工作人员主要是防止内照射，对公众是防止放射性物质向环境排放(扩散)。这两个途经都与造成空气污染与各类表面污染有关。很容易理解，干式操作比湿式操作的危险要大，所以正如表 13-1 给出的，其修正系数前者比后者要小。

日最大操作量是指一个工作日中操作放射性物质最多的那一片刻所具有的量，因为操作量最大的那一时刻其危险性也最大，所以工作场所的各项防护条件应该以此量为出发点，即满足该时刻的要求。

# 13.3 评价文件分类与格式和内容

## 13.3.1 分类

《环境影响评价法》中明确规定国家根据建设项目对环境的影响程度，对建设项目的环境影响评价实行分类管理。并要求按照下列规定组织编制环境影响报告书、环境影响报告表或者填报环境影响登记表(以下统称环境影响评价文件)：

(1) 可能造成重大环境影响的，应当编制环境影响报告书，对产生的环境影响进行全面评价；

(2) 可能造成轻度环境影响的，应当编制环境影响报告表，对产生的环境影响进行分析或者专项评价；

(3) 对环境影响很小、不需要进行环境影响评价的，应当填报环境影响登记表。

建设项目的环境影响评价分类管理名录，由国务院环境保护行政主管部门制定并公布。

根据环境保护部令第31号规定，依据建设项目的可能的辐射危险程度，核技术利用项目环境影响评价文件分为：核技术利用项目环境影响报告书、核技术利用项目环境影响报告表和核技术利用项目环境影响登记表三类。根据制定中的《核技术利用项目环境影响评价文件的内容与格式》(下称《内容与格式》)，其具体分类是：

(1) 编制核技术利用项目环境影响报告书：

生产放射性同位素的(制备PET用放射性药物的除外)；甲级非密封放射性物质工作场所；使用Ⅰ类放射源的(医疗使用的除外)；销售(含建造)、使用Ⅰ类射线装置的辐射工作单位。

(2) 编制核技术利用项目环境影响报告表：

制备PET用放射性药物的；销售Ⅰ类、Ⅱ类、Ⅲ类放射源；销售非密封放射性物质的；医疗使用Ⅰ类放射源的；使用Ⅱ类、Ⅲ类放射源的；乙、丙级非密封放射性物质工作场所；生产、销售、使用Ⅱ类射线装置的辐射工作单位。

(3) 编制核技术利用项目环境影响登记表：

销售、使用Ⅳ类、Ⅴ类放射源的；生产、销售、使用Ⅲ类射线装置的辐射工作单位。

## 13.3.2 报告书

**1. 概述**

《环境影响评价法》中规定，建设项目的环境影响报告书应当包括下列内容：建设项目概况，建设项目周围环境现状，建设项目对环境可能造成影响的分析、预测和评估，建设项目环境保护措施及其技术、经济论证，建设项目对环境影响的经济损益分析，对建设项目实施环境监测的建议，环境影响评价的结论。

《内容与格式》中指出，核技术利用项目环境影响报告书的内容和格式分为9章，分别是：概述，自然环境与社会状况，工程分析与源项，辐射防护与安全措施，项目的环境影响，安全管理，利益-代价简要分析，公众参与，结论与建议。

该《内容与格式》中，要求根据核技术应用项目的特点，分别从项目是否产生废气或废液以及可控制程度为出发点，列出各自的保护目标与评价范围。例如，对于放射性物质野外示踪项目，由于它的影响范围会因为项目涉及的示踪载体不同而应有很大的差异。“自然环境状况”一节考虑到核技术应用项目可能的环境影响因子对辐射环境的变化影响不同，所以对Ⅱ、Ⅲ类射线装置项目只需要了解环境的贯穿辐射；而非密封放射性物质的应用项目则根据它的特点，要求给出相关环境介质中有关核素的现状。在工程分析与源项中，要求评价单位应对所评价的核技术应用项目的应用过程进行分析，通过工艺分析分解项目潜在的环境影响因子，以减少环境影响因子的识别遗漏，并要求通过给出影响因子的有关详细参数，强化评价人员对源项分析的完整性，以提供对评价结论进行初步判断的基础数据。

“辐射防护与安全措施”一章是本导则与旧导则的重要不同之处，核技术应用项目通常不再另外进行“安全分析与评价”，而由该章提供安全分析的内容与评价结论。特别是对于复杂的核技术应用项目（如放射性同位素生产项目），该章内容必须独立撰写。“安全管理”一章是针对环境保护部发放辐射安全许可证的需要而增添的。核技术应用项目的环境影响评价文件是辐射安全许可证发放的前置条件，作为一项具有较强科学性的技术文件，它的分析与结论将为环保行政部门审批辐射安全许可证提供强有力的支撑。所以该章重点是项目单位落实运行中的人员资质、安全保障机构和制度。

核标准在细化原导则有关环境介质辐射影响的基础上，针对核技术应用项目的特点，将项目周边关注人群的关键点所在范围幅度变得更大（原来是与项目所在地相距 0.5～3.0km），按照类别的不同由离项目实体边界最近的 0.05～5.00km 距离范围，直至项目（环境或流域的放射性示踪类）可能影响到的更大范围。

**2. 格式与内容**

第一章是概述，要求给出建设项目名称、地点；项目概况，介绍单位情况，项目性质，提出的背景、意义、占地面积和规模；列出本评价依据，包括使用的国家法规、标准，建设项目的立项文件，影响环境的辐射源或设备的技术参数文件以及环境影响评价的委托书等；给出项目辐射职业人员和公众的辐射剂量约束值，当有非放射性排放时应给出所在地环境保护部门批准的排放限值；叙述本评价的保护目标（职业人员、环境敏感点以及可能与项目相关的公众等）。

描述报告书（表）评价范围内人员或敏感点的情况。要求非密封放射性物质工作场所项目的评价范围，甲级取半径 500m 的范围（放射性核素生产单位的评价范围半径不小于 3km），乙级取半径 50m 的范围；应用放射源和射线装置项目按装置实体边界外 50m 的范围（Ⅰ类射线装置一般应不小于 500m）。当评价项目对环境的影响还有非放射性排放的应参照非放评价的规范要求进行评价，并增加相应章节。实施放射性物质野外示踪的项目应视周边情况以及可能潜在影响的范围予以确定评价范围。

第二章是自然环境与社会状况，要求概要给出自然环境状况，即项目所在地地形、地貌（涉及非密封放射性物质工作场所的还需简要说明所在地的土壤、水文、气象、地质和地震）等自然情况。对甲级、乙级非密封放射性物质工作场所、Ⅰ类射线装置和工业用Ⅰ类放射源的核技术利用项目还需给出大气、水体、土壤等环境介质中与该项目相关的放射性核素含量及贯穿辐射现状水平；对其他射线装置、放射源应用项目及非密封放射性物质工作场所，应提供评价范围内贯穿辐射水平；简要给出项目评价区域内的经济状况、人口数量及其分布情况，对于评价范围内的学校、居民区等敏感点须重点叙述；并对场址进行分析后，评价场址的合理性、适宜性。

第三章是工程分析与源项，要求概要介绍项目的工作流程。描述主要工艺和操作方式（生产流程及物料平衡；使用放射性同位素、射线装置的工作过程，还需叙述人流和物流的路径规划，对有“三废”排放或可能有放射性潜在影响的工作流程要重点阐述），简述项目的布局（给出项目的平面布局图和剖面图）以及辐射安全与防护、环保的相关设施及其功能。对非密封放射性物质工作场所还应该叙述工作区域的分区原则及其区域划分，气流组织，卫生通过间及其防止或清除污染措施的设置或设计（标于平面布局图上）。识别并分析环境影响因子，并给出可能对环境影响的源项（放射性的和非放射性的）相关数据。

对操作的放射源应给出核素的名称、活度；非密封放射性物质还应给出核素名称、理化状态、活度（比活度）、操作方式、日等效最大操作量、运输方式、年用量等（如其对环境介质可能造成污染，则应叙述它在介质中可能转移和浓集等情况）；对射线装置应给出射线种类、额定能量、束流强度、有用束范围、额定辐射输出剂量率和泄漏射线剂量率等信息。

有放射性废弃物（气态、液态、固体）时，应叙述废弃物的种类、来源、产生量，含放射性的还应叙述它的比活度、排放总量等。

第四章“辐射防护与安全措施”是针对核技术利用所特有。它要求分析项目安全和保安设施的设置，包括设施的种类、安全保护功能和位置（安全设施位置应标于平面布局图上），并给出辐射安全联锁的逻辑关系图。评价这些设施设置的多元性、冗余性、独立性以及它们在运行过程中对职业人员和公众辐射安全所起到的效用。评估防护与屏蔽的适宜性，要叙述建设项目的实体屏蔽理论估算方法、参数，并对理论估算出的数值与设计值进行比较评价（缺乏成熟的理论估算方法、技术参数，可以采取类比实测方法进行。但是拟评价的项目应该具有等同或者具有类比项目更适宜的环境，项目的布局、实体屏蔽、“三废”排放等方面的设计也等同或优于类比项目）。对于“三废”治理，要叙述“三废”治理的设施或处理、处置方案，并评估效果；对废旧放射源要给出处理方案或送储计划安排。对项目退役，要叙述在正常运行情况下，项目设计寿期已到时的退役和资金安排。

“项目的环境影响”一章，要按建设过程对环境的影响、运行过程对环境的影响和事故影响分析三部分编制。项目运行后对环境的影响，重点评估经过实体屏蔽后项目所产生泄漏（或散射）射线对环境剂量的附加贡献，以及项目运行所产生放射性“三废”对环境的可能辐射影响及致关键人群的附加辐射剂量（改、扩建项目应增加原有项目对环境的影响以及与新评价项目的辐射剂量叠加效果等内容）。事故影响分析，包括可能发生的事故以及事故工况下的潜在危险。

第六章“安全管理”，要求叙述机构的设置与职能，明确辐射防护负责人的职责；叙述从事辐射工作人员的配置（包括人员数量、学历、专业等内容）。介绍项目单位辐射工作人员的辐射安全与防护培训计划；叙述项目正常运行时的辐射监测计划。包括场所、流出物、环境、个人剂量监测方案或辐射测量的计划，辐射监测设备的配置情况。简述项目运行的有关辐射安全规章制度（包括辐射防护制度、操作规程、岗位职责、安全保卫制度、设备检修维护制度、人员培训制度、台账管理制度等），对这些制度的有效性、可操作性及执行情况进行评价。未制定的应给出准备制订的框架。介绍事故应急响应机构的设置，应急预案的制订计划和应急人员的培训演习制度等，并做出评价。

“利益-代价简要分析”中要说明项目带来的直接、间接利益，并从经济、社会和环境等各方面说明项目实施付出的代价。

“公众参与”中要介绍公众参与人员选择的原则，公众参与调查方案（或表格）有关内容的确定及实施规划；叙述公众参与本项目的情况。介绍所采用的方法（如召开介绍会、论证会、问卷调查以及采用网上或项目建设地附近公示栏或醒目地方进行公示等）以及公众参与人员的情况，给出已调查的原始材料统计结果，并对公众参与的意见是否采纳加以说明。同时，公众参与调查表要作为附件给出。

第九章是“结论与建议”，要根据国家的有关法规、标准，对建设项目可能造成的环境影响以及对项目的辐射安全与防护作出结论性意见。特别应从实践的正当性、辐射防护的效能和评价标准等方面给出结论性评价。并指出还存在的问题以及主要的改进措施和承诺。

## 13.4 评价资质与责任

### 13.4.1 资质

《环境影响评价法》规定，接受委托为建设项目环境影响评价提供技术服务的机构，应当经国务院环境保护行政主管部门考核审查合格后，颁发资质证书。国务院环境保护行政主管部门对已取得资质证书的为建设项目环境影响评价提供技术服务的机构的名单在网上向社会公布。评价单位应按照资质证书规定的等级和评价范围，从事环境影响评价服务，并对评价结论负责。为建设项目环境影响评价提供技术服务的机构的资质条件和管理办法，由国务院环境保护行政主管部门制定。同时规定，为建设项目环境影响评价提供技术服务的机构，不得与负责审批建设项目环境影响评价文件的环境保护行政主管部门或者其他有关审批部门存在任何利益关系。

环境影响评价文件中的环境影响报告书或者环境影响报告表，应当由具有相应环境影响评价资质的机构编制。任何单位和个人不得为建设单位指定对其建设项目进行环境影响评价的机构。

### 13.4.2 责任

在 GB 18871 中，许可审批定义为对具有较高风险实践的一种批准方式。进行这种批准的前提是，对该实践负责的法人已按要求编制并向审管部门提交了关于设施和设备的详细安全评价报告和适当环境影响评价报告。施行该批准方式的实践，其安全和环境影响评价要求以及批准时可能附加的条件或限制，应严于用注册方式批准的实践。很显然，许可证是在“安全审评”基础上颁发的。“安全审评”是指由审管部门组织有关专家，对实践单位提供的请有资质单位编制的“安全防护评价报告”的审查和评议。发放许可证前要有安全防护评价报告，再要有对此评价报告的专家审评通过的意见。在我国，环境保护部对较高风险实践（例如操作使用Ⅰ类放射源和Ⅰ类射线装置）则要求提交项目环境影响评价报告书。很明显，对这类评价文件的审批是严格的，因此对这类文件的编制人员和审批人员的技术素质要求也都是很高的，为了对防护与安全负责，有关提出、编制与审查的人员必须严肃认真做好。而我国已经初步形成了这样的一支队伍。

对于项目环境影响评价报告表或登记表的编制与审查，其要求虽然低于环境影响评价报告书，但也不能过于简单。

《环境影响评价法》规定，规划编制机关违反本法规定，组织环境影响评价时弄虚作假或者有失职行为，造成环境影响评价严重失实的，对直接负责的主管人员和其他直接责任人员，由上级机关或者监察机关依法给予行政处分。建设单位未依法报批建设项目环境影响评价文件，或者未依照规定重新报批或者报请重新审核环境影响评价文件，擅自开工建设的，由有权审批该项目环境影响评价文件的环境保护行政主管部门责令停止建设，限期补办手续；逾期不补办手续的，可以处罚款，对建设单位直接负责的主管人员和其他直接责任人员，依法给予行政处分。建设项目依法应当进行环境影响评价而未评价，或者环境影响评价文件未经依法批准，审批部门擅自批准该项目建设的，对直接负责的主管人员和其他直接责任人员，由上级机关或者监察机关依法给予行政处分；构成犯罪的，依法追究刑事责任。接受委托为建设项目环境影响评价提供技术服务的机构在环境影响评价工作中不负责任或者弄虚作假，致使环境影响评价文件失实的，由授予环境影响评价资质的环境保护行政主管部门降低其资质等级或者吊销其资质证书，并处以罚款；构成犯罪的，依法追究刑事责任。

# 第 14 章

# 放射性废物的安全管理

## 14.1 概述

### 14.1.1 放射性废物

放射性物质的工业、研究和医学应用以及生产核能，导致了放射性废物的产生。为了保护人类的健康和环境，人们已经认识到放射性废物安全管理的重要性，并且在这个领域已经获得了很多经验。国际原子能机构(IAEA)已经建立和发布了放射性废物管理的标准和指南，国际上已经开始采用这些标准和指南。放射性废物可能以三种物理形态(气态、液态和固态)的任何一种状态产生，它的浓度变化范围可以从微量到高浓度。废物的贮藏和处置方法根据废物的形态、存在的放射性核素、浓度和辐射毒性的不同而不同。

本章将介绍安全管理放射性废物的方法，从而将其对人类和环境的危害降到最低。本章内容是为放射性材料的用户设计的，内容涉及废物分类、安全贮存和为了处置需要进行适当的安全处理。

应当注意放射性危害在废物处理的所有步骤中都是存在的，所以必须得到控制。前面已经介绍了危害控制的方法。如果对控制放射性危害的合适的技术没有掌握，在开始本章学习之前，应重新阅读第 2 篇中的有关章节。此外，本章不包括对废物库的安全要求。

当使用术语“放射性废物”时，到底指的是什么？IAEA 定义放射性废物为“任何材料如果包含或者被放射性核素污染，其浓度或者放射性活度水平大于监管部门建立的‘豁免水平’并且该材料没有可预见的进一步用途”。应当认识到这个定义的目的纯粹是为了管理，而且那些放射性浓度等于或者低于清洁解控水平的材料是有放射性的，尽管有关的放射性危害可以忽略。尽管大量的废物可以简单地确认为“没有可预见的进一步用途”，例如被污染的织物，但是当一些废物可循环利用时，还要小心地应用这个定义。一些循环利用的例子比如熔炼污染的碎钢，对一种应用来说太弱的辐射源可以做另一种用途的辐射源，或者乏燃料中的铀和钚的进一步利用。应当记住，不管放射性材料是循环利用还是作为放射性废物处置，都必须控制在国家审管部门的要求之下。

对于放射性废物管理，如果没有控制，放射性材料是有潜在的危害的。除对放射性物质的使用进行控制外，对含有放射性物质的废物处置进行控制，也是非常重要的。有效地控制放射性废物可以防止不必要的可能危害人或环境的辐射照射发生。由于许多放射性物质有很长的半衰期，所以一些控制需要在处置之后继续许多年甚至许多代。因此，在使用放射性材料的国家，有一个始终运行的全国放射性废物管理计划来控制放射性材料的处置是至关重要的。

国际上一致认为，放射性废物管理目标是放射性废物的处理方式应该在现在和未来保护人类健康和环境，并且没有对子孙后代施加不当的负担。

环境中的放射性废物不仅对人，对其他生物体也有影响。尽管如此，由于人类属于对辐射最敏感的有机体，所以一般来说足以保护人类的安全标准也将能够保护其他物种。

一个国家的废物管理行动应考虑到对邻国人体健康和环境的可能影响。在其他国家，辐射对人体健康和环境造成的影响不应超过废物来源国内认可的可接受的程度。为了履行这一责任，一个国家应当考虑国际组织的建议，如 ICRP 和 IAEA 的建议。在国际原子能机构安全丛书第 67 号中，"越界辐射照射的 $A$ 值分配"涵盖了废物处置工艺对别国的潜在效应。

### 14.1.2 废物最小化

良好的废物管理可以减少放射性废物的产生量，从而最大限度地减少危害和最大限度地利用处置设施的空间。废物最小化可以通过很多方法实现。有效的废物最小化通常采用一种以上技术的组合。这些技术包括：

(1) 延迟和衰变——贮存半衰期短的物质，让其水平衰变至低于豁免水平。

(2) 稀释和分散——对液态和气态废物提供足够的稀释，以低于豁免水平。

(3) 总结工作实践，在可能的情况下尽量减少放射性物质的使用量。

(4) 不要让不必要的材料进入它们很可能被污染的区域。

## 14.2 放射性废物管理计划

### 14.2.1 放射性废物的分类原则

有效的废物管理计划实现了放射性废物的控制。该方案如图 14-1 所示，指明了确保废物安全处置可能需要的处理过程。

读者学习完本章时，回头参考图 14-1，可能会觉得有用。处理过程分为预处理、处理和整备。贮存和运输可能发生在任何阶段。

一个合适的放射性废物分类体系将有助于规划这些材料的安全处置。分类包括相对简单的固体、液体和气体分类，也包括材料是被排入环境，还是利用填埋或专门的设施进行处置。液体废物根据放射性物质浓度进一步分类。一个更复杂的分类是根据活度水平和半衰期，可以对处置提供专门的指导。

直接排放到环境中并且靠环境扩散的放射性物质通常是液体或气体。固体废物是不能直接排放到环境中的，因为它可以被控制在产生点和包容在容器中衰变，或者到一个合适的固体废物处置场处置。

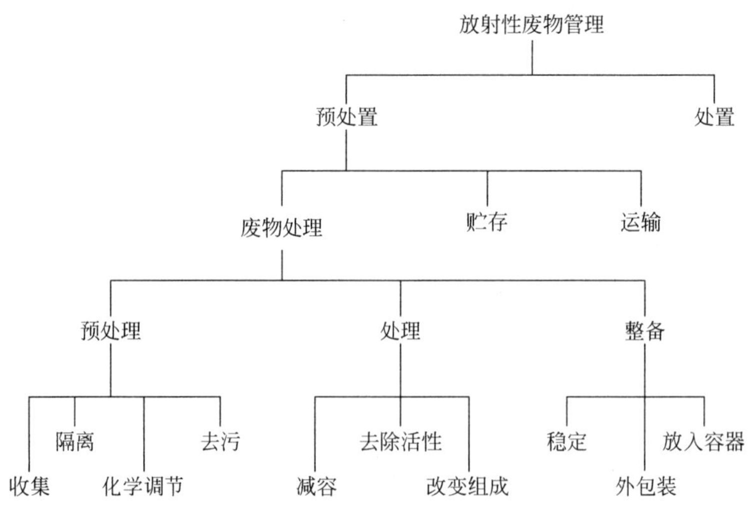


图 14-1 放射性废物管理计划的结构图

一般来说，环境排放涉及放射性物质实际的流出物。液态流出物例子包括实验室下水道排出的放射性物质和磷酸或稀土元素提取厂等工业的排放管线内的物质。气态物质释放的例子是，通过使用放射性物质的通风橱或者得到许可焚烧被放射性物质污染的易燃物质的焚烧炉的烟囱排入环境。应注意到，来自焚烧炉烟囱的灰分（固体）如果不被过滤去除，也可能进入环境中。

### 14.2.2 液体废物分类

如果高污染的液体废物或液体中含有明显的 α 活度，它们不适合排放到环境中，应当在处置之前进行处理。表 14-1 给出了国际原子能机构对放射性液体的分类。应注意到，表中的活度浓度并不适用于含有 α 放射性核素的液体。

**表 14-1 IAEA 放射性液体废物分类**

| 废物类别 | 活度/$m^{-3}$ β 和 γ 混合发射体 | 备注 |
|---|---|---|
| 低放水平 | <37 kBq | 不需要处理，测量后释放* |
| | 37kBq～37MBq | 需要处理，不需要屏蔽 |
| | 37MBq～3.7GBq | 需要处理；根据放射性核素的组成，有时需屏蔽 |
| 中放水平 | 3.7GBq～370TBq | 需要处理；所有情况下都要屏蔽 |

摘自：含水放射性废物处理和操作，IAEA TECDOC-654(1992)。

* 释放需要许可。

### 14.2.3 固体废物分类

**1. 国际分类与管理框架**

固体废物包括一般的实验室废物，如织物和手套、用过的过滤元件、核子仪的放射源包壳和大量的固体材料，又如稀土萃取或铀矿开采的残留物。

放射性废物分类是为了帮助确定合适的处置方法。国际原子能机构根据废物的活度水平和产生的热量来定义废物分类。最新的版本包含在原子能机构安全系列文件111-G-1.1中(1994)。图14-2显示了一个包含放射性活度水平和衰变时期的体系。在体系中有三个主要区域,豁免废物(EW),低中放废物(LILW)和高放废物(HLW)。体系中LILW区域又根据放射性半衰期分成短寿命(SL)和长寿命(LL)两个区域。

1) 豁免废物(EW)

豁免废物是被排除在监管控制之外的废物,因为它的辐射危害可以忽略。监管部门根据活度浓度和总活度,建立豁免水平或清洁解控水平。国际原子能机构BSS 115附表Ⅰ列举了清洁解控水平的例子。

2) 低中放废物(LILW)

低中放废物通常分为短寿命(SL)和长寿命(LL)废物。短寿命中低放废物(LILW-SL)不含有显著水平的半衰期大于30a的放射性核素。作为参考,长寿命α核素活性浓度可以限制在平均400Bq·$g^{-1}$,最大包装限制不超过4000Bq·$g^{-1}$,可用近地表处置场处置。

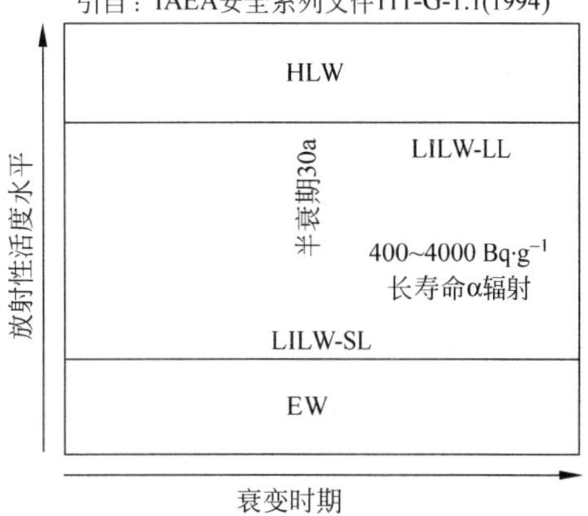

图14-2　废物的分类系统

长寿命中低放废物(LILW-LL)含有大量长寿命放射性核素,需要与生物圈高度隔离。建议深地质处置。如果材料的总活度或活度浓度超过豁免水平,下面例子中的材料可能被列为中低放废物:

(1) 核电厂用于净化水的离子交换树脂和过滤材料。

(2) 使用放射性物质的实验室的科研设备。在含有放射性物质的地方使用过的鞋套、实验室外套、清洁布、纸巾等。

(3) 与放射性物质接触的材料,如容器、布、纸、液体和设备,用于医院放射诊断或治疗。

(4) 用于测试空气放射性污染取样器的过滤器。

(5) 闪烁液,某些取样装置的过滤物必须溶解到闪烁液中以确定放射性物质的量。

(6) 被放射性物质处理过的动物的尸体,用于医学或药学研究。

3) 高放废物(HLW)

高放废物是指放射性活度大同时需要屏蔽和冷却的废物。高放废物的长寿命核素浓度超过短寿命中低放废物的限值并且衰变热的产生速率大于2kW·$m^{-3}$。

高放废物产生于乏燃料元件的再利用。废物含有大量的α放射源(主要是长半衰期的超铀元素)和混合裂变产物包括放射性核素如铯-134和铯-137、锶-90、锝-99。废物含有很高的活度水平,并产生足够的衰变热,需要安排专门的冷却。

国际原子能机构协助各成员国管理放射性废物已经持续了三十多年,具有一个综合的废物管理计划来协助成员国安全和有效地管理放射性废物。国际原子能机构的管理计划归纳于表14-2中。

该机构的废物管理方案促进了技术信息的国际交流,引导了所有类别的放射性废物的操作、处理、整备、贮存和处置的标准和规范的发展。这些活动的结果,已经在许多安全丛书和技术报告的系列文件中发表。

表 14-2　IAEA 建立的放射性废物管理计划

| | | |
|---|---|---|
| RADWASS | 放射性废物管理安全标准 | 设计了一系列的取得国际共识的文件，使得关于放射性废物的管理的方法，特别是有关废物处置的问题有了更明显的一致看法 |
| WATAC | 放射性废物技术咨询委员会 | 该委员会的作用是提供一个论坛，以供国家和国际的科学技术信息的交流，并给该机构在放射性废物技术和通用放射性废物管理领域提供建议 |
| WASSAC | 废物安全标准咨询委员会 | 主要作用是为制定和修改该机构的 RADWASS 系列文件提供咨询意见 |
| WAMAP | 放射性废物管理咨询计划 | 提供技术援助机制，为发展中国家面临的废物管理问题提供专业知识 |
| WATRP | 废物管理评价和技术总结计划 | 为工业化国家废物管理政策和实践的技术评估或对等审查提供了一个论坛 |

通过建立乏燃料管理安全和放射性废物管理安全的公约来鼓励国际合作。该公约是一项法律文书(对各成员国有法律效力)，要求签署该公约的成员国在乏燃料和放射性废物管理方面承担相应的行动。公约的目标是通过加强国家措施和国际合作，在世界范围内的乏燃料和放射性废物管理方面达到和保持一个高水平的安全。这也是为了防止在乏燃料和放射性废物管理期间可能发生的事故，并减轻其辐射后果。

**2. 国家管理框架**

一个废物管理的国家框架是必要的，以防止该国的公民(和周边国家的公民)受到不必要的放射性物质的照射。国家框架的基本要求应在监管部门处理放射性物质的规定中确定。以下问题应予以考虑：

(1) 设置监管控制要求的放射性活度或放射性浓度的水平(这些水平可采用国际原子能机构安全系列文件中的数据)。

(2) 明确在处置放射性废物时应满足的公众剂量约束值(原子能机构安全系列文件，如原子能机构安全标准系列 WS-G-2.3《进入环境的放射性排泄物的监管控制》，给予了设定适当剂量约束值的指导)。

(3) 建立放射性废物排放、处置和贮存的许可制度(这也应包括有关废物处理和处置方案的建议)。

(4) 明确测量废物的监测要求，并在必要时监测环境。

(5) 保持适当的测量和废物处置记录。

(6) 需要质量保证措施，以确保所采取的行动和记录保持是恰当的。

放射性物质超过监管控制水平时，需要在监管部门的特殊许可下才能操作。放射性废物的贮存、处理和处置也必须得到许可。放射性废物不受控制的处置，可能使大量的公众以及职业照射人员受到照射。为了确保放射性废物安全处理和达到保护人类健康和环境的目标，许可是很重要的。

对于废物处置和环境排放，国际原子能机构的建议为特定国家放射性废物排放和处置的许可要求提供了一个良好的基础。有关许可和遵守的典型的要求将在下文进行讨论。

贮存放射性废物的许可取决于考虑废物的实体安全、贮存废物时工作人员可能受照的剂量以及废物意外释放到环境中的可能性。许可申请应说明以下最起码的信息：要贮存的放射性核素；要贮存的最大活度；废物的形态，如液闪溶液、纸张等；贮存期；贮存的细节和贮存废物的容器；贮存原因，如用于衰变还是等待处置。许可将指明放射性核素、最大活度和废物在现场的贮存期。贮存条件也将被指明。

废物处置的许可将指定在某一个时间段内可以处置的放射性核素数量，并说明处置的场所（如填埋场、焚烧炉或废物处理厂）。活度限值可能会是这段时间处置设施允许接受废物的一个简单分数。

### 14.2.4 液态气态排放

废物的环境排放是废物处置的一种特殊情况，需要小心监管。废物脱离任何机构或组织的控制，并进入生物圈都有被人直接或者通过食物链摄入的可能。任何人通过与排放物接触可能受到的辐射照射不得超过剂量限值，应当在剂量约束值之内，并且符合最优化（ALARA）原则。虽然限制因素是人受到的辐射照射，为方便起见，许可环境排放通常是指定可以排放的放射性废物的活度，这可能以每年、周、月或季度可以排放的总活度形式给出。

为了使监管部门能够决定申请的排放是否可以接受，需要提供以下最基本的信息：要排放的放射性核素；废物种类和排放方式的细节，例如，“从放射性同位素实验室的排水管排入河流的液体”；排放废物的活度以及排放频度；在脱离操作员控制之前或之后的任何稀释；估计排放可能对公众和工作人员产生的剂量；解释废物为什么可以向环境排放，而不是处理并长期贮存（这可能包括一个简单的最优化——ALARA 评价）。

放射性物质的环境直接排放形态通常是液体或气体。许可的排放水平，将依据人群可能喝下被废物污染的水或者吸入气体的受照剂量来计算。

关键人群组是当将液态或气态废物排放到环境中时，假设一个通过接触放射性物质而最有可能受到影响的人群是重要的，这个人群就是所谓的关键人群组。通过考虑放射性同位素、进入人体的途径和关键人群组与流出物接触的概率，可能预测出最坏的情景，并计算出排放造成的潜在剂量。关键人群组就是受到最大剂量的人群。年龄相关的剂量转换因子（见国际原子能机构 BSS 115）与该年龄摄入量的乘积可以表明什么年龄组应作为关键人群组。辐射对儿童的影响大于对成人的影响，所以关键人群组常常是儿童或婴儿。排放限值往往基于对儿童的潜在影响而不是成人。考虑下面的例子。

当考虑到含氚水排放到一条河中，该河被作为饮用水使用时，表 14-3 被用来确定关键人群组。应注意到，重要的影响途径是食入，因此表中数据与水的食入相关。

**表 14-3 确定食入含氚水的关键人群组**

| 年龄组 | 剂量转换系数（食入）* /$Sv \cdot Bq^{-1}$ | 年摄入水量# /$(m^3 \cdot a^{-1})$ | 转换系数和年摄入水量的乘积 |
|---|---|---|---|
| 婴儿（1 岁） | $6.4\times10^{-11}$ | 0.260 | $1.67\times10^{-11}$ |
| 成人（男*） | $1.8\times10^{-11}$ | 0.600 | $1.08\times10^{-11}$ |

* IAEA BSS 115 号。

\# 安全报告系列 19 号。

可以看到，婴儿是关键人群组，因为该组的剂量转换系数和水的年摄入量乘积是最大的。

当考虑气态 I-131 经烟囱排放并通过吸入途径进入人体时，表 14-4 用于确定关键人群组。

**表 14-4　确定吸入气态 I-131 的关键人群组**

| 年龄组 | 剂量转换系数（吸入）* /（Sv·$Bq^{-1}$） | 呼吸频率# /（$m^3 \cdot d^{-1}$） | 转换系数和呼吸频率乘积* |
|---|---|---|---|
| 婴儿（1 岁） | $7.2\times10^{-8}$ | 5.16 | $3.7\times10^{-7}$ |
| 儿童（10 岁） | $1.9\times10^{-8}$ | 15.3 | $2.9\times10^{-7}$ |
| 成人（男*） | $7.4\times10^{-9}$ | 22.2 | $1.6\times10^{-7}$ |

* IAEA BSS 115 号。

# ICRP 71。

研究这个表格，可以看到，婴儿是关键人群组，因为该组的剂量转换系数和呼吸频率的乘积是最大的。

向环境排放时首先要确定排放限值。为了确定排放限值，需要经过以下几个步骤：

(1) 选择模式

作为筛选目的，一个"最坏的"情景通常使用相对简单的概念。这将决定排放限值是否符合实际。然后，使用更复杂的模型（需要更多数据）来重复这个过程也许是有必要的。

(2) 考虑最重要的照射途径

照射途径包括吸入、外照射和通过饮用水直接或通过食物间接摄取。有时每种途径的重要性都是显而易见的。它在很大程度上取决于排放是一次性或连续性事件，并预期要持续好几年。有时候需要经过计算过程来确定显著性。

(3) 确定关键人群组

需要确定最重要的照射途径。然后，确定关键人群组。

(4) 收集合适的数据

这些数据将包括排入河流的液体总量和流量等信息，以及气体通过烟囱排放的流量信息。还需要剂量转换系数和摄入参数。

(5) 采用剂量约束

剂量约束值将由监管部门提供。

(6) 应用以上信息计算出可以排放的最大活度，该活度对关键人群组成员的受照剂量等于剂量约束值。

下面通过液体废物和气体废物的例子介绍如何简单地确定排放限值。记住，在这里简化了过程以帮助理解。目标是了解如何应用排放限值和已经做出了哪些简化及假设。

一个实验室计划将氚水排入一条当地河流。该河水通过一个水处理厂的取水口，处理之后（没有进一步稀释）供应给本地城镇作为饮用水。实验室必须提供有关建议的排放信息给监管部门，由监管部门在发放许可和设定排放限值前检查细节，并预计公众和工作人员可能的受照剂量。

氚水拟通过一个地下铺设的排水管排放，排放流量为每周 10 000$m^3$，河水的流量为每周 100 000$m^3$。监管部门将确定平均每周的排放限值，该限值不能超过年剂量限值：0.1mSv。为了决定排放限值，必须要经过如上 6 个步骤。表 14-5 显示了该如何做。

**表 14-5　确定废水排放限值的步骤**

| | |
|---|---|
| 模式 | 直排入河，河水是关键人群组唯一的饮用水源，没有进一步稀释，河水不用于农田灌溉 |
| 关键照射途径 | 食入——直接饮用水 |
| 关键人群组 | 表 14-3 中的婴儿 |
| 数据 | 实验室氚水的排放量＝10 000 $m^3$/周<br>河水流量＝100 000$m^3$/周<br>剂量转换系数(婴儿) ＝ $6.4\times10^{-11}$ $Sv\cdot Bq^{-1}$<br>年食入量 (婴儿) ＝ 0.260 $m^3$ |
| 剂量约束值 | 0.1mSv |
| 排放限值 | 可以通过上面的数据计算出来 |

下面是一个关于气体废物的实例。放射性同位素生产厂正在申请从烟囱排放气态碘-131 的许可。该工厂必须提供有关提议的排放信息给监管部门，由监管部门检查细节，然后再发放许可和设定排放限值。烟囱高 60m，烟囱排放口的横截面积是 0.7$m^2$，排放流速是 15$m\cdot s^{-1}$。为了决定排放限值，必须要经过如上 6 个步骤。表 14-6 显示了该如何做。

**表 14-6　确定废气排放限值的步骤**

| | |
|---|---|
| 模式 | 关键人群组接触的放射性核素浓度与排放点(烟囱顶部)的浓度相同，风吹向关注的点的时间份额是 0.25<br>(注意：选择模式用不到烟囱高度。对一个更复杂的模型可能用到此参数) |
| 关键照射途径 | 吸入。计算表明，外照射剂量与吸入剂量相比不显著。在更复杂的模型中，有必要确定食入引起的剂量，特别是牛奶 |
| 关键人群组 | 关于婴儿可参考表 14-4 |
| 数据 | 排放流速＝15$m\cdot s^{-1}$<br>烟囱横截面积＝0.7$m^2$<br>剂量转换系数(婴儿)＝$7.2\times10^{-8}Sv\cdot Bq^{-1}$<br>日吸入量(婴儿)＝5.16$m^3$ |
| 剂量约束值 | 0.1mSv |
| 排放限值 | 可以根据上述数据计算出来 |

应当指出这两个例子都是简单的情况。在现实中会遇到存在一个以上的放射性核素的排放。监管部门设置的限值将包括所有的放射性核素和所有的途径。

由于下列原因，需要估算计划的或者实际的液体或气体排放对人造成的潜在剂量：当申请排放许可时为监管部门提供数据；确保剂量满足最优化(ALARA)原则；确保剂量遵循剂量约束。

以下是估算剂量时需要采取的步骤。

(1) 确定核素和排放量。

(2) 确定这些核素导致照射的途径。

(3) 确定位置和可能受照人群的习惯。如果必要，假设“最坏的”情景。

(4) 计算排放中单一核素每种途径产生的剂量。

(5) 计算总的剂量。

记住，在现实中还有很多由于液态和气态废物引起的剂量贡献因素。放射性沉积在地面然后被动植物吸收，通常不止一种放射性同位素。人们受到谷物和蔬菜吸收的放射性物质的照射，肉类、鱼类和牛奶可能也有剂量贡献。如果需要考虑这些因素，请参阅国际原子能机构安全报告系列第 19 号《用于评估放射性物质环境排放影响的通用模式》(2001)。

# 14.3 放射性废物管理的基本步骤

## 14.3.1 概念

从控制废物的产生到处置，放射性废物的有效管理将放射性废物管理过程的每一步作为总系统的一部分考虑。应该指出，表征、贮存和运输可能在废物管理的任何步骤之间发生。图 14-3 显示了处置之前对放射性废物处理的三个基本步骤。在任何阶段，废物可以被再分为豁免废物或可回用废物从废物流中分离出去。

处置是放射性废物管理的最后一步，放射性废物排放到环境中或进入到处置设施中，不计划回取也不需要长期监视与维护。液体和气体废物排放到环境中以及随后的弥散(稀释和扩散)必须在许可的限值之内。这是一个不可逆的行动，因此只适合于限制特定废物。

处置设施的安全通过对适当整备的废物进行包容和隔离来实现，废物的整备依靠一个天然的和(或)工程的多层屏障系统，以限制放射性核素释放到环境中。这个多层屏障系统的设计参考处置方案选择和放射性废物的形式。

预处理是指废物处置之前必须执行的所有步骤(图 14-4)。辐射危害存在于所有前处理过程。辐射防护措施必须到位，以控制人员照射和污染。必须使用时间、距离和屏蔽以尽量减少工作人员受到照射的剂量率。凡是适宜的污染控制方法，例如包容、进入控制、表面和空气监测及个人防护装备等都必须使用。还要注意记得其他的危害，如可能需要化学和手工处理，其危害也必须得到控制。

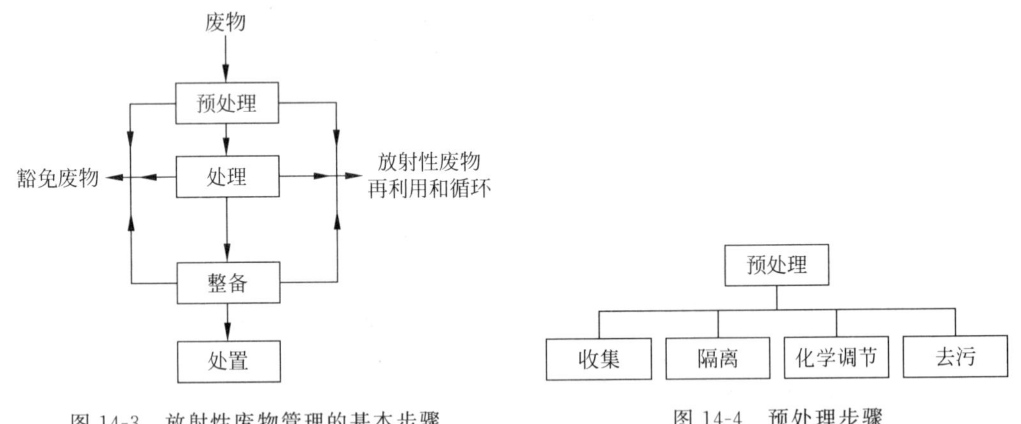


图 14-3 放射性废物管理的基本步骤

图 14-4 预处理步骤

废物预处理是废物产生之后废物管理的第一步，它包括收集、隔离、化学调节和去污，也可能包括一个时期的暂时贮藏。第一步很重要，因为它提供了最好的机会进行废物流分类以用于回收，作为普通非放射性废物处置(当放射性物质的量免于监管控制时)，或贮存等待衰变(降低后续处理期间的剂量率和辐射危害)。预处理后，材料可能进入几种途径。它可能适合再利用，也可能需要处理或被划分为豁免废物。

## 14.3.2　分类

废物的分类应该在废物产生的地方进行，在废物管理设施可能需要进一步分类。废物可以根据下列的特征进行分类：放射性和非放射性（见图 14-5）；半衰期，辐射类型和能量，合适的处理方法。

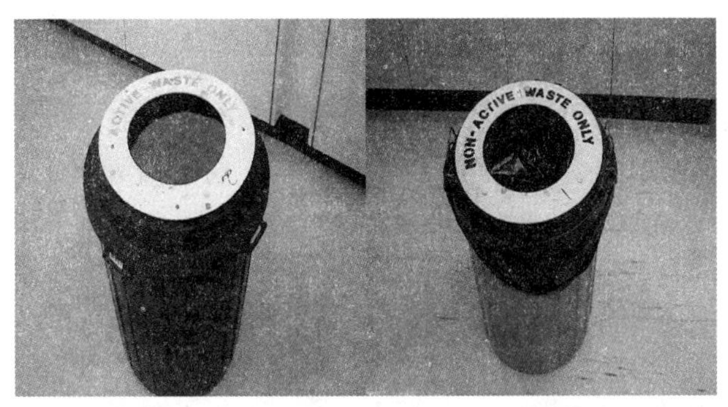


放射性废物箱　　非放射性废物箱

图 14-5　放射性和非放射性废物箱

根据放射性同位素的半衰期进行分类，使贮存和衰变短寿命的放射性核素成为可能。当活度低于清洁解控水平时，它可以作为豁免废物处理，这就减少了需要特殊处置的放射性废物的量或者降低了排放要求。例如，短半衰期的放射性同位素如锝-99m（半衰期为 6h）可以在贮存数个半衰期之后处置。通常情况下，建议 10 个半衰期作为一个起点，因为这可以减少到大约 1 / 1000。不过，废物的初始活度决定了 10 个半衰期是否足够。在锝-99m 的例子中，10 个半衰期等于约 60h 或者 2.5d。而铱-192 污染的废物（半衰期为 74d）的活度在相同的 2.5d 内降低得非常少。一些组织设立了贮存等待衰变的放射性同位素的最大半衰期限值。作为指导，8.5d 是一个良好的建议（这将允许碘-131 可以贮存等待衰变）。

像按照半衰期分类一样，可能有必要按照废物含有的难以测量的放射性核素分类。举例来说，低能量的 β 和 α 放射性核素需要专门技术仔细监测。

α 废物有很高的辐射毒性，需要在源头分类。在加入专门的废物流前进行监测。按照不同的处理方法对废物类型分类，如压缩或者焚烧，也是重要的。

## 14.3.3　预处理

### 1. 去污

化学调整通过化学方法使废物得到更安全处理。这方面的一个例子是，在酸性太强的液体废物中加入缓冲溶液以便进行进一步的处理。通过加入缓冲溶液 pH 值升高，这样废物可以转移到下一步处理。

本质上，这是检查废物容器的外表面没有受到污染。在移去任何废物容器前，要进行擦拭测试以确保容器外表面没有受到污染。当容器到达目的地之后，应再进行一次擦拭测试，尤其是输送液体废物时。普通的清洁产品就可以用来清洁表面，确保清洁表面的擦拭手纸/布作

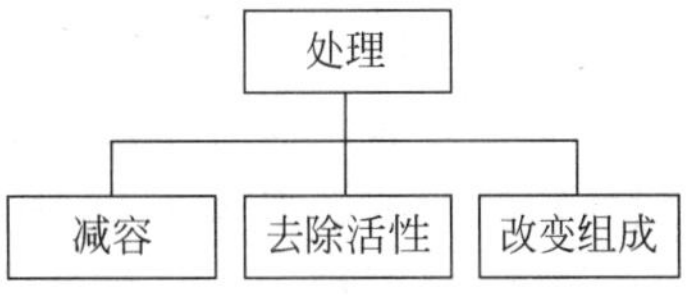


图 14-6　处理的步骤

为固体放射性废物进行处置/处理。

**2. 减容**

放射性废物的处理包括通过改变放射性废物的物理或化学性质来提高安全性或经济性。基本的处理概念和实例包括：

(1) 减容

(2) 改变组成

(3) 去除放射性核素

处理可能产生需要管理的二次放射性废物，如污染的过滤器、失效的树脂和污泥。处理之后，一些材料可能适合回用或者作为豁免废物处置。废物在处置之前可能需要或者不需要整备。

减容是减小放射性废物体积的通常做法，易于操作和处理(以及最终的处置)。有两种常用的方法，压实和焚烧。

压实是尽量减少待处理废物量的一个方法，就是通过压实减少废物的体积。采用一个大的压力机来"挤压"废物(见图 14-7)。适于压实的废物有纸张、玻璃或塑料瓶、布、木头、金属桶。压实只减少废物的体积而不减少废物的活度。

图 14-7 圆筒挤压机

**3. 焚烧与改变组成**

如果废物由被污染的可燃材料构成，焚烧材料将减少其体积。焚烧炉必须得到许可进行放射性废料的焚烧。许可应考虑到从烟囱排放的高温气体形态的放射性废物对工作人员和公众的剂量。可能需要气体洗涤器和除尘器来减少这些排放。

焚烧放射性废物剩余的飞灰将含有高浓度的放射性物质。如果焚烧某种材料的减容倍数是 1000 倍，假设没有被过滤器截留或通过烟囱排放(有少量的放射性物质通过其传播)，放射性物质的浓度增加 1000 倍。因此，飞灰需要当作放射性固体废物进行处置。但是，如果放射性废物与相对大容量的非放射性废物一起焚烧，放射性灰分可能被非放射性灰分稀释并有一个较低的浓度。

焚烧应用于常见易燃物品如纸张等，也成功地应用于其他材料，如含有低水平镭-226的碳氢化合物污泥等。与压缩一样，焚烧也不降低废物的活度，只减少它的体积。但是，当大量的非放射性废物与放射性废物一起焚烧时，也可能降低飞灰浓度。

改变组成是通过从大体积的液体废物中沉淀可溶性固体，采用化学方法可以改变废物的组成。这个过程中也可能包括絮凝，它可以导致细小分散的颗粒结合而形成较大的颗粒。以上方法应用在处理大体积的液体废物，如来源于生产放射性同位素和由天然材料的砂或矿石生产稀土元素材料。废物的组成改变之后，可以进行放射性物质的分离处理。

放射性活性的去除是指利用沉淀、蒸发、过滤或离子交换等工艺，从废物中去除放射性核素。放射性物质的去除通常会导致体积减小。

### 14.3.4 整备

废物的整备涉及将放射性废物转化成适合处理、运输、贮存和处置的形式的过程。这些措施包括放射性废料的稳定化，将它放入容器，并提供额外包装。在很多情况下，处理和整备相继发生。

防止放射性核素从贮存或处置的废物中进入环境是很重要的。稳定化是将废物转化为固体产物的过程，这样放射性核素被包容起来并将其进入生物圈的机会降到最低。稳定化包括固化、水泥固化、沥青固化以及玻璃固化等。

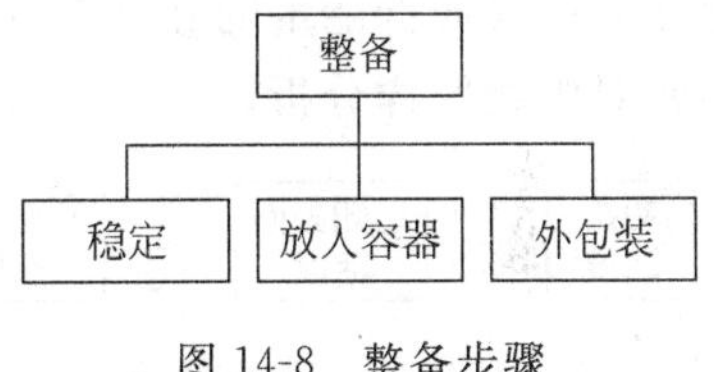

图 14-8 整备步骤

为了使废物形式安全地处理、运输或存放，可能有必要把经过处理的废物放入某种容器。如果一个容器不能提供足够的保护或包装需要加固，则要采用第二层容器，称为外包装。

### 14.3.5 控制辐射危害

辐射危害存在于废物管理的各个阶段，从废物的产生贯穿到最终处置。在前面的章节中已经介绍过辐射危害的控制方法，相同的技术（如时间、距离、屏蔽、包容等）应适用于处理废物。废物处理设施必须有一个辐射防护计划，强调如下问题：

(1) 区域和个人监测。

(2) 行政控制方法。

(3) 实体控制。

(4) 保持记录和报告。

应当建立一个有效的监测计划以测量辐射和污染（包括空气污染），并且辐射防护计划应当包括达到预先确定的监测水平时应采取的适当行动。

## 14.4 放射性废物活度的监测

### 14.4.1 固体废物

为确保对放射性废物的准确鉴别和处理，有适当的监测系统是非常重要的。这些系统必须能够识别废物中可能存在的放射性同位素并能确定其活度水平。需要监测的原因：确定材料是否为放射性废物；废物分类并确定是处置还是排放；提供数据以证明符合排放许可。

除了监测废物，监管部门还要求操作人员搜集和分析任何放射性排放口附近的样品，以确保当前环境的放射性水平是可以接受的。

监测方法取决于监测的原因、废物的物理形态和可能存在的放射性核素。监测仪器必须能够确定存在的辐射类型和能量。

如果监测是为了确定废物是否可以豁免，那么监测必须非常仔细并且废物的屏蔽必须考虑进去，辐射探测下限必须明确并且低于豁免水平。例如，如果对废纸袋进行监测，可以遵循以下步骤：每种密封放射源放置在废纸袋的中心，与那些离开实验室的废纸袋相似。通过测量纸袋周围并把结果和使用的源活度比较，可以计算出来探测这种类型废物的下限。然后，检查这个探测限是否能满足试图测量的水平。

不适合纳入豁免类别的废物可以用一个圆桶扫描仪分析，圆桶扫描仪使用几个大型闪烁探测器从各个方向对废物桶进行测量，并且如果需要，可以进行长时间的计数。如果废物存在 α 核素或低能量的 β 核素，或者废物桶有过多的屏蔽导致不能探测到低能量的光子，有必要对废物取样分析。

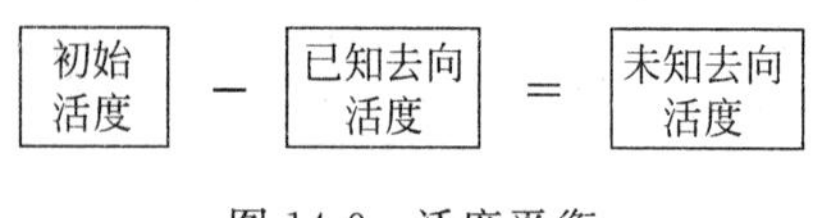

图 14-9　活度平衡

固体废物中放射性核素的活度可以用上面描述的圆桶扫描仪确定，这并不总是可行的。所以，有必要通过所谓的"活度平衡"过程来估算活度水平。这种方法可以确定多少部分的总放射性核素进入过程以及多少可能被排放。

对此举例如下。在放射化学中，含碳-14 化合物的纸用来擦干吸液管的两端。原料溶液有 100MBq 的同位素，分析核素去向。

- 测得在最终产物中有 90MBq 的同位素(用一个液体闪烁计数器计数)；
- 液体废物中测得 8MBq 的同位素(包括洗涤吸液管的部分)，排入水池；
- 估算有 1.5MBq 的同位素留在了原料瓶内部；
- 这个过程不产生挥发的或者气体物质。

在最初的 100MBq 中，可以说明的活度有 90＋8＋1.5＝99.5MBq。因此，不能说明的活度是 100－99.5＝0.5MBq，可以假设废纸含有 0.5MBq 放射性核素。在一些情况下，测量可能会很有限。估算产生的气体和污染源项可能需要过程的一些知识基础或者对类似过程采取监测。

### 14.4.2　气体和液体废物

在常规排放不太可能超过许可限值的情况下，可以按照监管部门同意的时间间隔对废物流进行采样。这种方法依赖于对气体或液体排放总量的数值估算，并假设排放速率是常数。测量样品的活度并用来计算总排放量。

例如，一个实验室每天通过排水管线处置 12h 的放射性液体废物。该实验室需要估算每天排放的放射性物质。每次取液体样品 0.5L，测量放射性同位素的总活度是 1kBq。现场排放液体污水的速率为 $100L \cdot h^{-1}$。

第 1 步：计算排放的放射性物质的浓度

$$\frac{1\text{kBq}}{0.5\text{L}} = 2\text{kBq} \cdot \text{L}^{-1}$$

第 2 步：计算每天排放污水的总体积

$$12\text{h/d} \times 100\text{L} \cdot \text{h}^{-1} = 1200\text{L/d}$$

第 3 步：计算每天排放的活度

$$2\text{kBq} \cdot \text{L}^{-1} \times 1200\text{L/d} = 2400\text{kBq/d} = 2.4\text{MBq/d}$$

在某些情况下可能无法直接测量放射性物质，在这种情况下需要估算活度。估算用于处置材料活度的方法必须经过监管部门许可。

## 14.5 放射性废物的贮存

### 14.5.1 工作场所贮存

放射性物质的贮存是废物管理过程中一个重要的组成部分，一些要点一定不能忘记。在放射性废物管理的顺序中，贮存细分如下：

(1) 在工作场所如何处理废物；

(2) 在废物处理的不同阶段之间贮存(过渡或临时贮存)；

(3) 含有长寿命核素的废物整备之后安全保持，等待处置设施的最终建立。

待处理废物的贮存设施在一定程度上取决于废物类型、活度水平和相关放射性核素的半衰期。工作场所的贮存可以利用一个简单的安全柜或者一个或多个专用房间。仔细的废物分类和保持良好的记录很重要，这样可以保证废物有效的处理或处置。

工作场所(源头)废物的分类对于废物处理中的剂量控制很重要。一般来说，废物按照类型进行分类，有时按照同位素或半衰期。废物的一般分类包括干固体废物、液体废物、尖锐物(包括碎玻璃和金属碎片——任何可能导致切割或刺破伤口的东西)和生物危害废物(可以包括动物尸体、动物被褥、动物粪便、体液、组织样品)。

衰变贮存通常应用于隔离低水平废物，如来自医院、大学和研究实验室的常见短寿命核素如锝-99m(6h)、碘-131(8d)、碘-125 (60d)和铱-192(74d)。正如前面所讨论的，10 倍半衰期的衰变贮存可以将初始放射性活度减少至 1/1000，这在很多情况下意味着低于处置限，当然取决于当地监管实践。

一个计划的废物收集和转移系统要求能够防止废物在工作区域累积，否则可能导致污染物的扩散和不必要的职业照射。常用容量小于 50L、内衬金属或纸板的箱子作为工作场所可燃、可压缩废物的容器。带有足底操作盖的废物箱特别适用于放射性同位素实验室。可燃废物不允许在工作场所堆积。放射性废物箱应该有明显的标记，以区别于非放射性废物箱。应用于药物使用、放射性药物生产和研究用放射性材料的锐物，如针、注射器、手术刀和静脉装管，往往被认为是具有生物危害和放射性危害的废物。金属罐被认为是贮存金属片和碎玻璃的最好选择(如果没有锐物的容器)，因为它们可以密封并且处置时操作废物没有进一步的风险。在放射性同位素生产设施，产生大量的中等活度水平的固体和液体废物。这要求短寿命废物贮存在热室或附近精心设计的贮存设施内等待衰变。生产钼-99、碘-125

和碘-131产生的固体废物，被污染的罐和萃取柱在送去处理之前需要屏蔽贮存几个月。液体废物在等待处理时应存放在屏蔽的密闭瓶中。

### 14.5.2 专用仓库贮存

短寿命放射性废物贮存等待衰变或废物等待运输至仓库的贮存设施的设计取决于废物量和活度。适合这种类型废物的贮存可以很简单，比如一个屏障区域(如果安全)或者一个上锁的橱柜用于小批量贮存。对于大量的废物或剂量率要求废物被屏蔽或隔离，应该需要一个专门建造的房间或建筑物。贮存设计应该遵守适当的安全要求和良好的清洁要求，包括：

(1) 含有放射性废物的容器或者仓库必须设立警告标识。

(2) 应该始终提供保安，避免未经许可的进入。

(3) 放射性材料的仓库应该远离工作场所，并且在贮存和将材料运进或运出仓库时，从设计上充分保护所有人。

(4) 应提供屏蔽使仓库外任何可接近点的辐射剂量不超过监管部门指定的水平。这些水平通常设定在一个值，确保仓库附近的人们不超过剂量限值或剂量约束。这些水平会有所变化，取决于仓库的位置和区域的停留。屏蔽应考虑到反散射和源的分布。应该利用自我屏蔽，如闲置源的排列使活度最高的源处在中心。

(5) 贮存的废物应当是整洁的，并根据材料的量放入圆桶、行李架、托盘或台架以适于计划中的最小处理。应提供充足的贮存容量以保证清洁，并避免废物贮存在工作区域。

(6) 贮存仓库的设计必须保证烟雾探测器及洒水器和排水管不被堵塞。应该有消防设施，喷头下有足够的净空。

(7) 设计也应包括适当的通风设备，尤其是如果废物含有挥发性的或气体放射性核素如氚、碳-14、碘-131，或产生气体放射性的核素如镭或钍。

(8) 贮存设计应当考虑由自然源造成的风险，如洪水和大风。

(9) 贮存应考虑到废物的非放射性危害。例如，废物的放射性成分可能已经衰变，但化学或生物危害性质仍然可能存在。

(10) 由于一些国家没有建成处置设施，废物必须放入仓库等待将来处置。这些贮存设施应包括多层人工的或天然的屏障，以防止放射性废物的迁移。这些屏障包括混凝土或粘土衬里的地坑，用于掩埋放射性废物圆桶。除了正常的放射性防范措施，如保安、污染和剂量率控制，更长时间的存放会存在一些潜在的问题，例如地下水的渗透和地震状况，这些都需要予以考虑。这类贮存包括地质处置库的利用。这些类型的设施是一个专门领域，不在这里讨论。

### 14.5.3 记录

保持准确的记录是控制所有放射性物质的一个重要组成部分。记录现在和随后的放射性废物的处理和(或)处置是很重要的。这样可确保废物在控制之下，并降低在环境中不受控制的照射的可能性。要求记录下列类型的废物：

(1) 豁免废物。

(2) 在处理的不同阶段的废物。

(3) 贮存并等待处置的废物。

(4) 液体和气体排放。

(5) 送往处置库的废物。

每种类型的记录应该包含以下信息:

(1) 鉴别/记录号。

(2) 废物描述。

(3) 核素识别和总活度。

(4) 活度浓度(以 $Bq \cdot g^{-1}$或 $Bq \cdot m^{-3}$为单位)。

(5) 位置(如果贮存)。

(6) 处置路线。

(7) 处置许可。

(8) 处置数据。

这些记录的格式和保存由国家要求决定,并形成质量保证体系的一个组成部分。

# 第 15 章

# 应急响应计划

## 15.1 引言

### 15.1.1 国内事故

我国在放射性同位素和射线装置在工农业、放射性物质运输和医学应用中都发生过辐射事故。有统计资料给出 1954—1987 年、1988—1998 年两个阶段的事故情况统计，平均每年接近 30 起。卫生部卫生法制与监督司 1999—2002 年发布了《全国卫生监督工作情况通报》，该通报显示：这几年辐射事故发生的起数也与此相当。对后果严重的事故分析表明，发生的主要原因是对那些退役源没有得到有效处理或处置。

核技术利用领域发生的事故中，从事故的起数与后果的严重程度来看，都是属于放射源或放射性物质失控造成的，而且，其中又以密封放射源未被破坏的为主，只有少量的事故情况是放射源的密封性受到破坏而形成了环境污染。

1963 年 1 月 11 日发生的事故是将近 5 年不用的农业科研苗圃辐照用的 $^{60}$Co($2.9\times10^{11}$ Bq，事故时放射性活度，下同)放射源放置在河塘边，虽装在铅罐内不造成环境辐射水平升高的危险，但一农民无意中将源从罐中取出并带回家放了 10 天，致使全家 6 人和村民 67 人受照。带回家后第 2 天就有人感到不适。最后 6 人患急性放射病，其中 2 人分别在 1 月 23 日和 24 日死亡。这次事故的主要原因很明显，是退役放射源没有得到妥善保管及时处理。

发生在 1992 年事故中的放射源也是在辐照装置上用的 $^{60}$Co($4.7\times10^{11}$ Bq)源。该辐照装置 1973 年建成，1980 年停用，1992 年因该场所地产改归另一个单位而要清理辐照室，这期间发现有一枚放射源失控。经调查，估计约有 165 人的受照剂量在 1mSv 以上，4 人患急性放射病，其中拾者本人和在他身边照料的父亲及哥哥共 3 人死亡。该事故的集体受照剂量很大，是我国辐射伤害最严重的一起事故。这起事故的发生，也与退役源没能及时处理有关，同时在处理退役源前没有制定良好的处理方案及在处理过程中没有做好辐射防护监测。

1996 年 1 月发生在 $\gamma$ 探伤机使用中的事故，是我国辐射致残最严重的事故。在夜间进

行 γ 探伤时因停电终止，收工时恰遇探伤机闭锁钥匙折断，源($^{192}$Ir，2.8×$10^{12}$ Bq)未能锁定在探伤机内，探伤作业人员从 18m 高空下台阶过程中，由于探伤机倾斜，放射源从探伤机输源通道中掉出落到地面上。次日 7 时 40 分一位民工发现并拾到此源，拿在手上当作玩具玩了 15 分钟，而后放入右前裤袋里并开始工作，不久即感到不舒服，于 10 时至 10 时 30 分趴在桌上休息，10 时 30 分左右开始出现呕吐，5～10 分钟一次。11 时 50 分至 12 时 20 分乘班车回宿舍，12 时左右呕吐加重。回去后躺在床上，放射源继续放在裤袋内，衣裤置于床下一敞口木箱内。当天 17 时，丢失源单位找到该源并收回。受照者诊断为中度骨髓型急性放射病，切除 3 肢(双下肢和左上肢)。发生此次事故的主要原因是，探伤作业人员收工后是将探伤机送回到了放射源暂存库，但没有用辐射监测仪器检测放射源是否还在探伤机中，因此对放射源丢失全然不知，直到第二天上午上班时才发现探伤机中没有放射源。

表 15-1 中列出了 5 例密封放射源失控但未被破坏的事故。这些事故造成 16 例急性放射病，其中 6 例死亡，1 例截去 3 肢。

**表 15-1　5 例密封放射源未被破坏的事故**

| 位置 | 发生年份 | 用源装置 | 受照的主要原因 | 受影响人数 | 照射性质和健康后果 |
|---|---|---|---|---|---|
| 安徽 | 1963 | γ 辐照装置 | $^{60}$Co，2.9×$10^{11}$ Bq，装在 400kg 铅罐内，长期不用，后移放在河塘边。一位农民将源从罐中取出带回家放了 10 天，全家 6 人和村民 67 人受到照射 | 73 | 6 人患急性放射病，其中 2 人死亡 |
| 黑龙江 | 1985 | γ 辐照装置 | 新购源($^{137}$Cs，3.7×$10^{11}$ Bq)因不具备条件而未使用，后被学生盗走卖给收废品的人，然后，裸源放在家中达 3 个月 | 9 | 3 人患急性放射病，其中 1 人从开始受照起 22 个月后死亡 |
| 山西 | 1992 | γ 辐照装置 | 辐照室于 1973 年建设，1980 年停用，1992 年清理辐照室期间发现 1 枚放射源($^{60}$Co，4.7×$10^{11}$ Bq)失控 | 165 | 4 人患急性放射病，其中 3 人死亡 |
| 吉林 | 1996 | γ 探伤机 | $^{192}$Ir 源，活度 2.8×$10^{12}$ Bq，深夜作业，探伤机锁坏且源掉出，次日早晨 7 时 40 分 1 位民工拾到后放入右前裤袋，午后放在床下，17 时发现源后收回 | 1 | 中度骨髓型急性放射病，切除 3 肢 |
| 河南 | 1999 | 远距离治疗机 | 在收购经多次非法转移的带$^{60}$Co 放射源(2.14×$10^{13}$ Bq)治疗机中，2 人将两根源棒从铅罐中取出，轮流扶持击打源棒，历时 3h | 7 | 2 人患急性放射病，剂量最大者 5.61 Gy |

放射源的密封性受到破坏造成环境污染的事故，主要发生在料位计上的放射源连同铅罐丢失或被盗，经废品收购站收购送进炼钢(铁)炉熔化，导致大量钢(铁)材的污染。据不完全统计，在 1988—1998 年 11 年中我国共发生丢失放射源事故 250 起，共丢失 546 枚放射源，未找回的源 235 枚，占丢失源总数的 43.0%；丢失或被盗事故中有 6 起的源被送进了炼钢(铁)炉熔化。这类事故，相当于每年 0.545 起。根据上述统计和其他资料，专家推测我国丢失后没有被找回的放射源大约有 2000 枚。

1991 年 4 月在内蒙古自治区发生的事故，是一位学生(14 岁)从某医院没有严格防盗和管理措施的放射源库内两个月中盗走铅罐和铅衬 30 个，内装钴针 92 根，总活度 $5.2\times10^{7}$ Bq。有几枚放射源在源库门口砸碎，造成源库门口污染。同时将源库内的另一个液体源($^{90}$Sr，$1.1\times10^{5}$ Bq)撒在铅室内。虽经努力查找，但仍有 22 根钴针未找回。社会影响很大。

我国山西省忻州地区一单位，1991 年 6 月份迁走源时不彻底，留下了 1 枚$^{60}$Co 源，活度为 0.4TBq(10.7Ci)。1992 年 11 月 19 日在进行施工中，一民工拾到，放在口袋里 2 小时立即出现呕吐，该民工和他的二哥及父亲也受到照射，三人分别于 12 月 3、7、9 日死亡，受超量照射者约几十人。

在辐照装置运行中事故中，有 25 例急性放射病，其中 4 人死亡，1 人受照射后 4 年截肢。

在加速器辐射事故中，有一起是加速器在最大高压(3MV) 和束流(25mA)条件下运行了 15～20min 之后，为了查找加速器周围空气温度异常升高的原因，操作员将电子束流开关拨到"关"的位置，降下加速器真空，但高压未断。操作员经迷道进入辐照室，将双手置于电子束引出窗口感觉引出窗的受热情况，再将头置于束流位置观察引出窗。据操作员后来回忆，在辐照室停留时间 1～3min。当该加速器操作员进入辐照室期间，他的助手在控制室看到控制台上电子束流表上显示有 0.09 mA 的束流，其中包括 0.04 mA 的正常本底水平，即在事故发生期间加速器尚有 0.05 mA 的暗电流存在。由于在高压下降过程中所以扫描电磁体也处于工作状态。闪光信号仅与高压联锁，并不显示辐射状态因而操作员未予理睬，最后发生了辐射伤害。

近几年，我国放射事故的发生率约为每年 25 起，而再早些时候是每年约 30 起。据有关部门统计，这些事故中几乎一半属于放射源丢失或被盗，其主要原因是很多放射源(特别是水泥厂用的料位计)退役或长期不用，放在某个角落里长期无人管理。在小型(Ⅲ～Ⅴ)放射源应用方面，1988—1998 年的 11 年间发生丢失放射性物质事故达 258 起(平均每年 24 起)，丢失 587 枚放射源，总活度达 1040.53GBq(28.1Ci)。其中 256 枚(占全部丢失源的 44%)未找回，主要核素为铯-137、钴-60 及镭-226 等。

归纳起来，我国核技术利用辐射事故照射，造成的伤害如表 15-2 所列：90 人患急性放射病，其中 25 人死亡，8 人截肢，87 人诊断为皮肤Ⅱ～Ⅳ度辐射损伤，其中 8 例植皮。

**表 15-2 核技术利用中严重辐射事故照射所致伤害概况**

| 部门与应用类型 | 事故类型 | 放射病 | | | 皮肤烧伤 | |
|---|---|---|---|---|---|---|
| | | 总人数 | 其中死亡人数 | 其中截肢人数 | 总人数 | 其中植皮人数 |
| 职业人员与公众受辐射照射 | 密封源工业应用中失控，源未破坏 | 16 | 6 | 1 | | |
| | γ辐照装置运行 | 25 | 4 | 1 | | |
| | 工业探伤装置运行 | 1 | | 1 | | |
| | 医技人员受照 | 6 | | 2 | | |
| | 其他设施和活动 | 1 | | 1 | | |
| | 核与辐射技术应用各领域 | | | | 16 | 3 |
| | 小　计 | **49** | **10** | **6** | **16** | **3** |

续表

| 部门与应用类型 | 事故类型 | 放射病 | | | 皮肤烧伤 | |
|---|---|---|---|---|---|---|
| | | 总人数 | 其中死亡人数 | 其中截肢人数 | 总人数 | 其中植皮人数 |
| 医疗事故照射 | 1972年$^{60}$Co治疗机事故 | 15 | 2 | | | |
| | 1985年医用加速器事故 | 24 | 13 | | | |
| | 除上述2起事故外的医疗活动中 | | | | 19 | 3 |
| | 小 计 | **39** | **15** | | **19** | **3** |
| 其他 | 误入放射性沾染区 | **2** | | | | |
| | 合 计 | **90** | **25** | **6** | **35** | **6** |

## 15.1.2 国外事故

据IAEA统计，γ辐照加工业发展的早期(至1975年)，没有发生过装置运行过程中造成致命的事故。但1975年至1994年发生了5起致命的事故(不含我国900625事故)。这些事故，在相关国家协助下，IAEA都组织派出防护专家对事故原因和应吸取的教训进行了调查与分析，并发表公开报告，希望在世界范围内特别是那些尚没有强有力辐射安全基础设施的国家传播这些信息，以便都能从经验中获益，并在其监管、许可证审批和检查方面实施改进。我国2004年10月发生的辐射事故，是我国涉及辐照装置的第五起死亡事故，也是全球第七起出现在装置运行过程中的死亡事故，在国内是第二起。

在小型放射源方面，各国的教训也很深刻。在美国，根据与30个州达成的协议，美国核管理委员会(NRC)，对约2/3的有许可证的放射性物质使用者实行监管和许可证审批，并对管辖范围内发生的事故或事件的信息由NRC人员收集、分析和报告。NRC每年收到约200份关于丢失、被盗或被弃入环境的放射源或装置的报告。NRC还报告，一些美国公司1996—2001年有近1500个源失去线索，且一半以上没找回。

欧盟一份研究报告估计，在欧盟每年有多达70个放射源失去监管控制。1983—1998年的15年间，美国发现放射性物质意外熔化事件30起，涉及10余种核素，铯-137居多，也有贫铀和被加速器中子活化的铜。由于这些事件，已招致美国的钢铁业平均每起800万～1000万美元的经济损失，其中一起达到2300万美元。

在巴西，戈亚尼亚市戈亚诺放射医疗研究所，1987年9月13日，该所的放射治疗机长期遗留在一个已废弃的诊疗所内，当天有人把治疗机的放射源从辐射头中拆走，日后取出并卖给了废金属收购商，源盒折开，源的碎片开始向该市其他地区分散，形成大范围的内外照射。该事故住院治疗共28人，在其后的2个月中，对112 000多人进行了监测，发现数百人必须去污。3500多立方米的放射性废物被运走，并储存在距戈亚尼亚市20km的一个新处置场。去污工作持续半年多，拆除(并运走)7幢房屋和表土。另有42幢房屋要去污。

上述国内外的事故告诉人们，由于种种原因，在核技术利用中，辐射工作单位必须面对现实，对可能发生的事故要采取积极措施，制定应急计划，在发生事故后立即行动，减少事故的损失和伤害。

## 15.2 定义与概念

### 15.2.1 定义

为了对辐射应急响应工作有一个深刻了解，结合实际，编制切实可行的预案并随时做好应有的准备，从而做到正确、有效地响应，有效缓解紧急情况对人体健康和安全、生活质量、财产和环境影响的行动的能力，正确理解与掌握与辐射应急有关名词的含义是非常必要的。国际组织非常重视辐射应急响应，在2005年IAEA牵头联合国际劳工组织、经济合作与发展核能机构、联合国粮食及农业组织和世界卫生组织等共同倡议编写出版了《核或放射紧急情况的应急准备与响应》(IAEA，No. GS-R-2)一书，专门给出了辐射应急方面的很多定义，现择其中主要的介绍如下。

(1) 行动水平：在低剂量照射情况下应采取补救行动的剂量率水平或放射性浓度水平。行动水平也可以按照任何其他可测的数量表达为水平，当超出这一水平时应当进行干预。

(2) 应急行动水平：用于发现、识别和确定某个事件的应急等级的特定、预置而且应遵守的标准。

(3) 安排(应急响应)：为提供执行对核或放射紧急情况作出响应时所要求的规定功能或任务的能力所必须的一整套基础结构组成部分。这些组成部分可以包括管理机构和责任、组织、协调、人员、计划、程序、设施设备或培训。

(4) 批准：由监管机构或政府其他部门给予运营者从事规定活动的许可。

(5) 可防止的剂量：系指如果采取对策或一系列对策则可防止的剂量。

(6) 确定性效应：系指某种辐射的健康效应，它通常有剂量阈值，在超过该阈值时，该效应的严重程度将随剂量的增加而加大。如果这种效应是致命的或威胁生命或导致降低生活质量的永久性伤害，则可将其描述为"严重确定性效应"。

(7) 紧急情况：系指某种非常规情况或事件，包括核或放射紧急情况和常规紧急情况，例如火灾、危险化学品排放、风暴或地震等；此时必须采取行动，主要目的是缓解对人体健康和安全、生活质量、财产或环境造成的危害或有害后果。紧急情况也包括有必要采取迅速行动以缓解危险影响的情况。

(8) 应急等级：系指有必要立即作出相似应急响应的一系列状态。这一术语用来向响应部门或公众通报所需的响应水平。根据因装置、源或作业而异的标准来规定某个已知应急等级的事件，这些标准在被超过时即表明所述水平的分组。针对每个应急等级，规定了应急部门的初始行动。

(9) 应急状态分级：指定的官员对某种紧急状态进行分组以便宣布适用的应急等级的过程，应急等级一经宣布，响应部门就要启动适合这一应急等级的预先规定的响应行动。

(10) 应急阶段：从发现有必要作出应急响应的情况直至完成预期的或对紧急情况头几个月内预期的放射学状况作出响应所采取的所有行动的这段时间。这个阶段通常在以下情况下结束，即此时局势已得到控制、场址外放射学状况已得到充分确定从而完全可以确认何处需要进行食品限制或暂时避迁，以及已经实施了所有需要的食品限制或暂时避迁。

(11) 应急计划：是对紧急情况作出响应的工作的目标、政策和方案以及对系统、协调且有效响应的结构、管理机构的责任的一种描述。这种应急计划是拟定其他计划、程序和清单的基础。

(12) 应急准备：系指采取将能有效缓解紧急情况对人体健康和安全、生活质量、财产和环境影响的行动的能力。

(13) 应急程序：详细描述响应人员在紧急情况下要采取的行动的一系列指示。

(14) 应急响应：系指旨在缓解紧急情况对人体健康和安全、生活质量、财产或环境的影响的行动。它也可以为恢复正常的社会和经济活动提供基础。

(15) 应急服务：通常可以利用的旨在履行应急响应功能的场址外当地响应部门。这些服务可以包括警察、消防员和援救队、救护服务和危险品管制小组。

(16) 应急工作人员：在执行旨在缓解紧急情况对人体健康和安全、生活质量、财产或环境影响的行动时可能受到超过职业剂量限值的照射的工作人员。

(17) 首批响应人员：在紧急情况下作出响应的最初应急服务人员。

(18) 初始阶段：从发现情况因而有必要实施为了有效起见必须迅速采取的响应行动起直至完成这些任务的这段时间。这些行动包括营运者采取的缓解行动和现场内外的紧急防护行动。

(19) 干预：任何意在减少或防止不属于受控实践的，或因事故而失控的源所致的照射或照射可能性的行动。

(20) 干预水平：在紧急或慢性照射情况下采取专门防护行动时的可防止剂量水平。

(21) 较长期防护行动：不属于紧急防护行动的防护行动。这类防护行动可能要延续数周、数月甚至数年。这些行动包括避迁、农业政策和补救行动等措施。

(22) 营运者采取的缓解行动：营运者或其他方的立即行动，以便：①减少有可能导致需要现场或现场外应急行动的照射或放射性物质释放的情况发展的可能性；或②缓解可能导致需要现场或现场外应急行动的照射或放射性物质释放的源的状况。

(23) 核与放射紧急情况：系指因下述原因造成或意识到将造成危害的紧急情况：①由核链式反应或由链式反应产物的衰变产生的能量；或②辐射照射。

防护行动：意在避免或减少公众成员在急性或慢性照射情况下所受剂量而采取的一种干预。

(24) 辐射防护官员：技术上胜任有关某种类型实践的辐射防护业务并经注册的人员或许可证持有者任命对国际安全标准中规定的相关要求的实践进行监督的人员。

(25) 辐射专家：在辐射防护和其他必要的专门化领域受过培训因而能评估放射学状况、缓解放射学后果或控制响应人员所受剂量的人员。

(26) 放射学评估人员：在万一发生某种核与放射紧急情况时通过开展辐射调查、剂量评估、污染控制、确保对应急工作人员的辐射防护和提出有关防护行动的建议来帮助危险源营运者的人员。这种放射学评估人员通常是辐射防护官员。

(27) 响应部门：由国家指定或认可的负责管理或实施有关响应的任何方面的部门。

(28) 专门设施：系指预定要在其所在地采取紧急防护行动的情况下，需要对其采取预先规定行动的设施或专门行动的设施。例如，只有在采取某些行动以防止火灾或爆炸后才能撤离的化工厂，以及必须配备工作人员以维持电话服务的电信中心。

(29) 紧急防护行动：在发生紧急情况时为了有效起见必须迅速(通常在数小时内)采取的防护行动，如有延误则将明显降低其有效性。在核与放射紧急情况下最通常考虑的防护行动是撤离、给个人去污、隐蔽、呼吸道防护、服碘预防法以及限制可能已污染食品的消费。

(30) 培训、训练和演习：营运者和响应部门必须确定必要的知识、技能和能力以便执行所规定的功能。营运者和响应部门必须作出安排选择人员并提供培训以确保这些人员掌握必不可少的知识、技能、能力、设备、程序，还要作出其他安排以便让他们执行所承担的响应功能。这些安排必须包括按照适当计划表不断进行进修培训以及有关确保被指派担任负有应急响应责任的职位的人员接受规定培训的安排。

### 15.2.2 概念

综合上述核技术利用中的事故与辐射应急响应的术语，应该清醒地认识到，现代技术虽然发展并采取了措施，使失误或事故(包括操作错误、设备故障或其他损坏)导致应急状态的可能性减小，但仍不能完全排除，其后果或潜在后果从防护或安全角度来看是不容忽视的，其中特别是可能导致放射性物质不可接受的释放或不可接受的照射。为了加强应急能力，以便在一旦发生事故时能快速有效地控制事故，并减轻其后果，必须要有周密的总体应急计划和应急准备。注册者或许可证持有者、有关干预组织和审管部门应该理解到，制定应急计划和做好应急准备是为抢救生命或避免严重损伤，为避免大的集体剂量，为防止演变成灾难性情况。

GB 18871 规定，注册者或许可证持有者以及有关干预组织和审管部门，应按国家有关法规和本标准的要求承担对应急照射情况下干预的准备、实施和管理方面的责任，这就是要制定并实施应急计划。该计划应根据所涉及源的类型、规模和场址特征制定，将场内、场外应承担的应急干预的准备、实施和管理责任规定清楚并做出相应的安排。场内应急计划和场外应急计应相互衔接和协调。这些计划应达到如下目的：

(1) 对可能需要进行应急干预的实践或源均已制定应急计划，并履行相应的批准程序；

(2) 干预组织参与相关应急计划的制定；

(3) 确定应急计划的性质、内容和范围时，不但考虑了对该源进行事故分析的结果，而且考虑了由同类源的运行操作和发生过的事故所吸取的经验与教训；

(4) 对应急计划定期进行复审和修订；

(5) 对参与实施应急计划人员的培训做出规定，并对以适当的间隔进行应急响应演习做出安排；

(6) 向预计可能会受到事故影响的公众成员提供预警信息。

应急计划应根据情况至少包括下列内容：

(1) 在报告有关负责部门和启动干预行动方面的责任的划分与安排；

(2) 对可能导致应急干预情况的源的各种运行操作条件和其他条件的鉴别；

(3) 根据可能发生的事故或紧急事件的严重程度所确定的有关防护行动的干预水平及它们的适用范围；

(4) 与有关干预组织进行联系的程序(包括通信安排)和由消防、医疗、公安和其他有关组织获得支援的程序；

(5) 用于评价事故及其场内、外后果的方法与仪器的描述；

(6) 事故情况下发布公众信息的安排；

(7) 终止每种防护行动的准则。

注册者和许可证持有者应保证为迅速获得并向有关应急组织传递足够的资料做出适当安排，以便：对放射性物质向环境的任何事故性排放的范围和严重程度进行早期预测或评价；随着事故的发展对事故进行快速和连续的跟踪评价；确定对防护行动的需求。

至于在什么情况下应干预，GB 18871 规定，如果任何个人所受的预期剂量（而不是可防止的剂量）或剂量率接近或预计会接近可能导致严重损伤的阈值，则采取防护行动几乎总是正当的。

对于可能向环境释放放射性物质的事故，采取紧急防护行动的决策应以事故时的主导情况为基础。根据放射性物质向环境释放的预计情景来做出，但不能为了要验证释放而推迟到根据释放开始后的测量结果来做出。

表 15-3 给出了器官或组织受到急性照射时，任何情况下预期均应进行干预的剂量水平和剂量率水平。根据计算和经验，对于Ⅰ、Ⅱ类放射源和Ⅰ、Ⅱ类射线装置，在发生事故时，很多情况下都能达到表 15-3 给出的 2 天内器官或组织预期接受的剂量和剂量率水平，Ⅲ类放射源也有可能达到上述水平。由此可见，对Ⅰ、Ⅱ、Ⅲ类放射源和Ⅰ、Ⅱ类射线装置的实践，制定事故时的应急是非常必要的。

**表 15-3 急性照射的剂量行动水平**

| 剂量行动水平 | | 剂量率行动水平 |
|---|---|---|
| 器官或组织 | 2 天内器官或组织的预期吸收剂量/Gy | 吸收剂量率 /($Gy \cdot a^{-1}$) |
| 全身（骨髓） | 1 | 0.4 |
| 肺 | 6 | |
| 皮肤 | 3 | |
| 甲状腺 | 5 | |
| 眼晶体 | 2 | 0.1 |
| 性腺 | 3 | 0.2 |

## 15.2.3 辐射事故分级

在国务院令第 449 号第四章中，根据辐射事故的性质、严重程度、可控性和影响范围等因素，将辐射事故分为特别重大辐射事故、重大辐射事故、较大辐射事故和一般辐射事故四个等级。显然，这是制定辐射应急计划和确定准备程度的基础，特别是对于可能潜在着较大以上伤害的事故（事件），更应该制定详细而具体的应急响应方案。现对该四个等级事故伤害程度叙述如下。

1) 特别重大辐射事故（Ⅰ级）

凡符合下列情形之一的，为特别重大辐射事故：

(1) Ⅰ、Ⅱ类放射源丢失、被盗、失控并造成大范围严重辐射污染后果；

(2) 放射性同位素和射线装置失控导致 3 人以上（含 3 人）急性死亡；

(3) 放射性物质泄漏，造成大范围（江河流域、水源等）放射性污染事故；

(4) 国外航天器在我国境内坠落造成环境放射性污染的事故。

2) 重大辐射事故(Ⅱ级)

凡符合下列情形之一的,为重大辐射事故:

(1) Ⅰ、Ⅱ类放射源丢失、被盗或失控;

(2) 放射性同位素和射线装置失控导致2人以下(含2人)急性死亡或者10人以上(含10人)急性重度放射病、局部器官残疾;

(3) 放射性物质泄漏,造成局部环境放射性污染事故。

3) 较大辐射事故(Ⅲ级)

凡符合下列情形之一的,为较大辐射事故:

(1) Ⅲ类放射源丢失、被盗或失控;

(2) 放射性同位素和射线装置失控导致9人以下(含9人)急性重度放射病、局部器官残疾;

(3) 铀(钍)矿尾矿库垮坝事故。

4) 一般辐射事故(Ⅳ级)

凡符合下列情形之一的,为一般辐射事故:

(1) Ⅳ、Ⅴ类放射源丢失、被盗或失控;

(2) 放射性同位素和射线装置失控导致人员受到超过年剂量限值的照射;

(3) 铀(钍)矿、伴生矿严重超标排放,造成环境放射性污染事故。

国务院令第449号不仅对辐射事故的管理作了详细的规定,还完善了辐射事故应急制度,规定要建立辐射事故应急预案制度,明确了辐射事故的处理和报告程序、辐射事故的临时控制措施及有关部门在辐射事故应急工作中的职责分工。应该强调,这些是制定各层次应急计划和准备的基础。

## 15.3 应急计划的一般要求

### 15.3.1 辐射威胁类型

IAEA组织编写出版的《核或放射紧急情况的应急准备与响应》根据辐射实践中源项特征将事故(事件)可能造成的核与辐射威胁分成5种类型,这些威胁实际上是可能造成的辐射伤害和环境放射性污染的程度,即推荐了需要制定应急计划的几种情形或分类。现将该5种类型摘录如下:

威胁类型Ⅰ:例如核电厂等设施,对这些设施而言,假设现场事件(包括现场某个位置产生的放射性物质向大气或水中释放或外照射,即由于丧失屏蔽或某个临界事件造成的,包括可能性很小的事件)可能在场址外导致严重的健康效应;或对这些设施而言,曾在类似设施中发生过此类事件。

威胁类型Ⅱ:例如某些类似的研究堆等设施,对这些设施而言,假设现场事件(包括现场某个位置产生的放射性物质向大气或水中释放或外照射,即由于丧失屏蔽或某个临界事件造成的,包括可能性很小的事件)可能导致场址外居民受到按国际标准有必要采取紧急防护行动的剂量,或对这些设施而言,曾在类似设施中发生过此类事件。威胁类型Ⅱ(与威胁类型Ⅰ相反)并不包括这样的设施——对这些设施而言,假设现场事件(包括可能性很小的事件)可能在场址外导致严重的确定性效应;或对这些设施而言,曾在类似设施中发生过此类事件。

威胁类型Ⅲ:例如工业辐照设施等设施,对这些设施而言,假设现场事件可能导致有必要在现场采取紧急防护行动的剂量或有必要在现场采取紧急防护行动的污染,或对这些设施而言曾在类似设施中发生过此类事件。威胁类型Ⅲ(与威胁类型Ⅱ相反)并不包括这样的设施——对这些设施而言,假设会发生可能有必要在场址外采取紧急防护行动的事件,或对这些设施而言曾在设施中发生过此类事件。

威胁类型Ⅳ:可能导致发生核或放射紧急情况从而可能有必要在无法预见的地方采取紧急防护行动的活动。其中包括未经授权的活动,例如与非法获取的源有关的活动。还包括涉及如工业射线照相用源、核动力卫星或放射致热发生器等危险的可移动源的运输和经授权的活动。威胁类型Ⅳ表示最低程度的威胁,可以认为这种情况适用于所有国家和管辖区。

威胁类型Ⅴ:通常不涉及电离辐射源的活动,但这些活动会产生这样的结果,即很有可能(其前提是:威胁类型Ⅰ或Ⅱ中所列设施发生了重大放射性物质释放)由于威胁类型Ⅰ或Ⅱ中所列设施(包括位于其他国家的此类设施)上发生的事件而受到污染,并达到按照国际标准必须迅速对产品加以限制的程度。

由上可见,核技术利用实践中主要威胁在类型Ⅲ和类型Ⅳ。威胁类型Ⅳ适用于那些可能实际发生紧急情况的活动,也适用于管辖区的最低程度的威胁。威胁类型Ⅳ始终适用于所有管辖区,并有可能同时伴随着其他类型的威胁。威胁类型Ⅴ适用于场址外的区域,在这些区域,为了对付释放放射性物质而造成的污染,有必要作出准备和响应方面的安排。对威胁类型Ⅲ的设施,须明确规定从正常情况向应急运行的过渡(特别指有关人员的角色——不同时期的职责),并在不损害安全的情况下有效地进行这种过渡。应急情况下每个现场人员的责任均须视为这种过渡的一部分。必须确保向应急响应过渡和最初响应的行动不会损害运行人员(例如控制室的工作人员)遵守安全运行和采取缓解行动所需程序的努力。由上述叙述可见,实践操作属于Ⅰ、Ⅱ、Ⅲ类放射源的单位应特别要重视。

### 15.3.2 应急计划层次

为了加强应急能力,以便在一旦发生事故时能快速有效地控制事故,并减轻其后果,每一个核技术利用单位及其所在地的省、地(市)和县级地方政府都必须有周密的总体应急计划和充分的应急准备。地方政府的应急计划是总体应急计划的重要部分。地方政府在辐射应急中的工作有:编制应急计划;设立应急组织;维持应急组织的准备状态;实施应急行动。

总体的应急计划大体上可以分三个层次,辐射实践的营运单位、应急任务专门承担单位和监管部门。虽然层次不同,但其要求和内容方面有很多相同之处。例如,应急计划编制和实施的要点主要包括:应急计划的依据和内容;营运单位在制定和实施应急计划过程中的职责;营运单位和国家及地方应急组织、主管部门以及国家核安全部门之间应有的联系;应急组织;应急响应的准备;场内人员的防护措施;应付应急状态的设施和设备、应急计划(制定应急计划时不仅要考虑预期的运行工况和事故工况,而且必须考虑那些发生概率很小，但更为严重的事故。制定应急计划时应考虑的因素有：可能出现的应急状态的类别；可能向环境释放的放射性物质的种类和数量；环境特征；照射途径和特征；潜在释放和照射随时间变化的特征；需要采取应急防护措施的区域；为了控制应急状态应采取的行动；应急状态下的组织和协调；应急程序和执行每项应急措施的步骤和所需的时间；评价、补救行动、防护措施、通信、受影响人员的救护和记录保存等工作所需要的人力和装备；工厂特定区域，尤其是控制室和应急控制中心的可居留性和可出入性；厂区人员的集合场所和撤离路线；平时的应急准备——培训、演习和检查；必须准备和保存的记录和报告）等等。

应急计划各类层次的差别主要依据所应执行的应急任务与内容。各辐射工作实践和各层次的应急计划必须结合实际，只有这样才能使其响应快速有效。为此，对它们的要求应该从范围与程度上有所区别。

### 15.3.3 任务和要求

**1. 任务**

应急计划应结合实际。制定应急计划时必须从事故可能对工作人员、公众和环境影响的分析出发。这些事故必须包括那些发生概率很小但其对人的伤害或环境后果严重的事故。对于应急计划区，应根据对严重事故的分析和厂址周围的自然与社会环境确定。应急计划区的大小及其划分原则应列入应急计划中，以便在出现特殊情况时可以依此确定。

作为一个例子，根据经验与有关资料，地方政府的应急计划一般应满足下列要求：确定应急组织的人员组成和职责；制定事故应急准备和响应的详细计划；确定用于事故应急的应急物资和执行计划的人员；制定事故（事件）发生单位和地方应急组织之间的互相配合和支援计划。其具体要点可以有：

（1）确认区域应急状态（干预水平与要采取的防护措施必须预先作出决定。在确定干预水平和相应的防护行动时，应将任何一种应急行动有关的危害和社会代价一并考虑在内）。

（2）向关键人员和组织发出通知和报警。

（3）向公众报警和提出劝告的方法和程序（发布警报和通知程序）。

（4）评价应急状态（巡测路线和监测点：必须确定拟进行的放射性污染或辐射巡测的范围、线路及监测点，应当强调在住房和居民中心附近进行测量的重要意义）。

（5）防护措施（如隐蔽安排、撤离安排、急救和去污）。

（6）培训和演习。

（7）修订应急计划。

（8）医疗和公共卫生支援。

（9）对受影响地区的交通管制。

（10）治安保卫。

**2. 应急准备**

应急准备中除了应急文本和组织队伍外，应急设备和物资是最重要的内容。这些准备，具体项目单位应该有的，可往往比较简单些，但地方组织涉及的面广阔，因此需要的应急响应资源全面。仅仅作为物项目录的参考，地方应急控制中心首先应：

（1）在预计不可能受到紧急情况影响的地方预选一间或一套房间作为应急协调场所，

其中应有一个应急通信室，并能按规定的线路有效收发信息。

(2) 应设立一个移动的或固定的实验室以测量环境样品的活度。

(3) 应根据积极兼容的原则在安全地方选定一个或几个撤离接待场所(必要时安排食宿，可以是当地学校、公共礼堂和影院)。

(4) 为了使公众和新闻界充分地得到关于紧急情况的信息，可在应急协调场所的安全地方建立公众联络信息发布机构，可考虑利用现有的公共建筑作为此机构办事地点。

(5) 收治受污染和受照射伤员的设施：为接收和处置身体受伤的人员和可能受到大剂量照射或可能受到污染的人员，可由附近的一个或多个医院提供设施。伤员的抢救和治疗应预先做好计划安排和准备工作。对重度受照伤员的治疗需要特殊的设备，应及时送往有条件的专门医院救治。这种治疗安排应在应急计划中注明在何种情况下转送哪些医院(包括医院的名称、地点和转送方式)。医护人员也应接受处置受污染人员的培训。

对于具体应急准备，一般应拥有下列设备和物资(应该指出，有些设备或物资是必要的，可并不一定要自己购置，但要计划好如何能获得使用)：

(1) 环境监测设备与设施：气象监测器(特别是在辖区内有高活度高挥发放射性物质生产的)，辐射监测仪，固定式的和活动式的实验室。

(2) 评价用的资料与设备：应急计划，标有通道、拟封锁或开放的路段及扇形取样点等等的有关事故单位周围区域的地图(有一些地图应是大范围的，有一些则应是小范围(例如半径约10km)并标出街道和公共建筑的详细地图，应急监测车里应备有折叠地图)，单位内设施布置草图或照片，显示装置和设备(如投影仪、幻灯机)，根据预先测定的气象条件而计算的等剂量曲线(其要求同气象监测器)，辐射单位的《辐射环境影响报告》(最终版)和源项布置说明。

(3) 通信系统：带有信号灯的电话(有手握式话筒并具备有线广播能力)，带有耳机和话筒的无线电设备，声频电传打字机和传真复印机，用于填写事故单位控制室和巡测队发来信息的标准信息表，录音机。

(4) 应急人员的防护设备：空气监测器和带有过滤的呼吸器和带有氧气瓶的防毒面具(其要求同气象监测器)，测量仪($1\sim1\mathrm{Sv}\cdot\mathrm{h}^{-1}$)，自读式剂量仪。

(5) 各监测队的监测箱，1台辐射巡测仪($1\sim1\mathrm{Sv}\cdot\mathrm{h}^{-1}$)，GM巡测仪(低量程)，1个直读式袖珍剂量计，适量工作服、乳胶手套、帆布手套、标示隔离区用的带子、笔记本和铅笔、闪光灯和电池、橡胶套鞋等。

另外，还应包括各种各样的小物品，例如：绳子、盛土用的厚纸盒、样品瓶、塑料袋和纸袋、盘状涂片、信封、剪刀和红蓝铅笔等。

应急响应的人力准备又是能否取得良好应急效果的关键之一。为此，地方政府的应急人员应由地方政府调配，他们可以来自地方和国家政府部门，及其所属业务单位。他们应能胜任在可能预见到的所有情况完成他们执行的应急任务。这些任务涉及的内容举例如下：

(1) 应急协调(全面指挥厂区外应急活动，在高级水平上提出辐射防护、卫生医疗和环境保护咨询，将辐射巡测数据进行计算、标绘和记录，记录事件与接收并发送信息，进行通信联络等)；

(2) 应急辐射监测评价(进行初期评价，综合评价和样品收集，样品评价并记录结果)；

(3) 公众咨询与管理(发出警告、报警和指令,实施让公众进入室内或留在室内的措施,布置屏蔽,安排撤离,进入控制区的交通管制,控制受放射性污染物品,公众信息);

(4) 公众医疗救治和卫生防护(监测人员的受照射和受污染情况,查明需要作进一步紧急处置和治疗的人员;在撤离人员的接待场所进行医疗护理;进行医疗,治疗辐射损伤;进行外部去污;发放预防药物;预防传染病)。

## 15.4 环境保护部应急预案介绍

### 15.4.1 任务与范围

环境保护部辐射事故应急组织体系是环境保护部突发环境事件应急体系的组成部分。在环境保护部环境应急指挥领导小组的统一指挥下,各职能部门及有关单位各司其职,平时做好辐射事故应急准备,辐射事故发生时快速而适当地进行响应。

根据《国家突发公共事件总体应急预案》、《国家突发环境事件应急预案》和《国家核应急预案》,环境保护部对《国家环保总局核事故与辐射事故应急响应方案》进行了修订,划分为《国家环保总局核事故应急预案》和《国家环保总局辐射事故应急预案》(环办[2007]17 号,2007-1-30)。

国家环保总局辐射事故应急预案(下称《应急预案》)的应急响应和准备内容,主要针对核技术利用。该《应急预案》目前正在进行修订,按计划在年内颁布。现将其修改草案的有关内容简要介绍如下。

该《应急预案》分总则、部辐射事故应急组织与职责、应急行动、应急终止和恢复、应急保障及附则 6 章(有关辐射事故分级在 15.2 节中已介绍)。内容全面、翔实,辐射工作单位和其他地方各级的应急计划应依此制定执行。

本《应急预案》是作为国家辐射安全监管和环境保护部门,为做好辐射事故应急准备与响应工作,确保在辐射事故时,能准确地掌握情况、分析评价并决策,按事故等级及时采取必要和适当的响应行动而制定的。并明确应急原则是:“以人为本,预防为主;统一领导,分类管理;属地为主,分级响应;专兼结合,充分利用现有资源。”也明确国家环境保护部承担的应急任务是:

(1) 制定环境保护部辐射事故应急预案;

(2) 负责特别重大辐射事故的处理和协调跨省区域辐射事故的处理;

(3) 接收省级环境保护部门和辐射事故责任单位有关事故信息的报告,指导和组织力量支持省级环境保护部门开展辐射环境应急监测和应急行动;

(4) 监督与评价由环境保护部颁发辐射安全许可证的辐射事故责任单位的应急行动和事故处理措施;

(5) 及时向国务院报告,并负责发布辐射事故的新闻和信息。

《应急预案》规定,省级环境保护部门承担的应急任务是负责辖区内重大、较大和一般辐射事故应急响应、事故处理及事故原因调查工作,协助环境保护部做好特别重大辐射事故的处理工作。

该《应急预案》适用辐射事故的应急。这里的辐射事故主要指除核设施事故以外,放射性物质丢失、被盗、失控，或者放射性物质造成人员受到意外的异常照射或环境放射性污染的事件。主要包括：

(1) 国外航天器在我国境内坠落造成环境放射性污染的事故；

(2) 放射源丢失、被盗、失控等核技术利用中发生的辐射事故；

(3) 铀(钍)矿及伴生矿开发利用中发生的放射性污染事故；

(4) 放射性物质(除易裂变核材料外)运输中发生的事故。

### 15.4.2 应急组织与职责

**1. 环境保护部核与辐射应急领导小组**

环境保护部环境应急指挥领导小组在辐射事故时即为环境保护部核与辐射事故应急领导小组，下设核与辐射事故应急办公室。辐射事故应急期间，环境保护部核与辐射安全中心和环境保护部辐射环境监测技术中心分别为环境保护部核与辐射事故应急技术中心和环境保护部辐射环境应急监测技术中心。环境保护部辐射事故应急组织体系如图 15-1 所示。

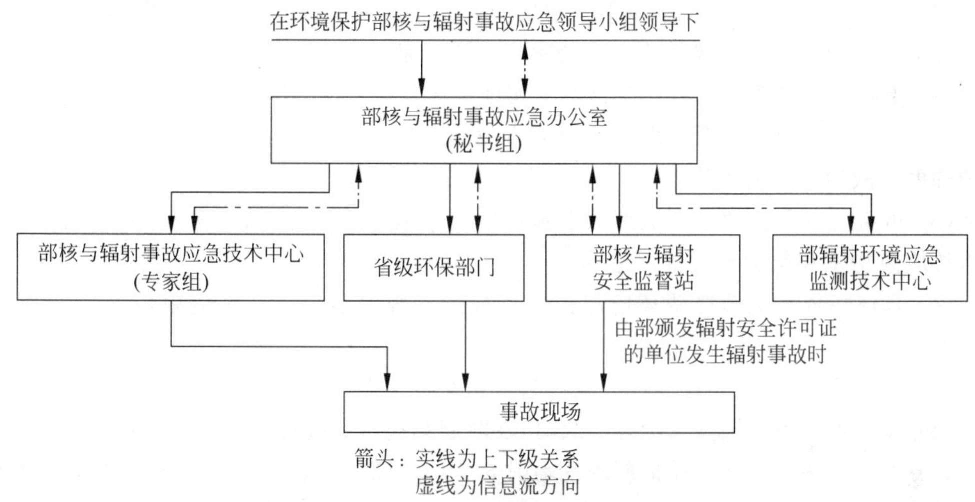


图 15-1 环境保护部辐射事故应急组织体系

环境保护部核与辐射事故应急领导小组的人员组成是部核与辐射事故应急领导小组同环境保护部环境应急指挥领导小组成员基本一致。在辐射事故应急期间，环境保护部长任核与辐射事故应急总指挥，环境保护部主管核与辐射安全监管副部长(兼国家核安全局局长)任常务副总指挥，并作为总指挥替代人；环境保护部办公厅主任、核与辐射安全司司长任副总指挥，办公厅主管总值班室副主任、核与辐射安全司主管应急副司长分别作为其替代人；环境保护部规划司、国际司、宣教司等有关司办和直属单位主要负责人作为成员。辐射事故应急期间，环境保护部核与辐射事故应急领导小组的主要活动在环境保护部机关大楼内进行。环境保护部核与辐射事故应急领导小组主要职责是：

(1) 审批部辐射事故应急预案；

(2) 决定部辐射事故应急的启动和终止；

(3) 指挥和协调部辐射事故应急组织体系中各部门的应急准备和响应行动，指导或指挥省级环保部门的辐射事故应急工作；

(4) 组织对由部颁发辐射安全许可证的辐射事故责任单位的应急行动和事故处理措施进行监督和评价；

(5) 审定向国务院提交的重大和特别重大辐射事故报告；

(6) 负责发布辐射事故的新闻和信息。

**2. 环境保护部核与辐射事故应急办公室**

环境保护部核与辐射事故应急办公室是环境保护部核与辐射事故应急领导小组在辐射事故应急期间的秘书机构和执行机构，由核与辐射安全司、办公厅、国际司、宣教司的相关人员组成，下设秘书组。核与辐射安全司司长任核与辐射事故应急办公室主任，核与辐射安全司主管应急副司长(主任第一替代人)和其他副司长、办公厅主管总值班室副主任、总局核与辐射安全中心主任任办公室副主任。

秘书组由办公厅总值班室、国际司核与辐射安全处、宣教司新闻处，以及核与辐射安全司放射源处、放射性废物管理处、核燃料处、综合处等相关人员组成。事故期间，组长由核与辐射安全司归口负责的项目处处长担任。环境保护部核与辐射事故应急办公室设在部机关大楼内。平时，环境保护部核与辐射事故应急办公室成员按各自职责在本部门办公。

环境保护部核与辐射事故应急办公室主要职责是：

(1) 组织制定部辐射事故应急预案及实施程序。

(2) 负责环境保护部系统内部的辐射事故应急准备日常工作，监督检查全国环保系统内的辐射事故应急准备工作。

(3) 负责受理来自地方环保部门上报的辐射事故报告、中央或国务院办公厅下达的辐射事故应急指示和部领导的批示指令。

(4) 具体指挥和综合协调环境保护部系统内各辐射事故应急响应单位的启动和行动配合。

(5) 负责与有关部、委和单位的联络与信息交换工作。

(6) 发生重大和特别重大辐射事故时，及时起草向国务院提交的事故报告。

(7) 组织开展对由环境保护部颁发辐射安全许可证的辐射事故责任单位采取的应急行动和事故处理措施的跟踪、评价及监督。必要时，经环境保护部核与辐射事故应急领导小组批准后，采取干预行动。

(8) 组织起草有关辐射事故的新闻和信息。

**3. 环境保护部核与辐射事故应急技术中心**

环境保护部核与辐射事故应急技术中心的人员组成是辐射事故应急时，由核与辐射安全司司长任环境保护部核与辐射事故应急技术中心主任，环境保护部核与辐射安全中心主任任常务副主任，核与辐射安全司主管应急副司长(任主任第一替代人)、其他副司长以及核与辐射安全中心主管应急副主任任副主任。常务副主任全面负责环境保护部核与辐射事故应急技术中心的应急准备日常工作。环境保护部核与辐射事故应急技术中心下设技术专家组，由环境保护部核与辐射安全中心和其他相关单位的人员组成。环境保护部核与辐射事故应急技术中心主要职责是：

(1) 制定环境保护部核与辐射事故应急技术中心的辐射事故预案及实施程序，并报环境保护部审批；协助环境保护部辐射事故应急预案及实施程序的编制工作。

(2) 为环境保护部核与辐射事故应急领导小组决策提供技术支持，为全国环保系统开展辐射事故应急准备和响应提供技术支持。

(3) 负责环境保护部核与辐射事故应急技术中心的辐射事故应急准备日常工作,确保各类应急设施和设备的可靠运行。

(4) 对辐射事故进行后果分析与评价,为环境保护部核与辐射事故应急办公室制定应急响应措施提出建议;必要时,派出专家组参加辐射事故的现场监督、辐射环境应急监测、现场的应急响应与事故处理。

**4. 环境保护部核与辐射安全监督站**

环境保护部核与辐射安全监督站职责:

(1) 制定管辖范围内的辐射事故应急预案及实施程序,并报环境保护部审批。

(2) 负责管辖范围内辐射事故应急准备日常工作。

(3) 负责对环境保护部颁发辐射安全许可证单位应急准备情况进行日常监督。

(4) 负责对环境保护部颁发辐射安全许可证单位的事故应急行动和事故处理情况进行监督,及时向环境保护部报告情况。

**5. 环境保护部辐射环境应急监测技术中心**

环境保护部辐射环境应急监测技术中心的人员组成是辐射事故应急时,由核与辐射安全司司长任部辐射环境应急监测技术中心主任,环境保护部辐射环境监测技术中心主任任常务副主任,核与辐射安全司主管应急副司长(担任主任第一替代人)、其他副司长以及环境保护部辐射环境监测技术中心主管监测副主任任副主任。常务副主任全面负责环境保护部核与辐射应急监测技术中心的应急准备日常工作。环境保护部辐射环境应急监测技术中心的主要职责是:

(1) 制定环境保护部辐射环境应急监测技术中心的辐射事故应急预案及实施程序,并报环境保护部审批。

(2) 为环境保护部核与辐射事故应急领导小组决策提供技术支持,为全国环保系统开展辐射环境应急监测提供技术支持。

(3) 负责环境保护部辐射环境应急监测技术中心辐射事故应急准备日常工作。

(4) 根据环境保护部核与辐射事故应急办公室的指令,对事故发生地的省级环保部门提供辐射环境应急监测技术支援;承担特别重大辐射事故的辐射环境应急监测技术工作。

**6. 省级环保部门**

省级环保部门职责是:

(1) 组织制定省级环保部门的辐射事故应急预案及实施程序,并报环境保护部备案。

(2) 负责省级环保部门的辐射事故应急准备日常工作。

(3) 负责向环境保护部报告辖区内发生的辐射事故。

(4) 负责辖区内重大、较大和一般辐射事故应急响应、事故处理及事故原因调查工作。

(5) 协助环境保护部做好特别重大辐射事故的处理工作。

### 15.4.3 应急行动

**1. 启动**

辐射事故应急响应坚持属地为主的原则。特别重大辐射事故的应急响应由环境保护部组织实施。重大辐射事故、较大辐射事故和一般辐射事故的应急响应由省级环保部门全面负责。环保系统的辐射事故应急响应体系原则上按表 15-4 进行启动。

**表 15-4 辐射事故应急状态下环境保护部系统应急组织的启动**

| 应急状态 | 应急领导小组 | 核与辐射事故应急办公室 | | 核与辐射事故应急技术中心 | 辐射环境应急监测技术中心 | 核与辐射安全监督站* | 省级环保部门及辐射环境监测机构 |
|---|---|---|---|---|---|---|---|
| | | 主任/副主任 | 秘书组 | | | | |
| 一般事故 | | | | | | √ | √ |
| 较大事故 | | | | | | √ | √ |
| 重大事故 | ○ | √ | √ | √ | √ | √ | √ |
| 特大事故 | √ | √ | √ | √ | √ | √ | √ |

注：○表示待命，√表示应急响应人员启动并到达责任岗位。

* 核与辐射安全监督站负责对部颁发辐射安全许可证单位事故应急响应和事故处理工作进行监督。

环境保护部核与辐射事故应急办公室按照相关实施程序负责与环境保护部核与辐射事故应急组织体系、国务院、国家核应急协调委、其他部(委)和单位、省级环保部门及辐射事故单位的联络与信息交换工作。辐射事故单位应按照事故报告制度向环境保护部核与辐射事故应急办公室提交事故报告。

应急期间联络原则是：

(1) 各岗位任务明确，尽职尽责，联络渠道明确、固定；

(2) 联络用语规范，严格执行记录制度；

(3) 对外渠道和口径统一。

特别重大辐射事故应急响应时，环境保护部核与辐射事故应急办公室负责指挥环境保护部辐射事故应急组织体系中各部门辐射事故应急行动，综合协调环境保护部辐射事故应急组织体系与其他相关部门、单位的接口与行动。主要内容有：

(1) 提出现场应急行动原则要求；

(2) 派出有关专家参与现场应急指挥部的指挥工作；

(3) 协调各级、各专业力量实施应急支援行动；

(4) 协调受威胁的周边地区危险源的监控工作；

(5) 协调建立现场警戒区和交通管制区域，确定重点防护区域；

(6) 根据现场监测结果，确定被转移、疏散群众返回时间；

(7) 及时向国务院报告应急行动的进展情况。

省级环保部门对辐射事故的应急响应，参照环境保护部辐射事故应急预案及实施程序，进行积极配合。

**2. 应急监测与防护**

省级环保部门负责组织辐射事故现场的应急监测工作，确定污染范围，提供监测数据，为辐射事故应急决策提供依据。必要时环境保护部指派环境保护部辐射环境应急监测技术中心对事故发生地的省级环保部门提供辐射环境应急监测技术支援，或组织力量直接负责辐射事故的辐射环境应急监测工作。

现场应急工作人员应根据不同类型辐射事故的特点，配备相应的专业防护装备，采取安全防护措施。

各级环保部门负责现场公众的安全防护工作，根据事故特点开展相关工作：

(1) 根据辐射事故的性质与特点，向本级政府提出公众安全防护措施；

(2) 根据事发时当地的气象、地理环境、人员密集度等，确定公众疏散的方式，协助有关部门组织群众安全疏散撤离；

(3) 在事发地安全边界以外，协助有关部门设立紧急避难场所。

**3. 应急终止和恢复**

符合下列条件之一的，即满足应急终止条件：

(1) 辐射污染源的泄漏或释放已降至规定限值以内；

(2) 事故所造成的危害已经被彻底消除，无继发可能；

(3) 事故现场的各种专业应急处置行动已无继续的必要。

应急终止后，环境保护部核与辐射事故应急技术中心、核与辐射安全监督站、辐射环境应急监测技术中心和省级环保部门，还应执行下列行动：

(1) 评价所有的应急工作日志、记录、书面信息等；

(2) 评价造成应急状态的事故，指导有关部门和事故责任单位查出原因，防止类似事故的重复出现；

(3) 评价应急期间所采取的一切行动；

(4) 根据实践经验，及时对应急预案及相关实施程序进行修订；

(5) 对造成环境污染的辐射事故，环境保护部和省级环保部门要组织有计划的辐射环境监测，审批、管理必要的区域去污计划和因事故及去污产生的放射性废物的处理和处置计划并监督实施。

应急终止后，环境保护部核与辐射事故应急技术中心、核与辐射安全监督站、辐射环境应急监测技术中心和省级环保部门应在两周内向环境保护部核与辐射事故应急办公室提交本部门的总结报告，环境保护部核与辐射事故应急办公室负责汇总和总结环境保护部系统的应急响应情况，并在事故后一个月内向环境保护部核与辐射事故应急领导小组提交总结报告。

### 15.4.4 应急保障

根据辐射事故应急准备与响应的需要，各级辐射应急组织提出项目支出预算报相关财政部门审批后执行，确保日常应急准备与应急响应期间的资金需要。

根据预案规定的职责各级辐射应急组织应配备一定的应急设施设备，主要包括通信设备、交通工具、辐射监测设备、辐射评价软件、个人防护用品及文件资料等。

为保证辐射事故应急能力，各级辐射事故应急组织应：

(1) 按照预案的要求做好日常应急准备工作；

(2) 负责制定本部门辐射事故应急人员的应急培训和应急演习计划，并组织实施；

(3) 积极开展辐射事故应急准备、应急响应及应急监测技术的研究与开发工作。

预案每两年修订一次，环境保护部核与辐射事故应急办公室组织修订工作并报环境保护部核与辐射事故应急领导小组审批；实施程序由环境保护部核与辐射事故应急办公室负责修订并发布实施。

该《应急预案》还给出了辐射事故应急实施程序，包括：①国家环保总局辐射事故应急响应实施程序；②国家环保总局辐射事故后果评价实施程序；③国家环保总局辐射事故辐射环境应急监测实施程序；④国家环保总局辐射事故联络与信息交换实施程序；⑤国家环保总局辐射事故应急人员培训实施程序；⑥国家环保总局辐射事故应急演习实施程序。

# 第4篇

# 实用辐射安全与防护

# 第 16 章

# 核子仪的安全使用

## 16.1 核子仪的种类

在核子仪中使用电离辐射以下三个独特的基本性质：

透射性：检测时电离辐射透射过材料。

反散射性：检测时电离辐射作用于材料后发生反散射。

反应性：电离辐射与物质发生反应。

### 16.1.1 透射式核子仪

放射源置于待测材料的一侧，探测器置于另一侧，检测透射过材料的辐射水平。待测材料放置前后的辐射水平变化可以有不同的方法解释，这取决于被检测的材料和已知的标准物质进行比较后，物体的密度和厚度可以通过这种方法测量。图 16-1 给出了透射式核子仪的一般布置。

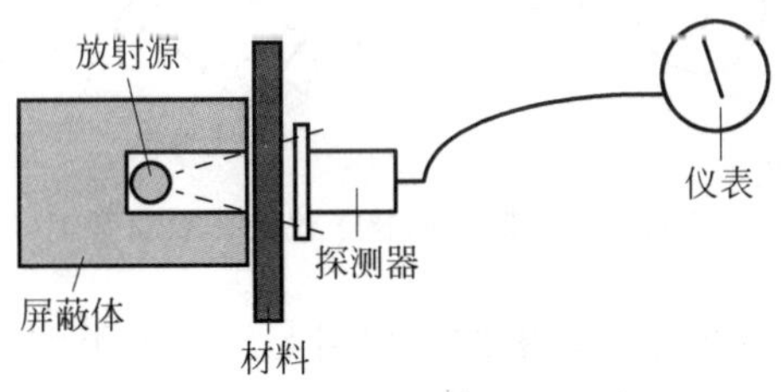


图 16-1 透射式核子仪的一般布置

电离辐射穿过材料的能力与辐射的能量和类型密切相关。根据待测材料，选择核子仪所用的放射性同位素。例如，待测材料的密度低（如纸张），则选择 β 放射源。对于高密度材料（如钢、铁），则选择能量较高的 γ 放射源。表 16-1 列出了透射式核子仪的放射源和应用。

表 16-1 典型的透射式核子仪的放射源和应用

| 源 | 应　　用 |
|---|---|
| Pm-147 (β) | 纸张密度 |
| Tl-204 (β) | 纸张、橡胶和纺织品的厚度 |
| Kr-85 (β) | 纸板的厚度 |
| Sr/Y-90 (β) | 薄金属的厚度 |
| | 香烟和包装中的烟草含量 |
| X 射线 | 小于 20mm 的钢铁厚度 |
| Am-241 (γ) | 罐中的液位 |
| | 小于 10mm 的钢铁厚度 |
| | 罐体的内容物 |
| Cs-137 (γ) | 小于 100mm 的钢铁厚度 |
| | 管道的内容物 |
| Co-60 (γ) | 炼焦炉和砖窑的内容物 |
| | 大于 100mm 的钢铁厚度 |

在透射式核子仪的布置中，源的活度可以从某些 β 核子仪的几十 MBq，变化到某些 γ 核子仪的几百 GBq。

### 16.1.2 反散射式核子仪

在反散射式核子仪布置中，放射源和探测器均放置于待测材料的同侧，并且探测器不能接受到放射源的直射束。辐射进入材料与原子、分子发生相互作用，厚度或密度较大的材料相互作用较强。探测器测量了材料对辐射的反散射。对于固定的几何结构，探测器可以显示待测材料的密度，对于密度均匀的材料可以测量厚度。图 16-2 给出了反散射式核子仪的一般布置。

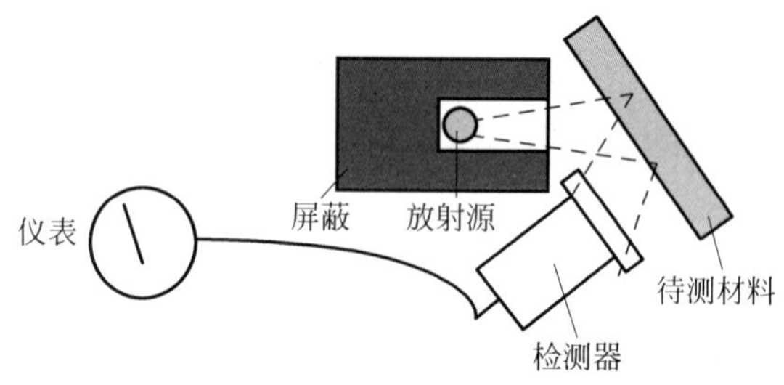


图 16-2 反散射式核子仪的一般布置

与透射核子仪一样，材料对电离辐射的反散射与辐射的类型和能量密切相关。表 16-2 列出了一些反散射式核子仪所使用的放射源和应用。

表 16-2 典型的反散射核子仪的放射源和应用

| 放　射　源 | 应　　用 |
|---|---|
| Pm-147 (β) | 纸张的厚度 |
| | 薄的金属涂层 |
| Tl-204 (β) | 薄橡胶或纺织物的厚度 |
| Sr/Y-90 (β) | 塑料、橡胶、玻璃和薄的轻质合金的厚度 |

续表

| 放射源 | 应用 |
|---|---|
| Am-241 (γ) | 小于 10mm 的玻璃厚度 |
| | 小于 30mm 的塑料厚度 |
| Cs-137 (γ) | 大于 20mm 的玻璃厚度 |
| | 岩石和煤的密度 |
| Am-241/Be (中子) | 探测岩石中的碳氢化合物 |
| | 储存罐中碳氢化合物的水平 |

对于反散射式核子仪,放射源活度从某些β核子仪的几十到几百 MBq,变化到某些γ核子仪的几百 GBq。中子核子仪的活度一般在 GBq 的范围。

### 16.1.3 反应式核子仪

某些低能量的γ射线或X射线可以使某些特定元素的原子发生电离,产生X荧光射线,而射线的能量代表待测材料的特征。适当的X射线探测器不但可以检测到特定元素的存在,而且可以进行定量测量。应用这一方法不仅可以对材料的组成进行检测,例如矿石和合金,还可以测量异相材料的涂层或本体的厚度。使用X射线管进行这种检测的一个优势是,电离辐射的能量可以变化(通过改变射线管的电压)以适应不同的待测材料。

中子源可以使非放射性物质具有放射性。稳态的核素由于中子的辐照形成了放射性核素,并且放射出具有特征能量的γ射线。这一技术普遍应用于石油工业的石油勘探之中。图 16-3 所示为反应式核子仪的一般布置。

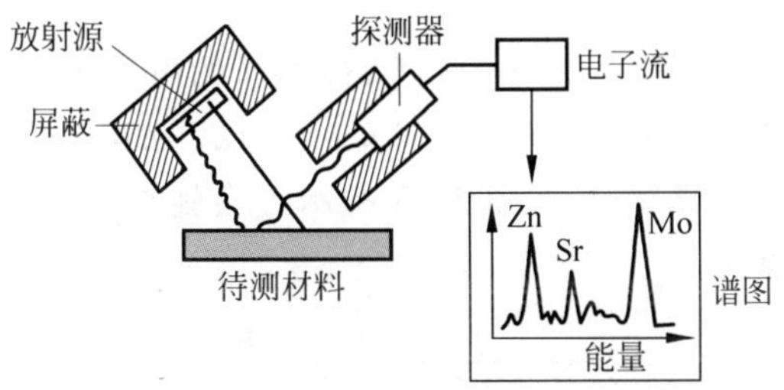


图 16-3 反应式核子仪

电离辐射与不同类型的材料的反应性,与辐射的能量和类型密切相关。表 16-3 列出了一些不同反应式核子仪所使用的放射源及其应用。

**表 16-3 典型反应式核子仪及其应用**

| 放射源 | 应用 |
|---|---|
| Fe-55(0.21MeV X射线) | 分析低原子质量的元素 |
| Am-241(0.059MeV γ射线) | 铝表面不大于 25μm 的塑料涂层厚度 |
| | 铁表面不大于 100μm 的锌涂层厚度 |
| | 分析中等原子质量的元素 |
| X射线管 (至 60kV) | 通过改变管电压,可以分析一系列的元素 |
| 中子源 | 可以分析一系列物质中的含水率 |

对于反应式核子仪，放射源活度的范围从几百 MBq 变化到几十 GBq。

## 16.2 核子仪的组成

核子仪包括以下几个或所有部件：

(1) 一个完全密封的源或辐射发生装置，例如 X 射线管；

(2) 源室和屏蔽；

(3) 探测和分析设备以及交互控制。

另外，核子仪必须明确标识，便于容易识别。

### 16.2.1 密封放射源

核子仪所使用的放射源被完全封装起来，这意味着通常处于化学稳定形态的放射性物质，放置在源室或屏蔽体内一个十分坚固的包壳中。这样可以保证放射性物质不会进入到工作环境之中，除非发生由疏忽或随意干预放射源而引起的非常严重的事故。这样的事故必然会大大超过 IAEA 为放射源设置的严格测试和设计限值。进行的测试包括将放射源放入高温火焰中一定时间和剧烈的机械碰撞。图 16-4 显示了典型的放射源封装。

图 16-4 典型的放射源包壳

### 16.2.2 射线发生装置

X 射线管的工作原理是在几千伏的电压下，被加速的电子轰击靶材料产生类似于 γ 射线的电磁辐射。电子源是一根金属细丝，被毫安(mA)级的电流加热到白热状态释放出电子。这发生在一个密封的玻璃管中，如图 16-5 所示。当施加在 X 射线管上的电压切断，X 射线管将不再发出电离辐射。

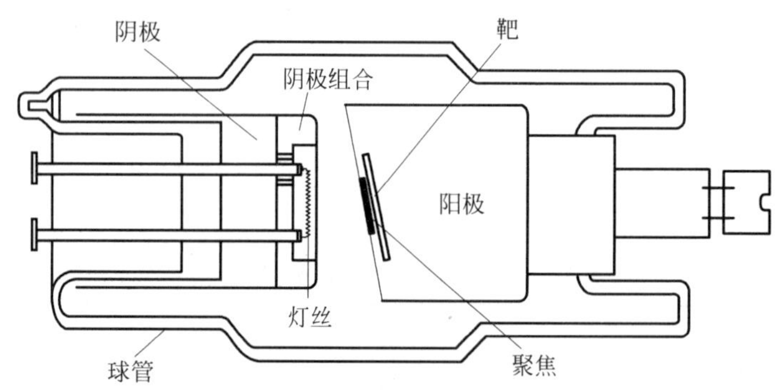


图 16-5 典型的 X 射线管

### 16.2.3 源室和屏蔽

源室应该始终符合国家或者国际标准，并且具有以下三种基本功能：

(1) 保护操作人员不受直接照射。

(2) 形成额外的实体屏障,保护放射源不受机械损坏。

(3) 允许一束或多束射线在选定的方向射出。

放射源应该被锁在一个密闭的源室内,通常为一个密闭的屏蔽容器。γ 放射源室通常采用铅屏蔽设计,并且调整射线形成一个主射束,引导它进入探测器一侧的目标材料。屏蔽必须使屏蔽室外所有可接近表面的辐射剂量率,降低至审管部门规定的水平。图 16-6 显示了典型的源室和一个打开快门将射线引出核子仪的原理。

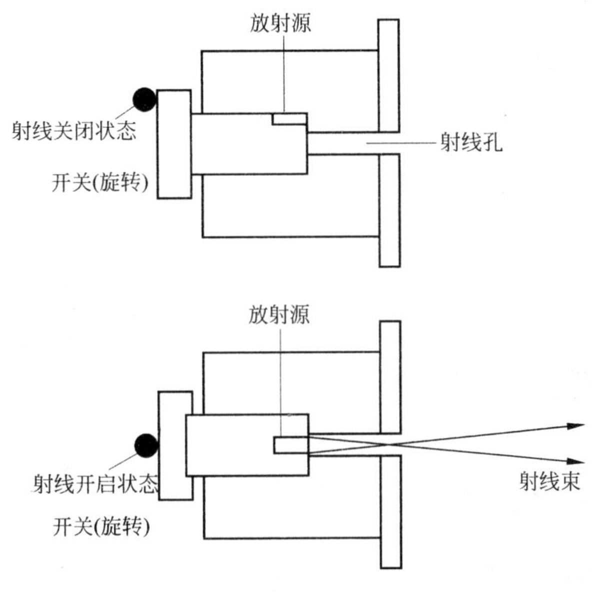


图 16-6　γ 放射源的源室

源室必须进行严格的测试以保证其符合安全标准。源室的一个重要质量就是耐热。在火中源室不能因为主体屏蔽金属(一般是铅)的熔化而失去屏蔽的完整性。由于这个原因,源室需要有一个熔点高于铅的金属(一般为钢)作为外壳。下落试验也是测试源室的实体完整性。标准测试是从 8m 高处下落到一个坚硬的表面。这个试验一般在耐火和浸泡测试之后进行。在通过这些测试后,源室必须保持其屏蔽的完整性。

### 16.2.4　探测和分析设备以及交互控制

探测和分析设备用来探测辐射与目标材料相互作用后的射线。交互控制设备的原理是根据核子仪的探测和分析设备的读数来调整产品的生产参数。探测和分析设备及交互控制系统一般不会产生辐射危害。但是应当牢记,在正常操作时射线束会对准探测器。由于这个原因,当进行剂量率调查时,对典型核子仪的探测器一侧需要十分小心,特别是在安装过程中。

### 16.2.5　核子仪的标识

明确标识核子仪十分重要,这可以方便地识别危险,并帮助保持登记和追踪放射性物质。很多核子仪都是在某些工厂或加工装置的肮脏的恶劣环境下使用,其结果是标志很容易被损坏。因此,一个明确清晰的刻蚀金属铭牌稳定地固定在源室外侧十分重要,而且需要定期清洁。铭牌应该显示以下信息：

（1）放射源的同位素；

（2）放射源的活度；

（3）校准日期；

（4）制造商；

（5）序列号；

（6）辐射警告标志。

放射源的快门控制也应该清楚地标识在金属铭牌上，如图 16-7 所示。

必须没有可能读错快门控制的位置，确认快门的位置，避免读错。快门控制要求在关闭位置必须可以上锁，在开启位置不能上锁，在紧急状态下需要快速关闭。从方便操作的角度出发，快门的开启位置有一个明确的终点，使射线束在所有的测量中保持一致，保证测量的完整性。除了源室的标志、警告标志应该标注在核子仪的外壳上，标识内容一定要包括紧急情况下的联系电话和姓名（见图 16-8）。

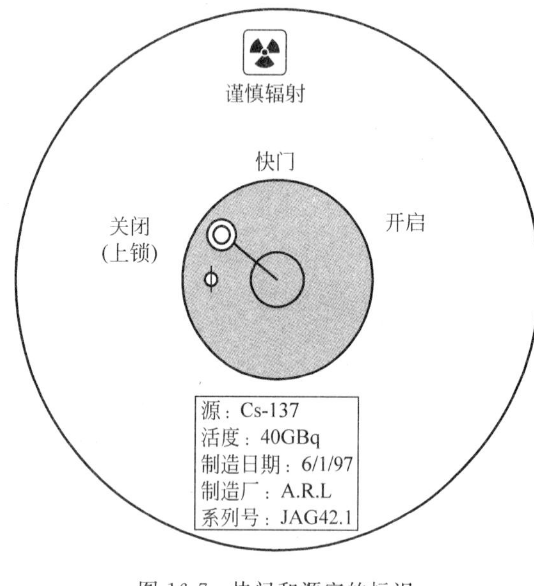


图 16-7　快门和源室的标识

图 16-8　核子仪的警告标志

## 16.3　固定式和便携式核子仪

核子仪可能永久地固定在一个位置（固定式），只有在进行周期性维护时才被拆卸下来；或者核子仪可以从一个位置移动到另一个位置（移动式）。很多安全注意事项对这两种核子仪都是相同的。

### 16.3.1　固定式核子仪

固定式核子仪通常固定安装在生产和试验设备的某个位置。其功能与固定工厂的操作有关，并且不需要进行移动操作。图 16-9 和图 16-10 显示了两种固定式核子仪。

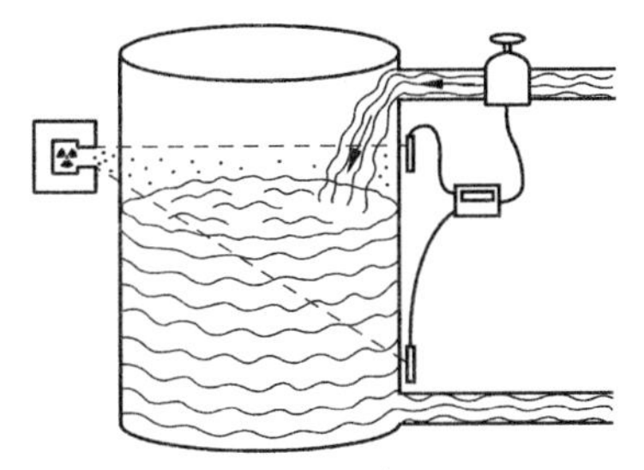

图 16-9　测量液位高低的透射式核子仪

图 16-10　反散射式厚度核子仪的屏蔽布置

**固定式核子仪的安全预防**

在大多数情况下，固定式核子仪不像便携式核子仪那样容易发生事故，例如屏蔽或源容器发生损坏。然而，其缺点是不能方便地从危险的环境中拆卸。以下列出一些主要的安全要求。

对所有安全程序和安全设备（如剂量率仪）的提供、维护进行职责分工。在使用核子仪的任何情况下，都需要任命一名辐射安全员作为责任人。辐射安全员应该直接向管理层报告，并且在管理层的支持下履行其职责。只有管理层才能解决安全问题，获得改正问题的资金。另外，被任命的人一定要接受安全培训和必要的安全设备。

对核子仪所使用的放射源和源室进行严格的测试。

仔细选位和安装核子仪。核子仪一定要牢固安装，确保工厂生产造成的振动不会使源容器脱离它的固定位置。已经发生过放射源和源室掉入产品并受到损坏的事故，造成十分严重的放射性污染问题。

提供出入口屏障。为了防止不必要的照射，在正常工作时限制人员进入核子仪的附近区域是十分必要的。这种情况下，应设立屏障和使用出入口门锁等保安设备。

提供适合的储存区域。

评价个人的辐射剂量。人员受照可以通过被动式或主动式个人剂量计进行测量。但是，在大部分情况下这并不需要。合理估计工作人员职业照射，可以通过工作场所的全面辐射调查和应用居留因子得到。例如，如果发现某一个工作区域的剂量率是 $10\mu Sv \cdot h^{-1}$，居留因子是 50%，有效剂量率则是 $5\mu Sv \cdot h^{-1}$。因此，每周 40h 的辐射剂量累计为 $200\mu Sv$。

提供和维护适合的辐射监测设备，以测量核子仪的辐射照射和评价潜在的危害。当购买剂量率仪时，一定要注意仪器的使用说明。测量仪器一定要足够响应工作场所遇到的辐射类型，并且满足测量所需要的范围。建议在决定购买任何剂量率测量设备之前要回顾第 9 章介绍的辐射探测仪器的使用。

有完整的程序，包括工作规定、常规监测、应急程序和放射源台账程序（参见 16.7 节）。

培训核子仪的全体使用及维护人员（参见 16.8 节）。

提供和合理使用警告标识、通知和标记，包括核子仪自身的标识（参见 16.2.5 节）。

记录和保存所有的相关数据，例如维护记录、擦拭和泄漏测试数据、辐射调查结果、核子仪的位置。确信使用者保存所有他们已经开展的辐射监测记录是十分重要的。调查结果的微小变化可能暗示存在设备故障。所有与工厂运行相关的读数的意外变化应该通报给辐射安全员，这些可能会与辐射安全问题相关。在一个已知的案例中，由于放射源脱离了源室，得到了出乎意料高的密度读数。

安排处置那些达到设计寿命、没有通过泄漏测试或者不再需要的放射源。这些处置安排应该在购买放射源时确定，供应商应该承担责任回收使用过的放射源，或者为废弃放射源准备一个合适的储存仓库，通过这种途径可以节省大量的资金。

## 16.3.2 便携式核子仪

便携式核子仪常用来监测农业和修路土壤中的密度和水分、钻孔测井的矿物含量和灭火器中灭火剂的水平。核子仪的使用者对核子仪的安全使用和保存完全负责，并且通常需要监管部门的许可才能工作。

便携式钻孔测井核子仪一般安装在车辆上，车辆作为核子仪的操作控制平台，在开展测井操作时操作人员可以坐于车内。在进行操作前，利用远程操作设备从屏蔽容器中取出放射源，安装在测井工具上。测试结束后，利用同样的操作工具将放射源放回到车辆的屏蔽容器之中。

用于农业和修路的便携式核子仪通常提供一个可以上锁的、与手提箱类似的大箱子。箱子的结构十分坚固，可以作为 A 型运输容器。使用者可以方便地运输核子仪。

修路使用的核子仪可以测量土壤、岩石、混凝土和其他修路材料的水分含量和密度。它包括一个 γ 放射源用于测量密度和一个快中子源用于测量水分。图 16-11 是一个修路使用的典型核子仪。

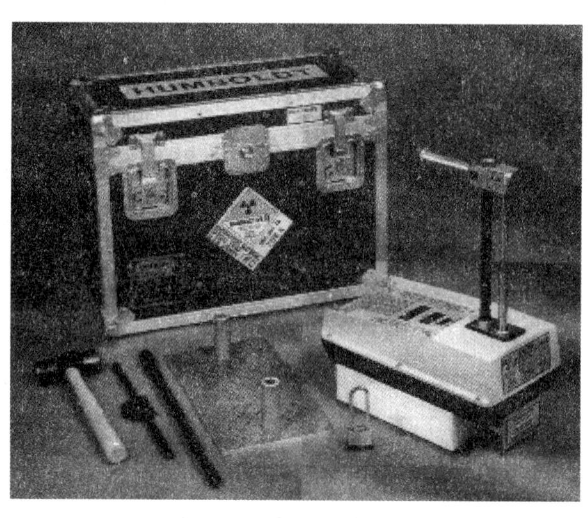


图 16-11 修路使用的密度水分核子仪(含附件)

修路使用的核子仪可以是透射式或反散射式核子仪。对于透射式 γ 核子仪，γ 放射源可以从屏蔽位置伸入道路表面最多 300mm 处。在操作核子仪之前，放射源位于钻杆的终点插入到测量孔中，γ 射线探测器位于核子仪内部。在反散射式模式下，γ 放射源只能从屏蔽位置延伸到路面。快中子源也位于核子仪内部，但在操作过程中不能移动。慢中子探测器固定于核子仪的内部，用来检测被慢化的中子。

农业应用核子仪可以测量土壤中的水分含量，它包含一个快中子源。这种核子仪有一个可以伸长的探针，其中包含放射源和慢中子探测器。探针可以从核子仪中心的屏蔽储存位置下降到事先用铝管钻好的测试孔内。测试在不同的深度进行，最深不超过 1.5m。图 16-12 为典型的农业应用的水分核子仪。

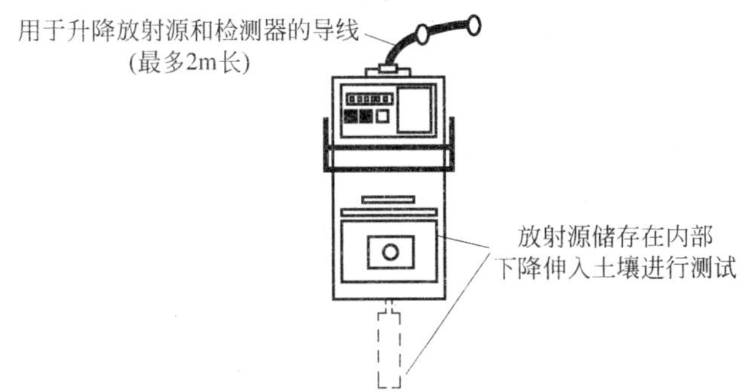


图 16-12　农业使用的水分核子仪

测量灭火器中灭火剂含量的便携式核子仪，包含活度较低的 γ 放射源。此类设备在某些国家是免于审管部门许可的。它们通常放在一个箱子里，箱子里包含一个屏蔽的放射源，射线通过一个 U 形结构射向另一端的探测器。

下面列出了其他用途的一些便携式核子仪，总地来说，这种设备使用的放射源活度较低(小于 1GBq)：

- 静电消除器使用的钋-210；
- 反散射式 β 核子仪测量金属镀层厚度；
- 反散射式 γ 核子仪使用的镅-241，测量造纸厂的毛布厚度。

**便携式核子仪的安全预防**

一般而言，便携式核子仪使用的放射源活度比固定式核子仪的要低。但是，它们的便携性意味着这类核子仪比固定式核子仪更容易遭到损坏。事故的统计证明了这一问题。很多这种类型的核子仪遭到重型机械的碾压和严重破坏，例如压路机和推土机，操作人员受伤甚至被重型机械致死。到目前为止，在已知的事故中放射源的包壳还没有被破坏过。但是，一些修路建设使用的机械完全有能力破坏放射源的包壳。因此，在使用大型机械的场合应用核子仪一定要格外小心注意。所有适用于固定式核子仪的安全要求同样适合于便携式核子仪，但对便携式核子仪需要格外注意如下事项。

为了实体安全和辐射安全，便携式核子仪的操作人员有必要在现场建立一个控制区(参见图 16-13)，操作人员在控制区内可以安全操作核子仪。在控制区的边界设立醒目的标志。与操作核子仪无关的人员不准许进入控制区。图 16-13 显示了工业环境中正确使用核子仪的布置图。

运输便携式或固定式核子仪时，仪器应该被牢固地固定在车辆里，这点十分重要。这是为了实物保护和辐射安全考虑，因为在发生意外时设备的重量足以使司机或乘客受到严重伤害甚至死亡。在任何时候必须强制遵守运输规定。

井下测井工作一般不会存在辐射照射。但是，核子仪的使用者和其他工作人员一般都会乘坐运输核子仪的车辆。放射源在屏蔽室的辐射可能会比核子仪在井下测量时造成更大的照射。辐射安全员应保证核子仪的操作人员明确知道这一问题，并且知道外照射危害的控制手段，比如时间、距离和屏蔽来限制他们和其他人受到照射。

图 16-13 使用密度水分核子仪时建立的控制区

## 16.4 核子仪的维护要求

为了保证核子仪的正确使用，核子仪应当有一些维护程序。这些程序包括：

(1) 清洁和机械维护；

(2) 辐射剂量率检查；

(3) 擦拭和泄漏测试。

### 16.4.1 清洁和机械维护

核子仪经常暴露在一些恶劣的环境之中，容器的标志和快门机械可能造成严重损坏。定期维护活动部件(例如快门控制)特别重要。应当仔细选择润滑剂以避免聚集灰尘和污物损坏快门操作。在这些操作下，放射源必须保留在源室内。在野外条件下使用便携式核子仪时，条件也会迅速恶化。在这种情况下，建议每天进行清洁和定期维护。

### 16.4.2 辐射剂量率检查

由于身体的某些部分(例如手臂)在维护核子仪时可能受到辐射束照射，因此，在操作区域应该进行辐射剂量率检查。然后，评估操作核子仪对全身或肢端造成的潜在辐射剂量。在可能的条件下应使用远程操作设备，并且在任何时候都遵循 ALARA 原则。

### 16.4.3 擦拭和泄漏测试

放射源应该能够有效工作数年时间，但一定需要检查以确保包壳的安全性。应该在监管部门规定或生产商推荐的时间间隔内进行擦拭和泄漏测试，或者在发生可能损坏放射源的事故之后进行。擦拭测试是为了初步确认是否有放射源污染。泄漏测试是一个更加灵敏的测试，测量放射源包壳外面是否有放射性污染。

在擦拭测试中并不是直接擦拭放射源。如果放射源容器受到破损，应该使用一个湿润织物或滤布擦拭样品上任何可能导致放射性物质泄漏的地方。在擦拭过程中和擦拭之后，应该使用镊子或钳子操作擦拭样品。擦拭之后，擦拭样品应该放入塑料袋中密封起来，并且用放射性污染监测仪或剂量率仪粗略检查是否有污染。测量仪器应将量程置于最灵敏的范围，并且远离核子仪以减小本底辐射。如果没有发现放射性，擦拭样品将会送到授权的计数实验室进行更细致的检测。如果在擦拭样品上发现放射性污染，所有源室附近的工作必须立即停止，并且立即通知监管部门。擦拭样品应保留在塑料袋中直到监管部门做出新的指示，无论如何绝不能将其邮递或送往任何地方。任何可能受到辐射污染的人员也不能离开工作位置。他们应当等待监管部门工作人员或者监管部门授权的专家到来。

从擦拭试验得到的灵敏度不足以获得放射源的泄漏测试结论。事实上，放射源的泄漏测试要求使用非常灵敏的计数设备，在放射源的包壳外面不能发现任何放射性物质。泄漏测试涉及放射源的转移，需要专业的设备和有经验的人员进行操作。监管部门通常会在源室发生事故之后或放射源达到一定的使用年限或过去有泄漏的历史时，强制要求进行泄漏测试。在恶劣环境中使用的放射源，需要更加经常地进行擦拭和泄漏测试。

**注意**：对发出低能射线的密封源需要小心。放射源可能会有一个很薄的窗口，在擦拭测试中很可能会接触到。直接擦拭窗口会对窗口造成很大的破坏或对源表面造成损害。

## 16.5　操作放射源的注意事项

在电离辐射的安全方面，时间、距离和屏蔽是应当始终牢记的最高准则。如果有效应用这些预防策略，核子仪的操作人员所受辐射很难接近年剂量限值。但是，ALARA 原则也非常重要，并且应作为剂量管理的指导原则。

一般来说，操作人员在高辐射区的工作时间占总工作时间的比例非常小。**记住**：可以使用时间和测量的剂量率计算出操作人员受照的剂量。可以利用远程操作设备以达到增加距离的方法控制受照剂量。可以考虑使用简单的设备，例如夹具或者当地制造的专用处理工具，来减少操作人员的辐射剂量。如果没有合适的屏蔽，就无法安全地使用核子仪。需要熟悉屏蔽的结构以及核子仪屏蔽体提供的剂量衰减因子。另外，要知道在无屏蔽状态下距离所有放射源 1m 处的剂量率。这些信息可以从手册中的剂量率常数表中查到（如中国计量测试学会电离辐射专业委员会编写的《辐射剂量学常用数据》，中国计量出版社，1987 年）。

## 16.6　储存和台账程序

### 16.6.1　储存

任何不需要立即使用或者出于任何原因从设备上移除的核子仪都应当保存在库中。在可能的情况下，为了使人员不必暴露在电离辐射下，应该预留一个核子仪的储存库。核子仪储存库应当符合以下要求，其中很多是放射性物质储存的共同要求：

（1）储存库应当采用耐久材料，建造坚固。

（2）储存库应当可以上锁，由指定人员或代理人控制。

（3）储存库的选址，应使任何停留区域的年剂量符合 ALARA 原则，并且低于公众成员的年剂量限值。储存库的位置不能靠近爆炸物、可燃物或腐蚀物，或者照相器材和 X 射线胶片。

(4) 储存库应当贴有明显的“注意”和“辐射危险警告”标志。根据国际一致的尺寸、字体和符号应使用黑色，背景为黄色。应该增加“放射性材料库”的文字以警示人们。

(5) 通知应该包含储存负责人的联系信息，可能是辐射安全人员或代理人。

(6) 所有入库的核子仪的快门控制一定要处于“关闭”的位置，并且使用剂量率仪检测以确保快门正确操作。如果快门控制遭到损坏以至于无法辨别“关闭”位置，一定要使用剂量率仪检测并清楚地标识出来。

(7) 在较多使用核子仪的场合，储存库里应当具备一个可携式屏蔽容器，可以容纳最大的放射源室和最强的贯穿透辐射的放射源。这是为了预防人员由于快门失效或其他事故的潜在照射。屏蔽容器应当符合 IAEA《放射性物质安全运输条例》规定的 B 型货包的要求。

### 16.6.2 台账

使用单位购买的所有核子仪以及目前的位置应当记录在日志中。应当记录便携式核子仪进出储存库情况。在火灾或事故时，应急人员应该能够得到一张显示所有固定式核子仪位置的平面图。

## 16.7 书面程序和本单位的规定

使用核子仪的每种条件在某些方面都是独特的。由于这个原因，应该在和有关人员协商后制定书面的本单位的规定和程序。程序应当明确和全面，以便于任何使用核子仪执行特殊任务的人员都可以参考。人员可能发生变动，而使用程序可以帮助维持安全标准。程序文件包括：

(1) 安全使用核子仪，包括源和快门控制的操作、放射源容器上锁、设立屏障。

(2) 辐射调查的方法和频率。

(3) 核子仪的维护，包括擦拭和泄漏测试的程序。

(4) 核子仪的安全运输。

(5) 核子仪的安全储存。

(6) 定期审查所有设备，包括源容器、辐射监测仪、个人监测设备、标志和通知。

(7) 正确使用个人剂量监测设备。

(8) 紧急情况下采取的步骤，包括联系电话。

## 16.8 人员培训

核子仪的使用人员接受培训有很多原因。下面列出了一些原因：

(1) 电离辐射的存在不能被人类所察觉到，因此使用人员无法意识到危险的存在。

(2) 电离辐射的高剂量照射可能会对人体健康造成伤害，使用者应当清楚意识到这一点。

(3) 如果使用不当，核子仪的放射源可能导致高剂量的照射。

(4) 雇主有责任关心员工并告知其工作场所存在的所有危险。

(5) 法律通常要求提供培训。

(6) 一些人对辐射危害的不正确理解会导致他们对电离辐射的关注不够。

(7) 很多人不知道本底辐射和正常职业辐射水平的数据比较，并且对辐射照射知之甚少。

应该建立简短的、指导性的培训教程和小册子。电视短篇或者其他形式的说明性材料也会帮助新员工了解岗位的要求。对固定式核子仪场所的参观同样是一种展示相关安全特点的非常有效方法。再次进修培训应当定期举行。

# 第 17 章

# 工业放射照相的安全应用

## 17.1 放射照相基础

### 17.1.1 引言

当伦琴在 1895 年第一次发现 X 射线时，同时发现这个具有穿透力的射线可以对物体内部进行照相。X 射线这一特性的首次应用之一是生成了手掌骨骼的影像。这种影象称为放射照相。从那时开始，放射照相(如 X 射线生成的影象)被证明是一项检测材料和设备完整性以及医学诊断的无价工具。虽然在医学、牙科放射照相和研究领域中所使用的放射照相的安全特性和要求与其在工业领域中的相似，但本章不对其进行讨论。

在许多国家，从事工业放射照相操作的工作人员受到的辐射剂量比从事其他任何电离辐射应用的工作人员受到的辐射剂量高，放射照相事故造成的潜在剂量也是最高的。因此，确保放射照相的安全实施是任何一个国家辐射防护计划的重要部分。

### 17.1.2 放射照相的原理

与普通照相胶片曝光产生黑像的原理相同，放射照相胶片在受到电离辐射时也会产生一个图像。在上述两种情形下，图像产生的方法类似。两种胶片上都有一层溴化银感光剂，当光线(或电离辐射)与之相互作用时，溴化银能转变成金属银。银的密度取决于与胶片作用的光线(或电离辐射)的强度。因此对于放射照相胶片，一个有密度差异的物体(如手掌)置于 X 射线源和胶片之间时，所生成的银的密度取决于 X 射线在物体中的衰减。当胶片经过显影，就能看到银的不同密度，并且胶片的黑度与光学密度有关。与照相胶片相同，放射照相胶片对光线也敏感。为了防止光线造成不需要的变黑，需将放射照相胶片存放于避光胶片盒中。

### 17.1.3 无损检测

X 射线工业放射照相的最普遍的应用之一就是焊缝和材料的无损检测。实施这个检测是为了确认一个焊缝或金属件中没有中空缺陷。如果所测试的焊缝或金属片中没有缺陷，X射线会被均匀地衰减。但是如果存在缺陷，那么缺陷衰减辐射会比实心金属少，放射照相胶片会在缺陷对应的位置形成一个更黑的图像。图17-1和图17-2说明了这项技术。

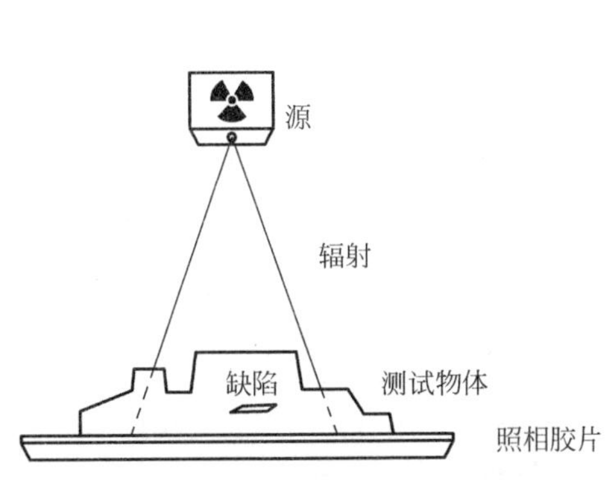


图17-1 放射照相布置的示意图

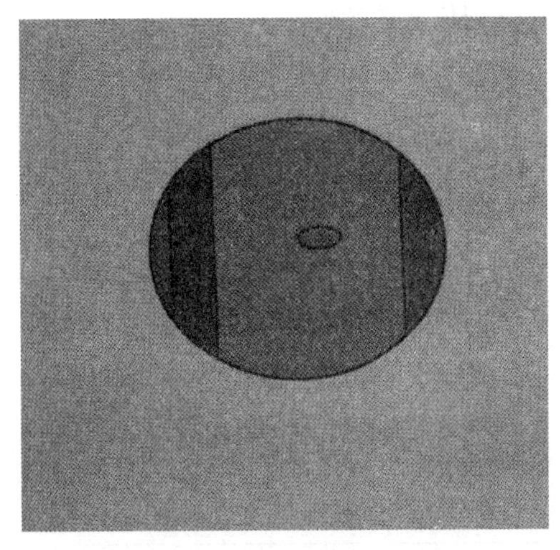

图17-2 图17-1中物体的放射照片

能够穿透测试件的任何类型的电离辐射都可以放射照相。在工业应用中，最常用的是γ射线和X射线。中子可以应用于能衰减、慢化或俘获中子的材料的工业放射照相，但这不是一项普遍应用的技术，本章不做讨论。

## 17.2 放射照相使用的基本设备

用γ射线还是X射线取决于一些因素，如胶片所需的清晰度、对照物的数目或便利性。虽然选择最佳放射照相类型不是本章的讨论内容，以下还是列出了一些需考虑的基本因素：

(1) 操作X射线设备需要电力供应。

(2) X射线设备比γ放射源更昂贵。

(3) X射线管的物理体积意味着它不能放置在和γ照射管一样小的地方。

(4) 当X射线曝光终止且关闭电源后，设备将不再释放出射线，此时所有操作可在不需要辐射防护的情况下进行。

(5) γ源会在其整个寿命期内释放射线，故必须始终做好屏蔽和控制措施。

所有放射照相设备都执行相似的功能，但要考虑到源的物理和放射特征进行特殊设计。例如，两种设备都必须能启动和终止有用辐射束的产生。但是，γ源是通过物理曝光机理来曝光或屏蔽放射源，而X射线的产生和终止是通过开启和关闭供给X射线管的电源来实现。设备的基本描述将在以下部分介绍。

### 17.2.1 γ放射照相使用的设备

**1. 放射源**

放射照相技师考虑的首要问题之一是所使用的γ源的类型和活度。源的活度要足够大，能够产生高质量的放射照片，能够显示物件所有需要的细节。

如果形成低质量的放射照片，重复放射照相会导致附近的人受到额外的辐射照射。从辐射安全的角度来看，这种额外照射是不希望有的。

**2. 同位素的选择**

选择合适的γ同位素取决于测试材料的类型和厚度。材料越厚，密度越大，穿透材料并在胶片上产生清晰图像所需的γ射线的能量越大。表17-1列出了国际原子能机构(IAEA)对不同厚度的钢放射照相所需的合适同位素的指南。距离每种1GBq的同位素1m处的剂量率也列在表中。

**表17-1　IAEA对不同厚度的钢放射照相所需合适同位素的指南**

| 放射性核素 | γ能量/MeV | 最佳的钢厚度/mm | 距离1GBq同位素1m处的剂量率/($\mu Sv \cdot h^{-1}$) |
|---|---|---|---|
| 钴-60 | 高<br>(1.17和1.33) | 50～150 | 370 |
| 铯-137 | 高<br>(0.662) | 50～100 | 103 |
| 铱-192 | 中<br>(0.2～1.4) | 10～70 | 160 |
| 镱-169 | 低<br>(0.008～0.31) | 2.5～15 | 88 |
| 铥-170 | 低<br>(0.08) | 2.5～12.5 | 1.7 |

铱-192是工业放射照相中使用最普遍的一种同位素，尤其在现场放射照相。低能量的同位素可以用于薄而小物体的检测，且有时作为X射线的一种替代。

**3. 源活度的选择**

当选择了合适的γ源之后，产生高质量放射照片所需的源的活度就确定了。选择源的活度取决于穿过物体后到达胶片的辐射量。胶片所接受的辐射量不单取决于源的活度，同时也取决于曝光时间。如果源的活度太小，则曝光时间就必须不合理地延长。如果源的活度太大，根据辐射水平的不同，胶片的整个区域都被曝光。这会导致胶片变黑或者雾化，图像不清晰。对于不同厚度的金属，放射照相技师通常会有图或表确定合适的源活度和曝光时间。可获得的源活度范围并不一定包括源的准确活度，需要调整推荐的曝光时间来弥补源的不同活度。

放射照相的放射源是根据国家或国际标准建造的。如果采纳这些建议，这些标准保证即使在可预见的最极端的条件下如火灾，放射源也不会遭到损坏或破裂而释放出放射性物质。放射照相源由不锈钢包壳组成，内装活度达到几个TBq的放射性同位素。源通常会连接至一个控制电缆、源托或源组件，并标有永久的标志。图17-3为源托的示意图。

**4. 源容器**

为了保证放射照相技师及附近的操作人员免受不必要的辐射照射，源必须放置在屏蔽源容器里。这不仅应用在源的运输过程，也包括在源的使用过程中。通常会使用一个既适于运输又适于照射的容器，而不是两个独立的容器。

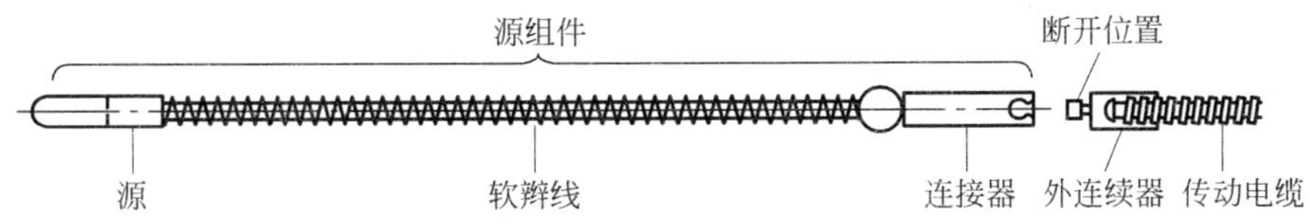


图 17-3 源托

源容器可以由任何密度大的、能衰减 γ 射线的材料组成。常用的材料有铅或贫铀(DU)。两者和金属外壳结合提供机械保护和强度。虽然贫铀有轻微的放射性,但贫铀的密度意味着可以使源容器的体积缩小并能提供比铅罐更多的屏蔽保护。(事实上,这意味着相似体积的贫铀罐可以运输和使用比铅罐活度更高的源。)使用贫铀的安全注意事项在 17.4.2 节中有详细说明。一些源容器也使用钨制作一些设备的内部旋转快门。

一些典型源容器的设计如图 17-4 至图 17-7 所示。选择设计类型取决于所使用放射照相技术的类型。这些设计包括快门对准放射源的简单类型,到更复杂的发射装置(有时称为远程照射装置)。

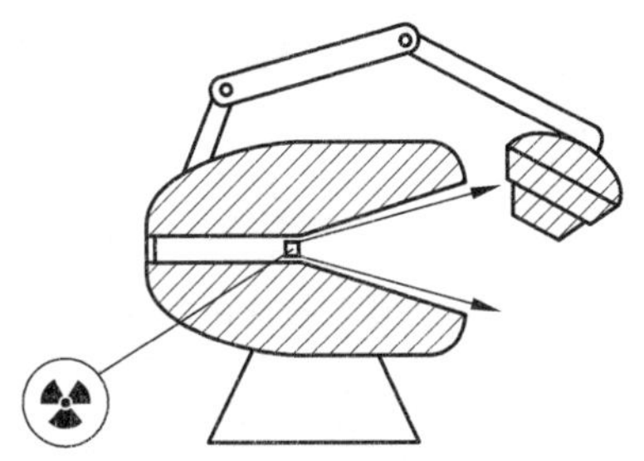

图 17-4 可移动快门的照射容器

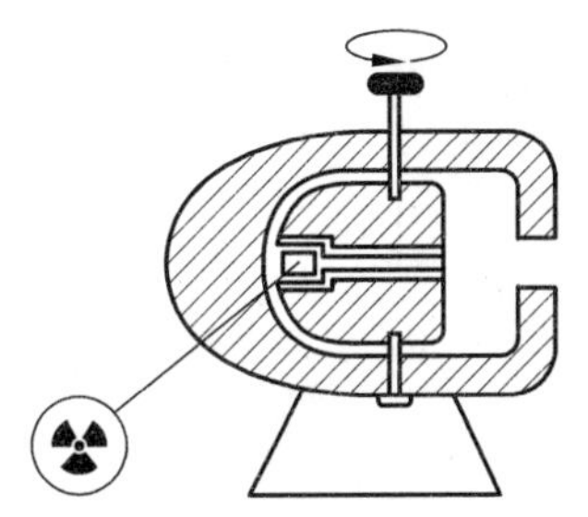

图 17-5 旋转快门的照射容器

在发射照相装置中,源和一个输源电缆连接,可以从屏蔽容器拉出至照射位置。照射后,输源电缆被收起来并将源送回至屏蔽位置。发射装置还需要一根密封导管(也称导源管)来确定源的位置,确保源没有脱离掉在地面上。如果源托的连接器和输源电缆的连接器发生了相对位移,则两者可能会分离,使源脱落。发射装置或远程照射装置是一种常见的通用设计,在辐射安全方面拥有很多优势。这是最常用的放射照相设备之一,也是最有可能在实际应用中见到的。

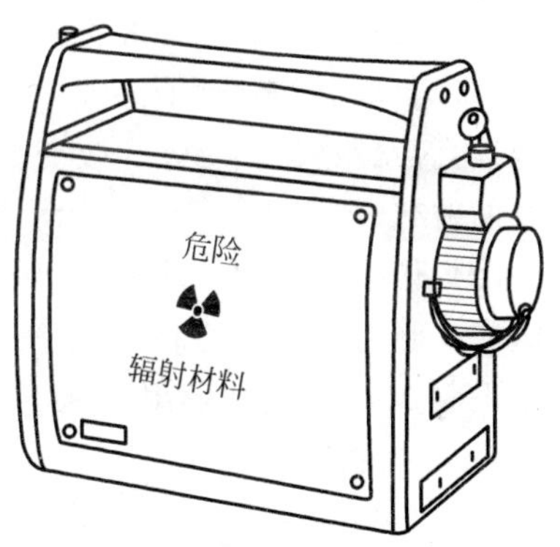


图 17-6 发射照射的容器

过去使用的源容器被设计成火炬形容器。在这种类型中,通过一根短的屏蔽操作杆将源从源容器中转移出来,放置在待照射物体所在的容器中(见图 17-8 和图 17-9)。

虽然这类放射照相允许的活度受到限制,但如果源意外地与人体接触,可能会受到高剂量的照射,危险会升高。

**注意**:许多国家都禁止使用这类设备,除非监管部门特殊批准,请阻止使用任何这类设备。

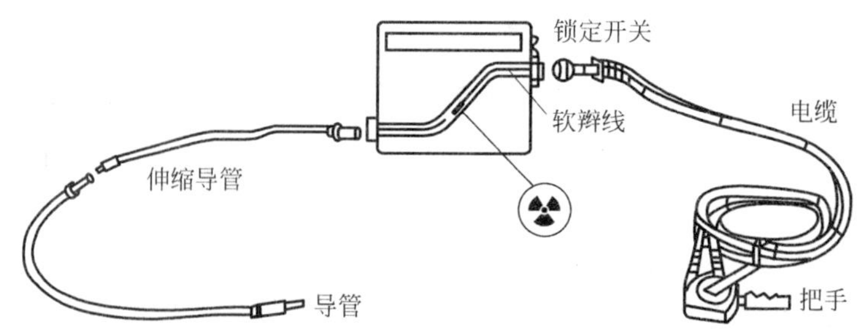


图 17-7 发射照射的容器(截面图显示 S 管)和备件

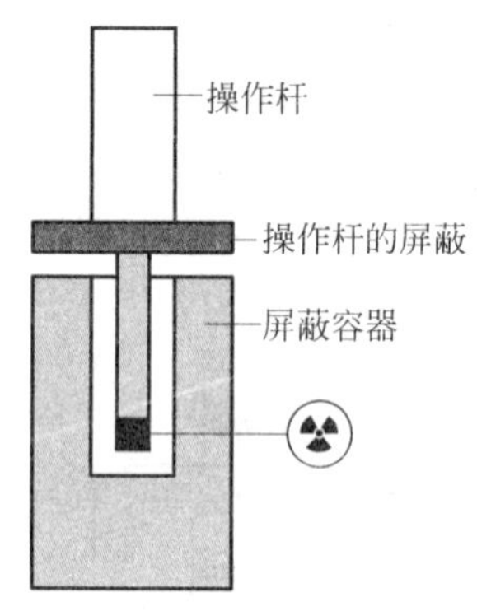


图 17-8 火炬形容器的横截面

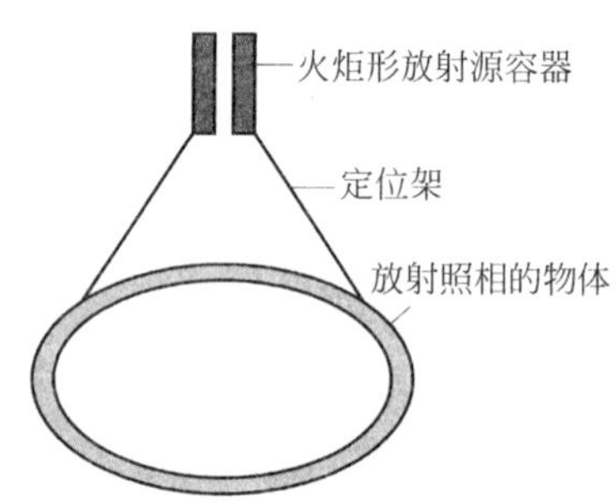


图 17-9 容纳火炬形放射源的容器的横截面

**5. 准直器**

当只需要对物体的一个小部分进行照相时,可以通过准直器减小射线束覆盖的面积。在发射装置中,可移动的准直器放置在导源管的末端。其他类型的照相装置将准直器系统作为屏蔽的一部分。这些准直器通常由铅制成,包括以下基本类型:

(1) 准直器的一侧有一个小孔,能让 γ 射线无衰减地直接到达待测物体。改变孔的角度可以利用更宽的射线(见图 17-10)。

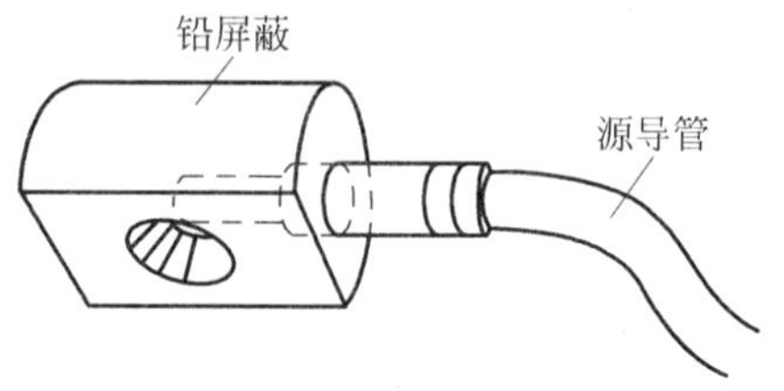


图 17-10 安装在导管顶部的准直器

(2) 准直器由两个圆形铅块夹着一个薄金属圆柱组成。照射管的终点位于两个圆形铅块之间,能利用平面 360°未衰减的射线来生成全景射线照相(见图 17-11 和图 17-12)。

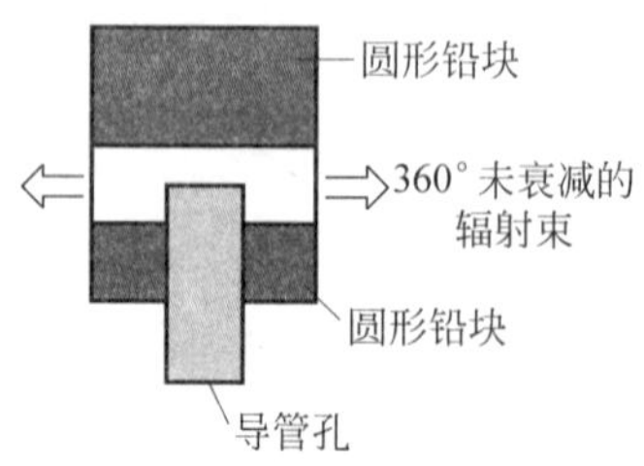


图 17-11 全景准直器的横截面

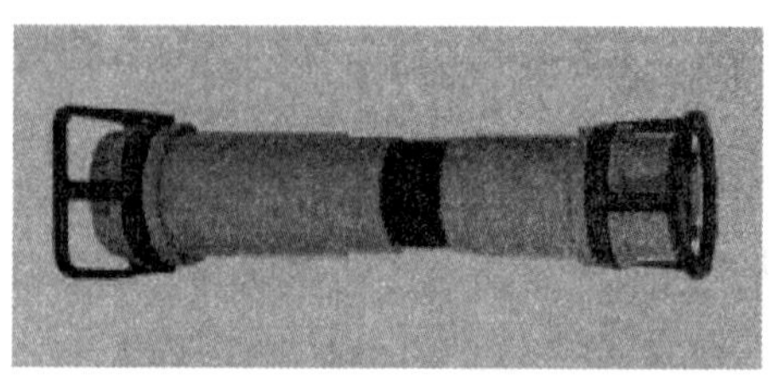

图 17-12 与锥形阳极连接的全景照射管

### 17.2.2　X 射线照相使用的设备

工业放射照相 X 射线产生的基本原理与其他应用相同。X 射线设备可在不同的电压下进行操作，常用的操作电压为 80～300kV。千伏是 X 射线管的峰值电压，也是产生 X 射线能量的量度单位。

产生高能 X 射线的一个方法是使用便携式电子加速器（电子感应加速器），利用电子轰击靶产生 X 射线。该方法使用不普遍，不太可能经常见到这样的装置。如果确实要检查这样的装置，可以应用放射照相的一般安全注意事项，在本章的后面部分将详述。

**1. X 射线管头**

X 射线管装在由高密度材料（如钢）制成的 X 射线管头中。X 射线管头能降低操作时射线管附近不需要的辐射水平，同时为真空的 X 射线管提供保护。管头前端的窗口允许有用的 X 射线束离开屏蔽的射线管。窗口上覆盖有一层金属片，可衰减 X 射线光谱中的低能部分。这个金属片称为滤波片。

**2. X 射线发生器的控制单元**

只有为 X 射线管提供高电压时才能产生 X 射线，因此需要一个变压器将现有电压提高到千伏水平。市电供应电压需要转化为直流电，然后平稳地提供恒定的电压，产生合适的 X 射线。

X 射线的控制单元具有以下特性：

提供给 X 射线管的电压（kV）可以变化。电压的高低决定了 X 射线的能量大小，反过来 X 射线的能量大小又决定了能穿透的金属厚度。电压影响 X 射线产生的剂量率，但不是线性关系。

能选择提供给 X 射线灯丝的电流。电流通常在毫安（mA）级。电流的大小与辐射剂量率有直接线性关系。如果电流加倍，则辐射剂量率也会加倍（这一关系可用于 X 射线设备附近的测试）。

控制单元的计时器能预先设置曝光时间，从而保证生成高质量的图像。曝光时间需要考虑到金属的厚度、电压和电流强度以及胶片的敏感度。

X 射线控制单元的最大特性之一是能自动控制警告信号。

**3. X 射线的准直器和圆锥**

为限制到达靶区域的 X 射线束，可在 X 射线管的窗口上安装准直器和圆锥。它们是内衬铅的简单金属圆柱和圆锥，能衰减那些不到达靶区域的 X 射线。

圆柱长度可以不同，并且与目标物体接触，为某项特殊技术提供胶片与 X 射线管的正确距离。圆锥具有不同的角度，为覆盖待测物提供正确的 X 射线焦斑。

圆锥和圆柱通常不是永久安装在管头上，可以更换成其他的类型。管头上的窗口与一个厚金属片上的孔洞组合。当管头与目标物接触时，这窗口就成了固定准直器。当管头从目标物移走时，射线束的直径就会增大。

## 17.3　围墙和现场放射照相

当实施放射照相时，可能将待测物和 X 射线或 γ 源放置在一个围墙中。使用围墙的好处是容易限制接近 X 射线源或 γ 源。在某些情况下，不可能将待测物放置在围墙中。可能是待测物的体积太大不能放进围墙，或者待测物必须在固定的位置检测，例如钻油平台的管路。在这些情况下，放射照相必须在围墙外进行，或者在待测物的现场进行。这通常称为现场放射照相。这类放射照相有时也称为开放场所放射照相。这个名称来源于当待测物不能放置于围墙中，这种情况下放射照相必须在开放的场所进行。

## 17.4 安全特征和设备

前面已经介绍了一些保护操作人员和其他人员免受不必要的照射的安全特征。减少辐射照射的方法将在本节中进行详细讨论。

### 17.4.1 总述

**1. 图像增强器**

要在胶片上产生相同的光学密度，使用胶卷暗盒胶片包中的图像增强器所需要的光强要比乳胶片所需的小。因此，如果使用图像增强器，则生成放射照片只需要较少的照射量。这将减少放射照相区域附近人员的照射。

**2. 附加屏蔽**

X 射线和 γ 射线都可能需要附加屏蔽。例如，穿过待测物的辐射束一般比停留区域允许的剂量要高。如果停留区域位于待测物后面，通常直接在待测物和胶片后放置铅屏以降低辐射水平。

**3. 警告标志和信号**

当需要使用放射源照射的任何时候，必须给出照射的预警信号。这会给任何靠近放射照相区域的人提供时间离开或告诉放射照相技师(一般通过喊话)他们在那里。预警信号可以简单，如放射照相技师吹口哨，也可以复杂，如在 X 射线管灯丝通电之前的自动闪光灯。典型的预警标志和信号是使用黄色信号灯或口哨。

当开始照射时，必须有警告标志指出该区域正在进行照射工作。这些警告标志同样可以是简单的装置如人工操作的灯，或更复杂的系统如在照射过程中自动闪光的灯。典型的警告标志是红灯或旋转闪光的黄灯。无论使用任何信号，都需要有一个通知解释预警信号和警告信号的含义。

理想状态是预警和警告应该自动操作。对于 X 射线设备通常是这种情况，因为利用 X 射线发生系统的一部分电力系统来启动报警器是相当容易的。对于 γ 放射照相，通常做法是安装自动报警的固定装置，它可以通过气动、钢索源照射系统或 γ 监测仪来启动。在现场放射照相中，警告通常是手动发出的，虽然有时使用 γ 监测报警仪自动提示正在进行放射操作。

**4. 辐射监测设备**

必须测量放射照相区域入口的剂量率，以确保在可接受的水平内。必须使用能够测量相应辐射类型和能量以及剂量率水平的剂量率仪。

当源收回到容器时，放射照相技师必须检查剂量率以确信剂量率已经降低到源被屏蔽的水平(这是一个非常重要的安全要求)。如果剂量率仍然很高,则源可能已经脱离输源电缆,并仍然滞留在导源管中(见图 17-5 和图 17-6)。当导源管脱离源容器时,源可能会掉在地板上而被遗忘,随后进入该区域的人员会受到源的严重照射。

图 17-13 展示放射照相技师确认源已经收回到屏蔽容器。

**5. 剂量测定法**

放射照相技师和其助手归类于职业照射人员,应该定期将他们受到的剂量进行评价。通常佩戴胶片剂量计或热释光剂量计(TLD),并且由监管部门批准的剂量测定服务机构提供和处理。

图 17-13　放射照相技师确认源放回至屏蔽容器中

胶片剂量计或热释光剂量计在规定的周期内佩戴和处理,然后进行剂量评价。最终评估工作人员受到的剂量,可能在照射后 2～3 月内不会发布。由于放射照相操作附近区域的辐射剂量可能很高,建议采用一个直读式剂量测量设备。因此,放射照相人员也应该佩戴直读式剂量计,如电子剂量计或石英丝验电计(QFE)。电子剂量计也可以和报警结合,设置为达到规定的剂量率或累计剂量时发出声音。报警是将工作人员受到的意外照射降至最低的好方法。石英丝验电计建立在旧技术基础之上,不能与报警结合。对它们必须仔细处理,否则可能给出一个过高估计的辐射剂量。有可能购买的石英丝验电计比电子剂量计便宜,如果小心处理,它是一个适合的替代品。

## 17.4.2 γ射线设备

**1. 源容器**

放射照相的源容器能屏蔽放射源,并且衰减辐射使其外部的γ剂量率在可接受的水平。对不同类型的源容器,国家和国际标准提出了可允许的最大剂量率(见表 17-2)。注意,源容器根据它们的设计分为固定式、手提式或移动式。

表 17-2　工业放射照相的源容器允许的最大剂量率

| 种　类 | 剂量率/(μSv・h$^{-1}$) | | |
|---|---|---|---|
| | 表　面 | 在 50mm 处 | 在 1m 处 |
| 手提式 | 2000 | 500 | 20 |
| 移动式 | 2000 | 1000 | 50 |
| 固定式 | 2000 | 1000 | 100 |

来源:ISO 3999,γ放射照相设备,1977。

为了确保不超过这些剂量率限值,对于一个特定设计的容器,制造商会明确能容纳的不同核素的最大活度水平。很多情况下,这些信息会贴在源容器上。容器的设计必须配合一个装置,防止源被移走或快门被未批准的人员打开。这类装置通常是一些可以上锁的机构。对于典型的发射装置,除非锁被打开输源设备不能连接。此外,还可能有一个旋转装置,只有锁被开启时才能移动，源引管的末端才能进入。

只有被批准使用该设备的人员才能使用上锁机构的钥匙。当设备不使用时，不能将钥匙留在锁中。

如果容器由贫铀制成，需要记住一些特殊的安全要点。贫铀是一种耐磨金属，经常采用一个钢套包裹起来防止铀被氧化。这样保证氧化不会产生铀尘。如果没有保护层，应该进行测量以确定被污染粉尘的存在。也许，最重要的安全考虑是容器的处置。

处置必须由监管部门认为适合接收源容器的组织来完成，因为贫铀既有放射性也有自燃性（例如，如果将贫铀和其他熔化金属放置在一个熔化炉中，贫铀可以燃烧，而且能引起爆炸）。

**2. 准直器**

准直器限制了未衰减的射线束并引导它对准靶区域，这样保证了主射束被待测物衰减。通过仔细放置待测物和准直器，也可将穿透的射线束从放射照相技师或其他人员停留的区域引开。当没有准直器时，有时会在照射管的末端放置铅丸包。虽然铅会衰减射线，铅丸包对照射管形成一个帐篷形状，但是照射管的末端截面没有被屏蔽。

未衰减的射线束可能被引导至停留区域。因此，必须注意同时检查从照射管进入准直器的入口区域，因为这是未衰减射线束的一个出口。在任何地方尽量使用准直器。

**3. 发射容器的照射管和输源设备**

使用照射管和输源设备所提供的放射安全是源于距离。记住平方反比定律——离源越远，辐射水平越低。例如，如果照射管 2m 长，输源电缆的操作开关距离源容器 5m 时，放射照相技师可以站在距离放射源 7m 的照相位置。这就意味着在 7m 处的剂量率为 1m 处剂量率的 $1/7^2$ 或近似 1/50（见图 17-14）。

当源位于靠近容器的照射管末端时照射才开始，通常，引出源至到达照射管的末端只需要几秒钟时间。如果在一个围墙中使用发射源容器，放射照相技师可以在墙后使用输源装置，以更大程度地减少对他/她的照射（见图 17-15）。

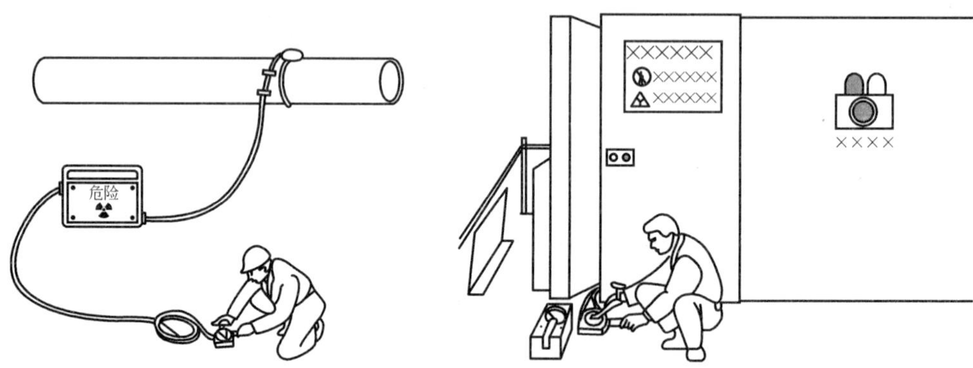


图 17-14　在现场放射照相中使用发射容器放射照相

图 17-15　在围墙中使用输源设备

当源处在照射位置，放射照相技师必须转移到一个剂量率低的位置，此时照射正在进行。

## 17.4.3　X射线设备

**1. X射线管头**

X射线管头的主要安全特性就是屏蔽、过滤窗和窗口上的任何准直器。管头的屏蔽减少管头附近不需要的辐射(泄漏)水平。当X射线轰击到靶物质时，一些射线被散射。如果较高水平的射线被散射到停留区域，可能会引起辐射安全问题。与高能光子相比，低能光子被散射的比例较高。管头窗的过滤减少了从管头发射出来的低能X射线的比例，因此也减少被散射的量。有内置准直器的管头窗，射线束的直径被减小。射线束直径的减小降低了被散射的射线的量。同时，也降低了部分射线束错过目标靶而射向停留区域的可能性。

**2. X射线的控制单元**

顾名思义，X射线的控制单元就是控制X射线照射。控制单元结合了工作电压、电流的控制以及警告特征。这些控制单元组成安全系统的一部分，这在其他章节中已进行了充分的讨论，将不在此处重复。

除了前面描述的控制，控制单元也包含一个限制曝光时间的计时器。计时器的主要安全特征是：当设置的时间过去，X射线照射不能被重启，除非预照射和照射按钮依次工作。并控制自动启动照射时的预警和警告信号。当警告信号被启动时，提醒任何人不得靠近X射线管头。在照射开始前他们必须离开此区域，并不得在警报解除前返回。

## 17.4.4　放射照相的围墙

围墙防止未被批准的人员靠近放射照相源，也能减少围墙外的剂量率。这些安全特性要么与围墙的结构结合，要么使用单独的设备。

**1. 墙和门**

围墙通常由厚的混凝土或砖墙建成，高度一般2m。一些围墙还有一个厚的混凝土屋顶。围墙的入口要么通过一扇屏蔽门，要么设置迷道，迷宫防止入口和放射照相源之间形成直通(见图17-16)。

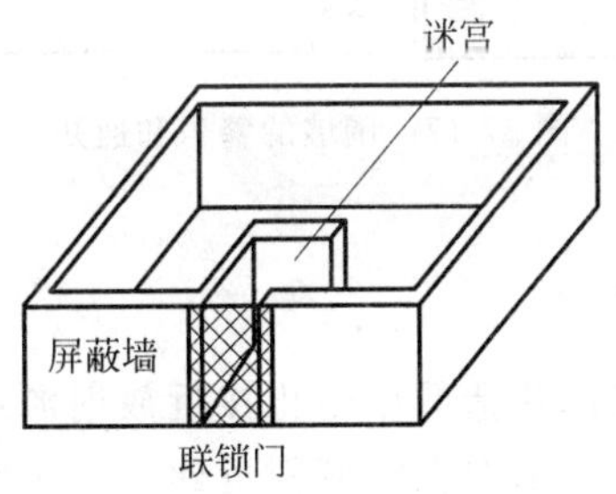


图17-16　无顶的放射照相围墙

围墙的墙和门应该设计得足够厚(或足够致密)，以衰减放射照相源的照射，使围墙外的剂量率对于非职业照射人员可以接受。为了减少使用实心砖或混凝土墙引起的建筑成本，可以相隔1m建设一些砖墙，并用沙子填满空隙。墙必须建得足够高以减少辐射由墙上方空气引起反散射，使剂量率处于非职业照射人员可以接受的水平。如果围墙有一个厚顶，散射的辐射可以显著减少。迷宫建设除了不能使放射照相源直接照射入口,迷宫还必须足够长,或有足够的拐弯保证放射源发出的射线被散射足够多次,使入口处的剂量率减少至可接受的水平。在照射期间,任何进入围墙的门都必须上锁或者与源控制机构联锁,以防止门被无意打开时发生源的照射。如果放射照相源是 X 射线设备、气动 γ 照射单元或类似的半自动化照射单元,那么上述单元的任何一种都要能与门轻松互锁。在照射进行时也可以使用 γ 报警仪防止门被打开。如果照射设备是人工输源设备或结合快门开启的系统,使用钥匙系统可以保证使用钥匙受到严格控制,优先限于由从事操作的放射照相技师掌握。

必须记住门和墙或地板之间不能有空隙,否则未衰减的主射束或散射束可以穿过这些空隙。门的底部必须通过一个低于地面的地沟或高于地面的屏蔽沟。

**2. 开关和警告**

围墙包括的另一个重要的安全特性就是开关或按钮,以便照射即将开始时那些不小心留在围墙里的人进行操作。开关通常会启动报警以警告操作者房间里有人。一些开关的设计确实能防止即将进行的照射。围墙里可能需要不止一个开关,以保证那些留在里面的人不必穿过放射照相源才能到达开关。

**记住**:任何报警在围墙内外必须都能看得见或听得到(见图 17-17)。

图 17-17 围墙的警告和通知

## 17.4.5 现场放射照相

在现场放射照相中,没有专门建造的墙防止接近放射源或减少附近的剂量率。为了防止不必要的人接近放射源的周围,需要在区域附近建立一个临时屏障。屏障通常是一段系在可移动金属桩上的绳、塑料带或任何其他便利的物体。根据反平方定律效应,屏障与放射照相源之间的距离必须足够大,使屏障处的剂量率处于非职业照射人员或公众可接受的剂量水平。

在现场放射照相中,待测物可能位于公共场所。在屏障处必须给出警告信号,通知人们存在放射源。而且,必须经常监视屏障以防止未批准的人员进入该区域(见图 17-18)。

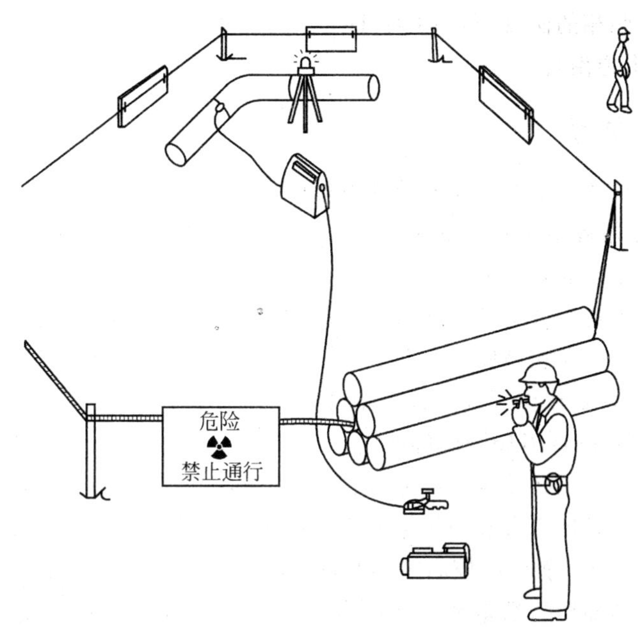


图 17-18　现场放射照相的操作

## 17.5　安全程序和检查

这些程序是放射照相技师或者他们所在的组织必须开展的行动，以保证放射照相操作的辐射安全是可接受的。放射照相操作的检查必须服从当地监管部门的具体要求。以下所述内容可指导辐射安全检查。

### 17.5.1　注册或许可

在许多国家，除非监管部门给操作者发放注册或许可，否则不能进行与放射性物质相关的工作。这些注册或许可允许监管部门检查放射照相技师希望开展的工作所用的设备和操作程序是安全的。所使用的注册和许可系统取决于国家的规定。下列要求可能与许多国家使用的相似：

(1) γ源、γ源容器和照射装置的设计必须是监管部门批准的类型(设计必须依据国家或国际标准)。

(2) X射线机的设计必须是监管部门批准的类型(设计必须同样依据国家或国际标准)。

(3) 操作者必须登记拥有的每个γ源和X射线设备。

(4) 操作者必须获得授权在围墙外开展放射照相。在偏远区域，操作者必须在开始工作前通知监管部门。

(5) 操作者必须获得监管部门的同意处置γ源或X射线设备，或转移γ源或X射线设备的权力。

(6) 放射照相技师必须获得许可使用或监视使用γ源或X射线管。

(7) 在一个围墙内开展放射照相的地方必须登记。

除了电离辐射规定之外，许多监管部门制定了法规，包含如何遵守监管要求的有用建议。如果以上放射照相的法规不能得到，IAEA 的 $\gamma$ 放射照相手册是有用的(包括应用指南、程序指南和基本指南)。

### 17.5.2 操作程序

以下部分详细论述放射照相操作前和过程中需要采取的行动。

**1. 书面标准操作程序或安全规则**

当开展放射照相时需要采取的安全预防措施，必须在书面标准操作程序或规则中进行描述。这有助于保证每个放射照相技师的工作方法达到可接受的最低安全水平。这些文件也能用来培训新的放射照相技师。当开展一项安全检查时，如果有这些文件，至少表明已经考虑了安全。但是，还需要保证确实遵守了这些安全措施。

**2. 现场放射照相的屏障和围墙屏蔽**

在放射照相区域附近必须设立屏障，以避免非职业照射人员进入并受到不可接受的辐射照射。划分区域的具体要求和分区类型必须由国家监管部门明确指出，并且应该考虑到 IAEA 第 115 号安全丛书所述的控制区和监督区的详细要求。以下可作为一般指南：

在任何屏障或围墙外的剂量率对非职业照射人员是可以接受的，这决定于每年 1mSv 剂量率限值和在放射照相区域附近的停留情况。在现场放射照相中，通过使用距离、准直器和局部屏蔽达到该剂量率限值；在围墙放射照相中，通过上述因素以及墙和门的屏蔽来达到。当使用准直器时，屏障处的剂量率数值为 $7.5\mu Sv \cdot h^{-1}$(正如 2.4.2 节中所述，必须尽可能使用准直器)。在不能使用准直器时，可使用的剂量率数值为 $50\mu Sv \cdot h^{-1}$。在大多数围墙放射照相中，通过屏蔽和其他约束，剂量率可以达到 $7.5\mu Sv \cdot h^{-1}$的限值。

为了满足剂量率要求，放射照相源的使用被限制在围墙的特殊区域中。包括以下位置：

(1) 源不能离墙太近，保证墙外的剂量率水平是可以接受的。

(2) 源必须与墙保持一定距离和最大离地高度，以保证主射束不会穿过墙顶。

(3) 放射照相源不能布置在迷宫或门的入口。

这些位置的限制应该在地板和墙上标明。同时，配合通知申明这些限制。

考虑放射照相现场附近可能的工作也很重要。对无顶围墙照相的一个操作要求是在放射照相操作进行时，不允许在超过墙顶水平线的高度工作。这包括防止操作起重机从围墙通过。必须保证在放射照相进行时，任何地面上的停留房间不会发生放射照射。

对于现场放射照相，重要的一点是，放射照相技师必须留意与放射照相区域相关的人，主射束不能对准他们。这对于例如大型工厂的油田平台等设施尤其重要，因为在放射照相区域的上面、下面以及现场都可能有停留区域。在现场放射照相中，放射照相技师能转移到剂量率低的区域并且能够监视屏障。

如果要开展一项放射照相操作的检查，应该检查墙和门处的剂量率。在检查现场放射照相操作时，还应该检查放射照相技师或他的助手是否监视现场屏障。

**3. 放射源**

源的放射性活度不能超过源容器给出的最大放射性活度。

此外，源的活度不能太高，否则曝光时间太短。放射照相技师刚刚转移到剂量率低的区域，不得不马上返回终止照射。

在空间有限或有障碍物阻止快速撤离的地方，这点尤其重要，这样的例子如在锅炉中或在管桥上。在空间有限的地方，源的活度的大小特别重要。如果源的活度太大，通过屏障围挡起来的区域可能会太大而不能接受。一个很好的例子就是在油田或气田平台上，屏障的区域可能包括不能清空的住宿区或操作控制区。由于这个原因，许多油田都限制了能带到船上的放射照相源活度大小。一个例子是铱-192 源的活度低于 110GBq。在运输容器中的源活度也必须遵守运输容器的分级和剂量率限值。第 12 章放射性物质的运输和储存中介绍了这些要求的具体细节。

(1) 泄漏试验

为了保证在使用中源的包壳未损坏以及源的完整性，必须按照监管部门指定的周期对放射性物质进行泄漏试验。试验可能每年一次或两年一次进行，在每次可能导致源损坏的事件和事故之后进行。泄漏试验的记录必须至少包括以下内容：

- 源的唯一识别编号。
- 参考日期的源活度。
- 检测时间。
- 检测结果，通过或失败。
- 检测方法及结果准则的简要描述。
- 检测人员的签名。

应该记住铱-192 的半衰期为 74d，源的保存不能超过两年。在这种情况下，只有在首次使用前的最初泄漏试验才是可行的。

(2) 源的位置

在很多情况下，放射照相源会从一个地方转移到另一个地方。因此，知道源的位置非常重要，以保证不会丢失。由于这个原因，应该保留源的最新位置的清单。源每次转移到不同的地方，必须更新清单，例如把源从储存处转移到同一个房舍的工作位置或另一个房舍的现场放射照相。这并不意味着在放射照相区域附近的移动也需要记录。这些具体要求或记录由国家监管部门指定，可能至少包括以下信息：

- 源的唯一识别编号。
- 参考日期的源活度。
- 移动源的时间和日期。
- 源的新处位置。
- 移动源的人员的签名。

即使源储藏在仓库中未被移动，也应该检查位置以保证未被错放。这项检查每月进行一次或按照监管部门指定的频率进行。

当把放射源返回给制造商或提供商处置时，也必须记录移动的细节。

**4. 单人操作**

必须确定由一个放射照相技师单独进行放射照相是否被认为安全的，这取决于该区域是否被隔离以及如果放射照相技师受伤是否能够得到帮助。同时也必须考虑只有一个人是否能够控制大型现场放射照相屏障的入口。正如前面的讨论，如果没有监视屏障，未批准的人员可能会错误地越过屏障。

**5. 剂量率测量**

为了确保放射照相的屏障设立在正确的位置，并且围墙所提供的屏蔽是足够的，放射照相技师必须进行剂量率测量。为此,他们必须有一个合适的剂量率仪。第 9 章辐射探测仪器的使用给出了选择合适的测量设备的建议。**记住**:剂量率测量是工业放射照相操作中的一个重要组成部分。尤其在靠近和转移源容器之前,必须进行剂量率测量以保证源被安全地收回到源容器中。

(1) 监测仪类型的选择

能量补偿的 G-M 管是监测放射照相操作的最常用设备。这些设备对能量有一定程度的依赖性,有一个低的截止能量,低于此能量设备不能探测辐射。这对 X 射线和低能 $\gamma$ 源尤其重要。

监测仪必须根据它将要测量的辐射能量进行校准或试验。

监测仪刻度的剂量范围也很重要。如果设备的刻度只有 5cm 长、指示剂量率 0~$100\mu Sv \cdot h^{-1}$,那么很难测量 $2.5\mu Sv \cdot h^{-1}$ 的剂量率。这通常对于模拟监测仪(指针式)是一个难题,对于自动调整的数字式监测仪则不是问题。一些监测仪的响应时间非常慢,每次测量可能需要几分钟来完成。

测量时可能希望能使用一个响应时间快的监测仪,却发现能量响应不是线性的。如果首先在同一位置比较每个监测仪的读数,仍然可以使用快速响应的监测仪。然后,将线性响应好的监测仪的结果除以其他监测仪的读数,这个结果可以作为因子,乘以能量响应差的监测仪的所有结果。对于所测量的能量,这将监测结果转化为更精确的数值。

(2) 监测仪的精确性

为了保证精确性可以接受并且不能发生放射照相技师不能察觉的变化,必须进行校准和响应检查。监测仪的校准必须按照监管部门指定的频率进行。通常每 12 个月或者在每次可能影响监测仪响应的破坏、修理和修正之后进行。必须根据监管部门的要求保存详细的记录。记录至少应该包含以下信息:

- 监测仪和任何可移动探针的序列号。
- 设备类型。
- 测试确定的监测仪的精确度。
- 测试日期。
- 开展或监视测试人员的签名。

(电子剂量计和石英丝验电计也必须经过校准或测试。)

监测仪在每天使用前应该进行响应检验。这可以通过比较一个小检验源的每天读数或检验 $\gamma$ 源容器的剂量率来实现。必须保持已经开展的响应检查记录。

例行的响应检查是一项很好的安全实践。如果工作人员在偏远的地方工作时发现监测仪不能工作,可能造成许多麻烦。

(3) 监测仪的使用

放射照相技师知道如何正确使用监测仪非常重要。

一些监测仪的探测器的敏感面位于显示器下面,而另一些监测仪的探测器的敏感面在显示器的前面。如果监测仪被设计成将探测器覆盖保护起来,可能见不到探测器。如果将错误面对准了辐射源,读数会偏低。

当测量剂量率是为了确认封闭墙足够屏蔽或现场放射照相的屏障位置时,必须估算最大源活度的剂量率。这可以通过直接测量或对读数归一化,得到在最大源活度下的剂量率。结果归一化是指将使用的源的读数乘以源活度与最大源活度的比值。例如，如果 10GBq 放射源的剂量率为 $2.5\mu Sv \cdot h^{-1}$，利用归一化得到最大活度 50GBq 源的剂量率为 $2.5\mu Sv \cdot h^{-1} \times$ 50GBq/10GBq，即 $12.5\mu Sv \cdot h^{-1}$。

对于一些陈旧的 X 射线机，虽然它们在特定的最大电压和电流下的数据被引证，但是如果它们在最大水平下工作到辐射试验结束，X 射线管可能会损坏。由于电流(mA)与剂量率直接相关而与电压(kV)无关，因此 X 射线机应该在最大电压(kV)和降低的电流下工作。然后，根据前面显示的最大源活度下的类似方法，归一化得到最大电流(mA)下的剂量率。

如果使用监测仪用来监测门缝的射线泄漏，射线束比较窄，不会辐照到探测器的整个有效体积，监测结果可能偏低。可以使用小横截面的探测器进行这类测量，通常小的端窗型 G-M 管合适这种情况。

如果需要确定覆盖缝隙所需的屏蔽，可以在缝隙和探测器之间放置一个厚度已知的铅块来获得衰减后的读数。然后，计算铅的衰减系数和所使用的射线能量，并计算出将辐射降低至可接受水平的铅的厚度。同时，需要设立安全因子，并计算出取得 75%可接受剂量所需的铅块厚度。

当在围墙附近进行测量时，剂量率来源于穿过墙、门和任何空隙的透射辐射以及墙的散射辐射。离墙近的位置，透射占到总剂量率的最高部分；远离墙的位置，散射可能占到总剂量率的最高部分。透射可以在靠近围墙的表面处测量，并且透射取决于墙和门的衰减。通常，在头顶高度测量空气散射。但是，如果距离墙由近而远的进行这项测量，可能会发现剂量率升高了。这是因为墙顶可以衰减部分空气散射而造成了阴影效应。这可能意味着和墙或门一定距离处的总剂量率较高。

**记住**：测量空气散射需要离开墙读出监测仪的结果。

如果发现来自墙顶的空气散射的剂量率不可以接受，将监测仪从头部高度向地面移动，直到测量到可以接受的剂量率。头顶高度和现在位置的距离大约就是墙需要增加的高度，以达到可以接受的剂量率。但是，应该设立安全因子，并且使用 75%的可以接受剂量对应的位置作为测量高度。

**6. 源的储存**

当 γ 放射照相源不使用时，必须保留在合适的放射源储藏室里。读者可能看到许多正在使用的不同设计的源的储藏。一些常见的设计由单独的小建筑、建筑中的一个小房间、地上加盖的深坑和周围的金属网组成，或者在一个偏远的油、气田平台甲板，符合保安的大型的屏蔽运输容器组成(见图 17-19)。

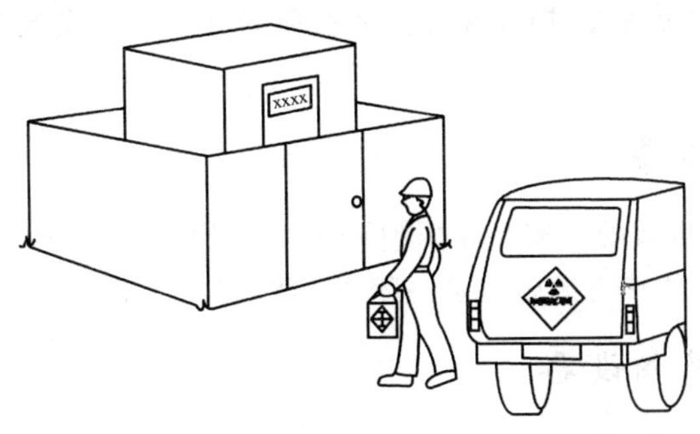


图 17-19　作为源储存使用的小型建筑

无论何种设计，都必须至少包含以下特性：

- 仓库外的剂量率必须是非职业照射人员能接受的，监管部门应该指定这个水平。例如，0.5$\mu$Sv·$h^{-1}$保证在该区域每年停留 2000h 的情况下不会超过每年 1mSv 的剂量限值。在一些情况下，可以通过更实际的停留数据进行修正。
- 仓库必须有保安建筑并且上锁，以防止未批准的人员进入。
- 仓库必须显示清晰可见的警告标志，表明其中含有放射源。这些标志的设计应该结合三叶标志和恰当的警告语，如“警告：该仓库内有放射性物质”。
- 仓库仅用于储存放射性物质或相关设备，如放射照相的输源设备。除非打算使用或检查放射照相源存在，否则不允许人员进入仓库。这会引起不必要的照射。

**7. γ放射照相源的运输**

γ放射照相源的运输必须按照国家或国际规定和法规的细则进行。需要记住的一些具体要求如下：

- 放射照相源不能放在运输工具的乘客车厢里运输。
- 放射照相技师应该确信源的快门或发射源在屏蔽位置被锁定，这样在源的运输过程中不会由于移动而使源发生照射。
- 警告标志必须贴在公路运输工具的外部。
- 不和源一起旅行的人员必须清楚源的运输类型，以便在发生事故时能提供额外的信息。这些人员可能来自放射照射技师的基地。

**8. 放射照相技师的培训**

放射照相技师必须接受设备的使用和安全要求方面的培训。安全培训至少包括以下要求：

- 电离辐射照射的危害。
- 在放射照相源、围墙和屏障附近的可接受的辐射水平的细节，以及如何测量。
- 确保 X 射线或 γ 放射照相源在照射后保持安全。
- 知道如何以及在什么位置设立现场放射照相的屏障和警告标志。
- 保存记录。
- 储藏和运输要求。
- 在事故状况下所要采取的行动。

## 17.6 事故

本节讨论放射照相源丢失、损坏或失去屏蔽而导致一些人员受到比正常操作更高辐射水平照射的可能性。

### 17.6.1 X 射线设备

对于 X 射线设备，事故的类型是在辐射警告失灵的地方，一些人不小心暴露在 X 射线的主射束下。停止事故的首要措施就是关闭 X 射线管的电源。

### 17.6.2 γ 放射照相设备

γ放射照相源的事故可能比 X 射线设备的事故严重得多，因为来自 γ 源的射线不能被关闭。一种事故可能是在源被丢失，然后被一个不知其为何物的人拾到。这类事故可能导致严重的皮肤灼伤甚至死亡。

### 17.6.3　一般要求

放射照相操作应该具有书面的标准操作程序，包括如何处理涉及放射照相源事故的说明书。标准操作程序指导放射照相技师从确信无人进入放射照相区域，直到获得帮助，或提供如何能确保源安全的细节。为了能处理涉及 γ 放射照相源的事故，需要应急设备，这些设备在正常放射照相操作中一般不使用。这类设备的例子见 17.6.4 节。

一旦事故的原因被排除或关闭，需要估计或确定受到照射人员的剂量是否超过了剂量限值或者受照剂量可能导致的疾病效应。这项评估通过检查职业照射人员佩戴的剂量计或者计算不佩戴剂量计的非职业人员照射来进行。

事故必须上报监管部门。即使计算的剂量很小，也必须上报监管部门以防止类似的事故在别处再次发生。如果辐射剂量超过了监管部门规定的最大值，受到照射的人员必须送去医学检查。即使不需要药物治疗，医学检查也能消除一定的疑虑。

### 17.6.4　应急设备

为了能够快速使用，应该在放射照相操作附近放置容易拿到的应急设备。对于现场放射照相，便携式应急设备必须随着源到达每个放射照相点，必须定期检查应急工具箱的完好性。

放射照相的实施法规通常推荐了应急工具箱需要包含的设备，建议至少包括如下设备：

(1) 铅丸包(每包 2kg)。对于铱-192 或铯-137 至少需要 2 包，钴-60 至少 4 包。

(2) 1.5m 的长杆夹具。

(3) 一个备用的屏蔽容器。

(4) 工具，包括金属锯、可调扳手、老虎钳、金属丝/小切割机。

**应急设备的使用**

如果 γ 放射照相源脱离输源电缆，并掉落在地面上，放射照相技师应该采取下列步骤：

放射照相技师及其助手应该从源附近转移至低剂量率的区域。

放射照相技师应该计算未屏蔽源的剂量率，估计将铅丸包放在源上并把源转移至备用屏蔽容器的过程中受到的剂量。如果估算剂量没有超过年剂量限值，则可以进行源的回收。如果很可能会超过年剂量限值，则必须设计另一个计划，或者必须得到另外的职业照射人员的协助。

应该使用长杆夹具将铅丸包放在源上。当在源附近进行操作时，这样做能提供屏蔽。应该检查区域的剂量率以确认源被适当地屏蔽起来。

如果不能将源放回到原来的照射容器中，则必须将备用的屏蔽容器放置在源附近。如果源的引管受到损坏或者部分被源容器卡住，可以使用工具切去部分引管。

使用长杆夹具移动铅丸包，使源的引管刚好暴露出来。然后用长杆夹具夹住源的引管，抬起源并将其转移进入屏蔽容器中(见图 17-20)。

随后盖严屏蔽容器的盖子。

屏蔽容器随后被转移到规划好的回收源并实施局部屏蔽的地方。

以上举例只是个一般指南。对于每一种情况，需要通过检查来确定最佳的行动步骤。

图 17-20 把源放回到屏蔽容器中

## 17.7 安全检查总结

如果对放射照相的设备进行安全检查，必须检查它是否满足 17.4 节和 17.5 节中所述的安全特性。以下是需要检查的要点总结：

(1) 取得了合适的注册和批准，满足任何条件。

(2) 有书面的标准操作规程，且放射照相技师有一个复印件。

(3) 放射照相技师配有合适的剂量率仪和一份最新校准合格证书的复印件。

(4) 在可能的情况下，在 X 射线管头窗口处安装滤波器。

(5) 在可能的情况下，X 射线和 γ 射线照相使用准直器或圆锥。

(6) 为放射照相源提供一份最新的泄漏检测证书。

(7) 保留源的移动以及使用位置的记录。

(8) 放射照相源的容器与所使用的源的活度大小相符。

(9) 在放射照相前和过程中给出警告信号。对于 X 射线照相，必须是自动操作。

(10) 提供醒目可见的通知，以提醒人们警告信号的含义。

(11) 进行现场放射照相时，设立屏障以限制人员进入放射照相区域。

(12) 在照射过程中限制人员接近放射照相的围墙。

(13) 在现场放射照相的屏障和放射照相的围墙附近处的剂量率对非职业照射人员是可以接受的。

(14) 如果放射照相源需要在当地过夜，提供合适的放射源存放场所。存放场所必须满足剂量率、保安和警告通知等要求。

(15) 在放射照相场所附近有合适的应急工具包，在紧急情况下使用。

(16) 运输放射源的容器必须符合国家运输要求，公路运输车辆必须有运输标签。

# 第 18 章

# 生产放射性同位素实验室的安全

## 18.1 放射性同位素的应用

放射性同位素应用于医学、工业、研究和教育中。医学应用包括放射治疗和核医学，工业应用包括无损检测与金属、纸张、化学与修路等工业的过程控制。放射性同位素还广泛应用于研究、教育和培训中，但它们的用量通常比较小。表 18-1 列出了放射性同位素在工业和医疗中的应用例子。

表 18-1 放射性同位素

| 同位素 | 半衰期 | 主射线能量/MeV | 应用 |
|---|---|---|---|
| 钴-60 | 5.27a | β (0.32)，γ (1.17，1.33) | 工业 |
| 铱-192 | 74d | β (0.672)，γ (0.316) | 工业、医疗 |
| 铯-137 | 30.2a | β (0.511)，γ (0.66) | 工业 |
| 镅-241 | 432a | α (5.49)，γ (0.014，0.059) | 工业 |
| 锝-99m | 6.02h | γ (0.140) | 医疗 |
| 碘-131 | 8.04d | β (0.606)，γ(0.364) | 医疗 |
| 镓-67 | 3.26d | γ (0.09，0.008) | 医疗 |
| 氟-18 | 110min | 正电子，γ (0.511) | 医疗 |

## 18.2 原子核反应基本原理

本节涉及原子核的时候，会使用放射性核素这个术语。我们用“放射性同位素”这一术语描述放射性同位素的生产。使用“放射性核素”，而不是“放射性同位素”来描述核反应。放射性核素可以是富中子(即中子数比稳态的同位素多)或贫中子(即中子数比稳态的同位素少)。富中子同位素会通过发射 α、β 或 γ 射线的形式衰变，它们包括多数在工业和许多医疗中所应用的同位素。而贫中子同位素则通过俘获电子或放出正电子的形式衰变，主要应用于核医学领域。富中子同位素通常通过核反应堆辐照制得，而贫中子同位素则通常通过在粒子加速器中的核反应制得。

**记住**：富中子核素是在反应堆中形成的，贫中子核素是在加速器中形成的。

### 18.2.1 核素图的使用

在第1章中，介绍了核素图和如何查找放射性衰变产物。也可以使用它去查找用带电的或者不带电的粒子轰击原子核等其他核反应过程的产物。图18-1是一张表示核素分布的核素图，纵轴表示核素质子数（原子序数），横轴表示中子数。每种核素都用正方形表示。黑正方形表示稳态的核素，白色正方形表示放射性核素。黑线左边表示贫中子核素，它们通过俘获电子或放出正电子衰变；而黑线右边的表示富中子核素，它们通过β衰变，通常伴随着发射γ射线。发生α衰变通常是一些重元素。

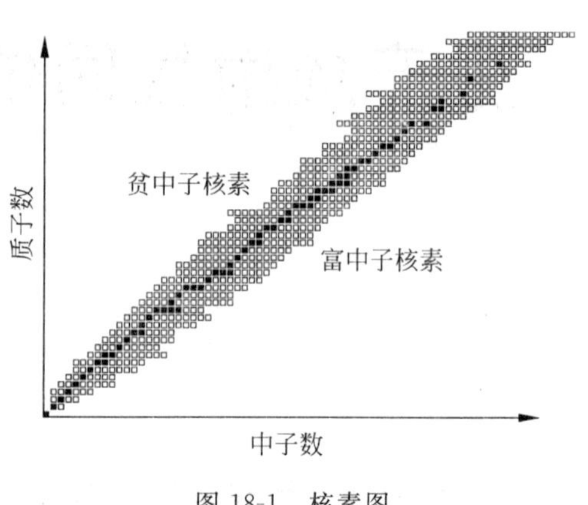

图18-1 核素图

当一种核素（称为靶核）被粒子轰击时，会产生新的放射性核素。

**1. 中子辐照**

在中子辐照过程中，可能发生如下两种反应：

(1) 如果靶核俘获一个中子，其原子质量增加一个单位，它就变成了核素图中这种元素右边一格的核素（也即是同质子数，而中子数增加1）。这种核素可能在吸收中子的同时，以γ射线的形式释放剩余的能量。这种反应称为中子-光子反应(n,γ)。如下图所示：

| 原核素 (Z,A) | (n,γ) |
|---|---|

(2) 在核素图中，如果一个核素在吸收了一个中子后放出质子，那么$A$(质量数)和$Z$(原子序数)都减少一个单位，得到右下格的核素。这种反应称为中子-质子反应(n,p)，如下图所示：

| 原核素 (Z,A) | |
|---|---|
| | (n,p) |

**2. 带电粒子辐照**

入射粒子可能是带电的粒子例如质子（$H^1$的原子核）、氘核（$H^2$的原子核）或者氚核（$H^3$的原子核）。

1) 质子辐照

两种可能的质子轰击反应如下：

(1) 靶核吸收一个质子并释放出一个中子。这个核素的质量数不变,但质子数增加,从而导致此核素在核素图中上移一行,而且左移一格。这样的反应叫做质子-中子反应(p,n),图示成下列形式:

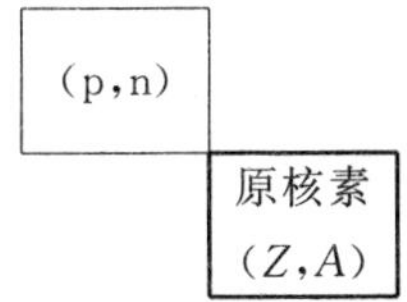


一个核素可能放出多于一个的中子,也就是如(p,2n)或(p,3n)的反应(可写成普遍形式(p,$x$n)),反应后得到的核素位置如下所示:

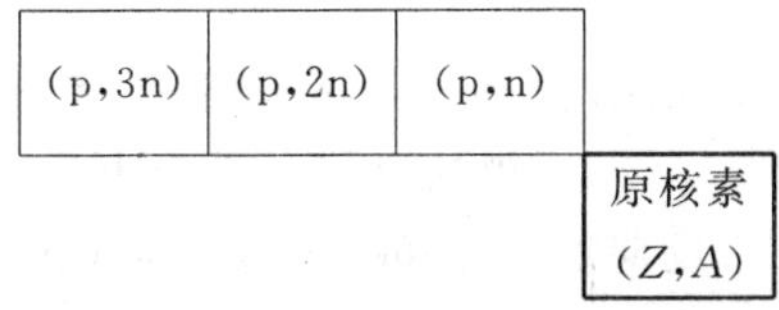


(2) 靶核吸收一个质子放出一个α粒子。总体说来,质量数减少3而质子数减少1,因此得到的核素在核素图中将会下移一行,而且左移两格。这样的反应称为质子-α反应(p,α),描述如下:

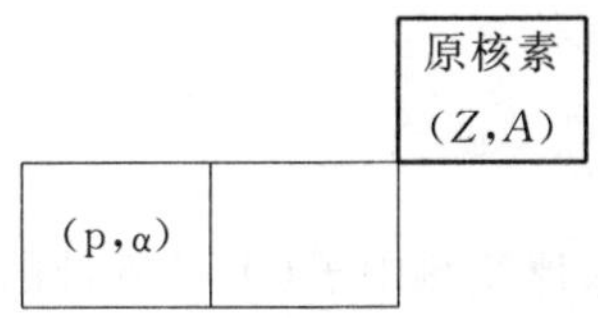


2) 氘核辐照

氘核由一个质子和一个中子组成。氘核轰击可能发生以下两种反应。

(1) 靶核吸收一个氘核并放出一个中子,质子数增加一个。得到的新核素在核素图中处于原核素的上一行。这样的反应称为氘核-中子反应(d,n),如下图所示:

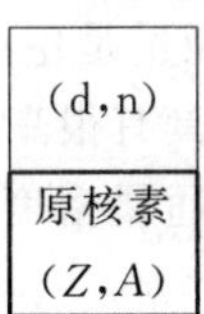


(2) 靶核吸收一个氘核并放出一个α粒子,质量数减少2,质子数减少1。得到的核素在核素图中处于原核素的下移一行左移一格。这样的反应称为氘核-α反应(d,α),如下图所示:

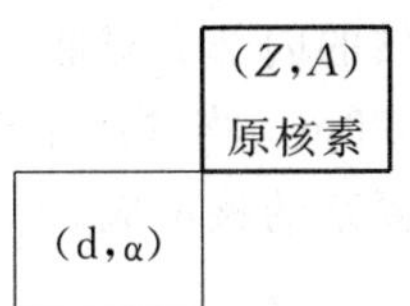

图 18-2 列出了所有这些核反应。在核素图上，可以查找到和这些相似的情况。它可能会显示许多其他的反应。

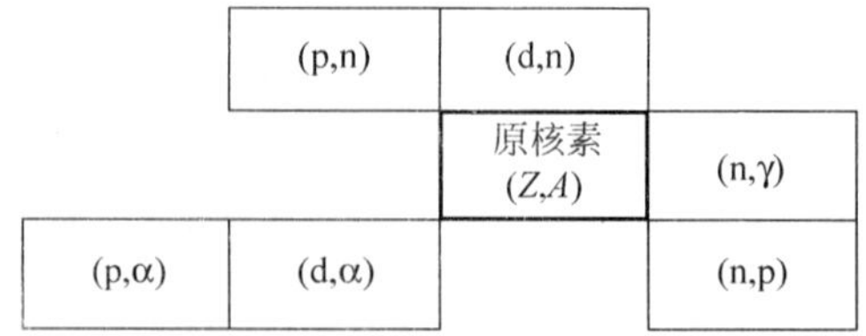


图 18-2 粒子轰击核反应形成的位移

### 18.2.2 核反应的书写

在描述中子或带电粒子辐照时，必须包括靶核、生成核和核反应，用标准方式书写如下：

靶核(反应) 生成核

例如，被中子辐照钴-59 反应产生钴-60，可以写成 $Co^{59}(n,\gamma)Co^{60}$。

## 18.3 放射性同位素的生产

前面部分所讲的核反应是在核反应堆或者加速器中进行的。

### 18.3.1 核反应堆

**1. 背景信息**

在核反应堆中，铀-235 原子核俘获热中子(中子所带的能量为 0.025eV)并分裂为两个核素。在这个过程中释放出两个或三个快中子(能量大于 0.10MeV)。为使这个过程自持下去，裂变产生的快中子需要慢化(减速)成为热中子来被 U-235 原子核所俘获。可用重水或石墨等材料慢化快中子。利用由中子吸收材料如镉制成的控制棒去吸收自由中子，就可以控制裂变过程。

中子注量用希腊字母 $\Phi$ 表示，可以通过测量通过一定面积的中子数目得到。单位是中子每平方厘米($n \cdot cm^{-2}$)。中子注量和中子能量是生产放射性核素的重要因素。一个用来生产放射性核素的核反应堆必须要求辐照装置具有很高中子注量，并且接近热中子和快中子。注意，在其他一些文献中，用“中子通量”或“通量密度”术语不严格地指中子注量($n \cdot cm^{-2}$)或注量率 ($n \cdot cm^{-2} \cdot s^{-1}$)。

核反应堆生产放射性核素有(n,γ)、(n,p)以及(n,f)裂变过程。在反应中生成的放射性核素的活度(产额)取决于靶原子数目、反应发生的概率(有效截面，由希腊字母 $\sigma$ 表示，单位为靶恩(符号 b)，$1b = 10^{-24}cm^2$)、中子注量、辐照时间以及放射性核素的衰变常数。需注意到，在辐照过程中由于靶物质的燃耗，靶原子的数目不断降低。同时也要注意，由于中子反应和非弹性散射，中子注量在靶核的内部会降低。有些反应则依赖于衰变产物的形成，例如下面要讲的辐照 Mo-98 生产 Tc-99m。当辐照中形成的放射性同位素被后来的中子活化和放射性衰变改变时，会发生更多复杂的核反应。

**2. 中子-γ 反应(n,γ)举例**

在这个反应中，热中子被靶材料的原子核俘获，并释放出 γ 射线。得到的不稳定核素，最终以β和γ发射的形式衰变。表18-2给出了常用的(n,γ)反应生产放射性核素例子。

**表18-2 利用(n,γ)反应生产放射性核素举例**

| 产物 | 靶 核 | 靶 | 反 应 |
|---|---|---|---|
| Co-60 | Co-59 | 金属钴 | (n,γ) |
| Na-24 | Na-23 | 钠化合物 | (n,γ) |
| Cu-64 | Cu-63 | 铜化合物 | (n,γ) |
| I-131 | Te-130 | 碲化合物 | (n,γ)反应得到Te-131再β衰变 |
| Tc-99m | Mo-98 | 钼化合物 | (n,γ)反应得到Mo-99再β衰变 |

在某些情况下,需要的产物是靶核进行中子辐照的直接产物。在其他情况下,产物则是辐照后放射性衰变的产物。例如,辐照Mo-98靶生产Tc-99m就是首先生产出Mo-99,然后进行β衰变得到Tc-99m:

$$^{99}\text{Mo} \longrightarrow \beta + {}^{99m}\text{Tc}$$

这种制备Tc-99m的方法可直接提供放射性同位素。它不适用发生器的生产。

在(n,γ)反应后,如果母核不发生放射性衰变,产物是靶核的同位素,它不能利用化学方法从靶核中分离出来。例如,通过辐照Co-59得到的新的产物,其含有钴的不同同位素(Co-59、Co-60甚至可能含有Co-61、Co-62等,这取决于中子俘获截面和放射性半衰期)。

利用核素图查找Co-61和Co-62的半衰期,可说明辐照旧的靶材料Co-59为什么会存在这些放射性同位素,短半衰期的放射性同位素已经衰变掉了。利用核素图可计算出用这种类型的反应制得的Tc-99m样品中含有的其他核素。

**3. 裂变(n,f)反应**

在核反应堆中发生的裂变反应,用热中子轰击$^{235}$U原子核,随后形成一些裂变产物核素和附加的中子,这个反应记为(n,f)。

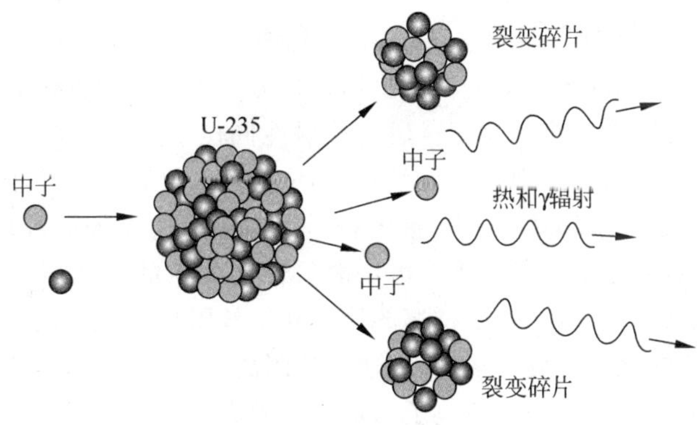


图18-3 核裂变

铀的裂变产物包括元素周期表的半数元素,达到360多种放射性核素。许多裂变产物都是有用的放射性同位素的来源。每种核素的活度取决于该核素的裂变产额、靶元素中$^{235}$U的原子数、$^{235}$U裂变截面、中子注量、辐照时间、裂变产物的衰变常数。产物中包含一系列由裂变和中子俘获得到的核素。

(n,f)反应常用来辐照烧结的铀的氧化物生产$^{99}$Mo(作为生产$^{99m}$Tc的发生器)。由于用这种方法生产的$^{99}Mo$的放射性比活度比(n,γ)反应制得的$^{99}Mo$高得多，因此这种发生器生产方法成为首选。用这种方法生产的钼经常被称为“裂变生成钼”。

**4. 中子-质子(n,p)反应举例**

(n,p)反应常用于生产科研用途的放射性同位素，例如，用快中子轰击硫靶(95% $^{32}S$)生产磷-32，用热中子轰击氮-14 生产碳-14 以及氯-35 生产硫-35。

**5. 反应堆生产贫中子的放射性核素**

有时反应堆用来生产贫中子放射性同位素。例如，F-18 通常是利用加速器生产的，但也可以用碳酸锂靶在反应堆中制得。用中子轰击锂-6，产生一个 α 粒子和一个 H-3 原子核(氚核)，这是中子-α 反应(n,α)。接着，氚原子核和 O-16 反应形成 F-18 和一个中子，这是氚核-中子反应(t,n)。

这表明可以用很多方法生产放射性核素，但是，在实际应用中通常一种方法会比其他的方法简单和有效。

核反应堆生产放射性核素主要有三种途径：

(1) 裂变产物(如$^{99m}Tc$)。

(2) (n,γ)反应(如$^{60}Co$)。

(3) (n,p)反应(如$^{32}P$)。

### 18.3.2 粒子加速器

**1. 背景信息**

早期，粒子加速器用于给带电粒子巨大的动能来研究物质结构和核力的性质。加速粒子的动能范围从电子的小于 $10^6$eV 到质子或重离子的 $10^{12}$eV。高能粒子加速器通常作为主要研究工具，而低能加速器应用于工业和医学领域。

在粒子加速器中，靶材料被高能带电粒子如质子(p 或 $H^+$)、氘核($D^+$)，或 α 粒子($He^{2+}$)轰击。核反应发生在靶材料内部，同时从靶中释放出其他粒子。选择适当的加速粒子和靶材料可在靶材料内部形成新的核素。用这种方式生产放射性核素可能是粒子加速器工作环节的一个副产品(产生少量用于科研的放射性同位素)，或者加速器专门设计用来生产放射性同位素(如大量医用放射性同位素)。同位素生产设备一般位于加速器的束斑区。

在低能回旋加速器(约 30MeV)中，带电粒子束通过振荡电场而被加速，被磁场限制以平面螺旋的方式运动，它是最常用的生产医用放射性同位素的加速器。将有用的粒子束从螺线轨道引出来对准靶的方向。由于加速的质子和氘核引出过程不是十分有效，因此，商业化设计的同位素生产的低能回旋加速器，加速氢的阴离子($H^-$)和氘的阴离子($D^-$)(对氢原子和氘原子分别增加一个额外的轨道电子)，加速的阴离子通过碳膜剥离出两个电子后形成质子和氘核，并在磁场的作用下从螺线轨道引出。

**记住**：用 30MeV 回旋加速器生产医用放射性核素。

有用粒子束有三个特征：

(1) 射线束粒子的种类。

(2) 出射束的能量(高达 30MeV)。

(3) 每秒出射的粒子数(等于粒子束流)。粒子束电流一般在 15～300μA 的范围内。本来束流可能比这个范围高得多，但受到靶冷却要求的限制。

通过正确选择轰击粒子的能量和种类、辐照时间、靶材料、靶厚度以及靶与粒子束之间的角度，对放射性核素的生产进行优化并且最大程度降低杂质含量。图 18-4 所示是一个用于医疗的多用途回旋加速器。它通常位于医院内部或者医院和医疗设施附近，来满足使用短半衰期的同位素。它可以用来生产放疗粒子束和医用放射性同位素。

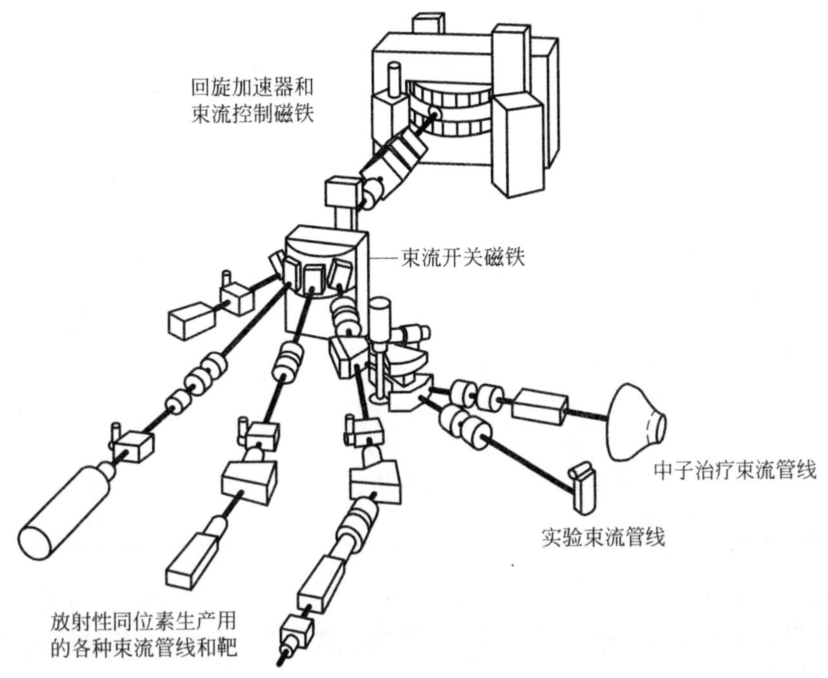


图 18-4　医用回旋加速器

发生核反应的类型取决于靶核、轰击粒子的种类和能量，而不是由粒子束流决定。粒子束流影响生成的放射性同位素的活度和靶材料的发热程度。

回旋加速器生产的放射性核素用于正电子断层仪(PET)和单光子发射型 γ 射线断层仪(SPECT)的成像。PET 成像的原理是一个正电子湮灭时探测到产生的两个能量为 511keV 的光子。PET 相机非常敏感，用于观察脑和心脏等器官的生理和功能，能探测疾病的早期迹象。PET 使用的大部分放射性同位素具有很短的半衰期，因此 PET 设备必须放在离放射性药物生产设备很近的地方。SPECT 是一种围绕器官各个角度的像收集成的放射性核素成像技术。SPECT 探测一个主能量的单光子，是应用最普遍的成像技术。SPECT 所用放射性药物的半衰期通常比 PET 所用放射性药物的半衰期长。表 18-3 列出了一些应用于 PET 和 SPECT 的放射性核素。

**表 18-3　PET 和 SPECT 的放射性核素**

| SPECT 放射性核素 | PET 放射性核素 |
|---|---|
| Ga-67 | F-18 |
| Tl-201 | O-15 |
| I-123 | N-13 |
|  | C-11 |

**2. 质子-中子(p,n)反应和(p,xn)**

在质子-中子反应中，一个快速运动的质子轰击一个靶核，释放出一个或多个中子。如果放出的是一个中子，这样的反应写为(p,n)，如果是多个中子，写为(p,xn)。(p,n)或(p,xn)是生产医用放射性同位素的最普遍的反应。表18-4给出了(p,n)和(p,xn)反应所要求的靶材料、质子能量和粒子束流的详细情况。

**表 18-4 利用(p,n)和(p,xn)反应生产的放射性核素**

| 产物 | 反　　应 | 靶核 | 靶 | 典型质子能量 | 典型的束流 |
|---|---|---|---|---|---|
| F-18 | (p,n) | O-18 | 加浓水 | 19MeV | 20μA |
| Ga-67 | (p,2n) | Zn-68 | 富集锌 | 29MeV | 300μA |
| Tl-201 | (p,3n)<br>随后发生正电子衰变或电子俘获 | Tl-203 | 把富集Tl-203(>98%)电镀到铜靶片上 | 31MeV | 300μA |
| I-123 | (p,2n)<br>随后发生阶段正电子衰变或电子俘获 | Xe-124 | 高纯度Xe-124气体 | 31MeV | 125μA |

实际的靶片或容器(对于气体或液体靶)是由铝、钛、铜或银等金属制成的。这些材料也会被轰击变得具有放射性。图18-5显示了一个加速器的垂直靶架，一共包括8种用于PET的气体和液体靶。

图 18-5　加速器的垂直靶架

**3. 其他加速器反应**

还有其他用于生产医用放射性同位素的带电粒子的反应。表18-5给出了一些例子。

表 18-5 生产医用放射性同位素的质子和氘核反应

| 产物 | 反应 | 靶 | 备注 |
|---|---|---|---|
| C-11 | (p,α) | N-14 | 此靶是药品纯级氮气，含有痕量氧气，产物可能含有碳的其他同位素 |
| F-18 | (d,α) | Ne-20 | |
| O-15 | (d,n) | N-14 | |
| O-15 | (p,n) | O-16（在天然水中） | 放出一个质子和中子，产物可能含有(p,a)反应产生的N-13和水中痕量的O-18产生的F-18 |

重粒子的靶辐照，例如α粒子和氦核，可用于生产研究相关的同位素。表18-6给出一些α-中子和氦核-中子反应例子。

表 18-6 生产研究用放射性核素的反应举例

| 产 物 | 反 应 | 靶 | 产 物 | 反 应 | 靶 |
|---|---|---|---|---|---|
| Sc-44 | (α,n) | K-41 | Br-76 | ($He^3$,2n) | As-75 |
| Br-77 | (α,2n) | As-75 | Br-75 | ($He^3$,3n) | As-75 |
| At-211 | (α,2n) | Bi-209 | Cr-48 | ($He^3$,3n) | Ti-48 |

**4. 散裂**

在散裂过程中，靶被高能粒子如质子、氘核或α粒子等轰击，靶核放出的粒子可以被收集和处理。这个过程被用来生产研究用途的少量放射性核素。例如，用质子轰击一个氧化锌靶可以得到少量铍-7、钒-48、铜-67。

**记住**：生产放射性核素最普通的加速器反应是质子轰击，然后放出一个或多个中子的反应。

## 18.3.3 处理

在辐照以后，生产放射性同位素包括以下两个阶段：

(1) 从靶材料中提取放射性核素；

(2) 合成所需要形式的放射性同位素。

第一阶段包括物理和化学过程，这取决于靶的物理形态和化学性质；第二阶段由放射性同位素的用途决定，此阶段主要是化学过程。

**1. 制靶法**

靶可以是固体、粉末、液体或气体。为了提高辐照产物的纯度，可以在一个特定的核素中富集靶。当靶材料中含有杂质，辐照后的靶材料除了要求的产品，还含有其他一系列放射性核素。这些不需要的核素来源于杂质的辐照和放射性衰变。轰击粒子的种类和能量也会影响辐照靶材料产生的杂质。非同位素杂质(其他元素的放射性核素)具有和靶核不同的化学性质，因此可利用化学方法分离。同位素杂质则不能用这种方法分离。同位素杂质含量可通过富集靶物质和控制粒子能量的方法加以控制。(**记住**：粒子在穿过靶的时候能量会降低，因此，靶厚也是一个需要考虑的因素。)

对于反应堆辐照来讲，靶材料被焊接在用合适材料做成的容器(通常用钛)中。在化学处理辐照过的材料之前，用机械的方法打开这些容器，在打开过程中可能释放气体产物。在打开含有辐照过的铀的容器的时候，如果靶被轰击的话，可能释放气态的裂变产物。

为使轰击过程中产生的热量发散掉，需要对靶进行冷却。反应堆靶则往往是插入反应堆中，被反应堆的冷却剂所冷却（注：它们也可能被中子束流辐照）。加速器系统中的内靶则是利用水冷却。加速器系统的气体和液体外部靶具有冷却系统，如在入口处的高压氦气。

**2. 放射性核素的提取**

从靶材料的其他成分中分离需要的放射性核素是一个很复杂的过程。可用技术包括以下方法的组合：分解法、高压液相色谱（HPLC）、离子交换法、溶剂萃取法、升华法、电化学沉积和气相色谱。为了提取钼-99，化学处理辐照后的铀靶包括以下步骤：

（1）溶解　此过程中用到酸或碱。溶解过程伴随着放射性碘和惰性气体的释放（特别是利用酸作为溶剂的时候）。

（2）萃取　采用溶剂萃取法和离子交换提取法，所用到的设备为氧化铝层析柱。

（3）纯化　纯化方法由靶材料的杂质所决定。

在以上所有过程中，采用的设备必须具有抗化学腐蚀和辐射降解的能力。

**3. 放射性同位素的制备**

放射性同位素制备的最后阶段，包括用物理和化学过程来得到所需的物理和化学形态的放射性同位素。

（1）工业和研究用的放射性同位素

所需要的物理形态可能是固体、气体或者液体。工业中所用的放射性同位素大多数是固体。这可能需要将其电沉积到基底材料上。封装是一个重要的过程，多数密封源需要根据国际标准和国家标准进行泄漏测试，来检验封装的完整性。Am-Be 中子源需要将镅的氧化物粉末和铍金属混合之后再进行封装。

（2）放射性药物的制备

放射性药物有一些特殊的用途。它需要具有经人体转移，到达指定的靶组织和器官的物理和化学性质。放射性药物在器官中的浓度要足够高，以满足成像的要求。越小和越深的器官需要越高的浓度。同时，在靶组织和器官的周围放射性核素的浓度要小，从而能够很清楚地区分靶器官和组织的边界。放射性药物由两种成分组成：

① 放射性示踪剂；

② 载体。

放射示踪剂是一种从靶中提取出来的放射性核素。载体是影响放射性核素生物分布的有机或无机化合物。示踪剂通过标记程序和载体结合在一起。标记程序是很复杂的。制备和标记放射性药物必须在无菌条件下进行。由于稳定和放射性的同位素在人体内的化学过程没有区别，因此，在临床质量控制中放射性同位素的比活度是一个非常重要的问题。

## 18.4　辐射危害

在本节中，将会仔细探讨与放射性同位素生产的不同阶段有关的危害和控制危害的方法，以及使工作人员接受的辐射剂量保持在可合理达到的尽量低水平的方法。18.4.1 节将简要总结提示控制内照射和外照射放射危害的方法。

### 18.4.1 辐射与污染

辐射与污染的危害可能存在于放射性同位素生产的每个环节。为控制工作人员接受的外照射剂量保持在可合理达到的尽量低的水平，必须对辐射危害加以控制。为防止摄入放射性物质，必须对污染的危害也加以控制。表 18-7 提示辐射类型是如何影响内照射和外照射危害的。注意，中子源的生产可能涉及非密封 α 源的操作。

表 18-7 辐射类型对内、外照射危害的影响

| 辐射类型 | 外照射 | 内照射 | 辐射类型 | 外照射 | 内照射 |
|---|---|---|---|---|---|
| α | 无 | 严重 | γ | 严重 | 轻 |
| β | 中等 | 中等 | 中子 | 严重 | 严重 |

### 18.4.2 外照射危害的控制

外照射源的辐射剂量取决于以下几个因素：

(1) 辐射源的剂量率。剂量率取决于源的活度、释放射线的种类和能量。α 粒子在空气中射程非常有限，穿透能力很差，因此它不产生外照射的危害。β 粒子会产生较高的浅表或皮肤剂量。中子和 γ 辐射具有产生强的深部剂量的能力。γ 放射性核素的剂量率用 γ 射线剂量率常数来计算(在距离 1GBq 的源 1m 处的剂量率，单位：$\mu Sv \cdot h^{-1}$)。对中子辐射剂量的估算在以后讨论。

(2) 照射时间。如果知道或者估算出照射时间，通过测量或根据已知的剂量率，能估算出可能的辐射剂量。通过控制在辐射场中的时间，就能控制工作人员接受的辐射剂量。

(3) 离放射源的距离。根据反平方定律，一个点源的辐射剂量率取决于辐射源的距离。从这个定律可知，点放射源的剂量率与放射源到物体的距离的平方成反比。以下方程用来计算离放射源不同距离的辐射剂量率：

$$R_1 d_1^2 = R_2 d_2^2$$

式中：$R_1$——离点放射源距离 $d_1$ 处的剂量率；

$R_2$——离点放射源距离 $d_2$ 处的剂量率。

(4) 屏蔽或源周围材料对辐射的防护程度。表 18-8 列出了合适的防护材料。

表 18-8 合适的防护材料

| 辐射种类 | 推荐的防护材料 |
|---|---|
| α 粒子 | 无 |
| 低能 β 粒子 | 无 |
| 高能 β 粒子 | 铅包裹的有机玻璃 |
| X 和 γ 射线 | 混凝土、铁、钨、铅、铀 |
| 中子 | 混凝土、水、聚乙烯、硼酸石蜡 |

减少剂量率所需要的屏蔽厚度可以采用 1/10 值层或半值层法(把剂量率降低到未屏蔽值的 1/10 或 1/2)计算。表 18-9 给出了一些核素的半值层(HVL)和 1/10 值层(TVL)的数值。

表 18-9 几种γ辐射源的 HVL 和 TVL 值 cm

| 辐射源 | HVL | | TVL | |
|---|---|---|---|---|
| | 混凝土 | 铅 | 混凝土 | 铅 |
| $^{226}Ra$ | 6.9 | 1.66 | 23.4 | 5.5 |
| $^{60}Co$ | 6.2 | 1.20 | 20.6 | 4.0 |
| $^{137}Cs$ | 4.8 | 0.65 | 15.7 | 2.1 |
| $^{192}Ir$ | 4.3 | 0.60 | 14.7 | 2.0 |

### 18.4.3 内照射危害的控制

一些很少量的放射性污染造成的外照射危害并不严重，但可能产生相当大的内照射危害，记住这一点非常重要。放射性物质可能通过吸入、食入、皮肤吸收或者通过伤口等方式进入人体，一旦进入人体，这些放射性物质会与人体组织紧密接触，直到它们被排泄出体外或者自身衰变为止。(有效半减期是指人体内的放射性物质的量通过自身衰变以及人体排泄减少到原来的一半所需要的时间)。α 放射性核素如镅-241 或钚-239 造成的危害尤其严重，因为它们释放出的 α 粒子在组织内的射程很短(微米数量级)，并能将其所有能量都沉积在很小的体积内。因此，α 粒子对组织的危害非常大，以至于被照射后的人体细胞无法修复。控制内照射剂量的最好办法就是防止放射性物质进入人体，这意味着通过以下方法的组合最大程度减少工作场所中的放射性污染：

(1) 尽量减少操作的放射性物质的量。

(2) 使用实体控制，例如使用手套箱和热室包容放射性物质。

(3) 利用管理方法，例如场所分区和本单位的规章制度。

污染危害程度的评估是通过测量表面和气载污染，然后与放射性核素年摄入量限值(ALI)(或导出空气浓度(DAC))和导出限值(DL)(对表面污染而言)比较而得到的。以下给出了这些术语的定义：

(1) ALI 是指如果参考人摄入放射性核素，其受到的待积有效剂量等于国际放射防护委员会(ICRP)推荐的辐射剂量限值的 B 量。

(2) DAC 是指在能导致一个工作人员一年吸入 1 个 ALI 的空气中的放射性核素的浓度($Bq \cdot m^{-3}$)。

对于某种给定的放射性核素和摄入途径，通过计算单位摄入量(剂量系数)产生的待积有效剂量，可以计算得到 ALI 和 DAC 的数值。剂量系数可从国际放射防护委员会 68 号出版物或国际原子能机构的基本安全标准中得到。

表面污染的导出限值以 $Bq \cdot cm^{-2}$ 表示。它是考虑到通过皮肤污染、吸入或食入某种特定的放射性核素产生的最高潜在剂量，然后和相关的剂量限值对比确定的。导出限值在国际上没有定义，但由于它的重要性，在使用这个概念前需要在所在的国家或洲定义这个概念。

## 18.5 与放射性同位素生产有关的危害控制

在放射性同位素生产的每个阶段中都存在着辐射和污染危害。图 18-6 显示了制靶、包装和运输的各个阶段，废物的处置和回收利用在过程的最后阶段。但应记住，放射性废物产生于生产过程的每个阶段。

### 18.5.1 制靶和辐照——有哪些危害？

在制靶过程中产生的辐射危害是非常小的(如果是铀靶，那么制备过程中可能会出现低水平的辐射和污染)。但是，在制靶阶段采取的措施，会对后续阶段的放射危害产生较大的影响。在辐照过程中和辐照后可能存在以下辐射危害：

(1) 高剂量率的外照射，因为：

① 靶核的辐照。

② 靶材料中杂质的辐照。

③ 反应堆、加速器系统和靶组件的某些部件不可避免地受到辐照。作为靶核辐照的副产品而形成的放射性核素称为活化产物。活化产物的例子有 Co-60、Cr-51 和 Fe-59(从铁的成分)，Al-28(从罐或台架组件)，Ar-41(从空气)的生产。

(2) 污染，是由于：

① 松散物质的辐照(如尘埃或气体)。例如，罐外铀的污染来自裂变产物 I-131、Mo-99、Kr-85m、Xe-135。

② 靶材料的意外扩散。

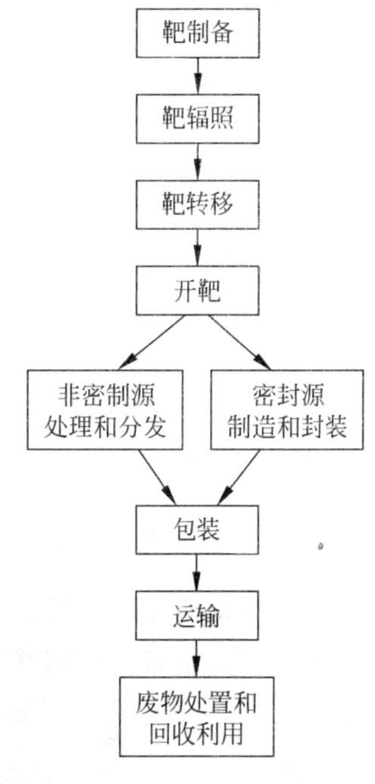

图 18-6 放射性核素生产的步骤

### 18.5.2 制靶与辐照危害的控制

可以通过以下措施控制高的外照射剂量率。

(1) 靶材料中杂质的最小化

① 放射性杂质提高了辐射水平，同时也意味着更多的处理，因此需要操作更多的放射性物质。

② 最终放射性药物产品中的杂质，也会导致病人的辐射剂量增加。不希望的放射性物质可能导致不满意的成像效果，从而导致过程的重复。

(2) 选择适当的罐体材料和罐体设计

① 靶的罐体材料和罐体设计必须根据罐在辐射条件下的性能和运输到处理实验室的机械进行选择。

② 如果靶的罐体材料被活化，它必须具有短的半衰期，并且具有合适的机械性能降低损坏的风险。铝和钛是较好的罐体生产材料。

(3) 在辐照过程中，防止进入靶的场所

① 在辐照期间，加速器系统的部件被活化。一般来说，这些放射性物质的半衰期较短，使用联锁装置可以使进入维护推迟几小时或几天。

② 反应堆中靶区域不能接近。

通过采取以下措施可使污染最小化：

(1) 在辐照前，彻底清洗靶容器的外表面残留在罐外部的物质在辐照时会污染辐照设备，可能导致主要冷却回路的污染，并且可能产生放射性气体副产物。

(2) 排出靶区域周围的空气以控制活化的萃取物

① 在辐照装置和通风系统中，被活化的空气向工作环境释放 Ar-41 放射性气溶胶或通过烟囱向环境释放。作为惰性气体，Ar-41 仅仅是一种具有外部危害的气体。它的半衰期为 1.8h，因此，在打开罐体前延迟对该气体的释放，可以降低释放的放射性活度。

② 对于用重水作为慢化剂的反应堆，含氚的水蒸气也会从反应堆释放到工作环境或通过反应堆的烟囱释放。氚是一种低能 β 射线发射体。但是，含氚的水一旦通过皮肤渗透或吸入的方式进入人体，会与人体内的水混合造成全身均匀照射。

(3) 选择适当的罐体材料来保证罐的完整性

被损坏的靶罐可能破裂或交叉污染其他产物，或将放射性物质释放到工作场所。

## 18.5.3 靶的运输过程的危害控制

辐照过的靶通过风力运输、气体管路(对于加速器内的气体产物)，或者使用带屏蔽的容器(图 18-7)进行运输。把这些靶传输到具有屏蔽的热室中打开。

图 18-7 运输放射性物质的屏蔽容器

运输过程的主要危害是外照射。当往返运输经过的时候，剂量率会突然增加。在传输系统中靶罐可能成为外照射的危害。

可通过以下方法的组合控制此危害：

(1) 延迟和衰变。当靶罐被辐照的时候，靶材料和罐体都被活化。起初，罐材料比靶材料本身具有较大的放射危害。延迟和衰变可用来降低被活化的靶罐的辐射危害。应注意到，延迟和衰变能降低被活化的罐体的辐射危害，但罐体中的靶材料的半衰期较长，具有高的剂量率。通常，反应堆具有特殊的靶延迟和衰变系统或联锁装置防止在超过期望剂量率值时转移靶。

(2) 屏蔽。需要根据剂量率、使用频率和区域停留，对气动传输路线进行屏蔽。

(3) 为了降低靶材料粘附的风险，在一个传输系统试运行时进行设计和测试。

### 18.5.4 打开靶罐时的危害控制

打开靶罐的时候，存在污染危害(表面和气载)和辐射危害。污染危害来自疏松的放射性物质(如粉尘)，或气体副产物如放射性碘或在制备裂变产物钼时产生的惰性气体。

在打开靶罐的时候，将靶置于合理设计的装置中。该装置具有远距离操作功能，提供足够屏蔽，可利用实体屏障容纳污染物，能在负气压下操作，具有合适的过滤系统和排放口/烟囱的通风系统，这样可使这种危害得到控制。一般，靶罐在一个特定设计的具有屏蔽的热室中打开。图 18-8 展示了典型的具有屏蔽的远程操作的热室。

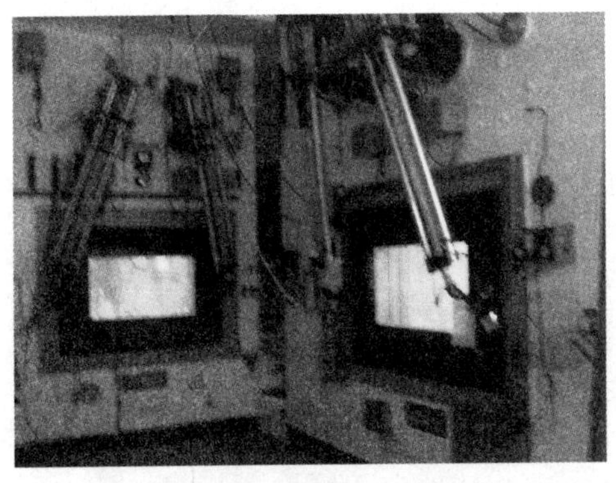

图 18-8　在热室打开靶罐

### 18.5.5 处理非密封放射源的危害控制

辐照过的靶通常在热室中进行处理，产品通常是液体。接着，被运送到其他热室、手套箱或通风橱进一步处理或分装，这个过程也需要取样进行质量控制检验。这部分放射性同位素生产被认为是最难控制的，因为各个处理步骤要求液体在处理设备之间频繁传输。辐射和污染危害可能由于以下任意一个原因产生：

(1) 每个阶段的放射性产物。

(2) 加工或处理过程中产生放射性固体、液体和气体废物，需要对这些废物进行适当的隔离和管理。

(3) 在热室、手套箱、通风橱和实验室发生放射性洒漏。

(4) 污染通过传递通道、通风系统、被污染的杯子、手套、拖鞋以及对产物和废物的不正确操作转移。

表 18-10 简要列出了在处理和分装非密封源时可能出现的放射性污染源。

放射性同位素的生产装置设计时要能控制表面和气载污染，并把工作人员与放射源屏蔽起来。

通过以下措施来控制危害：

(1) 在有屏蔽的热室里工作，使用远程操作。

(2) 使用带有屏蔽的传输系统。

(3) 尽可能多的包容(热室、手套箱)和自动处理。

(4) 为储存仓库和过滤室提供屏蔽等。

表 18-10　污染总结

| | |
|---|---|
| 污染危害 | • 洒漏/材料操作<br>• 表面污染的转移<br>• 被污染的罐、手推车<br>• 被污染的手套、实验服、鞋等<br>• 废物 |
| 气载污染 | • 气体/蒸气副产物<br>• 泄漏或者设计较差的通风系统<br>• 表面污染的重新悬浮<br>• 未包容的挥发物(例如放射性碘)<br>• 处理失误/事故释放 |

(5) 精心设计和规划工作区域,鼓励流水线的生产方式,减少生产的每个阶段的移动量。

(6) 被污染的系统保持负压。

(7) 过滤热室和手套箱的废气。

(8) 设置控制区和监督区。

(9) 定期监测工作环境和人员。

(10) 执行日常工作和事故(如洒漏)的记录系统。

图 18-9 展示了用来生产放射性药物例如 I-131 和 Tc-99m 的热室。这是一排内部连接的热室,使产物从一个热室转移到另一热室。在一个热室的末端有一个传递通道。这些热室维持在负压,提取物在卸料前将通过高效粒子过滤器与活性炭过滤器。

手套箱可用来生产 β 放射性同位素,例如 P-32、Sr-90 和 Y-90。图 18-10 所示为改进的手套箱,在手套端口安装操作工具和屏蔽罩,控制操作者的辐射剂量。

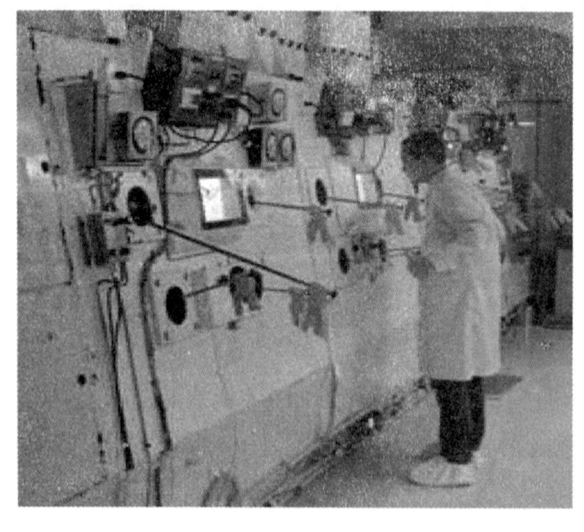

图 18-9　联排热室

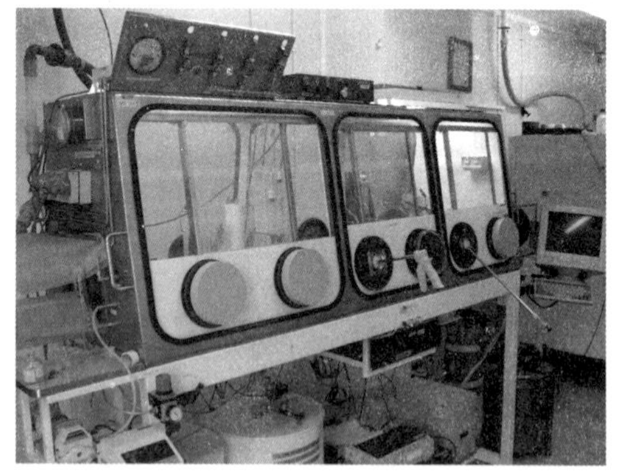

图 18-10　生产高能 β 核素的手套箱

对于一定量 γ 放射性核素的制备,手套箱是合适容器。图 18-11 展示了用来制备碘-123 的手套箱。在手套箱内局部位置安装一些铅玻璃屏蔽,以减少人体受到的辐射剂量。

图 18-11　生产碘-123 的手套箱

**当心！** 在热室和手套箱里面可能产生非常大的污染，这导致污染转移到工作区域的更大风险。而且，手套箱内的高水平污染也可能导致不可接受的肢端剂量。放射性同位素生产实验室除了辐射危害外，还存在许多其他危害。其他的危害，如化学、电、微生物、机械、物理、锋利的刀刃、火灾、非电离危害等，也必须控制。

## 18.5.6　生产密封放射源的危害控制

与非密封的放射性药物相比，由于放射性核素不需要高纯度标准，也不需要标记程序，因此密封放射源的生产步骤少。由于产物在不同地点之间传输较少，因此，控制放射危害要容易得多。

最终产物通常呈固体状态(但可能是压缩粉末)，并被包壳(通常双层包壳)密封放射性物质。

需要对密封放射源进行泄漏测试。危害水平取决于被处理物质的活度。图 18-12 列出了一些密封放射源的应用以及放射源的种类和相应的危害水平。

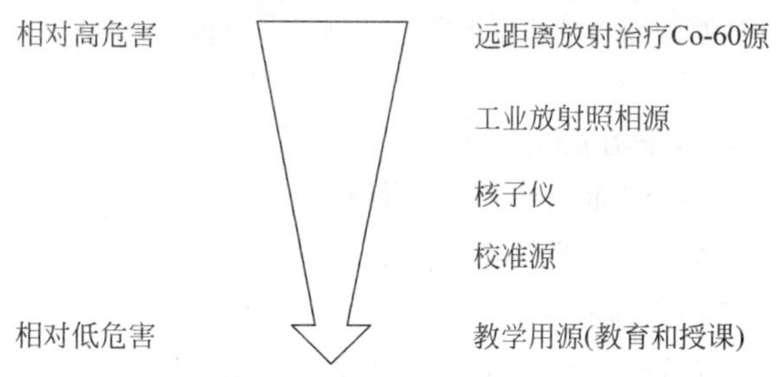


图 18-12　密封放射源及其相关的放射危害水平

在生产绝大多数工业放射源时，主要危害是外照射。当密封放射源从热室或其他容器移走时，可能存在污染。

(1) 辐射危害可能由以下原因产生：

① 从操作孔、夹具把手以及屏蔽薄弱的地方产生 γ 辐射。

② 当热室的顶盖打开时出现天空反散射，工作人员离开热室会处于更高的辐射场中。

③ 去污过程中产生固体废物(塑料板、丢弃的手套和清洗材料)。

④ 泄漏测试失败后产生的废液。

(2) 污染危害可能由以下原因产生:

① 放射性 Co-60 热粒子。

② 在热室或手套箱外转移放射源。

③ 转移固体和液体废物。

④ 在制备 α 源和中子源的时候处理 α 放射源。

⑤ 在通风橱或工作台制备低活度的放射源。

(3) 危害控制的方法由放射源的种类所决定:

① 生产远距离放射治疗的 Co-60 放射源,需要特殊设计的热室设备和远程操作。热室需要能进行金属车床加工、焊接包壳和泄漏测试。液体和固体废物需要存放在具有特殊屏蔽的储存容器内。除了高剂量辐射外,放射性 Co-60 颗粒具有潜在危害,因此必须采取污染控制措施,防止丢失的放射性物质进入工作区域。

② 生产工业放射照相源需要在特殊设计的、类似生产 Co-60 源的热室里进行。

③ 生产工业核子仪的放射源需要在屏蔽容器内进行,热室用于生产 γ 源和中子源,手套箱里可生产低活度的 β 放射源。

④ 生产校准源或培训的密封放射源,比用于工业或医疗的放射源的活度水平低得多。制备过程涉及把液体分散到底物上面,如果放射性活度足够低,可以在手套箱、通风橱或者开放的工作台进行操作。这可能会产生表面污染,需要对表面采取定期污染监测。

⑤ 生产烟雾报警器的 α 放射源由于活度和外照射水平较低,可在手套箱进行操作。

### 18.5.7 包装和派送时的危害控制

包装涉及准备产品和运输要求的文件,将产品包装在被批准的容器内并采取措施保证遵守运输规定。这也可能涉及装车,并将其运到机场。

包装过程中的主要危害是外照射。工作人员随着工作时间延长,辐射剂量可能升高。在产品包装前,必须仔细进行表面污染的检查,以保证任何打开包装的人都不会受到污染。包装工作人员不应该受到污染危害。

外照射危害可以通过以下方法进行控制:

(1) 在开始包装前,准备书面文件和包装材料。

(2) 在等待包装的时候,产品要储存在屏蔽区域。

(3) 使用有屏蔽的传输系统传输产品。

(4) 尽可能自动测量运输指数、擦拭测试和其他包装活动。

由于运输规定限制了放射性活度和剂量率,以及特殊设计的批准包装,因此,可使运输工作人员接受到的辐射剂量最小。

### 18.5.8 废物处置和回收的危害控制

废物的处置和回收包括放射性同位素生产过程中产生的废物管理,不再使用或超过推荐使用寿命而返回的放射源管理,以及发生器和核子仪盒等的回收。

(1) 辐射危害可能由以下原因产生:

① 处理固体和液体废物。

② 处理返回的放射源。为了防止放射性事故,放射性同位素生产者有责任接收由他们生产并提供给顾客的那些长寿命的闲置放射源。

③ 不正确储存废物和返回的放射源。

④ 返回的“空”核子仪盒,后来发现含有一个放射源。

(2) 污染危害可能是由以下原因产生的:

① 处理固体或液体废物。

② 废物或返回放射源的不正确储存。超过推荐使用寿命的返回放射源可能泄漏放射性物质。镭源特别容易发生泄漏,是一个长寿命的潜在污染源。

③ 处理回收的材料。放射性同位素发生器和铅罐可能被污染。核子仪不容易被污染,但如果它们含有贫铀,那么在机械加工或剪切的时候产生污染问题。(另外需注意到:在机械加工或剪切的时候产生的热量可能导致铀的燃烧。)

④ 对返回放射源的不正确处置。

⑤ 液体和气载废物的无控制释放。

执行废物最小化措施将会使放射性危害最小化。实验室应该建立废物管理系统,鼓励根据活度和半衰期对废物进行分类。

(3) 可以通过执行以下措施来控制辐射危害:

① 如果剂量率高,使用具有屏蔽的容器储存和运输废物。图 18-13 展示了一个运输裂变钼产生废液的屏蔽容器。

② 在人口密度低和具有足够屏蔽的区域储存返回的放射源。

③ 如果必要,在热室处理返回的放射源。

④ 小心检测返回的“空”的核子仪。

图 18-13 运输废液的屏蔽容器

(4) 污染危害可通过采取以下措施来进行控制:

① 在密闭设施中对废物进行操作和处理(根据放射性危害水平,选择在热室、手套箱或通风橱等中进行操作)。

② 在返回放射源处理前进行擦拭测试。

③ 在处理和回收前对返回的发生器、铅罐和核子仪进行监测。

④ 通过监测识别含有贫铀的核子仪容器，并不被送到废金属切割场。

⑤ 根据规定选择安全的途径处置闲置的放射源。

⑥ 液体和气载废物的排放必须遵守审管部门的规定，使用公众剂量约束设置排放限值。

## 18.6 剂量的估算

可以应用剂量率(测量值或估算值)和照射时间，估算工作人员可能受到的外照射剂量。通过控制时间、距离和屏蔽等措施，可以确保辐射剂量达到合理的尽可能低水平。理解时间、距离和屏蔽等因素如何影响工作人员受照剂量非常重要，因为这能让工作人员控制他们的受照剂量，并强调在所有时间内必须遵守程序。

已经在18.4.2节外照射危害的控制中介绍过如何估算γ剂量率(利用γ射线剂量率常数)和如何使用时间、距离和屏蔽(半值层与1/10值层)来控制外部外照射剂量。可以利用估算污染水平和每种摄入类型的剂量系数(见18.4.3节，内照射危害的控制)来估算工作人员潜在的内照射剂量。工作人员必须清楚控制污染和防止摄入放射性物质，这点非常重要。

### 18.6.1 β辐射剂量

在制备一些放射性同位素时候可能需要操作β放射源，对肢端和皮肤造成高剂量照射。

**1. 皮肤剂量和β射线能量**

**记住**：β放射性核素发射β粒子的能谱从能量0到最大值，平均能量约为最大值的1/3。最高能量为257keV的β粒子(钙-45)，会被约为0.6mm的塑料完全吸收(比典型注射器用的塑料的厚度小)，但从钇-90发出的β射线则需要10mm的塑料才能完全吸收。

皮肤剂量在0.07mm深度处测得，这相当于皮肤基底层的平均深度。只有能量高于70keV的β粒子能穿透皮肤的保护层。

**2. 皮肤剂量的估算**

β放射源的输出可用距离放射源1cm处的剂量率来描述。在这个距离(能量大于70keV)，剂量率随β能量的变化很小。根据经验方法，在距离放射性活度为$A$ (MBq)的β源1cm处，皮肤的当量剂量率($H$)由以下公式给出(忽略空气和自身衰减)：

$$H\ (\mathrm{mSv \cdot h^{-1}}) = 80A$$

这个公式在估算距离β放射源较近位置的剂量率时非常有用。但在距离β放射源更远的位置，使用这个公式就必须要谨慎了。表18-11给出距离活度1MBq的点源30cm处，以及接触50mL玻璃烧杯装有1MBq的20mL溶液的皮肤剂量率(用经验公式计算)。这些计算考虑了辐射在空气中的衰减。

**当心！** 这些辐射剂量率不包括韧致辐射，韧致辐射对于高能量β射线源特别显著。

**表 18-11 活度 1MBq 纯 β 源造成的皮肤剂量率**

| 核素 | β射线最大能量/keV | 离点源 30cm 处的剂量率 /(μSv·h$^{-1}$) | 接触 50mL 玻璃烧杯的剂量率# /(μSv·h$^{-1}$) |
|---|---|---|---|
| P-32 | 1710 | 120 | 1.7 |
| Y-90 | 2284 | 108 | 139 |
| Sr-90 | 2284* | 204 | 139 |
| Ca-45 | 257 | 0 | β射线被玻璃吸收,轫致辐射明显 |

参考文献：Radiation Protection Dosimetry, Radionuclide and Radiation Protection Data Handbook, 2002.

* Sr-90 是 Y-90 的母核。在 Sr-90 源中,Sr-90 和 Y-90 处于平衡。最大能量(2284keV)对应于 Y-90 放射出的 β 粒子。Sr-90 释放出的 β 射线能量为 546keV。

#烧杯能屏蔽低能量的 β 射线,2mm 的玻璃可全部吸收能量低于 1000keV 的 β 射线。

**注意**：多数 30cm 处的皮肤剂量率值在 100μSv·h$^{-1}$左右。但是,对于 Sr-90 这个值扩大了 1 倍,在 200μSv·h$^{-1}$左右。上面解释过,这是因为 Sr 和 Y 处于平衡状态,Sr 每衰变一次就释放出一个 β 粒子,Y 衰变也要释放一个 β 粒子。因此,在每个 Sr 原子放射性衰变的时候,会放出两个有效的 β 粒子。

## 18.6.2 溢洒物的外照射剂量

在制备非密封的放射性同位素实验室,可能会发生放射性物质的溢洒现象。放射性物质的溢洒通常被认为一种内照射危害,需要对其进行控制和包容,但对于高活度的溢洒,外照射剂量率可能成为一个问题。表 18-12 给出了污染为 1MBq·m$^{-2}$的溢洒的剂量率举例。这些剂量率分别是在 10cm(如果尝试清除的话,相当于手指的距离)以及 1m 处(这个距离约为地板到人体躯干的距离)。

当心！这些辐射剂量率不包括轫致辐射,轫致辐射对于高能量 β 射线发射体特别显著。

**表 18-12 活度为 1MBq·m$^{-2}$的无限面源的剂量率**

| 核素 | β/电子造成的皮肤剂量率 | | 光子造成的皮肤剂量率 | | 总的皮肤剂量率 | | 光子造成的深部剂量率 | |
|---|---|---|---|---|---|---|---|---|
| | 在 10cm 处 | 在 1m 处 | 在 10cm 处 | 在 1m 处 | 在 10cm 处 | 在 1m 处 | 在 10cm 处 | 在 1m 处 |
| P-32 | 140 | 48 | 0 | 0 | 140 | 48 | 0 | 0 |
| Ga-67 | 0.26 | 0 | 2 | 1.6 | 2.26 | 1.6 | 2 | 1.6 |
| Y-90 | 140 | 61 | 0 | 0 | 140 | 61 | 0 | 0 |
| Sr-90 | 220 | 61 | 0 | 0 | 220 | 61 | 0 | 0 |
| Mo-99* | 110 | 18 | 3.7 | 2.9 | 113.7 | 20.9 | 3.5 | 2.8 |
| Tc-99$^m$ | 0.23 | 0 | 9 | 0.54 | 9.23 | 0.54 | 8.5 | 0.51 |
| I-131 | 74 | 0.15 | 4.4 | 3.4 | 78.4 | 3.55 | 4.2 | 3.3 |

参考文献：Radiation Protection Dosimetry, Radionuclide and Radiation Protection Data Handbook, 2002.

* Mo-99 与 Tc-99$^m$处于平衡状态。

以上数据可以用来估算在去除溢洒物过程中可能受到的剂量,可以制定去除计划,使得受照剂量达到最小。

## 18.6.3 皮肤被污染的剂量

有必要估算皮肤被污染的辐射剂量。由表层皮肤污染的剂量主要由 β 粒子和电子造成,由光子造成的贡献只占很小百分比。表 18-13 给出了两种可能情形的皮肤污染的当量剂量率。一个来自广泛的均匀的污染(无穷薄),另一个来自面积为 $1cm^2$、厚度为 0.5mm 的小滴。在计算中假设污染没有穿透皮肤。

表 18-13 被污染皮肤造成的皮肤剂量率

| 核素 | 均匀污染/($kBq \cdot cm^{-2}$) | 0.05mL 的小滴/($\mu Sv \cdot h^{-1}$) |
|---|---|---|
| P-32 | 1890 | 1330 |
| Ga-67 | 351 | 4.17 |
| Y-90 | 2030 | 1350 |
| Sr-90 | 3510 | 1960 |
| Mo-99 * | 1890 | 996 |
| $Tc-99^m$ | 246 | 8.77 |
| I-131 | 1620 | 572 |

参考文献:Radiation Protection Dosimetry, Radionuclide and Radiation Protection Data Handbook,2002.

* Mo-99 与 $Tc-99^m$处于平衡状态。

### 18.6.4 中子剂量

中子剂量由中子注量($\Phi$)和能量决定。对于一个给定的注量,除非中子能量达到 100keV,剂量仍然很低。随着能量升高到 900keV,剂量逐渐增大。然后剂量保持大致稳定,直到能量达到 12MeV。剂量率取决于中子注量率和中子能量。中子注量率($\phi$)是在每秒内穿过单位面积的中子数。面积单位取 $1m^2$ 时,单位应该是中子个数每平方米秒($n \cdot m^{-2} \cdot s^{-1}$)。在辐射防护中经常使用平方厘米,因此单位采用 $n \cdot cm^{-2} \cdot s^{-1}$。根据经验方法,在中子有效能量 1~12MeV、注量率$\phi$($n \cdot cm^{-2} \cdot s^{-1}$)的中子场中,当量剂量率($H$)可以用以下公式计算:

$$H = 1.5 \times \phi (\mu Sv \cdot h^{-1})$$

(引自国际原子能机构,外照射造成的职业照射的安全评价指南,No. RS-G-1.3。指南给出了环境和个人的单位注量的剂量当量(pSv))。由于剂量率的测量单位通常为 $\mu Sv \cdot h^{-1}$,注量率的测量单位为每秒,因此,有必要把安全指南的数值乘以 $10^{-6}$(转化成 $\mu Sv$),而且把时间数值乘以 3600 使时间单位保持一致。表 18-14 给出了一些的中子能量的当量剂量率。

表 18-14 单位注量率的中子剂量率

| 中子能量 | 单位注量率的剂量率/($\mu Sv \cdot h^{-1}$) | 中子能量 | 单位注量率的剂量率/($\mu Sv \cdot h^{-1}$) |
|---|---|---|---|
| 1eV | 0.05 | 1MeV | 1.5 |
| 10eV | 0.04 | 2MeV | 1.5 |
| 100eV | 0.03 | 4MeV | 1.5 |
| 100keV | 0.3 | 12MeV | 1.7 |
| 200keV | 0.6 | 100MeV | 1.0 |
| 900keV | 1.4 | | |

中子源所提供的信息一般为中子发射率($Q$),单位是中子数/秒($n \cdot s^{-1}$)。中子放射源沿任何方向发射中子。需要在确定一定距离的剂量率前,计算在这个距离的注量率。既然中子注量率是每秒内穿过每平方厘米的中子数,由于半径为 $r$ 的球表面积为 $4\pi r^2$,距离为

$r$(cm)的注量率的计算公式为：

$$注量率\phi\ (\mathrm{n \cdot cm^{-2} \cdot s^{-1}}) = Q/4\pi r^2$$

**例 18-1**　计算离发射率为 $2\times10^7\ \mathrm{n \cdot s^{-1}}$ 的 Am-Be 中子源在 2m 处的注量率以及剂量率(平均的中子能量大约为 4MeV)。

**解**

$$注量率\phi\ (\mathrm{n \cdot cm^{-2} \cdot s^{-1}}) = \frac{Q}{4\pi r^2} = \frac{2\times10^7}{4\pi\ (200)^2} = \frac{2\times10^3}{16\pi} = 39.8\mathrm{n \cdot cm^{-2} \cdot s^{-1}}$$

$$剂量率\ H(\mu\mathrm{Sv \cdot h^{-1}}) = 1.5\times\phi = 1.5\times39.8 = 60\mu\mathrm{Sv \cdot h^{-1}}$$

## 18.7　辐射防护大纲

放射性同位素生产实践和设施需要一个有效、实用的辐射防护大纲。这个大纲应该强调所有层次的辐射防护和安全，鼓励个人的安全，在工作场所建立安全文化和各层次的管理。应该定期在质量管理系统下对这个大纲进行总结和改进。辐射防护大纲的目的是：

采用最优化保护工作人员和公众，为了：

(1) 避免或降低常规操作中的潜在照射。

(2) 减轻事故的放射学后果。

### 18.7.1　职责

在法规中，被授权者和注册者有责任建立和执行技术与组织措施以确保防护和安全。但是，他们不能一个人完成要求的所有事情，必须建立一个清晰的管理结构，明确规定每个人的任务和行动。应该建立以下方面的责任：

(1) 每个工作人员：负有责任遵循安全工作程序、监测他们的工作区域和对他们的工作场所的安全予以研究。

(2) 监督者/实验室管理者：负有责任遵守安全工作实践，对在工作场所的安全标准和提高安全和防护的方法等管理方面进行宣传、交流。

(3) 辐射防护人员：负有责任提出辐射安全建议(可能还具有此处列出的其他一些责任)。可能是辐射防护大纲的执行人。

(4) 负责人员(可以是实验室管理者)：负有责任保证放射源的安全与保安。

(5) 授权人员(可能是一个高级管理者或被授权者)：负有责任与监管当局交流，确保遵守授权的规定条件。

(6) 辐射安全委员会：是上述代表的一个组织，负责对放射性同位素整个生产过程中的实验室辐射安全进行总结，并提出建议。这个委员会直接向高层的管理者报告。

(7) 合格专家：负责对辐射安全和防护提供优化建议。合格专家可以是以上各类人员中的一个，或者从组织外部任命。

### 18.7.2　场所分区

一个放射性同位素生产设施包括以下区域：生产实验室、辐照装置、包装区、质量控制实验室、办公室以及员工设施。辐射防护大纲应当明确地给出工作场所和所要求的放射性危害控制水平。分区的办法应该建立在辐射评估结果的基础之上，并且考虑正常照射的可能水平以及意外照射的风险。潜在照射途径应当视为辐射评估过程的一部分。基于以下辐射条件对场所进行分区：

(1) 外照射危害的剂量率(实际的或潜在的)。

(2) 表面污染水平(实际的或潜在的)。

(3) 气载污染水平(实际的或潜在的)。

场所分为控制区和监督区。在18.4.2节外照射危害的控制和18.4.3节内照射危害的控制中，已经介绍了关于场所分区的知识。根据潜在的年剂量和剂量率(如果居留因子已知并可控制)，不管使用何种分区方法，ALARA原则始终是推动力。可以使用不同的颜色代码或者数字鉴别场所。许多国家使用交通灯的通用颜色用于他们的系统——红色表示控制区，橙色表示监督区，绿色或白色表示没有分区。可以进一步分区以区别只有外照射危害的区域(R1、R2等)和只有污染危害的区域(C1、C2等)。放射性同位素生产设施的一些区域不需要分区。在这些区域中，放射源的剂量率与污染危害水平足够低，确保在正常工作条件下，工作人员的防护水平能达到公众所要求的辐射防护水平，例如销售办公室、一般的行政区区域或车间等。

**1. 控制区**

控制区就是在正常的工作条件需要采取专门的辐射防护措施来控制照射或潜在照射的区域。专门的辐射防护措施包括工程控制，如辐射屏蔽、通风系统和联锁装置等。在放射性同位素生产实验室，除管理程序的一般要求与本单位的规定外，还应实施以下保护措施：

(1) 入口控制。只有那些经过足够的培训，懂得应用保护方法控制照射的人才能进入。参观者可以允许进入，但必须在具有足够培训的人员的直接监督下，并且完全清楚当地的辐射条件。

(2) 进入和离开程序。进口和出口必须清楚地标记出来，每个进入或离开此区域的人必须遵守进出程序。

所要求的程序种类取决于被划分为控制区的原因——是否存在潜在的放射污染或是否根据外照射剂量率分区。如果是仅根据外照射分区(例如密封放射源的储存)，那么这个程序可能仅要求剂量率的区域监测，使用个人剂量计如热释光剂量计，使用电子报警剂量计，登记进入的情况和接受的剂量。对于那些存在潜在污染的非密封放射源的区域，进、出程序要求使用连体工作服(风衣)、套鞋(或更换特殊的鞋)和手套等具有保护功能的衣服。同时，也要求每个离开此区域的人进行自身的污染监测，当他们发现皮肤或衣服被污染时，能够知道如何处理。在进、出口处需要一个更衣室：

通过层层隔离区分可能的污染区域；

洗手或淋浴设施；

个人或物件的监测设备；

存放个人衣服、被污染的防护服和设备。

图18-14显示了一个在控制区出口处设立的清洗隔离区和储藏柜。

图18-15展示了通过跨越式台阶和自动开关门(阻止通过此口出来)进入控制区。在图中，套鞋的储藏区域就在左边，风衣挂在边上的挂钉上。

图 18-14 清洗隔离区

图 18-15 控制区的进口

(3) 个人和场所监测。作为分区总结和评价保护措施有效性的一部分,需要定期对人员照射和工作场所的辐射状况进行监测。

**2. 监督区**

监督区是指那些不需要专门的辐射防护措施,但需要评价辐射状况的区域。这些区域可能是控制区的临近区域(尽管不一定)。监督区的辐射状况应当是员工可以容易地进入此区域,而不必通过复杂的进入程序。一个监督区需要满足以下要求:

(1) 在入口处设置监督区标志。

(2) 定期对工作场所或区域进行监测,来评价辐射状况。监测的目的是为了确认辐射状况是否变化和对临近控制区的控制是否中断。

表 18-15 列举了一些特定区域的可能分区。这些仅是例子而已,决定如何分区要结合实际和潜在的辐射状况的评价。

**表 18-15 分区举例**

| 控制区 | 监督区 | 非限制区 |
|---|---|---|
| 反应堆的卸靶区 | 控制室 | 行政办公室 |
| 开罐区 | 制靶区 | 非放射性实验室 |
| 加速器顶部 | 罐实验室 | 茶室 |
| 热室的前后 | 回收区 | |
| 生产实验室(医学) | 低活度 β 和 γ 源的制备 | |
| 生产实验室(工业) | 发送 | |
| 过滤器房间 | | |
| 质量控制实验室 | | |
| 放射源仓库 | | |
| 包装区域(除非自动) | | |
| 废物管理区域 | | |

### 18.7.3 局部规章和工作程序

局部规章描述了在控制区里需要遵守的程序，这个程序确保了工作人员、其他人和每个进入这些区域的人具有足够的防护水平。局部规章必须和工作人员协商，同时必须在工作场所可行。它们必须包含以下信息：

(1) 负责人的名字和详细联系方式；

(2) 此区域的潜在危害；

(3) 场所和个人监测的要求；

(4) 人员衣服和设备的要求；

(5) 在遇到溢洒、通风失灵、辐射报警或其他事故时如何处理；

(6) 在火灾或其他紧急情况时如何处理。

工作程序和指令要描述工作人员如何完成特定任务。它们应该指导工作人员在他们工作的特定区域显示危害警告标志。它们也包括必要的安全检查(如剂量率或污染水平的监测)，以及如果检查表明异常情况时必须遵守的清晰指令。被认为异常的污染水平、剂量率或剂量数值以及需要采取的行动必须包含在工作程序和指令或局部规章中。

### 18.7.4 工作规划

同位素生产实验室和一个需要满足生产进度和交货期限的工厂环境非常相像。这里的很多工作都是常规的(虽然也有一些有生产装置的研究实验室)。新的医用放射性同位素和新工艺经常出现在现有的设施中。另外，还有常规(或非常规)的维护工作。所有这些都需要规划和控制，使照射保持在可合理达到的尽量低的水平。这些规划需要由设施的管理者来完成，也包括辐射防护人员。应该考虑回答以下问题：

(1) 是否可以从以前完成的类似工作中得到任何信息？

(2) 有多少员工？是些什么人？完成这些工作需要多少时间？

(3) 工作场所的剂量率是多少？

(4) 场所是否存在其他活动影响放射性危害？

(5) 放射污染是否可能成为一种危害？如何控制？

(6) 需要什么准备？例如，工厂隔离是否需要脚手架？谁负责这些准备工作？

(7) 需要什么工具、防护服或者设备？谁负责获得这些设施？

(8) 如何监督和控制这些工作？

(9) 是否会产生放射性废物？如何管理？

(10) 是否存在非放射性危害？如何控制？

(11) 每个员工是否需要培训？

工作规划的文件可能是安全评估形式(对于新过程或总结正在运行的过程)或是辐射工作许可证形式。辐射工作许可证对工作规划和控制工作是很有用的，例如维护对那些不经常在实验室工作、对辐射状况不是熟悉的人很有用。它们可以提供工作场所的辐射剂量率和污染水平的信息，并对具体工作给出个人照射剂量约束值。

### 18.7.5 辐射监测

辐射监测意味着不仅采取放射性测量手段，而且解释它们，并用来估算危害和控制照射。监测的目的是为了证明防护的方法是足够的。利用辐射监测能估算工作人员的照射剂量，并证明它们符合监管要求。辐射监测结果可用于评价区域划分和跟踪辐射状况的改变。

辐射监测分为以下三种：

(1) 常规监测　作为日常工作的一部分，用来证明控制程度足以满足监管规定。

(2) 任务相关的监测　应用到具体的操作之中，为做出与安全相关的决策提供数据，或作为最优化程序的一部分。

(3) 特殊监测　通常作为事故或非正常照射之后调查的一部分，或者作为新设备的试车或辐射情况发生较大改变后的一部分。

以上这些类型还可以再细分成工作场所监测和个人监测。

监测计划应该作为质量管理系统的一部分。应该定期总结这些程序和技术性能并不断改进。

**1. 工作场所监测**

工作场所的监测涉及在工作环境下监测辐射状况，通常包括以下量：

(1) 外照射剂量率；

(2) 表面污染；

(3) 气载污染。

在控制区，常规监测的频率取决于该区域辐射状况的稳定性。在多数生产实验室辐射状况变化很快，如当生产进行时质量控制的样本取样和测量后产品从生产区域转移到包装区域。便携式的测量设备配合连续的固定式监测设备，应该安装 $\gamma$ 监测器和带有报警的空气采样器，在不正常剂量率和空气污染水平下向工作人员发出警告。当制备中子源时使用中子剂量率仪，而在操作 $\alpha$ 发射体时使用 $\alpha$ 探测器。在工作人员的居留区域进行监测得到对控制工作人员照射的有用信息。作为过程控制的一部分，需要在其他区域监测辐射，如临近过滤器单元。在监督区，需要采取临时的监测计划，来证实辐射状况没有发生改变，同时这也是评述分区的一部分。

任务相关的监测：执行任务相关监测是进行个人剂量评估或者过程优化的一部分。便携式监测仪的结果可以补充电子式个人剂量计的结果。监测剂量率或污染水平是评估过程或工厂改变的潜在影响的一种方法。什么时候适合进行任务相关监测的举例，包括在辐射屏蔽改变之后，在特定核素的生产速率提高之后，或引进了新的产品等。

**2. 个人监测——外照射**

外照射剂量的个人监测目的是为了估算有效剂量和肢端、皮肤和眼晶体的当量剂量。辐射防护大纲应当指出所需要的剂量计种类以及如何佩戴和佩戴位置。在放射性同位素生产的控制区，工作人员的常规个人监测需要使用个人剂量计，如热释光剂量计，能同时监测贯穿辐射和非贯穿带辐射。如果剂量计被证明具有方向差异，并且工作区域的辐射场在方向上经常变化，那么需要佩戴多个剂量计。个人剂量计的佩戴时间由工作场所的外照射危害决定，在放射性同位素生产装置，一个月或者两个星期的佩戴时间比较合适。电子式个人剂量计的日常使用鼓励工作人员了解辐射状况，同时采取措施以控制他们的照射剂量。在事故或非正常照射后，电子式个人剂量计的记录结果对获得与时间相关的数据是非常有用的。

**注意**：对弱贯穿辐射（如低能光子或β辐射）占优势的辐射场或脉冲场、中子场，电子式个人剂量计可能会提供错误的结果。

生产中子源的工作人员需要进行中子剂量常规监测，除非可以证明在工作人员受到的总剂量中，只有很小的份额来源于中子源的制备。评价中子剂量需要知道工作人员受照的中子能谱。一般来说，中子个人监测仪的检测限要高于γ个人监测仪的检测限。

在工作人员操作放射源时，如果手部的潜在剂量远高于全身剂量时（至少 10 倍），应使用肢端剂量计。通常这只适用于处理β发射体的工作人员，在手套箱里操作β发射体时需要佩戴肢端剂量计。在操作γ放射源时需要进行短时间的特殊监测，证明工作人员受到的肢端剂量与全身剂量可以比较，潜在剂量只占限值的很小份额。

电子式个人剂量计通常用于任务相关监测中，它可以用来确认工作人员剂量的主要贡献者，以达到工作人员的剂量优化目的。在某些情况下，当需要记录一个与任务相关的法定剂量时，可以使用热释光剂量计用于任务监测，如维修加速器或为了剂量估算再现事故场景。手部是人体最容易被污染的部分，个人皮肤污染的监测是人员离开控制区的一部分程序。

**3. 个人监测——内照射**

生产非密封源或涉及生产过程中废液管理的工作人员，需要进行体内污染常规监测。监测的类型（全身、甲状腺、生物样品分析）和频率取决于受照的放射性核素的性质以及工作场所的污染水平。如果工作人员只生产有效半衰期短的放射性核素，那么通过工作场所的监测结果来估算工作人员的摄入量是比较合适的。工作场所的污染水平，可提供数据帮助确定监测的频率。正常频率为每个月一次或四个星期一次。

任务相关的监测一般不监测体内污染，除非工作场所的污染水平监测表明防护措施失效。对于一种新的操作应该采取特殊监测，但不必长期如此。总结监测结果，可能发现控制措施足够可信，工作场所的监测可以代替个人监测。一个事故发生之后，可能使工作人员摄入放射性物质，需要采取特殊监测。

**4. 环境监测**

环境监测通常包括在环境管理计划中而不是在辐射防护大纲中。它提供的数据要确保液体和气载物排放遵从废物处置和排放标准。它包括以下与放射性同位素生产实验室相关操作的辐射监测：

（1）液态流出物的储存和排放；

（2）检查通风过滤系统的有效性；

（3）气载流出物的确认和定量；

（4）监测豁免水平的废物，这应该在远离放射性同位素生产实验室的低本底区域进行。

### 18.7.6 调查水平和行动水平

对于任何监测的量，如工作场所的剂量率、污染水平和个人剂量，辐射防护大纲应该建立调查水平和行为水平。调查水平用来确认一个过程或工厂在发生重大危害之前存在的问题。行动水平是必须采取行动控制和降低危害的数值。一般而言，调查水平设置为年剂量限值的 1/20，行动水平设置为调查水平的 5 倍。这对个人剂量是合适的（虽然决定于监测周期和现有的剂量约束）。

按照以上指导方针，在放射性同位素生产实验室的控制区，剂量率的调查水平确定为 $0.5\mu Sv \cdot h^{-1}$ 不太现实（100%的居留因子）。在实际中，居留因子可能接近 50%（或更低），因此剂量率的调查水平仍然不切实际。同时，因为放射性物质在装置间转移时存在瞬时的高剂量率，测量生产实验室环境的平均剂量率也很困难，剂量率的调查水平和行动水平应当总结正常辐射状况之后决定。

如果将以上指导方针应用到气载污染，那么调查水平为 100DAC・h（相当 1mSv 的剂量），行动水平为 500DAC・h。在实际中，需要对工作场所任何可以监测的气载污染进行调查，这是因为通风设施密封垫圈的损坏，或挥发性废物不合理的储存，或者其他一些原因。对于多数可能的放射性污染，气载污染监测设备用 $Bq \cdot m^{-3}$ 标定。在这种情况下，行动水平具体为 DAC。这个行动应该在评价工作人员剂量的其他来源和产生气载污染的可能情形之后再决定。可以选择 5DAC 为合理的行动水平，假设行动需要从区域撤离，并且在几天之内水平可能接近 5DAC。（一个工作人员需要在 5DAC 污染的环境下工作 100h，才能接受 5mSv 的待积有效剂量）。表 18-16 举例给出了一些调查水平和行动水平。

**注意**：这些举例仅适用于特定情况。

**表 18-16　调查和行动水平举例**

| 指标 | 人员剂量 | | 场所剂量率（平均值） | | 气载污染 | |
|---|---|---|---|---|---|---|
| 调查/行动水平 | 调查水平 | 行动水平 | 调查水平 | 行动水平 | 调查水平 | 行动水平 |
| 数值 | 1mSv | 5mSv | $0.5\mu Sv \cdot h^{-1}$ | $3\mu Sv \cdot h^{-1}$ | 任何 | 100DAC・h |
| 条件 | 报告周期为 4 周 | | 监督区 100%居留率 | | 多数放射性污染物 | |
| 备注 | | | 瞬时高剂量率 | | 调查任何可能测量的气载污染 | |

表面污染的调查水平和行动水平比较难以确定。表面污染应该与审管机构建立起来的参考水平进行比较，例如导出限值。这些水平更多与管理标准而不是与防护标准有关，应该建立在日常操作中能达到的期望值水平。通常这些水平也作为行动水平和调查水平使用。通常，在地板、工作台或人体的任何松散污染需要采取行动和清理或覆盖它们。对于频繁或意外的污染需要进行调查。有一些原因需要纠正，例如工作方法欠佳、缺乏培训或缺少足够的设备。需要考虑对皮肤污染设立调查水平。第一步行动是皮肤去污，然后调查污染如何发生和估算皮肤受到的剂量。

## 18.7.7　培训

一个辐射防护大纲应该包括提供信息和培训。在放射性同位素生产实验室的工作人员，工作区域需要依靠工程和程序的控制对辐射危害进行有效控制。为工作人员提供危害性质方面的信息，并让他们懂得为什么需要控制危害以及如何控制，这点非常重要。本节提供了一个很好的关于辐射安全的综述，但这无法代替具体装置和工厂的信息和培训。

## 18.8 装置和实验室设计

在这节中将介绍在设计放射性同位素生产装置和实验室时需要什么样的规划步骤。将考虑与安全相关的物理量的设计准则。一个好的规划可以使操作得到优化，从而从工作人员和公众的剂量满足 ALARA 原则，并且可以更有效地工作。

### 18.8.1 规划步骤

以下列出规划过程的指导步骤：

(1) 明确装置的用途。装置是否只用于放射性药物的生产？是否生产包括 α 放射体的工业放射源？

(2) 明确管理者、工程师、安全人员和其他在规划过程中涉及人员的责任。

(3) 统一目标——包括生产和安全目标。例如，包括以下目标：

① 以一种安全、有效的方式生产放射性同位素；

② 为开发新产品提供足够的装置；

③ 提供保安装置；

④ 改进辐射危害的控制(特别是对现有装置改造进行规划)。

(4) 统一规划的原则。例如，应用以下原则：

① 便于工作人员的进出。

② 在工作区域建立合理的流程减少人员和产品的移动。例如在车间的一头进行靶的处理，转移到车间另一头进行包装和派送。

③ 提供足够的工作场所。

④ 尽量减少人工操作。

⑤ 将成品和其他区域隔离。

这是要思考的几个建议，在一些情况下可能并不适合。从安全角度出发，也可能存在其他要考虑的重要原则。

(5) 确定设施内进行什么操作，生产什么放射性核素，需要操作的活度水平(允许增加操作的类型和处理的活度)。

(6) 确认危害并作出初步的危害分析。这样能确认通过工程控制来降低的危害。需要考虑的危害类型包括电离辐射、污染(生物的和放射性的)、化学的、火灾、可燃性蒸气和气体、电的、机械的和物理的。评价危害需要考虑的主要事件包括：热室或手套箱污染物丢失、火灾、地震和人为错误。

(7) 找出需要什么样的许可，这些要求是否遵守实践的标准和规范。找出监管部门的要求来确定设计准则。请注意：生产放射性药物的设施会有特殊的要求。

### 18.8.2 设计准则

设计准则是一些过程控制或安全原因所要求的物理量的数值。与安全相关的设计准则包括以下物理量：

(1) 最大剂量率。这些值和居留因子有关。通常在屏蔽体外给出一个最大剂量率，从而计算出所需要的屏蔽厚度。例如,热室的墙外最大剂量率的设计准则为 $10\mu Sv \cdot h^{-1}$(注意监管部门的要求)。接触热室的顶部或底部剂量率可能高得多($150\mu Sv \cdot h^{-1}$),这当然取决于距离热室顶部或底部的高度。

(2) 热室的最大容量。这与热室处理的最强贯穿辐射的放射源的最大活度相关。例如,一个热室最大装载Co-60的活度为200GBq,利用这个数值和最大剂量率进行屏蔽设计。

(3) 空气交换速率。最小的空气交换速率设计准则的例子:工作区域内每小时空气交换10次,热室内每小时空气交换40次。在工作区域,空气从污染风险最低的区域流向污染风险更高的区域。

(4) 压力差。与危险较低的区域相比,那些具有重大潜在气载污染水平的区域需要保持负压。例如,热室内气体压力低于常压120Pa,在热室维护区域气体压力低于常压90Pa。热室的前区压力要相对高一些,可能低于常压40Pa。注意,这些数值只是提供一个例子,实际数值需要通风设计工程师考虑当地的实际情况来确定。

(5) 液体和气载流出物的排放速率。排放的许可由监管机构提供。授权和建议的操作应考虑到工厂设计,例如过滤、储存衰变池。

**记住**:应该考虑到其他一些非电离辐射的设计准则,例如气候控制、生物学控制、地震要求、火灾防护等。同时,也有建筑规范和良好制造规范等其他准则。

### 18.8.3 设备和区域

规划应该确定所需要的区域和设备,这点非常重要。具体的设计可以根据这些信息,结合合理的放射危害控制以及放射源的安全和保安进行。需要以下设备和区域:

(1) 制靶区,包括罐装和焊接区域。

(2) 靶的打开和处理实验室,如热室、手套箱、通风橱和生物安全柜。

(3) 起重机(普通实验室和热室的起吊)。

(4) 车间(非放射性的和其他维护潜在污染设备的区域)。

(5) 化学实验室。

(6) 质量控制实验室和样品储存室。

(7) 储藏室。

(8) 包装和派送区。

(9) 发生器返回和清洗区。

(10) 核子仪表返回和检查区。

(11) 废物储存区、储存衰变池、排污管线。

(12) 去污区。

(13) 清洁房。

(14) 区域屏障、更衣室。

(15) 通风和服务区。

(16) 行政办公室。

### 18.8.4 实验室设计的要求

设计实验室时需要考虑以下一些因素:

(1) 确定实验室的用途。它是用来生产γ密封源,还是α源或者中子源?它是用来生产β放射性药物的吗?

(2) 找出需要处理的放射性核素的量以及处理频率。

(3) 考虑所需要的设备,如热室等。

(4) 考虑如何控制辐射危害——密闭程序和所需要屏蔽的量。

(5) 考虑需要安装哪些监测设备来监测剂量率和气载污染。

(6) 确保设计中已经考虑了地板和和工作台面的辐射屏蔽。

(7) 确保工作人员具有足够的安全工作和移动的空间。

(8) 确保所有表面(墙、屋顶、地板、工作台面)采用无吸收并容易清洗的材料,并且不存在容纳污染的裂缝。

(9) 确保污染的积累达到最小。确保吊灯、管道和电线包在管道中。

(10) 确保充分考虑了屏障区域和更衣室的各种要求。有明确的进口和出口,并有足够的空间安装监测设备和洗涤设施,这些设计往往被忽略。同时,可能需要去除严重污染的设备。

(11) 确保具有合适的火灾报警器和消防器械。

以上列举的因素并不完整,也不是适用于所有实验室。但能引导读者的思考过程,进行更有效的规划。

## 18.9 应急计划和准备

在这节中介绍应急计划和准备。利用计划对事件和事故作出快速的响应,并减小事故造成的后果。计划包括以下步骤:

(1) 识别潜在的事故和事件。

(2) 危害评估。

(3) 获取应急设备。

(4) 建立书面程序。

(5) 培训和练习。

在这节内容中将介绍如何把相关的信息应用到放射性同位素生产实验室。应急响应计划的成员应该非常熟悉实验室的操作。计划应该包括所有利益相关者,例如实验室管理者、工作人员、应急响应者。

### 18.9.1 可能的事件和事故

以下举例给出了一些放射性同位素生产实验室的事件和事故:

(1) 洒漏——导致污染蔓延到控制区外。

(2) 火灾——导致控制区外和可能在厂址外的污染。

(3) 过程失去控制(设备失灵)——导致直接辐射或污染造成的非控制的照射,污染可能蔓延到控制区外。

(4) 通风失灵——例如,设备失灵可能导致控制区内或外的气载污染。

(5) 非屏蔽的放射源——可能是设备失灵或人为错误造成的结果,导致高剂量率。

(6) 放射源损坏——导致辐射和污染。

(7) 放射源丢失或被盗——可能导致非控制的照射。

多数的火灾可能是实验室最危险事故,实验室设计应包括火灾报警器及灭火装置(如洒水装置、气体排出、切断供气等)。显现放射源控制重大损坏的最尴尬事件,是放射源的丢失和被盗。因此,建立保安和设立有效的放射源台账能尽量避免此类事故发生。

### 18.9.2 需要的应急设备

应急设备应做到随时随地可取,以确保对事故或事件的响应不会延迟。但要谨记,一旦危险得到控制,应考虑到恢复阶段。例如,如果一个放射源从屏蔽体掉出来,该区域的剂量率上升,那么响应是将人员从该区域转移至低剂量区域。应该仔细设法将剂量率恢复到正常水平,从而使个人受到的剂量最小化。为通风、应急照明、火灾探测报警系统以及灭火系统提供备用电源的柴油发电机应该包括在设施中。应定期检查备用电源以确保其在紧急状况下能正常运作。若干设备应保持在实验室外易获取的位置,包括以下项目:

(1) 呼吸保护设备。

(2) 防护服——连体工作服、鞋、手套。

(3) 便携式辐射监测仪,包括电子式个人剂量计。

(4) 空气采样器和备用过滤盒。

(5) 移动屏蔽体——铅砖、铅丸包。

(6) $\gamma$ 能谱仪。

(7) 洒漏工具包,包括塑料片和去污材料。

### 18.9.3 防护行动

与放射性同位素生产实验室有关的事故或事件,可能的响应包括以下防护行动:

(1) 人员撤离设施。

(2) 为应急人员提供呼吸防护。

(3) 出入口控制。

(4) 皮肤及衣物的去污。

(5) 地面和器材的去污。

在场外一般不需要任何保护措施。但是,在发生事故,如重大火灾或通风失灵后,在设施周围进行辐射监测是必要的。

### 18.9.4 对具体事故或事件的响应

不可能对任何事故做出明确的响应,实际的响应取决于危险水平以及当地的条件。以下列出了制订计划时需要考虑的响应。

**1. 火灾**

在一场火灾中密封源应保留绝大部分的活度。重大火灾可能包含以下问题:

(1) 烟雾和水造成非密封源扩散。

(2) 屏蔽体损坏引起高剂量率。

(3) 消防队员对辐射危害不知情。

以下列出了火灾时可能采取的行动：

(1) 发出火警。

(2) 尽可能使放射源安全。

(3) 尽可能使得人员撤离该区域。

(4) 给消防队员提供辐射防护建议。呼吸设备和化学防护服能对放射性物质摄入和吸入提供高度防护。为消防队员提供电子个人剂量计。同时，确保消防队员知道当他们走出实验室时需要如何监测和去污。

(5) 实施环境监测以查明污染是否已经蔓延到了控制区以外。

**2. 密封放射源的损坏**

一个密封放射源的损坏可能由于火灾、腐蚀、错误使用或机械损坏等造成。可能与此事故相关的问题包括由于放射源包壳破裂造成的污染。如果损坏在到达实验室之前已经发生了(如返还的核子仪中一个损坏的放射源)，污染将超出实验室的边界。这种情况下，政府机构将参与进来。采取以下步骤响应损坏的放射源：

(1) 控制区域的出入口。

(2) 检查曾在污染区域工作的人员。

(3) 监测该区域的辐射剂量率。如果源的屏蔽已遭到损坏，可能需要使用局部的或移动式的屏蔽体。

(4) 监测被污染区域。从区域外边界开始向放射源移动，计划路径并了解剂量率。

**3. 洒漏**

洒漏最有可能发生在繁忙的实验室，现场工作规程中应包括清理绝大多数洒漏的计划。实验室工作人员能够清理小的洒漏，更复杂的洒漏或涉及挥发性同位素的洒漏则需要其他工作人员的协助。正常的污染控制措施应使污染包容在控制区内，但是如果污染已超出控制区，应采取下列步骤：

(1) 确定被污染的区域范围和被污染人员的数目，必要时还包括场外辐射监测。

(2) 清理污染物。

(3) 分离被污染的废物和废物的处置。

(4) 必要时评估个人剂量。

(5) 总结事故起因并吸取教训，适当时修改程序。

**4. 设备故障**

设备故障采取的响应取决于设备的类型以及故障如何出现。计划应明确可能发生的设备故障和准备的响应措施。响应包括以下主要行动：

(1) 确保人员安全。

(2) 确保放射源安全。

(3) 将场所恢复至正常。

(4) 调查故障原因。

(5) 反馈并加以改进。

**5. 通风失灵**

通风失灵是一种设备故障。响应取决于通风系统的哪个部分出现故障，包括以下行动：

(1) 撤离受影响区域。

(2) 监测所有撤离人员的污染。

(3) 重启通风系统。

(4) 监测所有被污染工作区。如果工作人员不得不进入该区域，且气载污染水平高，需戴呼吸防护器。

**6. 放射源丢失或被盗**

无法找到放射源时，响应包括下列行动：

(1) 即刻展开调查，努力寻找放射源。

(2) 如果有明显的迹象显示失窃或者放射源无法在几个小时内找到，则通知监管部门。

(3) 总结放射源的保安程序，适当修改程序。

## 18.9.5 应急准备

应急准备意味着组织能够迅速有效地应对紧急情况。这只有在制订计划已经实施、应急程序已列出、应急设备随时候命、人员经过训练并明确该如何应对时才可能实现。定期进行演习很重要。有些演习还应包括消防人员和医疗队等应急响应人员。

# 第 19 章

# 放射性示踪剂的安全使用

## 19.1 使用示踪剂的基本原理

在很多情况下，如果实验室分析人员、工厂操作员或者设计工程师都知道工艺过程的内部情况，了解物质是否混合，物质的去向，或者能够提供一些其他问题的答案，那将会非常有用。通常这是不可能的。但是，可以在工艺过程之中添加一些物质，其表现出来的特征和所关注的物质类似。如果添加的物质具有某种特性可以方便地被测量或追踪，那么就可以解决上面的问题。应用于这种目的的物质称为**示踪剂**。有很多物质可以被用作示踪剂，并不是所有的示踪剂具有放射性。例如：

- 用以显示水流路线的可见染料；
- 在印刷厂中制作不可见的荧光标记物质，只能在 UV 光线下看到。

使用放射性示踪剂有很多突出的优势，下面列举出一部分：

- 如果使用 $\gamma$ 放射性同位素，可以从生产过程或实验装置的外面进行测量和跟踪。这对工业生产十分有用，可以不必破坏管道和设备。
- 放射性示踪剂的比活度可以很高，这样所需的示踪剂体积就非常小。如果示踪剂和待测物质性质不同将会有利，这样测试的物质将保持相对的化学纯度。

使用放射性示踪剂是一种非常有力的工具，特别是在工业领域。因此，要在许多领域考察示踪剂的安全使用，比如石油和天然气工业、化学工业、食品和烟草业以及水资源管理等。

**注意**：在工业领域涉及食品、饮料、化妆品、烟草或其他任何日用品和人们使用的产品时，一定要注意放射性示踪剂的使用安全。要避免公众不能受到不必要或不正当的辐射照射。在这些工业中使用示踪剂，一定不能提高通过食入、吸入或通过皮肤进入人体物质的活度水平。

本章不对放射性示踪剂的众多应用作详细介绍，而是要提供给大家有关示踪剂应用的一般信息。这些信息将会帮助读者理解示踪剂的工作过程，正确地判断和应用合适的方法控制放射危害。

### 19.1.1　系统中示踪剂的注入

示踪剂注入系统中的方式取决于示踪剂的类型和所监测系统的类型。注入方式越复杂，则要求的控制水平越高，以确保示踪剂不发生事故性泄漏。注入的方法很多，可以简单地将液体放射性示踪剂倒入敞口的容器中，也可以将示踪剂注入高压蒸气或气体管路中（见图 19-1 和图 19-2）。

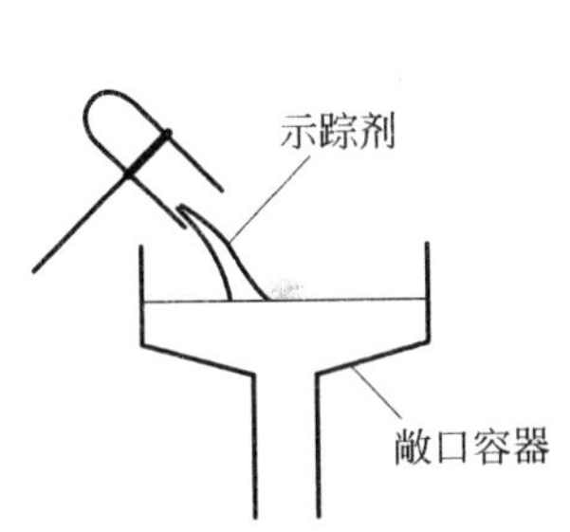


图 19-1　示踪剂倒入容器中

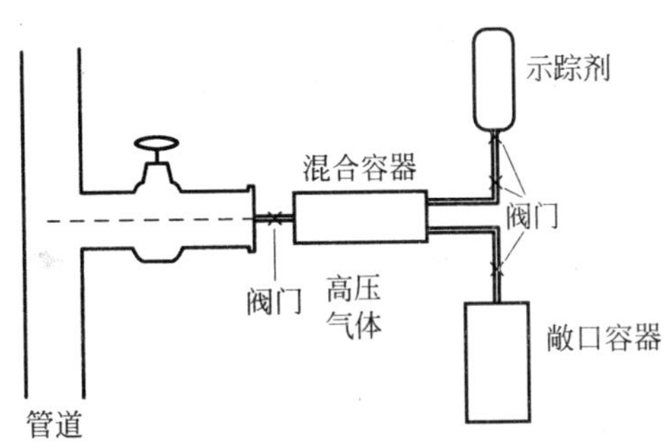


图 19-2　将示踪剂注入压力管道中

### 19.1.2　示踪剂的探测方法

探测示踪剂是通过测量放射性同位素发出的射线而进行的。示踪剂路径可以通过以下两种方法中的一种来确定。最简单的方法就是对已加入示踪剂的产品或物质进行取样。在无法取样的情况下，可以使用 γ 放射性示踪剂，并在工厂或系统中的适当位置设置辐射探测器来测量示踪剂是否通过和到达该位置（见图 19-3）。要考虑工厂或系统的几何结构以及使用示踪剂的目的来确定取样点和监测仪的位置。

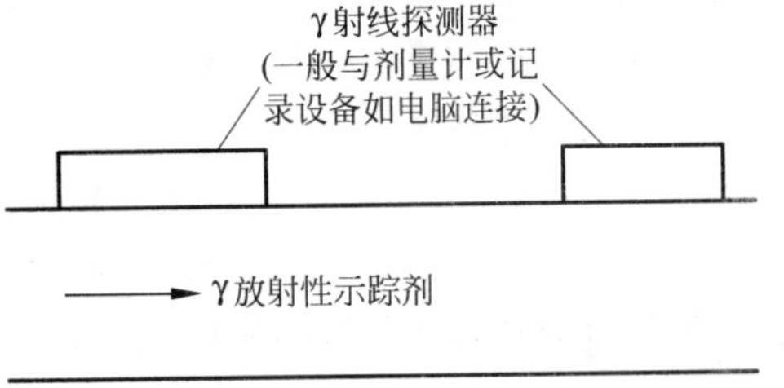


图 19-3　安装在管道上的 γ 示踪探测器

## 19.2　实验室示踪剂的使用

下面列出了一些示踪剂在实验室的应用的例子。

放射性示踪剂可以跟踪生物活体系统内化学物质的走向，比如动植物对营养的吸收、珊瑚虫对钙的吸收，以及组织器官内药物的分布。实验室的探测方法一般是取样或者通过放射自显影。放射自显影使用照相的胶片包在遮光纸内，将组织材料放在胶片上，在接受适当时间的曝光后，就可以对胶片进行显影。放射性示踪剂也可以用在工厂的设计和中试阶段，应用在实验室追踪物料的流向。这种方法可以帮助寻找中试阶段的泄漏或查看产品是否沿着预计的路线运行。探测方法既可以通过采样分析，也可以是直接进行监测。

## 19.3 工业中示踪剂的应用

放射性示踪剂可以用于各种工业实践，进行多种不同的调查。下面列出了一些应用实例：

(1) 测量气体或液体的体积。

(2) 测量物质的流速。

(3) 跟踪物质的流经路线和堵塞。

(4) 测定物质在系统中某些部分的停留时间。

(5) 泄漏检测。

(6) 系统中产品的混合。

这些调查的例子将在下面进行详细叙述。当然这些例子仅仅是工业应用的极小一部分。

氚水的性质与普通非放射性水一样，可以用来测量水体的容积。这个结果是通过测量添加示踪剂后，氚水在水体的稀释情况得出的。对导入水体前后的水分别取样，然后测定样品中氚浓度的差异。因为加入到水体中的氚的活度已知，所以就可以计算出水体总体积和稀释倍数。

**记住**：应当十分小心水体中氚水的活度，特别是如果人或动物可能饮水。

幸运的是，通过液体闪烁计数器可以探测到水样中浓度很低的氚，因此可以降低人或动物的危险。放射性碳的同位素 C-14，可以用来标记甲烷气体，然后注入一个天然气袋中。通过上面描述的测量水体积的相似方法，可以测量气袋中气体的体积。

示踪的气体在系统中的流速和方向可以通过注入放射性气体进行测量。例如，将氪-85注入气体系统，然后在工作管路和容器上设置 γ 探测器，探测气体通过相应的位置。如果气体没有到达某些探测器，可以确认和定位系统的泄漏。

砂子可以通过放射性物质标记，例如铱-192，然后释放入河口或沉积于海床。在水中拖曳 γ 探测器，砂子就可以被定位，并且可以监测由于水流而形成的砂的运动和沙滩的形成。

## 19.4 放射性示踪剂的选择

### 19.4.1 形态

使用的示踪剂的物理和化学形态取决于需要检查的过程。示踪剂必须表现出与被测物质类似的物理和化学行为。例如，液体示踪剂不能用来示踪粉末的流动。同样，如果待测物质在操作温度下具有挥发性，则示踪剂也需要具备相同的挥发性。

### 19.4.2 同位素

必须考虑的示踪剂的其他性质就是放射性活度。示踪剂的活度必须容易探测，而且对操作人员、公众和环境的辐射危害降到最低。

**1. 发射的射线**

如果示踪剂用来进行放射自显影，则应该考虑高能量的 β 发射体如磷-32(最大 β 能量为1.7MeV，半衰期14d)。如果进行取样分析，可以使用β或光子发射体。在这种情况下，示踪剂的影响因素如形态、放射毒性和半衰期比辐射类型更重要。相应的分析方法取决于示踪剂所发出的辐射类型和能量高低。在需要从工厂设备外围进行示踪检测的地方，示踪剂的放射性同位素应该是光子发射体。一般需要高能光子发射体可以保证有足够的射线穿过设备的金属层到达辐射探测器，典型的这类示踪剂为含有溴-82(光子能量在0.6～1.5MeV)和气态氪-85(它的衰变子核铷-85m放出0.5MeV的γ射线)的化合物。

**2. 放射性半衰期**

放射性同位素示踪剂的半衰期必须足够长，以保证在整个研究过程中被探测到，但又要足够短，使用结束后不能造成危害。在一些情况下，例如监测水体或油田的水库泄漏，测试时间可能需要几个月。一些水流研究可能仅仅需要同位素存在很短的时间。短寿命同位素，例如钡-137m(半衰期为2.6min，γ射线能量为0.662MeV)可以在这种情况下使用。

**3. 放射毒性**

示踪剂中的放射性同位素的放射毒性应当尽可能小。放射毒性显示如果放射性同位素进入人体的潜在危害。放射性同位素的放射毒性用年摄入量限值(ALI)或剂量转换因子表示。在可能的情况下，应使用年摄入量限值最高和剂量转换因子最低的放射性同位素。

公众的年摄入量限值(Bq)为0.001Sv除以剂量转换因子($Sv \cdot Bq^{-1}$)。

由于α放射性同位素的高放射毒性，一般不用作示踪剂。

**4. 放射性活度**

放射性同位素的活度应当保持在尽量低的水平，以降低辐射危害和减少废物。需要的放射性活度的数值可以从对分析方法的评价入手，评价可轻易测到的最低年摄入量限值。然后，考虑在整个过程中的放射性衰变和放射性同位素在系统其他部分(生物体器官或工业过程)的损失来反推。

**5. 同位素的生产**

考虑同位素是如何生产的，特别是不同半衰期的同位素，这点很重要。是否需要将同位素运输到调查现场？是否需要在现场制备同位素？某些放射性示踪剂是根据拟进行的示踪工作的类型在反应堆内专门生产的。这方面的一个例子是活化待检催化床的催化剂，在反应堆中生产短寿命的、可以释放高能γ射线的惰性气体氩-41。其他更多放射性同位素示踪剂一般从商业渠道供应，这些放射性同位素采用化学标记方法标记示踪剂。其中很有用的一类示踪剂是长寿命放射性母核衰变后产生的短寿命放射性子体。一些放射性母核可以通过化学键固定在离子交换树脂上(见图19-4)。当合适的溶液流经树脂时，子体同位素释放到淋洗液中。这种淋洗液可以作为示踪剂。这类系统一般称为放射性同位素发生器或"母牛"，这和医学上的应用十分相似。这种发生器的优势在于容器以及相关的屏蔽一般都较为紧凑，运输十分方便。因此短寿命的同位素可以远距离运输，否则在没有母核存在的情况下，长途运输将导致同位素的活度衰减到可使用的水平以下。这个系统的另一个优势是可以和测试系统连接，从而达到整体的密封状态，尽可能减少放射性物质洒漏的产生。

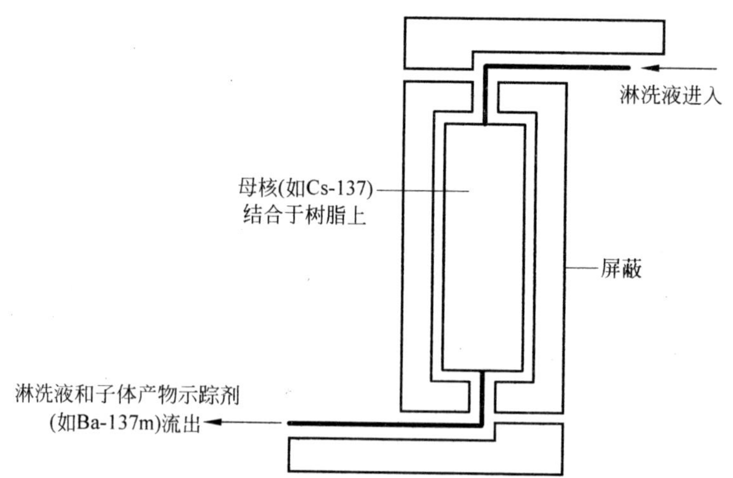


图 19-4 由放射性同位素发生器的淋洗液生产同位素

## 19.5 项目计划

仔细做好使用放射性示踪剂的工作计划，会降低操作人员、公众或环境受到意外照射的危险。计划应当考虑到所有的监管要求(注册和许可)和调查的操作程序(包括运输和示踪剂的储存)。对危害应当进行评价，并且采取预防措施以控制危害。使用放射性示踪剂时采取的预防措施，本质上和使用那些密封和非密封放射性物质的预防措施相同。当评价使用放射性示踪剂的危害时，以下事项需要格外注意：

(1) 运输示踪剂到指定使用地点。

(2) 控制进出使用地点的重要性，特别是在工厂环境下使用示踪剂。

(3) 在一个复杂系统中，示踪剂不按照预定路径运行的可能性。

(4) 示踪剂意外泄漏的可能性。

(5) 公众受到排泄物和产品辐照的可能性。

### 19.5.1 注册和许可

放射性示踪剂的活度一般会超过监管控制的放射性物质的豁免水平。因此，放射性示踪剂的使用需要在审管当局的要求之下进行注册和许可。使用的注册和许可系统取决于国家的相关规定，下面列出了很多国家可能都相似的一些要求：

(1) 使用者必须注册使用和拥有放射性示踪剂，通常指定同位素和活度。

(2) 在不是自己的房舍内开展放射性示踪剂的工作，使用者必须获得批准。

(3) 应当登记进行示踪剂检测的地点，包括使用的同位素及其活度。

(4) 任何向环境中处置放射性同位素的行为都应当得到批准。

(5) 运输放射性同位素需要许可证。

许可证的申请应当包括操作的整个细节，还应包括一个安全评价，评价涉及示踪剂在环境中的释放、试验产品的污染、放射性照射的评价和事故的应急措施。

### 19.5.2 操作程序

当开展放射性示踪工作时，采取的安全预防措施应当在书面的标准操作程序或安全规定中予以描述，这将有助于确保每一位操作人员的工作方法满足可接受的最低安全水平。所有文件也可以用来培训新的操作人员。应当定期对这些文件进行评审，并且进行操作审计以确保所有规定的落实。书面程序应当包括以下内容：

(1) 运输。

(2) 储存。

(3) 出入口控制。

(4) 放射危害控制。

(5) 监测要求。

(6) 记录保存。

(7) 应急程序。

**1. 运输**

放射性示踪剂的运输和许多其他放射性物质的运输相同，应当遵循国家和国际上的运输规程和有关实施的法规。

**2. 放射性同位素示踪剂的储存**

如果放射性同位素示踪剂需要在测试地点储存，当不使用时一定要保管在合适的放射性物质仓库内。当放射性示踪剂在实验室中使用时，一般都有放射性储存库。这些应当符合放射性物质储存的一般要求。当在一个不经常使用放射性物质的地方使用放射性示踪剂，不一定有专门建立的放射源库。在这种情况下，存放放射性物质的地方依然必须遵循如下放射源储存要求：

(1) 仓库外的剂量率必须为非职业照射人员可接受的水平。(审管当局应当规定这一水平。例如，剂量率为 $0.5\mu Sv \cdot h^{-1}$，如果区域的居留时间每年 2000h，可以保证不超过每年 1mSv 的剂量限值。在有些情况下可通过更加实际的居留因子来加以调整。)

(2) 储存仓库要求结构坚固，上锁以防止未经许可的人员进入。任何人员不得进入仓库，除非使用或者检查放射性示踪剂的存在，否则将会导致不必要的照射。

(3) 储存仓库应当有醒目的警告标识，说明这里储存有放射源。(标识的设计应当包含有一个三叶形标志并结合一个合适的警示语，比如“注意，这个储存室有放射性物质”。)

(4) 储存仓库只能被用来存放放射性物质或者相关设备，例如放射性同位素注入设备。

**3. 出入口控制**

进出示踪剂直接工作区域附近的人员，限制为使用示踪剂工作的有关人员。而且，根据辐射照射水平确定是否应当对进出其他区域进行限制。

(1) 实验室

在实验室条件下，进出控制相对比较容易。这一般通过本单位的指令和使用潜在危险的警告通知得以实现。实验室可以上锁，只有经过授权的人才可以进入。

(2) 工业和室外场所

在工业和室外场所，出入口控制可能需要设立实体屏障，防止与示踪剂工作无关人员的进出。屏障一般简单，可以是一条系在金属活动桩上的绳子或塑料带，或者是其他方便获得的物品。屏障和示踪剂注入点之间的距离要足够远，根据平方反比定律的效应，屏障处的剂量率降低至非职业照射人员或公众可接受的水平。在屏障处必须给出警告标志，警告人们此处有放射源存在，并且屏障处附近要有人经常进行监督以防止其他人员进入该区域。

限制区域的具体要求以及屏障的类型，应该由国家审管机构规定。而且，应当考虑到IAEA安全丛书第115号关于控制区和监督区的详细要求。下面一些要点给出了一般指南：

在屏障处的辐射剂量率应该为非职业照射人员可以接受的辐射水平。这可以由每年1mSv的剂量限值和在该区域的居留情况来确定，也可以应用低于每年1mSv的剂量约束。虽然当地的审管机构应当规定在屏障处的剂量率，但是知道下面其他国家的推荐水平还是有用的：0.5$\mu$Sv·$h^{-1}$是作为每年停留2000h的剂量率，对于较低的居留情况，这一数值可以进行修改；在其他地方，考虑到可能的居留情况、设备类型和屏蔽，7.5$\mu$Sv·$h^{-1}$被认为是一个合理的数值。

**注意**：在大多数的工业应用中，放射性示踪剂将会在工厂的设备中移动很长的距离。重要的是要记住，对工厂内任何人员可能进出的地方都要考虑辐射剂量率。注意示踪剂可能会被工厂的某个容器截留，这点特别重要。

## 19.5.3 外照射危害控制

**1. 屏蔽**

用于储存和注射放射性示踪剂的容器和设备需要进行屏蔽，以降低对临近操作人员的辐射照射。屏蔽的量应该将剂量率降低到不超过工作人员年剂量限值的显著份额的水平。地方审管当局应当明确规定这一水平。提供足够的屏蔽可能会有操作上的困难，比如空间限制或运输重量的限制。这种情况下，必须采取其他替代的剂量控制方法，比如减少接触时间或者增加距离等。如果放射性示踪剂的容器用于运输，则它的剂量率应当符合运输规程中的相关规定。

**2. 远距离操作**

应尽可能远距离操作示踪剂。这在工业应用中特别重要，因为工业应用的活度一般大于实验室的应用水平。远距离操作，如使用长柄夹具，或者使用液体或压缩空气，可以简单将示踪剂从屏蔽容器中注入到需要调查的设备之中。

**3. 外照射剂量率的监测**

在放射性同位素示踪剂操作的周围，使用者应当通过监测仪进行剂量率的检测。需要监测的包括同位素容器、注入设备、屏障处和任何放射性示踪剂可能积累点、人员可能受照的地方。很多放射性同位素示踪剂可以发射γ射线和β射线发射体。工业应用中设备的屏蔽一般比较好，β射线的剂量率不会成为问题。在实验室使用的高能β发射体，如磷-32，则需要监测操作和污染可能造成的β射线剂量率。

能量补偿型盖革计数器是一种最常见的外照射剂量监测仪器。这种仪器有一定程度的能量响应，有一个低的截止能，如果低于此能量则无法探测辐射。但是一般不会使用低能量的γ发射体作为示踪剂，因此这不会成为问题。如果要测量β剂量率，一般采用端窗型盖革计数管、正比计数器或电离室设备(一些薄的磷污染监测仪经校准后可测量β剂量率)。

监测仪刻度的剂量范围也很重要。如果仪器的刻度标尺仅5cm长，而指示的剂量率为

$0 \sim 100\mu Sv \cdot h^{-1}$，则这台仪器很难测出 $2.5\mu Sv \cdot h^{-1}$ 的剂量率。这一问题仅限于模拟式的监测仪(指针式)，对于数字显示的监测仪不存在这种问题。某些仪器的响应很慢，每次测量可能需要数分钟时间。为了确保监测仪性能可信和排除操作人员认知的影响，必须进行校准和响应校验。剂量率仪必须按照审管当局规定的频度进行校准。周期一般为每 12 个月一次，或在任何可能对监测仪响应造成影响的损害、维修或更改之后。所有详细记录必须依据审管当局规定进行保存。这些记录的最低要求一般包括以下要点：

- 监测仪和任何可移动探头的序列号。
- 仪器类型。
- 校准用的同位素。
- 检测所确定的仪器精确度。
- 检测日期。
- 执行检测或监督人员的签字。
- 校准可溯源到一级或次级标准。
- 电子式个人剂量计也应该进行校准和检测。

每天使用监测仪前都要进行响应检验。这可以通过比较监测仪对小的校验源的日常读数或简单检验某个 γ 放射源容器外的剂量率来实现。必须保留每次响应检验的记录。

例行的响应检查是一个很好的安全实践，可以免除很多因为监测仪在偏僻的现场失灵而引起的不必要的麻烦！

操作人员了解如何正确使用监测仪十分重要。

**注意**：某些监测仪的探测器的敏感面处于显示器的下方，有些则在显示器的前面。

如果监测仪的设计为了保护探测器而将其包在里面，以上这些从外部看不见。如果将监测仪错误的部分对准放射源，则将会导致低估剂量率。

关于仪器的选择和使用，更详细的内容见第 9 章辐射探测仪器的使用。

### 19.5.4 污染控制

放射性示踪剂的使用不允许对整个调查过程以外的环境造成污染。控制可能污染扩散的一种方法是，在衬有吸附材料的托盘中使用示踪剂。放射性物质的任何洒漏将会被托盘内的吸附材料吸收而不会扩散到其他地方。托盘的使用对实验室和工业均可以应用。实验室内使用的托盘可能较小，一般可以容下调查需要的所有设备。相对而言，工业调查应用的托盘较大，只能容纳注入设备。大的塑料板也可以用来防止污染。

在一些情况下，放射性示踪剂为液体或粉末，示踪剂应当采用双层包壳，以保证如果其中一层失效，另一层可以包容放射性示踪剂。当里层采用玻璃时，这点特别重要。提供双重包壳可以通过使用运输容器作为第二层容器。对于带有压力的气体，由于容器要求承耐压力或者具备较大的体积，则提供第二层包容更困难。

工业检测的污染控制的另一个方面，要求操作人员确保示踪剂不从任何排水管线泄漏出去。如果排水管线不严密，即使过程中物质并没有泄漏，但示踪剂在压力下注入临近管道时，也会从排水阱中被压出。

对于人员污染控制，应采用操作非密封放射性物质时所使用的一般注意事项。例如，使用一次性手套和防护服。

**1. 表面污染的监测**

前面已经讨论过，放射性示踪剂一般为β和γ发射体，尽管很少有同位素是纯β发射体和纯γ发射体。所以，使用的污染监测仪需要同时监测β和γ发射体。污染监测仪的校准和响应检查的建议与外照射剂量率仪相同，需要知道污染监测仪的能量响应，确保它适合监测放射性示踪剂实验中使用的同位素。

监测氚的化合物是一个特殊的例子，因为对氚的β射线难以直接进行监测。一般采取在待测区域进行擦拭，然后在实验室使用液体闪烁计数器进行测量。因为这不是直接测量，使用氚化合物时一定要小心避免造成失控的污染。擦拭测试发现氚污染的区域，操作人员需要返回，并进行去污处理。

**2. 气载污染的监测**

在放射性示踪剂测试的附近区域，进行气载污染的监测并不多见。一个计划好的包容系统能防止气载污染。然而在一些情况下，比如使用新的注入方法或使用干粉示踪剂时，第一次注入后建议进行气载污染的监测。气载污染的测量可能会需要用玻璃纤维滤纸过滤空气，然后在实验室中使用α或β计数器对滤纸进行放射性测量。对于氚或惰性气体，可以使用流气式正比计数器直接进行测量。对含氚水的气载监测需要对待测水进行鼓泡处理，俘获液体中的含氚水蒸气，得到的液体使用液体闪烁计数器测量。

### 19.5.5 个人监测

从事放射性示踪剂工作的人员属于职业照射人员，应当将他们受到的剂量进行估算。这一般通过佩戴胶片剂量计或热释光剂量计(TLD)来实现，胶片剂量计或热释光剂量计(TLD)由审管当局批准的剂量服务机构发放和处理。操作人员可能需要近距离操作屏蔽的或未屏蔽的放射性示踪剂，因此，手臂可能会接受高剂量的照射。佩戴手指 TLD 或者腕部 TLD 可以估算局部受照剂量，这些部位的剂量可能并不能够通过身体上佩戴的 TLD 测量到。

胶片剂量计或者热释光剂量计在佩戴一定日期后，进行处理和剂量评价。在照射发生2～3个月之后，工作人员受照剂量的最终估算才会得出。由于一些使用放射性示踪剂的区域附近可能有高剂量的辐射照射，因此建议佩戴电子式个人剂量计进行直接测量。电子剂量计可以附带警报器，它可以设定为某一特定剂量率或者积累剂量，报警可以使工作人员受到意外照射的剂量降到最低。

### 19.5.6 环境中示踪剂的控制

**1. 放射性示踪剂释放到环境中**

在实验室使用放射性示踪剂，通常容易控制，确保把所有未使用的示踪剂收集起来，如果必要，作为放射性废物处理。在工业调查中使用示踪剂，它通过工厂设备然后通过烟囱(特别是使用气体的时候)或者是通过排水管线排出。必须对这些释放所产生的辐射照射进行评价，以确保剂量不超过审管水平。此外，工业应用中复杂的是需要将检查的部分系统与工厂的其他部分隔离。如果隔离不当，示踪剂会进入到错误的系统之中，然后意外地排入到环境中。

**2. 测试产品的污染**

当放射性示踪剂在一个系统中进行检查，该系统包含一种物质会被取出在别处使用，或者将作为产品销售时，应当保证残留的放射性活度尽可能低。这可以通过使用短半衰期的同位素，在必要的地方对产品进行存放，或者确信在生产过程中进行稀释达到审管当局规定的不受限排放的浓度，从而达到目的。

## 19.6　辐射照射评价

在确定一个程序是否正当的时候，需要考虑的一个重要因素是附近人员可能受到的辐射剂量。在开展任何涉及放射性物质的工作之前，需要对操作人员和其他人员可能受到的辐射剂量进行估算。辐射剂量的评价应当包括预期的下述的任何或者全部的照射途径：

- 外照射剂量。
- 通过吸入放射性示踪剂的摄入量。
- 通过食入放射性示踪剂摄入量。这包括通过饮用水和任何受污染的食物摄入。这两种可能的途径都应当通过有控制的处置/释放示踪剂达到最小化。

放射性物质通过污染的伤口进入体内的可能性较小，针对特殊的过程需要剂量评价，这些不在这里介绍。

### 19.6.1　操作人员受到的照射

操作人员受到的辐射照射主要来源于示踪剂在容器里和注入过程的剂量率。首先计算没有屏蔽的放射性示踪剂的剂量率，然后引入屏蔽和操作人员与放射源的距离等因素进行调整，得到的剂量率再乘以注入所需时间就得到了实际可能受到的剂量。

**举例**

当进行下列放射性示踪试验时，对操作人员可能受到的辐射剂量进行估算：

- 试验使用 3.7GBq 的铱-192。
- 放射性示踪剂存放在直径为 5cm 的铅罐中，铅罐的厚度为 2cm。
- 在注入过程中操作人员距离铅罐 0.5m，同时使用夹具保证手臂距离容器 0.2m。
- 在放射性示踪剂的注入过程中，操作人员需要在放射源容器附近停留 30s。
- 放射性示踪剂注入到工厂设备之中，并会随原料一起立即运行。

**数据**

- 铱-192 在 1m 处的 γ 射线剂量率常数为 $1.59\times10^{2}\mu Sv\cdot h^{-1}\cdot GBq^{-1}$（为了方便，以点源计算）。
- 对于铅屏蔽，铱-192 的 1/10 值层为 20mm。

距离无屏蔽 3.7GBq 的铱-192 源 1m 处的剂量率为

$$3.7\times1.59\times10^{2}\ \mu Sv\cdot h^{-1}=588\mu Sv\cdot h^{-1}$$

当铅块的厚度为 2cm(1/10 值层)，距离铅罐内的放射源 1m 处的剂量率为

$$588\times\frac{1}{10}\mu Sv\cdot h^{-1}=58.8\mu Sv\cdot h^{-1}$$

操作人员的身体距离铅容器为 0.5m 的距离，运用平方反比定律，在这点的剂量率为

$$\frac{58.8}{(0.5)^{2}}\mu Sv\cdot h^{-1}=235\mu Sv\cdot h^{-1}$$

操作人员的手臂距离铅容器 0.2m，再次利用平方反比定律，这点的剂量率为

$$\frac{58.8}{(0.2)^2}\ \mu\text{Sv}\cdot\text{h}^{-1} = 1470\mu\text{Sv}\cdot\text{h}^{-1}$$

在注入示踪剂的 30s 过程中身体接受的剂量为

$$235\mu\text{Sv}\cdot\text{h}^{-1}\times\frac{30}{3600}\text{h} = 1.96\mu\text{Sv}\approx 0.002\text{mSv}$$

在注入示踪剂的 30s 过程中手臂接受的剂量为

$$1470\mu\text{Sv}\cdot\text{h}^{-1}\times\frac{30}{3600}\text{h} = 12.25\mu\text{Sv}\approx 0.012\text{mSv}$$

在正常的操作过程中，不应出现放射性示踪剂摄入的情况。但是，在计划阶段应当考虑到这个问题，确保安全程序足以将发生示踪剂摄入的风险降到最低。

### 19.6.2 其他人员受到的照射

对于与使用示踪剂无关的人员，需要考虑可能受到的照射。这些人员可能会在示踪剂注入时位于屏障处，从而受到外照射剂量。也可能在试验后吸入或食入示踪剂从而引起内照射。在屏障处的外照射剂量率可以估算，然后乘以可能的停留时间，计算外照射剂量。

利用上面的例子，如果屏障处距离示踪剂注入点为 10m，则受照剂量的估算如下。

根据平方反比定律，距离 10m 的剂量率为：

$$58.8\times\frac{1}{10^2}\mu\text{Sv}\cdot\text{h}^{-1} = 0.588\mu\text{Sv}\cdot\text{h}^{-1}$$

如果注入需要 30s 的时间，则其他人员受到的剂量为：

$$0.588\mu\text{Sv}\cdot\text{h}^{-1}\times\frac{30}{3600} = 0.005\mu\text{Sv}$$

如果示踪剂可溶，并且被排入水体中，被人饮用而受到待积有效剂量的可能性很小。下面是一个简单的首次剂量估算。如果剂量显著，则应进行更加实际的估算。

如果在排放前将示踪剂稀释在体积为 $1\times10^7$L 的水中，根据前面例子给出的数据，则水中铱-192 的浓度为：

$$\frac{3.7\times10^9}{1\times10^7}\text{Bq}\cdot\text{L}^{-1} = 370\text{Bq}\cdot\text{L}^{-1}$$

假设一个简单的最坏情况，有人全年饮用这种水，同位素常年存在且忽略放射性衰减。

因为可能受到照射的人群组是公众成员，所以应该计算关键（高风险）人群组所接受的剂量。关键人群组可能是婴儿、儿童或者成年人。对于婴儿来说，虽然通过食入摄取的铱-192 剂量转换系数较高，但由于水摄入量较少，因此对于关键人群组产生的剂量需要用转换系数和饮水量进行计算确定。产生剂量最高的人群组为关键人群组。

**表 19-1 关键人群组确定**

| 年龄组 | 剂量转换系数(食入) /(Sv·Bq$^{-1}$) | 年摄入水量 /(L/a) | 剂量转换系数和水摄入量的乘积 |
|---|---|---|---|
| 婴儿（1 岁） | $1.3\times10^{-8}$ | 260 | $3.4\times10^{-6}$ |
| 儿童（10 岁） | $2.8\times10^{-9}$ | 350 | $9.8\times10^{-7}$ |
| 成人（男 *） | $1.4\times10^{-9}$ | 600 | $8.4\times10^{-7}$ |

* 成年男子水摄入量高于女子，因此他们是这一年龄组内的最危人群。

这里可以看出，关键人群组为婴儿。

计算待积有效剂量如下：

第一步：每年水摄入量乘以铱-192 的浓度得到每年摄入量：

$$\begin{aligned}\text{年摄入量} &= 260\text{L}\cdot\text{a}^{-1}\times 370\text{Bq}\cdot\text{L}^{-1}\\ &= 96200\text{Bq}\cdot\text{a}^{-1}\\ &= 96.2\ \text{kBq}\cdot\text{a}^{-1}\end{aligned}$$

第二步：每年摄入量乘以剂量转换系数得到待积有效剂量：

$$\begin{aligned}\text{待积有效剂量} &= 3.4\times 10^{-6}\text{BqSv}-1\times 370\text{Bq}\cdot\text{L}^{-1}\\ &= 0.001258\text{Sv}\\ &\approx 1.3\text{mSv}\end{aligned}$$

这一结果超过了公众剂量限值，是不可接受的结果。所以要进行更加准确的计算。例如，示踪剂将仅仅会在一天的部分时间里出现在排放的水中。所以应该对一天的水摄入量剂量进行更精确的估算，这样将会是：

$$\frac{1.3}{365}\text{mSv} = 3.6\mu\text{Sv}$$

假设人体同时接受内照射和外照射，则对于任何人的潜在的总有效剂量为：

$$0.05\mu\text{Sv} + 3.6\mu\text{Sv} = 3.7\mu\text{Sv}$$

虽然这个数值依然很可能是高估的，但它已经不是不可接受的数值，并且没有超过 IAEA 安全系列丛书 115 号的 10μSv 的个人剂量的豁免水平。因此就不必要再进行更精确的计算了。

如果有任何人可能受到气载放射性物质的照射，则应计算吸入和放射性烟雾的直接照射所产生的有效剂量。

这个过程比食入放射性物质更复杂，涉及计算空气中示踪剂的气载浓度。浓度的计算取决于释放量的估计，是否在压力下释放，以及是否在注入口或者通过烟囱释放。如何进行这一计算不在本部分介绍。但是，应当知道这些难点。进行此类计算的信息在 IAEA 的安全报告第 19 号《对排放放射性物质进入环境的影响评价的通用模型》(2001)里有介绍。

## 19.7　事故

处理示踪剂有关的事故需要采取的措施，必须作为安全评价的一部分，这也是注册和许可申请所需要的材料。这些措施还包括书面操作程序。最有可能发生的放射性示踪剂的事故有以下两种类型：

(1) 由于放射源从屏蔽容器中掉出来，导致剂量率上升。

(2) 由于放射性物质的洒漏或事故性释放导致的污染。

为了应对这两种类型的事故，作为最低要求，应当具备以下材料：

(1) 多余的绳子或带子以扩大在工业操作中的屏障区域。

(2) 在可能出现的手部高剂量率的区域，使用长柄夹具操作放射性物质。

(3) 如果示踪剂是液体，准备收集示踪剂的吸收材料。

(4) 如果示踪剂是粉体，准备收集粉末示踪剂的设备(可以是简单的刷子和铲子，或配有高效空气过滤器的真空吸尘器)。

(5) 发生事故时穿戴附加的防护服。这包括一次性重型塑料手套、鞋套和适合的呼吸/防尘面具。

(6) 包容污染物质的塑料袋。备有塑料布用以快速覆盖临近地面,防止污染的扩散并对污染物品覆盖。

(7) 屏蔽容器用来收集污染物质(示踪剂工作地点不一定保留屏蔽容器,但是必须容易得到)。

### 19.7.1 失去屏蔽

如果示踪剂从屏蔽容器中掉出来,则剂量率会增加。操作人员应当按照下面的措施对自身和他人的辐射剂量进行控制。

(1) 操作人员应当立即转移到剂量率较低的区域,考虑下一步采取的措施。所有应当采取的措施以及后续的措施都应当在开工之前尽可能制定好,并且应当作为申请许可或注册时安全评价的一部分(最初的行动计划从本质上是简要的,需要根据现场具体情况进行修改)。

(2) 进入区域的人员应当限制为试图回收放射源的人员。在工业应用的条件下,如果放射源从源容器的停留位置落下(例如从筒架掉到地面),则应当特别设立附加的屏障。

(3) 使用监测仪对放射源进行定位。

(4) 使用长柄夹具或其他远距离操作设备将放射源复位。

(5) 个人剂量计应当尽快测读。

(6) 跟踪事故进行调查,确定发生事故的原因以及如何防止以后类似问题的发生。

(7) 通知监管当局事故的发生。

### 19.7.2 污染

如果发生了污染事件,以下行动是需要的指导性意见。这些措施与实验室内控制和清除污染的要求相同,而污染向环境中扩散需要额外考虑。

(1) 操作人员应当有足够的知识确定污染事件是否导致高剂量率的照射。如果可能有高剂量率照射,则应当考虑采取 19.7.1 节中提到的措施。

(2) 在可能的地方,人员的污染应当去除。可以简单冲洗受影响的区域,或去除受污染的衣物。但是,当试图冲洗受污染的皮肤时一定要小心,确保皮肤表面没有破损。尽快对受污染人员提取生物样品,以便评价摄入放射性物质造成的潜在待积有效剂量。在事故中佩戴的个人剂量计也应该在事故后尽快测读。

(3) 进入区域的人员限制为控制污染扩散的人员。在工业应用的情况中,低于注入点的位置可能被污染,需要特别设立附加的屏障。

(4) 需要穿戴一次性手套和防护服。

(5) 在可能的地方,需要使用吸收材料、真空吸尘器或刷子和铁铲收集污染物。如果可能产生灰尘,则需要佩戴面具。被污染的吸收材料应当使用长柄夹具操作,以降低对手部的剂量率。

(6) 被污染的材料应当放入塑料袋中,防止污染扩散。这些塑料袋的剂量率可能需要进行屏蔽处理。

(7) 污染物质应当作为放射性废物处置,或者由于半衰期较短,放置在放射源储存库直到衰变到豁免水平。

(8) 发生事故的区域应当进行监测,确保没有放射性污染存在。如果存在污染,应当将该区域隔离起来限制人员进入,同时等待放射性同位素衰变,或者进行进一步去污。污染区的控制水平一定要符合监管当局制定的非控制区标准。

(9) 跟踪事故进行调查,明确事故原因以及未来如何预防类似问题。

(10) 应当通知监管当局事故的发生和相应废物的处理。被污染人员的详细情况也应该上报。

## 19.8　安全检查总结

如果要进行一个放射性同位素示踪剂操作的安全检查,应当检查 19.5～19.7 节中提到的相关信息。下面是检查的要点总结。

(1) 取得了合适的注册和许可,满足任何条件。

(2) 有书面的操作程序,操作人员有复印件。在进行工业检测时,现场应当有复印件。

(3) 操作人员配有适合的剂量率仪和污染监测仪,并要求有最新的校准证明的复印件。

(4) 在工业检测中,应在注入点附近建立屏障。警告公告应该置于屏障物上。

(5) 使用放射性示踪剂的实验室应当显示放射警告标志。

(6) 处于屏障处的辐射剂量率应当是非职业照射人员可接受的。

(7) 放射性示踪剂试验之后,监测该区域确保没有残留放射性物质。

(8) 有一个合适的放射源库储存放射性示踪剂。

(9) 提供合适的设备以应对涉及放射性示踪剂的各种事故。

(10) 放射性示踪剂的运输容器应当符合运输要求。运输标签应当在运输工具上标明。

第5篇

# 电离辐射医学应用的防护与安全

# 第 20 章

# 放射诊断的防护与安全

## 引言

X 射线诊断(放射学)是电离辐射医学应用中普及面和影响面最广的重要分支。放射诊断对有关医务工作人员、受检者与患者以及有关公众都有特殊的放射防护与安全问题,此即本章探讨的主题。首先阐述放射诊断的物理基础,然后再关注相关的放射防护与安全,包括诊断 X 射线的屏蔽防护设计与构建,以及患者的防护与安全等问题。

通过本章的学习,希望读者能够达到解决如下问题的水平:

(1) 概要描述 X 射线产生的基本原理;

(2) 具体说明医用诊断 X 射线成像的主要过程;

(3) 确认放射诊断中的放射防护与安全要点;

(4) 阐明医用诊断 X 射线屏蔽防护设计的原理和方法;

(5) 说明与 X 射线诊断室屏蔽构建相关的问题和需要特殊考虑的因素;

(6) 利用有关基本资料估测 X 射线诊断中受检者与患者的医疗照射剂量;

(7) 了解如何在放射诊断中关照怀孕的患者;

(8) 阐述 X 射线诊断中减少对患者和工作人员照射剂量的方法;

(9) 明了如何在医院放射科进行各种辐射监测;

(10) 概述防护监测仪器的使用注意事项和测试方法;

(11) 分析防范放射诊断中的辐射事故和事件;

(12) 陈述放射防护与安全培训的要素。

## 20.1 放射诊断

当 1895 年伦琴意外发现了 X 射线时,他恐怕无法预见其杰出发现会对医学、物理学和工业等各界带来如此巨大的影响。当今完善的医院都需要有几套与 X 射线相关的射线装置,这些医用诊断 X 射线设备的广泛应用使得电离辐射照射不断增加。虽然通常能够很好地加以控制,但在一些特殊情况下,患者(本章“患者”一词均包括不一定有病而接受保健查体的“受检者”)、受到职业照射的医务工作人员都可能会有受到潜在的放射危险。

放射诊断就是利用X射线探查研究人体的解剖结构和功能。涉及的技术颇复杂，包括各种X射线摄影、X射线透视、造影检查和计算机断层扫描等。放射学的根本宗旨是对患者和工作人员给予最少的X射线照射剂量而获得最清晰的医学诊断影像。在学习放射诊断的放射防护与安全知识之前，读者需要首先了解X射线成像系统的基本组成以及是如何影响最终成像质量和辐射剂量的。

### 20.1.1 X射线管

图20-1为X射线管基本结构示意图。近100年来，X射线管的结构原理一直没有改变，即在一个抽真空通常是用玻璃制成的管套里，有两个电极。阴极包含一个直热式灯丝，与灯泡中的灯丝相似。当灯丝被加热到白热化时，会释放电子云。阳极由良好导热的材料制成，例如铜等。在阳极的顶端有少量不同的材料，通常是钨，称为X射线靶。当阴极和阳极间的电压加到25～150kV的范围，电子从灯丝加速冲向靶，高速电子与靶材料撞击就会释放X射线，此处称为焦点(以前亦称焦斑)。提供给X射线管的电压通常以最高值或峰值表示，这是因为施加电压的波形通常是不稳定的，称之为峰值管电压(kVp)，而且一般将X射线束的品质，即X射线能量或穿透能力也以峰值管电压kVp表示。

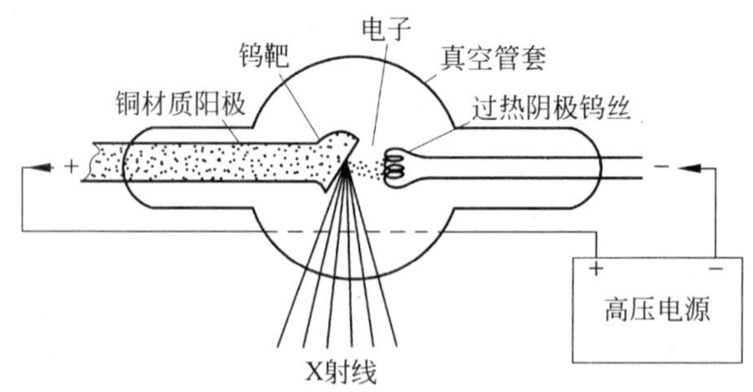


图20-1　X射线管的基本结构

X射线管的电流一般用mA(毫安)表示。医用诊断X射线机所产生的X射线输出剂量率正比于X射线管的电流乘以投照时间(mA・s)，即X射线管的输出量与电流和照射时间的乘积成正比。

X射线管会产生两种不同的X射线，即轫致辐射和特征辐射。轫致辐射是电子和靶原子的核相互作用产生的。每一次电子撞击靶所产生X射线，其能量范围在零至X射线管阴阳两极的峰值电压之间。比如，一个峰值管电压为100kVp的X射线管，电子碰撞后产生的X射线的能量在0～100keV之间。特征辐射是电子轰击靶原子，将内层轨道的电子逐出而产生的。特征辐射专指所产生的射线能量具有相应靶元素的特征，也有称为标识辐射。在诊断范围内，绝大多数的X射线是轫致辐射。而只有很少比例的X射线能量是特征辐射(例如，在峰值管电压为100kVp时，特征辐射只占15%)。大约99%的电子动能被转化为热能，必须从X射线管中去除。所以，这种方式所产生X射线只有1%能量是有用的。

## 20.1.2　X射线能谱和过滤

由前述可知,产生的X射线能量范围较宽,这可以通过X射线能谱来描述。典型的能谱如图20-2所示,可见其中绝大多数是低能量的射线。这种射线很容易被人体吸收,但对诊断成像没有任何作用,却增加了不必要的照射剂量。

可以在X射线管外插入一个只有几毫米厚的铝片,过滤去除那些低能量的X射线,如图20-3所示。如果没有铝过滤片,患者的皮肤剂量会增加10倍左右。加过滤铝片对X射线形成医学诊断影像不会带来明显的影响,却尽力避免了使患者受到的不必要照射。

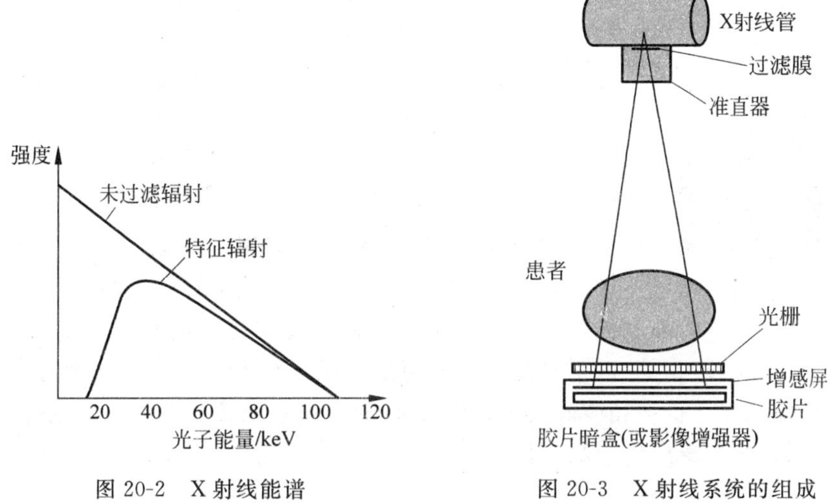


图20-2　X射线能谱　　图20-3　X射线系统的组成

## 20.1.3　准直

由于患者散射后的辐射总量与X射线的照射野成正比,所以,照射野的尺寸应该控制在检查所需要的最小范围内,这就是所谓的准直。通过对X射线的准直(通常是用不透X射线的准直器,将射线束调整为矩形或圆形)也可以确保到达协助X射线检查人员的散射剂量最小(如图20-4所示)。

散射线的照射主要位于患者靠近X射线管的一侧。

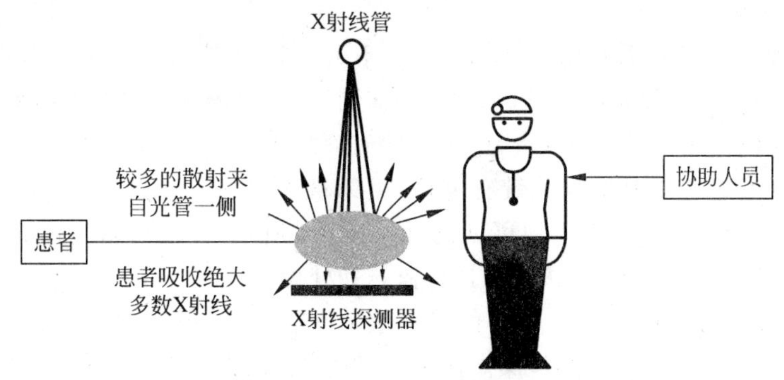


图20-4　来自患者的散射线

### 20.1.4 减少散射

X射线影像是X射线衰减的分布图，例如骨骼产生最大的衰减，而肺中空气的衰减最小。一张优良的X射线照片应当将不同组织间的对比最大化。然而，患者发生的散射会降低图像的质量，增加了获得最佳对比效果的难度。

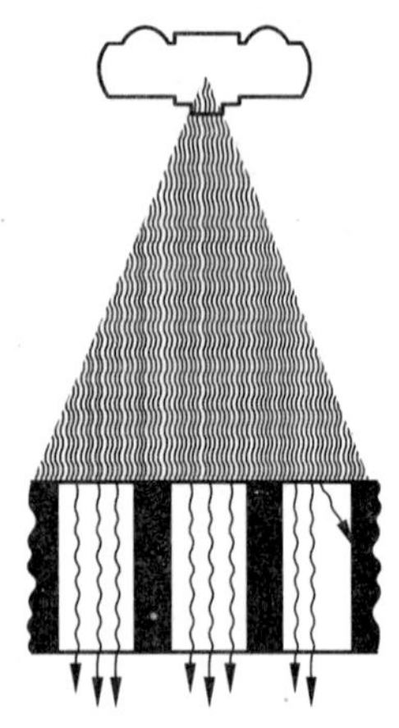

图 20-5 反散射的滤线栅

如图20-5所示，一种滤线栅被用来消除这种有害的散射。滤线栅由一系列窄的、紧密相间的铅条组成，铅条之间是低衰减的材料。只有从X射线管中沿直线到达影像接收器（胶片或影像增强器）的射线才能通过滤线栅。因为滤线栅中的铅将入射线的强度减为一半，这意味着到达患者的照射强度必须加倍，才能使等量的光子到达接收器，形成有价值的影像。在图20-5中为了描述其功能，这种滤线栅的尺寸被夸大显示。实际上滤线栅中铅条的厚度约1mm，以每厘米25根的密度排列。

滤线栅的一个的替代是应用空气隙。在这一技术中，在患者和影像接收器之间有10～20cm的空间间隔，这一距离可使低能量的散射线逃离影像接收器附近而不发生反应。其照射因子与使用反散射滤线栅大致相等。由于增加了目标物与胶片的距离，影像的尺寸也被相应放大了。作为补偿，发射源至接收器的距离也有所增加。这种空气隙技术正被广泛应用于胸部摄影。

### 20.1.5 影像接收

X射线影像可以用胶片（如X射线摄影）或电子探测器（如荧光透视显像）来记录。在用胶片记录时，射线并不是直接被记录在胶片上，而是先将X射线的能量通过增感屏转化为对胶片灵敏度更高的可见光，然后再显影于胶片上（见图20-3所示）。应用这种成像方式，即胶片与增感屏的组合可对患者的照射剂量带来重大的改变。一个典型的胶片与增感屏的组合成像需要5μGy的剂量。取决于成像的身体某一部位，X射线进入患者皮肤的剂量可达1mGy的级别。实际情况下，选择组合通常会在最小照射剂量、最佳成像质量以及经济性方面进行协调。

X射线摄影只使用胶片（即没有增感屏）是不可行的，因为那就要求较高的照射剂量，成像质量也较差。如今在荧光透视时，一种电子探测器，比如影像增强器被用来获得影像。一台影像增强器由附有磷光体（输入屏）的真空玻璃管组成，输入磷光面先将X射线转化为可见光，进而转化为电子。由于电子带有电荷，可以被聚焦并被加速至第二片磷光面（输出屏），后者将电子转化为亮度更高的可见光（如图20-6所示）。输出磷光体面可以在电视监视器上观察，其转化的信号也可按要求进行监测和处理。

影像增强器中输入磷光体剂量率的典型值为50μGy·$min^{-1}$，导致患者皮肤的入射剂量率约在10mGy·$min^{-1}$。在某些操作程序中，患者的受照时间可能会很长，如果不采取措施，会导致很高的皮肤入射剂量。在极端案例中，会发生皮肤灼伤。

在早期的荧光透视检查中，放射科医师直接利用荧光屏观察而施行诊断检查，这种方式会给患者和医师造成很高剂量的照射，现已被许多国家和地区禁止使用。

### 20.1.6 特殊成像技术

计算机断层扫描(CT)摄影技术是一种特殊的X射线成像形式，其中的X射线束采用旋转的扇形，相对应的接收器是多个按环状排列的固态或气体检测器等。接收到的X射线通过电子计算机复杂的计算有效转化为患者机体某一选定层面的组织影像。一次X射线CT扫描检查可包含机体不同间隔许多层面的影像(如图20-7所示)。

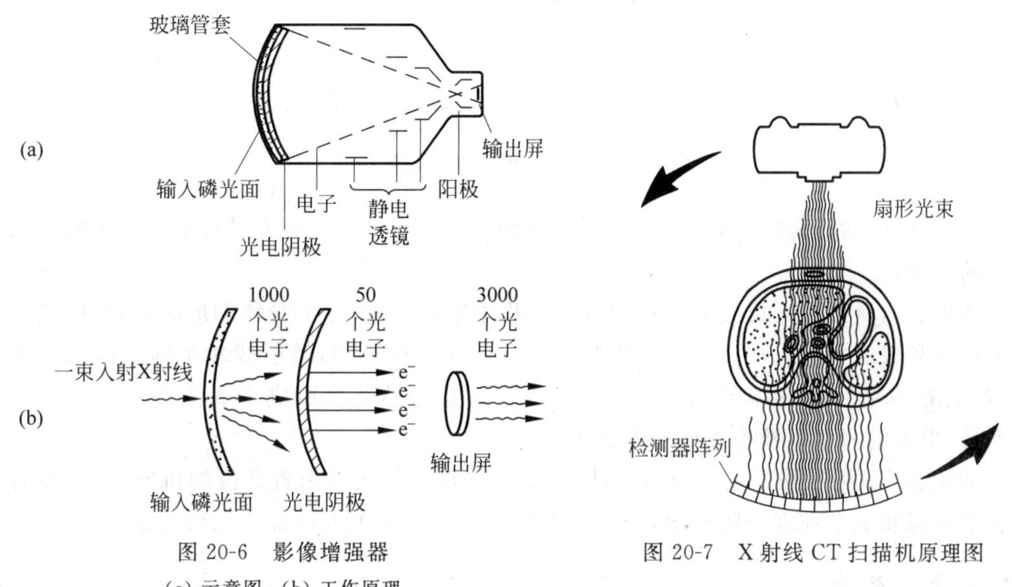


图20-6 影像增强器
(a) 示意图；(b) 工作原理

图20-7 X射线CT扫描机原理图

乳腺X射线摄影术是类似于平面胶片的X射线摄影术，但使用低能的X射线(X射线管电压大约25kVp)来强化胸部软组织结构间的差别对照。由于是低能X射线，对患者的照射剂量会较高，需要有严格的质量控制。

## 20.2 放射诊断的放射防护与安全

### 20.2.1 工作人员

与X射线诊断操作有关的工作人员包括放射科医师、放射技师、护士和其他有关技术人员。他们可能与此密切相关，如被要求与患者(均含受检者)近距离接触(所以离X射线束很近)，或者保持一定的距离。当然，除了极特殊情况外，工作人员不能把身体的任何部位暴露在X射线束中。例外情况可能是，当骨科外科医师在荧光透射时接合骨折，或者是在心脏介入手术中医师插入心血管导管等。在这种情况下，医师们会有短暂的无法避免的手部等暴露。这种照射可以通过手指、手掌或手腕的热释光剂量计(TLD)监测。

通常在X射线摄影期间工作人员不必留在X射线诊断检查室，但在荧光透视时却几乎总需要在现场。在这种检查过程中，患者周围近距离的辐射水平相对较高。图20-8显示了荧光透视设备周围等剂量线的分布，该设备在影像增强器的附近采用铅屏蔽防护。

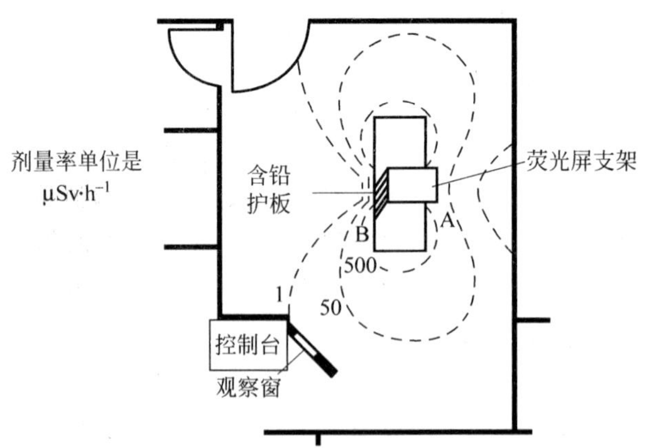


图 20-8 荧光透视的等剂量线分布

请注意，散射线强度最高的位置在诊视床的末端，这正是工作人员可能按要求陪护患者所处的位置。

如果放射科工作人员按要求在检查的过程中陪护患者，除了身体的屏蔽防护外，还应包括甲状腺和眼晶体的防护。根据与距离平方成反比规律可知，散射线水平随距离衰减得很快，若距离患者 3m 就不需要穿戴铅橡胶围裙了。这当然还要取决于 X 射线诊断设备的具体型号、患者的身材以及检查操作方法本身。

请注意：放射工作人员不要直接扶持患者，应尽量使用给患者定位的机械设备，或者当患者的家属和朋友在现场陪护时，请他们配合。但以上相关人员都应该得到适当的防护。

### 20.2.2 患者

患者(含受检者)由于接受 X 射线束照射，很显然会获得最高的辐射剂量。然而，医务工作者应该意识到自己的照射剂量与患者的剂量有关，而且应该始终采取适当的防护措施。根据放射防护的基本原则，放射科医师应考虑的放射实践正当化原则是对患者接受检查所获得的利益要超过可能的潜在电离辐射风险。放射科医师还应考虑放射防护最优化原则，定期对 X 射线诊断设备进行质量控制检测，以确认其总是处于正确的工作状态。还要注意对育龄患者的生殖器官采取保护措施。特别要注意，在对儿童敏感的组织和器官进行照射时要限制照射剂量。必须对已知怀孕的患者或随后被确认怀孕的女性患者给予特殊的辐射安全考虑。

### 20.2.3 公众成员

由于散射线可能从 X 射线诊断工作场所泄漏到达外面的公众区域，因此公众成员可能受到潜在的散射线照射。这种照射主要靠适当的屏蔽防护和限制进入 X 射线照射区域来控制。

### 20.2.4 设备

如果得到正确的维护，X 射线诊断设备通常被认为是很可靠的。理想的情况是，X 射线设备应该在安装时进行测试(验收检测)，并且此后定期检测(质量保证或质量控制)。检测的具体细节已经超出本课程要求的范围，但一些基本原理可能会很有用，并将在后面做进一步探讨。验收检测是确认设备按照具体的方式工作。如果参与编写 X 射线设备的使用说明书,一定记住要具体说明能实际测量的内容和方法,特别注意检查设备的总体安全性。

### 20.2.5 移动式 X 射线机

在大多数医院都有能移运到患者病房的移动式 X 射线机。但这会产生一些特殊问题,即所检查患者周围经常会有其他的患者或多位患者,而且护理人员可能需要协助检查。在这种情况下,应当注意考虑到是否需要屏蔽防护。连接电缆的长度至少需要 2m,而且每台移动式 X 射线机应该配备一块防护挡板。必须强调只有当无法将患者转移到主 X 射线诊断检查室时,才允许实施移动式 X 射线机的检查。

## 20.3 放射诊断的个人防护

屏蔽防护主要用于人员(工作人员和患者)或设备的结构及场所。对于人员的屏蔽,通常需要有个人防护用品。个人防护用品是一类为保护工作人员远离各种危害而设计装备器材的通用语,例如化学品、热度和电离辐射等。主要个人防护用品是含铅的衣服,主要分为含铅的围裙或长外衣。它们由含有铅粉的乙烯基材料制成,而且可以制成不同的铅当量等效厚度,典型值为 0.3～0.5mm。以下是各种类型:

(1) 防护围裙——这种防护服被设计成环绕着身体并在胸前束紧,通常是用维可牢尼龙搭扣。这可能是目前应用最广泛和最安全的防护裙类型。

(2) 雨衣式防护服——这种防护服像雨衣一样,从头往下穿在身体两侧扎紧。由于需要两次束紧而不太受欢迎。而且,这种防护服可能由于维可牢尼龙搭扣年久失效而暴露。

(3) 分体式防护服——为了减少脊背承担的重量,一些防护服被分割成上下两部分。上部分通常在前胸汇合,下部分穿在臀部在腰部系紧。有时被称为"裙子和宽上衣"。

(4) 皮带式防护服——更新型的围绕式防护服设有一个束紧的布带,防护服的一部分重量由臀部分担,以减少脊背承担的重量。

(5) 分厚度防护服——在一些散射线水平较高的区域,比如心脏病检查需要铅等效厚度 0.5mm 的防护服。由于防护服的重量往往是一个问题,因此后背常常设计成开口或铅等效厚度较低(约 0.25mm)。只要医务工作者了解这类防护服的局限,还是很受欢迎的。在正常操作中,大多数工作人员在 X 射线诊断时都是面向辐射源,所以降低或取消背部的屏蔽不是问题。其他的含铅乙烯基用品,如甲状腺围脖也是需要的,这种窄的防护带可以束紧脖颈,在高散射操作中是非常有用的。

注意含铅的乙烯基防护服非常重要。只能平放保存或者搭在特殊设计的衣架上,防止铅粉的破裂,绝对不应折叠。

含铅的乙烯基材料也可用于诊视床的防护。将这种材料置于 X 射线诊视床的四周,在荧光透视时防护操作人员的下半身,也可将其附于荧光透视系统减少来自患者的散射。其他种类的铅屏蔽防护用品包括铅玻璃和含铅的树脂,这在荧光透视检查时常会用到。含铅树脂薄板(大约 35cm×30cm)常悬挂在天花板下,在荧光透视检查时可以拉下来,置于医师面部和散射源之间,防护眼晶体和甲状腺等。含铅的树脂眼镜也会用到。在某些情况下,含有铅玻璃或含铅树脂观察窗的移动式屏蔽,对个人围裙来说是一种有用的替代。

需要注意的是患者也需要放射防护，尤其是生殖器官的防护。如果下腹部和骨盆不在检查范围之内，在检查过程中应该用铅挡板覆盖以防护这些部位。而且，不要忘记对电离辐射敏感的胶片和设备也需要适当的屏蔽。

## 20.4 放射诊断的屏蔽防护

设计医用 X 射线诊断室的屏蔽防护是一件比较复杂的任务，但是可以使用一些通用假设来简化问题。在本节将阐述屏蔽设计的基本原理和方法，然后再讨论建筑方面的问题。

### 20.4.1 屏蔽设计原理

许多年来，屏蔽防护设计的方法沿用美国国家辐射防护与测量委员会(NCRP)第 49 号报告。但这份报告使用的数据常常会导致过度屏蔽，目前正在进行重新总结修订。然而，这份文献是目前能获得的最佳参考资料之一。出于这个原因，本书主要依据 ICRP 第 49 号报告，并在适当之处补充了更加实用的数值。根据 NCRP 第 49 号报告，在开始屏蔽设计之前，需要获知一些细节，或者从公开发表的数据表中查到。(注：NCRP 于 1976 年发表第 49 号报告《能量在 10MeV 以下医用 X 射线和 γ 射线的结构屏蔽设计与评价》；2004 年发表了第 147 号报告《医用 X 射线影像设备的结构屏蔽设计》；2005 年发表了第 151 号报告《兆伏级 X 射线和 γ 射线放射治疗设备的结构屏蔽设计》——审者。)以下实际情况可以从已有资料中获取：

(1) 已知比例的平面布置图，不仅包括 X 射线诊断室，还应包括周围区域(也应包括功能区域，如办公室、卫生间、候诊室等)。

(2) X 射线诊视床的型号、位置和摆放角度。

(3) 所有立式诊断台或胸透架(用于站立患者的 X 射线检查)的摆放位置。

(4) X 射线诊断室的上、下和临近设施的具体细节，地板、墙壁和天花板的结构性质。

(5) 从 X 射线管和患者到计算点的距离，用 $d$ 表示。

(6) 设计目标，每一计算点的每周照射剂量，用 $P$ 表示。

以下实际情况可以从数据表中获取：

(1) X 射线设备的每周工作负荷。这是指每周 X 射线机总的曝光量，通常的单位为 mA · min/周，用符号 $W$ 表示。

(2) 通常使用的峰值管电压 kVp。

(3) X 射线诊断室周围每个房间或区域的人员居留程度(占用率)，称为居留因子，用 $T$ 表示。

(4) X 射线机的利用因子。这是有用射线束对准某特定墙体或屏障的时间占每周照射时间的比值，用 $U$ 表示。

### 20.4.2 屏蔽计算基础资料

本小节介绍 X 射线诊断室的屏蔽设计的方法和资料。如 20.4.1 节所述，本节所用参考资料都是基于 NCRP 第 49 号报告。但是，为了避免过度防护，在适当的地方增加了更加实用的信息。

建议选择的数据是基于即将起草的 NCRP 第 49 号报告的修订版。然而，这些数据的价值还没有得到正式的认定，但也包括大家感兴趣的内容。

**1. 控制区和监督区**

假定职业照射人员工作时处于控制区，这意味着他们的工作环境需要监测辐射安全，职业照射人员需要个人监测。控制区的例子如 X 射线诊断室。非职业照射人员也可以进入的区域则称为非限制区（如走廊和公共卫生间）。

**2. 剂量设计值**

各国都有自己的审管剂量限值。这里采纳已被广泛应用的 ICRP 第 60 号出版物中推荐的数据。对于职业照射工作人员，个人的年有效剂量限值为 20mSv，平均为每周 0.4mSv。对于公众，年剂量限值为 1mSv，或每周 20μSv。这些数值仍较高，可以容易地实现降到更低水平。

此外，目前许多国家根据 ICRP 第 60 号出版物的防护最优化原则，使用额外的剂量约束，其依据是每个人可能受到多个辐射源的照射。表 20-1 是基于 ICRP 第 60 号出版物给出的建议设计剂量约束，包括控制区的剂量约束值为 0.25，这些数据在澳大利亚很有代表性。

**注意**：各个国家可能已经有明确的控制剂量的设计目标值，故需要知道本地的具体监管要求。

**表 20-1　每周剂量控制的设计值**

| 区　域 | 每周剂量控制设计值/μSv |
|---|---|
| 控制区 | 100 |
| 非限制区 | 20 |

**3. 屏蔽体**

图 20-9 展示了一个典型的 X 射线诊断室的布局。将一个区域与另一区域分隔的任何物体称为屏障（屏蔽体）。任何屏障可能受到 X 射线的直接照射称为主屏蔽，不被 X 射线束直接照射的屏障称为次屏蔽。实际情况是，一些屏蔽在某些情况下是主屏蔽，而在余下时间里是次屏蔽。这种情况在计算中一定要考虑到。

从 X 射线管到散射体（患者）的距离称为 $d_{sca}$，从 X 射线管到主屏蔽的距离称为 $d_{pri}$，从散射体到次屏蔽的距离称为 $d_{sec}$。这些都标注在图 20-9 中。

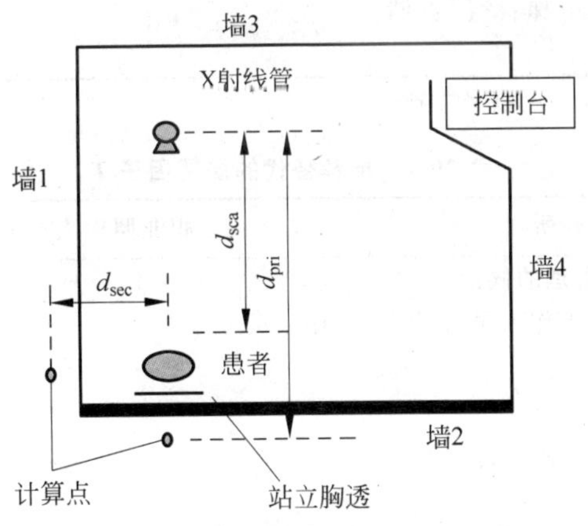


图 20-9　X 射线诊断室的屏蔽布局图

**4. 利用因子**

一旦确定了屏蔽的类型，下一个需要确定的因素就是利用因子（$U$），即 X 射线束照射到某个屏蔽体的时间分数。通常可假设取某个利用因子值，但是对于某种特定情况可以根据实际操作情况计算。图 20-9 中的墙壁都被编号，每个墙壁的利用因子列于表 20-2。请注意：由于 2 号墙还有一个垂直竖立的胸透台，会使用垂直胸透 X 射线装置。在垂直胸透台后面和附近的 2 号墙区域是主屏蔽，而该墙其余部分则被认为次屏蔽。

请注意，如果使用影像增强器，则利用因子是零，因为影像增强器总是截取主射束。

**表 20-2　常见 X 射线诊断室的利用因子**

| 屏　　障 | 利用因子（NCRP 第 49 号报告） | 利用因子（更加实际的） |
|---|---|---|
| 1 号墙-仰卧水平投照条件 | 0.25 | 0.065 |
| 2 号墙-有直立滤线器部分 | 0.25 | 0.25 |
| 2 号墙-其余部分 | 0.25 | 0 |
| 3 号墙 | 0.25 | 0 |
| 4 号墙 | 0.25 | 0 |
| 控制台 | 0.25 | 0 |
| 地板 | 1 | 1 |

**5. 居留因子**

居留因子（$T$）表示个人停留在特定位置或房间的时间长短，也有称之为占用率的。居留因子为 1 表示同一个人在一周的工作时间内都停留在该区域。居留因子随区域类别的变化很大，表 20-3 列举了传统的 NCRP 第 49 号报告中提出的区域类别及其居留因子，表 20-4 则提供了更为实际的区域类别及其居留因子的推荐值。

**表 20-3　NCRP 第 49 号报告建议的居留因子 $T$**

| 场　　所 | 职业照射人员 | 非职业照射人员 |
|---|---|---|
| 工作区（办公室、实验室、商店、儿童游乐区、病房、护士站） | 1 | 1 |
| 走廊、休息室、有操作员的电梯、无人管理的停车场 | 1* | 0.25 |
| 候诊室、卫生间、楼梯、自动电梯、清洁员储物室、车辆通道和人行道 | 1* | 0.06 |

* 通常为假设值，如果获得真实值后可以改进。

**表 20-4　推荐替代的居留因子 $T$**

| 场　　所 | 职业照射人员 | 非职业照射人员 |
|---|---|---|
| 办公室、商店、居住区、有人管理的候诊室 | 1 | 1 |
| X 射线诊断室、胶片处理室、工作人员办公室、工作人员休息室 | 1 | |
| 护士站、患者检查室、自助餐厅 | | 0.5 |
| 休息室（卫生间）、走廊、患者等候室（推车） | 0.25 | |
| 患者卧室 | | 0.125 |
| 休息室（卫生间）、储藏室、室外休息场所 | | 0.05 |
| 车辆通道或人行道、无人管理的停车场、无人管理的候诊室、患者换药室 | | 0.025 |

### 6. 工作负荷

为了正确计算屏蔽，需要知道医用诊断 X 射线机的一周实际工作量，即工作负荷($W$)，其计算公式如下：

$$W = R \times D \times E \tag{20-1}$$

式中：$W$——工作负荷，mA・min/周；

$R$——每天 X 射线摄影的次数；

$D$——每周运行的天数；

$E$——X 射机曝光量，mA・min。

**例 20-1**　求下述条件下的工作负荷：假设医用诊断 X 射线机平均每天拍摄 40 次，每周运行 5 天，每次投照的曝光量为 3mA・s。

**解**

$$1\text{mA} \cdot \text{s} = 1 \div 60\text{mA} \cdot \text{min}$$

所以

$$3\text{mA} \cdot \text{s} = 3 \div 60\text{mA} \cdot \text{min} = 0.05\text{mA} \cdot \text{min}$$

由公式(20-1)：

$$W = 5 \times 40 \times 0.05 = 10\text{mA} \cdot \text{min}$$

所以，如果一台医用诊断 X 射线机平均每天投照拍摄 40 次，而每周运行 5 天，每次投照的曝光量是 3mA・s，则其工作负荷为 10mA・min。

当考虑工作负荷时，获得 X 射线机照射所用的管电压(kVp)也很重要。有如下两个原因：第一，如果 kVp 值较高，每次曝光量 mA・s 较低；第二，当管电压(kVp)增加时，辐射的穿透能力也增强。NCRP 第 49 号报告和许多监管部门对通常的工作负荷给出了相当高的指导水平。表 20-5 列举了某些工作负荷值和相应 kVp 值。

**表 20-5　通常使用的工作负荷举例(NCRP 第 49 号报告)**

| 项　　目 | 周工作负荷($W$)/(mA・min) | | |
|---|---|---|---|
| | 100kVp | 125kVp | 150kVp |
| 一般 X 射线摄影 | 1000 | 400 | 200 |
| 荧光透视(包括摄点片检查) | 750 | 300 | 150 |
| 脊椎指压治疗法 | 1200 | 500 | 250 |
| 乳腺 X 射线摄影 | 700 | 在 30kVp(乳腺筛查 1500) | |
| 牙科 X 射线摄影 | 6 | 在 70kVp(常规口内片摄影) | |

现在普遍认为这些数据非常保守，特别是对于现代应用的 X 射线胶片与增感屏组合系统，因为它的辐射强度比 1976 年 NCRP 撰写时所采用系统的辐射强度低许多。一些实际测量值(多种设备的平均值)在表 20-6 中给出。实际的工作负荷所应用的峰值管电压很少大于 100kVp，对于一般的 X 射线诊断室，多数情况在 90kVp 左右。工作负荷谱的概念最终会应用在屏蔽设计的计算中，但此处还没有涉及。

以上提供的数据只是一个范例，请注意自己国家监管部门以及当地规章的工作负荷要求。

表 20-6 替代的工作负荷值

| 项　　目 | 100kVp 下的每周工作负荷(W)/(mA·min) |
|---|---|
| 一般 X 射线摄影 | 300 |
| X 射线诊断/荧光透视室—X 射线摄影 | 40 |
| —荧光透视 | 250 |
| 心血管造影 | 3100 |
| 外周血管造影 | 1400 |
| 乳腺 X 线摄影 | 320 |

**7. X 射线诊断室的典型屏蔽**

对于 X 射线诊断室的典型屏蔽,可以认为 1mm 厚的铅当量用于次屏蔽,2mm 厚的铅当量用于主屏蔽,以及 1.5～2.5mm 厚的铅当量用于操作者的防护(包括玻璃观察窗也要有相同的铅当量)。注意:如果确认已经掌握了屏蔽防护原理,并且希望学习和掌握如何应用于实际的屏蔽设计中,请进一步参阅附录 20A“屏蔽防护计算举例”。该附录通过给出一些必要的方程式引导计算特定的屏蔽防护厚度。但附录这些计算方法不包括在培训课程务必掌握的内容中。

## 20.4.3 构建屏蔽防护

计算必需的屏蔽防护很重要,而正确实施该建筑建设也是非常关键的要素。这包括合理的材料选择,正确的建筑方法,最后应由有资质的专业人员鉴定该屏蔽是根据设计构建的,可以安全使用。

**1. 屏蔽材料**

不同国家可以选择的屏蔽建筑材料变化很大。以下是一些可能的选择。

- 铅板作为固体的骨架材料再背衬以夹合板、压缩纤维板或类似板材等。
- 水泥块:应该是实心的,并一定要保证灰泥搭结着水泥块的整个厚度。根据经验方法,可假定水泥块的厚度至少相当于实心混凝土的 2/3。
- 如果砖块的质量能够提供足够的衰减,可以使用砖块。而且,一定要保证灰泥搭结着砖块的整个厚度。砖块的种类对衰减影响很大,在应用这种屏蔽材料时请一定要注意。
- 特殊材料,比如将三聚氰胺碾压到铅板里(尽管这通常比较昂贵)。
- 铅玻璃或铅树脂的观察窗。
- 诊断室墙用混有高浓度重晶石的砂浆制成。如果应用这种屏蔽材料,制造商需核算该墙板的铅等效厚度。
- 推荐屏蔽材料时,通常需要知道其相对密度和铅当量,这些参数需要在构建中考虑到。表 20-7 列举了常见建筑材料的密度和铅当量。

**2. 建筑细节**

可能有许多潜在的建筑问题,但最重要和最常见的是:

- 相邻屏蔽面的连结搭接。
- 门和同侧主体的屏蔽。
- 铅玻璃观察窗与所安设墙体屏蔽的连接。
- 穿孔处的屏蔽——比如屏蔽被切断,引出水、电和其他管道线。

**表 20-7 一些常用建筑材料的有关参数**

| 建筑材料 | 密度/(kg·m$^{-3}$) | 厚度/mm | 150kVp 时铅当量/mm |
|---|---|---|---|
| 重晶石沙浆 | 2110 | 12.7 | 0.9 |
| 煤渣砌块 | 1270 | 26 | 0.7 |
| 砖 | | | |
| 黄砖 | 1600 | 114 | 0.9 |
| 红砖 | 1850 | 128 | 1.5 |
| 混凝土 | | | |
| 实心 | 2350 | 75 | 0.9 |
| 砌块 | 1660 | 122 | 0.92 |
| 加气 | 850 | 75 | 0.22 |
| 钢板 | 7900 | 5 | 0.43 |

以下信息可帮助建筑人员确认其建筑的屏蔽有没有缺陷，而纠正错误的代价是昂贵的：

- 屏蔽的完整性。防护一定要连续，即不能有间隙，特别是不同材料间的交界处，如墙与窗户，或双开进门。屏蔽应该从建成的地板基面至少延展到 2100mm 的高度。
- 地板。当 X 射线诊断室地板之下存在有居留区域时，该区域天花板的混凝土层厚度至少有 100mm，密度要达到 2.35g·cm$^{-3}$。如果是使用木制地板，需要额外的屏蔽。
- 墙壁穿孔。一定要注意，确认没有因为在屏蔽墙上开口而损失屏蔽的完整性。例如，任何进入屏蔽的电源等各种接口一定要在出口补充额外的屏蔽。
- 地板或天花板的穿透。任何地板和天花板可能因为直接照射而发生射线穿透(例如在 X 射线管周围达到的 1m 外)。并且在地板或天花板的另一侧有其他居留区域，则应至少覆盖 2mm 的铅板或等效厚度。
- 铅板。如果应用，一定要牢固地连接在基底材料上，如夹合板或压缩板的至少一面。

请注意：使用钉子或类似方法将铅板固定在墙体上，由于重力作用，时间长了会发生拉伸。这种固定方法不是推荐采用的方法。

由于固定铅板而形成的穿孔应该尽可能地小，并且由钢材料制成，其连接处的屏蔽一定要重叠 10～15mm。

- 观察窗。当观察窗与墙或门合为一体时，观察窗应该是含铅树脂或铅玻璃。屏蔽使用金属板玻璃一定要经过当地的监管部门批准。观察窗材料的铅当量一定要至少等于由假定的峰值管电压计算出来的屏蔽墙壁的铅等效厚度，其铅当量和峰值管电压应该永久、清晰地标识在观察窗上。

请注意：在窗体和墙壁间连接处的屏蔽不能有间隙，特别是在主体的周围。一般建议屏蔽重叠达 10～15mm。

- 门。当双开门被用于加宽入口时，两扇门应该缩减，以便门和屏蔽之间有大约 15mm 的重叠。如果使用木制门框，一定需要小心，确认屏蔽超过门框边缘。金属门框则较容易实现屏蔽与门框边缘的衔接。
- 现有的砖墙。如果已有一些砖墙，可以提供一定辐射屏蔽。但是，由于无法保证灰泥延伸到整个墙体厚度，在交界处对 X 射线的衰减较弱，所以很少允许使用这种砖墙。因实际上在整个厚度完全交叉覆盖一般较少(除非特殊情况)。砖墙的屏蔽特性也依据其种类变化很大(例如实心或空心)。

- 直立滤线器胸透架。安装直立式胸透架时,其后面可能需要额外的防护,尤其当该墙壁为次级屏蔽时,因直立式胸透架后面可能会有直射束。按照一般规律,几乎所有情况都需要额外覆盖 1.5mm 的铅板。如果还有疑虑,可以计算需要的屏蔽厚度。额外的屏蔽需要从站立位置的中心线向任何一边延伸 500mm,高度应从建成的地板基面向上至少延伸 2000mm。

**3. 安装监督**

屏蔽的建筑需要一位有专业资质的人员监理。即便是每周视察一次建筑场地,和工程人员充分地交流也可以避免出问题、工程拖延和昂贵的改造。

**4. 屏蔽的测试和验证**

有两种选择可以使屏蔽得以令人满意地正确建造——在其建筑过程中或者在建成后进行检验。

请永远都不要轻易认为所有屏蔽防护都是正确的,一定要经过实际的检查测试来验证核实。

在这两种选择中,在建筑过程中的检验容易得多。这要求在屏蔽材料覆盖之前的每一阶段都要去现场查看。只有这样,才能容易地确认屏蔽没有漏洞、符合规定的高度和厚度,以及屏蔽材料有足够的重叠。窗户需要在窗户和墙壁的连接屏蔽覆盖之前检查确认。屏蔽体最常见的缺陷是在窗户附近留下缝隙,有时 3cm 左右宽。

建成后的检验费力、不准确和困难。即便用简单的方法,也需要在 X 射线室的中心放置一个活度大的镅-241 放射源,然后用敏感的辐射探测器,例如闪烁计数器在室外测量。即便如此,也很难确定准确的屏蔽程度。但是,在正确的条件下可以检验屏蔽的完整性。

## 20.5 放射诊断中的辐射剂量

一般而言,X 射线诊断检查造成的辐射剂量不高。但是,如果在某种疾病的治疗过程或一生中有多次检查,则会产生可观的累积剂量。有一些资料给出了 X 射线检查时典型的器官和有效剂量,例如表 20-8 引自 ICRP 第 62 号出版物的附件。这些表虽然只提供了剂量的粗略估计值,但足以回答患者和公众的某些疑问。

**表 20-8 放射诊断中的吸收剂量示例**

| X 射线检查 | 器官组织的吸收剂量/mGy | | | | | 有效剂量/mSv |
|---|---|---|---|---|---|---|
| | 活性骨髓 | 胸部 | 子宫(胚胎、胎儿) | 甲状腺 | 性腺[a] | |
| 胸部 | 0.04 | 0.09 | * | 0.02 | * | 0.04 |
| CT 胸部 | 5.9 | 21 | 0.06 | 2.3 | 0.08 | 7.8 |
| 头部 | 0.2 | * | * | 0.4 | * | 0.1 |
| CT 头部 | 2.7 | 0.03 | * | 1.9 | * | 1.8 |
| 腹部 | 0.4 | 0.03 | * | 1.9 | * | 1.8 |
| CT 腹部 | 5.6 | 0.7 | 8.0 | 0.05 | 8.0,0.7 | 7.6 |
| 胸椎 | 0.7 | 1.3 | * | 1.5 | * | 1.0 |
| 腰椎 | 1.4 | 0.07 | 3.5 | * | 4.3,0.06 | 2.1 |

续表

| X射线检查 | 器官组织的吸收剂量/mGy | | | | | 有效剂量/mSv |
|---|---|---|---|---|---|---|
| | 活性骨髓 | 胸部 | 子宫(胚胎、胎儿) | 甲状腺 | 性腺[a] | |
| 骨盆 | 0.2 | * | 1.7 | * | 1.2,4.6 | 1.1 |
| CT 骨盆 | 5.6 | 0.03 | 26 | * | 23,1.7 | 7.1 |
| 静脉尿路造影 | 1.9 | 3.9 | 3.6 | 0.4 | 3.6,4.3 | 4.2 |
| 钡灌肠(含透视) | 8.2 | 0.7 | 16 | 0.2 | 16,3.4 | 8.7 |
| 乳腺摄影(增感屏与胶片组合) | * | 2 | * | * | * | 0.1 |

* 该项小于0.01mGy。

a 对于性腺栏中有两个值的,前者属于卵巢,后者指睾丸的剂量。

引自:英国医院的患者接受常规X射线检查的全国性剂量调查(NRPB-R2000,1986)和英国CT实践调查,第二部分:剂量测定部分(NRPB-R249,1991)。NRPB,Chilton,Didcot,Oxon。

## 20.5.1 入射皮肤剂量

这是X射线进入人体体表皮肤吸收剂量的测量值或估算值。测量也许是不可能的,特别是当检查发生很长时间以后,需要对剂量进行评价。有一些公布的数据,其中一套典型数据如表20-9所示。

**表20-9 入射皮肤吸收剂量**

| X射线检查类型 | 吸收剂量/mGy | X射线检查类型 | 吸收剂量/mGy |
|---|---|---|---|
| 腹部前后位 | 4.1 | 腰椎前后位 | 5.4 |
| 胸部后前位 | 0.086 | 腰椎侧位 | 7.7 |
| 胸部侧位 | 0.63 | 骨盆前后位 | 3.0 |
| 颈椎前后位 | 0.62 | 头部前后位或后前位 | 1.37 |
| 颈椎侧位 | 0.43 | 头部侧位 | 0.43 |
| 臀部前后位 | 0.63 | 胸椎前后位 | 2.4 |
| 臀部侧位 | 3.8 | 胸椎侧位 | 4.2 |

请注意:任何两份公布的数据都不会非常接近。这主要是因为采用不同的胶片与增感屏组合,不同的装置和不同的X射线诊断技术。记住重要一点是,剂量计算是最准确的,估算在较大的范围内准确。应该注意的另一点是,一些数据来源据整个检查所拍摄的X射线胶片数量,给出相应数据。而另一些数据来源提供拍摄每张胶片的剂量,则更加有用。

## 20.5.2 器官剂量

除非有体模,否则不可能直接测量器官组织的剂量。通常只能根据公布的有关数据进行剂量估算,这些数据基于一些已知因素,如所使用的X射线设备和X射线束的半值层。一旦知道相应器官的剂量,可以应用ICRP第60号出版物中推荐的组织权重因子计算有效剂量(ICRP第60号出版物已经被取代更替,当下更新的各种组织权重因子及其计算方法是ICRP于2007年发表的第103号出版物推荐的——审者注)。此外,还有一个称作

XDOSE的计算机软件程序可进行这些计算。

对所有器官和全身有效剂量的估算都存在较大的误差。如果必须计算，请查阅或使用有关信息资料，并确认了解这些资料的不确定性。

### 20.5.3 放射学与妊娠

**1. 工作人员**

妊娠的放射工作人员常担心体内婴儿的健康。如果需要为她们提供建议，以下要点可供参考：

(1) 放射工作人员一般只会接受较低剂量的职业照射。以澳大利亚为例，该国辐射实验室的数据如表20-10所示。

**表20-10 放射工作人员的职业照射剂量**

| 职业类别 | 年平均剂量[a]/μSv | 范围[b]/μSv |
| --- | --- | --- |
| 放射科技师 | 96 | 20～120 |
| 放射科医师 | 255 | 10～210 |
| 护士 | 89 | 3～120 |

a 澳大利亚大型医院放射科工作人员年平均剂量。

b 从1/4至3/4。

(2) ICRP第60号出版物对孕妇推荐的剂量限值是，从诊断怀孕至婴儿出生，其腹部的照射剂量小于1mSv。

(3) 潜在的职业照射剂量最高的工作范围是进行各种类型的血管造影检查、钡餐以及脊椎对照研究等诊断检查程序。CT、乳腺X射线摄影和一般的X射线摄影都是低剂量职业照射的工作范围。

(4) 几乎在所有情况下，如果采取了正确的防护措施，怀孕的职业照射人员可以得到保证，不必在早期停止工作。但是，一定要保证监测她的辐射剂量，并避免接近具有潜在风险的工作。

**2. 患者**

妊娠患者需要分为两种：即接受X射线检查时已经知道怀孕，以及其后才获知的。每种情况的处理稍有差别。

1) 已知怀孕

如果患者需要接受X射线检查，并且已经知道自己怀孕了，一定要有责任医师，通常是放射科医师，仔细研究该案例。如果必须采取X射线检查，则所拍照的胶片数量和荧光透视的时间一定要减少到最低值。只要可能，腹部一定要用铅橡胶防护。为了计算胎儿的照射剂量，应记录应用的X射线参数(X射线管的峰值电压(kVp)，曝光量(mA·s)，照射野的尺寸和角度；以及荧光透视的时间，透视区域的尺寸和峰值管电压(kVp)等)。此外，应告知患者这些受照剂量不会产生任何不利影响。

2) 在检查时不知怀孕

这是最令患者痛苦的事。典型的例子往往是患者在检查大约一周后才发现自己怀孕了。如果被要求解释检查所导致的剂量，则需要了解如下情况：

(1) X射线检查的类型；

(2) X射线摄影的曝光量和拍摄照片的次数；

(3) X射线束的半值层。

应用20.5.2节介绍过的方法，可以估算子宫的吸收剂量值，并以此作为胎儿的吸收剂量。之后就可按如下所述，建议患者：

(1) 按照ICRP第60号报告所述(在绝大多数情况下)，在受孕21天以内的胎儿受照，不会对胎儿造成任何随机性或确定性效应。通常在这种情况下，患者可以绝对地放心。

(2) 一般胎儿接受的辐射剂量非常少，在绝大多数情况下不必考虑终止妊娠。

(3) 只有当估算胎儿的受照剂量超过150mGy时，才有必要讨论是否终止妊娠，而且还是在该风险和其他对怀孕的风险有可比性的情况下。

向患者诠释风险的一个好方法是与天然本底照射比较。例如，胎儿受到5mGy的照射只相当于两年时间的天然本底剂量(2.5mSv·$a^{-1}$)。另一个方法是，不解释胎儿发生风险的概率，而是不发生这种风险的概率。例如，一个孩子不会患癌症的正常风险是99.9%(100%－0.1%)。照射带来的额外风险只有大约0.8%，这样不会患癌症的风险下降到99.1%(99.9%－0.8%)。患者通常发现在面对辐射风险时这种解释更让人放心。

### 20.5.4 避免不必要的照射

减少患者辐射剂量的方法有如下几点：

(1) 显著的电离辐射警示标志；

(2) 取消不必要的放射检查，并且可采用超声波、磁共振成像或者内窥镜检查来代替；

(3) 完善X射线诊断检查程序，减少拍摄照片的数量或荧光透视的时间；

(4) 检查X射线诊断设备和程序的常规质量保证。

以上这些策略不是总能实现的，但良好的X射线诊断技术和ALARA(即：可合理达到的尽可能低照射)原则，要求尽一切努力降低患者的剂量。实际上减少患者的剂量也常常意味着减少了职业照射的剂量。

**1. 孕妇警告标志**

为了减少无意照射孕妇的风险，每一个X射线诊断室都应该有一个醒目标志，展示在候诊室或接待处，该标志要求患者在X射线诊断检查前声明自己已知或可能怀孕，其措词应类似于：

| 如果您可能怀孕，务必在进行X射线检查之前告知您的主治医师或放射科技师！ |
|---|

该措词应该以患者可能使用的任何一种语言书写和展示。

**2. X射线照射野的尺寸和布置**

使用最小的、可行的照射野尺寸，并尽可能减少对下腹部(尤其对于怀孕的妇女)和性腺的任何照射。例如，在照射野之外几厘米处，辐射剂量比位于照射野内剂量的1/10还低。应当仔细配置照射野，比如头部CT检查时，调整支架的角度就可以让敏感器官(此处指眼晶体)位于X射线束的照射野之外。

**3. 性腺屏蔽**

如果屏蔽防护不会影响待检查部位，当性腺处于X射线主射束下时就需要屏蔽。很容易通过覆盖一块铅橡胶提供屏蔽防护。对于儿童尤其重要，特别是对那些先天性髋关节脱臼的诊断需要连续检查的情况。**记住**：需要屏蔽防护的是射线进入患者的一侧。

**4. 焦皮距**

与距离平方成反比规律可近似地应用于X射线诊断中。即与X射线源的距离增加1倍，剂量率降低到原数值的1/4。

这说明患者距X射线管越远，其皮肤的入射剂量就越低，可以满足一定的剂量。然而，需要记住影像增强器(或者用增感屏)总是需要特定的剂量(或剂量率)形成足够的影像。而患者距X射线管越远，到达影像增强器的剂量就越低。因此，为使患者的剂量最小同时又保证得到足够的影像质量，需要在剂量和距离之间权衡。

对于固定X射线管焦点和影像增强器之间距离的X射线机，患者与X射线管的距离应尽可能远(并尽量靠近影像增强器)以同时保证获得足够清晰的影像。为了使患者的受照剂量最小，患者与X射线管的距离存在国际公认的限定——在澳大利亚，这个距离是30cm。

将影像接收器放置得离患者尽可能近，并且将X射线管放置得离患者尽可能远，也会因为减少失真和放大而影响图像质量。

**5. X射线束的总过滤**

前面已经讨论过，为了去除有害的低能量X射线，需要对X射线束进行过滤。对于一般的X射线诊断，X射线束的总过滤(包括X射线管和射线束中的其他部件的过滤效果)应该大于2.5mm的铝片厚度。对应于某个峰值管电压(kVp)，X射线束的品质即穿透能力一定要达到一个最小值。常用半值层(HVL)表示，是指使X射线束强度减少一半所需材料(通常是铝片)的厚度。当总过滤量未知时，测量半值层意味着了解一定峰值管电压(kVp)的X射线束是否有足够的过滤。表20-11显示了澳大利亚规定的最小半值层。

**表 20-11 最小半值层**

| X射线管峰值管电压/kVp | 最小半值层/mm Al | X射线管峰值管电压/kVp | 最小半值层/mm Al |
|---|---|---|---|
| 50 | 1.5 | 110 | 3.0 |
| 60 | 1.8 | 120 | 3.2 |
| 70 | 2.1 | 130 | 3.5 |
| 80 | 2.3 | 140 | 3.8 |
| 90 | 2.5 | 150 | 4.1 |
| 100 | 2.7 | | |

**6. 记录总照射时间**

多年以来，荧光透视设备要求必须配备曝光定时器，总照射时间不得超过5min。虽然该定时器可以重新设定，往往很难确定一个检查过程中射线的总照射时间。现代设备仍有一个报警器，当照射时间到达5min时报警，也能显示从检查开始的总时间。由于更新的设备可以运行较长的时间，而且常常使用较高的管电流（相应产生较高的辐射剂量），所以，强烈建议设定适当的“全程定时器”，并且其结果在诊断检查程序记录中保存。

**7. 防止无用照射**

应该在日常检查中避免不必要的照射。准备一本放射学检查指导手册，对医务工作人员的查阅非常有帮助。

**8. 避免重复检查**

据估计，在所有X射线诊断中重复检查的频率最高可达10%，对于繁忙的X射线检查，其重复摄片率不会超过3%～4%。关注下列注意事项，将有助于减少重复拍片率：

(1) 选择恰当的投照技术参数；

(2) 选用胶片与增感屏的合理组合；

(3) 调整好患者的适当体位；

(4) 精确的准直和定位；

(5) 取得患者的充分支持、配合和克制。

对于所有的设备，良好的实践是建立X射线诊断技术的有关图表资料。这应该包括在放射学检查指导手册中。

**9. 质量控制**

X射线诊断设备的性能会显著地影响患者的受照射剂量。遵照有关法规与标准经常监测设备性能的实践被认为是质量控制（QC）和质量保证（QA）的重要环节。

通常理想情况下，所有新设备都应在验收时依照标准和产品说明书进行逐项测试。测试应该包含所有基本参数，其中一些参数只需要测试一次。定期的质量保证测试应该在设备的整个使用期内进行，所谓“定期”如一般指每年一次等。对于不太敏感设备，如牙科X射线机，时间可以更长。但是，测试至少包含一些非常简单的测试，能在出现严重问题前发现缺陷。表20-12列出了常见的性能测试及测试频率例子。（请注意：设备的类型也决定质量保证测试的频率。例如，对移动设备应该更经常地检查X射线照射野与光野的一致性，因为该项性能容易受震动而发生偏差。）

**表20-12　X射线装置质量控制范例**

| 质量控制(QC) | 验收 | 常规检查频率 |
|---|---|---|
| X射线管焦点 | √ | 更换时 |
| 峰值管电压kVp的准确性和重现性 | √ | 每年 |
| 定时器的准确性和重现性 | √ | 每年 |
| 辐射输出的线性 | √ | 每年 |
| 射线束的半值层HVL | √ | 更换时 |
| X射线照射野与光野的一致性 | √ | 每年 |
| 荧光透视时患者的剂量率 | √ | 每年 |
| 荧光透视的分辨率 | √ | 每年 |

在许多国家的有关辐射监管中，常见的质量保证要求，被认为是医用辐射贯彻实施ALARA原则的核心内容。

**10. X射线胶片的处理**

X射线胶片的处理是X射线检查过程中的一个环节，不仅密切关系到影像的质量，也影响到所致患者的辐射剂量。本书不进一步介绍胶片处理的细节，但是应该要求放射实践必须具有适当的质量控制措施以保证胶片的良好处理。

## 20.6 放射诊断的辐射监测

在放射诊断工作场所，有一些途径可以用于监测辐射环境和防护屏蔽。本节讨论以下三种易于实现的方法：

(1) 剂量和剂量率的测量；

(2) X射线管的泄漏；

(3) 场所检测。

**注意**：为了保证结果可靠，所有辐射监测仪器或质量评价测试的仪器必须由剂量学实验室进行定期校准，校准源应可以溯源到国家一级标准或二级标准。

### 20.6.1 剂量和剂量率的测量

在X射线诊断中，特定检查类型的患者受照剂量必须保持在一定的范围内。如国际原子能机构(IAEA)引入了诊断性医疗照射指导水平的概念，描述一般情况下不宜超越的体表皮肤吸收剂量，如有正当理由也可灵活掌握。这一概念逐渐广泛地被各国采纳作为医疗照射防护指导方案。

必须认识到这并非一个强制性的限制是很重要的。医疗照射指导水平只是一个建议的参考水平，但它是一般情况下最佳实践的良好指示。因此，对于放射诊断实践，通过测量自己的医疗照射剂量并进行比较，也是一个很好的办法。超过医疗照射指导水平可能提示质量保证有问题(X射线设备或者影像接收处理)，操作者技能较差，或者使用了不合规格的设备等。

**1. X射线剂量**

应该按如下步骤，测量X射线诊断检查的患者皮肤剂量：

(1) 对于某项特定的检查，确定典型的峰值管电压(kVp)、照射量(mA·s)、照射野尺寸(皮肤)、焦皮距(FSD)以及焦点尺寸。实际上，应包括典型成年患者X射线检查的所有参数。

(2) 然后用这些参数建立一个与患者同样厚度的模型(用一个仿真人体模型)。聚丙烯酸酯是最简单和最好的组织等效材料。

(3) 使用一个小体积的电离室(10～30$cm^3$)或经过校准的剂量计，测量体模朝向X射线管一侧照射野中心的剂量。

(4) 如果使用电离室，将测得的照射量乘以0.87(如果是以照射量的单位表示)换算为吸收剂量(1Ci的照射剂量等于空气中0.87rad的吸收剂量)。

有一些电离室检测仪器直接给出以吸收剂量为单位的读数。

(5) 将该剂量与表20-13中的医疗照射剂量指导水平进行对比。

(6) 对所有常规检查，重复上述过程，至少包括表中所列的项目。

这样就可以评价X射线检查技术是否和最优实践水平相当。

表 20-13　放射诊断中的医疗照射指导水平

| X射线诊断程序 | | 每张摄片的入射皮肤剂量/mGy |
|---|---|---|
| 腰椎 | 前后位 | 10 |
| | 侧位 | 30 |
| 腹部 | 前后位 | 10 |
| 骨盆 | 前后位 | 10 |
| 臀部 | 前后位 | 10 |
| 胸椎 | 前后位 | 7 |
| | 侧位 | 20 |
| 牙齿 | 牙根尖周 | 7 |
| | 前后位 | 5 |
| 胸部 | 后前位 | 0.4 |
| | 侧位 | 1.5 |
| 头部 | 后前位 | 5 |
| | 侧位 | 3 |
| 脑CT | | 50 （多层扫描平均剂量，MSAD） |
| 腰椎CT | | 35 （MSAD） |
| 腹部CT | | 25 （MSAD） |
| 乳腺X射线摄影 | 无滤线栅 | 1.0 （腺体平均剂量；腺体组织与脂肪各50%组成，乳房压缩厚度4.5cm） |
| | 有滤线栅 | 3.0 （腺体平均剂量；其他条件同上） |
| 荧光透视 | 常规操作 | 25mGy·min$^{-1}$ |
| | 高剂量率 | 100mGy·min$^{-1}$ |

**2. 荧光透视剂量**

随着某些放射学程序持续曝光时间的增加，荧光透视的剂量率变得越来越重要。在一些情况下，皮肤的总剂量可以达到300mGy或更高。测量荧光透视的剂量率比较复杂，可以简化为两类——可能达到的最大剂量率和典型剂量率。在这两种情况下，最简单的是测量X射线管输出口或者距离影像增强器30cm处的剂量，通常那是X射线进入患者机体的位置。

测量最大剂量率应让X射线机在最大额定峰值管电压（kVp）和管电流（mA）下运行，在自动照射控制条件下，并在影像增强器表面覆盖2mm厚铅板（该铅板还有保护影像增强器的作用）。测量典型剂量率时，应在影像增强器上放置30cm厚的等效组织体模，或在影像增强器表面附2mm厚的铜板。

最大剂量率不应超过100mGy·min$^{-1}$，典型剂量率不应超过50mGy·min$^{-1}$。一种例外情况是当X射线机在高选项模式下运行。在这种情况下，典型的剂量率不能超过150mGy·min$^{-1}$（并且要有连续不断的报警，提醒所有工作人员正在使用“增强”模式）。使用这种模式通常会有一定的限制，例如，最多使用15s后X射线机必须恢复至默认设置。

## 20.6.2　X射线管的泄漏

当医用诊断X射线机维修过或者过度使用时，X射线管套等的一些屏蔽可能被损坏、错位甚至失效。这种情况有时发生在更换X射线管的嵌入物时。为了确保X射线管不发生泄漏，装置必须定期进行测试，尤其是在维修之后。

当X射线管在最大额定电压和最大连续电流下运行时，多数监管部门允许在距离焦点1m处的任意位置，每$100cm^2$的平均辐射泄漏量不能超过$1mGy \cdot h^{-1}$。实际测量每个点的泄漏量不是一项简单的工作。事实上，只有X射线管的制造商才拥有快速、可行的测量设备。幸运的是，有一种简单方法通过使用放射摄影盒带检测泄漏。

(1) 首先关闭X射线机的准直器，然后在准直器组件的表面放置一块至少2mm厚的铅板。这样保证只要探测到照射即为泄漏所致。

(2) 然后将几个放射摄影暗盒放置在X射线管的周围。最好把X射线管降低到检查台。每次只用2～3个胶片暗盒，要十分确信每个暗盒的位置，以便将胶片准确放在受照射的位置。

(3) 在最高管电压(kVp)和最大管电流时间之积(mA・s)的条件下曝光，请小心不要使X射线管过载，然后处理胶片。

虽然有确定的最大额定管电压，但最好在低于10kVp以下使用，以避免损毁X射线管。

(4) 处理过胶片中的黑色区域即为泄漏处，通过仔细检查胶片，能够确定泄漏的来源处。

检测胶片上的暗斑不足以说明泄漏超过了限值。当使用增感屏时，很少的射线就能使胶片变暗。常见的泄漏来自于X射线管和准直器组件的连接处。该测试的目的是提醒一些可疑的区域，使用电离室实测会容易和迅速得多。

泄漏量的测量是比较困难的操作。如果决定完成全部的测试，将需要用一个大的电离室(至少$200cm^3$)以能够提供必需的灵敏度。将电离室放在距离焦点1m处，由胶片显示有较大的泄漏处。如果使用的电离室小于$500cm^3$，将电离室放在距离焦点50cm处，并按平方反比定律大致换算到1m远处的剂量率。这样连续测量直到完成X射线管内所有可能泄漏点的测试。

需要小心，临床上使用最高管电压kVp和可能的最高管电流时，一定不要损坏X射线管。校正剂量计的读数，使其相当于在最大管电流下连续运行1h的剂量。

如果不能使用放射摄影暗盒测试，那只能在X射线管周围一排点测量泄漏。现在以制造商标定的最大额定连续管电流为2mA的X射线管为例。X射线胶片测试显示有一个“热点”泄漏并且剂量计的测量是在该点完成的。如果该剂量计在距离焦点50cm的读数是480μGy，其曝光条件是200mA和1.5s(即300mA・s)，则在1m处1h内的泄漏量为：

$$480 \times = \frac{60^2}{1.5 \times 4} = 288\,000\mu Gy = 288mGy$$

但是，最大额定连续管电流只有2mA，但却有200mA的电流用于照射。这样在1m处1h的泄漏剂量就是：

$$288 \times \frac{2}{200} = 2.88mGy$$

这个结果超过了1m处的允许值$1mGy \cdot h^{-1}$，所以该X射线管装置不能通过泄漏测试。

**请记住**：X射线管的制造商应该证明，新的X射线管已经在工厂顺利地通过了测试。所以，只有当X射线管改变、损坏或管的组件被替换时才需要现场测试X射线管的泄漏。

### 20.6.3 场所检测

这是一项更多工作人员参与的辐射防护任务。要经常检查测量工作实践是否有变化，工作人员是否走捷径或忽视辐射安全原则。快速的检查方法就是进行场所监测调查。这需要在安装时、大修后和定期(每年或两年一次)进行。对于每个X射线工作场所，设定一系列的监测点，一些在室内，一些在室外，也要包括手术医师的位置。在机房地板上方大约1.5m高度的各点放置胶片剂量计或热释光剂量计(TLD)，并使其停留约1个月。其读数按照如下谨慎解释：

(1) 该热释光剂量计显示的剂量是基于每周168h的持续照射，很显然高于任何一位实际工作人员的停留时间；

(2) 读数只说明工作环境的电离辐射水平状况，而不是具体工作人员的受照剂量，后者是通过个人剂量计实现的；

(3) 场所检测调查应该和个人剂量计的读数联合使用；

(4) 需要通过多次场所检测调查才能建立工作环境的电离辐射水平状况图。判断环境的辐射水平状况是稳定、下降或者上升等。

## 20.7 个人防护用品的测试

不要认为防护服看起来不错，就会有良好的防护效果。每一件铅橡胶防护服的外面都有一个简单的塑料之类衬层，以便于清洁。铅橡胶在其下面是看不到的。所有的铅橡胶防护服都应该在交付时并在以后定期接受测试，通常每年一次。含铅的橡胶材料最终会老化和破损，特别是保存方式不当时，会使防护服不再安全，甚至一些新的防护服也被发现有缺陷。

检查测试防护服只需将其置于荧光透视设备下，移动X射线束直至最终扫描整个防护服。在防护服上有缺陷的地方会很明显。在防护服边缘的小毛病是由磨损而致，通常可以接受。而且在防护服边缘会有缝纫针孔。

移动式或固定的铅屏蔽防护屏也应该测试。如果没有损坏，一般检测一次就足够了。一些比较陈旧的屏蔽防护屏，可能发现不含铅或者观察窗为普通玻璃而非铅玻璃。最简单的测试方法就是在屏蔽防护屏的远端放置一个感光胶片暗盒，对准适当强度的X射线管输出，峰值管电压100kVp和电流20mA·s的X射线束就足够了。**记住**：屏蔽防护屏是用来防护散射线而不是直射束，所以太高强度的照射必然会使胶片变暗。把上述胶片和没有屏蔽时得到的胶片对比，显现的巨大差异说明屏蔽防护屏中铅的水平。最好的方法当然是测量衰减，可以使用X射线束或活度较小的放射源(例如镅-241很理想)和闪烁探测器，但这通常较难实现。

## 20.8 地方规章

“地方规章”这个术语用于描述一批操作规定，覆盖详细的放射应用领域，例如普通X射线诊断场所、X射线CT扫描或血管造影等。这些规章甚至可以应用到整个放射科，但不能再扩大范围了。地方规章旨在对工作范围内特定的放射危险增加明确的告诫信息,并有意识包含对有关患者和工作人员的防护指南。对每个部门,地方规章规定的内容需要非常具体,并且只能由该部门人员参与编写。以下是针对通常放射摄影和荧光透视的地方规章示例。

(1) 除非通往X射线诊断室的门关闭,否则不能开机实施X射线检查。

(2) 严禁将X射线束对准操作人员的控制区,即不能对准任何工作人员。

(3) 在诊断X射线照射期间任何人员不能留在X射线机房。如果工作人员被要求留下(如在某些荧光透视过程中),则应使人数最少,并且穿辐射防护服。

(4) X射线诊断检查的时间和照射野应控制在最小值。

(5) 常规检查要适当限定投照拍摄次数。

(6) 尽可能防护X射线诊断患者的性腺部位。

(7) 等待X射线检查的候诊患者必须有相应的放射防护措施。

(8) 怀孕的患者必须经有关医师判断确认该放射诊断检查具有满意的正当性后,得到负责医师批准才能施行X射线检查。

如果可能被要求协助制定地方规章,那么应明确指出该范围的特殊危害。通常辐射安全防护规章应该包含在有关机构的辐射安全手册中。

## 20.9 辐射事故和事件

在一些情况下会有意外的或非计划的照射发生。可对人员或环境造成破坏的事件通常称作"辐射事故",其他没有造成破坏的事件常称为"辐射事件"。辐射事件说明系统的控制存在着一定问题,应该进行调查研究以保证其不会发展成为辐射事故。

人们可能期望辐射事故和辐射事件在立法中的定义。例如在澳大利亚新南威尔士州,辐射事故被认定为任何诊断程序造成患者受到无意照射的有效剂量大于5mSv或产生了可见的或疑似的急性放射效应的实践。例如,在一个延长的荧光透视检查中发生皮肤灼伤。辐射事件通常是由于设备误用或发生故障,导致一人或多人受到意外照射。可能导致故障的原因有:

- 设备无法关闭;
- 计算机故障;
- 2000年数位问题(即过去曾经的Y2K问题);
- 安全联锁失效;
- 设备各部件的有害冲突。

每一种辐射事件都有可能导致一人或多人受到不必要的照射。因此,这是潜在的辐射事故。其他可能在X射线诊断室发生的辐射事件,也可能转变为辐射事故。包括:

- 胎儿的意外X射线照射;
- 搞错患者的X射线检查;
- 搞错患者身体部位的X射线检查。

地方规章和质量控制程序的目标是为了防止发生以上辐射事件。

雇主(法人,许可证持有者)有责任调查任何明显的辐射事件或事故。每一个放射科室应该有一个书面方案，在辐射事件或事故下必须遵守。应该提供一个明确的指示，例如，该向谁通报或应该保持哪些记录。通常有法定义务将辐射事故通报至监管部门。应该记录辐射事故的下列细节：

- 事故发生的时间和地点；
- 所有当事人的姓名；
- 每一位受照射人员的剂量估算；
- 采取的医学检查和结果；
- 纠正状况的步骤；
- 事故的可能原因；
- 预防发生类似情况的措施。

## 20.10　辐射安全防护培训

X 射线不仅放射科技师和放射科医师使用，还有许多医学专业使用。在这些情况下，X 射线机可能由具备少量辐射安全知识的人员控制。几乎下述所有程序都涉及荧光透视检查，而荧光透视检查具有较大潜在危害性，主要因为照射时间较长。最典型的例子是心脏病学，其中有许多程序是在荧光透视控制下进行。这些程序可能是诊断性的，如观察心脏的结构和功能；也可能是治疗性的，比如血管成形术，用一个气导管扩展变窄的动脉等（即介入放射学的诊断与治疗程序）。特别是介入放射学的治疗程序，患者和工作人员受到的剂量相当高，近些年来有许多引发照射灼伤的报道。由于要将放射防护与安全应用到工作中，因此执行这些检查的医师和辅助人员接受一些放射防护与安全的培训就显得非常重要。即使只有 3 个小时的培训，也能大大提高对辐射安全重要性的认识。经常培训是监管部门或辐射安全主管方的职责。防护与安全培训的主要内容有：

（1）放射物理学的基本知识，重点在辐射量与单位和剂量测量等。

点评：理解各类辐射量的概念，以及如何测量并和个人剂量测量建立联系。

（2）X 射线成像过程的详细介绍，从 X 射线管的操作、X 射线探测器，到对比度、散射和分辨率的概念，以及如何受 X 射线管参数（如峰值管电压和管电流）的影响。

点评：这会使他们在实践中的行动更加切合实际。必须使他们了解设备，并了解如何使用得最好以得到最完美的影像。同时也应介绍这一概念，即操作者的受照剂量与患者的受照剂量相关，这常常是工作人员最关心的。

（3）实习讨论，最好是使用他们熟悉的设备。在最后课程中讨论应包括许多内容，例如对比度和分辨率等。特别是测量患者和操作者的典型照射剂量非常有用。

点评：汇总了该课程的全部概念，使操作者意识到辐射水平以及如何使之最小化。在这一课程中会有许多医师和护士提问，这也是整个培训中最受好评的部分。

（4）对人体造成低水平辐射照射的来源和危害。剂量范围从非常低，包括天然本底辐射，到可以造成确定性效应的水平。电离辐射防护与安全的国家监管规定等也应该包括在此部分。

点评：将这部分内容透明公开，向非常担忧电离辐射的人提供一个真实的辐射对人体效应的信息，尤其对另一类毫不在意的人也很重要。

## 20.11 监管要求

许多国家都有立法来保护接受职业照射的工作人员、公众以及环境，使之尽可能免受电离辐射照射的有害影响。在许多情况下，监管控制是通过许可、注册或二者的体系来实施的。

许可常常是针对诸如放射性物质和射线装置的生产、销售、拥有、使用、运输和处置。在此类许可中，有关个人和公司拥有一定的在许可条件中明确的法律责任。设备的许可或注册也要求建立和维持最低的安全性能标准。有关法规通常建立审管的剂量限值(绝大多数情况基于 ICRP 的推荐值)，并要求保证工作场所的辐射安全和职业受照人员的个人监测等。

放射诊断实践必须符合所在国家法定的当地放射防护与安全监管部门所规定的要求。

## 本章关键要点

- 放射学的根本目的在于用对患者(以下均包含受检者)和工作人员最少的 X 射线照射剂量来获得足够的尽可能清晰的医学诊断影像。
- 放射诊断中的 X 射线照射剂量通常能够很好地控制，但在特殊情况下，患者和职业照射人员会被灼伤。
- X 射线管中大约 99%的电子动能被转化为热能。
- X 射线诊断范围内绝大多数的 X 射线属于轫致辐射。
- X 射线束含有较宽的能量范围，可由 X 射线连续能谱描述。
- 铝片可过滤除去低能量部分的 X 射线，并减少患者的皮肤剂量。
- 在患者机体产生的散射线是工作人员的安全隐患并能降低 X 射线胶片的质量。有害的散射线可以用加滤线栅或空气隙去除。
- 与荧光透视检查相关的许多程序都会导致较长的照射时间。所以需要特别注意缩短荧光透视的照射时间，否则会导致较高的皮肤剂量甚至造成皮肤灼伤等。
- 在荧光透视检查中尤其要注意眼晶体和性腺的保护。根据与距离平方反比定律，随着与患者距离的增加散射线水平迅速下降。
- 当与患者距离大于 3m 时可不必要求穿铅围裙。但这还要取决于所用设备、患者的身材和检查的类型。
- 只有必需的医务人员才能在荧光透视检查期间留在 X 射线诊断室，而且所有人员必须具有适当的防护。
- 绝对不能要求放射工作人员去扶持患者。
- 放射诊断中应用最普遍的个人防护用品是铅胶围裙，其典型的铅当量厚度为 0.3～0.5mm。
- 任何可能被有用线束直接照射的屏蔽防护都称为一级屏蔽(主屏蔽)。其他的绝不会被有用线束照射的屏蔽防护称为二级屏蔽(副屏蔽、次级屏蔽)。
- 每周总的 X 射线曝光量称为工作负荷，通常以 mA・min/周表示。

- 与X射线机房相邻的每一房间或区域的占用情况称为居留因子(或称为占用率,$T$)。
- 利用因子($U$)是有用线束朝向的方向因子,即有用线束射向某特定墙壁或屏蔽体的总照射时间的比例。
- 设计目标剂量是基于每一特定地区的剂量限值,通常包括来自多于一个的辐射源对个人吸收剂量增加的限制。
- 随着峰值管电压(kVp)的增加,每次照射所需要的X射线的量(mA·s)下降,并且产生的X射线穿透力增强。
- 适当屏蔽防护物质的选择、正确的建筑和检测查验对于安全实践非常重要。
- 辐射屏蔽防护建筑中最常遇到的问题是涉及不同结构与材料之间的连接,或者电水等管道线接口所导致的屏蔽减弱。
- 由于许多可变因素和假设,所有器官剂量和有效剂量的估算均易于增大误差。
- 怀孕的女职业照射人员一般没有必要提前停止工作。但职业照射剂量一定要合理地监控并避免一切潜在风险。
- 应该使用醒目的警告标识来警示那些已知或可能怀孕的患者在接受X射线检查前主动向医师声明。
- 已知怀孕的患者应该只有在医师评估并认为有必要的情况下才能接受X射线检查。而且一定要对胎儿提供足够完善的防护。
- 放射诊断的剂量对怀孕21天之内的胎儿不会造成任何不利影响。X射线照射对胎儿的风险讨论最好同其他怀孕风险或天然本底照射等因素相比较。
- 患者剂量的最优化也意味着职业照射工作者剂量的最优化。
- 有用线束的准直能显著减少对敏感器官的照射剂量。应尽可能地对性腺等加以防护。
- 对于荧光透视检查,患者应离X射线管尽可能地远,同时离影像增强器尽可能地近,以减少入射皮肤的剂量和影像失真。
- X射线束的线质主要由峰值管电压(kVp)决定,通常用半值层(HVL)测量和表征,即用有用线束强度减半所需要的物质厚度表示。在特定峰值管电压(kVp)下测量的半值层可反映对于该有用线束是否具有足够的过滤。
- 记录总曝光检查时间的定时器应该安装在所有荧光透视设备上。该信息有助于之后精确估算照射剂量。
- 准备一本列有常规检查和投照技术要点的X射线检查指导手册是避免重复照射和限制患者辐照剂量的有效方法。
- 应对于设备和X胶片处理过程贯彻完备的质量控制程序。即使是基本的检查也能发现进一步恶化前的故障。新设备应该在安装时以及其后定期依据标准规范说明书进行质量控制检测。
- 国际原子能机构(IAEA)推荐使用的诊断医疗照射指导水平(参考水平)成为全世界最好的实践指标。超出该指导水平的剂量应该及时调查。
- X射线管套屏蔽的缺陷会造成严重的损害。对于新设备,X射线管是否合格应由制造商校验。当X射线管组件被替换或腔室变形甚至损坏时都要进行泄漏检测。

- X 射线管泄漏可以通过医用放射线胶片暗盒来检测。泄漏的定量测量就更加复杂。在诠释测量结果时一定要谨慎。
- 定期的场所监测可监控辐射的环境水平状况，并应和个人剂量计联合使用。
- 铅橡胶防护服的完整性应定期通过荧光透视法检测。铅屏蔽防护板可以通过诊断 X 射线或测量其衰减量来测试。
- 应有一本具体记录在放射事故或事件中所采取行动步骤的手册。
- 除了放射科还有许多其他科医师也需要使用荧光透视法。鉴于其潜在的风险性，让所有实施 X 射线检查的医师接受适当的放射防护与安全培训非常重要。
- 对于制定辐射安全管理的监管要求应该咨询当地的监管部门。

## 附录 20A 屏蔽防护计算举例

下述计算包含了对 X 射线屏蔽防护更为深入探讨的附加信息。

**1. 一级屏蔽(主屏蔽)**

应用 NCRP 第 49 号报告中的方法计算 X 射线的屏蔽防护透射量 $k_{ux}$，即以每周的剂量当量表示的透射量，与居留因子(占用率)和利用因子有关：

$$k_{ux}=\frac{P(d_{pri})^2}{WUT}$$

相应于透射量的屏蔽防护厚度可以由透射曲线或更准确的计算得到。在使用 $k_{ux}$ 时，还需要测量未衰减的 X 射线输出量。对于需要屏蔽防护的衰减可由下式计算：

$$B=\frac{k_{ux}}{k_0}$$

该式中 $k_0$ 是无衰减物体时的相对 X 射线输出量。

下述推导的公式可以用来确定对于给定的屏蔽透射量 $k_{ux}$ 所需要的屏蔽防护量：

$$x=(1/\alpha\gamma)\ln\left[\frac{B^{-\gamma}+\beta/\alpha}{1+\beta/\alpha}\right]$$

上式中的 $B$ 为所需要的衰减；而 $\alpha$、$\beta$ 和 $\gamma$ 分别是对应于峰值管电压 kVp、屏蔽材料和所使用方法的相应系数。

表 20A1 给出在不同峰值管电压下针对铅和混凝土材料的各个系数取值的例子。其完整数据可以在文献 *Simpkin DJ Health Phys 68:704-709,1995* 中找到。

**表 20A1 有关屏蔽计算系数的取值**

| 材料 | 能量/kVp | $\alpha$ | $\beta$ | $\gamma$ |
|---|---|---|---|---|
| 铅 | 25 | 49.52 | 194.0 | 0.3037 |
| | 60 | 6.951 | 24.89 | 0.4198 |
| | 80 | 4.040 | 21.69 | 0.7187 |
| | 100 | 2.500 | 15.28 | 0.7557 |
| | 120 | 2.246 | 8.950 | 0.5873 |

续表

| 材料 | 能量/kVp | $\alpha$ | $\beta$ | $\gamma$ |
|---|---|---|---|---|
| 混凝土 | 25 | 0.3904 | 1.645 | 0.2757 |
| | 60 | 0.6251 | 0.1692 | 0.2733 |
| | 80 | 0.04583 | 0.1549 | 0.4926 |
| | 100 | 0.03925 | 0.08567 | 0.4723 |
| | 120 | 0.03566 | 0.07109 | 0.6073 |

注：厚度的单位是 mm；峰值管电压为 25kVp 的值来自钼靶 X 射线机。

**2. 二级屏蔽(副屏蔽)**

虽然 X 射线束没有直接照射到特定的屏蔽体，但还是会有散射线照射到该屏障。散射线的量取决于 X 射线束的能量、照射野尺寸、距散射体的距离和散射的角度等。对于一个标准的 $400cm^2$ 照射野，其散射线水平为：

$$k_{ux} = \frac{P}{aWT}(d_{sca})^2 \cdot (d_{sec}) \cdot \frac{400}{F}(3)$$

式中：$F$ 为实际照射野尺寸，单位 $cm^2$；$a$ 为散射线与入射射线强度的比值。虽然 $a$ 值随散射角度和峰值管电压(见表 20A2)而变，但对于诊断用 X 射线能量范围，可以使用良好的估计值 0.0015。

**表 20A2　散射线与入射线强度的比值 $a$**

| 散射角度 | 30° | 45° | 60° | 90° | 120° | 135° |
|---|---|---|---|---|---|---|
| 50kVp | 0.000 05 | 0.0002 | 0.000 25 | 0.000 35 | 0.0008 | 0.0010 |
| 70kVp | 0.000 65 | 0.000 35 | 0.000 35 | 0.0005 | 0.0010 | 0.0013 |
| 100kVp | 0.0015 | 0.0012 | 0.0012 | 0.0013 | 0.0020 | 0.0022 |
| 125kVp | 0.0018 | 0.0015 | 0.0015 | 0.0015 | 0.0023 | 0.0025 |

**3. X 射线管的泄漏量**

即使所有 X 射线管组件都被屏蔽防护了，但由于屏蔽防护的量有限，所以衰减也是有限的，总会有少量的泄漏。国际标准允许的最大泄漏量是 $1mGy \cdot h^{-1}$，条件是在最大额定管电流时，距靶 1m 处测量。那么对于泄漏射线所需要的衰减防护为：

$$B_{leak} = \frac{P(d_{sec})^2(600I)}{WT}$$

式中的 $I$ 为最大额定 X 射线管电流。

**4. 具体实例**

以下通过简单的例子来展示计算所需屏蔽防护的步骤。这只是起引导作用而不是具体的报告。请注意必须考虑 X 射线诊断室内的每一只 X 射线管，特别是对于常见的混合配置 X 射线摄影管和荧光透视管的情况。

以一个简单的医用 X 射线诊断室为例，内有一个有效的 X 射线发生器和 X 射线管。该 X 射线诊断室的平面图如图 20A1 所示。

概要的计算过程如下：

(1) 确定计算点。提示：要选择离 X 射线管最近的点，这样可以计算出所需屏蔽墙体厚度的最大值。而且将计算点设置为距对应墙 0.5m 远。

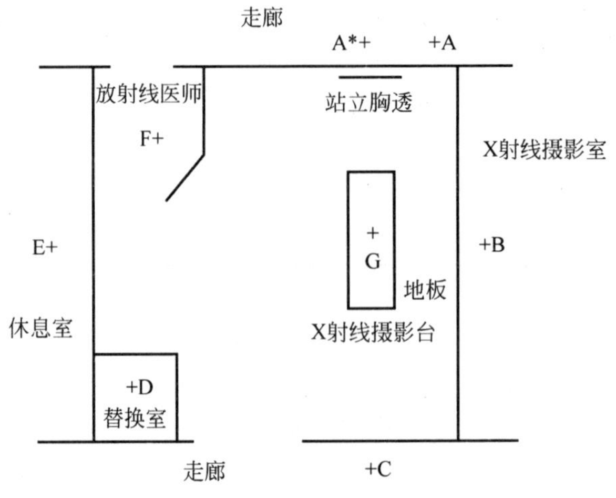


图 20A1　X 射线诊断室示例

(2) 确定 X 射线管或患者距离每个计算点的距离(从 X 射线管到一级屏蔽的距离 $d_{pri}$，从散射体到二级屏蔽的距离 $d_{sec}$)。

(3) 确定基础数据(工作负荷 $W$、最大连续管电流 $I$、至散射体的距离 $d_{sca}$、最大照射野尺寸 $F$)。

(4) 确定每一个计算点的居留因子(也称占用率)$T$,周设计目标剂量 $P$ 和利用因子 $U$。

(5) 确定每一个计算点需要的衰减及屏蔽防护厚度。

假设采用下列基本数据：

工作负荷　　300mA·min/周,在 100kVp 条件下

最大连续管电流　　3.5mA

至散射体的距离 $d_{sca}$　　0.8m

最大照射野尺寸 $F$　　800cm$^2$

这样对计算点的假设数据可以参考 NCRP 第 49 号报告所提供的数值(如表 20A3 所示)。

**表 20A3　计算数据参考值**

| 计　算　点 | 居留因子 $T$ | 设计剂量 $P$ /(mGy/周) | 利用因子 $U$ | $d_{pri}$/m | $d_{sec}$/m |
|---|---|---|---|---|---|
| A-走廊 | 0.25 | 0.02 | 0.06 | 3.5 | 3.5 |
| A*-走廊(站立胸透后) | 0.25 | 0.02 | 0.25 | 3.5 | 3.5 |
| B-诊断 X 光室 | 1 | 0.02 | 0.06 | 2 | 2 |
| C-走廊 | 0.25 | 0.02 | 0.06 | 3.5 | 3.5 |
| D-替换室 | 0.06 | 0.02 | 0.06 | 4 | 4 |
| E-休息室 | 1 | 0.02 | 0.06 | 5 | 5 |
| F-放射线医师 | 1 | 0.1 | 0.06 | 3.5 | 3.5 |
| G-地板 | 1 | 0.02 | 1 | 3 | 3 |

请注意两个距离(从X射线管到一级屏蔽的距离 $d_{pri}$ 和从散射体到二级屏蔽的距离 $d_{sec}$)是相同的。为更精确地理解,不妨假设E点的 $d_{pri}$ 比 $d_{sec}$ 长1m,因为X射线管将离患者更远。在此处的所有情况下,可以假定 $d_{leak}=d_{pri}$。

也请注意此处的设计目标剂量是对除了放射科医师以外的所有情况下的公众人员。除非能确定某一特定区域的所有人员都可划定为职业性照射,否则还是需要作同样的假定。

现在可以应用前述的公式来确定每一点所需要的衰减以及获得对应的衰减所需要的屏蔽防护量。以休息室的E点为例来展示计算步骤。

一级屏蔽

$$k_{ux}(\text{pri})=\frac{0.2\times 5^2}{300\times 0.06\times 1}=0.0278$$

二级屏蔽

$$k_{ux}(\text{sec})=\frac{0.2\times 0.8^2\times 5^2\times 400}{0.0015\times 300\times 1\times 800}=0.356$$

X射线管的泄漏量

$$B_{leak}=\frac{0.02\times 5^2\times 600\times 3.5}{300\times 1}=3.5$$

于是,使用上面有关公式以及采用表20A1中所列的参数,就可以计算出所需屏蔽防护的铅当量为1.42mm,其中一级屏蔽1.079mm,二级屏蔽0.326mm,X射线管泄漏射线的屏蔽0.019mm。

至此,所需要铅板和混凝土等屏蔽防护计算的余下部分就很简单了。

## 测试题选

(1) 对于一位施行X射线诊断检查的放射科医师,其放射风险主要来自于下列中的什么选项?(　　)

(a) X射线底片　　(b) X射线诊断患者(受检者)的散射线　　(c) 铝过滤片

(2) 医用诊断X射线机的X射线管中的大部分能量被转化为下列各项中的什么选项?(　　)

(a) 韧致辐射　　(b) 热量　　(c) 特征(标识)辐射　　(d) 电子

(3) 在X射线荧光透视检查中,设备有影像增强器,其所致剂量是更大还是更小?

(4) 请说出两种可防止有害散射线到达X射线胶片的方法。

(5) 放射科医师是否可以将身体的某一部位直接置于有用X射线束内?

(6) 铅橡胶围裙通常采用的最小铅当量厚度是下列各项中的哪个选项?(　　)

(a) 0.1mm　　(b) 0.3mm　　(c) 0.5mm　　(d) 1.0mm

(7) 在X射线诊断工作时一般距离患者(受检者)大约多远处可以不必穿戴铅橡胶围裙?

(8) 在何种情况下医学放射工作人员需要直接扶持患者?

(9) 穿哪种类型的铅橡胶防护围裙比较合乎放射防护与安全需要?

(10) 医院放射科平常闲置期间应该如何存放铅胶橡围裙?

(11) 在屏蔽防护设计中,$U$ 代表下列各项中的什么选项?(　　)

(a) 在特定区域占据的居留因子

(b) 有用线束可能朝向某特定方向的利用因子或时间分数

(c) 医学放射工作人员每周的工作负荷

(d) 入射线束照射墙壁的角度

(12) 用打勾或打叉判断正误：X射线机房的屏蔽结构设计是仅针对防护散射线的。(　　)

(13) 用打勾或打叉判断正误：当估算某一X射线诊断设备的工作负荷时，其值随所取的X射线管峰值电压(kVp)的增大而减少。(　　)

(14) 用打勾或打叉判断正误：医用X射线诊断室属于控制区。(　　)

(15) 用打勾或打叉判断正误：竖直站立胸透时，其背面的墙壁属于次级屏蔽。(　　)

(16) 用打勾或打叉判断正误：将铅板钉入墙面是正确合理的屏蔽方式。(　　)

(17) 砖墙总是较为理想的X射线诊断机房可采用的结构屏蔽方式吗？请具体说明理由。

(18) 在X射线诊断机房屏蔽防护的建筑过程中，从防护角度考虑最常见的施工疏漏是什么？

(19) 用打勾或打叉判断正误：机房屏蔽防护完整性的校验最好是在修建完成后进行。(　　)

(20) 用打勾或打叉判断正误：一般X射线诊断检查所致受检者的器官剂量可以通过简单的查找资料数据表来精确地计算。(　　)

(21) 医院放射科的护士、放射科医师、放射科技师中，通常哪类工作人员所受到的职业照射剂量最高？(　　)

(22) 如果估算出一位女性患者的胎儿接收了7.5mGy的照射剂量，用非常简单的术语解释，这相当于几年的天然电离辐射本底照射水平？(从下列各项中选择)(　　)

(a) 0.3　　(b) 1　　(c) 3　　(d) 30

(23) 在用有移动影像增强器的X射线诊断机施行检查时，为什么要让受检者离影像接收器尽量近？

(24) 当X射线管的峰值电压为80kVp时，所能产生X射线束的最小X射线品质约是多少？

(25) 在验收X射线诊断新设备时，需要测量有用线束的半值层。请问何时需要再次测量呢？

(26) 用打勾或打叉判断正误：X射线诊断的医疗照射剂量指导水平(参考水平)是一项不能够超越的强制性限定值。(　　)

(27) 如何具体探测X射线诊断设备的泄漏射线？

(28) 各种X射线诊断设备允许X射线管泄漏的辐射水平是多少？

(29) X射线诊断中荧光透视的剂量率应该在何处测量？为什么？

(30) 用打勾或打叉判断正误：放射工作场所的区域环境监测可以准确地说明该区域工作人员所接受的职业照射剂量。(　　)

(31) 用打勾或打叉判断正误：有一件从外观看来颇为满意的铅橡胶围裙，就可以放心使用而保证工作中的放射防护与安全。(　　)

(32) 请说明铅橡胶围裙主要防护性能的测试方法。

(33) 请阐述铅屏蔽遮板的两种主要防护性能测试方法。

(34) 哪些人员最需要进行 X 射线诊断应用的放射防护与安全培训？为什么？

(35) 具体列出现行有效的国家放射防护与安全法规，以及与 X 射线诊断主要相关的放射防护标准的名称及实施日期。

# 第 21 章

# 核医学的防护与安全

## 引言

核医学实践多数必须涉及各种非密封放射源即开放型放射性物质的应用，并且既应用于临床医学诊断，也应用于治疗。如果对于核医学实践中的放射防护与安全措施能够给以足够重视，对患者（本章"患者"一词均包括不一定有病而接受保健查体的"受检者"）施行放射诊疗的益处将远大于其可能的潜在风险。本章主要阐述如何使相关人员所受的体外照射减至最小化，并且避免摄入放射性核素而造成内照射。电离辐射技术在医学领域广泛应用所形成的各类放射诊疗中，只有临床核医学存在有内照射防护问题，这是核医学独有的特点。通过进一步深入学习探讨可见，核医学诊断中患者（包括受检者）所受到的医疗照射剂量能够实现保持在尽可能低的水平；同时，临床核医学治疗时，患者的家属以及其他相关人员也能够采取防护措施来减少受到照射。

具体了解临床核医学的诊治程序，将有利于更好地理解和开展核医学的放射防护与安全。本章的这些内容不是针对临床核医学专业技术人员其本专业的培训。

通过本章的学习，希望读者能够达到解决如下问题的水平：

（1）从患者（受检者）剂量的角度，说明用于诊断和用于治疗的放射性药物（制剂）的区别；

（2）分别总结出理想的放射性药物（制剂）在体内试验、体外试验和治疗中的特性；

（3）概述管理、准备和使用放射性药物的步骤；

（4）概述 $\gamma$ 照相机显示人体内放射性药物分布的方式；

（5）列举核医学工作人员引起外照射的可能原因并讨论其重要性；

（6）描述在核医学领域屏蔽防护的重要性；

（7）列举核医学工作人员引起内照射的可能原因并讨论其重要性；

（8）明确控制核医学污染的关键措施；

（9）为核医学工作人员及其工作场所推荐合适的辐射监控装置；

（10）将核医学工作人员的典型职业照射剂量与法定限值及其他职业的照射剂量相比较；

(11) 总结出一个规划良好的核医学诊疗部门(对门诊和住院患者)的特征；
(12) 在核医学中实施有关废物管理条例；
(13) 比较来自核医学诊断、医用 X 射线诊断以及天然本底辐射的剂量；
(14) 讨论进行放射性核素治疗所需要的特殊防护措施；
(15) 总结核医学诊治患者所受医疗照射的防护和保护其家人的防护措施。

## 21.1　核医学中的放射性核素

### 21.1.1　引言

放射性物质在临床核医学领域中的应用有诊断和治疗两种类型。诊断程序主要用于示踪检测人体的机能,而治疗程序则用于患者疾病的治疗。放射性核素可用于治疗良性疾病(如甲状腺功能亢进、关节炎等)和恶性疾病(肿瘤)。专门研制对患者进行诊断或治疗用的人工放射性物质,称为放射性药物(或者放射性药品、放射性药剂)。

核医学技术并不只像 X 射线诊断、核磁共振和超声波的医学成像那样主要在于揭示人体的内部详细结构。核医学技术还能够补充显示出人体器官组织的功能,而不仅仅是解剖结构。

### 21.1.2　放射性核素的支配管理和分析技术

图 21-1 是概括描述核医学的示意图,显示了诊断和治疗两种类型的临床核医学程序,以及所用放射性核素的支配管理和不同分析试验方法概貌。在各个阶段都可以参照这个框架图来帮助理解。

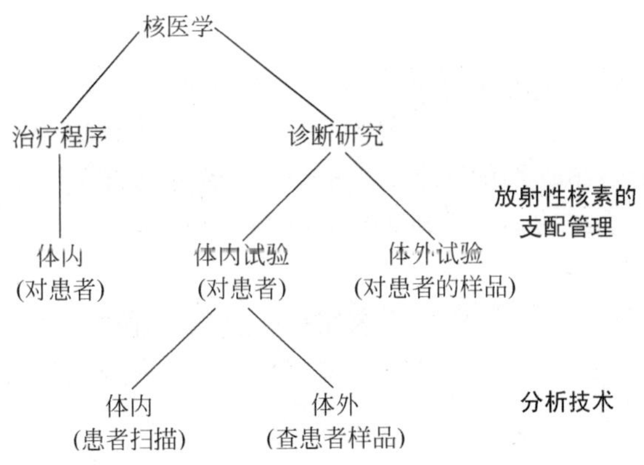


图 21-1　核医学中放射性核素的应用概况

放射性核素既可以直接引入作用于患者(一般通过吸入或静脉注射),也可以添加到取自患者的生物样品(例如血液、尿,或任何人体组织)上进行试验。前一种方法称为体内试验(意味着在活体内进行)。后一种方法称为体外试验(意味着在活体外的玻璃实验器皿上进行)。

核医学治疗程序总是需要在体内进行;而对于核医学诊断的探查,既可以在人的活体内进行扫描显像,也可以在体外进行试验分析。

体内试验在临床核医学诊断中最为常用，因为它可以真实地反映患者身体内某段时间的有关状况。进入体内组织或器官的放射性核素的分布，通过探测核素放射性衰变所释放的光子可进行检测。用γ照相机扫描身体的部分或全部，再由闪烁计数器检测组织器官如甲状腺的放射线吸入量就是体内试验应用的例子。现代临床核医学更多是使用新发展并迅速普及的发射型计算机断层显像装置 ECT，例如单光子发射型计算机断层显像装置 SPECT、正电子发射型计算机断层显像装置 PET 以及多图像融合一体机 PET/CT 等设备。尽管体外试验不涉及导致患者受到照射剂量而更为可取，但是诸如放射免疫测定等各种体外试验方法中，其应用的范围和作用效果还是受到一定局限的。

有一些研究，例如希林测试(Schilling Test)和碳 C-14 呼气检查，涉及对患者使用放射性核素和在实验室进行人体生物样品分析。这些测试中应用的放射性核素，需要具备这样的性能：在体内能够保证安全应用，同时从接受检查患者体内收集后可以进行体外分析。体内应用中，C-14 并不是一个好的放射性核素选择，因它的放射性物理半衰期长达 5760a。但是，从生物学代谢角度来说，这种放射性试剂的生物半排期很短，从身体基本排出大约只需要 1～2d。

尽管很多核医学科开展体外的生物样品分析检测来帮助诊断，然而在各医院其他的血液或生化临床实验室通常也开展有关体外试验。本章中主要关注体内试验程序，因为体外分析的放射防护方法与其他的放射性实验室是一样的。

### 21.1.3 体内试验应用的放射性核素

体内应用的放射性核素必须仔细挑选，以减少对患者的不必要照射。诊断性放射性药剂必须尽可能给予患者最少的剂量。

治疗性放射性药物必须把最大的剂量给予目标组织或器官，同时必须减少对非目标组织如骨髓的照射剂量。

放射性药物(剂)的选择依赖于特定的化学和物理特性。首先，放射性核素的分子化学形式决定其在身体内的循环代谢走向。分子会沿着生化途径到达某个目标组织或器官。临床核医学关键着眼于通过示踪剂的吸入、代谢和排出揭示组织或器官的机能(药物代谢动力学)。其次，放射性核素衰减的物理性质决定了放射线的检测。

**1. 治疗用的放射性核素**

(1) 用于核医学治疗的放射性药物要求在短的射程内释放一个高的辐射剂量。这一般需要高能带电粒子，通常是β粒子。(还有一些研究针对α粒子、俄歇电子和内转换电子，但是这些还没有在临床中应用。)

(2) 如果放射性核素能够释放γ光子，就能被γ照相机显像，这是特殊的优势。这时就需要监控放射性药剂的分布以评估目标或非目标组织器官的剂量。

(3) 放射性药物在体内的有效半减期必须相当地短，典型的是几天。放射性核素如果能在尽可能短的时间内释放能量会更加有效。同时，避免对其他组织的高剂量也很重要，这种对其他组织的高剂量通常发生在放射性药物的生物半排期比较低因而有效半减期比较长的时候。

**2. 诊断用的放射性核素**

(1) 诊断用放射性核素必须释放大量的光子以便被γ照相机有效检测。目前γ照相机最合适的能量范围是100～300keV，最优值是150keV。在较高能量时，检测器的吸收效率降低。在低能量时，光子在身体和其他材料中相互作用，使得光子相互重叠，并损害空间分辨率。新一代的γ照相机可以显像高达511keV的湮没光子，其来自于正电子衰减释放的放射性核素F-18中。

(2) 诊断性放射性核素不能释放带电粒子，因为带电粒子在衰减点几毫米范围内会被吸收。几乎所有带电粒子的能量都会在局部沉积。研究表明这会大大增加对患者的辐射剂量而对于诊断性信息却没有任何贡献。

(3) 诊断性放射性核素必须有一个短的有效半减期，以保持辐射剂量尽可能低。因为患者静止平躺进行扫描的时间有一个限度，而扫描之前和之后的所有示踪原子的放射性衰变对获取信息都没有任何贡献，而仅仅是增加了辐射剂量。

患者的辐射剂量是决定应用多少放射性核素进行扫描的限制性因素。在核医学中，利用患者释放的γ光子效率是比较低的，在γ显像领域，身体某一部分释放的γ射线只有很少的一部分可以在显像中被记录。

γ照相机显像是在显像时间内(患者或器官移动)对患者的辐射剂量与随机天然辐射发射的统计学"噪声"的一种权衡。如果对患者的放射性活度比较低的话，后者的剂量就会显得很明显。

## 21.1.4 体外试验应用的放射性核素

体外试验是将放射性核素加到来自机体的生物样品中分析检测。样品用计数器测量。放射免疫测定就是体外试验的一个例子。体外试验的放射性核素在理想状态下需要具备如下特性：

(1) 放射性元素的选择并不是十分严格的，因为体外计数器要远比γ照相机灵敏。很少数量的放射线都能够被检测到，并且辐射剂量并不是一个主要的考虑因素。对于很多普遍应用的放射性核素，样品计数技术能拥有超过80%的效率。

(2) 更长的半衰期对放射性核素的供应和计数更加方便，如半衰期为60d的I-125。

(3) 放射性核素的化学性质很重要。如铁、钴这样的生命重要元素的示踪同位素被广泛应用。碘也很常用，因为它可以在非常广泛的组织器官分子内稳定地保持一体。

(4) 核素放射性衰变发射的能量不应该太大，大能量的释放会破坏化学键，并导致化学稳定性变差。例如，I-125比I-131要好，P-33比P-32要好。

## 21.1.5 恰当选择目标组织或器官

放射性药剂最常见的给药途径有：

(1) 通过静脉注射进入血液；

(2) 以气体、气溶胶或悬浮细粒子的形式吸入肺的呼吸道；

(3) 通过吞咽进入胃肠消化道。

一旦放射性药物引入到达所感兴趣的目标靶组织或器官，必须有一种能够充分富集以提供图像的摄取机制。

少数简单的离子形式可以选择性地在某些感兴趣的目标组织中富集。例如Ga-67以镓柠檬酸盐，I-123或I-131以碘化钠，Tl-201以铊氯化物作为摄取机制。

用合适的放射性核素如 Tc-99m 或 I-123 标记的示踪分子也能够在组织或器官中富集。在这一类中有很多种化合物，包括葡萄糖、缩氨酸和单克隆抗体等。对于大脑成像，很多亲脂化合物像 HMPAO(六甲基丙烯胺肟)能够穿越“血液-大脑屏障”，而这些屏障通常用来阻止血液中大脑不需要的化合物扩散进入大脑组织。

胶体大小的分子能够被肝脏、骨髓和脾中的特殊细胞从血液中提取。这是用 Tc-99m 硫胶体进行肝脏扫描的基础。根据相同的机理 Tc-99m 硫胶体被用于标记来自患者血液中的白细胞。再次注射回体内的白细胞，由于包含了 Tc-99m 硫胶体，将会在身体的感染地带富集。Y-90 胶体化合物，可以释放 β 粒子，被用作处理关节炎的特定形式。当注入到关节时，在关节内层的细胞将会捕获这种胶体粒子。

刚好足够大能被最小血管容纳的粒子能被用于显示动脉血的供应(灌注)。在肺扫描中，Tc-99m 标记的粒子是通过静脉注射的。它们先到达心脏然后在肺部被捕获。如果一条大的血管被一个血液凝块堵塞，通常通过这条血管供应的肺区域会在扫描中呈现出一个“冷”地带，因为示踪粒子不能穿越到最小的血管。

放射性药物学专家研究新的和更好的示踪剂的时候，“选择性摄入”是一个难以实现的目标。例如，如果示踪剂的摄取在诊断肿瘤时能够很好地用来形成诊断图像，那很可能可以再进一步，使标记有该放射性核素的示踪剂释放高的辐射剂量以治疗肿瘤。这是探求癌症治疗的“生物导弹”的想法——能够富集于肿瘤细胞的标记抗体仍在寻找中。

### 21.1.6 通常使用的放射性核素

在临床应用中通常主要采用四种放射性核素—— Tc-99m、Tl-201、I-131 和 Ga-67。少数其他的放射性核素如 Sr-89、I-123、In-111，受到成本或者可行性的制约。一些短半衰期的放射性核素(如 F-18 和 O-15)被用于正电子发射型计算机断层显像(PET)。大量的具有较长半衰期的放射性核素被用于有关仪器的质量控制检测。例如，铯-137 小密封源(半衰期 30a)被用于检验剂量刻度响应的长期一致性，钆-153 线源(高丰度低能量光子)被用于躯体的透射扫描，而钴-57 大型平面源(称作泛面源)(光子能量接近于 Tc-99m)被用于 γ 照相机均匀性和稳定性的现场性能测试。

大约 90%的扫描都是利用放射性核素 Tc-99m 的标记物来实现的(通常从钼-99 发生器中获得)，而 90%的治疗都是应用放射性核素碘-131。这二者的主要衰变图解如图 21-2 所示，其中分别显示出它们适用于诊断和治疗的特征。

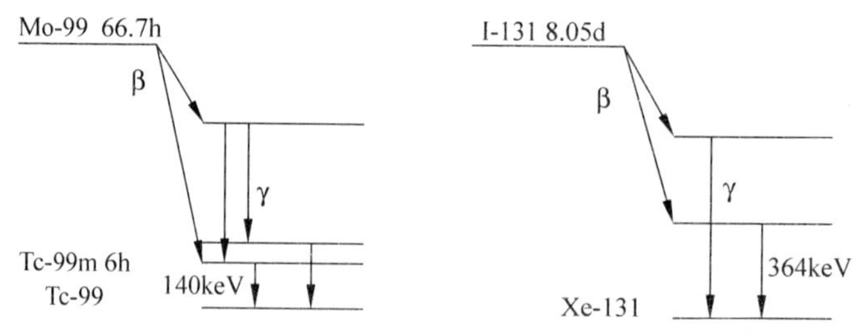


图 21-2 钼-99 和碘-131 的衰变示意图

附录中的表 21A2 给出了核医学中非密封性放射性核素的放射性特征。

## 21.2　放射性药物的制备和管理

### 21.2.1　放射性药物的制备

大多数放射性药物都是通过静脉注射到人体中，因此需要在它们的制备过程中有极其高的清洁标准。这就是药品工业中闻名的“优良生产实践”。放射性药物由于自身放射性衰变都有一个短的保存期，所以不像其他药品，可以有一个长的保存期直至失效。

很庆幸的是，在制备提供短半衰期 Tc-99m 的化合物时，有一个很方便的方式来解决时间的局限性和无菌状态。

Tc-99m 可以从它的母体核素钼 Mo-99 中获得，钼-99 的半衰期为 66h。钼-99 通常每周补充一次，在层析柱中反应获得 Tc-99m。这种放射性发生器俗称为“母牛”，钼锝(Mo-99—Tc-99m)发生器是经常用的一种母牛。每天可通过无菌盐溶液洗脱发生器的柱子，则 Tc-99m 就可以从 Mo-99 中得到分离。这种淋洗过程又形象地俗称为“挤奶”。以高锝酸盐形式存在的 Tc-99m 被收集在无菌的小药剂瓶中，而 Mo-99 仍留在色谱柱中。这个过程需要高精度的化学分离，因为即使很少量的 Mo-99 也能给患者带来相当的辐射剂量，这主要是由于它会发射 β 粒子和高能 γ 射线以及具有较长的半衰期。Tc-99m 的淋洗可以达到很高的活度浓度，从一个高放射性的 Mo-99 发生器中淋洗得到的活度浓度可高达 $10GBq \cdot mL^{-1}$。

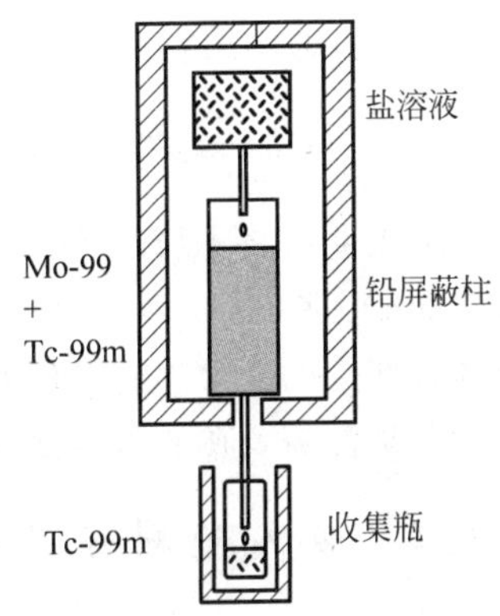

图 21-3　钼锝发生器的基本原理

发生器中的高锝酸盐可以用来制备标记的化合物。将 Tc-99m 的高锝酸盐添加到很小量的所需化学配方中，以冻干的形式放置在无菌的药剂小瓶中(冻干用“工具箱”)。简单的混合就足以产生高纯度的用 Tc-99m 标记的化合物。用放射性核素 Tc-99m 标记的化合物(如二乙三胺五乙酸 DTPA、二巯基丁二酸 DMSA、巯乙酰三甘肽 MAG3)可以用来研究肾、大脑(六甲基丙烯胺肟 HMPAO)、肝脏(硫化胶体)、骨(磷酸盐、膦酸酯)和很多其他的组织器官。

### 21.2.2　静脉注射

下面是通过静脉注射使用放射性药物所必需的步骤：

(1) 确定其放射性活度浓度，以刻度时间的 $MBq \cdot mL^{-1}$ 表示。如果溶液的体积是已知的，放射性活度就可以用放射性活度计来测量。由于一般放射性药物都是购买来使用的，所以相关的信息会在生产厂商的产品标签上。

(2) 在操作的时间区间内，计算达到所需放射性活度的体积(被技术人员称为“配药”)，其中包括自刻度时间起的放射性衰减。

(3) 采用无菌技术将所需放射性药物液体吸入注射器用于静脉注射。

(4) 应用放射性活度计检测注射器内的放射性活度(放射性核素 Sr-89 和 Y-90 释放的

β粒子除外)。该活度应该在规定所需活度上下10%的范围内。如果放射性活度太强,多余的溶液可以排到已消毒的瓶中;如果活度太小,可以将无菌注射针头插入放射性药物小瓶中吸取需补充的溶液。

必须依照生产厂商产品标签上的信息来计算治疗所用放射性核素Sr-89和Y-90的体积。企图用一个标准活度计通过它们的韧致辐射来测定这些纯β粒子发射体可能是不准确的。

在应用放射性活度计来测定I-123和I-125时,必须小心地注意到因为它们会释放大量的低能X射线,故对于不同的体积、注射器和小瓶需要考虑校正因素。

(5) 更换一个新的注射针,将注射器放置在注射器屏蔽防护罩或注射器承载器中,并贴上标签,注明放射性药物名称、使用患者姓名、注射量以及注射的日期和时间。

(6) 注射通常用直接静脉穿刺或"蝴蝶形"针,有时也注入到静脉套管中。

### 21.2.3 口服放射性药物

此类主要有将I-131制备成液体状或胶囊状用于甲状腺的扫描检查和治疗。还有少量的Tc-99m或者Ga-67可以加入到饮料或固态食物(如谷类)中用来探查胃肠道输送食物到达身体各部位的能力。这是仅有的在放射性工作场所可以有"食物"的正当理由。口服的放射性活度量都需要在放射性活度计中测定。

### 21.2.4 吸入放射性药物

患者肺部的供氧情况可以通过将放射核素做成气溶胶进行测量,气溶胶通常用Tc-99m标记的DTPA(二次乙基三胺五乙酸)。气溶胶的产生是通过将小体积的Tc-99m标记的DTPA溶液放置到喷雾器中,这种喷雾器是一种能够产生薄雾的装置,薄雾可以通过吸管吸入到吸嘴或面具中。肺部的供氧情况也可以通过锝气体来检测,锝气体是一种在氩气中用Tc-99m标记过的碳化颗粒组成的云状物。用于肺部扫描的颗粒和气溶胶的理想尺寸是小于0.5μm。这种尺寸的颗粒可以传播到肺部更深处的"树状"分枝即肺泡中。几秒钟的屏住呼吸可以保证80%的药物保留在那里。而更大尺寸的气溶胶则可能沉积在嘴的后部、吸管处、吸嘴或面具中。

## 21.3 γ照相机成像

γ照相机的放射线探测器是碘化钠晶体,大约12mm厚,可以有非常大的面积,尽可能多地覆盖检查患者的身体。晶体被铅制屏蔽防护层围绕以减少辐射本底值,前面有准直器限束,屏蔽防护层(通常是铅)有若干排列整齐的小孔(约40 000个)穿过。这些小孔决定了从检查患者身体释放的放射线的方向,从而能够被晶体探测到。晶体的背面连接着一系列光电倍增管(PM管),可以放大γ射线撞击晶体时产生的闪光。电子线路能够识别闪光在晶体中的位置及其强度。

当一条入射的γ射线与晶体相互作用时(如图21-4中的射线a和b),闪光位置用电子的X和Y坐标值确定。光电倍增管放大器输出的振幅,和沉积在晶体上的能量是成比例的,也被记录下来。数以万计的点堆积起来组成了光子能量的光谱图。一个或多个能量"大门”或“窗口”标定在该光谱图的光峰区域，去选择那些对应于非散射光子的光电反应的点(a)。低能γ射线可能在患者体内经历了康普顿散射(b)，准直器或者晶体本身“拒绝”这些射线，因为它们不可能判断出射线是从身体的哪一个部分产生的。用这种方式，得到一个二维(平面)图像，这个二维图像是身体内放射线三维分布的压缩形式。

由晶体组成的探头、准直器和光电倍增管装置，通常也都需要用铅进行屏蔽。探测器安装在架子上，所以能够固定在患者的上方。先进的γ照相机有两到三个探头，所以能够同时得到来自身体不同方向的图像。多个探头同时还能够减少成像时间，因为这样拥有更高的收集效率(参见图 21-5)。

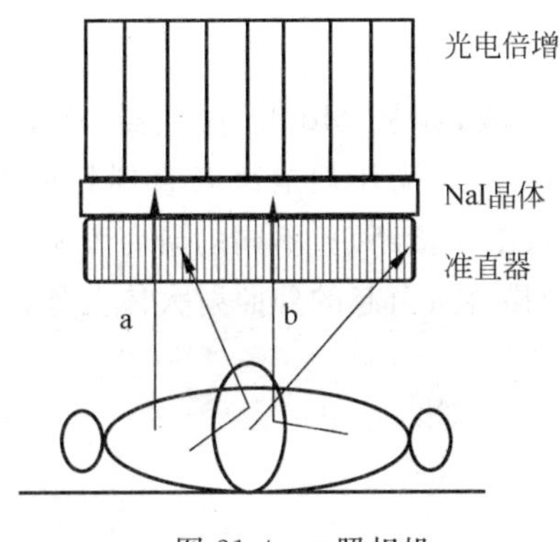


图 21-4　γ照相机

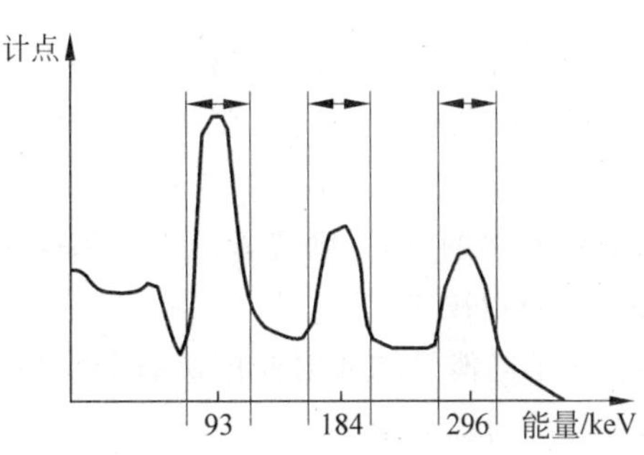


图 21-5　带有 3 个光峰窗口的镓-67 光谱

显然，获取核医学图像的方式有许多种，例如：

- 身体局部的静态或平面图像：使床和支架固定在一个位置。扫描有可能提早(注射完放射性药物的很短时间内)或延迟，允许感兴趣目标组织滞留有放射性活度，以及通过生物排泄清除不必要的本底活度。
- 扫描成像：当探测器在计点的时候，架子或床不停地移动，所以可以记录下患者躯体扫描长度范围内的图像。
- SPECT 成像：是探头围绕着患者按梯形移动时得到的，可以从一系列角度中收集点。SPECT 代表单光子发射型计算机断层显像装置。在欧洲，简称中去掉了“C”，他们称此项技术为“SPET”。每一个角度上的点被计算机处理联合起来，重建系列平行束或断层图像。断层图像之后能重建形成真正的 3D 图像。
- 动态显像：是身体同一部分每隔几秒钟的一系列图像或“画面”，显示了一些很快的过程像血液流向四肢或肾。这些图像都是由探头来完成的，被检查患者在放射性药物注射以前已经固定了位置。
- 门控显像：类似于动态显像，只是其显像序列包含了旋转的过程比如心脏的跳动，所以相应画面的计点包括了一系列周期的积累。而周期的选择是通过一电子信号触发的，或“门控”的。一台同时运行的心电图仪被用来配合扫描心血池或心肌层(心肌壁)。

图像或扫描的质量由两个竞争性参数所决定：系统的灵敏度和分辨率。灵敏度和分辨率取决于很多因素，尤其是光子能量、准直器的设计、晶体厚度和光电倍增管的性能。一个图像中的计点越多，效果越好。因为计点的比率依赖于视野内的放射性活度，而图像质量的一个重要限制性因素是患者可以接受的辐射剂量。

## 21.4 技术人员的外照射

### 21.4.1 外照射的来源

核医学技术人员有如下三种情形造成了绝大部分的外照射：

(1) 制备放射性药物；

(2) 分装和注射放射性药物；

(3) 处置接受检查的患者。

核医学技术人员会牵涉到核医疗程序的各个阶段，如从 Mo-99 发生器“挤奶”获得 Tc-99m，提前准备当天的放射性药物，分装所需要的药量，操作扫描患者直到处理图像数据。在一些国家，技术人员也要进行静脉注射(但是仅限于诊断)。不同的研究表明，技术人员在放射性药物的制备、处置管理患者和操作执行扫描时所引起的外照射大体上是相等的。

外照射将取决于：

(1) 光子的能量和放射性核素的丰度；

(2) 至照射源的距离；

(3) 放射性药物的活度；

(4) 受到照射的时间长短；

(5) 在照射源和屏蔽层之间衰减的程度。

放射性核素释放的光子活度用空气比释动能率常数 $\Gamma_\delta$ 表示，是指在空气中距 1GBq 放射源 1m 的比释动能率，γ 射线的能量超过 δ(keV)。此处的能量不连续，δ 通常取 20keV。低于这个能值的光子可以忽略掉，因为它们在小瓶和注射器内就被吸收。对于不同的放射性核素，空气比释动能率有相当大的差别，具体见表 21-1。

注意表 21-1 中的数据和其他地方给出的比 γ 射线常数是不同的，因为此表只考虑了能量超过 20keV 的光子。在 10mm 深组织处的剂量率(周围剂量当量率)如表 2.1 中第三列所示。

**表 21-1 仅考虑光子能量≥20keV 时的空气比释动能率和周围剂量当量率**

| 放射性核素 | 空气比释动能率 $\Gamma_{20}$(光子能量≥20keV) (距 1GBq 放射源 1m 处 μGy/h) /($\mu Gy \cdot h^{-1} \cdot m^2 \cdot GBq^{-1}$) | 周围剂量当量率 $\chi_{20}$ (软组织深 10mm 处) (距 1GBq 源 1m 处 μSv/h) /($\mu Sv \cdot h^{-1} \cdot m^2 \cdot GBq^{-1}$) |
|---|---|---|
| F-18 | 140 | 171 |
| Co-57 | 13.0 | 19.1 |
| Ga-67 | 18.9 | 26.7 |
| Mo-99+Tc-99m | 34.8 | 45.0 |
| Tc-99m | 14.2 | 21.3 |
| In-111 | 74.5 | 87.5 |
| I-131 | 52.6 | 66.2 |
| Tl-201 | 10.2 | 17.1 |

注：数据来自 Groenewald W. A., Wasserman H. J.. Health Physics, 1990, 58: 655-658.

不同放射性核素剂量率的差异如图 21-6 所示。

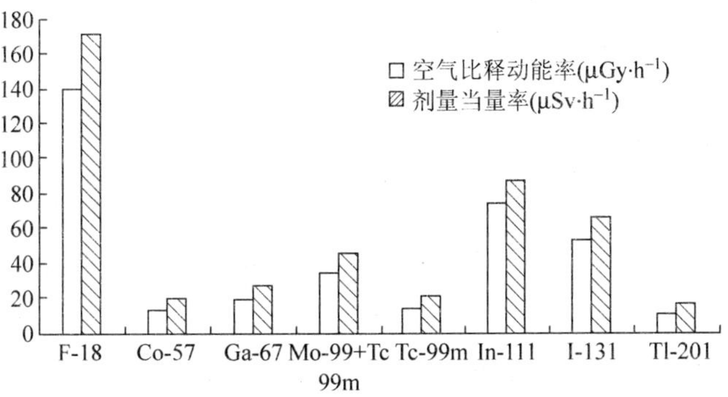


图 21-6　距离 1GBq 点源 1m 处的剂量率

小瓶、注射器和胶囊中的放射性核素都可以看作点源，因此为了计算距离点源 $d$ 处的空气比释动能率或周围剂量当量率，应使用与距离平方成反比定律。

$$\text{空气比释动能率(air kerma rate)} = \frac{\Gamma_\delta \times A}{d^2}$$

式中：$A$——放射性核素的活度，GBq；

$d$——离源的距离，m；

$\Gamma_\delta$——空气比释动能率常数，$\mu$Gy·h$^{-1}$·m$^2$·GBq$^{-1}$。

$$\text{剂量当量率(dose equivalent rate)} = \frac{\chi_\delta \times A}{d^2}$$

式中：$A$——放射性核素的活度，GBq；

$d$——离源的距离，m；

$\chi_\delta$——剂量当量率常数，用 $\mu$Sv·h$^{-1}$·m$^2$·GBq$^{-1}$。

既然剂量率是在单位时间内变化的剂量，剂量就可以用剂量率来计算。

**例 21-1**　计算当一个人站在距离胶囊状点源 0.5m 处 5min 时的软组织剂量当量率，其中胶囊状点源所含放射性核素 I 131 的活度为 200MBq。

**解**

$$\text{剂量当量率} = D/t = \chi_\delta \times A/d^2$$

式中：$D$——剂量当量，$\mu$Sv；

$t$——时间，h；

$\delta$——取 20keV。

根据：

$$D = \chi_\delta \times A \times t/d^2$$

在这个例子中，$d=0.5\text{m}$，$d^2=0.25\text{m}^2$

$t=5\text{min}=5/60\text{h}$

$A=200\text{MBq}=0.2\text{GBq}$

$\chi_\delta=66.2\mu\text{Sv}\cdot\text{h}^{-1}\cdot\text{m}^2\cdot\text{GBq}^{-1}$

$$D = \frac{66.2 \times 0.2 \times \left(\frac{5}{60}\right)}{0.25} = 4.41$$

所以剂量当量为 4.41μSv。

在应用与距离平方成反比定律时，注射器、小瓶和胶囊都被看作点源。但是，对于患者或其他的“范围较大”的源，情况并非都是这样。患者附近的剂量率在很大程度上取决于患者身体内放射性活度的分布。假定患者体内活度的分布是均衡的，患者就可以被看作是“线”源。在这种情况下，当距离线源 2～3m 远时，剂量率将与到线源的垂直距离成反比，而不是与距离的平方成反比。

如果一种放射性核素，如 Tc-99m 或 I-131，其光子能量为 100～400keV，并在身体内均匀地分布，则大约 1/3 的光子能量被患者吸收。当计算含有其中一种放射性核素的患者附近的剂量率时，通常从安全的角度出发忽略掉衰减损失。由于衰减而导致的损失可以部分地被周围墙壁和地面的散射引起的增加补偿。

### 21.4.2 外照射的控制

应用于通常的外照射防护规则是：

——屏蔽

——距离

——时间

例如：

(1) 严格避免直接处理含有放射性液体的小瓶和注射器，要用钳子并注意屏蔽防护。

(2) 不要将注射器灌满。采用 5mL 的注射器，活度体积达到 3mL 即可。增加手指和照射来源之间的距离可以降低剂量率。

(3) 当制备放射性药剂、分装和测定药物活度时，要在一个 L 形的长屏蔽防护板后面操作(如图 21-7 所示)。

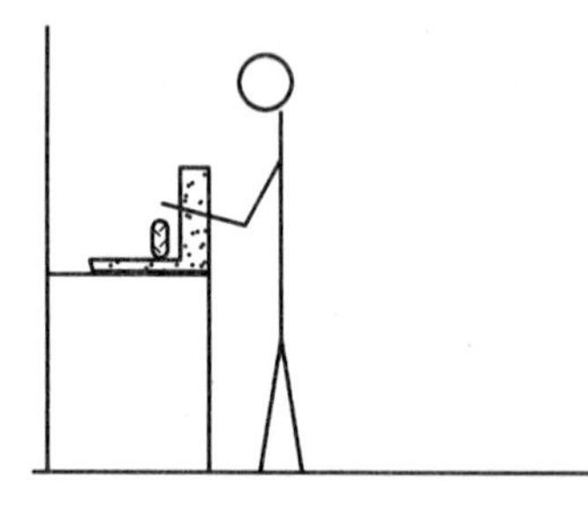

图 21-7　操作放射性药物时运用 L 形长屏蔽防护板示意图

(4) 将注射后的注射器立即放置到一个有铅屏蔽的柜中。

(5) 将用过的供氧管和吹嘴放到塑料袋中，并在给完气溶胶或锝气体后立刻转移到屏蔽区域或距离较远的区域。

(6) 为 Mo-99/Tc-99m 发生器提供附加的铅屏蔽防护，以确保工作人员站在发生器前的剂量率低于 $10\mu Gy \cdot h^{-1}$。

(7) 为储藏放射性药物的储藏室和冷藏库提供特别的铅屏蔽防护，以确保其所致的剂量率低于 $10\mu Gy \cdot h^{-1}$，尤其是在保藏 Ga-67、In-111 和 I-131 时。

(8) 当步行穿越核医学诊疗工作场所时，不要以与身体直接接触的方式搬运装满放射性药物的容器和模具。应使用手推车或其他运载工具将其从储藏室或强放射性物质实验室移至照相机房。

(9) 应留心患者可能是未加屏蔽的照射来源。

(10) 接近有放射性的患者时,尽可能使用最短的工作时间。

(11) 如果需要花费较多时间,比如 15min 或更多,近距离接触体内已经有较大药量的 Tc-99m 患者,一定要穿着相当于 0.5mm 铅当量厚度的放射线技师防护围裙。这在 Tc-99m-甲氧基异丁基异腈(MIBI)测试中可有效降低受到的照射。铅防护围裙不能用于防护 I-131 发射的高能。但是,一般不能整天到晚都穿着防护服,那样可能会引起身体不舒服,有时候在照相机房采用可移动的防护屏会是更好的解决办法。

(12) 病人的候诊室需要通过下列方法与医护人员隔离:

——距离(至少 3m);

——墙壁屏蔽;

——联合使用屏蔽防护和距离防护。

表 21-2 给出了针对核医学领域所用的放射性核素,运用铅屏蔽防护所需的衰减至 1/10 层(TVL)的铅当量厚度。图 21-8 则是一些注射器的屏蔽防护器具示例。

**表 21-2　核医学所用放射性核素屏蔽防护要求的 1/10 层铅当量厚度**

| 能　　量 | 放射性核素 | TVL 的铅当量厚度/mm |
|---|---|---|
| <100keV | Tl-201、I-125、Xe-133、Gd-153 | <0.7 |
| <150keV | Co-57、Tc-99m | 0.9 |
| <250keV | In-111 | 2.5 |
| <300keV | Ga-67 | 5.3 |
| <400keV | I-131 | 11 |
| <700keV | F-18、Mo-99 | 20 |

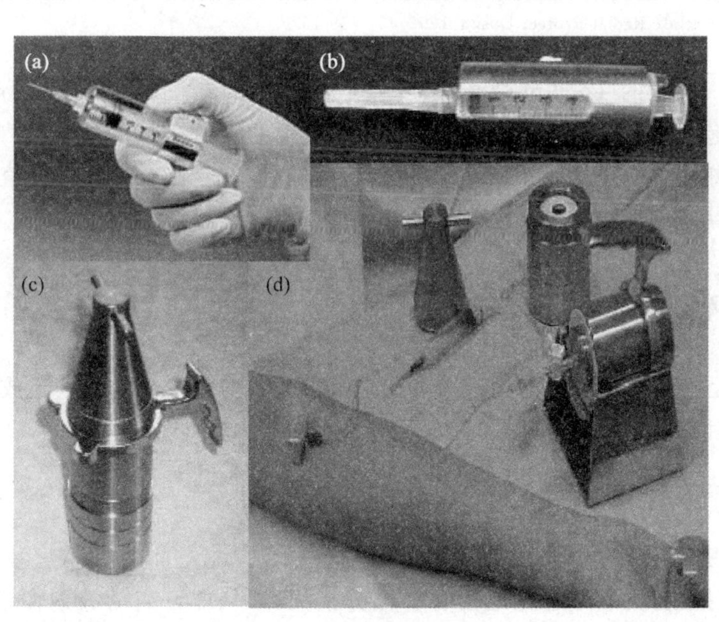


图 21-8　注射器屏蔽防护示例

(a) 铅玻璃注射器;(b) 钨屏蔽注射器;(c) PET 移动注射器容器;(d) 在支架中直接使用的注射器

由此可见，在低能量时所需的铅当量是很小的，因此光电吸收是光子与屏蔽材料之间的最主要反应。在高能量时，需要更多的铅，此时康普顿散射成为主要反应，而每次反应中只有部分光子的能量沉积在屏蔽材料上。

### 21.4.3 皮肤污染导致的外照射

用于治疗的放射性核素的意外污染可对皮肤表皮或眼睛造成很高的β粒子剂量。从发生器洗脱出的高浓度 Tc-99m 溶液污染也可能给皮肤带来很高的剂量，在这种情况下是由内转换电子引起的。内转换电子是吸收了激发态核子能量而从电子壳层逃逸出去的轨道电子。对于 Tc-99m，11%的衰减产生了内转换电子。在使用这些溶液的时候，时刻清洁器材和记录有效程序是非常重要的。

表 21-3 给出了对于不同的放射性核素，1MBq · $cm^{-2}$ 的表面污染所造成皮肤不同深度的剂量率。0.07mm 通常被看作皮肤表皮细胞的深度。3mm 被看作是眼角膜下晶状体的深度。

**表 21-3 皮肤污染造成的不同深度的β射线剂量率**

| 放射性核素 | 1MBq · $cm^{-2}$ 在不同皮肤深度的剂量率/(mGy · $h^{-1}$) | |
|---|---|---|
| | 0.07mm | 3mm |
| P-32 | 1726 | 90 |
| Sr-89 | 1667 | 55 |
| Y-90 | 1756 | 200 |
| Tc-99m | 207 | — |
| I-131 | 1319 | — |
| Tl-201 | 208 | — |

注：引自 Cross et al. Radiat Protect Dosim，1992，40：149-162.

例如，一个 10μL 的 Tc-99m 微滴，浓度为 10GBq · $mL^{-1}$，如果 6h 没有清除掉，将会带给皮肤表皮细胞大约 90Gy 的剂量，这会引起溃疡(参见附录 21B 的计算)。超过 2.5Gy 的剂量会引起红斑，引起皮肤溃疡的放射剂量阈值大约是 10～15Gy。这些阈值剂量仅仅是一个参考，即使是皮肤晒黑，某些人也要比其他人敏感得多。

## 21.5 技术人员的内照射

“内照射”是指体内摄取放射性核素后所造成的来自身体内部拥有一定放射性活度的放射性核素的照射。

### 21.5.1 内照射的来源

核医学使用非密封的放射源，即开放型放射性物质。这些都需要从盛装的容器中取出使用，因此，放射性物质不可避免地会有一部分损失，即从非密封的放射源进入到环境中。释放到环境中的放射性物质可能通过三种途径被工作人员、患者和其他人员摄入体内，即吸入、食入或通过皮肤表面吸收。当然，如果遵守良好的操作规程，所有的途径都是可以被阻止的。

### 21.5.2 来自液态源的污染

几乎所有用于注射或口服的放射性药物都是液态的。这两种给药方法都需要特别小心以避免污染。

值得庆幸的是，放射性药物的制备、分装和注射都是在无菌条件下操作的。这意味着这些放射性液体处于一个密闭的容器中(包括在注射器或小瓶内)，可以避免与外界的空气接触。但其中有几个步骤涉及注射器的针头从密封小瓶的橡胶塞中插入或拔出，所以小瓶内外的气压通常是不等的，在气压的作用下，当注射针从小瓶中拔出时，放射性微滴可以从瓶塞的穿孔处或者从注射针的顶端溢出。

当必须移除注射针头以使注射器连接到三向开关、套管或一个新的针头时，液体也能从一个满的注射器中溢出。

当口服放射性药物(液体或固体)时，患者需要配合以防止药物溢出。一般比较紧张或者年龄比较大的患者服药时容易打翻杯子。

但是，最容易引起污染的是患者自身，因为他们摄入了非密封的开放型放射性物质。很多放射性药物都经由肾排出，这样尿液和其他体液在核医学实践中都存在放射危险。对于门诊患者这可能不是一个问题，但是对于身体状况可能很不好的住院患者就是一个问题了。

### 21.5.3 来自固态源的污染

放射性液体(通常是 Tc-99m 或 Ga-67)可以混入固态的食物给患者服用以探查研究胃肠道。这些制剂尽管是固态的，仍是非密封的放射源，它很可能污染与之相接触的表面，不过其风险很小。

核医学中一个重要的固态源就是胶囊状 I-131。I-131 被吸收在磷酸盐的干颗粒上，然后装入普通的药用胶囊，胶囊是用凝胶制成的。一些 I-131 可以通过胶囊壁迁移，因此与胶囊相接触的任何表面都可能被污染。如果胶囊破裂，颗粒有可能散布在容器中或室内。病房内颗粒的回收(取决于放射活度的大小)可能是一个真正的挑战，需要很小心地计划。

### 21.5.4 来自空气传播来源的污染

在核医学部门，有两个主要的空气传播放射性的来源：

(1) 挥发性的 I-131 的蒸气；

(2) 肺部测试的气溶胶(通常是 Tc-99m)。

最主要的吸入风险来自 I-131。为了降低吸入的风险，限制怀孕的技术人员的工作是可取的。I-131 有一个较低的吸入年摄入量限值(ALI)，为 1.8MBq。而在怀孕期间，吸入的限制应为 ALI 值的$\frac{1}{20}$，即 90kBq。在发生事故时，很可能会超过该值。

I-131 在酸性条件下，会从溶液中蒸发。液态碘经常添加到溶液中缓冲 pH 值以防止 I-131 的蒸发。最有可能在空气中发生 I-131 释放是在放射性碘操作程序中，因此必须在通风柜中操作并采取最严格的污染控制。I-131 也可以从固态中释放，包括液滴蒸发后留在表面的残余。

治疗用的胶囊状 I-131 降低了液体溢出的风险，但是并没有全部去除挥发性 I-131 溢出到容器中的可能性(通过胶囊壁迁移)。在容器中可能有少量的衰减产物 Xe-131m。这种核素在 I-131 衰减到 0.6%时产生,而且相比于 I-131,它并不是特别危险。

在实际中,简单的预防措施就足以将 I-131 污染控制在可忽略的水平。

肺部通气测试能够导致吸入空气污染以及皮肤、衣物的表面污染,尤其是患者在吸入气溶胶或锝气体有困难时。但是,研究表明通过吸入导致工作人员的剂量大约是外照射剂量的$\frac{1}{10}$。进行肺部扫描时,技术人员必须穿上防护服以防止手和衣服的污染。除非特别小心确保患者的嘴唇和吸嘴保持良好的密封,否则污染是很容易发生的。

### 21.5.5 内照射的控制

核医学实践与实验室研究并不都一样。与患者相处的人为因素引入了不确定性。但它又是一个实验室环境,在其中要用灵敏度很高的仪器进行准确地测定。因此严格的污染控制对于防止工作人员受到内照射是非常有必要的。同时这对放射性化验、扫描和样品测量的准确结果也是非常必要的。与处置生物危险物质相类似,医院的工作人员应接受放射性污染控制的培训,从而得到防止放射性污染的预防措施。

在核医学操作中,应用的普遍规则有:

(1) 使用操作所必需的最小量放射活度。

(2) 在原来的容器(小瓶或注射器或患者或废物袋子)的周围再加上另外的围堵措施以捕捉任何的泄露或溢出。例如:

- 沿溢漏托盘的边沿放置吸收纸;
- 使用通风柜操作挥发性的放射性碘;
- 在高水平放射性活度区域(例如碘实验室、治疗室)的入口处设置防护屏障,使其成为受限制的区域;
- 在导尿管袋的下面放塑料碗或盘。

(3) 使用比所需量的容积大的注射器以减少活塞移动过程中液体溢出的风险。

(4) 遵守小心的"病房管理"。例如,用一个记录本记录共享工具如通风柜的使用情况;设立一个人员名簿定期检查废物柜和"锐器"容器。

(5) 经常使用污染检测仪器:

- 每次分装药物或注射后检查手套;
- 每天工作结束时检查工作台;
- 每周末进行擦拭测试或检查关键区域。

(6) 在不同操作中使用适宜的个人防护用品。一些示例如表 21-4 所示。

应当永远把预防摆在第一位。诸如下述核医学实践中提示的方法可以帮助避免发生事故。

(1) 给患者口服放射性药物:应保证患者处于有一只稳固手的状态,而不要处于紧张状态;并且手中有吸水棉纸以防止事故。将药物放在盘子里,把背面是塑料的吸收纸遍布盘子的周围,并且为患者准备额外的水,用于他们漱口或吞咽。对于吞咽有困难的患者(尤其许多老年患者)可能需要在口服药剂之前首先试着咽下液体或一个空的胶囊。

(2) 将患者送回病房:住院患者送回病房时,在他们的医疗记录上贴上"小心放射性"标签。

(3) 在肺部通气试验中给患者气溶胶或锝气体:花一些时间向患者解释呼吸的程序。

确保他们能够保持嘴唇和吸嘴间良好的密闭性。如果他们不能，就需要使用面具。首先让患者练习使用呼吸仪器。如果照相机的镜头放置在患者的下面，在药物处理过程中，需要用吸水纸盖住镜头。

**表 21-4　针对各种操作所需要的个人防护用品示例**

| 个人防护用品 | 可进行的有关操作 |
|---|---|
| 手套 | 拆开盛有放射性核素的包装<br>处理诊断用的注射剂<br>处理密闭的废物容器<br>处理 I-131 胶囊<br>为计数准备低活度样品 |
| 手套、防护服 | 从 Mo-99 发生器中淋洗“挤奶”<br>制备放射性药物<br>分装注射剂<br>看护出汗或失禁的患者<br>更换污染的床布<br>处理用于肺部通气测试的气溶胶或锝气体<br>为照相机质量控制检测准备 Tc-99m 的模拟检测源和模具 |
| 手套、防护服、一次性塑料围裙 | 清空便盆、瓶子、带囊导尿管 |
| 手套、防护服、眼罩 | 进行液体注射治疗或口服如 Sr-89、Y-90、I-131MIBG 或 I-131 碘化物<br>标记血液细胞 |
| 双层手套、防护服、鞋套 | 清理溢出物 |

(4) 准备住院患者的放射性核素治疗：在进行患者的放射治疗以前，评估患者的护理需求，并给病房的护士提供一套护理计划。小便失禁的患者应该插入导管。当患者有大给药活度的 I-131 标记碘化钠时，要给患者开止呕吐的药，因为较大活度的 I-131 会引起恶心和呕吐，尤其是以胶囊的形式给患者服用时。患者服用这些胶囊时，必须服用大量的水和少量的食物。有排痰性咳嗽的患者必须供给一次性棉纸、痰盂和塑料废物袋。

(5) 进行放射性药物注射：所有的注射器、针头、套管和塞子都要用螺旋锁定装置，以减少在注射过程中意外分离的风险。永远也不要逆压力注射——注射系统的有些部分可能分离并泄露里面的物质，或者部分液体可能注射到血管外面的棉纸上。

(6) 为作运动扫描而注射 Tl-201 或 Tc-99mMIBI：这些注射可以在不同的条件下操作，患者可以在运动自行车或脚踏车上运动。在试验开始之前，要在血管内放置一个套管。在患者的运动高峰期注射，通过三向开关接触套管。此处套管和三向开关之间需要至少 30cm 长的导管。操作注射的人必须绝对保证旋转三向开关的方向以注射药剂并且用无菌盐水冲洗导管。

(7) 存储和分装 I-131：很多碘化合物都有释放挥发性碘的趋势，这会导致吸入的危险。在通风柜中开启盛装放射性核素 I-131 的容器或采用好的排气通风系统是很好的习惯。这既适用于胶囊也适用于液体，因为少量的 Xe-131m 和 I-131 会残留在容器内。污染的容器和用过的包装——小瓶、瓶塞、插入的吸收器等，应该放置在通风柜中或用塑料袋密封放置在通风场所以待衰减。

(8) 更多有关使用放射性核素 I-131 的提示：

- 保持一瓶碱性溶液在手边以防止 I-131 溢出。如果将碱性溶液倒在溢出物上，会减小 I-131 蒸气的释放。一瓶适宜的处理溢出物溶液可按如下配制：25g 硫代硫酸钠和 2g 碘化钾加入到 1L 0.1mol・$L^{-1}$的氢氧化钠溶液中，另外再加上少量清洁剂。
- 如果 I-131 碘化物、MIBG 或其他的放射性碘溶液需要稀释的话，要使用蒸馏水而不是自来水。自来水中的高氯率可能会降低溶液的 pH 值，并增强 I-131 的挥发性。
- 保持稳定的碘酒在手边，以保证在发生重大的个人 I-125 或 I-131 污染时阻止甲状腺的摄取。药房应该能够提供碘化钾(KI)。各核医学部门应该能保持提供卢戈氏碘溶液(Lugol's Iodine，过饱和溶液)以阻止甲状腺摄取 I-131 化合物。卢戈氏碘溶液也应用于紧急情况，如当工作人员受到污染时。每毫升卢戈氏碘溶液含有 126mg 稳定的碘。如果在摄入 I-131 之前或之后立刻使用卢戈氏碘溶液，1mL 就足以阻止甲状腺的摄取。如果没有可用的卢戈氏碘溶液或 KI 药片，用 20～50mL 碘酒消毒剂全面地擦拭皮肤也是一个有效的选择，因为碘易于通过皮肤吸收。
- 医师在给患者稳定碘同位素时，应首先检查患者有没有临床禁忌。

## 21.6 核医学中的辐射监测

### 21.6.1 个人的外照射

身体徽章式监测的剂量计——胶片或热释光剂量计(TLD)等对于核医学工作人员是非常重要的。鉴于所应用的放射量，如果不能遵循正确的操作程序则工作人员很可能会受到相当高的照射剂量。热释光剂量计(TLD)比胶片剂量计要敏感得多。TLD 可以测量至 10μSv 以内的剂量，而胶片徽章式剂量计则对应于 100μSv。虽然徽章式剂量计的读数只是显示身体佩戴部位的表面剂量，但有时通过较小修正就可用于估计(全身)有效剂量。身体的表面剂量是对有效剂量的一个保守估计。

徽章式剂量计的监测频率依赖于当地的境况，但是一般不要超过 12 个星期以便能够调查研究趋势和异常照射情况。

使用固态技术的电子个人剂量计现在已经商业化了。这些"袖珍剂量计"可以显示剂量率，同时能够显示低至 1μSv 的累计剂量。尽管这种个人剂量计昂贵，但是测量大型的核医学单位检测人员在特殊操作过程中的接收剂量还是非常有用的。例如，当进行 Tc-99m MIBI 的心脏扫描，或者进行大剂量 I-131MIBG 治疗时，应该选择袖珍剂量计，其能量响应满足对能量在 60～600keV 范围内的光子均作出统一的反应；并且当在高放射性源附近快速移动时，剂量计能够对剂量率变化很快作出反应。

如果有可用的肢端剂量计，就应该让技术人员在进行准备、分装或注射放射性药物时佩戴。戴在手指上的小的 TLD 可以很好地给出手的平均剂量的近似值。肢端 TLD 剂量计应足够小到适合戴在一次性手套的下面，例如，四周包有塑料带的 TLD 可以套在中指的底部。如果这不能实现的话，剂量计也可以戴在手腕上。手腕剂量计对处理释放 γ 射线的核素的手指是可以很好评估的，而对于由低/中能量核素释放的 β 粒子引起的剂量则会被低估。

### 21.6.2 污染和放射性核素的摄入

一般放射性核素的摄入在核医学工作人员中是非常少见的，只要注意下面所给出的操作指南并防范发生，通常也就不需要检测摄入量。

如果怀疑摄取了 I-131 或皮肤检测发现 I-131 污染，检测体内是否吸入放射性物质的最好方法就是在脖子前面区域放置一灵敏度高的 NaI 检测器（如脖子探测器或 $\gamma$ 照相机），计数 5min。4h 后，任何 I-131 的摄取在甲状腺都非常明显，而在 24h 以后达到最大值。

请记住很多剂量计都不适合于检测 I-125，因为它们对低能光子反应都不灵敏。

大面积的盖革-米勒 GM 探测器，拥有一个薄的窗户（$2mg \cdot m^{-2}$ 云母），适合于检测低能光子。一个拥有薄窗户（$14mg \cdot cm^{-2}$ 铝）的薄碘化钠晶体（1～3mm）是相当灵敏的——这种探测器对低能的 X 射线非常灵敏，低能的 X 射线包括如 I-123、I-125、Ga-67、Tl-201 这些放射性核素在衰变过程中通过电子捕获释放的。

### 21.6.3 工作场所的剂量率

每个核医学部门都应该有一个便携式测量仪用于检测剂量率。电离室和盖革-米勒 GM 探测器就是很好的选择。但是电离室不如 GM 探测器灵敏。如果使用 GM 探测器，必须进行“能量补偿”，以使其在低能量时不会过度反应。仪器的刻度范围需要从 0～$10mSv \cdot h^{-1}$；较新的装置可能会有数字显示剂量率，其实是与其他显示相类似的。快速的响应时间是一个优势。如果在患者附近使用测量仪器，则应关闭听得见的信号以不造成干扰是非常有用的。当然，便携式测量仪也可以作为一个特定区域的测量仪，例如，在“有强放射性物质实验室”，将仪器放置在墙支架或隔板上，并且接通电源。

一些关键工作地点区域的剂量，例如紧挨着患者候诊室的接待台，可以使用个人热释光剂量计（TLD）或胶片剂量计监测。但不能用手持仪器代替例行的区域监测。

### 21.6.4 表面污染

在核医学领域污染监测仪器是很基本的装备。即使一个很小的核医学诊所也需要有一个监测仪器以便在操作程序的每个阶段可供不断地检查戴手套的手。监测仪器应该也是便携式的，以便于检测诊所里任何地方的溢出物。污染检测器必须有一个大于 $10cm^2$ 并且具有薄窗口的灵敏探测区域。作为一种测量仪器，有可听信号是非常有用的，但是在患者附近工作时应能够静音。

在这方面，底窗盖革 GM 计数器是比较适合的。薄晶体碘化钠闪烁探测器的灵敏度很高但同时也很贵。

如果可能的话，也可以购买非常精细的有大的灵敏区域（约 $100cm^2$）的污染监测器。监测器可以是便携的，或安装在墙上并能方便地检测手。此类检测仪器可以是一个密闭的正比计数器或固态探测器。一些正比计数器的使用寿命不够长而难以满足繁忙部门的需要，而且购买和修理的费用很高。

一些资金有限的核医学诊所可能会考虑购买一台监测仪器用于双重目的，既可用于辐射剂量率的调查检测，也可用于放射性污染的检测。这种相对便宜点的靠电池运行操作的仪器也是可用的。可以使用盖革-米勒 GM 探测器，有剂量率（$\mu Gy \cdot h^{-1}$ 或 $\mu Sv \cdot h^{-1}$ 或等同的非国际制单位)和计数速率两个刻度可读。对 GM 探测器很重要的一点是,探测器要有大的窗口范围以对放射性污染的检测有足够的灵敏度。对一些仪器一个有价值的外在特征就是可以方便地连接到电网上,用于墙上安装区域和手的监控检测。

## 21.7 典型的职业照射

### 21.7.1 全身剂量

核医学技术人员实际的典型年个人剂量范围是每年 1～4mSv。在所有的医务人员中,核医学工作者,以及介入放射学医师和进行荧光透视操作的心脏病专家可能会在相关工作人员中具有最高的职业照射剂量。而一般放射诊断科、牙科和医学实验室工作人员的职业剂量通常都比较低,每年不到 1mSv。放射肿瘤学工作人员的剂量取决于其工作量,例如操作遥控后装近距离治疗机已经取代了手工植入技术,工作人员的剂量就会非常低。

核医学中工作人员的全身剂量是与其临床工作量相匹配的。这并不奇怪,因为引起技术人员全身受到的职业照射的主要原因就是在注射和显像过程中与患者的接触。对于一个典型的进行显像操作的技术人员,其每次程序的平均剂量为 1～2μSv,在一个忙碌的核医学部门,每天总量约为 10～15μSv。进行正电子发射型计算机断层显像设备 PET 操作的工作人员,其剂量大约是常规核医学工作人员的 2 倍。

较高的剂量,每年也不应该超过 4mSv。在一般核医学实践中大约是单个技术人员每天负责施行 10 个或更多的操作,这些操作包括放射性药物的制备、分装和注射。有时候临床上操作的一些变化就会引起徽章剂量计读数的上升。当引入 Tc-99m 标记的异氰化物(如 MIBI)用于心脏扫描成像时就发生了这种现象。在扫描过程中,比起之前用的 Tl-201 标记的氯化物注射剂,施予患者可多出 5～10 倍的放射性活度。

工作人员应该被告知全身监测项目的结果。他们也应该评定这些结果是否与其他核医学中心得到的结果相一致。如果这些数值相比于每天接触的患者数量是偏高的,调查研究下面的内容会很有帮助:

(1) 放射性药物照射来源应该采用更多的屏蔽;

(2) 应改进对患者的操作处置;

(3) 扫描显像过程中与患者的距离或者与候诊区域的距离应该增加。

在肺部通气探查研究中,Tc-99m 污染所造成的内照射已经被评估确认对技术人员照射的贡献很小,每年约 0.01～0.1mSv。

国际放射防护委员会(ICRP)建议的职业剂量个人剂量限值是平均每 5 年的剂量不要超过 100mSv,且任何一年都不要超过 50mSv。简单点说,可以看作年平均限值为 20mSv。除了法定的限值以外,对于核医学实践,合理约束的剂量“限制”为每年 5mSv。在一个管理很好的实践中,应该不会超过这个数值。

ICRP 还建议了对怀孕女工作人员的补充限制,在怀孕期间,孕妇腹部的剂量不应该超过 2mSv,而且她的工作不能有发生意外造成外照射或内照射的风险。这些限制的目的就是在于保护胎儿的受照剂量低于每年 1mSv,就是公众人员的年限值。这个剂量水平和短期内天然本底照射是类似的,因此不会对胎儿造成放射危险。

### 21.7.2　肢端剂量

肢端剂量大部分是由放射性药物的制备、分装和注射引起的，而不是在处置患者的过程中。花费更多的时间在放射性药剂学上的技术人员比将时间花在扫描显像上的技术人员的肢端剂量要高。对于一个典型的忙碌的核医学技术人员，他们的肢端剂量比全身剂量要高4～5倍，约每年10mSv。此外，在PET中的肢端剂量可能是上述的2倍，即每年20mSv。这些值都很好地低于ICRP建议的四肢剂量当量限值每年500mSv。即便如此，还是要努力减少对手的剂量，因此对注射器的屏蔽防护非常重要(参见图21-9)。

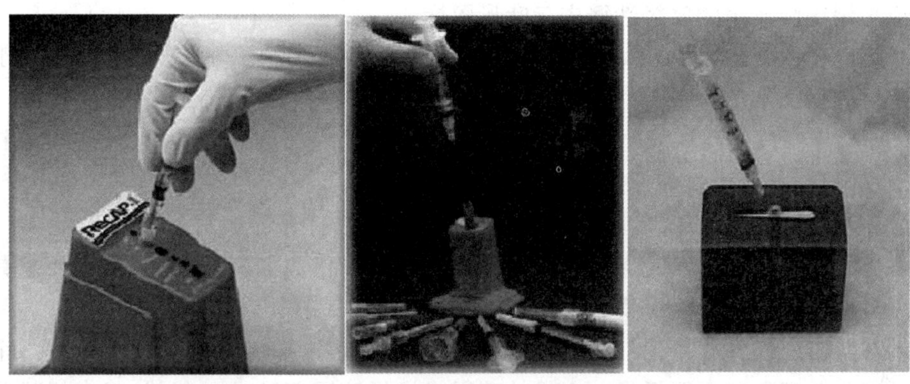

图21-9　注射器的屏蔽防护

如果使用注射器屏蔽，在注射后屏蔽移走之前，必须使用一个共扼装置安全地将针帽放回到针头上。严禁在用过的针头没有盖住之前将屏蔽移开注射器，同时也严禁直接用手放回针帽。

## 21.8　核医学工作场所的设计

一个理想的具有特色的核医学诊所有如下特征：

(1) 成像室要宽广，房间面积应达到30$m^2$左右；

(2) 放射性药物的给药很整洁，分别单独配发并保存记录；

(3) 有一个与工作人员间隔几米或者有防护屏障的患者候诊室；

(4) 候诊区有对怀孕期和哺乳期妇女的警示标志；

(5) 在储藏室、下水池、排水管和通风柜都有醒目可见的电离辐射警示标志；

(6) 在实施注射的每一个房间里都要有防护“锐器”的箱柜。

此外，其他的一些特征只有在仔细地观察，也许需要通过放射性监测的帮助下才会发现：

(1) 放射性药物室(放射性实验室)是否靠近实施注射的房间？

(2) 普通人员是否能被阻止进入废物储藏室和放射性药物室？

(3) 候诊室和储藏室是否有足够的屏蔽防护？

(4) 实验室的椅子面和患者的盥洗室是否条件良好并避免污染？

(5) 在核医学部门，是否有专门的冲洗房、清洁柜和对床板以及尿瓶等的灭菌器？

关于放射性同位素实验室的设计和运行，每个国家都有自己的国家标准和准则。根据各自所使用的放射性核素及其数量，许多核医学诊所一般被看作属中等水平的放射性同位素实验室。

### 21.8.1 低水平的放射性同位素实验室

下面的做法取自应用非密封的放射性物质于医学诊断、治疗和研究的安全操作准则(据新西兰卫生部)，并推荐了低水平放射性同位素实验室的必备条件。

(1) 控制区的入口处应有电离辐射警示标志，表明未经可靠的许可禁止入内。所用警示标志应采用国际通用的放射性警告三叶形图标。

(2) 实验室必须有足够的大小以便舒适地使用。应该有分开的工作区，分别用于处理放射性物质和做文字工作。

(3) 如果配制放射性核素的实验室只是大实验室的一部分，则这一区域必须与其他的工作区域相隔离，并且不能随便通行。

(4) 必须提供洗涤设备，并且采用不直接用手就可以打开的水龙头。

(5) 工作台表面、地板覆盖物和其他易受影响的表面(例如座位表面等)都要求具有不渗透性并且能够容易地清除污染，地板应当防滑。

(6) 当需要处理释放 γ 射线或高能 β 粒子的放射性物质时，工作台需要配置一个有屏蔽防护的工作位置。这需要提供一个铅玻璃屏或铅橡胶屏蔽防护 γ 射线，或者铅橡胶屏蔽防护 β 射线。在防护屏障后面必须有足够的空间可使用遥控操作夹具。工作椅的上部需要有足够的屏障来保护操作者的下身。工作台后面的墙壁有可能需要另外的屏蔽，这取决于使用的建筑材料和距离另一边的空间。

(7) 如果需要制备好放射性药物供给患者，就应当有相应的工作站。如果所有的操作程序都是“密闭的”，仅牵涉到用注射器从一个密闭的小瓶转移到另一个，则上面所述配置有防护屏障的工作台就足够了。但是，如果敞开容器的制备工作需要无菌工作条件，则需要包括一个带有空气层流的工作站。这就需要一个垂直的辐射屏蔽来平衡向下流动以免干扰空气流动。这样的设备将适合于任何 Tc-99m 标记药物的制备。对于碘的放射性同位素，如果需要一个无菌的工作区域，很有必要在比较大的通风橱内又安装一个小型的朝下流动式橱柜以防止吸入有害气体。当安装这种类型的设备时需要听取专家意见。

(8) 如果使用 Tc-99m 发生器，它必须放置在远离实验室居留因子大的地方。通常也需要额外的屏蔽防护装置。如果采用铅块做屏障，则铅块可涂上易于清洗去污的保护层得以有效保护，也避免与人员皮肤的直接接触。发生器应该放在一个高水平卫生条件的区域里或者是层流橱柜里，这样可保证没有显著的空气污染危险。发生器不应该放在通风橱里，因为那样会使在发生器的上方不断地有来自房间外部的不洁净空气通过。

(9) 对于存储放射性物质的任何橱柜或密闭的储藏区域，如果这些物质会释放具有穿透性的放射线，诸如检查用源或放射性废物在处置之前都需要对其很好地屏蔽。因为这些物质会持续照射在实验室工作的任何人，所以需要应用可合理达到的尽可能低的原则(ALARA)将照射减到最小。

### 21.8.2 中等水平的放射性同位素实验室

此处介绍的这些建议也取自新西兰应用于中等水平放射性同位素实验室的有关法规，例如忙碌的核医学诊所中的活性实验室。

(1) 实验室应该仅作为一个隔离的房间，不能随便通行。它不能毗连胶片储藏室或者那些操作低水平测量的地方。

(2) 实验台的表面需要内凹倚在墙上并且紧靠边缘。地面的覆盖物应紧靠着墙连接成整体并且不会渗透以利于清洁去污。

(3) 应该对邻近房间的人员或敏感仪器设备提供合适的屏蔽防护。还必须考虑到透过墙壁、地板和天花板的照射量率的影响。

(4) 如果有大量的液体废物排放到污水系统，那就需要采用一个带水闸式的污水处理池。这是仅仅用于这个目的的单独设备。排水沟尽可能直接地连接到主要的下水道。必须有便携式仪器用于监测污染。

### 21.8.3 显像设备和碘-131 治疗病房

新西兰的法规也提供了对于显像设备和治疗病房的具体指南。

(1) 显像室必须是一个单独的房间，远离配制放射性药物的实验室，而且需要屏蔽防护除患者以外的任何放射源。

(2) 设计的原则应使得产生射线照射的来源(例如锝发生器、其他高活性实验室、用于质量控制的检测源、有放射性的患者等)和人员高居留区(例如电子计算机控制台、办公桌、接待工作台等)之间的距离最大化。

(3) 应该有一个单独的房间用于对患者给予放射性药物，这样，患者就不需要进入配制放射性药物的实验室(“热室”)。同时这个房间应该紧挨实验室以便携带放射性物质时不必穿过用于其他目的的房间。

### 21.8.4 碘-131 治疗室

(1) 施用放射性活度高于 800MBq 的 I-131 治疗的住院患者，应该安置在带有浴室和厕所的单独卧室里。

(2) 病床应该放置在尽量远离隔壁房间病床的位置上。根据墙壁的构造，酌情决定是否有必要添加其他的屏蔽防护。

(3) 地板应该是平坦、连续和不具吸收性的。墙壁和家具应该用非吸收性表面材料覆盖，以便于清除污染。

(4) 用过的器具和床布等在检验是否受到污染之前，应有临时储藏容器可供存放。

## 21.9 核医学中的废物管理

应用于核医学中有三个主要的放射性废物管理策略——浓缩和包容、延迟和衰减、稀释和分散。

1）浓缩和包容

对于核医学诊所产生的少量和小体积的废物，通过浓缩或者压缩废物以便加以包容而长期储存通常是不必要的。

2）延迟和衰减

在储存过程中通过自然放射性衰变以减少危险是处理核医学废物的常用方法。这些废物包括用过的注射器、小瓶、污染的一次性手套、实验台覆盖的吸水纸和污染的床布。一般储存 8～10 个放射性核素的半衰期时间就足够了。储存的容器需要防漏。储存室需要有很好的通风，以及未经允许不得进入等安全防护措施，并且其结构能够有效防止盗窃。储存室的地板、墙面、椅子和屏蔽物的覆盖修饰材料应该如同一个放射性同位素实验室那样能够易于清洁处理和防止污染。应该有一个记录本记录放置在储存室里的废物。储存废物的详细清单还应该另外放置在一个单独的地方，以供紧急情况发生时作为备份使用。

3）稀释和分散

这个方法应用于处理低水平的放射废物，通常是在存储并衰减一段时间后。将放射性废物进行填埋（放在废物罐中进行填埋）、焚烧、排气通风或者排到下水道进行处理，每个国家都制定了自己的相关标准。而有些核医学废物是“混合危险”废物，需要另外的安全防护措施。例如，用过的注射器和被体液污染的物件就是生物危害的废物，将这些废物进行存储衰减一段时间后，通常还需要将这些废物进行焚烧处理。

来自核医学部门的很少的放射性液体废物（不是患者的排泄物）被排到下水道。数量一定要很好地控制在低于相关审管部门制定的排放限值。很容易与水混合的液体废物应该倒在专门的池子中，池子标明仅用于处理放射性废物，并用大量的水进行稀释。

在一个医院的设计上，几乎排放到下水道中的放射核素都是来自接受过核医学诊疗的患者的尿液等排泄物。而其中的放射性活度被医院使用的大量的水大大地稀释。用 I-131 治疗甲状腺癌患者的尿液的放射活度显然是排到下水道中活度最大的。对来自 I-131 的厕所废物排到下水道可能比起试图收集患者的尿液装在瓶子进行储藏要安全得多。控制部门应该说明排到到下水道中的 I-131 的数量，以便监测对环境和公众的可能影响。在一些国家，甲状腺癌患者排泄的 I-131 不能直接排放到下水道，而是必须收集在特殊的容器中存储长达三个月让其衰减。

核医学诊所排放到大气中的放射性活度几乎是可以忽略的，因此并不需要特殊的处理措施。

一些紧急情况，如火灾、水管的爆裂和停电等，随时都可能发生。应制定一个应急计划，说明如何将存储的大量放射性物质转移到医院的安全地带，并且还要有防火负责人在正常工作时间之外发生紧急情况时可以联系的姓名和电话。

## 21.10 患者和公众的放射安全

### 21.10.1 典型的患者照射

在核医学程序实施过程中，患者（均包括不一定有病的受检者）所受的辐射剂量取决于使用的放射性药物种类和所给药的数量。往往一些器官，例如胃、肺、甲状腺、膀胱或肾，会得到比其他器官更高的辐射剂量。这是放射性药物在摄入、新陈代谢以及排泄过程中放射性活度较高浓聚的结果。对放射线最敏感的器官或组织是骨髓、性腺和胚胎(胎儿)。对不同的身体器官评估其吸收剂量(用施给患者的单位放射性活度所致器官吸收剂量表示,单位 $mGy \cdot MBq^{-1}$),可以很容易获得。例如由放射性药物的供应商,还有一些组织像国际放射防护委员会(ICRP)或者美国橡树岭的内照射剂量信息中心(RIDIC)等提供。这些剂量数据一般是针对正常生理学功能情况的;而对于有病的患者(例如有肾功能问题),则所致剂量可能相差很大。

对诊断性核医学程序,通常并不特别关注人体内单个器官的剂量,因为其放射性风险很小。一般需要知道对整个人体起作用的有效剂量。有效剂量表示在数值上与给人体带来相同程度风险的整个身体受到均匀照射的后果相当。在对身体进行高度非均匀照射时,例如核医学使用放射性药物(此时常以 $mSv \cdot MBq^{-1}$表示)或者是进行 X 射线诊断时,有效剂量是非常有用的信息。

本章附录 21A 的表 21A4,列出了在正常生理条件下,对给定核医学程序常用核素给药活度所致患者的有效剂量。一般来说,女性患者的有效剂量会高一些。

在核医学实践中,有效剂量的范围从小于 1mSv(肺灌注程序)到大约 30mSv(Tl-201 或 Ga-67 程序)。在那些最常用 Tc-99m 的核医学程序中,有效剂量一般比较适中,大约为 2~7mSv。核医学实践所致患者的有效剂量,比起一般的 X 射线诊断略高一点点。

采用核医学以及 X 射线诊断的利弊权衡必须由有关医师来把握。

来自核医学诊断所致患者的剂量水平要低于确定性效应的阈值。但有一个可能的重要例外是在对怀孕的患者施行 I-131 治疗程序中对胎儿导致的甲状腺剂量。至于诱发癌症的随机性效应的风险评估,迄今为止还没有任何研究表明在进行核医学诊断程序的时候会增大产生癌症危险的可能性。例如,在瑞典进行的一个为期很长的研究中,患者在施给 I-131 的核医学诊断程序中并没有发现致癌和其他有害效应的增加。

但是,放射防护最优化原则(可合理达到的尽可能低的原则,即 ALARA)对于医疗照射而言要比职业性照射更为重要。患者(受检者)在进行检查和治疗疾病的时候,通常可能会接受多次辐射照射。年龄在 50 岁以上的患者,长期的影响是可以忽略的。然而对于年轻的患者,他们就有足够的时间使癌症经过潜伏期而表现出症状。这对婴儿和儿童们是非常现实的,他们的组织相对于成年人来说,对放射线更为敏感。

患者(受检者)所受医疗照射对人群平均剂量的贡献是否很大呢?答案是肯定的。实际上,医疗照射在天然电离辐射本底照射基础上,要比其他任何人工电离辐射照射来源高得多。典型的天然电离辐射本底照射一般为每年 2~3mSv。联合国提供的一份数据表明,医疗照射所致公众的照射占总剂量的 14%,其中约 4%来自核医学,而 10%来自 X 射线诊断。在医疗保健水平比较发达的国家,医疗照射的剂量能够达到总剂量的 50%,比如英国辐射防护局 NRPB 在 1991 年发表的一份调查中指出,日本平均每百万人中拥有 45 台 CT 扫描机,在美国有 9 台,英国 3 台,印度只有 0.2 台。

## 21.10.2　患者照射的最优化原则(ALARA)

一个好的核医学诊所应当力求尽量避免对患者的所有不必要照射。"ALARA"就是指力求把照射剂量实现可合理达到的尽可能低的原则,也即放射防护最优化原则。

(1) 所有被送到核医学诊所的患者都必须有有关医师的书面推荐。如果没有任何的书面推荐，他们需要经过核医学医师的检查来确定他们是否适合进行核医学诊断检查。一位资质合格的核医学医师更应当核对所有对儿童进行核医学检查的请求。在核医学诊所中逐渐有这么一种趋势：不是所有前来看病的患者都能见到医师。因而患者的安全甚至是核医学技术员更重要的责任。

(2) 对患者施给的放射性药物量不得超过一次检查所需要的量。一些通常的核医学检查程序的典型的最大给药活度参见附录 21A 的表 21A4。因为儿童具有更强的放射敏感性，所以给儿童使用的放射性药物量需要特别考虑。还要求必须注意到进行小儿科检查时的困难，特别是因为儿童不能够长时间静静地躺在 γ 照相机下。一个简单的方法可用来确定对儿童患者的给药量，即按照儿童的体重与成年人的体重(70kg)的比例来计算。例如，若对一个成年人的正常给药量是 800MBq，那么对一个体重为 35kg 儿童的给药量就是 400MBq。其他的方法也可基于人体的表面积计算。

(3) 每一次检查都必须尽量避免放射性药物的不正当操作。如同对待任何恰当的处方药一样，必须遵守确定患者和放射性药物用量的标准规程。例如：

- 仔细阅读放射性药物小瓶上的标签。也即注意到每一个细节——放射性核素、化学成分、刻度校准日期、放射性活度和浓度、有效期。
- 检查剂量刻度设置(本底，放射性核素的正确选择，以及量程范围——GBq/MBq/mCi 等)。
- 为注射器写上标签。
- 然后在注射之前，读取申请表格，询问清楚患者的姓名，并且核对患者的身份(查看住院患者的铭牌等)。
- 当在候诊室呼叫一位患者名字的时候，也许会有听错的人应答！所以仍然需要检查核对患者的身份。

(4) 应有另一名核医学工作人员核查所有的治疗用药量的测量，并且辨明患者。对于治疗用药量，检查核对的手续必须非常严格。

(5) 当施行返回注射标记血红细胞的核医学程序时，必须制定一个预案，使得在识别患者上把产生错误的可能性降到最低。每次只能进行一次血液的标记程序。抽取血液进行标记的工作人员和给患者进行返回注射的必须是同一个工作人员。

(6) 相关器械手段和放射性药物均必须进行严格的质量控制。

(7) 剂量刻度测量装置在安装的时候需要检查以下方面：

- 电离室的屏蔽。在测量少量放射性活度的时候，其误差不得大于 2%。因为周围可能存在的一些放射源释放出高能 γ 射线，会提高放射性的本底值，如 Ga-67、I-131、Mo-99 等。
- 电离室的几何依赖性。在小瓶和注射器中不同体积的剂量刻度响应，针对所用放射性核素应该是有规则的。当变化超过 5% 的时候需要用校正因子表格进行校正。这可能是因为存在一些类似于 I-123 的放射性核素，它会放出大量低能量的 X 射线。

剂量刻度核查的安排推荐如下：

- 每天的读数重现性检查，对于所有放射性核素，可使用例如 Cs-137 或 Co-57 等半衰期长的密封放射源；

- 每天的本底值，检查来自源盛放器具或电离室内衬层的污染，或来自附近遗留的高放射性源；
- 每年读数的线性，通过测量一个 Tc-99m 的强放射源，其衰变经历从高活度到低活度范围刻度；
- 至少每两年的精确性，通过测量一种已经校准的、可追溯到作为国家放射性活度基准的放射源（在一些国家中可能获得已经校准的 Tc-99m、I-131 和一些其他的核医学放射性核素）。

放射性药物的质量控制是超出本书范围的专门深入研究的课题。从放射性药物供应商那里得到的信息往往是可用的。例如，Tc-99m 发生器的淋洗液应该每周都在剂量刻度测量装置中检查是否有 Mo-99 污染物，可用一个小瓶的防护罩来筛选出 Tc-99m 的光子。Tc-99m-HMPAO 的纯度应该在注射以后用色谱尽快地进行检查，因为这些放射性药物不像一般的化学物质那样稳定。

### 21.10.3 女性患者的防护

如果患者是处于生殖年龄的女性，有两种情况需要特殊的防护：胚胎（胎儿）或者是还在哺乳期婴儿的潜在辐照。

(1) 在对一个育龄期的女性患者施给放射性药物之前，查明如下两点是很重要的：①她是否怀孕；②她是否正处于给婴儿哺乳的时期。当问及可能怀孕的时候，就需要查出最近一次月经的时间。如果对怀孕有任何疑问，除非是非常紧迫的情况，一般施行核医学程序应该延期进行。

可以在候诊室张贴一张海报，用图解或文字说明提请对怀孕女性以及婴儿的的注意，从而达到预计的防护效果。其示例如下：

| 如果您已经或认为您可能是怀孕了<br>或者<br>如果您正在用母乳喂养婴儿<br>在为您的核医学检查而给您注射放射性药物、服液体药或胶囊等给药**之前**，<br>**请让工作人员了解这些情况！** |
|---|

(2) 对孕妇而言，诊断性核医学程序很少有被证明是正当的。运用别的方法而不用电离辐射手段来获得临床信息可能是更好的选择，或者如果可能的话把核医学检查推迟到怀孕 22 周以后，也就是对放射线最敏感的怀孕期过去以后。

(3) 在怀孕期除锝 Tc-99m 以外的任何使用放射性核素的程序都是要避免的。如果临床上十分怀疑肺部有栓塞——一种会威胁孕妇生命的并发症，那么进行肺灌注显像就是正当的检查。低剂量的 Tc-99m 的肺灌注检查所产生的危险是微不足道的。即使是这样，尽管患者平躺的时间可以比平常的扫描时间更长，最好使用平常给药活度量的一半。

(4) I-131 放射性药物一定不可以给孕妇使用。胎儿的甲状腺从怀孕 11 周以后开始富集碘，如果胎儿的甲状腺吸收 I-131 的话最终会在婴儿的时候引起甲状腺机能减退。

(5) 有时候一位女性患者在进行了诊断性核医学检查以后发现自己已经处于非常早的怀孕期了。这也是不需要担心的,因为进行诊断性核医学检查时,放射性物质到达胎儿的剂量是非常少的,基本上对胎儿没有什么影响。

许多放射性药物或其代谢物会分泌到乳汁中。当一个正在喂养婴儿的妇女需要进行核医学检查时,通常需要停止一段短时间的母乳喂养。经过这段短时间以后就可以恢复对婴儿的母乳喂养了。表 21-5 列出常用一些放射性药物施行的核医学检查后,需要母亲患者暂停哺乳的时间建议,可供参照。

在使用哪怕极少量的 I-131 以后,暂停母乳喂养的时间就会太长以至于无法保持母乳的供应。那么就需要在使用 I-131 之前给婴儿断奶。这样就会避免在分泌乳汁的乳房组织吸收 I-131。Ga-67 是另一种需要停止很长时间喂奶的放射性核素。

**表 21-5 在使用某种放射性药物以后推荐暂停哺乳的时间**

| 组　别 | 放射性药物种类 | 暂停哺乳时间 |
|---|---|---|
| 第一组 | 除了马尿酸盐以外的所有 I-131 和 I-125 的化合物、Na-22、Ga-67、Tl-201、Se-75 | 至少 3 周 |
| 第二组 | 用 I-131、I-123 或 I-125 示踪的马尿酸盐,除了血红细胞、DTPA 和磷酸盐以外的所有 Tc-99m 的化合物 | 至少 12h |
| 第三组 | Tc-99m 血红细胞、DTPA 和磷酸盐 | 至少 4h |
| 第四组 | Cr-51 EDTA(乙二胺四乙酸) | 不需要停止喂奶 |

## 21.10.4 家庭中的放射安全

并不是所有的核医学门诊部都有医师或者放射专家可以同患者进行交谈。核医学技术员可能需要经常回答患者和他们的家属提出的问题。

与按照核医学诊断程序施行过的患者(受检者)一起生活或工作的人员,他们的放射性危险往往是可以忽略不计的。

其他人员中最易于受较大辐射的情形发生在患者家里有婴幼儿的情况下。经过绝大多数核医学诊断程序之后,是不必限制患者与婴幼儿密切接触的。但是采用 In-111 或 I-131 的情况是例外的。In-111 或者 I-131 对患者进行扫描后的 1～2 天内,应该避免与婴幼儿密切接触。例如,儿童不能与患者睡在同一张床上。

患者对家里的老人和其他人员产生的辐射危险甚至比对一个与他频繁接触的婴幼儿还小,一般患者在离开核医学门诊部后,不需要进行特殊的防护措施。

## 21.10.5 研究项目中志愿者的照射

下面对医疗照射的另外一类对象进行简单阐述,即医学研究试验中志愿者的照射。这种特殊照射也应该得到严格控制:

(1) 应当将存在的危险性全部告诉志愿者并且经过志愿者正式同意。

(2) 其所受辐射剂量应该由放射专家进行评估和检验。

(3) 此类研究应该经过医院的伦理委员会或者该计划资深的独立管理人员批准认可。

(4) 辐射剂量超过规定水平的研究计划应该呈送审管部门,即经政府批准。

例如在澳大利亚，如果对一个成年人的有效剂量超过5mSv，或者对18岁之前未成年人累计超过5mSv，则研究计划必须经审管部门的批准。

## 21.11　放射性核素治疗中的防护

放射性核素治疗涉及更高放射性的操作并且需要对放射安全进行密切关注。任何一种非密封放射源(即开放型放射性物质)的放射性核素治疗都有污染的危险，而且放射性药物通过肾系统排泄引起的放射性污染的危险比较高。如果放射源释放出γ射线，产生的外照射也有危险。

为了能够对其他人的电离辐射照射保持在一个规定的特定值以下，对患者的活动进行一些限制是很有必要的。对于普通公众而言，这个值可以是每年1mSv，在一些国家则规定为每年5mSv。对于在家照顾接受放射性核素治疗患者的家庭成员而言，建议每次治疗的限制限定为5mSv。

控制对其他人员照射的一个有效方法就是在医院的病房内将治疗患者短期隔离。例如，在许多国家，确定对住院患者采用I-131治疗，实施的给药活度一般都超过一个特定量，通常从600～1200MBq。

很少有患者采用其他放射性核素治疗，例如Y-90或Sr-89。这两种放射性核素只释放β射线，而治疗患者所释放的少量轫致辐射引起的外照射危险不大。

只要对住院患者采用放射性核素治疗，就应将书面的防护措施交给有关护理人员。具体事例见下面所述。

如果是门诊患者，或者患者已经出院，也应该将上述书面防护建议给予患者或者患者的家属。具体事例见下面所述。

### 21.11.1　碘-131 治疗

到目前为止，最常见的放射性核素治疗是采用I-131-碘化物，治疗良性和恶性甲状腺疾病。由于I-131释放出γ射线和β射线，对靠近患者周围的其他人员来说，存在有外照射的危险。也可以利用I-131-碘化油治疗肝脏中癌细胞的转移，或者利用I-131-MIBG(间位碘苄基胍)治疗神经内分泌肿瘤(主要对儿童)。

**1. 甲状腺癌**

通常采用外科手术去除包含肿瘤的部分甲状腺，再对患者施给2～4GBq的I-131来治疗剩余的甲状腺组织。患者一般需要重复进行扫描复查许多年。如果甲状腺组织出现任何机能异常迹象，包括细小的肿瘤沉淀物从甲状腺向外扩散，都要再给患者重复施用4～8GBq活度量的I-131药物。只有少量活度的I-131核素沉积在包括萎缩的肿瘤沉淀物在内的甲状腺组织中。而肾脏能快速将残余物排出，一般48h内能排出95%的放射性物质。

关于允许甲状腺癌症患者到医院进行治疗的做法也存在强烈的争论：

(1) 患者可以由孩子或其他年轻人在家中进行照顾；

(2) 接受治疗的时间通常不会超过两天；

(3) 接受大给药量的I-131治疗后，患者有时会出现恶心和呕吐的症状，这种情况在医院比较容易得到控制。

1）碘-131 治疗患者的护理建议

（1）病房里的护理工作人员所受的职业照射，在工作期间必须佩戴个人剂量计进行监测。

（2）孕期的工作人员不要护理此类患者。

（3）所有特殊护理要求根据核医学需要评估，并且在患者接受治疗前与护理人员进行商榷。

（4）进餐所需的碟子、盘子等不可任意使用。

（5）应该为患者开止吐的药。

（6）早上离开病房时，患者应该喝足够的流体物质，穿病号服，每天洗澡，洗头发。他们的内衣也应该在 I-131 治疗盥洗室内手洗。

（7）应该迅速而有效地做好患者 2m 内的护理工作以尽可能地减少照射时间。

（8）在所有与患者接触的操作或者接触便盆、尿袋及尿瓶时，必须穿防护服戴防护手套。

（9）尿袋、便盆和尿瓶必须在治疗盥洗室的厕所里清理干净。使用便盆时先用导尿管，避免尿液溅出，产生不必要的危险。

（10）在通过正常程序处理之前，治疗室内的所有废物和亚麻制品必须通过核医学的专门监测。"强放射性"的亚麻制品也应放置在核医学专用的放射性废物储存室内。

（11）当患者出院离开时，治疗室和盥洗室必须通过核医学的专门监测。当被告知病房已被清空时，应对房间进行一次彻底的清扫。

（12）每天来访者探访治疗患者的时间被严格控制在 15～30min 内。来访者与患者的距离应该保持在 2m 外。孕期的妇女和儿童则禁止来探视。

（13）对治疗室进行维护时，要求有相应的防护；如果发现任何溢撒污染或者其他潜在危险，必须立即向核医学部门报告。

2）对碘-131 治疗甲状腺癌患者的建议

下述是给 I-131 治疗患者的建议事例，这些可以很容易地根据当地的实际情况加以酌情修改。

针对采用碘-131 治疗甲状腺癌的患者而言，因为你已经接受了放射性核素碘-131 的治疗，相对于其他人来说，你就是一个电离辐射照射来源。你也会分泌排泄一些放射性物质，主要在唾液和尿中。因此你需要采取一些简单的防护措施直到体内的放射性活度降到一个可以忽略不计的水平。

**住院期间的要求：**

—除非医院工作人员要求，否则不要离开房间。

—用纸巾代替手帕。

—住院期间禁止怀孕期妇女或儿童探视。

—第一天之后允许其他来访者探视。同时探视的来访者人数不要超过 2 位。他们的探视时间不要超过 15～30min，并且与你的距离保持在 2～3m。

—个人卫生很重要，每天洗澡并洗头发。

—应该在盥洗室洗净并干燥内衣裤。

—每次用完厕所之后都要冲洗 2 次，手要洗净。

—在厕所里要尽量避免尿液溅洒四周。

**出院后的要求：**

核医学专家会经常对你进行检测，当体内的放射性活度水平下降到足够低后，就可以允许出院回家了。出院时间可能在2～8天之内的任何时间，这取决于你的治疗状况。离开医院后，仍然有必要采取下述一些简单的防护措施。

在第一次采用I-131治疗的2周内，或不是第一次采用I-131治疗的1周内，应做到：

—继续保持良好的个人卫生习惯，每天洗澡。认真洗手，尤其是在准备进食之前和用完洗手间以后。

—避免与孕期妇女和儿童密切接触。不要与年轻人或儿童睡在同一张床上。

—避免与其他人过分密切地接触。

—不要长时间搭乘公共交通工具或者去电影院或其他公共娱乐场所。

—每次用完厕所后要打扫并清洗2次。男性患者应该蹲着小便。

—避免体液的交流。避免接吻或性交。不要与其他人共享饮料，共用牙刷等。

**恢复工作的要求：**

—一般情况下，你可以立即重返工作岗位。

—如果你在工作中必须与其他人密切接触，则应该在2～3天之后再工作。

—如果你的工作需要和婴儿或小孩子接触，那么你应该1周后工作。

**之后怀孕的要求：**

—如果你是一位处于育龄阶段的女士，应该避免在治疗后的6个月内怀孕。并且注意与治疗你的医师商量，确保近期内不需要进行进一步的I-131治疗。

**2. 甲状腺功能亢进**

对于良性甲状腺疾病——甲状腺功能亢进(Graves病)和多发结节性肿大的治疗，I-131的放射性活度范围为0.3～1GBq。60%以上的放射性核素都能被甲状腺吸收，并且较长期存留在体内。

1) 对I-131治疗甲状腺功能亢进患者的建议

采用I-131治疗甲状腺功能亢进一般不要求患者必须去住院。尽管给患者施用的放射性活度比甲状腺癌患者要低很多，但是吸收量较多，在体内的存留时间也较长。与治疗甲状腺癌相比，治疗后需要更长的防护期。

同理，因为你已经接受了放射性核素碘-131的治疗，相对于其他人来说，你就是一个电离辐射照射来源。你也会分泌排泄一些放射性物质，主要在唾液和尿中。因此你需要采取一些简单的防护措施直到体内的放射性活度降到一个可以忽略不计的水平。

**治疗后两个星期的要求：**

—个人卫生很重要。每天洗澡。认真洗手，尤其是在准备进食之前和用完洗手间之后。

—避免密切接触怀孕期的妇女和儿童。不要与年轻人或儿童睡在一张床上。

—避免与其他人过分密切接触。不要长时间地搭乘公共交通工具或者去电影院以及其他公共娱乐场所。

—每次用完厕所之后要打扫并清洗2次。男性患者应该蹲着小便。

—避免体液的交流。避免接吻或性交。不要与其他人共享饮料，共用牙刷等。

**恢复工作的要求：**

—一般情况下，你可以立即重返工作岗位。

—如果你在工作中必须与其他人密切接触,则应该在2~3天之后再工作。

—如果你的工作需要和婴儿或小孩子接触,那么你应该1周后工作。

**之后怀孕的要求:**

—如果你是一位处于育龄阶段的女士,应该避免在治疗后的4个月内怀孕。

### 21.11.2 钇-90治疗

Y-90以胶体的形式注射入病变的关节处,残留在关节处很快衰变。针头准确置入到关节间位置对避免组织坏死是很必要的。这个程序必须由经验丰富的临床医师来操作。情况复杂时,可能需要进行荧光透视导引。

Y-90放射性物质不通过肾排泄。关节附近的辐射照射很低,其危险性可以忽略;患者不需要单独一个房间。

**1. 对Y-90治疗患者的护理建议**

(1) 患者必须卧床休息,治疗的关节用夹板固定48h。在此期间,关节不需要清洗。

(2) 提供4次,每次1h的压力护理。

(3) 如果可能的话,应该鼓励患者在床上自己清洗。护理人员完成换洗衣物和污染的床单。

(4) 由于不存在放射性污染,可按正常程序清洗患者的碗具以及便盆等物品。

(5) 除非在必要的情况下,否则不要与治疗过的关节距离过近。

(6) 如果注射部位出现红肿或疼痛,要及时告诉风湿病医师。

(7) 在Y-90注射1周内,如果患者死亡或者需要进行外科手术,必须通报核医学部门。

### 21.11.3 锶-89治疗

对于癌细胞扩散至骨头内的前列腺癌患者,有时用Sr-89来减轻他们的疼痛。静脉注射以后,Sr-89在骨头内局部转移,也通过尿液的形式排泄出去。对靠近患者的工作人员的辐射照射是很低的,不需要进行放射性监测。主要的危险来自尿液的污染。

**1. 对Sr-89治疗患者的护理建议**

(1) 不需要单独的房间,但是地板必须是没有吸收性的、光滑的、耐洗的片状乙烯材料。

(2) 应该告知患者,避免带有放射性的尿液污染皮肤、厕所和盥洗室。

(3) 当操作接触尿瓶、盘子等物品时,要穿防护服并佩戴防护手套。

(4) 如果Sr-89注射后1周内出现失禁,需要导尿管时,要通知核医学部门。

(5) 污染了的亚麻制品在送往清洗之前,需要装进塑料袋中,并由核医学部门检测。

(6) 如果患者出现呕吐或失禁的情况,要按照核医学部门提供的书面程序进行操作。

(7) 如果患者需要进行外科手术或出现骨折或住院患者死亡的情况时,即要通报核医学部门。

## 本章关键要点

- 核医学包括用于诊断和治疗的放射性物质的应用。
- 施给患者的放射性核素标记物称为放射性药物(或药剂、药品)。

- 在体内诊断检查和治疗中将涉及使用放射性药物施给患者。
- 应用于体内诊断检查的放射性药物必须尽可能施给患者最小的活度量。
- 应用于治疗的放射性药物必须给目标靶器官最大的剂量而给非目标靶组织最小的剂量。
- 体外诊断需要将放射性核素施予来自患者的生物学样本。操作和分析都是独立于患者体外进行的。患者没有被施给任何的放射性药物。
- 用于体外诊断的放射性核素的选择并不很严格,因为并不需要考虑带给患者的照射剂量。
- 很多诊断都需要施给患者放射性药物,但是分析却是在体外。在这些情况下必须考虑患者的照射剂量。
- 给患者施用放射性药物,可以通过静脉注射、口服或吸入。
- “摄取”放射性核素的器官是标记产物的目标靶器官。
- 在核医学中普遍应用的放射性核素有 Tc-99m、Ga-67、I-131 和 Tl-201。
- 放射性药物的制备通常基于在使用之前需要另外加入放射性核素的成套药箱作为必需的基础。而 Tc-99m 标记的放射性药物可以通过“挤奶”(淋洗)由“母牛”发生器直接制备。
- γ 照相机由准直器、碘化钠晶体、光电倍增管和电子学线路等组成。
- 患者体内放射性药物释放的射线通过准直器导向碘化钠晶体,当光子撞击 NaI 晶体时会激发荧光现象并经光电倍增管放大信号,荧光的位置和密度将会被电子线路记录。检测到的大量光点聚积起来就形成了光子能谱图。
- 图像的质量取决于系统的灵敏度和稳定性。这些依次取决于光子能量、准直器的设计、晶体的厚度和光电倍增管的性能等。
- 图像的像素越多,图像的质量越好。
- 制备、分配及注射放射性药物和管理患者是导致核医学工作人员受到外照射的主要原因。
- 外照射可以通过使用屏蔽防护、时间防护和距离防护进行控制。屏蔽防护在制备和操作施用放射性药物时尤为重要。
- 在小瓶、注射器和胶囊中的放射性核素可以近似看作点源,以简化评估潜在的剂量。
- 接受核医学程序的患者,假定其体内的放射活度是均匀分布的,就可以看作“线源”。
- 在制备放射性药物的时候要使用“L 形”屏蔽防护设施,并且在操作施给放射性药物时,要屏蔽注射器或注射器的支撑固定器。
- 使用衬铅的锐器容器盛放用过的注射器。
- 在制备和操作施用放射性药物的很多步骤中都有可能引起非密封放射源的照射。
- 当给患者口服放射性药物的时候,药物溢出的可能性大大增加,尤其在患者非常紧张时。
- 液体污染的最常见情况是在对患者进行操作处置的时候。例如,很多放射性药物都是经由患者的肾脏排出的,这就使得患者的尿液成为一个非密封的放射源。
- 在核医学中引起空气传播放射性的两个主要的放射来源是挥发性 I-131 蒸气和用于肺部通气测试的锝气体(Tc-99m 气溶胶)。
- 严格的污染控制措施和加强工作人员控制污染方法的培训,对于防止工作人员摄入放射性核素是非常有必要的。

- 对核医学工作人员,外照射剂量监测是基本的要求。
- 监测整个核医学部门剂量率的规划应该照章办事。
- 肢端剂量是由制备、分配和操作施用放射性药物所引起的。
- 设计用于核医学诊所的设施应该包括有足够的空间、适当的防护、候诊区、警示标志、"放射性"工作区、足够和适当的废物容器、适宜的墙壁和工作台表面及地面覆盖物而利于防止和控制污染。
- 为了控制放射性废物,宜恰当应用浓缩和包容、延迟和衰减、稀释和分散三个准则。
- 核医学患者(受检者)所受的剂量取决于使用的放射性药物种类和给药数量。
- 有些核医学实践所致的有效剂量的范围要比 X 射线诊断所致的剂量稍高一点。
- 在核医学检查程序中应用放射性物质时,尤其当患者是小孩的时候,牢记坚持可合理达到的尽可能低原则(ALARA)是非常重要的。
- 对孕妇和哺乳期的女性患者采用核医学程序应有所限制。
- 通常对患者家属和护理人员的放射性危害是很小的,但是应该避免婴儿和小孩与患者有长时间的接触。
- 放射性核素治疗牵涉到高活度放射性物质的管理,所以必须对放射安全予以特殊的关注。
- 对于核医学治疗还需要特别补充一些通常的放射防护措施,例如,患者的用餐应使用一次性的餐具,加强患者的个人卫生,并且酌情使用抗呕吐的药物以防止患者呕吐。

## 附录 21A 四个有关数据的表格

为了方便读者查找使用,本附录列有表 21A1 至表 21A4 四个表格,分别给出了临床核医学中可能经常遇到需要了解的一些数据资料。

**表 21A1 有关量的单位和旧单位的换算关系**

| 电离辐射量 | 单 位 | 旧 单 位 |
|---|---|---|
| 放射性活度 | 1MBq | 27μCi |
| | 1GBq | 27mCi |
| | 37kBq | 1μCi |
| | 37MBq | 1mCi |
| | 3.7GBq | 100mCi |
| 吸收剂量 | 1μGy | 0.1mrad |
| | 1mGy | 100mrad |
| | 10mGy | 1rad |
| | 1Gy | 100rad |
| 当量剂量,有效剂量 | 1μSv | 0.1mrem |
| | 1mSv | 100mrem |
| | 10mSv | 1rem |
| | 1Sv | 100rem |

注:Bq 即贝克[勒尔];Gy 即戈[瑞];Sv 即希[沃特];
而已经淘汰的 Ci 即居里;rad 即拉德;rem 即雷姆。

表 21A2 核医学常用的放射性核素(非密封源的核素)

| 核素 | 毒性分级 | 半衰期 | 衰减模式 | 主要的β射线能量/MeV(%) | 主要的光子能量/MeV(%) |
|---|---|---|---|---|---|
| $^{3}H$ | 4 | 12.26a | $\beta^-$ | 0.0186(100) | |
| $^{11}C$ | 4 | 20.38月 | $\beta^+$ | 0.98(100) | 0.511(200) |
| $^{13}N$ | 4 | 9.97月 | $\beta^+$ | 1.19(100) | 0.511(200) |
| $^{14}C$ | 3 | 5760a | $\beta^-$ | 0.156(100) | |
| $^{15}O$ | 4 | 2.04月 | $\beta^+$ | 1.7(100) | 0.511(200) |
| $^{18}F$ | 3 | 109.7月 | EC; $\beta^+$ | 0.633(94) | 0.511(194) |
| $^{22}Na$ | 2 | 2.6a | EC; $\beta^+$ | 0.546(91) | 0.511(181),1.27(100) |
| $^{24}Na$ | 3 | 15h | $\beta^-$ | 1.39(100) | 1.37(100),2.76(100) |
| $^{32}P$ | 3 | 14.3d | $\beta^-$ | 1.709(100) | |
| $^{33}P$ | 3 | 25.3d | $\beta^-$ | 0.249(100) | |
| $^{35}S$ | 3 | 87.4d | $\beta^-$ | 0.167(100) | |
| $^{42}K$ | 3 | 12.4h | $\beta^-$ | 2.0(18),3.52(82) | 1.52(18) |
| $^{45}Ca$ | 2 | 163d | $\beta^-$ | 0.257(100) | |
| $^{51}Cr$ | 3 | 27.7d | EC | | 0.320(10) |
| $^{57}Co$ | 3 | 271d | EC | | 0.122(86),136(11) |
| $^{58}Co$ | 3 | 71.3d | EC; $\beta^+$ | 0.474(15) | 0.81(100),0.511(31) |
| $^{59}Fe$ | 3 | 44.5d | $\beta^-$ | 0.273(46),0.466(53) | 1.10(56),1.29(44) |
| $^{64}Cu$ | 3 | 12.8h | EC; $\beta^+$; $\beta^-$ | 0.57(40),0.66(19) | 0.511(38) |
| $^{67}Cu$ | 3 | 61.7h | $\beta^-$ | 0.39(56),0.48(23),0.58(20) | 0.09(17),0.18(47) |
| $^{67}Ga$ | 3 | 78.3h | EC | | 0.09(41),0.185(24),0.300(17) |
| $^{68}Ga$ | 4 | 68.3月 | EC; $\beta^+$ | 1.9(88) | 0.511(178),1.08(3) |
| $^{75}Se$ | | 119.8d | EC | | 0.121(17),0.136(59),0.265(59)<br>0.280(25),0.401(12),≈0.01(56) |
| $^{89}Sr$ | 2 | 50.5d | $\beta^-$ | 1.463(100) | |
| $^{90}Y$ | 3 | 64h | $\beta^-$ | 2.274(100) | |
| $^{99m}Tc$ | 4 | 6.01h | IT | | 0.141(89) |
| $^{111}In$ | 3 | 2.83d | EC | | 0.171(91),0.245(94),≈0.02(84) |
| $^{123}I$ | 3 | 13.2h | EC | | 0.159(84),0.53(2),≈0.03(87) |
| $^{125}I$ | 2 | 60.1d | EC | | 0.035(7),≈0.03(140) |
| $^{131}I$ | 2 | 8.04d | $\beta^-$ | 0.606(90) | 0.364(82),0.637(7) |
| $^{133}Xe$ | 4 | 5.33d | $\beta^-$ | 0.34(99) | 0.08(36) |
| $^{153}Sm$ | 3 | 46.7h | $\beta^-$ | 0.64(35),0.707(44),0.81(21) | 0.103(28) |
| $^{165}Dy$ | 3 | 2.35h | $\beta^-$ | 1.22(16),1.31(80) | 0.095(3) |
| $^{198}Au$ | 3 | 2.70d | $\beta^-$ | 0.961(99) | 0.412(96) |
| $^{201}Tl$ | 3 | 73.1h | EC | | 0.167(10),≈0.075(95) |

注：核素的辐射毒性分级引自(澳大利亚)新南威尔士(New South Wales)辐射控制法规的表一(1993)；核数据取自美国国家辐射防护委员会(NCRP)第58号报告“放射性测量程序手册”(1985)。

表 21A3 核医学常用的放射性核素(密封源和核素发生器的核素)

| 核素 | 毒性分级 | 半衰期 | 衰减模式 | 主要的 α 或 β 射线能量/MeV(%) | 主要的光子能量/MeV(%) |
|---|---|---|---|---|---|
| $^{57}Co$ | 3 | 271d | EC | | 0.122(86),0.136(11) |
| $^{60}Co$ | 2 | 5.26a | $\beta^-$ | 0.313(100) | 1.17(100),1.33(100) |
| $^{68}Ge$ | 3 | 287d | EC | | [和$^{68}Ga$衰变子体] |
| $^{68}Ga$ | 4 | 68.3 月 | EC; $\beta^+$ | 1.9(88) | 0.511(178),1.08(3) |
| $^{90}Sr$ | 2 | 28.1a | $\beta^-$ | 0.546(100) | [和$^{90}Y$衰变子体] |
| $^{90}Y$ | 3 | 64h | $\beta^-$ | 2.274(100) | |
| $^{99}Mo$ | 3 | 66h | $\beta^-$ | 0.454(18),1.232(80) | 0.74(14),0.181(7)[和衰变子体$^{99m}Tc$] |
| $^{99m}Tc$ | 4 | 6.01h | IT | | 0.141(89) |
| $^{113}Sn$ | 3 | 115d | EC | | [和衰变子体$^{113m}In$] |
| $^{113m}In$ | 4 | 1.658h | IT | | 0.39(65),≈0.024(24) |
| $^{132}Te$ | 3 | 76.3h | $\beta^-$ | 0.215(100) | 0.228(88)[和子体$^{132}I$] |
| $^{132}I$ | 3 | 2.30h | $\beta^-$ | 多重,0.484(100) | 0.67(99),0.77(76)等 |
| $^{137}Cs$ | 2 | 30a | $\beta^-$ | 0.51(94),1.173(6) | [和$^{137m}Ba$衰变子体] |
| $^{137m}Ba$ | 2 | 2.55 月 | IT | | 0.66(90),≈0.033(7) |
| $^{153}Gd$ | 3 | 242d | EC | | 0.97(30),0.10(20),≈0.04(120) |
| $^{192}Ir$ | 2 | 74d | EC; $\beta^-$ | 0.54(42),0.67(47) | 0.30(26),0.31(29),0.32(83),0.47(47),≈0.064(10) |
| $^{222}Rn$ | 3 | 3.824d | α | α5.49(100)[和衰变子体] | |
| $^{226}Ra$ | 1 | 1600a | α | α4.60(6),4.78(94)[和衰变子体] | 0.186(3) |
| $^{241}Am$ | 1 | 433a | α | α5.46(100) | 0.06(36),≈0.017(38) |

注:核素的辐射毒性分级引自(澳大利亚)新南威尔士(New South Wales)辐射控制法规的表一(1993);核数据取自美国国家辐射防护委员会(NCRP)第 58 号报告"放射性测量程序手册"(1985)。

表 21A4 一般核医学检查对患者的通常给药活度及其所致患者的有效剂量

| 核医学检查项目 | 放射性核素 | 放射性药物 | 通常给药活度/MBq | 有效剂量/mSv |
|---|---|---|---|---|
| 骨扫描 | Tc-99m | MDP/HDP | 1000 | 5.8 |
| 大脑 | Tc-99m | DTPA | 800 | 4.2 |
| 大脑 | Tc-99m | HMPAO | 800 | 7.4 |
| 心脏 GHPS | Tc-99m | 血红细胞 | 1000 | 6.6 |
| GIT 无血 | Tc-99m | 血红细胞 | 900 | 5.9 |
| GIT 胃清空 | Tc-99m | 胶体或 DTPA | 40 | 0.8 |
| GIT 食道 | Tc-99m | 胶体 | 40 | 0.8 |
| GIT 小肠 | Tc-99m | 胶体 | 40 | 0.8 |
| 肝胆管 | Tc-99m | HIDA | 300 | 4.5 |
| 感染 | Tc-99m | 白细胞;胶体/HMPAO | 800 | 8.8 |
| 感染全身或局部 | Ga-67 | 柠檬酸盐 | 200 或 120 | 22/13 |
| 肝血库 | Tc-99m | 血红细胞 | 1000 | 6.6 |
| 肝/脾 | Tc-99m | 大颗粒胶体 | 250 | 2.3 |

续表

| 核医学检查项目 | 放射性核素 | 放射性药物 | 通常给药活度/MBq | 有效剂量/mSv |
|---|---|---|---|---|
| 肺灌注 | Tc-99m | MAA | 200 | 2.0 |
| 肺通气 | Tc-99m | 锝气体/DTPA | 40 | 0.2 |
| 淋巴闪烁扫描法 | Tc-99m | 纳米胶体 | 4 或 20 | <1 |
| Meckel's 支囊 | Tc-99m | 高锝酸盐 | 400 | 4.8 |
| 心肌层热点 | Tc-99m | PYP | 800 | 4.6 |
| Tl-201 试用 | Tl-201 | 氯化物 | 120 | 28 |
| Tl-201 再注射 | Tl-201 | 氯化物 | 40 | 9.2 |
| Tl-201 休息 | Tl-201 | 氯化物 | 100 | 23 |
| MIBI 压迫+放松 1d | Tc-99m | MIBI | 400+1000 | 11 |
| MIBI 压迫+放松 2d | Tc-99m | MIBI | 2 或 750 | 12 |
| 副甲状腺 | Tc-99m | MIBI | 800 | 6.8 |
| 肾 GFR | Tc-99m | DTPA | 100 | 0.5 |
| 肾扫描 | Tc-99m | DTPA | 600 | 3.1 |
| 肾扫描 | Tc-99m | DMSA | 180 | 1.6 |
| 肾扫描 | Tc-99m | MAG3 | 400 | 2.9 |
| 肾移植 | Tc-99m | DTPA | 400 | 2.1 |
| 唾液腺 | Tc-99m | 高锝酸盐 | 200 | 2.4 |
| 生长激素抑制素受体 | In-111 | 奥曲肽 | 160 | — |
| 脾 | Tc-99m | 变性红细胞 | 200 | 3.8 |
| 甲状腺扫描 | Tc-99m | 高锝酸盐 | 200 | 2.4 |
| 甲状腺 Ca 全身 | I-131 | 碘化物 | 200 | 12 |
| 肿瘤 | Tc-99m | DMSA | 400 | 3.5 |
| 肿瘤 | Tl-201 | 氯化物 | 200 | 46 |
| 肿瘤 | Ga-67 | 柠檬酸盐 | 370 | 41 |
| 肿瘤 | I-131 | MIBG | 50 | 7.0 |
| 肿瘤 | Tc-99m | MIBI | 550 | 4.7 |
| 静脉造影 | Tc-99m | 高锝酸盐 | 740 | 8.9 |

# 附录 21B　放射性污染计算实例

放射性污染例子：浓度为 $10GBq \cdot mL^{-1}$ 的 $10\mu L$ 液滴，如果在 6h 以内没有被冲洗掉，将会给污染的皮肤表皮大约 90Gy 的剂量。

液滴的体积 $=10\mu L=0.01mL$

液滴的初始活度 $=$ 液滴的体积 $\times$ 浓度 $=0.01mL \times 10\,000MBq \cdot mL^{-1}=100MBq$

从表 21-3 皮肤污染造成的不同深度的 β 射线剂量率可以看出，在皮肤深度为 0.07mm 时，对 Tc-99m 的药剂速率由 $1MBq \cdot cm^{-2}$ 变为 $207mGy \cdot h^{-1}$。

所以该溶液最初的剂量率为：

$$最初剂量率(r_0)=207 \times 100=20\,700mGy \cdot h^{-1}=20.7Gy \cdot h^{-1}$$

$$总剂量(\text{dose}) = \int_{T_0}^{T_1} 剂量率(\text{dose rate})\,\mathrm{d}t = \int_{T_0}^{T_1} r_0 \mathrm{e}^{-\lambda t}\,\mathrm{d}t = r_0 \int_{T_0}^{T_1} \mathrm{e}^{-\lambda t}\,\mathrm{d}t = r_0 \left[\frac{\mathrm{e}^{-\lambda t}}{-\lambda}\right]_{T_0}^{T_1}$$

$$= r_0 \left( \left[\frac{\mathrm{e}^{-\lambda t}}{-\lambda}\right]^{T_1} - \left[\frac{\mathrm{e}^{-\lambda t}}{-\lambda}\right]^{T_0} \right) = r_0 \left( \left[\frac{\mathrm{e}^{-\lambda T_1}}{-\lambda}\right] - \left[\frac{\mathrm{e}^{-\lambda T_0}}{-\lambda}\right] \right)$$

由 $T_1 = 6\mathrm{h}, T_0 = 0$ 得：

$$总剂量 = r_0 \left( \left[\frac{\mathrm{e}^{-6\lambda}}{-\lambda}\right] - \left[\frac{\mathrm{e}^{0}}{-\lambda}\right] \right) = r_0 \left[ \frac{\mathrm{e}^{-6\left(\frac{\ln 2}{T_{1/2}}\right)}}{-\left(\frac{\ln 2}{T_{1/2}}\right)} + \frac{1}{\left(\frac{\ln 2}{T_{1/2}}\right)} \right]$$

又由 $\mathrm{e}^0 = 1$ 以及 $\lambda = \frac{\ln 2}{T_{1/2}}$ 得：

$$总剂量 = \frac{r_0}{\left(\frac{\ln 2}{T_{1/2}}\right)} \left(1 - \mathrm{e}^{-6\left(\frac{\ln 2}{T_{1/2}}\right)}\right) = \frac{r_0 T_{1/2}}{\ln 2} \left(1 - \mathrm{e}^{-6\left(\frac{\ln 2}{T_{1/2}}\right)}\right)$$

该例中，$T_{1/2}(\text{Tc-99m}) = 6\mathrm{h}, r_0 = 20.7\mathrm{Gy}$。代入得：

$$总剂量 = \frac{6 \times r_0}{\ln 2}\left(1 - \mathrm{e}^{-6\left(\frac{\ln 2}{6}\right)}\right) = \frac{6 \times r_0}{\ln 2}\left(1 - \mathrm{e}^{-\ln 2}\right)$$

$$= \frac{6 \times r_0}{\ln 2}\left(1 - \frac{1}{2}\right) = \frac{6 \times 20.7}{2\ln 2} \cong 90$$

因此，对于 10μL 放射性活度达 $10\mathrm{GBq \cdot mL^{-1}}$ 的 Tc-99m 液滴，在未冲洗干净而残存于体表 6h 的情况下，所致该体表皮肤的辐射剂量约达 90Gy。

## 测试题选

(1) 比起 X 射线诊断、核磁共振和超声波的医学成像，临床核医学显像技术的优势有哪些？

(2) 在所致患者(受检者)的辐射剂量方面，用于诊断和治疗的放射性药物有哪些不同？

(3) 总结如下情况下理想的放射性药物的主要特性：

(a) 用于治疗；

以及用于诊断研究中的分析

(b) 体内试验；

(c) 体外试验。

(4) 列举如下放射性核素的各自的适用特性：

(a) Tc-99m 为什么适用于诊断(给出 5 个特性)？

(b) I-131 为什么适用于治疗(给出 6 个特性)？

(5) 列举几种在核医学部门需要配备但并不应用于患者的几种放射源，并说明它们的应用场合。

(6) 采用核素发生器“母牛”生产所需放射性核素 Tc-99m 的两个优点是什么？

(7) 临床核医学中将放射性核素输入到身体内的三种方法是什么？最常用的是哪一种？

(8) 临床核医学中给药注射器在放射性药物制备区和使用区应通过________来传输，同时注射器上要用标签详细注明放射性药物的名称，患者的________，________的数量，以及________的日期和时间。

(9) 放射性药物的活度是如何确定的?

为什么测量(a)Sr-89 和 Y-90;(b)I-123 和 I-125 的放射性活度比较困难?

(10) 将下列 γ 照相机的组成部分与下述功能或描述相互对应匹配起来:

铅屏蔽装置;准直器;碘化钠晶体;光电倍增管;光电倍增管输出的振幅;能量窗口;探头。

(a) 降低本底值

(b) 晶体、准直仪和光电倍增管的装配

(c) 当身体被晶体探测的时候,确定辐射的方向

(d) 与 γ 射线相互作用并产生荧光

(f) 选择仅与非散射光子对应的点

(g) 与沉积在晶体上的能量成正比

(h) 放大闪烁荧光

(11) 应用平方反比定律和表 21-1 中的空气比释动能率数据来计算距离下列点源 0.5m 处的空气比释动能量率,这些源都是小的未经屏蔽的点源(例如注射器、小瓶或胶囊):

| 点源的活度(点源核素) | 距点源 0.5m 处的未经屏蔽的空气比释动能率/($\mu$Gy · $h^{-1}$) |
|---|---|
| 400MBq(F-18) | |
| 1GBq(Tc-99m) | |
| 300MBq(Ga-67) | |
| 100MBq(Tl-201) | |
| 3.7GBq(I-131) | |

(12) 患者不能视为点源。故请描述分布在患者体内的活度为 200MBq 的 I-131,会与 21.4.1 节所述的关于放射性核素 I-131 例子有何不同?

(13) 三种防护外照射的基本方法是________、________和________。

(14) 给患者注射放射性药物应该总是在________之后操作。

(15) 为适当控制照射,处理废物(如锐器、供氧管)的程序是什么?

(16) 为什么保证皮肤不受到污染非常重要?如果 1$\mu$L Y-90 液滴(15GBq · $mL^{-1}$)污染了皮肤并且在 2h 内没有洗掉,将会造成皮肤表皮细胞大约多少剂量?(Y-90 的半衰期是 64h,故假设没有衰减。)

(17) 一个接受腰椎骨扫描的住院患者是失禁的,并且在照相机显像的过程中床布被尿污染了。如下面所列各项,用打勾或打叉回答应该选择怎么做才是正确的?

(a) 立刻停止操作,更换床布并且在重新开始之前把患者身体洗干净。 (  )

(b) 在更换床布之前完成整个操作过程。 (  )

(c) 以上两项都不对。 (  )

(18) 试简要描述在放射性药物(液态、固态和气态)的整个管理过程中导致污染的风险。

(19) 为什么核医学患者被认为是最可能引起污染的?

(20) 试说明有效控制内照射的通用防护原则。

(21) 对于快速检测手上的放射性核素 Tc-99m,用打勾回答下列哪项是最灵敏的检测仪器?

(a) γ 照相机 ( )

(b) 盖革计数器 ( )

(c) 剂量监测仪 ( )

(22) 核医学技术人员在工作中可能受到职业照射的主要环节是哪些?

(23) 把应当选用相应最适合的监测仪器类型及其主要性能特征填入下表。

| 监 测 类 型 | 选用仪器类型 | 主要性能特征 |
|---|---|---|
| 1. 工作人员一段时间内接受的外照射 | | |
| 2. 特殊任务期间检查个人的总剂量或剂量率 | | |
| 3. 工作人员的手指剂量 | | |
| 4. 快速检测碘放射性同位素的摄取 | | |
| 5. 检测 I-125 | | |
| 6. 场所区域的剂量率 | | |
| 7. 溢洒污染 | | |
| 8. 手污染检测 | | |

(24) 核医学技术人员在一个管理很好的实践中一般不可能接受超过每年________ mSv 的全身有效剂量,或者法定剂量限值平均每年 20mSv 的百分之________。

一名怀孕的女性技术人员在怀孕期间不应接受超过________ mSv 的照射剂量。她应该避免负责有重大________或污染风险的工作。

(25) 如果发现核医学技术人员的职业照射剂量呈现上升的趋势,应该采取哪些措施?

(26) 如果女性核医学技术人员怀孕了,用打勾或打叉回答下列哪些措施是她应该采取的?

(a) 告知她的主管人员。 ( )

(b) 立刻辞职。 ( )

(c) 如果她上一年的职业照射剂量超过 2mSv,要求更换岗位。 ( )

(d) 如果她需要与 Tc-99m 患者长期接触,穿上短的铅橡胶防护衣。 ( )

(e) 停止进行 I-131 治疗的有关操作。 ( )

(27) 患者和探视者进入核医学部门应该有________通路。

(28) 为使患者、工作人员和有关公众人员的外照射剂量达到最小化,则临床核医学诊所四个主要设计特征是什么?

(29) 为什么放射性核素发生器不能放置在实验室的通风柜中?

(30) 对于下列的废物,该如何妥善处理?

(a) Mo-99 发生器

(b) 盛放 Tc-99m 尿液的便盆

(c) 用过的 Tl-201、Ga-67 注射器

(d) 不需要的 Ra-226 源

(e) Co-57 废源

(f) 盛装 Sr-89 剩余物的小瓶

(g) 被 Ga-67 污染过的床布

(31) 如何估计下述各项的照射剂量水平？请在适当的地方打勾。

| 项　　目 | 有效剂量/μSv | | | | | |
|---|---|---|---|---|---|---|
| | 0～200 | 200～500 | 500～1000 | 1000～5000 | 5000～100 00 | >10 000 |
| 地球每年的天然电离辐射本底值 | | | | | | |
| 典型核医学技术员的年职业照射剂量 | | | | | | |
| 标准规定的职业照射年剂量限值 | | | | | | |
| 在 5μSv·$h^{-1}$ 条件下的10h 行程 | | | | | | |
| 1GBq 的 Tc-99m 骨扫描 | | | | | | |

(32) 试列出可以有效控制临床核医学诊治受检者与患者所受医疗照射剂量的方法。

(33) 列出核医学部门必须具备的剂量检测仪器及其刻度校验频率。

(34) 对于经过核医学诊断检查的患者来说，用打勾或打叉回答下列所述各项是正确的或错误的？

(a) 对于患者家属来说，风险通常可以忽略。（　　）

(b) 在采用 I-131 或 In-111 的检查之后，应建议患者避免与婴幼儿长时间接触。（　　）

(c) 对于怀孕的女性患者，没有必须注意的防护措施。（　　）

(d) 对于患者家属中年长的孩子或成年人来说，没有很大的风险。（　　）

(35) 对于哺乳期的女性患者(受检者)而言，下列关于放射性药物管理的陈述，用打勾或打叉回答是正确或者错误的？

(a) 只要婴儿没有喂养母乳就不必担心。（　　）

(b) I-131 碘化物不会被分泌到母亲的乳汁中。（　　）

(c) 至少在一个星期内，不宜给婴儿进行母乳喂养。（　　）

(d) 对大多数应用 Tc-99m 放射性药物检查，24h 后就可进行母乳喂养。（　　）

(36) 如果护理人员打电话告知一位几小时前接受大剂量 I-131 的甲状腺癌患者弄湿了床，用打勾或打叉回答应该怎么做？

(a) 没有关系，这是患者的问题。（　　）

(b) 立刻带相关监测仪器去病房检测；在护理人员更换床单时，清理并用塑料袋子装湿的衣物和亚麻布床单等；让患者淋浴并提供清洁的衣服或睡衣。（　　）

(c) 告诉他们烧掉被污染的亚麻布。（　　）

(d) 告诉他们给患者提供一套干净的睡衣，并且把污染的亚麻布送到医院的洗衣房去清洗。（　　）

# 第 22 章

# 放射治疗的防护与安全

## 引言

本章按照读者没有一般放射治疗知识的情况提供一些基本知识。因此，首先简单介绍典型的放射治疗，然后重点说明放射治疗常用的程序。接着介绍一般外照射束放射治疗设施的布局。这些内容根据不同放射治疗设备分别阐述，而每部分的内容将包括：

(1) 相关设备概述；

(2) 与电离辐射防护与安全有关的操作；

(3) 一个典型放射治疗室的设计；

(4) 主要的电离辐射防护与安全问题。

除此之外，每部分内容还包括所有外照射束放射治疗的一些共同的特点，例如屏蔽防护和辐射监测等。

本章另一部分内容涉及近距离放射治疗(即在患者的肿瘤部位施以密切接触放射源而进行的放射治疗)。其中包括与临床核医学密切相关的非密封的开放型放射性物质的应用。接着介绍放射治疗中常用的射线装置，并概要阐述有关放射治疗工作人员的安排配置、培训以及质量保证等，因为这些对减少电离辐射风险非常重要。

通过本章的学习，希望读者能够达到解决如下问题的水平：

(1) 概要阐述放射治疗的目的和目标；

(2) 描述放射治疗部门(科室)的基本工作流程和模式；

(3) 识别在放射治疗部门中患者、工作人员和探视者的风险；

(4) 用简单术语描述外照射束放射治疗和近距离放射治疗所使用的设备；

(5) 描述和解释在外照射束放射治疗和近距离放射治疗中，为了电离辐射安全所使用防护设施器材的正确用法；

(6) 论述外照射束放射治疗和近距离放射治疗(包括附带产物)所使用的各种不同类型辐射相关联的电离辐射风险；

(7) 描述针对外照射束放射治疗和近距离放射治疗，相关设备在安装调试和试运行中的相关测试；

(8) 设计一个确保放射治疗设施辐射安全的常规质量保证程序；

(9) 分析针对外照射束放射治疗和近距离放射治疗设备的设计规划和屏蔽防护要求；

(10) 为与放射治疗有关的其他工作人员设计关于电离辐射安全的培训纲要。

## 22.1　放射治疗概述

### 22.1.1　放射治疗的目的和目标

放射治疗的目的是用电离辐射来治疗疾病或者使某种疾病的症状减轻(如缓解疾病痛苦)。这些疾病可能是如皮肤病或者疤痕等良性疾病,但是总体而言,放射治疗是主要用来治疗恶性肿瘤的。在这种情况下,大约有一半的患者以治愈疾病为目的(即彻底治愈肿瘤,也称根治性治疗),另一半的患者以减轻症状为治疗目的,以使得他们的痛苦或者危险的症状得以缓解(也有称之姑息性治疗)。

通常,施加给患者靶器官的辐射剂量要比放射诊断检查中所致剂量高出好几个数量级。这些电离辐射剂量是在许多天或者多周内分次施加而作用于患者的靶器官上的,以提高患者的正常组织器官对电离辐射的适应性。常见的放射治疗的疗程是在 6 周内分 30 次把 2Gy 的辐射剂量逐渐加到肿瘤上(以治愈肿瘤为目的),或者在 2 周内分 6 次把 5Gy 的辐射剂量逐渐加到肿瘤上(以减轻症状为目的)。放射治疗的目标是把这些剂量的电离辐射施加到肿瘤(和有形成肿瘤危险的其他身体部位)上,而不把太多的辐射剂量施加到肿瘤周围的正常和健康组织。这个目标可以通过以下多种方式得以实现:

(1) 一束电离辐射从患者身体外部透过体表皮肤照射到肿瘤。这称为外照射束放射治疗(也称为远距离放射治疗)。在这种情况下,通常用限束屏蔽等措施把射线束的照射野局限在靶组织部位,并保护机体的健康组织。这称为射线束的准直或者射线束修整成形。大约有 90%的患者接受的放射治疗是外照射束放射治疗。

(2) 可以把各种合适的密封放射源引入体内密切地接近患者的肿瘤部位。这种技术叫近距离放射治疗。近距离放射治疗中最常用的放射源是包装良好的密封放射源。如果处理得当,这种放射源不会污染环境。

(3) 非密封的放射源(即开放型放射性核素)可以通过静脉注射或者给患者口服等来对肿瘤进行治疗。由于放射性核素标记药物的特殊化学组成,患者的肿瘤靶组织能够选择性地加以吸收,从而只在肿瘤附近施行局部的照射。这种操作与诊断核医学程序非常相似,但是给药的典型的放射性活度要高出上千倍或者更高。

### 22.1.2　放射治疗部门的构成

放射治疗部门(科室)的构成取决于所规划的程序和治疗技术。这些肯定需要很好地确定,而且也决定于对不同患者的管理方法。为了理解电离辐射防护与安全问题,必须了解患者接受放射治疗的典型流程。图 22-1 展示了这个概况。

与只是来接受外照射束放射治疗的典型门诊患者(也即仅治疗时到医院)不同,接受近距离放射治疗的患者要经常来医院。他们中的大部分要接受一个外科手术以把放射源植入(或者用以后可调整位置的导管)到体内某一部位。然后这些患者需要在医院持续进行他们的治疗。

用非密封的放射源治疗的患者既可以是门诊患者也可以是住院患者,这取决于治疗所给予的放射性活度和所使用的放射性核素。

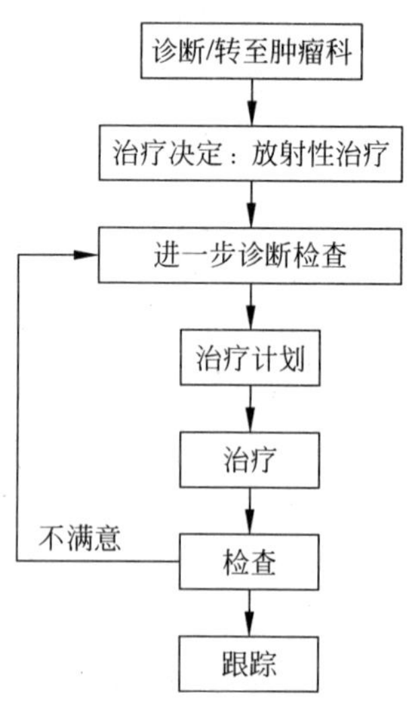

图 22-1 患者接受放射治疗的典型流程

### 22.1.3 电离辐射安全防护负责人的职责

在放射治疗部门(科室)的内部结构中,必须明确规定负责电离辐射防护与安全人员的职责和地位。负责本单位电离辐射安全防护的人可以称为电离辐射安全防护负责人(RSO,实际上就是负责本单位的安全防护自主管理人员)。RSO 除了拥有适当的资历和经验之外,还要有出色的沟通能力。这在培训他人和编制程序文件时是非常重要的。RSO 还要做出可能不受欢迎但又是必须服从的决定。同时,RSO 还必须直接对行政管理领导负责,以使得他们可以了解到必需的资讯,从而在出现应急情况或者发生重大危险时能做出快速反应行动。

### 22.1.4 患者、放射工作人员和探视者

在任何情况下讨论电离辐射安全问题时,通常应考虑哪些人需要电离辐射防护与安全措施,这是非常有用的。在放射治疗中,需要考虑保护三类人:

(1) 患者:即使他们的肿瘤接受非常高的电离辐射剂量,患者的健康组织也需要保护。这包括尽量通过使电离辐射高效地针对肿瘤照射(比如通过优化治疗方案),并且尽可能减少在 X 射线 CT 扫描等诊断程序中以及模拟定位等过程中所造成的辐射剂量来保护患者。

(2) 放射工作人员:放射治疗的工作人员通常由以下四部分专业人员组成:

a) 内科医师(通常擅长肿瘤学和放射治疗);

b) 主要负责患者摆位和施加电离辐射照射的临床放射治疗医师或者技术员;

c) 负责设备的质量保证和维护,以及安全使用电离辐射的医学物理师;

d) 照顾患者的护理人员。

一般认为放射治疗的工作人员是接受职业照射的工作人员。虽然国际放射防护委员会(ICRP)推荐职业照射工作人员的剂量限值是每年 20mSv,但实际上放射治疗的工作人员通常接受的电离辐射剂量比这个限值要低得多。

(3) 探视来访者和一般公众:大部分医院都对探视来访者和普通公众开放,所以这类人员也必须受到保护以避免接受不必要的电离辐射照射。

### 22.1.5 放射治疗技术

在理想的情况下,放射治疗所使用的设备只取决于操作程序。然而通常是由现有可提供使用的能执行程序的设备来决定。一般来说,新的设备必须有很好的安全使用说明书和操作人员手册,这些是良好的第一手参考资料来源。当购买新设备时,必须保证具有所有的相关可用的资料,并且应尽可能要求其翻译成当地的文字。

特别提请注意的是，必须随附生产厂商提供的使用设备的推荐资料，并且一定不能忽略任何安全特性。

**1. 外照射束放射治疗**

经常用于外照射束放射治疗的电离辐射包括X射线、γ射线和电子束。有时候也使用其他类型的电离辐射(如β射线、质子以及中子等)，但这些相对不经常用到。因此，这里主要讨论常用电离辐射的一些特性。

- 如果肿瘤位于表面，可采用低到中能的X射线(60～300kV)来治疗。这分别叫做浅层(60～120kV)和中电压(120～300kV)治疗。这些治疗释放的最大剂量在射线束入口部位(即患者的皮肤)。治疗的深度通常取决于射线束，浅层射线束通常用来治疗皮肤癌，而中电压治疗可以用来治疗几厘米深处的肿瘤。
- 治疗较深部的肿瘤时需要有能量较高的光子。这些能量较高的光子束可以是发出具有足够能量γ射线的放射性核素。过去常用的主要放射性核素是铯-137和钴-60，这样患者可以在距离放射源50～100cm的地方接受到非常高活度源(几个TBq级)的照射。但是现在更为常用的是钴-60，因为铯-137由于其发射的射线束的穿透能力差而不再推荐使用。这类射线装置通常归为远距离放射治疗机。
- 近来，医用直线加速器(或者简称为直线加速器)得到广泛使用。这些机器用微波在长的管子中加速电子以使它们非常快地运动。在管子的末端，这些高速的电子猛烈撞击质量数非常大的金属靶。当这些电子束撞击金属靶的原子核时，它们减速并失去能量。它们所损失的能量变成X射线。这些X射线的能量范围可达到约从1MeV直至产生它们的电子的能量。例如，一个能把电子加速到10MeV的直线加速器可以产生1～10MeV的X射线。在此领域医学术语中，这些能量的X射线束通常被称为兆伏峰值电压级(MVp)，或者简称为兆伏级(MV)。

通常情况下，医用直线加速器产生4～25MeV的X射线(即4～25MV)。在使用这些能量的X射线束时，对患者施以最大辐射剂量的深度在组织内部的几毫米或者几厘米深处，直线加速器所产生光子束的百分深度剂量曲线如图22-2所示。

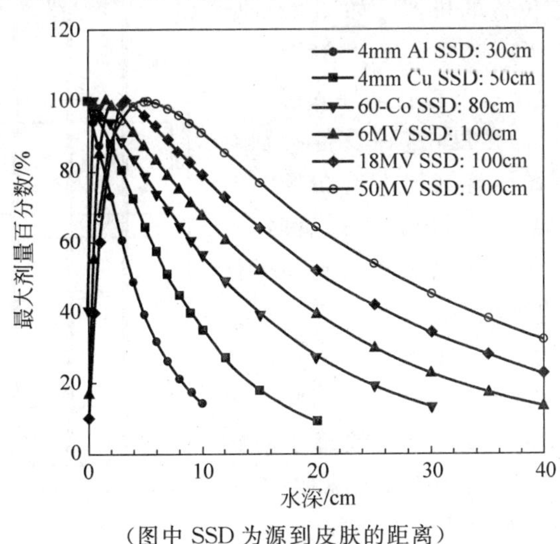


(图中SSD为源到皮肤的距离)

图22-2　临床不同光子束的百分深度剂量曲线

这是由于初始的X射线所产生的很大范围的定向前冲的次级电子所致。这种累积效果不仅有临床意义(意味着施加在皮肤上的剂量要比施加在组织上的要小得多),而且对于兆伏级X射线束的测量也有重要意义。因此,在测量X射线束剂量时,为了确保测量到最大的剂量,为探测器提供足够的累积厚度是非常重要的。这对患者剂量测量和电离辐射防护监测都特别重要。

有些直线加速器直接使用加速的电子束,而不让电子束与靶相撞。与兆伏级的X射线束不同,这些兆伏级的电子束不能很好地穿透组织,而是把电子束剂量施加在从皮肤到某个深度(不到5cm)的范围内,接着迅速停止(参见图22-2)。当靶器官位于皮肤的敏感层下面时,这些电子束提供了适宜的剂量分布。

必须指出,兆伏级放射治疗设备通常也用来表述医用直线加速器和远距离放射治疗机,本章中沿用此术语。

**2. 近距离放射治疗**

自从放射性物质被首次用于肿瘤治疗以来,近距离放射治疗机有了很大的发展。最初的时候,人们通常在手术室手工把放射性物质(通常是镭)送入患者体内来达到和肿瘤接触治疗的目的。这些镭(后来是铯)源可以做成如管子、小球、针或者其他的物理形态以适应所有的临床应用。现在已经不再推荐使用镭(因用于放射治疗的性能不合适),但是还采用其他放射源(例如用碘I-125或金Au-198作为籽粒源植入)。这种技术的主要问题是不仅放射治疗工作人员的手部会接受到较高剂量,而且所有在手术室里的人员都会受到照射。

在电离辐射安全防护方面的一个改进就是后装源技术的发展。后装源技术指的是在手术室里把非活性的中空施源器先送入患者体内适当部位,然后在患者苏醒并被送回病房以后,把放射源送入施源器。因此,在手术室没有处理放射源,所以很少有人会受到放射源的照射。但是,由于这些放射源在整个治疗期间都存在,一些工作人员(例如护士等)仍然会受到电离辐射的照射。这种技术叫做手动后装治疗技术,它应用的主要核素是铯Cs-137和铱Ir-192。

后来进一步发展了能够自动把放射源从一个储存保险箱驱动到治疗位置的机器。如图22-3所示的这种设备称为遥控近距离后装放射治疗机,在整个治疗期间,放射源是通过遥控自动导入患者体内的。从电离辐射防护的角度,这种设备特别有用,因为它可以使患者在没有其他人员在场的时候,在病房得到治疗。当护士需要接近患者时,可以控制这个设备将放射源从患者身上移到储源保险箱,以减少对护士的电离辐射照射。

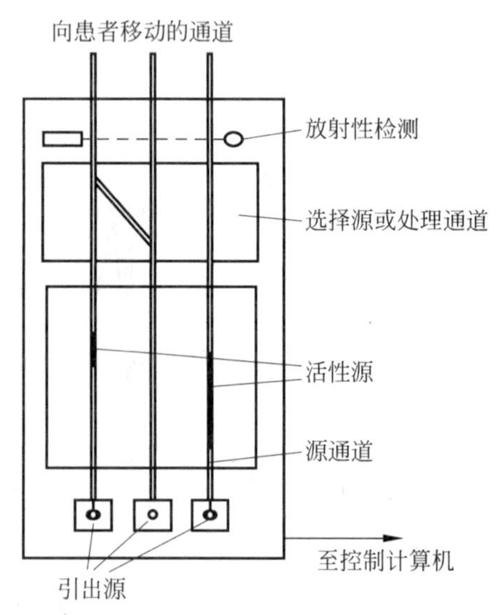

图22-3 遥控近距离后装放射治疗机

上述所有这些步骤都是较为合适的,并已经用在低剂量率(LDR)近距离放射治疗。这意味着典型的放射源的活度1GBq量级,会导致每小时约0.5Gy的放射治疗剂量率。于是,需要施加60Gy辐射剂量的典型的治疗周期是大约为一周。

但是,遥控近距离后装治疗技术也允许用活度高达 100GBq 的源，以确保患者得到足够的治疗。这种使治疗时间可缩短到几分钟的方法叫做高剂量率(HDR)近距离放射治疗。出于放射生物学的考虑，这种治疗是主要分次进行的(例如 6 次 6Gy)。用在高剂量率近距离放射治疗的放射性核素是 Co-60 和 Ir-192。

值得注意的是，近距离放射治疗的设备主要取决于所使用方法和患者的情况。除了妇科用近距离放射治疗要用到预定的施源器以外，大部分治疗的配置根据患者肿瘤的具体情况而决定。

### 22.1.6 放射治疗设备的典型布局

在规划放射治疗设施的时候，为了尽量减少产生电离辐射安全问题，将其从医院的其他科室单独分隔出来是十分有益的。由于一些外照射束放射治疗设备非常重，一层或者地下室通常较为合适。这将提供好的结构支撑，而且可以不考虑地面屏蔽。而有时患者要在护士护理下连续接受许多天的治疗。因此，这些设备需要放置在病房的专门有屏蔽防护的房间。在这种情况下，利用高于一层的某一楼层将是非常可取的，因为这可以保证窗前的空间不被占用。

门和窗是放射治疗室中最难屏蔽的部分。因此，治疗室通常没有窗户。如果需要的话，日光可以通过天花板的进光孔进入治疗室。门因自身需要提供足够的屏蔽效果而相当笨重。

解决此问题的一个有效办法是加长进入治疗室的称之为迷路的通道。这样可以较好解决远离问题和避免射线直接射到治疗室的门上。

另一个有用的设计特点是采用公用的屏蔽墙。因为可能有两个或多个房间要用同一屏蔽设施，这样做可以减少所需要的总屏蔽材料和费用。但在规划一个新设施时，考虑的最重要因素是空间。射线装置和操作者，以及公众之间的足够的距离是最好的电离辐射防护方法。大的房间可以允许灵活使用设备，包括共用一个屏蔽体(如屏蔽得比较严实的治疗室)来达到多个目的(例如，外照射束放射治疗和高剂量率近距离放射治疗)。

## 22.2 外照射束放射治疗

### 22.2.1 外照射束放射治疗室的一般要求

为了避免工作人员和公众接受到不必要的照射，以下是所有外照射束放射治疗室的一般要求。

(1) 适当的警告标志。这些标志应该包括国际上通用的电离辐射警告标志，以及其他具体信息例如“未经批准不得进入”，或者“危险——高能 X 射线”等。但设计警告标志时，应考虑到如下要点：

① 依照国家标准或者国际规定来书写警告标志；

② 警告标志应简短明了；

③ 使用让看到标志的人能清楚理解的文字；

④ 写清楚可能需要的信息(例如，在出现火灾等紧急情况下，应急小组需要根据治疗室的标志来做出决定。人们可能进入一个装有 X 射线发生器的房间，在紧急情况下，X 射线

机将被关掉。但是，有放射源的房间会给人员带来额外的危险，因为屏蔽设备可能被损坏而放射源一直发出射线，这些信息应该清楚地写在标志上）。

(2) 联锁装置。为防止在治疗过程中有他人闯入治疗室，在治疗室入口处应该至少有一个联锁装置，以应对急需时关闭治疗设备。

(3) 电离辐射指示器。在治疗室外应该至少有一个电离辐射指示器来明显指示治疗机是否运行(开或关)状态。这个电离辐射指示器应该是非常容易看见的(例如治疗室外一个醒目的红色照明灯指示"照射中")。在有些放射治疗中(例如那些使用放射源的)，电离辐射指示器可以和一个固定的射线探测器相连。

(4) 通信设备。几乎所有的放射治疗情况下，患者治疗过程中没有人在场。因此，通过一些工具来和患者联络是十分重要的。这可以通过一个铅玻璃窗或者摄像机来进行视觉上的交流，通过一个内部音频通信系统来进行语言交流等。

(5) "应急开关"按钮。治疗室内外的许多重要位置上都要有一些"应急开关"按钮。这些按钮可以在出现紧急情况的时候，中断所有的治疗室电源，因此可以关掉 X 射线装置或者把放射源放回到有屏蔽的安全位置。

(6) 音频报警系统。安装一个音频报警系统是十分可取的，在治疗将要开始时告诉治疗室的所有人(如操作者、学生或者患者亲属)离开。在治疗室的最后一个人应按按钮来启动音频警报。这个警报可以提醒任何仍然留在房间里的人离开。音频报警系统通常和一个时间联锁相连，该系统要求在操作员按了按钮之后，在关门和启动照射之间要留有一定时间。

(7) 屏蔽。治疗室的屏蔽防护是最重要的避免不必要照射的方法。根据其设备、布局和预期的用途，每个治疗室需要不同的屏蔽防护设计。这将在接下来的部分进行更详细的讨论。

### 22.2.2 治疗室的屏蔽

针对不同类型的电离辐射，重要的是需要考虑两个对各自屏蔽计算很有影响的因素，即：

(1) 工作负荷 $W$；

(2) 居留因子 $T$。

**1. 工作负荷**

放射治疗设备的临床工作负荷(符号 $W$)是特定治疗机的预期使用量。对浅层和中电压等千伏级放射治疗机，工作负荷的单位是 mA · min。美国国家辐射防护与测量委员会(NCRP)在其第 49 号报告中给出了千伏级放射治疗机工作负荷的推荐数值。这份 NCRP 报告假定如果每天治疗 32 位患者，每周治疗 5 天，在 150kVp 之下，浅层治疗机的每周工作负荷是 3000mA · min，而对于 200～500kVp 的中电压治疗机每周的工作负荷是 20 000mA · min。

值得注意的是，NCRP 正在修改其第 49 号报告(1976 年出版)，因而这些工作负荷也有可能改变。所以上面给出的数字仅供参考。

对兆伏级的放射治疗机而言，工作负荷指的是一个指定地点每年的吸收剂量(Gy)。这个指定点可以是一个典型的治疗距离或者是等中心点(等中心点是支架旋转轴、准直器中心等的交叉点，参见图 22-4)。

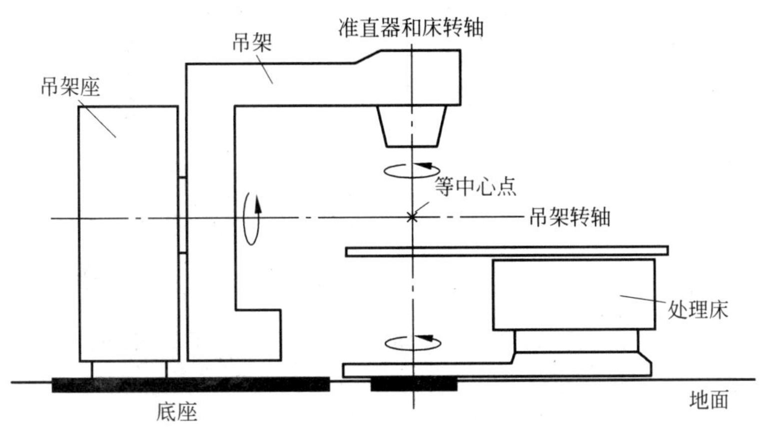


图 22-4 外照射束放射治疗设备的等中心点设置

兆伏级设备的临床工作负荷可以由公式(22-1)计算出来：

$$W = PdwD \tag{22-1}$$

式中：$W$——临床工作负荷(以每年一个特定地点的吸收剂量 Gy 计)；

$P$——平均每天治疗的患者数量；

$d$——每周的工作时间；

$w$——每年的周数；

$D$——平均每个患者的照射剂量，Gy。

如何使用公式 22-1 见例 22-1。

**例 22-1** 一个兆伏级放射治疗机平均每天治疗 10 位患者，每周工作 5 天，平均每个患者的照射剂量大约为 4Gy(包括缓解的和治愈的治疗)。离源处的典型距离是 1m。请问这个兆伏级治疗机的临床工作负荷是多少？

**解**

$P$=平均每天治疗的患者数量=10；$d$=每周的工作时间=5；$w$=每年的周数=52；

$D$=平均每个患者的辐射剂量(Gy)=4Gy。则由公式(22-1)可得：

$W = 10 \times 5 \times 52 \times 4 = 10\,400\text{Gy} \cdot \text{a}^{-1}$，离源的典型距离为 1m 的地方。

因此，在离源的典型距离是 1m 的地方，每年这个兆伏级设备的临床工作负荷是 10 400Gy。

值得注意的是，可以用公式(22-2)中的平方反比定律来估计离源不同距离的工作负荷：

$$W_1 \cdot d_1^2 = W_2 \cdot d_2^2 \tag{22-2}$$

式中：$W_1$——离源不同距离 $d_1$ 处的工作负荷；

$W_2$——离源不同距离 $d_2$ 处的工作负荷。

因为许多放射治疗机可以旋转，所以用这个距离关系来计算工作负荷时要小心。在旋转情况下，在一个方向增加距离可能缩短另一个方向的距离。因此，用等中心作为参考点来计算等中心安装的治疗机的工作负荷是合适的。

在计算工作负荷的时候，应取偏保守(在放射防护中总是如此)。值得注意的是，总的工作负荷不仅包括对患者实施治疗，而且包括放射治疗机的其他潜在应用(如质量保证检测、射线束的校准、科研实验、动物和血液制品的辐射照射等项目)。例如由于经常用该射线装置来进行血液灭菌,一个特定放射治疗机总的实际工作负荷可能要高出很多。总之,如果考虑到其他工作,在临床工作负荷的基础上至少增加10%是比较合适的。

由于工作负荷可以随着时间的变化而变化,所以定期检测负荷是十分重要的。检测到的负荷应该与设计治疗室的原始数据进行比较。如果工作负荷增加了很多,重新估计放射治疗室的屏蔽防护是十分必要的。

**2. 居留因子**

第二个重要因素是需要考虑防护区域的居留因子(符号 $T$)。很明显,一个一直有人在的办公室与一个很少有人去的储藏室的防护要求是不一样的。NCRP49 号报告(1976 年)给出了下列的居留因子的参考值:

- $T=1$,指办公室、儿童玩的地方、病房、住所等;
- $T=0.25$,例如走廊、厕所等。

请记住,NCRP 正在修改其第 49 号报告(1976 年),这些居留因子也许有可能改变。所以上面给出的数字仅供参考。

**3. 屏蔽计算**

外照射束放射治疗的屏蔽计算可分为三类(如图 22-5 所示):主辐射束(主射线束)、泄漏辐射(泄漏射线)及散射辐射(散射线)。

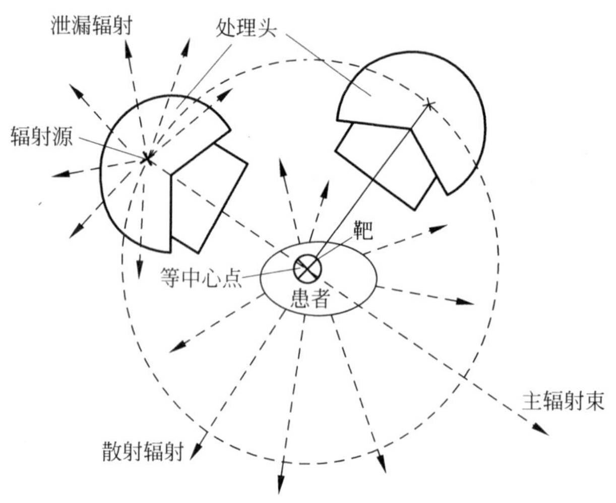


图 22-5 外照射束放射治疗设备的各种射线来源

对主辐射束(主射线束)的屏蔽通常叫做主防护屏障。因为泄漏辐射和散射辐射通常指的是一种杂散辐射(杂散射线),所以用次防护屏障屏蔽这类辐射。

1) 主辐射束

主辐射束通常是有用的射线束。在这三种射线束中,它有最高的能量和辐射注量(即单位面积最多的粒子数)。因此,要采取特别的措施来屏蔽防护。

主辐射束的优点通常是经过很好的准直定向,所以其照射野的大小和方向是十分清楚的。但是,良好的放射防护实践要求在设计主防护屏障时,应该考虑所有可能的射线束方向。有时,并不是所有的射线束方向都非常清楚(例如等中心设置的直线加速器的辐射束只能指向一个平面)。在中电压X射线治疗机等其他情况下,通过限制射线源的移动来减少可能的辐射方向,从而减少所需的主防护屏障的面积。限制X射线管的运动以使得它不会指向操作台是特别重要的。

考虑了所有可能的辐射方向,应当采用利用因子(符号 $U$)对它们进行加权。该因子代表辐射指向某一个特定方向的时间占总时间的百分比。很明显,所有可能的辐射束的利用因子是1,但是在实际计算中,不可能精确估计每个方向的利用因子。所以,偏安全地高估利用因子是十分重要的。NCRP 第49号报告中给出了等中心安装的直线加速器和钴-60远距离治疗机的利用因子的应用实例:

- 向下照射 $U_{down}=1$;
- 向上照射 $U_{up}=0.5$;
- 向左或者右照射 $U_{left}=U_{right}=0.25$;
- 其他方向 $U_{other}=0.1$。

注意总的利用因子之和超过了1,但用这些参数可以保守估计辐射束的使用情况。实际上,对于某个放射治疗实践和治疗技术,通常需要具体分析其利用因子。一个例子就是用切向场来治疗胸部的放射治疗机。

非等中心安装的放射治疗机的利用因子取决于可能的运动和所用的治疗技术。在安装和设计屏蔽之前,必须对此进行认真的评估。

考虑到上述所有因素,主防护屏障需要的衰减因子可以用公式(22-3)来计算:

$$A = WUT\mathrm{ISL}/H_{limit} \tag{22-3}$$

式中:$A$——衰减因子;

$W$——工作负荷;

$U$——利用因子;

$T$——居留因子;

ISL——平方反比定律因子,即 $(d_1/d_2)^2$,兆伏级放射治疗机参考距离 $d_1$ 通常是1m;

$H_{limit}$——年有效剂量限值的一个合适份额,$H_{limit}$ 通常是在综合考虑到来自其他电离辐射源照射,例如放射治疗设施是否紧邻放射科或者核医学科的辐射等共产生的实际有效剂量限值所占的比例,也就是说 $H_{limit}$ 为目标剂量约束值,通常是取相关限值的1/3左右。

如何使用公式(22-3)见例22-2。

**例22-2** 很有必要为例题22-1中所讨论的兆伏级放射治疗机建设一个主防护屏障。这个治疗机的辐射束是等中心安装的,并且需要防护的区域是附近的非职业照射工作人员可以使用的厕所。辐射束离厕所约4m远。

**解**

$W$=工作负荷=10 400Gy·a$^{-1}$;$U$=等中心安装的治疗机的射线朝左或者右的利用因子=0.25;$T$=厕所的居留因子=0.25;ISL=平方反比定律因子=$(d_1/d_2)^2=(1/4)^2=$0.0625;$H_{limit}$=非职业工作人员的年有效的剂量限值的1/3=1/3×1mSv=0.33mSv=0.33×0.001Sv=0.000 33Sv。用公式(22-3)计算:

$$A = 10\,400 \times 0.25 \times 0.25 \times 0.0625/0.000\,33 = 123\,106$$

因此,主防护屏障的衰减因子大约是123 000(大约是 $10^5$ 的因子)。

一旦知道了衰减因子，所需的不同材料的屏蔽厚度可以由1/10值层(TVL)厚度决定。TVL指的是能把辐射束强度减少一个数量级所需要的屏蔽厚度。不同的屏蔽材料和光束的TVL值列于表22-1中。

**表22-1 不同材料的TVL值**

| 屏蔽材料密度/($g\cdot cm^{-3}$) | 不同光量子的TVL/cm | | | | | | 参考文献 |
|---|---|---|---|---|---|---|---|
| | 500kV频谱 | 4MV频谱 | 4MV单能 | 6MV频谱 | 10MV频谱 | 20MV频谱 | |
| 铅 11.3 | 1.19 | 5.3 | | 5.6 | 5.5～5.8 | 5.8 | NCRP1976,Cember 1992 Siemens 1994 |
| 铁 7.8 | | 9.1 | | 9.9 | 9.7～10.5 | 10.9 | Cember 1992, Siemens 1994 |
| 水泥 1.8～2.4 | 11.7 | 29.2 | 32 | 34.5 | 38～39.6 | 45 | NCRP1976,Cember 1992 Siemens 1994 |
| Ledite 大约4 | | 14 | | | | | Manufacture specifications |

注：Ledite是由在水泥中注入铅粒的混合物制成的不同尺寸的砖块。Ledite(和相似的材料)用作屏蔽材料，具有高的密度，并且Ledite砖是具有自支撑的建筑材料。所以，对屏蔽例22-2中的厕所，需要5TVL(以使辐射束的强度减少到原来的$10^5$分之一)。如果兆伏级的放射治疗机是最大光子能量为10MV的直线加速器，这相当于约2m厚的水泥屏蔽(39.6cm×5)。

注意到以上的计算并没有考虑到射线束进入患者体内的衰减。实际上，这为计算增加了额外的安全余地。

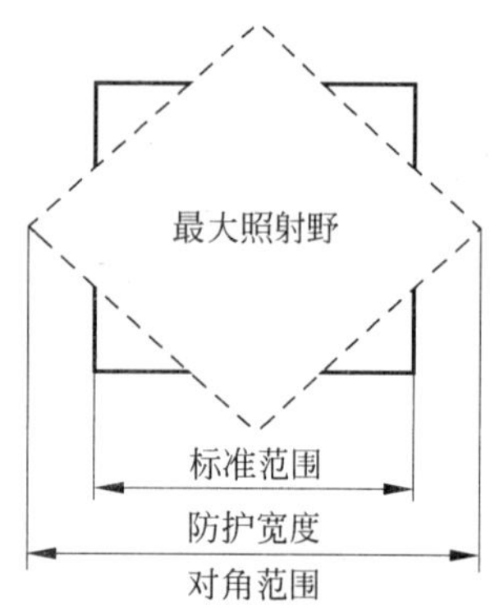


图22-6 设计外照射束放射治疗中的主辐射束的屏蔽要考虑的对角准直器的位置的示意图

在设计一个主防护屏障的尺寸时，考虑到照射野的大小也是非常重要的。实际上，如果照射野的大小在等中心点为40cm×40cm，需要最大屏蔽的区域是一个只有10cm×10cm大的照射野的16倍之多。但一般而言，如果没有足够的理由，用最大可能的照射野面积来进行屏蔽计算是十分可取的。

经常忽略的有关照射野面积所引发的另一个问题是，校准仪器可能是旋转的，因此增加了所需屏蔽的宽度(如图22-6所示)。

2) 泄漏辐射

即使在电离辐射源周围采取最好的屏蔽措施，也会有泄漏辐射(泄漏射线)。考虑到患者的位置，确定所有的泄漏辐射是非常重要的。

下列的规则普遍适用于放射治疗设备：

(1) 对远距离放射治疗机来说，应牢记即使治疗机没有开启，泄漏辐射也存在。因此，泄漏的程度应该由资深的专家来估算(在储存和治疗的位置)，并且即使治疗机没有使用，屏蔽措施也应该到位。

(2) 对于X射线最大能量低于500kV设备，X射线管周围屏蔽应使其1m处的泄露辐射剂量率低于10mGy·$h^{-1}$。

(3) 对于最大辐射能量大于 500kV 的 X 射线治疗机，上述条件需满足，且在距离电离辐射源头 1 米处，均不应该超过有用线束剂量的 0.1%。

估计一下所有新放射治疗机的泄漏辐射来减少对患者的照射是很好的做法。一个有用的方法是用 X 射线摄影的胶片把治疗机头包裹起来，然后在这治疗机运行较长的时间后，凡有泄漏发生的地方胶片将变黑。必须注意来自活动准直器等射线束定向装置的辐射应该看作是泄漏辐射。

对泄漏辐射的屏蔽要求，与主防护屏障的计算类似，可以通过公式(22-4)来计算：

$$A = WUT\mathrm{ISL}L/H_{\mathrm{limit}} \tag{22-4}$$

式中：$A$、$W$、$U$、$T$、ISL、$H_{\mathrm{limit}}$的含义和前面的定义一样；$L$ 是泄漏因子，对泄漏辐射来说，典型的 $L$ 值是 0.001(取自 NCRP 第 49 号报告)。

3) 散射辐射

估计泄漏辐射相对比较容易，但估计散射辐射(散射线)就比较困难。它取决于射线束质量、机房面积大小、散射材料以及入射角。散射辐射依不同的入射角和不同的位置而具有比主辐射束能量低一些的辐射，但是要考虑下列一些特殊情况：

(1) 来自患者的散射。这是主要的散射线。尽管散射线的量主要取决于照射野的大小，大多数情况下，可以假定来自患者散射的贡献小于有用线束的总量照射的 1%。

(2) 多重散射。多重散射是放射治疗室入口处最主要的散射线。故建议应设置一个相对长的迷路。同时，因为每次散射都会很大程度地减少辐射的注量和有效能量，所以应认真考虑治疗室的几何结构。理想状况下，到达放射治疗室门的辐射被散射的次数不应少于两次。这对直线加速器非常重要(如图 22-7 所示)。

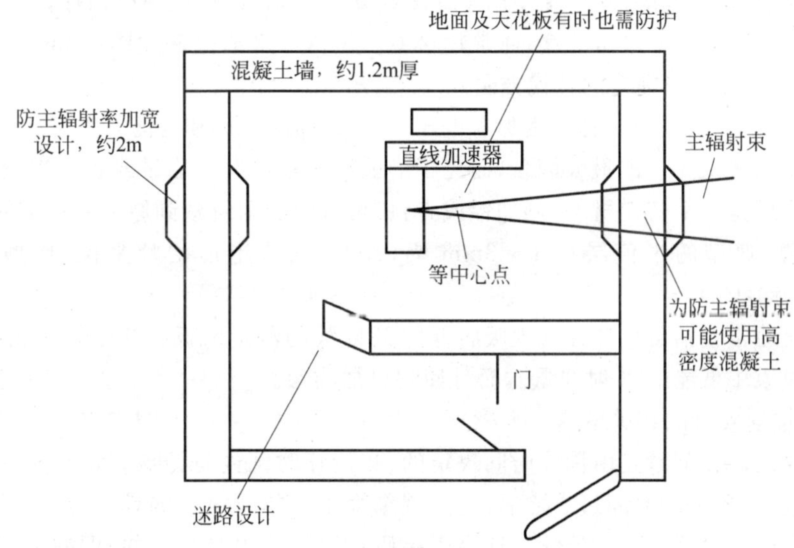


图 22-7 一个典型直线加速器的屏蔽

在图 22-7 中，墙的厚度是示意的，实际设计中的厚度取决于工作负荷、利用因子和附近房间的居留因子等诸多因素。

4) 一般的屏蔽

在设计放射治疗机房时，屏蔽防护的最优化要比诊断设施更为重要，安全系数要尽可能

的小以减少成本。因此,需要考虑以下几点:

(1) 屏蔽防护是一个三维的过程,在任何情况下,放射治疗室的上部和下部都要考虑进去。

(2) 通过改变放射治疗机的位置和限制一定的辐射方向,通常可以明显减少屏蔽。一个有用的技术是在一张透明的纸上画出所建议的治疗机和其主要辐射束的方向,然后,把它放在同样比例尺的治疗室的图上。去掉周围的透明区域,可以找出这个治疗机的最佳位置。

(3) 用铅作为屏蔽材料并不一定好。在康普顿效应主导的光子和物质相互作用的情况下(500keV 至 20MeV),所有的材料都可以作为有效的屏蔽材料。高原子序数的材料实际上不能有效屏蔽中子,而且还会产生不必要的韧致辐射。此外它们又是非常昂贵的。

(4) 值得考虑的是,通过辐射和物质的相互作用,一种辐射可能产生需要不同屏蔽方式的另一种辐射,这是非常重要的。这种例子如兆伏级 X 射线以及由高能电子所产生的韧致辐射。

### 22.2.3 浅层和中电压治疗机

**1. 设备概述**

在一个中低能量级的 X 射线范围内,定义了以下范围:

- 10～20kV 为软 X 射线,很少使用;
- 40～50kV 为接触治疗,用于深度在 1～2mm 的非常浅层疾患的治疗;
- 50～150kV 为浅层治疗,主要用于深度在 5mm 非常浅层疾患的治疗;
- 150～400kV 为中电压治疗,通常用 250～300kV 来治疗深度约 20mm 或者作为缓解治疗的兆伏级辐射的替代方法。

在这些范围内,射线束的特性由加速电压(kV)、束流(mA)和过滤来表征。

加速电压只决定光子的最大能量,而光子的能谱通常以有效能量或者以半值层(HVL)来表征。半值层是一个特定材料(例如铝或者铜)可以使辐射衰减到原来的一半的厚度。对浅层治疗来说,典型的半值层在 1～8mm 铝(Al)。对中电压治疗来说,典型的半值层在0.5～4mm 铜(Cu)。

过滤材料通常包括可以选择性地吸收低能 X 射线的薄金属板。这会使射线束硬化(也就是减少射线束中低能的 X 射线量),而且使它更加均匀。

**2. 电离辐射安全的相关措施**

患者的放射治疗剂量是由治疗时间决定的,在治疗时间内打开放射治疗机并产生电离辐射束。因此,当预设的时间过去之后,治疗就结束了。如果主要的计时器坏了,通常也有一个独立的备份定时器来结束治疗。这个程序假定辐射输出是恒定的(即一个恒定的剂量率)。所以当放射治疗机打开或者关掉的时候,并不需要定时器的修正系数。在任何情况下检查定时器的准确性是非常重要的质量保证程序。

大多数放射治疗设备用施源器(即将辐射束准直并将其导向患者的装置)来控制对患者的照射。在浅层放射治疗中,施源器通常是可以直接放在患者皮肤上的开口的铅玻璃椎体。当使用小椎体并且能量高于 100kV 时,来自铅玻璃的次电子可以使皮肤受到的剂量大幅度提高,因此,应该将塑料薄片层放在患者皮肤上来吸收这些电子。

### 3. 典型治疗室的设计

一个用于浅层或者中电压治疗的放射治疗室的典型布局见图 22-8。

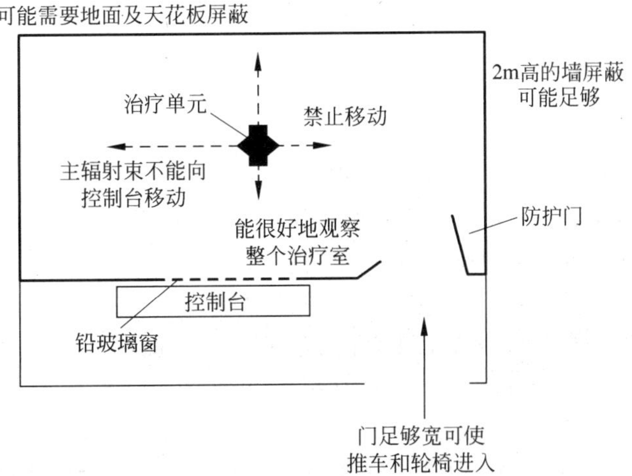


图 22-8 浅层或者中电压治疗的放射治疗室的典型布局示意图

用很薄的铅皮很容易屏蔽浅层治疗室。根据用处的不同，中电压治疗机需要较厚的屏蔽。大多数情况下，铅是适合的屏蔽材料。当在墙上贴厚的铅皮的时候，请记住铅会发生蠕变(即随着时间的流逝，它可以在底层变厚而在顶层变薄)。为了克服这一点，铅通常夹在夹板之间。这样做的另一个好处就是，这些屏蔽材料可以很容易地处理和安装。

在设计机房屏蔽防护的时候，应该特别关注门的屏蔽，此处的屏蔽应有重叠，以避免产生使射线直接射到门外的缝隙。在中电压辐射束中，散射是主辐射束中的组成部分，因此更多的辐射将从地面和墙上散射。在这种情况下，即使门上一个很小的缝也会导致在治疗室外可以检测到的大量辐射。同样的设计规范也适用于铅玻璃窗户。在浅层或者中电压治疗的治疗室，医师通常从一个铅玻璃窗户观察患者。要仔细检查这种方法提供的防护以及窗户是否镶在窗框里。

在建成和任何改装后，应注意仔细检查治疗室墙壁在屏蔽防护上是否有孔道等是非常重要的。后续的安装电路或者气体排气管可能破坏其屏蔽效果，导致治疗室外有非常大剂量的照射。

### 4. 典型的电离辐射安全问题

由于在接触和浅层放射治疗中所采用的源皮距(SSD)往往很近，在典型治疗距离处的治疗剂量率会非常高。因此要非常小心，以避免治疗时间的偏差，并要考虑定时器的误差。同样 SSD 小的偏差(例如由于治疗施源器远离皮肤)也可能导致施加的辐射剂量有很大的变化。

束流的变化在辐射输出上以线性反映，但是高压(也即加速电压)的变化将会使输出以二次方的形式变化。换句话说，如果加速电压增加 5%，施加到患者身上的辐射剂量可能会增加 10%。若只用一个变压器来提高主电压，这将会使电压从 220V 增加到 231V，这是一个在大多数电网中很容易发生的一个很小的变化。应尽可能减小高压的变动，为最大限度地减少高压的变动，通常需要对主电源进行稳压。

所有的放射治疗设备的射线束质和输出量主要取决于辐射束上的过滤片，在每次治疗之前，注意检查使用合适的过滤片是非常重要的。曾经报道过有洞的过滤装片引起的辐射事故。因此，要定期核查过滤片的完整性。

## 22.2.4 远距离放射治疗机

**1. 设备概述**

远距离放射治疗机包括有一类用高活度的适当放射源，从患者体外照射患者的射线装置。在这种类型的放射治疗中，目前唯一推荐使用的放射性核素是钴-60。但是，仍然有大量用铯-137 作为放射源的治疗机还在继续使用。这两种放射性同位素都是 γ 发射体，能量分别为 1170keV 和 1330keV(Co-60)以及 662 keV(Cs-137)。与 X 射线治疗机不同，远距离放射治疗机能够发射一种或一种以上伴有低能散射成分的能量很确定的光子。

远距离治疗机里有多个 T Bq 的放射源(相当于 1000Ci 或者 1000 多 Ci)。这种放射源主要包括叠在一起的多重圆盘(直径 10～25mm)，以提供所需要的源强度。这种源被封装得非常好，通常在双层铁容器中(但是比较老的源，特别是 Cs-137 仍然用一层封装，这大大地增加了污染的风险)。这种源组件被装在很大的屏蔽体中。屏蔽材料通常包括贫铀，以相对小的容器达到很高的衰减效果。因此，即使是没有放射源的房间也可能会带来(有限的)电离辐射危害，所以应该小心对待。

有多种途径来对患者施行照射。在所有这些技术中均应有一些主动的和被动的防护措施，以确保在放射治疗机关闭(如被联锁系统或者紧急停止按钮关闭)或断电情况下放射源仍能处于安全位置。电离辐射安全负责人和所有的操作者要非常熟悉特定的治疗机的机械装置，这是强制性的，下面是这些机械装置的一些例子。

- 放射源可以放在一个小盒里，该小盒可以纵向移动以照射到患者的需要部位。在此情况下，放射源以主动的方式被弹簧、空气压力或者重力移动到照射位置。在停电的时候，这种机械装置将会自动使放射源返回到安全的位置(如图 22-9 所示)。

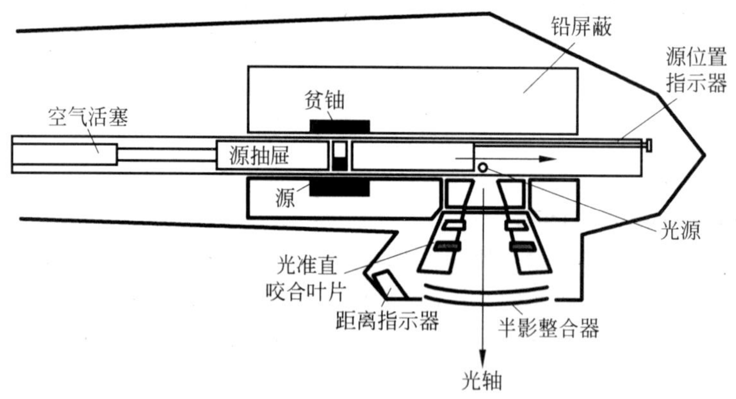


图 22-9　远距离钴-60 放射治疗机示意图(源盒用空气活塞驱动)

- 与上述类似，也可以用操作快门来照射患者。
- 在许多放射治疗机中，放射源位于旋转圆筒的壁上，通过一个弹簧装置转动圆筒来照射患者。

要有一个手动装置来把放射源推回到安全位置。这在被动式安全装置故障或者放射源被卡(即它不能回到安全位置)的情况下是颇需要的。重要的是这个装置安装在离治疗室门较近的地方,所有的操作者都应非常熟悉它的用途。在紧急情况下操作者必须非常快速地行动来保护患者。远距离放射治疗机在正常治疗距离的照射剂量率为每分钟 2Gy,因此,即使是耽误几秒钟,也会使患者受到相当大的额外照射剂量。图 22-10 给出了在放射源卡住后的典型操作步骤。

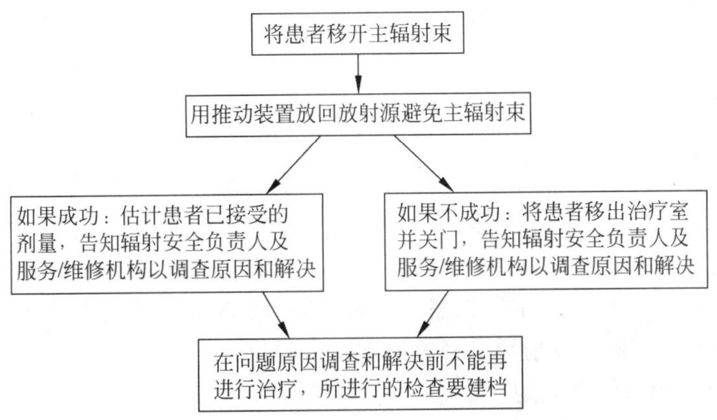


图 22-10 远距离治疗机卡源后的紧急操作步骤

在紧急事件中应该考虑的其他行动是从治疗室外关闭准直器或者旋转照射床。必须注意以上的操作只是建议在紧急情况下所采取的行动,可能并不适合每一个装置。所以必须强制性地提供给操作者一系列本单位制定的针对单个放射治疗机的操作程序。定期对所有操作者进行实际演习也是很有必要的(例如每年一次)。

一般不再生产使用铯-137 的治疗机,因其能量不足以治疗患者深部肿瘤。另外铯-137 的比活度也没有钴-60 的高,得到同样的射线输出量需要更高活度的放射源。体积大的放射源有大的半影,所发射的射线束的集中度会降低。半影是位于全剂量和射线束屏蔽部分的区域(在钴-60 治疗机中可以达到 2cm,而在直线加速器中不到 1cm)。可以用离患者比较近的额外的射野集中装置("半影整合器")来提高射线束的集中度(见图 22-9)。

与铯-137 治疗机不同,钴-60 治疗机仍然在生产和出售。近些年以来,这类治疗机一直是放射治疗的主力之一,而现在正被直线加速器所取代。一些临床医师还是喜欢用钴-60 治疗机来治疗头、颈部以及胸部的肿瘤。钴-60 远距离放射治疗机的一个缺点就是每隔 3~5 年要更换放射源以确保高的照射剂量。

**2. 电离辐射安全的相关措施**

远距离治疗机的辐射剂量由通过预先设置的治疗时间来确定。因为在治疗过程中,放射源的剂量率是恒定的,剂量可以很好地预计。但是把放射源送到治疗位置,然后放回到安全的位置需要一些时间,所以也需要考虑额外的计时修正因子。

远距离铯治疗机通常不是同心安装的,所以它的使用方法和中电压治疗机类似。但是由于它具有很大的穿透能力,因此在其他类型的治疗中也可以使用。当照射窗关闭时,通常利用一个光照射野在患者皮肤上确定 γ 射线场。这可以确保位置准确地设置,即使没有使用施源器来接触患者的皮肤。大多数铯-137 治疗机有一个可移动的准直器系统,该系统可形成适当的矩形治疗照射野。

与铯-137 治疗机不同，钴-60 治疗机都是等中心安装的，所以操作起来就像医用直线加速器一样。区别是钴-60 治疗机治疗时通常患者和源之间的距离较短（获得相同的输出），而且钴-60 的射线束的半影更宽一些。

**3. 典型治疗室的设计**

和中电压治疗机相比，远距离治疗机的治疗室的设计要考虑铯-137 和钴-60 射线束的强穿透力。因为在这些能级范围内光子和物质主要是通过康普顿效应而相互作用，所以没有必要用高原子序数的材料来做屏蔽。因此，大部分远距离放射治疗机的治疗室是用水泥墙屏蔽。

在大多数情况下，需要采用迷路来减少治疗室门的屏蔽。如果射线只是从墙壁散射一次，依据距离和负荷量，钴-60 治疗室所需的屏蔽厚度可能要超过相当于 5cm 厚的铅。增加射线路径和确保没有一次散射的射线到达门口是非常重要的。

远距离放射治疗机必须配有一个射线监测器。监测器的阈值应该设置好以区分源是在安全位置还是在治疗位置。监测器（或者它的显示器）应该可以从门外清晰地看到，以便操作者在进入治疗室之前确认放射源已经放回到安全的位置。

**4. 典型的电离辐射安全问题**

除了放射源没有放回到安全位置的紧急情况外，在使用远距离治疗机时，应该注意以下几点：

（1）放射源容器不能完全将辐射屏蔽掉。因为远距离治疗室里一直有本底辐射，这与直线加速器不同。应该仔细评估和记录这些本底辐射值。同样，每个人待在治疗室的时间应在满足工作要求下尽可能地短。

（2）用擦拭试验来定期检查放射源的泄漏是十分重要的。由于最常见的铯-137 的化学形式是具有高度吸湿性的氯化铯，所以铯源特别容易泄漏。

（3）每次更换治疗机的放射源，许多放射安全问题要重新考虑。只有训练有素的工作人员才可以更换放射源，并且物理师要很好地确定这种新的放射源的活度，以确保患者的辐射剂量。要很好记录这些数据并更新所有的放射治疗计划数据。在所有的情况下，电离辐射安全防护负责人要在换源的现场。

## 22.2.5 医用直线加速器

**1. 设备概述**

医用直线加速器是现代放射治疗科最重要的设备之一。图 22-11 是直线加速器的内部结构示意图。

在一个医用直线加速器中，电子是由电磁管或者速调管所产生的微波来加速的。和用静电加速电子相比，这可以使电子加速到较高的能量。电子是在 2.5m 长的直线波导管中被加速的。通常通过一个具有改变方向能力的磁铁来使电子束射向患者的方向。除了可以改变方向外，这个具有改变方向能力的磁铁还可以作为一个高能过滤器。经过具有改变方向能力的磁铁后，电子束或者射向靶以产生 X 射线，或者射向一个散射箔片来产生具有足够穿透能力的可以治疗患者的电子束。

关于 X 射线的产生，一旦电子束轰击到靶就产生高能的 X 射线，电子束打到展平过滤

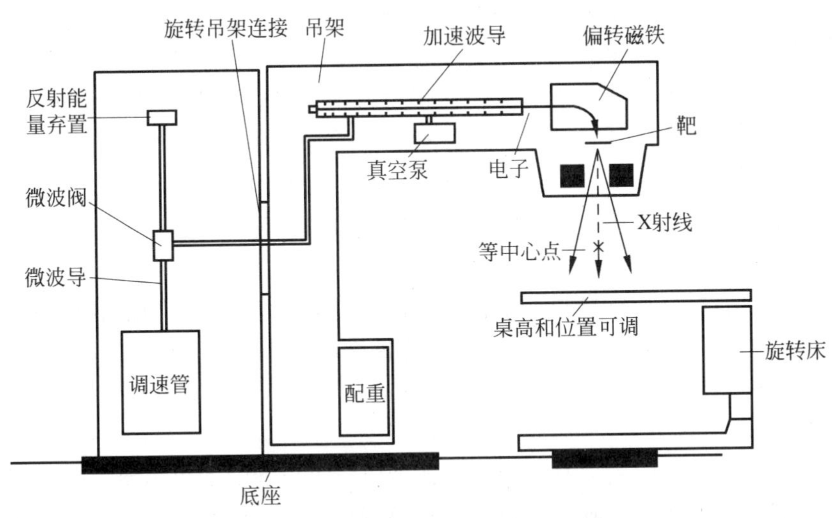


图 22-11　高能直线加速器的示意图

器。这个装置改变电子束，使得在向前方向上的 X 射线占优势。然后用一套中电压准直器对 X 射线束进行准直，在患者的位置产生 40cm×40cm 矩形照射野。图 22-12 说明了该原理。

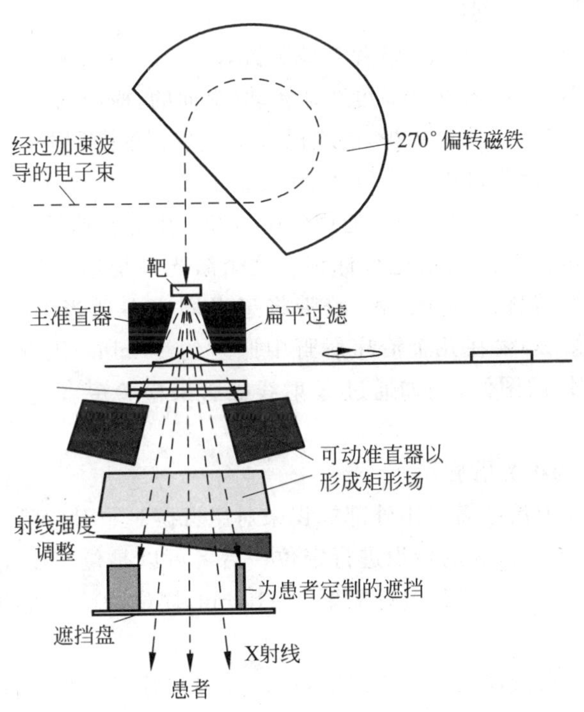


图 22-12　用 X 射线模式的医用直线加速器头部横截面图

医用直线加速器头部有一个可以与电离辐射场照射野对照的光野指示。这有利于操作者确定患者身上的照射野并确保其位置合适。

通常在直线加速器上配套许多射线束的修正装备。这包括楔入式过滤器和可以根据每个患者的不同情况来设置治疗照射野的多叶式准直器。对每个患者，给定射线束采用一个特制的组合射野确定装置并可以给出两个或者更多个治疗射野施行治疗。

如果在加速器的电子束前面没有放任何靶物，这些高能(或者兆伏级电压)电子本身就可以用于治疗。大多数直线加速器用一个散射金属箔片来使电子束变宽。然后用一些限束装置来准直射束到患者所需要的合适的大小和形状。这些限束装置对患者提供最好的聚焦射线束。电子束治疗需要这些装置(和兆伏级电压X射线不同)，因为电子束和空气的相互作用可以使射线束变宽和增加半影。

电子束也可以通过可变磁场扫描来自直线加速器的窄的电子束而照到患者身上。虽然这个操作通常会产生很多合适的治疗束，但它使辐射剂量的测定变得复杂了，同时也增加了辐射事故的发生率。如果扫描装置发生故障，一束非常窄的强的射线束可以在患者的皮肤上灼烧出一些小孔。

这些医用直线加速器的头部有两个光子或者电子可以通过的电离室。这些电离室监测辐射的注量。注量与患者接受到的辐射剂量相关，并且在达到预定的读数后，电离室可以用来终止产生辐射束。通常治疗所施加的辐射剂量可由监测仪的“测量单位数”(monitor unit，MU；也有俗称为“跳”)确定，将其与水中的吸收剂量联系起来的过程即校准。医用直线加速器可以通过多种方式进行校准，而让所有的操作者都熟悉校准是非常重要的。例如，许多直线加速器用一个10cm×10cm的照射野，在标称治疗距离处，通常在水中的1Gy最大辐射剂量深度，校准成100MU。

医用直线加速器有一个治疗床(患者支撑装置，patient support assembly，PSA)给患者提供坚固的支撑。通常，治疗床可以多角度地转动(纵向的，横向的，垂直的和旋转的)，从而优化患者的照射位置。1mm(或者更少)的空间准确度，对优化照射和它在放射治疗过程中的重复性非常重要，这一治疗过程可能包括30天或更多天的日常分次照射。

直线加速器和治疗床允许围绕一个通用的中心即等中心来旋转。通常由一套从两边和天花板指向等中心的定位激光束来进行标识。这个激光系统用来确定患者在治疗中的位置。一般用一个热成型塑料、咬座或(和)胶带将患者固定在适当的位置上。每一次分次治疗(特别是在2Gy量级)要在几个治疗射野中照射约10min。因此，患者的位置固定是十分重要的。利用入口的图像，例如通过X射线摄影来检验患者是否固定良好是很好的做法。

**2. 电离辐射安全的相关措施**

标准的外照射束放射治疗需要用外部标识来对患者摆对照射位置。这可以利用患者的骨头结构，或者一些施加在体外的标识进行定位。后者可以是位于皮肤上的纹身或者画在固定体表位置上的标志。这个摆位过程需要5～10min，摆位的准确性决定了接下来的放射治疗。

因为没有任何的放射治疗是可以重来的，所以放射治疗的质量保证非常重要。在放射治疗中应抓住以下两点：

(1) 患者放射治疗照射野的位置。通常由射线束输出端口胶片来确定，它们放在辐射束的出口端来显示治疗的照射野。由于使用兆伏级辐射，患者的身体内部结构的对比度较低，通常很有必要做两次射线束输出端口胶片曝光。一般在用治疗照射野进行第一次曝光后，打开准直器来做第二次曝光。第二次曝光可以更加清晰地显示患者的解剖结构。

(2) 施加给患者的辐射剂量可以用活体剂量测量来验证。在治疗过程中，小的辐射探测器如热释光剂量计(TLD)或者半导体二极管放置于患者身上适当部位来确认治疗过程中施加给患者的辐射剂量。对于所有或者随机选择的患者，这可以通过检验辐射场中心的入射剂量或者测量难预测的特定部位的辐射剂量来实现。后者可以用来测量关键器官例如眼晶体或者阴囊的辐射剂量(记录剂量作为诉讼证据)，从而估计主要取决于设置的照射剂量，或者确定很难预测剂量的特定部位的辐射剂量。

另外，对直线加速器来说，从电离辐射安全防护的角度，需要特别注意一些操作技术：

(1) 适形放射治疗指的是试图使治疗的区域尽量接近患者实际靶区的形状，从而尽量使周围正常的组织免受电离辐射危害。这正是利用现代诊断和治疗技术的有益进展。通常的电离辐射安全防护考虑适形放射治疗是完全适用的。

(2) 立体定向放射治疗通常用相对小的照射野(直径小于 4cm)治疗头部的疾患。其空间准确度要求非常高。可采用一个在诊断定位和治疗过程中与患者关连的外部标准支架来达到很高的准确度。它对头颅内(也即头骨)疾患的定位准确度好于 1mm。在大多数情况下，使用单一高剂量照射来治疗良性的疾患如动静脉畸形(AVM)。由于使用的剂量一般超过 10Gy，它可以使正常的脑组织受到辐射损伤。因此，在实际治疗之前需要做许多测试，并且医用直线加速器的质量保证(QA)是非常重要的。

(3) 术中放射治疗就是在患者接受手术的时候施加以照射。这可以使射线直接作用于靶区域，同时将周围正常的组织避开照射野。这些治疗通常采用电子，因为电子在组织内有很确定的射程。术中放射治疗的问题是在对肿瘤施加几 Gy 的照射时，应维持一个无菌环境和提供给受麻醉患者适当的护理。在大多数情况下，必须把患者从手术室转移到直线加速器机房。在治疗过程中，如果离开患者几分钟，也许辐射危害将会发生。可以用摄像机对患者进行监护，但是因为要进入治疗室来调整支持患者的装置，也可能中断治疗。即使使用电子，也只有在特殊的情况下，人员可以在治疗室内和患者待在一起。

**3. 典型治疗室的设计**

图 22-7 显示了医用直线加速器治疗室的典型布局。注意对主辐射束的屏蔽需要附加的混凝土厚度。同时也要注意迷路设计以不允许仅散射一次的光子到达治疗室门入口处。

在设计放射治疗室时，有足够的空间是非常重要的。加大距离不仅是很好的放射防护方法，而且一个大的机房也可以把所有东西井然有序地摆放，使操作者很容易使用。足够的空间帮助操作者把患者安排在一个最好的位置，从而保证患者的放射安全。另外，一个大的治疗室也可以在以后的阶段引进不同的治疗技术，以及有足够的安全余地来调整负荷量以满足放射治疗的进一步需要。例如在一些情况下，在同样的机房内，使用高剂量率的后装近距离放射治疗机用于外照射束放射治疗更便宜一些。这只有在事先有足够空间的情况下才有可能。

利用直线加速器的一个危害因素就是会产生不需要的中子。如果安装一个光子能量等于或者高于 10MeV 的加速器，(光子，中子)反应会产生中子。产生中子的可能性随着光子能量的增加而增加。最可能产生中子是治疗机头，分托的靶、展平过滤器、准直器和屏蔽材料。但是，光束中其他所有材料(包括空气和患者)也可以产生中子，特别是在高能运行时。中子典型的最大能量是 1MeV，这和铀裂变产生的中子能量类似。

可以用包含三氟化硼($BF_3$)或覆盖组织等效材料的正比计数器、热释光剂量计(TLD)

或者活化金属箔来检测中子。对后者而言，金或者铟是非常合适的。美国医学物理师协会的 19 号报告(AAPM，1986)主要阐述了放射治疗设备周围中子的探测。

应该注意中子会造成两个问题：

(1) 中子本身可使其他元素活化而具有放射性，从而使得在高能光子治疗后，进入治疗室的放射治疗工作人员受到照射。根据具体的工作量，要考虑制定一个在高能光子治疗后进入治疗室的等待时间。典型的活化产物的半衰期非常短，因此等待 1min 将会使辐射剂量减少大约一半。要特别关注射线束中的木块和铁楔板块。一个受过良好训练的医学物理师应该在试运转新的治疗设备时仔细估计它们的活化程度。在(光子，中子)反应中，元素的直接活化也可以导致相同的问题。最有可能被活化的元素是氧和氮，对$^{16}$O(光子，中子)$^{15}$O，其半衰期 $t_{1/2}$ 约 2min；而对$^{14}$N(光子，中子)$^{13}$N，其 $t_{1/2}$ 约 10min。

(2) 在被吸收之前，中子要比光子经历更多的散射过程。因此，沿着治疗室迷路散射到门口的中子特别容易引起问题。通常采用特别设计的可以使中子减少到原来的十分之一的中子防护门(掺硼酸的石蜡)解决。另一个解决沿着迷路的中子散射的办法是用一个涂有硼的墙来吸收中子。

有关文献已经详细讨论了中子屏蔽防护的设计。任何屏蔽材料本身都可以成为次级光子的来源。另外可以用不同的材料来最大程度地衰减中子和光子。比如，用铅屏蔽中子不如用包含质子的材料的屏蔽效果好。中子的衰减因子主要取决于中子能量。因为不同原子核的截面有几个数量级的差别，所以许多对热中子(能量是几分之一 eV 的中子)有很高截面的元素可以很好地屏蔽中子，这包括硼和锂。在移动防护屏蔽体(例如防护门)中加入这些材料是非常好的措施。

**4. 典型的电离辐射安全问题**

如果安装一个新的医用直线加速器，在进行任何辐射测量之前，先要做粗略的校准。否则，不可能将巡测仪测到的数据与直线加速器的负荷量等参数联系起来。

如果一个放射治疗设备机房的顶部没有被占用，尽量减少它的屏蔽是有利的。但必须记住，医用直线加速器的空间散射，可使患者和工作人员受到较大的照射。这种现象叫做天空散射，当主射线束从放射治疗设备上方的空气中散射时，就会产生天空散射现象，并且只有很少的衰减。这些散射辐射可能正好被反射到紧邻治疗室的地方，其中可能会有工作人员、患者或者探视来访者等。

在设计放射治疗室时，考虑天空散射现象是非常重要的。

### 22.2.6 其他放射治疗设备

针对外照射束放射治疗陆续又开发了许多放射治疗设备。这些包括电子感应加速器、电子回旋加速器、质子和中子治疗设备等，以及采用其他高 LET(传能线密度)的粒子。目前这些在日常的放射治疗中所占的份额不大。特别是高 LET 的粒子只产生于有专门放射防护与安全措施的大型设施。详细讨论这些设施超出了本书的范围，这里只是简单地介绍一下。

**1. 电子感应加速器**

电子感应加速器是在一些欧洲国家主要流行的环形粒子加速器。这些装置产生高达几十 MeV 的电子。但是，束流要比直线加速器低，而且有用的照射野要小一些。因此，目前电子感应加速器在放射治疗部门中并不常见。

**2. 电子回旋加速器**

另一种在环形通道中加速电子的装置是电子回旋加速器。对放射治疗特别有意义的是跑道式电子回旋加速器，电子束在其中以直线波导的方式被加速，电子束会在环形通道中穿过很多次。这些设备产生高达50MeV能量的电子。因此也可以产生能量非常高的光子。电子回旋加速器可以产生多种放射治疗用电子束。通常，一个跑道式电子回旋加速器可以为多达三个治疗室产生电子束。它们不能同时照射患者，因为大部分时间需花在把患者摆放到一个适当的位置上。

**3. 中子治疗设备**

过去，大部分中子治疗设备采用快中子来治疗肿瘤。已经开发了最新的治疗方法，如中子捕获治疗。在这些放射治疗中，用一种中子截面非常高的物质，例如硼来和肿瘤进行接触。在用中子照射的时候，硼选择性吸收中子，从而分解成具有高生物学效果的高LET的α粒子和锂。这种治疗方法的主要问题是在肿瘤内部选择性地富集硼化合物。

**4. 质子治疗设备**

像光子和电子一样，质子也有类似的生物学效能，但是它们允许辐射剂量有高的空间集中度。已经有一些质子治疗设备在各国应用。然而由于需要大型质子加速器产生足够能量的质子来穿透位于患者深部的肿瘤(需要高于200MeV)，目前成本和技术问题限制了其大规模的使用。

## 22.2.7 电离辐射水平的评估

**1. 建筑阶段的测量**

如果可能，放射安全防护负责人应该参与放射治疗设备安装设计的规划。这不仅可以节省经费(因为后续的修正非常昂贵)，而且可以使放射治疗设施容易投入使用。

除了规划和监督构建放射治疗设备建筑物之外，在建设阶段，一些测量是非常重要的。

(1) 确定铅屏蔽材料的厚度。不仅核实某个位置的厚度，而且评价材料的均匀性也是非常重要的。

(2) 如果屏蔽材料不能直接测定(比如厚木板上的铅箔)，用X射线摄影对比是合适的。

(3) 当一个放射治疗设施建成后，核实混凝土的厚度是非常必要的，因为不同种类的混凝土密度不同。在兆伏级的光子范围内，混凝土的物理密度是决定屏蔽能力的一个重要因素，因此测定它非常重要。为了测定它的密度，可以测量一个样品的体积和质量，然后确定密度。

(4) 核实所有的建筑物有没有屏蔽防护缝隙是非常重要的。例如砖块缺失，电源、排气管、电器开关以及空调的出口等。这些需要附加的屏蔽。同样需要特别注意门和窗户。应该避免屏蔽防护缺口，结合部需要有重叠的屏蔽。

所有这些检查可以在容易处理的阶段发现问题。在安装新的治疗设备之前，监测一下环境的本底辐射值也是非常可取的。可以用热释光剂量计(TLD)来完成。这个调查的结果可以评估新设备本身的影响。如果计划的设备和其他使用电离辐射的设备非常靠近，环境监测特别重要。在这种情况下，可以区分新设备带入的辐射水平和已经存在的辐射水平(如核医学科等)。

**2. 设备试运行期间的测量**

一旦安装了设备,应该检查与计划是否相符(如直线加速器方向和计划中的是否完全一致以及是否可以屏蔽防护主辐射束)。其次,要进行电离辐射监测调查。原则上测量可以分成两部分,即治疗室外的辐射测量和治疗室内的辐射测量。在做最初的电离辐射水平测量时至少两名员工在现场是非常可取的。一名工作人员应该操作控制台,随时准备开动和终止辐射;另一名工作人员进行实际测量。记录所有的测量数据是非常重要的。

一旦一个放射治疗设备准备投入使用,建议进行如下测量和操作。这些要求不是完整的,应该根据实际情况不断改变。

1)治疗室外的辐射测量

**需要的设备:**

便携式的设备,可以溯源到国家标准计量学实验室的盖革-米勒型测量仪。这类测量仪至少以 661keV 的光子($^{137}$Cs)校准。特别是在评估浅层放射治疗设备时,还要了解对低能光子的响应情况。另外,还需要有一个"雷姆仪"(一个专门设计的正比计数器)来监测中子。

**初始安全调查检测:**

要腾空靠近新设备的所有地方,这包括治疗室上部和下部的空间。监测的最好时机是在设备正常工作时。在开启设备后,应该调查操作者位置和其他可能居留的地方来确立安全的辐射水平。

**治疗机校准:**

根据初始的安全防护监测,应该校准治疗机。校准的准确度应当与准确值相差 10%以内。只有确定了治疗机的输出量(每分或者每检测单位的 Gy),才可以把辐射测量和以后施加给患者的实际剂量联系起来。

**具体的辐射测量:**

应该测量装置周围的所有空间并记录所有结果。在探测到明显信号的地方,测量时间延长考验仪器的稳定性能,得到一个比较准确的结果。记住详细测量过程中的居留因子。

测量也应该包括建筑外面的公共场所。在这个监测中,应根据所用放射治疗设备选用相适应的仪器。如果一个直线加速器可以指向许多方向,应该在可能的方向重复测量。特别需要注意的是主辐射束的照射区域,因此需要限制治疗机的移动。

如果安装一个高能直线加速器,测量中子剂量很重要。应该在治疗室迷路的末端和靠近所有的治疗室门的地方测量。在这种情况下,应该在治疗室的门处测量光子,因为到达治疗室门的中子可能引起光子与中子反应而直接导致在治疗室门的正前面 γ 射线导致剂量的升高。

**长期的巡测:**

上面提到的辐射测量只是检测设备的屏蔽防护和输出量。为了验证有关利用和居留因子等参数的假设,需要进行经常性的辐射测量。例如,可以在重要位置布放热释光剂量计(TLD)来完成。测量结果可以和安装前(如果有的话)相比较。同样应该仔细评价一下在新设施中工作的所有员工的个人剂量计。如果对辐射水平有任何疑问,应该经常检查员工的个人剂量计。

2）治疗室内的辐射测量

一个估计放射治疗室内部辐射水平的有用方法是使用累积剂量的巡测检测仪，或者是把它放在一个摄像机可以读取其读数的位置。

有必要直接测量患者治疗床上的辐射水平。这可以用 TLD 来完成。对束流屏蔽块、移动准直器和其他束流修正设备的泄漏辐射评估也是非常重要的。应该小心评估用于治疗的施源器。这适用于浅层以及中电压施源器和用于医用直线加速器的电子施源器。有报道，后者由于为方便使用而减轻质量，故边角外有大量泄漏。

**3. 定期辐射安全监测**

新设备在运行期间要求定期检测，通常是每年均应测量。这些定期检测不需要像最初的测量那样详细。但是，它们对发现设备性能或者治疗室屏蔽防护设计的变化非常重要。检测应该包括一系列所使用到的放射治疗技术。同样，也要考虑治疗设备的其他应用，例如血液辐照或者科研应用等。

另一个重要的定期辐射测量是工作人员的个人监测。应该检查这些结果，因为从中可以鉴别出实际情况的变化或者设备的故障。

在设备或者治疗室有所改变之后，检测是非常必要的。由放射安全负责人来决定是否检测以及要测量什么。因此，有必要告知放射安全负责人设备或者治疗室的任何改变。

**4. 特殊程序**

从放射防护与安全角度，许多特殊程序需要进行额外的测量。并且应该告知本单位电离辐射安全防护负责人是否执行了这些程序。

## 22.3　近距离放射治疗

近距离放射治疗是一种将放射源和靶区近距离接触的治疗肿瘤方法。通常这些放射源是密封的（即被包裹封装的放射源，如果恰当使用，则不会污染环境）。近距离放射治疗一般需要通过手术操作，可以大致分为三种应用类型。

（1）模技术。放射源放在一个置于患者皮肤的模具中。在一些情况下，模技术可以提供比其他用电子或者浅层 X 射线的治疗更好的剂量分布。

（2）腔内近距离放射治疗。放射源放在人体腔内，例如支气管、食管或者阴道里。这通常需要特殊的可以很好地进行放射源空间定位的施源器。

（3）间隙近距离放射治疗。在这些治疗中，放射源放在患者组织内部。这可以是密封源本身或者通过中空的针以及随后导入放射源的导管。

美国的国家辐射防护与测量委员会（National Council on Radiation Protection and Measurements，NCRP）第 37 号报告（1970），是一份介绍有关放射治疗中患者防护的较好资料。但是，在论述与上述所有应用有直接关系的放射防护与安全问题时，应该先讨论所使用的放射性核素和近距离放射治疗设施的一般特点。

### 22.3.1　所使用的放射性核素源

近距离放射治疗中使用一些不同的放射性核素。表 22-2 总结了这些放射性核素及其物理性质。

表 22-2 一些用于近距离放射治疗的典型密封放射性核素的物理性质

| 放射性核素 | 主要形态 | 主要应用 | 半衰期 | γ能量（平均/最大）/keV | 空气比释动能率（1GBq 在 1m 处的 μGy/h）/($\mu Gy \cdot h^{-1} \cdot m^{-1} \cdot GBg^{-1}$) | 铅的 TVL /mm |
|---|---|---|---|---|---|---|
| Co-60 | 小球 | HDR 后装 | 5.27a | 1250/1330 | 309 | 45 |
| I-125 | 籽粒 | 永久性或者暂时性植入 | 60d | 28/35 | 33 | V0.1 |
| Cs-137 | 针状，小球，管状 | LDR 后装 | 30a | 662/662 | 78 | 22 |
| Ir-192 | 发夹，线状，HDR 源 | 空隙植入，HDR 和 LDR | 74d | 370/610 | 113 | 15 |
| Au-198 | 籽粒 | 永久体内植入 | 2.7d | 420/680 | 56 | 11 |
| Ra-226 | 针状 | 不再使用 | 1600a | 1000/2400 | 195 | 45 |

注：小球即直径约 3mm 的小球；籽粒即直径为 1mm、长为 4mm 的小圆柱体；针状即长度为 15～45mm；管状即大约 14mm 长，用于妇科植入；“发夹”指形状像发夹状，活性区长约 60mm；线状可任何长度，通常在医院定制（可以增加非活性长度）；HDR 源即直径约 1mm、长 10mm 的高活度小圆柱体源；空气比释动能率常数取自文献 Aird and Williams，1993。

过去一些年来，开发了许多其他形式的放射源以满足不同近距离放射治疗的需要。这包括直接植入患者体内的源（如镭针、Ir-192“发夹”、I-125 和 Au-198 籽粒源），和特殊设计的后装填所用放射源。如在前面所述，有不同的近距离放射治疗技术，包括：

(1) 在手术室植入放射性物质（永久性的或者暂时性的植入）。

(2) 手动的施源器，中空的针或者经施手术放在患者体内的导管（手动后装填）。

(3) 用机器把放射源放在施源器，即中空的针管或者导管内（遥控后装填）。

在所有的放射治疗中，小放射源比较好。特别是将放射源放入直径小于 2mm 的中空针管当中时，放射源要非常小。因此，理想的近距离放射治疗源具有高比活度。同时具有化学惰性和子体产物稳定的特点。镭植入的一个辐射安全问题是会产生不好控制的惰性放射性气体氡。因此，应该定期检测镭储存场所的放射性氡的浓度。

根据施加给靶区的剂量率的不同，近距离放射治疗可以分为以下几种：

(1) 低剂量率（LDR）治疗，对靶区的剂量率为 $0.5Gy \cdot h^{-1}$。通常治疗肿瘤的剂量在 60Gy 或者以上，LDR 治疗需要一星期时间。但如果近距离放射治疗施加增强的剂量给肿瘤的话，治疗时间可以缩短很多。在这些治疗中，典型的源强度大约是每厘米植入 30～600MBq（$1m Ci \cdot cm^{-1}$）或者大约每个植入 500～1000MBq。随着治疗面积和规定的时间的不同，实际的总的植入的辐射也会不同。一般在病房进行低剂量率（LDR）治疗。

(2) 中剂量率（MDR）治疗，其剂量率为 $1 \sim 2Gy \cdot h^{-1}$。因此，植入的放射性要比 LDR 的高一些。为了保持同样的生物学效应，施加的总剂量通常是比较低的。

(3) 高剂量率（HDR）治疗，单个源大约是 370GBq（10Ci）。由治疗机自动驱动放射源到达患者靶区。HDR 治疗要通过分次治疗来达到和 LDR 治疗一样的效果。接受 HDR 治疗的患者并不一定要住院。

(4) 脉冲剂量率（PDR）治疗，其定义和 HDR 的类似。但源的放射性活度通常要比 HDR 的小 10 倍。在 PDR 的治疗中，源每小时作用于靶区一次。因为每次只能施加小剂量，故治疗要连续进行。

### 22.3.2　一般的放射性安全考虑

**1. 热室**

几乎所有的近距离放射治疗都要处理放射性物质。这包括源的储藏，验证源的强度和源的定制（例如剪切活性线）。完成这类工作需要热室。这种实验室是专门为处理放射性物质而设计的。放射治疗热室里应具有如下装备：

（1）用辐射巡测仪来评估辐射水平。处理非密封的放射性物质需要污染监测仪。

（2）验证放射源活度的方法。可以是直接确定 HDR 的空气比释动能装置或者是测量放射性线状源、籽粒源或者针状源的计数的井型计数器。大部分测量仪器是基于电离室的。它们需要一个刻度校正因子与国家标准比较。应当注意对不同的放射源需要有不同的校正因子。

（3）可以操作放射源的带屏蔽的工作台。该区域应该干净，而且容易靠近操作。在那里进行的工作包括线的切断、观察放射源或者用注射器把非密封的放射性物质注射到患者体内。用长镊子来处理所有的源是非常好的做法。

（4）一个可以存放并有明显标识的放射源的保险柜。这个保险柜可以锁住，而且屏蔽良好。

（5）需要有储藏放射性废物（废源）的场所，也可以放在保险柜中。同时，清晰简洁的标识对适当处理这些废物是非常必要的。注意放射性废物应当储藏在专用的红色袋子中。

如果处理非密封的放射性物质，还需要有其他的设备：

（1）污染监测仪；

（2）溢出物处理箱（它与肿瘤学中处理细胞毒素的工具箱类似）；

（3）通风橱，特别是在处理挥发性的放射性物质例如碘时；

（4）放射治疗室的地板材料连续铺设并且应该沿墙基向上延伸几厘米。这可以使得清除溢出溅洒物容易一些。

热室应有通风和良好的照明。应当加锁并且限制进入。它也需要适当的电离辐射警示标志。如果那里有非常高活度的放射源，应有必要的屏蔽防护来避免邻屋的其他人接受到不必要的照射。

**2. 放射源的运输**

通常有必要把放射源从热室（或储藏和制备它们的地方）运送到病房。应当用屏蔽容器来运输放射性物质。这需要几厘米厚铅的屏蔽，容器最好放在带车轮的推车上。根据源的结构，容器应该有一个带盖子的宽的开口。在病房治疗时，这种容器也可以用作安全容器。如果需要把一个源从患者身上取出或者植入的源落在导管外，可以快速放入该容器。

因为通常需要从公共场所如走廊来运送放射源，应当对容器添加适当的标识，并且容器应一直有人看管。在多数情况下，同样不可以使用楼梯，因为源容器非常重。在理想状况下，准备室（热室）和治疗室应该在同一层。但是，如果它们不在同一层，需要一个电梯。运送源的人应该避免对孕妇或者小孩的不必要照射。在任何情况下，在运送源之前，计划和设计运送路线是非常重要的。在紧急情况下，也应当带一个适当的辐射探测器。

法律条款和导则对从公共场所运送放射性物质有专门规定。特别是如果把源运送到医院外部(例如送到另一个医院),运送容器以及和源一起的任何文件都要遵守相关的规定。

**3. 手术室**

通常不需要屏蔽防护手术室。但采取在手术室中进行实际 HDR 放射治疗属于例外。即使永久性植入,籽粒源只是在手术室里植入。这只是整个治疗时间的一小部分,所以对工作人员的辐射照射可以接受。在很多情况下,在治疗过程中,不可能使患者单独待在病房中。在这种情况下,要用移动屏蔽防护屏来保护麻醉师和其他操作者。移动屏蔽防护屏对手术室常用的放射性物质如β发射体(P-32、Sr-90)或者低能的γ射线发射体(I-125)是非常有效的。对β射线发射体来说,塑料就足以防止其产生的轫致辐射。

现在大部分近距离放射治疗采用后装源技术,在手术室里处理放射性很不常见。出现的一个有意思的应用就是用放射源来进行血管的近距离放射治疗。用核素 Ir-192 作为γ射线发射体和一些β射线发射体。在这些治疗中,几个 Gy 的剂量施加到血管壁上。目前并不常用,但如果常开展这种放射性治疗的话,手术室的设计需要一些屏蔽防护。

**4. 治疗室**

在设计近距离放射治疗室时,要考虑三种情况:

(1) 在病房中治疗

一天到一个星期内在患者体内植入放射源 LDR 治疗需要在病房中进行。此时靠近门的房间有人居留以进行看护。因为 LDR 的近距离放射治疗的典型放射性活度是 1~2GBq,在大多数情况下需要屏蔽防护。在有些情况下,可以省略房间的结构屏蔽,屏蔽防护可以加在治疗床上。但患者对此可能感到不愉快,而且使得看护程序比较麻烦,因此通常治疗室需要结构屏蔽。需要特别注意屏蔽防护最差的门。在任何情况下,只有这个专用房间可以用来进行近距离放射治疗。

在选择治疗室的时候,应该找病房尽头的房间来减少相邻房间数量。找窗前空间没有人员停留的第一层或者最高层的房间是十分可取的。最好用一个大房间,因为这可以增加体内有放射源的患者与其他人的距离。

PDR 治疗也要求在病房中进行。因为所用源的放射性活度比较高,屏蔽更为重要。在脉冲剂量率治疗中,应仔细考虑平均剂量率与瞬时剂量率之间的差别。后者最大剂量率要比 LDR 治疗中常见的平均剂量率高 10 倍,这与 LDR 治疗相似。

(2) 在放射治疗室治疗

这属于 HDR 近距离放射治疗。在此情况下,治疗时间只有几分钟。因此,治疗室的设计和外照射放射治疗类似。

(3) 在家里治疗

应该考虑有永久性植入放射源或者使用非密封的放射性物质的患者。这些患者出院的时候,体内还存留有一些放射性活度。表 22-3 给出了患者出院的体内最大活度的参考。应注意这些限制仅供参考,应根据当地实际情况修改。

在任何情况下,给患者提供一些在家的行为的信息和建议是非常重要的。告诉患者的全科医生有关植入的信息以及必要的防护措施也是十分必要的。

表 22-3　患者可出院的一些最大的参考放射性活度值

| 放射性核素 | 主 要 应 用 | 出院时的最大活度/MBq |
|---|---|---|
| P-32 | 全身注入 | 1200 |
| Y-90 | 局部注入 | 1200 |
| I-125 | 籽粒源永久植入 | 没限制 |
| I-131 | 全身注入 | 600 |
| Au-198 | 籽粒源永久植入 | 2000 |
| Sr-89 | 全身注入 | 300 |

注：① 如果密封源(I-125、Au-198)脱落并丢失，患者不应当出院。

② 用 Co-60、Cs-137 或 Ir-192 治疗的患者只有在去除源后，才可以出院。

③ 如果源可能泄漏，患者不应当出院。

④ 带有内置放射性物质出院的患者用公共交通工具不要超过一个小时，以免使他人受照射。

⑤ 应该特别关注哺乳的女患者。乳汁中会有分泌的放射性碘，只有在紧急情况下，才可以用放射性物质来治疗哺乳期的母亲。

## 22.3.3　永久性植入

永久性植入需要在手术室里植入放射性物质。这对患者来说非常方便，而且不需要去除源(或者施源器)。永久性植入的最常用的形式是籽粒(粒子)源。它们是直径为 1mm，长约 3mm 的小金属柱(丝)体。它们含有化学稳定的化合物如碘-125 或者金-198。这两种最常用的放射性核素分别有其优缺点：

- 碘-125(I-125)有约 60d 的相对较长的半衰期。因此，它可照射肿瘤几个月。它的优点是发射的光子能量比较低。平均能量为 28keV，这可以保证几乎所有的射线伤害都是局部的，避免照射到周围的正常组织。I-125 植入主要用于治疗前列腺癌。
- 金-198(Au-198)发射的能量较高。它的优点是半衰期只有 2.7d。这使得总的有效的照射时间与其他可持续一个星期的低剂量率植入类似。

通常用一个植入枪来把放射性的籽粒源放在肿瘤附近。植入枪可以装载许多籽粒源，这应该由训练有素的工作人员在热室里操作。籽粒源被推到靶区，抽出枪的时候，籽粒源开始堆积起来。通常在直接的超声波或者荧光透视的引导下进行。如果处理得当，籽粒源植入可以形成理想的三维植入。籽粒源可以放入任何特定位置。植入籽粒源可以多达上百个或者更多。

虽然应该试运行一个理想的治疗来确定籽粒源应该放在哪里，实际上患者治疗计划是在植入之后进行的。在手术中形成的实际几何条件是决定治疗效果的最重要的因素。通常用正交的 X 射线诊断来评估植入几何位置。如果每一个源可以被 X 射线鉴别出来，电脑可以构建植入的三维几何结构。然后用于剂量分布计算。在永久性植入当中，这不可以被改变。

永久性植入造成了一些特殊的放射性安全问题：

(1) 在手术室里，放射性的籽粒源由操作员操作。这将会使工作人员接受一些照射。这也会造成工作人员急着植入，因为他们担心照射时间。由于最优的几何分布对植入是非常重要的，所以这会对植入造成非常不利的影响。

(2) 另外的潜在危害是丢失的籽粒源。没有辐射探测器不容易找到它们。因此，一位经过良好训练带有辐射探测器的工作人员应该参加植入全过程。他们会很快找到丢失的源,然后用镊子把它们放到一个安全的容器里面。

(3) 在手术后,如果患者在病房里康复,看护人员会受到照射。在这种情况下,看护人员应该佩戴上个人剂量计,也可能需要移动防护屏障。一个移动防护屏障包括安在轮子上的金属板(大约 50cm 高,80cm 宽)。根据所使用的放射性同位素和用途,它的厚度会有所不同。高度可以调整的移动防护屏障是很有好处的。

(4) 与在手术室里一样,如果源丢失的话,应该有一个移动保险箱和可夹源的长镊子。特别是前列腺的植入源可能从前列腺脱落,然后随尿排出。

(5) 永久性植入的患者可以自由行动。由于放射性不能从外面看到,患者应该带一些标志以便工作人员和其他人员注意。这种标签是一个上面写有所用放射性同位素,在特定日期的放射性活度以及在紧急情况下的联络人的详情的黄色臂章。所有这些信息和一张列出一个特殊植入的放射危害的记录单应当写入病历中。

(6) 因为患者可以带着体内的放射源走动,一个辐射探测器应该放在治疗室内。如果患者想带着放射性物质离开房间,这个监测仪可以发出警报。

(7) 一旦患者出院了,他们需要具体的有关植入的指导。在大多数情况下,这些患者对周围环境并不造成辐射。但是,应该建议他们远离儿童和孕妇。同样,如果他们住院的话,应使他们的全科医师和其他医院的员工注意到他们有植入源。亲戚或者护理者也要小心。如果患者死后需要尸体检查,这点就非常重要了。在这种情况下,必须要一个训练良好的有放射防护与安全知识的人来操作。如果带放射性的患者需要紧急的手术或者他们死了火葬或者埋葬,NCRP 的第 37 号报告总结了需要采取的防护措施。

### 22.3.4 暂时性植入

大约 30 年前常用的暂时性植入治疗方法用的是镭针,而现代已经不常见。有一种 Ir-192 的"发夹"式植入籽粒源(弯的放射性丝状源类似发夹),可直接插入到组织中,而且发夹式的形状有助于形成好的治疗几何条件。在治疗结束后,取出此发夹式籽粒源。

对有暂时性植入籽粒源的患者来说,需要采取和永久性植入相同的放射安全措施。如同永久性植入一样,详细的记录和辨明患者是非常重要的。

### 22.3.5 手动后装放射治疗

**1. 施源器**

后装治疗技术克服了手术中的放射防护与安全问题,因为在操作中,不必用手直接处理放射性物质。代之以插入中空针、管、导管或者其他的施源器。再采用如下形式后装进放射源:

- 中空针。它们直接插入到靶区。优点是可以提供一个直接的很容易定位放射源的几何分布。可以通过诊断 X 射线摄影观察到针,相应容易制定治疗计划。在很多情况下,钢针所造成的辐射衰减可以忽略不计,因为剂量衰减主要由到源的距离决定。针植入通常用患者皮肤上的可固定针以保证空间不变的模板。这种中空针通常用在乳腺的近距离放射治疗或者肛门植入。
- 管子或者导管。它们由可塑塑料制成。和针相比,它们可以更为灵活地覆盖肿瘤区域，但是，要更为彻底地检查它们的空间位置。规划植入和插入放射源的物理师一直在手术室里观察源的几何分布是十分可取的。导管通常用在舌头植入，以及一些在支气管或者食管中的腔内治疗。

除了中空针和导管之外，也设计了腔内工作的特殊的施源器。其应用包括妇科、支气管和食管的有关治疗。

已经为妇科的癌症设计了许多施源器。它们通常由钢制成，而且结构牢固，可以装填一到三个籽粒源。其中的一些还包括屏蔽保护直肠。与以上讨论的类似，妇科的施源器使用 Ir-192 源，但是低剂量率的近距离放射治疗通常用 Cs-137 源。小球状的铯源或者小的圆柱体源也可以用在施源器中。这些源可以重复使用多次，分清楚不同的源以避免把源搞混是非常重要的。可以通过严格遵守储藏系统或者在源或活性的源架上标记来达到此目的。一个简单的可以核实放射源标识的方法是通过镜子。

支气管或者食管的施源器设计，参照诊断技术给病灶的成像进行。施源器应放在适当的位置，并且经过验证。

图 22-13 展示了在后装近距离放射治疗中使用的各种中空针、导管和施源器等。

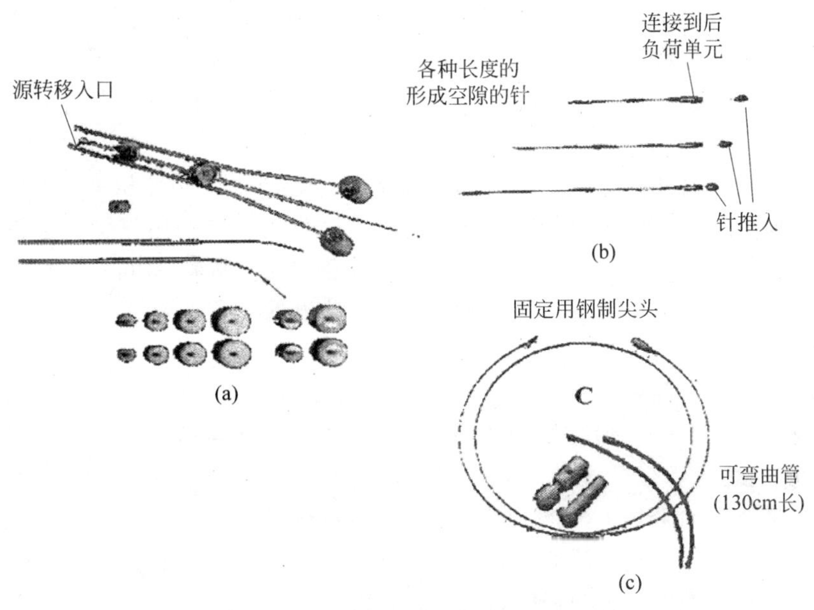


图 22-13　后装近距离放射治疗的中空针管和其他施源器

(a) 妇科的 Fletcher-Suit-Delclos 施源器；(b)形成空隙的针(直径＜ 2mm)；(c) 肺部的施源器

**2. 放射源**

在针和导管方式中最常用的籽粒放射源是铱-192 丝。这可以由许多供货商提供，通常 50cm 长一卷。这种丝可以由医学物理师剪到合适的长度。只有训练良好的员工才可以剪断铱-192 丝，因为它会造成许多放射性安全问题。这种丝的典型放射性比活度是 $50\text{MBq}\cdot\text{cm}^{-1}$。这意味着，经常要处理超过 1GBq 的总放射性活度。因此，需要考虑放射安全的时间、距离和屏蔽防护等基本原则：

(1) 处理放射源的时间越短越好。先用非放射性的丝进行同样操作练习是比较好的。这个试验可以证明计划的操作(比如切断丝，然后粘上非放射性的末端)可行性，可以帮助优化操作。

(2) 放射性丝应该用长距离的镊子和其他工具处理,以使操作者距离放射性物质的距离最大化。

(3) 所有手术应该在适当的屏蔽下进行。对 Ir-192 来说,几厘米的铅屏蔽是比较合适的。铅玻璃的屏蔽应该用来保护头和眼,同时有利于观察试验。作为选择,在铅屏蔽的后面,可以用镜子来观察操作程序。注意,穿一件铅围裙并不能为相对高的铱光子提供足够的屏蔽。

(4) 对处理和切断铱丝,有一些特殊的商业化的切割工具。可以推荐使用,但应该详细测试考察系统的适用性。

(5) 在切 Ir-192 丝的时候,要切开密封源的包装以使得放射性物质暴露出来。虽然大多数情况下,在污染方面没有什么值得特别注意的(因为铱是惰性物质),然而严格说来,要把它看做是非密封的。在使用后,要重新把铱丝包装在一个薄的塑料管中。适当封装时,确保金属线的非活性的末端和源相连(在同一个包装管中,把活性或者非活性的金属线放在一起)。非活性末端非常有用,因为它们改善了对放射性的操作,同时可以使活性长度限制在靶区域(如活性丝可以在肿瘤中中空管的一段,惰性丝末端伸出来,然后穿过患者的皮肤)。这可以使得皮肤得到保护,同时也可以减少对护理人员的照射。

(6) 丝的小部分切割边料可能丢失。因此,在去除掉所有的铱丝之后应该仔细检查工作区域。

(7) Ir-192 的半衰期是 74d。因此,需要储存很长时间才可按照相关法规与标准要求让生产商把源回收。一旦源被指定用于某一个患者,它们的重新使用就受到包装的限制。和放射性物质近距离接触,塑料可能老化。它可能褪色和变得脆弱,并可能损坏它密封放射性物质的能力。因此,在使用之前,要检测和 Ir-192 接触的所有的塑料。通常包装在一个合适的塑料管中的源,大约可以使用 2 个月。

**3. 电离辐射安全问题**

要定期检查超过一定使用时间的源。这些检查至少包括:

- 擦拭测试;
- 用诊断 X 射线检查籽粒源及其安装,这可以反映电缆的破损或者源容器的裂缝;
- 放射自显影。这是用放射摄影胶片对来自源本身发出电离辐射的曝光。放射自显影可以确认源的位置和帮助验证它们的相对源强度。

在所有手动后装治疗应用中,病房中的护理人员受到和永久性植入类似的照射。护理过程中应该用移动防护屏障。如果需要,也可以手动移除源,然后放在安全的容器里。在护理操作后,可以再次插入放射源。只有在特殊的情况下才移除源,因为这会引入源位置的不确定性。

带源患者回到床上后,建议一个有合适资质的工作人员来测量一下病房中的辐射水平情况。这个调查可给看护人员一些建议,诸如在看护操作中从哪个方向来接近患者。这个调查应该有看护人员代表在场情况下进行,他们可以把正确的信息提供给其他人员。除了确定接近患者最好的方向以外,辐射测量也可给出绝对的剂量数字。由此可以用来确定一些护士待在患者旁边的最长时间。

在一个比较忙的,但是没有后装设施的近距离放射治疗病房中,在病房中护士轮值可以使每个护士受到的照射适当分担。建议探视访问者不要接受不必要的辐射。

如果患者不合作或者精神紊乱，可能产生放射危险。在这种情况下，患者可能离开治疗室，导致对其他人的照射。为了避免这种情况，在治疗室的门口应该有一个监视器。如果患者离开治疗室的话，它可以发出警报告知潜在的问题。除此之外，患者应该有标识。这可以通过用戴在手腕或者脚踝的黄色的带子做标记。这种带子应该显示电离辐射警告标志，确定患者的名字和病房的位置，以及明确标出使用的放射性核素活度和标定日期。这在患者需要紧急手术或者死亡的情况下，可以防止出现问题。所有这些情况，均应该通知本单位电离辐射安全防护负责人。

治疗结束时，应该由一个被批准的有良好训练的人员去除源。这个工作人员也应该检测患者、床和籽粒源可能丢失的其他地方，确保治疗室或者患者身上没有留下任何放射性物质。在患者病例中要详细记录源的去除，也要从患者身上去掉和籽粒源有关的所有标签。

### 22.3.6　遥控后装放射治疗

从放射安全的角度出发，遥控后装用于近距离放射治疗是一个更好的选择。正如前面所提到的，遥控式后装源的流程和手动后装类似，只是将人工操作放射源注入到导管、针或者其他施源器的流程替换成用遥控后装技术来完成。图 22-14 是一种遥控后装放射治疗设备。

从后装源容器的保险柜中将源转移至患者的导管中有多种方法：

- 源可固定在转移缆绳上，步进电机再将源从缆绳底部驱出。必须经常检查缆绳是否完整。
- 源可以用空气压入施源器的底部位置，但这仅用于妇科施源器，主要是由于其直径比较大。

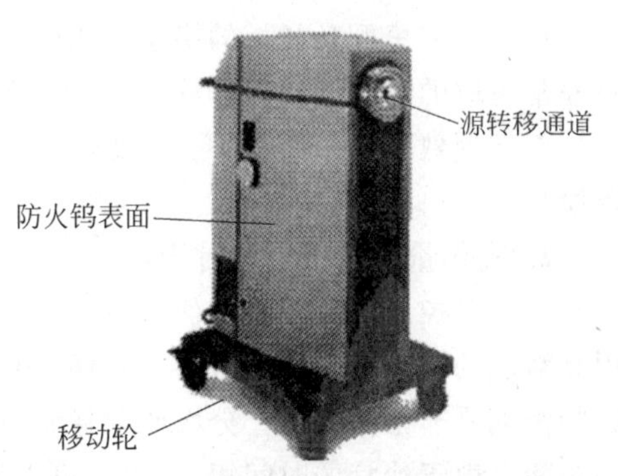

图 22-14　铱-192HDR 遥控后装放射治疗装置

在开始治疗之前，检查传输装置是否正常运转和放射源参数（例如铱-192 丝的长度或者是铯-137 球的数量和位置）是非常可取的。这种检查可以用类似于放射自显影的射线摄影技术来实现。

源转移器可以在治疗室外实现遥控，治疗开始后只有患者待在治疗室中。通常情况下，源传输装置与治疗室的门是联锁的，并且在源转移至植入器之前门应该是关着的。如果有人突然打开了治疗室的门，遥控后装源器会自动将源输送回安全位置。同时会发出警报提醒工作人员治疗被中断了。这可以避免长时间的中断而延长整个治疗时间。值得注意的是，源自动输送回去的时间一般都只有几秒钟，所以不小心闯入这个房间的人所受到的照射剂量也是非常小的。

为了方便护理，治疗是可以遥控中断的。源转移输送回源容器后患者就可以接受护理。将源从治疗位置转移到源容器一般需要几秒的时间。等源转移完毕后再进入治疗室是非常明智的。所以，遥控后装治疗技术不仅提高了放射安全性，还可以提高接受治疗患者的舒适程度,并且在多数条件下可以提高护理质量。

由于患者的身体连着治疗装置,所以他们不可能带着放射源离开治疗室。如果患者与导管或针的连接中断了,大部分的遥控后装源器都可以自动将源收回。然而,对于永久性植入或手动后装治疗来说,重要的是发现那些不合作或闹事的患者,以防他们带着放射源逃跑。在任何情况下,治疗室里必须要有一个与报警器连接的辐射监测器来解决这个潜在的问题。

为防止出现电力故障,遥控后装源器被设计成可通过使用备用电池(或配套的机械装置)以实现自动输送回源。如果源不能回到保险柜,解决这个问题的方法取决于所用治疗装置的类型。下面列出了一些有关治疗装置的类型。

**1. 低剂量率近距离放射治疗**

典型的用于低剂量率遥控后装源的放射性核素是铯-137 和铱-192。铯源一般都有固定的几何形状,而铱源则定制成所需长度的金属丝。所用源的活度需要 2GBq。典型的低剂量率近距离放射治疗的治疗时间为 2 天(施加以 20Gy)至 7 天(全部治疗 60Gy),一般剂量率为 $0.5\text{Gy}\cdot\text{h}^{-1}$。

对于低剂量率治疗而言,卡源所产生的效果基本上与手动后装源类似。同样,卡源所产生的后果没有手动后装源严重,并且如果源超过正常时间的情况下,待命的医学物理师进行矫正处理通常容易解决。

在治疗室里配备长把的镊子用来快速而有效地将放射源转移至一个大的铅容器里储存是非常可取的。为了确保能移出卡住的源,大部分机器都允许手动撤回放射源。所有工作人员都必须熟悉治疗装置,经过放射防护与安全培训的工作人员还应该清楚所有必要的程序。

**2. 高剂量率近距离放射治疗**

对于遥控后装放射治疗而言,只要治疗室屏蔽足够好,其使用没有任何限制。这利于使用高活度的源来缩短治疗时间。然而,出于放射生物学的考虑,提供分次照射以利于正常组织的修复是非常必要的。分次照射通常分为 6 小部分,共需持续几周,每次需要少于 1 小时的时间。由于治疗的时间短,所以还可以确保包括经过放射安全培训人员在内的相关人员在治疗时在场。然而,由于源的活度高,万一源粘附在患者身上则需要快速的操作来解决。在治疗室里必须要有性能合适的有屏蔽容器和长把镊子或其他工具以便可以将粘附在患者身上的源快速收回。在整个治疗过程中都必须要有一位既经过辐射安全防护培训又熟悉治疗装置应急操作的工作人员在场。将源从患者身上收回必须在瞬间内很快完成,以避免对患者的过量照射。

在一些较老的装置中,钴-60 常用于高剂量的妇科治疗。采用高剂量率的钴源与铯-137 源在形式上是类似的,只是前者所需的时间更短。其优点是患者可以当做门诊患者来治疗(需治疗至少 6 次)。另外,在每次治疗时可以对所用源的几何形状进行优化和检查,这与 LDR 治疗不同,后者治疗源的几何形状会在持续几天的治疗时发生改变。缺点是每次施加源都要对患者实施行麻醉。

现代的装置都是使用活度大约为 370GBq 的单个小体积的铱-192 源,它可以附在钢绳上,在针孔或导管内移动,习惯叫做移动源高剂量率近距离放射治疗。由于源在施源器内不同位置的停留时间可以调整,所以可以进一步优化剂量的分布。这就允许在几分钟之内灵活地将最佳的剂量施加给治疗靶区。治疗装置通过步进电动机控制源的动作，如有不正常就会发出警报。总之，治疗装置必须要有高质量的安全保障措施。由于源的活度高，高剂量率近距离放射治疗室需要有足够的屏蔽。大部分情况下，HDR 都与外照射束放射治疗设施组合在一起。在一些场合 HDR 装置还与外照射束放射治疗设备共用机房。然而，如果建设的房间是为 HDR 定制的，则会更便利也可以获得最大的效能。在这样的治疗室里，放射诊断机也是必须要有的，可以通过其影像诊断定位导向来优化施源器植入的位置。图 22-15 展示了典型的移动源的铱-192 高剂量率近距离放射治疗室的布局。

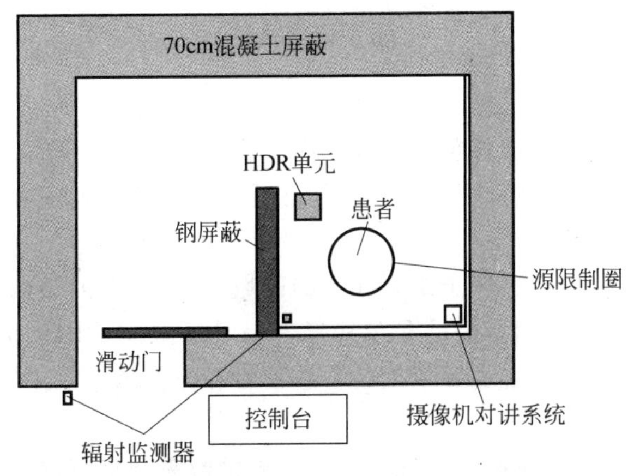


图 22-15 典型的高剂量率近距离放射治疗室的布局

### 3. 脉冲剂量率近距离放射治疗

脉冲剂量率近距离放射治疗 PDR 是将 LDR 和 HDR 结合的一种治疗方式。在这种治疗中，小源是活度大约为 37GBq 的铱-192 源(活度大概是高剂量率的 1/10)移动进入治疗区，这样保持了高剂量率时所达到理想的剂量分布。然而，每一次脉冲(实现源的逐步进入治疗区)只传递了大约 0.5Gy 的剂量，每 1 小时或者 2 小时重复一次直到达到处方所需的剂量。通常情况下，在长达几天的治疗时间内，脉冲需要重复超过 100 次。

因为患者需要护理，所以脉冲剂量率近距离放射治疗需在病房中进行。每一次治疗所使用的源强都比低剂量率治疗高约 10 倍(即使源离开储源容器只有很短的时间)，在进行屏蔽计算的时候必须将这考虑进去。所以，特定朝向的区域需要更多的屏蔽。

PDR 治疗特有的一个问题是插入的源可能超出正常的工作时间。给定的源活度高，而负责从患者收回源的人员需要在处理室里待 10～15min。为此一些医院采用了工作人员留在治疗病房附近的修改方案，还有一种替代方案是晚上中断治疗几个小时再进行查看。然而后者有放射生物学的缺点。

## 22.3.7 非密封源放射治疗

在一些放射治疗部门，对有些患者采用非密封的放射性物质施行治疗。这些治疗依赖于放射性物质特定代谢途径和富集于治疗区域的特性，与核医学程序类似。因此，很多核医学科也开展放射性药物治疗。然而，对大部分的临床核医学，放射性核素标记的药物是用于诊断目的。这就要求利用最少的放射性活度能获取期望的诊断信息。而在治疗应用时所投给的放射性药物的活度很大，放射性药物能自己富集于治疗区域，因而靶组织优先受到照射。

放射性核素治疗药物的应用的例子有采用碘-131来治疗甲状腺癌，以及注射锶-89标记药物治疗前列腺癌骨转移。

### 22.3.8 近距离放射治疗室的屏蔽

大部分的近距离放射治疗都需要一定的屏蔽。很多情况下(例如储藏放射性核素源)需要局部屏蔽(如一个铅的容器或保险箱)，而不是屏蔽整个房间。但是当放射源放入患者身体时，需要有结构屏蔽。对于屏蔽高剂量率的放射源的厚度与直线加速器治疗室同属一个数量级。

对于特定的应用设施，有不同的方法计算其所需的屏蔽防护厚度。像外照射束放射治疗，其所需的屏蔽主要取决于工作负荷和利用因子，同时也取决于所使用的放射性核素源和放射性活度。在进行任何屏蔽计算时谨慎的做法是不考虑患者的吸收。这对浅表放射治疗是允许的并留有安全余地。

多数条件下，屏蔽防护应适用于距源几米的区域。这样，源的结构可以忽略而当成点源看待。美国国家辐射防护与测量委员会在其第49号报告(NCRP1976年出版)中提供了关于计算所需屏蔽的简单公式，它主要依据各种放射性核素源在屏蔽体中的透射分数表进行计算。

一个更好的方法是用放射源的空气比释动能率常数来计算所需的衰减量。空气比释动能率常数规定了一个距离放射源1m处物质中的比释动能的参数。这与外照射电离辐射防护中所讨论的$\gamma$射线常数类似。

一些常用源的空气比释动能率常数列于表22-2。使用空气比释动能率常数，距特定放射源1m处的空气比释动能可以被计算出来。出于屏蔽防护目的，人员在空气比释动能计算点所吸收的剂量可以大约认为等于空气比释动能。其他距离的剂量可以根据平方反比定律公式计算，见公式(22-5)。

$$K = \mathrm{AKR} \times T \times A \times \mathrm{ISL} \tag{22-5}$$

式中：$K$——空气比释动能；

AKR——空气比释动能率；

$T$——照射时间；

$A$——源强；

ISL——平方反比定律系数。

使用范例见例22-3。

**例22-3** *在距离没有屏蔽的活度为2GBq的铱-192源4m处2h所吸收的剂量大约有多少？*

**解** *可从方程(22-5)和表22-2得出：*

$K=113\times2\times2\times(1/4)^2=28\mu\mathrm{Gy}$，因此吸收的剂量大约是$28\mu\mathrm{Gy}$。

在不超过普通公众1年所受照射的最大剂量(即1mSv)情况下，人员可以在上述位置停留35次(或70小时)。如果每年施行这样的治疗200天或者是4m距离内是办公室，修建额外的屏蔽体就非常必要。如果工作负荷和所居留的区域已知，所需的衰减量就可以计算出来。

通过以上例子，可以假定一个人 1 年工作 200 天，每天 8h，意味着放射治疗科每年工作 1600h。对于满工作负荷来说，其大概所需的衰减因子为 23 或者铱-192 的 1/10 值层的 1.4 倍。如果工作负荷不同，则所需的屏蔽可以减少。

### 22.3.9　辐射水平评估

**1. 建筑阶段的测量**

如果要设计一个新的近距离放射治疗设施，其所适用的规范与外照射束放射治疗防护类似。但多数情况下，病房需要进行改造来适应患者近距离放射治疗的需要。很重要的是设施的规划设计和仔细评估现有墙以及距离等。特别是对于老建筑，应该仔细考察可能有缺失的砖块，地板和天花板同样也需要格外关注。最佳的评估方法通常是在治疗室放一测试源，然后用辐射探测器在邻近的房间检测。

对于非密封源治疗，盥洗室排水系统的适宜性也应该考虑到。

**2. 设备试运行期间的测量**

所有的遥控后装放射治疗设备都必须验收。除了检验所有的技术规范之外，设备的放射安全性必须很仔细地进行测试。源传输装置和治疗装置内的储源容器都需要检测，特别是对后者更需要在各种可能的源结构情况下彻底地检测(如使用的是铱丝，所有的活性长度都要进行检测)。

应做好应急预案，包括功能性应急措施。所有的操作工作人员都应该熟悉源的收回程序。

在使用系统之前，必须进行彻底的放射安全检查。这应该包括所有源可能位于的位置(如铱丝可能用于脑植入则在床头位置，也可能用于腿部肿瘤的治疗则在床尾位置)。这样的测量是在没有患者时进行的，而在设备正常运转时，由于患者自身的衰减就会有额外的安全性。

应制定一组详细的程序。如果近距离放射治疗是在普通病房进行，由于工作人员频繁进出，这就特别重要了。

**3. 定期的辐射安全测量**

屏蔽防护的完整性和所有联锁装置的功能都必须检测，最佳的检测时间是在实际治疗时。同样，声响警报以及个人监测仪都可以在治疗时进行检测。另外，储藏放射源的保险柜的屏蔽完整性也要检测。

在处置放射源之前，必须估计其活度并存档。只有活度低于相关规定值的源才可以被处置。半衰期长的放射源如铯-137 应该送回原生产单位。

## 22.4　放射治疗部门的相关设备和其他放射源

除了放射治疗设备以外，在放射治疗部门(科室)还有其他用来做定位的放射诊断设备。它们的主要特征和 X 射线诊断设备类似，在第 20 章放射诊断的防护与安全已经介绍了它们的大部分问题。这里只介绍应用于放射治疗中的一些独有特点。

### 22.4.1　放射治疗模拟定位机

X 射线诊断设备采用等中心安装，以模拟医用直线加速器的所有运行和功能。它们也真实模拟与放射治疗设备中患者的支撑系统类似的病床。放射治疗模拟定位机使用影像增强器透视。主要用来调整患者的位置，以便患者以最佳的方式接近以后的放射治疗设备的治疗束。这个设备也有移动的X射线照射野的正交丝。它们用来确定治疗照射野应该放在什么位置。在灯光野和X射线影像中都可以看见这些丝。这些模拟装置用来检验在诊断X射线影像上肿瘤的位置，同时为治疗照射野的位置提供一个参考图像。这个参考图像为以后治疗检验提供基准。

从放射安全和屏蔽防护的角度看，同样的结论也适合于类似的诊断设施。应该调整利用因子以便适用于实际情况。这包括可以与诊断程序中的典型射线束方向不同的方向。一个例子就是射线束倾斜的乳房切线治疗。利用因子应该反映这些情况。后来一些厂家也生产X射线CT模拟定位机。这些设备用X射线管组件围绕患者旋转，同时用影像接收器把数据构建成计算机的断层X射线扫描影像。因为X射线计算机断层扫描装置(X-CT)为放射治疗计划程序提供理想的输入数据，因此，这对放射治疗部门很有吸引力。和一般的X射线CT扫描不同之处是旋转速度相对比较低(整个旋转时间大约是30s)，这将会在X射线CT图像上出现运动伪影。通常患者的照射负荷也比较高，这些和X射线管有限的热容量限制了实际使用的CT层数。X射线CT模拟定位机的一个独特优点是患者的位置不受支架孔径的限制。由于一些放射治疗技术要求患者的臂和身体分开，X射线CT模拟定位机也可以从在治疗位置的患者身上获得断层成像数据。

如果一个模拟定位机也当作CT扫描机来操作，这将会改变治疗室屏蔽的要求。通常安装一个导热性高的管子。利用因子较小的方向，和其他射线束方向一样变得越来越重要，同时X射线管总的负荷量剧烈增加。因此，需要额外的屏蔽。

放射治疗模拟定位机对近距离放射治疗的患者，也用来检验植入源的几何分布。如果这是一个永久性植入，要采取所有处理带有放射性物质患者的所有防护措施。如果采用后装源技术，则患者不带有放射性，所以用非放射性的标签，代之以详细说明源治疗的几何分布。有时在放射治疗部门有用于HDR近距离放射治疗的荧光透视设备。在这种情况下，不用考虑治疗室的屏蔽问题，因为治疗室已经为HDR的近距离放射治疗的高辐射建立了屏蔽。但是，应该注意正确使用一些防护用品，比如荧光检查法中的铅围裙等。在第20章介绍有X射线诊断操作中更为详细的放射防护与安全要点。

### 22.4.2 X射线计算机断层扫描

CT扫描图像可以提供沿辐射束的轴向上的数据，它们几乎不失真，而且可提供对剂量计算程序有用的电子密度信息。因此，越来越多的放射治疗部门已经购买了X射线CT扫描机。如果这是一个旧的二手型号的，有关放射安全和质量保证的考虑是非常重要的。一个使用CT扫描机的放射治疗部门通常有80%，或者更多的患者在治疗之前接受了X射线CT扫描。在很多情况下，这些患者已经接受了一次诊断CT扫描。在诊断操作中，适当的计划和共享信息可以避免不必要的重复扫描。但是，通常X射线CT扫描对治疗计划的价值超过了辐射风险。在很多情况下，治疗计划的改善实际上可以减少施加给患者正常组织的剂量。

X射线CT扫描本身施加给患者很大的剂量(大约在10mSv)，因此在使用CT扫描作为后续的定期治疗时，应特别小心。通常在放射治疗部门，X射线CT扫描给患者提供的利大于弊。在安装一个新的设备时应当考虑它。

### 22.4.3 辐射剂量测量用检验源

许多放射治疗部门有专门的放射源用来检验剂量测量仪器设备。治疗剂量仪(特别是用来进行绝对校准的电离室)可以用这些源检验。通常用的源是Sr-90/Y-90。锶90的半衰期是28.7a,和它的子体钇90达到放射性平衡。钇-90的β射线的最大能量为2.27MeV,这大约比锶-90的最大能量高4倍。作为纯的β射线发射体,Sr-90/Y-90源可以在铅容器中得到很好的控制。在大多数情况下,严格的管理使得电离室以一种可重复的定位方式靠近放射源。在许多情况下,电离室位于同一个含有源的铅容器里。

从放射防护与安全的角度看,检验源并不是主要的关注点,因为只有训练有素的工作人员才使用它们,而且它们封装得很好。但是,还要注意到两个问题:

(1) 新工作人员必须了解放射源和它们的正确使用。

(2) 通常检验源要和用于放射治疗射线束校准的电离室一起送到规定的国家校准实验室。在此情况下,源要包裹良好,而且它的运送要遵守相关规定。

### 22.4.4 Sr-90眼部敷贴器

Sr-90/Y-90源也用于眼科敷贴器。这包括一个直径大约为3cm的圆盘,它的曲率和眼球的类似。这个圆盘的内部用一层Sr-90/Y-90来覆盖。为了避免直接接触放射性物质,用一薄层铂层来覆盖它。一个30cm长的固定器连在圆盘的外面。眼部敷贴器包含的放射性大约为370～740MBq。在治疗的时候,它们要和眼球接触几秒到一分钟。

眼部敷贴器用来治疗恶性的黑素瘤和良性的角膜血管疾病。很难测量这些β敷贴器的剂量率,所以要使用制造商提供的校正因子。但是,很有必要在一个固定的几何位置,进行定期的一致性检查,来确保放射性活度还是与经放射性衰变修正后的一样。除此之外,很有必要检查放射性的空间分布。这非常重要,因为放射性物质可能脱落,形成不均匀的辐射场。

虽然Sr-90/Y-90的β射线在组织中的穿透能力只有12mm,但是它在空气中可以穿透好几米。因此,不应该直接视察敷贴器,也不应该使它指向患者以外的人员。

在治疗之间,最好用含酒精的水清洗敷贴器。

不同的医师通常在不同的场所使用眼部敷贴器。对所有可能的使用者进行足够的放射防护与安全培训或者指导是非常重要的。敷贴器也可以从一个地方运到另一个地方。因此,要有一个具有屏蔽并可上锁的箱子。应该遵守所有与运送放射性物质相关的规定。

最近,已经有了钌-106眼部敷贴器。钌-106的半衰期大约为1a,但是最大的β射线的能量为3.4MeV。这会造成更大辐射的穿透深度。通常所有Sr-90/Y-90敷贴器的放射防护与安全要求同样适用于钌-106敷贴器。

### 22.4.5 电离辐射水平评估

放射治疗部门的模拟定位机和X射线CT扫描机也要求与放射诊断部门同样的辐射水平评估。在放射治疗设施中,模拟定位机或者X射线CT扫描机可以离放射治疗设备很近。

由于工作人员和公众的剂量限值适用于所有的电离辐射源产生照射的总和，要特别留意避免任何一个人由于受到几个不同的射线源的照射，导致超过了规定的值。

## 22.5 结束语

### 22.5.1 应急程序

所有的工作人员都要熟悉应急程序。这不仅适用于电离辐射事故，同样适用于火灾、地震或者其他灾害。由于应急情况不经常发生，所以所有的工作人员不仅要知道程序，而且要积极参加训练来完成必要的行动。这些训练包括实际的演练。

很容易关闭放射治疗的X射线治疗机，而且可以和门联锁以避免有人偶然地被照射。这样的事故还是会发生。如果这样的事故确实发生了，应该调查事故的原因。一个有用的调查方法是使所有涉及的人，简要写一下事故经过。理想状况下，在写之前，所有涉及的人员不应该讨论以免使结果有偏差。然后用仿真人体模型来模拟这个事故，并用许多检测仪器来确定事故中实际受到的剂量也是非常有用的。只有在特殊情况下才要求采集血样来为生物剂量测定提供样品。在这种情况下，事故后尽快采集样品来获得背景样品是很重要的。在事故发生几天后可以采第二个样品，这时伤害已经在血细胞中表达。

当处理放射性物质的时候，不可能简单关闭放射源。因此，所有使用各种放射源的房间都要正确地标识，以向消防员或者其他应急工作人员警示室内的潜在危险。因为事故发生后，照射继续进行，所以快速采取适当的措施是非常重要的。这要求经常训练所有涉及的工作人员。如果买了放射源的保险箱，应该测定一下它的防火等级。

当涉及外照射放射治疗的源（比如铯-137和钴-60）时，让工作人员知道怎么把源手动送回到一个安全的位置是非常重要的。如果在短时间内不能达到此效果的话，应该首先注意保护患者。在这种情况下，要立即把患者从照射野下转移。

对近距离放射治疗而言，在紧急情况下，在治疗位置有一个准备好的屏蔽容器来盛装源是必须的。这可以是一个已经留在治疗室的运送容器。紧急行动的时间取决于使用的源的强度。在LDR治疗中，应该在1h之内处理一个错位的源，而在PDR和HDR治疗中，反应时间分别应该在1min左右(PDR)或者10min左右(HDR)。对在照射过程中整个治疗小组都在场的HDR操作，这个不成问题。但是，在PDR中，要有一个训练良好的人员（典型的是医学物理师）可以接近离放射治疗室足够近的辐射监测装置，以便在大约10min内处理问题。因为这些治疗通常要过夜，需要注意员工换岗。

应该记录所有的放射事故，而且在相关的委员会会议上制成表格。这可以是一个专门的放射安全委员会，或者一个职业健康和安全委员会。必须有训练良好的人员，主要是电离辐射安全防护负责人来调查事故。这个记录不仅可以作为将来的参考，而且可以在将来避免类似的事故发生。因此，一个科也要采取制度来报告和记录侥幸避免事故的情况。从一个对侥幸避免事故的调查中得到预防的措施可以避免在将来可能发生的事故。

在任何紧急情况下，需要通知事故的监管部门。在大多数事故中，这种报告职责的分级由审管当局来清楚界定。报告事故对其他使用电离辐射技术的人也是非常重要的。这可以帮助当局来汇编事故列表和危害，将会帮助所有的使用者在将来避免事故。

### 22.5.2 质量保证

所有医疗操作的一个重要方面是质量保证(QA)。它概述了规定的活动,以确保服务是以适合和有效的方式进行。要采用一些质量保证体系。最有名的是 ISO 9000 体系。最初主要是为制造商设计的,它也包括一些对放射治疗部门有用的信息和建议。在英国的一些严重的放射事故后,许多放射治疗部门采取了放射治疗质量保证或者质量管理体系。

质量保证包括许多方面。它不仅涉及与服务和设备相关的连续评估,而且涉及治疗室的通讯、记录和归档。因此,每天检查放射治疗机的输出量,员工的个人监测,和定期的放射安全检查都是放射治疗质量保证体系的一部分。对放射安全来说,每个方面都是非常重要的。

### 22.5.3 文档和记录的保存

通报信息综述了训练与教学活动、程序发布、放射风险与影响等。所有这些对员工、患者和探视访问者了解潜在的放射危险非常重要。要确保如果放射事故发生,必须报告给监管部门。只有这样才能采取适当的措施来避免将来发生类似的事故。

文档也是非常重要的。它包括记录危险以及适当的处理方法。它也包括涉及使用电离辐射的所有活动的程序。虽然,经验在避免放射事故方面非常重要,但是把经验交给别人也非常重要。这需要详细记录。涉及电离辐射的所有操作的总结叫做放射安全手册。汇编和提供放射安全手册是放射安全负责人的职责。应该使所有参与电离辐射的员工都有此手册,而且应该定期更新。

应该记录所有相关的活动和它们的结果。这包括放射治疗设备的(如运行参数、输出量),患者的,以及质量保证活动的资料。也应该记录对这个部门工作状况的审计和调查。最后,也应该记录放射事故。记录的保留时间取决于收集到的资料。但是因为患者和员工要生活好多年,一般 70 年的保留期是比较好的。

### 22.5.4 安排配置工作人员问题

放射治疗部门里有能够施加具有潜在致死辐射剂量的治疗设备。从放射安全的角度出发,放射治疗部门会引发潜在的危害。因此,这里要强调一些安排配置有关工作人员问题,因为这在放射治疗中是非常重要的。

要任命一位合格的人员为电离辐射安全防护负责人(RSO)。这个人员(或者一个代表)应该在任何时间都在岗(可通过呼机或者移动电话)。这个 RSO 必须直接参与有关行政管理,从而能立即调整处理潜在的严重危害。

在电离辐射的所有工作场所,工作人员必须佩戴一些类型的个人剂量计。应该定期(比如每月)对剂量计(典型的是一个 TLD 剂量计)进行评估和记录。监测结果必须告知被监测的工作人员。在许多国家,一个集中化的机构来记录个人辐射剂量。这是一个很好的做法,因为它避免了为多个雇主工作的人员超过了剂量限值的情况。

工作人员必须知道正确处理和佩戴个人剂量计。个人监测的结果也是一个有用的记录,它们可以发现可能带来放射危害的某个地方的屏蔽问题或者程序的问题。因此,电离辐射安全防护负责人应该一直知道这些结果。

培训教育工作人员是非常重要的。这必须包括对所有相关工作人员的放射防护与安全讲座。放射防护与安全讲座包括：

（1）电离辐射安全防护负责人的详细联系资料；

（2）让听课的工作人员讨论与其相关的放射危害；

（3）比较放射危险和其他危险；

（4）介绍如何使用个人剂量计；

（5）放射防护与安全讲座笔记的复印件。

由于经验和资历是避免放射事故的重要因素，雇主（用人单位）也要致力于吸引具备资质的人员。例如所有的放射治疗设备器械必须至少由一名有相当经验的高级技术人员操作。

在很多情况下，不熟悉电离辐射的工作人员可能需要进入放射治疗室或者和患者接触，这包括清洁工、公共饮食业人员以及协作的健康人员。在所有这些情况下，工作人员应当被通报特定情况下的放射危险，以及提供必要的咨询。

最后，据说人员少和工作压力大也是造成放射事故的重要因素。因此，应该严格执行国家和国际专业组织机构推荐的人员数目。有一个错误倾向是如同在考虑屏蔽防护时偏向于昂贵。因此，专业组织机构也推荐了比较经济合理的工作人员配置。

## 本章关键要点

- 癌症（肿瘤）的放射治疗使用很高剂量的电离辐射照射。这将在有很多职业人员和公众成员可以接近的医院环境中带来潜在的放射危险。
- 大部分放射治疗是用电离辐射从患者体外对准肿瘤的外照射束放射治疗。这种代表性辐射主要如医用直线加速器产生的兆伏级 X 射线。
- 其他放射治疗技术采用把放射性同位素源引入患者体内很靠近肿瘤的部位。这种称为近距离放射治疗。
- 放射治疗部门（科室）主要的电离辐射安全防护问题是：治疗室的屏蔽防护；患者防护与施加给肿瘤足够大剂量的高水平协调；在外照射束放射治疗和近距离放射治疗中制定实施安全工作程序；在近距离放射治疗中操作高放射性活度源。
- 文档、记录的保存以及维持良好的信息沟通对多学科交叉的放射治疗领域是至关重要的。

## 测试题选

（1）说明图 22-1 中涉及使用电离辐射的各个步骤。

（2）为什么说距离是降低辐射水平的一种有效方法？

（3）试估算一台大约每天治疗 40 名患者的医用直线加速器的每年工作负荷 $W$。该加速器周末不开展放射治疗，而施加照射肿瘤的典型剂量是 2Gy。

（4）列举出指定的放射治疗设备可以对工作负荷有所贡献的所有可能行为。

（5）远距离放射治疗设备中常用哪些放射性核素？

(6) 在预先设置放射治疗时间时,需要知道哪些要素?

(7) 在放射源没有返回到远距离放射治疗机的安全位置时,应该做些什么?

(8) 描述两种预先确定和设置给予患者辐射剂量的常用方法。

(9) 列出可以减少直线加速器所产生中子的两种有用技术。

(10) 在图 22-7 中,指出五处可以设置在紧急情况下关闭直线加速器按钮的地方。

(11) 在仔细进行辐射测量之前,为什么校准放射治疗设备是很重要的?

(12) 提出对医用直线加速器进行年度辐射安全评估所需要检查的主要项目。

(13) 为什么镭(它曾经是长时间用于近距离放射治疗的唯一核素)不适合用于近距离放射治疗?

(14) 列出外照射束放射治疗和近距离放射治疗二者的辐射安全重要性方面的三个区别。

(15) 将病房选择用作近距离放射治疗室的确定标准是什么?

(16) 后装源技术用于内植入近距离放射治疗可以避免哪些辐射危害?

(17) 看护工作人员在病房开始手动后装源近距离放射治疗之前应该得到哪些指导?

(18) 列举铱-192 作为近距离放射治疗放射源的两个优点。

(19) 说明行进放射源的近距离放射治疗相对于传统近距离放射治疗的优点。

(20) 你认为行进放射源的近距离放射治疗有缺点吗?

(21) 为什么一些医院在晚上不采用 PDR 近距离放射治疗方式治疗患者?

(22) 一般普通模拟定位机和 CT 模拟定位机的区别是什么?

(23) 针对放射治疗,CT 模拟定位机和通常 CT 扫描机的区别是什么?

(24) 在使用辐射剂量测量用检验源时要考虑的辐射安全问题是什么?

(25) 在地震情况下,针对 X 射线机和近距离放射治疗设备所需要考虑处理的问题有什么区别?

(26) 周密的放射治疗质量保证体系对辐射安全能有什么影响?

(27) 你会给一位进入近距离放射治疗室工作的清洁人员提出什么指导性意见?